普通高等教育"十一五"国家级规划教材

食品发酵设备与工艺

SHIPIN FAJIAO SHEBEI YU GONGYI

陈福生　主编
张秀艳　文连奎　李国基　副主编
何国庆　梁世中　主审

化学工业出版社
·北京·

本书是普通高等教育“十一五”国家级规划教材，分食品发酵设备和食品发酵工艺两篇，内容包括固体物料的处理与输送设备、发酵基质的制备与灭菌设备、空气过滤除菌系统、液体发酵罐、固体发酵容器、食品发酵产物的分离纯化设备、酿造酒、蒸馏酒、发酵调味品、发酵肉制品、发酵乳制品、发酵果蔬制品、发酵食品添加剂。

在内容编排上，本书重点讲述了发酵设备的种类、结构、性能及其主要设计参数，并以代表性发酵食品为例讲述了发酵食品的生产工艺，意在培养学生根据要求选择适当的发酵设备，设计相应的发酵食品生产工艺的能力；书中融入了编者几十年来的科研成果和实践经验，内容丰富、实用。

本书适合高等院校食品科学与工程、食品质量与安全及相关专业的本科生和研究生使用，也可供食品行业的技术人员参考。

图书在版编目（CIP）数据

食品发酵设备与工艺/陈福生主编．—北京：化学工业出版社，2011.2（2025.1 重印）

普通高等教育“十一五”国家级规划教材

ISBN 978-7-122-10425-0

Ⅰ.食… Ⅱ.陈… Ⅲ.①食品-发酵-设备-高等学校-教材②-发酵食品-生产工艺-高等学校-教材 Ⅳ.TS201.3

中国版本图书馆 CIP 数据核字（2011）第 009208 号

责任编辑：郎红旗　梁静丽　孟　嘉　　文字编辑：周　偶

责任校对：陈　静　　装帧设计：张　辉

出版发行：化学工业出版社（北京市东城区青年湖南街 13 号　邮政编码 100011）

印　　装：北京科印技术咨询服务有限公司数码印刷分部

787mm×1092mm　1/16　印张 25½　字数 678 千字　2025 年 1 月北京第 1 版第 7 次印刷

购书咨询：010-64518888　　售后服务：010-64518899

网　　址：http：//www.cip.com.cn

凡购买本书，如有缺损质量问题，本社销售中心负责调换。

定　　价：68.00 元

序

人们利用微生物进行食品发酵已有数千年的历史，随着人类文明与科学技术的进步，食品发酵技术也得到了迅速的发展。尤其是20世纪70年代基因工程技术的出现，迅速形成了以基因工程为核心内容，包括细胞工程、酶工程、发酵工程、蛋白质工程和分子进化工程等的生物工程技术，从而极大地推动了作为发酵工程重要组成部分的食品发酵技术的发展。目前，食品发酵已经发展成一个门类众多、规模宏大、与国民经济各部门密切相关，充满发展前途的产业。许多国家都将食品发酵技术作为农产品与食品加工的重要手段，并且认为它是食品领域中在21世纪最可能获得突破性进展的一个分支。在我国，很多高校也将食品发酵设备与工艺作为食品科学与工程以及食品质量与安全等专业的专业课之一。但是，由于食品发酵涉及的面广而杂，所以目前国内适合食品相关专业食品发酵设备与工艺课程的教材并不多，而且由于世界各国发酵食品的产品种类与研究的侧重点不同，目前也还没有发现可以适合各国学生使用的国际化教材。

本教材是在吸纳了前人编写的相关教材优点的基础上，结合参编人员长期的实践教学经验编撰而成的。与其他教材相比，编者在编写过程中注重教材的整体性和系统性，力求体现教材的实用性和针对性。在食品发酵设备方面，编者系统地对食品发酵相关设备进行了阐述，并通过大量的图表突出了对设备结构、功能与工作原理的介绍；在食品发酵工艺方面，编者对发酵食品进行了归类叙述，并突出了对各种发酵食品的种类、发酵原理、发酵工艺和操作要点等的描述。同时，教材还吸纳了国内外食品发酵研究的新知识、新成果、新技术和新概念。

总体上讲，教材内容符合我国专业人才培养目标及课程教学的要求，取材合适，深度适宜，知识系统完整，结构严谨，符合认知规律，富有启发性，有利于激发学生的学习兴趣，全面培养学生的知识、能力和素质。本教材既可以作为食品相关专业的本科生教材，也可供相关专业研究生、教师和科技工作者等参考，是一本值得推荐的教材。

 浙江大学

 华南理工大学

前　言

发酵在不同的领域有不同的含义，对微生物学家而言，发酵是指利用微生物的生理活动获得某种产品的过程，这是发酵广义的含意；而对生物化学家来说，发酵是指在厌氧条件下，对有机化合物进行不彻底分解，从而获得代谢所需中间产物和能量的过程，这是发酵狭义的含意。食品发酵是指利用有益微生物加工制造食品的过程。在中国与日本等东方国家，也常将成分复杂、风味要求较高、按照传统工艺生产某些发酵食品，例如，酱油、食醋、腐乳、白酒与黄酒等的过程称为食品酿造。在本书中，关于发酵的定义属于其广义的含意，食品发酵与食品酿造两个概念同时采用。

食品发酵是食品加工的一种重要方法，食品发酵工业是现代食品工业的重要组成部分，食品发酵技术也越来越受到人们的重视。关于食品发酵设备与工艺的课程，已经成为很多学校食品科学与工程和食品质量与安全等专业的专业课程，也出版了一些各具特色的教材。本教材是在吸纳了前人编写的相关教材优点的基础上，结合参编人员长期的实践教学经验编撰而成的。

与其他教材相比，编者认为本教材在内容编排上具有以下特点：首先为了控制篇幅，突出食品发酵，本书没有将维生素、抗生素、酶制剂、酒精与有机酸发酵等内容编入，关于这些产品的发酵工艺与技术已经出版了很多相关的专著与教材。其次，考虑到微生物菌种选育、发酵机理及其调控等内容，在先修课程——微生物学、食品微生物学和生物化学等课程中都已经进行了讲授，所以本书也没有涉及。最后，对食品发酵设备的内容，由于很多食品发酵设备是通用的，同一种设备（例如，离心机、发酵罐）在不同的发酵食品生产中都需要用到，所以为了避免不必要的重复，本教材将食品发酵设备的内容集中在一起，并作为第一篇编排在教材的前面，这样可能便于教学。另外，尽管有些食品发酵设备，例如，固体物料的处理与输送设备、发酵产品的分离与提取设备在食品工程原理等课程中已经讲授过，但是考虑到教材的完整性，还是将它们编入了本教材，在具体的教学中可以有选择性地采用。此外，在食品发酵设备的阐述方面，本教材尽量突出对设备结构、功能与工作原理的介绍，而对于发酵设备的相关计算，由于篇幅的限制本书没有涉及。

基于上述考虑，本教材包括两篇共十三章，第一篇食品发酵设备、第二篇食品发酵工艺。第一篇包括固体物料的处理与输送设备（由内蒙古农业大学杨晓清编写）、发酵基质的制备与灭菌设备（由华中农业大学张秀艳编写）、空气过滤除菌系统（由华中农业大学蔡皓编写）、液体发酵罐（由武汉工业学院陶兴无编写）、固体发酵容器（由华中农业大学陈涛、陈福生编写）、食品发酵产物的分离纯化设备（由广州大学桂林和华中农业大学张秀艳编写）；第二篇包括酿造酒（由吉林农业大学文连奎、王治同与韶关学院张俊艳编写）、蒸馏酒（由吉林农业大学文连奎、王治同与韶关学院张俊艳编写）、发酵调味品（由华南理工大学李国基与华中农业大学张秀艳、陈福生编写）、发酵肉制品（由湖北师范学院余翔编写）、发酵乳制品（由武汉工业学院陶兴无编写）、发酵果蔬制品（由华中农业大学陈涛、陈福生编写）、发酵食品添加剂（由江西农业大学黄占旺编写）。

全书由陈福生与张秀艳负责统稿。在书稿的编撰过程中，甘淑珍与陈万平等同志做了大量的资料收集、图片处理与文字输入工作，在此对他们的辛勤付出表示感谢。在初稿完成后，浙江大学何国庆教授与华南理工大学梁世中教授在百忙中对整个书稿进行了认真审阅，提出了很多宝贵的修改建议，并欣然作序，在此对他们表示最诚挚的谢意。本教材在编写过程中参考并引用了相关教材、专著、研究论文与网站等的有关内容，在此对相关作者、出版社与网站管理人员等表示衷心的感谢。最后，全体编写人员还要特别感谢化学工业出版社为本教材出版所付出的心血与劳动。

由于编者的水平有限，加之食品发酵设备与工艺涉及的内容广泛而丰富，所以本书的不妥与疏漏之处在所难免，敬请广大读者批评指正。

编者

2011 年 1 月

目　　录

第一篇　食品发酵设备

第二篇 食品发酵工艺

第一篇　食品发酵设备

第一章　固体物料的处理与输送设备

食品发酵中常用的原料有淀粉质、蛋白质、果蔬类和糖类等原料。其中糖类原料（例如，蔗糖蜜与淀粉糖浆）通常为液体，关于液体原料的处理和输送设备主要是由泵提供动力，在容器与管道内进行，相关内容已在食品工程原理等课程中已讲述，本书不再赘述。而其他几类原料通常为固体，且种类繁多，情况也较复杂。

淀粉质原料是我国食品发酵中常采用的原料之一，主要包括玉米、高粱、大麦、大米（稻谷）、小麦、黍米、小米和甘薯等。例如，啤酒生产的主要原料为大麦，而辅料多为大米、玉米或玉米淀粉。黄酒生产的主要原料是大米（糯米、粳米或籼米），也有少数用黍米（大黄米）或玉米。在白酒生产中，大曲酒常用的原料是高粱，小曲酒常用的原料是稻谷，也可以用玉米和小麦等。

长期以来，发酵食品所采用的蛋白质原料以大豆为主。随着科学技术的发展，为了合理利用粮油资源，目前我国大都采用提取油脂后的大豆、花生，甚至油菜籽的饼粕。它们既是酿造酱油的原料，也是制酱的原料。

葡萄酒、白兰地以及其他果酒主要以葡萄、苹果和菠萝等为原料，而泡菜与腌菜等则几乎可以用各种蔬菜作为原料。

上述这些固体原料，在发酵前一般都需要采用除杂、分选、清洗、破碎、榨汁等设备进行处理，并经输送设备输送到相关的设备与容器。本章将就这些固体物料在除杂、分选、清洗、粉碎与输送等过程中所采用的主要设备进行叙述。

第一节　固体物料的除杂、分选与清洗设备

食品发酵中使用的淀粉质、蛋白质和果蔬类等固体物料在收获、贮存和运输时，往往会夹带有泥土、砂石、杂草以及金属等杂质，若不将这些杂质去除，就可能在加工过程中使机械设备受到磨损或导致阀门、管路及泵发生堵塞。此外，原料的大小规格和质量指标的不统一，还可以造成加工过程中原料的损耗率提高，生产成本上升。因此，固体物料在投入生产前必须先经过除杂、分选和清洗等预处理，这对降低生产成本、维护设备、提高物料利用率、提高劳动生产率等均有重要意义，并有利于生产过程的连续化和自动化。下面分别对除杂、分选、清洗等相关设备进行介绍。

一、固体物料的除杂、分选设备

固体物料的除杂与分选设备主要包括气流清选设备（airflow selection equipment）、重力分选设备（gravity grading equipment）和磁力分选设备（magnetic force separating equipment）。其中，气流清选设备是根据物料的空气动力特性而设计的，重力分选设备是根据原料和杂质的密度不同进行除杂筛选的，而磁力分选机是根据物料中金属杂质能被磁性物质吸附进行设计的。此外，葡萄破碎除梗机也属于固体物料的除杂分选设备。

(一) 气流清选设备

气流清选的实质是依据物料的空气动力特性的差异，除去稻谷、小麦、大麦等谷物原料中的杂草、茎叶、空壳、瘪粒的一种除杂分选方法。当空气自下而上流过物料颗粒时，使物料自由悬浮在气流中的气流速度称为物料的悬浮速度。不同大小、形状、密度物料的悬浮速度是不同的。在一定的气流作用下，物料的悬浮速度越小，获得气流方向加速度的能力越强，反之亦然。气流清选就是利用物料与杂质悬浮速度的不同，采用风机或其他气源在输送管道内形成具有一定速度的气流，从而将物料与杂质进行分离，并从一处输送至另一处的分选输送方法。

图 1-1 为几种气流清选设备的工作原理示意图。其中，图 1-1(a) 为垂直气流清选设备的工作原理示意图。谷物等物料从料斗喂入，落在筛板上，受由下而上气流的作用，密度较小的杂质，其悬浮速度小于气流速度而上升进入沉降室，饱满谷粒则因密度较大，其悬浮速度大于气流速度而从筛板尾端排出。图 1-1(b) 为倾斜气流清选设备的工作原理示意图。谷物等物料由料斗喂入后，由于混合物各组成组分的悬浮速度不同，获得气流方向加速度的能力也不同，密度较小杂质，其悬浮速度小，在气流方向获得较大的加速度而被气流吹得更远。

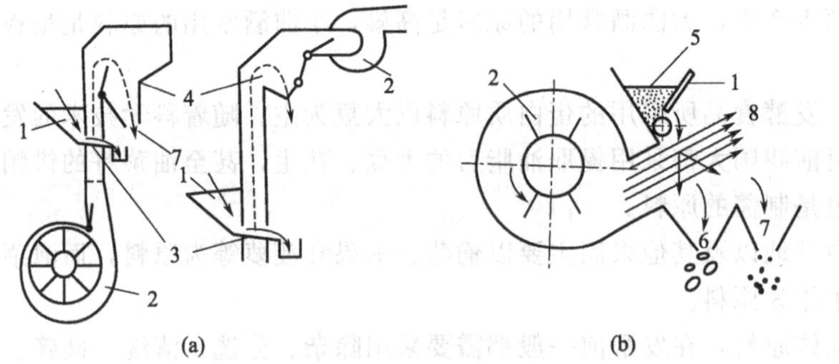

图 1-1 气流清选设备工作原理示意图

(引自：沈再春《农产品加工机械与设备》，1993)

(a) 垂直气流清选；(b) 倾斜气流清选

1—料斗；2—风机；3—筛板；4—沉降室；5—混合物；6—重粒；7—轻粒或杂质；8—气流

(二) 重力分选设备

重力分选设备包括干法重力分选设备 (dry gravity grading equipment) 及湿法重力分选设备 (wet gravity grading equipment)。

1. 干法重力分选设备

干法重力分选是在振动和气流作用下，按物料组成成分的密度不同而进行分选的方法。重力分选往往在筛选之后进行，可分离依据尺寸大小不能分离的一些杂质。比重去石机 (specific gravity stone separator) 是干法重力分选的典型设备，常用于清除密度比谷物等原料大的并肩石 (大小与粮粒大小相近的石子) 等杂质。比重去石机的结构如图 1-2 所示，由进料装置、筛体、风机、传动装置等组成。进料装置由进料口、料斗、缓冲均流板、进料调节手轮等组成。筛体由薄钢板冲压而成的双面突起鱼鳞形筛孔的筛板，以及将其支承在机架上的吊杆组成。筛板向后逐渐变窄，并向前方略微倾斜，后部为聚石区，它与其上部的圆弧罩构成精选室。筛板去石筛面 (与物料接触面) 与鱼鳞形筛孔的孔眼均指向石子运动方向 (后上方)，具有导向气流和阻止石子下滑的作用，但不起筛选作用。筛体与风机外壳连接，风机外壳又与偏心传动装置相连，组成共振动体。

比重去石机的工作原理是物料由进料装置进入到去石筛面的中部，由于物料各组分的密度及空气动力特性不同，在适当的振动（由偏心传动装置提供）和气流（由风机提供）作用下，密度较小的谷粒浮在上层，密度较大的石子沉入底层与筛面接触，形成分层。经均风板自下而上穿过物料的气流，使物料处于流化状态，促进物料分层。因去石筛面前方略微向下倾斜，上层物料（谷粒）在重力、惯性力和连续进料推力的作用下，以下层物料为滑动面，相对于去石筛面下滑至筛板前方。与此同时，石子等杂物逐渐从粮粒中分出进入下层。下层石子及未悬浮的粮粒在振动及气流作用下沿筛面向筛板后方上滑，随着上层物料越来越薄，压力也逐渐减小，下层粮粒不断进入上层。这样，在筛板后方末端，下层物料中粮粒已经很少，并在反吹气流的作用下，少量粮粒又被吹至筛板前方，石子等重物则从出石口排出。比重去石机工作时，要求下层物料能沿倾斜筛面向后上方滑动而又不在筛面上跳动，因此，应该控制偏心传动装置的转速和风机的风速。

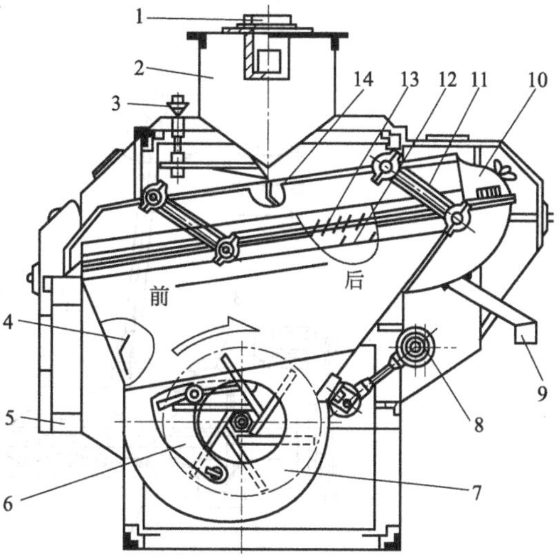

图 1-2　比重去石机结构图

（引自：张裕中《食品加工技术装备》，2000）

1—进料口；2—料斗；3—进料调节手轮；4—导风板；5—出料口；6—进风调节装置；7—风机；8—偏心传动装置；9—出石口；10—精选室；11—吊杆；12—均风板；13—筛板；14—缓冲均流板

2. 湿法重力分选设备

湿法重力分选的原理是不同密度的颗粒在重力与水中浮力的作用下，密度小于水的颗粒上浮而被分离，密度大于水的颗粒下沉，并根据沉降速度的不同可将不同密度的颗粒分开。由于水的密度和黏度比空气的大得多，体积相同而密度不同的颗粒，其密度比值在水中比在空气中差别更大。例如，在空气中，并肩石与小麦的相对密度分别为 2.6 和 1.3，它们的比值为 2；而在水中，由于浮力的作用，并肩石与小麦的相对密度分别为 1.6 和 0.3，这样它们的比值为 5.3。显然，分离小麦中的并肩石，用水选比用风选更为有效，而且小麦与并肩石在水中同时沉降时，其自由沉降速度分别约为 100mm/s 和 240mm/s，二者速度之差也比在空气中的大，同样有利于分选。

去石洗麦甩干机（removing stone and washing wheat centrifugal dry machine）是利用湿法重力分选原理进行麦粒等谷物除杂的一种设备，其结构如图 1-3 所示。它主要由进料口、洗涤槽、螺旋和甩干机等部分组成。进料口可沿洗涤槽左右移动，以调节麦粒在洗涤槽内的停留时间。洗涤槽内安装有洗麦螺旋和去石螺旋，它们分别位于洗涤槽的上部与下部，所以又称为上螺旋、下螺旋，但是它们不在同一垂直面上，以减小石子及麦粒下沉时的互相干扰。甩干机与洗涤槽相连，可以将去石后麦粒中的水分去除。

去石洗麦甩干机的工作原理是含杂质麦粒从进料口进入洗涤槽，受到上螺旋的搅动而不易下沉（与石子比），并在上螺旋推运作用下从左向右进入甩干机后，在离心力与气流的共同作用下去除水分，从出料口排出；而石子等杂质密度较大，可迅速下沉到下螺旋内，下螺旋转向与上螺旋相反，从而将石子等重杂物从右到左送到集石斗内排出。

（三）磁力分选除铁机

磁力分选除铁机（magnetic separating and removing iron machine）是通过磁力作用，去

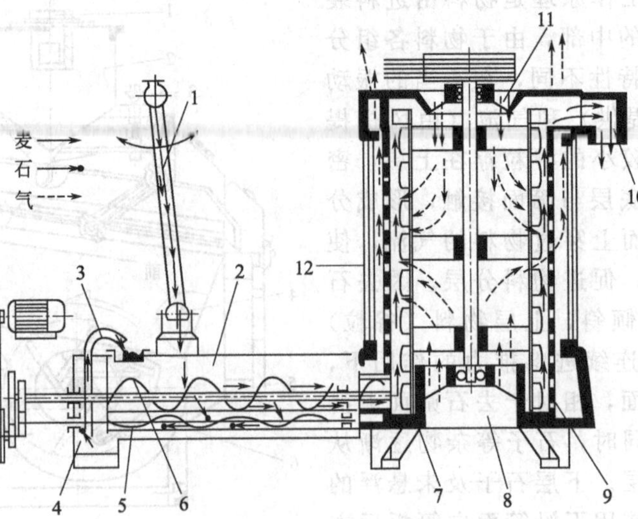

图 1-3 去石洗麦甩干机结构示意图

（引自：崔建云《食品加工机械与设备》，2004）

1—进料口；2—洗涤槽；3—喷砂管；4—集石斗；5—去石螺旋；6—洗麦螺旋；7—甩料叶板；8—机座；9—筛板圆筒；10—出料口；11—上帽；12—甩干机

除谷物等原料中的金属杂物，以保护加工机械和操作人员安全的设备，简称为磁选设备。在粮食和饲料等的加工过程中，凡是高速运转的机器的前部一般都有磁选设备。磁选设备的主要工作部件是磁体，多采用有足够强度的永久磁铁。常用的磁选设备是永磁溜管（permanent magnetic tube）和永磁滚筒（permanent magnetic cylinder）。

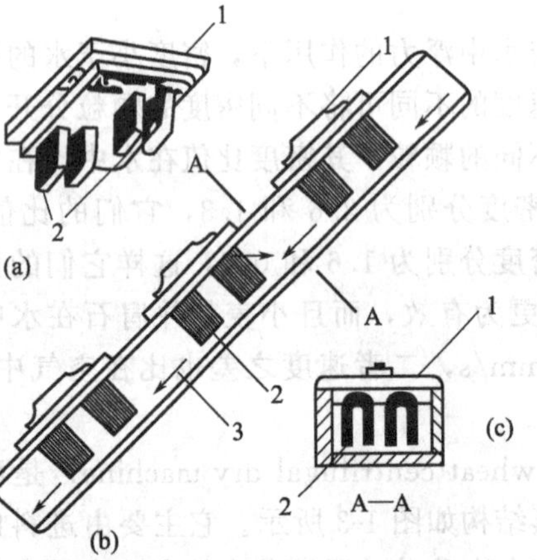

图 1-4 永磁溜管的结构示意图

（引自：张裕中《食品加工技术装备》，2000）

(a) 带有永久性磁铁的盖板；(b) 永磁溜管纵截图；(c) 永磁溜管横截图

1—盖板；2—磁铁；3—物料流动方向

1. 永磁溜管

永磁溜管是在溜管（供物料溜滑通过的管道）的上方安装 2～3 个带有永久性磁铁盖板的一种装置（图 1-4）。每个盖板上装有两组前后错开的磁铁。工作时，物料从溜管上端流下（速度一般为 0.15～0.25m/s），铁等磁性物体被磁铁吸住。工作一段时间后，依次交替地取下盖板，除去磁性杂质。永磁溜管可连续地进行磁选，结构简单，占地小。为了提高分离效率，应保证流过溜管的物料层薄而均匀。

2. 永磁滚筒

永磁滚筒的结构比永磁溜管复杂，主要由磁芯和滚筒等组成（图 1-5）。磁芯由永久磁铁和隔板按一定顺序排列成 170°的圆弧形，安装在固定轴上，固定不动。滚筒由非磁性材料制成，重量轻，转动惯性小，通过蜗轮蜗杆传动机构带动旋转。磁芯圆弧表面与滚筒内表面有小（一般为 2mm）而均匀的间隙。工作时，物料由料斗进入，与滚筒接触，铁等磁性物质被磁芯吸住，并随滚筒运动（圆周速度一般为0.6m/s左右）而被排除至铁杂质收集盒。永磁滚筒能自动地排除磁性杂质，除杂效率高达 98%以上，特别适合于除去粒状物料中的磁性杂质。

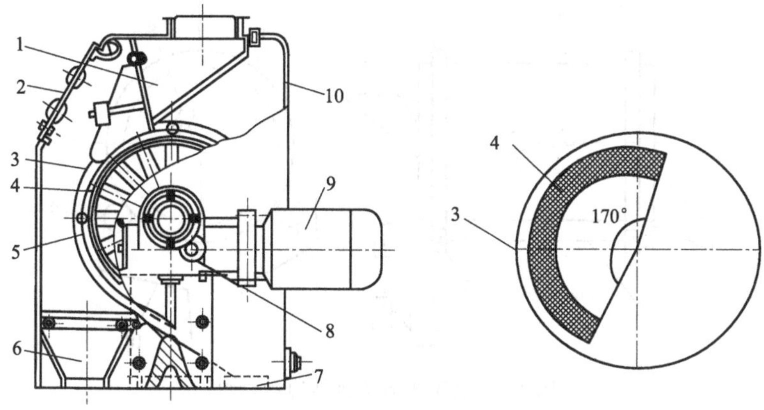

图 1-5 永磁滚筒结构示意图

（引自：马海乐《食品机械与设备》，2004）

1—料斗；2—观察窗；3—滚筒；4—磁芯；5—隔板；6—物料出口；
7—铁杂质收集盒；8—变速机构；9—电机；10—机壳

（四）葡萄破碎除梗机

葡萄破碎除梗机（grape crushing and separating machine）是将葡萄进行破碎并分离葡萄梗的设备。双辊压破机（twin-roller fracture machine）是葡萄破碎除梗机之一，主要由破碎辊筒和分离装置等组成（图 1-6）。破碎辊筒为两个直径相同带齿相向回转的圆筒，其两端由轴承托承。辊筒分为主动辊筒与被动辊筒，前者的轴承是固定的，后者的轴承是可移动的，这样可调节辊筒的空隙距离（即开度）的大小，以使葡萄籽不被破碎。另外，在移动轴承上还装有弹簧，当葡萄中混有较大块或较硬的杂质时，被动辊筒可以自动拉开以避免机器受损。分离装置包括圆筒筛与中心轴，中心轴上安装有呈螺旋排列的叶片，以利于进一步将葡萄破碎。

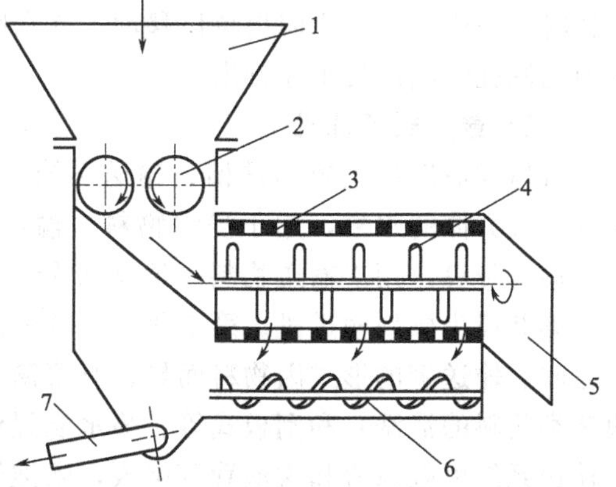

图 1-6 双辊压破机的结构示意图

（引自：邹东恢《生物加工设备选型与应用》，2009）

1—料斗；2—破碎辊筒；3—圆筒筛；4—中心轴与叶片；
5—果梗出口；6—螺旋输送器；7—果汁、果肉出料口

双辊压破机的工作原理是带梗的葡萄果实从料斗落入破碎辊筒之间加以挤压破碎，破碎后的物料进入圆筒筛，在中心轴叶片的作用下进一步破碎，果汁、果肉等从圆筒筛的筛孔中排出，通过螺旋输送器，由右向左输送至出料口排出，果梗由于不能通过筛孔而从果梗出口卸出。

二、固体物料的清洗设备

固体物料清洗设备包括滚筒式清洗机（cylinder cleaning machine）、鼓风式清洗机（air-blowing cleaning machine）和新型组合式清洗机（new combined cleaning machine）等。

（一）滚筒式清洗机

滚筒式清洗机适合清洗柑橘、橙、马铃薯等质地较硬的物料，主要由清洗滚筒、喷水装置和传动装置等组成（图 1-7）。清洗滚筒由钻有许多小孔的薄钢板卷制而成，或用钢条排列焊成筒形，滚筒与水平线有 5°的倾角，滚筒外周两端焊有两个金属圆环作为摩擦滚圈。喷水装

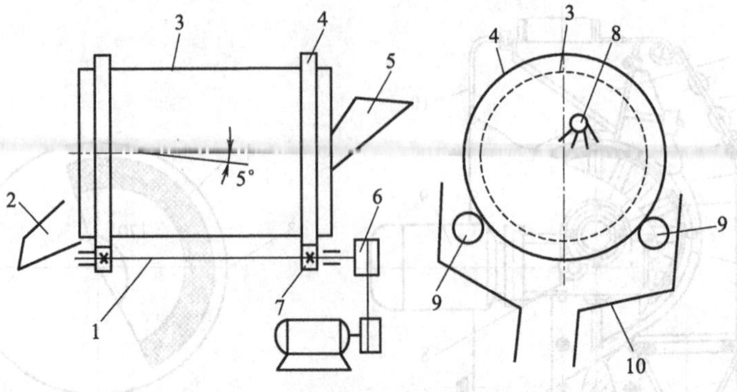

图 1-7 滚筒式清洗机结构示意图

（引自：刘晓杰《食品加工机械与设备》，2004）

1—传动轴；2—出料口；3—清洗滚筒；4—摩擦滚圈；5—料斗；6—传动系统；
7—传动轮；8—喷水管；9—托轮；10—集水斗

置位于滚筒内。传动装置由传动轴、传动轮、托轮和摩擦滚圈等组成。传动轴通过轴承支撑在机架上，两端固定有两个传动轮。另外，在机架上还装有两根与传动轴平行的轴，其上有两个与传动轮对应的托轮，托轮可绕轴自由转动。滚筒由传动轮和托轮经摩擦滚圈托起在机架上。

滚筒式清洗机工作时，传动轴和传动轮逆时针回转，由于摩擦力作用，传动轮驱动摩擦滚圈使整个滚筒顺时针回转。由于滚筒与水平线有 5°的倾角，所以由料斗进入滚筒内的物料在旋转时，一边翻转一边向出料口移动，并在喷水管喷出的高压水的冲刷下清洗，污水和泥沙由滚筒的网孔经底部集水斗排出。

（二）鼓风式清洗机

鼓风式清洗机主要由洗槽、输送系统、喷水装置、空气输送系统等组成（图 1-8）。洗槽为一个长方体的水槽，用于浸泡物料。输送系统包括电动机、驱动滚筒、张紧滚筒、改向压轮、输送带等，用于输送物料。输送带分为Ⅰ、Ⅱ、Ⅲ段，其中第Ⅰ段与第Ⅲ段为水平输送段，第Ⅱ段为倾斜输送段。第Ⅰ段处于洗槽的水面之下，第Ⅲ段位于洗槽之上，第Ⅱ段介于两者之间。输送带的形式因物料而异，有滚筒式（适合于番茄等的清洗）、金属丝网式（适合于块茎类物料的清洗）和刮板式等。喷水装置位于第Ⅱ段输送带的上方，用于提供高压水流。空气输送系统由鼓风机和吹泡管等组成，吹泡管位于洗槽底部，由下向上将空气吹入洗槽中。

鼓风式清洗机工作时，物料放在洗槽中的第Ⅰ段输送带上，浸泡于水中，压缩空气由吹泡

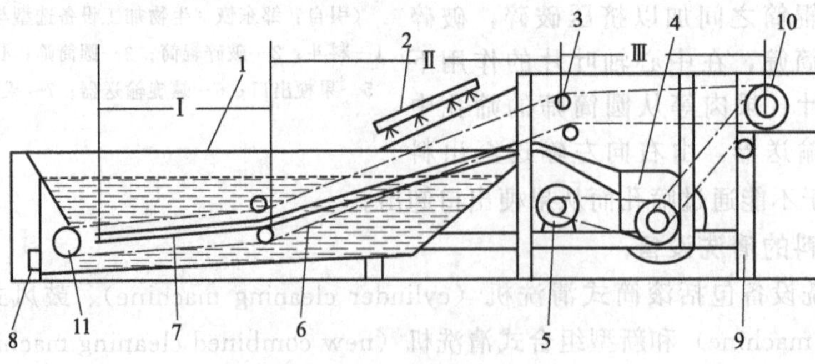

图 1-8 鼓风式清洗机结构示意图

（引自：肖旭霖《食品加工机械与设备》，2005）

1—洗槽；2—喷水装置；3—改向压轮；4—鼓风机；5—电动机；6—输送带；
7—吹泡管；8—排污口；9—支架；10—驱动滚筒；11—张紧滚筒

管进入洗槽中，使水产生剧烈的翻动，对物料进行清洗，随后物料随输送带的运动到达第Ⅱ段，在喷水装置高压水的作用下对物料实现进一步清洗，最后物料到达输送带的第Ⅲ段，以实现对物料清洗效果的检查和修整。洗涤后的污水从排污口排出。鼓风式清洗机由于利用空气进行搅拌，因而既可加速污物从物料上洗除，又能在强烈的翻动下保护原料的完整性，特别适合于果蔬原料的清洗。

（三）新型组合式清洗机

新型组合式清洗机是将清洗与消毒等结合在一起的清洗设备。这类设备将气泡、冲洗、臭氧消毒、提升、喷淋等操作结合在一起，具有洁净度高、节能节水（水可循环使用）等特点，并采用臭氧消毒技术，适用于各种水果加工、蔬菜脱水、冷冻食品等行业。

第二节　固体物料的粉碎设备

在食品发酵过程中，为了加速蒸煮、糖化、发酵的反应速度，对于固体原料，常需要粉碎。粉碎效果的好坏，直接影响到蒸煮、糖化、发酵等的效果。

固体物料的粉碎程度，常以粒度来表示。对于球形颗粒，其粒度即为颗粒直径。对于非球形颗粒，则可以用面积、体积（或质量）为基准的多种方法来表述：以表面积为基准的粒度是指面积等于该颗粒表面积的球体的直径；以体积为基准的粒度是指体积等于该颗粒体积的球体的直径。另外，不规则颗粒与球形颗粒的近似程度可以用球形度来表示，它是指同体积球体的表面积与不规则颗粒的实际表面积之比。

本节将首先介绍固体物料的粉碎方法与常用的粉碎设备，然后再就粉碎机的选用原则进行简要介绍。

一、粉碎方法

粉碎方法很多，既可以根据粉碎的程度分类，也可以根据粉碎过程是否加水来分类，还可以根据粉碎的操作过程与粉碎力来分类。

（一）按粉碎比分类

粉碎比是指物料颗粒粉碎前后，原料与成品的平均粒度之比。根据物料经一次粉碎后粉碎比的不同，粉碎方法可分为粗碎、中细碎和磨碎等粉碎方法。粗碎的粉碎比为2～6，成品粒度一般为5～50mm；中细碎的粉碎比为5～50，成品粒度通常为0.1～5mm；磨碎的粉碎比为50以上，成品粒度一般为0.1mm左右。

（二）按加水量分类

根据粉碎时，物料加水（含水）量的不同，粉碎方法可分为干法粉碎和湿法粉碎。干法粉碎是指直接将干物料送入粉碎机中进行粉碎的方法。其特点是粉尘飞扬严重；易造成物料损失；必须配备通风除尘设备。湿法粉碎是将水和原料按一定比例一起加入粉碎机中，成品以粉浆的形式从粉碎机流出。与干法粉碎相比，其特点是：①消除了粉尘的危害，改善了劳动环境，降低了原料消耗；②在粉碎过程中，物料开始吸水膨润，有利于后续工序的进行；③粉碎机在有水情况下运转，机器零件的磨损减小，从而可节省设备的维修费用；④设备流程简单。但是湿法粉碎的耗电量较大，粉碎所得粉浆必须及时投入生产，否则易腐败变质。

（三）按操作方法分类

根据粉碎时操作方法不同，粉碎方法可以分为开路磨碎、自由压碎、滞塞进料粉碎、闭路磨碎等。

开路磨碎是将物料加入粉碎机中，粉碎后直接卸出成品，粗粒不再进行循环粉碎的一种粉碎方法。其特点是设备投资费用低，但是成品粒度分布不均匀。它属于粉碎操作中最简单的一种，适用于粒度分布较宽的情况。

自由压碎是物料借重力落入粉碎机的作用区，并与开路磨碎相结合的一种粉碎方法。它可以限制细粒不必要的粉碎，减少了过细粉末的形成，并可缩短物料在作用区的停留时间。其特点是动力消耗较低，但是粒度不均匀，同样仅适用于粒度分布较宽的情况。

滞塞进料粉碎是通过在物料出口处插入的筛网限制成品的卸出，对于给定的进料速度，物料塞于作用区，至粉碎成能通过筛孔的物料为止的一种粉碎方式。其特点是物料的停留时间较长，功率消耗大，能获得较大的粉碎比。但是由于物料停留时间长，可能导致过度粉碎，生产能力小，适用于粒度要求很细的情况。

闭路磨碎是将从粉碎机出来的物料流经分粒系统，将分离出的粗颗粒重新送回粉碎机再加以粉碎的粉碎方式。其特点是物料停留时间短，动力消耗低，适用于大颗粒粉碎。

（四）按粉碎作用力分类

按粉碎作用力（即粉碎力）的不同，粉碎可分为压碎、劈碎、折断、磨碎和冲击破碎等形式（图 1-9）。

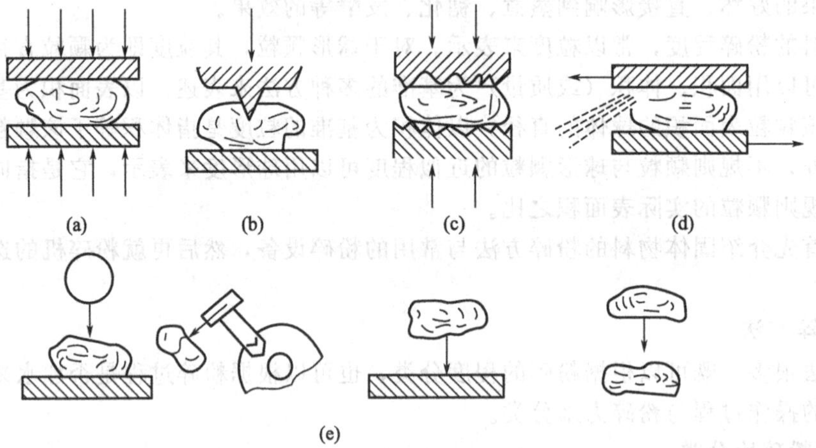

图 1-9 不同粉碎的原理图
（引自：马海乐《食品机械与设备》，2004）
(a) 压碎；(b) 劈碎；(c) 折断；(d) 磨碎；(e) 冲击破碎

压碎［图 1-9(a)］是将物料置于两个粉碎面之间，施加压力后，物料因压应力达到其抗压强度极限而被粉碎，适合于大块干脆性物料的粉碎；对于韧性与塑性物料，能产生片状产品，例如麦片、米片和油料轧片等。劈碎［图 1-9(b)］是用一个平面和一个带尖棱的工作表面挤压物料，当劈裂平面上的拉应力达到或超过拉伸强度极限时，物料沿压力作用线的方向劈裂，多用于脆性物料的破碎。折断［图 1-9(c)］是被粉碎的物料相当于承受集中载荷的两支点或多支点梁，当物料内的弯曲应力达到物料的剪切强度极限时而被折断，适合于大块长或薄的脆性物料的破碎。磨碎［图 1-9(d)］是物料与运动的表面之间受一定的压力和剪切力作用，当剪应力达到物料的剪切强度极限时，物料就被粉碎，适合于一般性或选择性粉碎。冲击破碎［图 1-9(e)］则是物料在瞬间受到外来的冲击力而粉碎，它对于粉碎脆性物料最有利。

在上述几种粉碎力中，无论是哪一种作用力，假如所施加的外力没有超过物料的弹性限度，则物料只产生弹性变形，当外力消失后，物料将恢复到原来的状态；假如施加的外力稍超过物料的弹性限度，则物料即被粉碎，这时能量的利用最为有效。通常情况下，由于物料表面不规则，因此外力首先作用在突出点上，产生局部的应力，破碎后应力分散，作用点发生变化。

粉碎过程是在极短的时间里进行的非常复杂的过程，选择粉碎方法时，必须根据物料的物理性质、大小、粉碎程度等来确定，而且应特别注意物料的硬度和破裂性。在实际情况下，无论是哪一种粉碎机，常常都将多种粉碎力结合在一起，以便达到更好的粉碎效果。

二、常用的粉碎设备

在食品生产中，选择粉碎设备时，应符合下列要求：①粉碎后颗粒大小要均匀；②已被粉碎的物料能立即从轧压部位排出；③操作能自动进行，并能不断地自动卸料；④易损部件容易更换；⑤当操作发生故障时，有保险装置使设备自动停止；⑥产生的粉尘极少；⑦单位产品功耗低。常用的粉碎设备有锤式粉碎机（hammer grinder）、辊式粉碎机（cylinder grinder）、磨介式粉碎机（medium grinder）、气流粉碎机（airflow grinder）和盘击式粉碎机（plate-hitting grinder）等。下面将对应的结构和工作原理分别进行叙述。

（一）锤式粉碎机

锤式粉碎机是利用快速旋转的锤刀对物料进行冲击、破碎的粉碎机。它广泛用于各种中等硬度物料的中碎与细碎作业中。由于各种脆性物料的抗冲击性较差，因此，这种粉碎机特别适用于脆性物料的粉碎。

1. 结构

锤式粉碎机由机座和机壳组成（图 1-10）。在机座的主轴上装有钢质圆盘转子，在转子上，对称悬挂着若干可摆动的锤片（图 1-10、图 1-11）。在未运转时，锤片受重力作用而下垂，当主轴以 800～2500r/min 在密封的机壳内旋转时，锤片受离心力作用而呈辐射状。机壳内侧面装有锯齿形的齿板（图 1-12），机壳下部装有格栅或筛网。

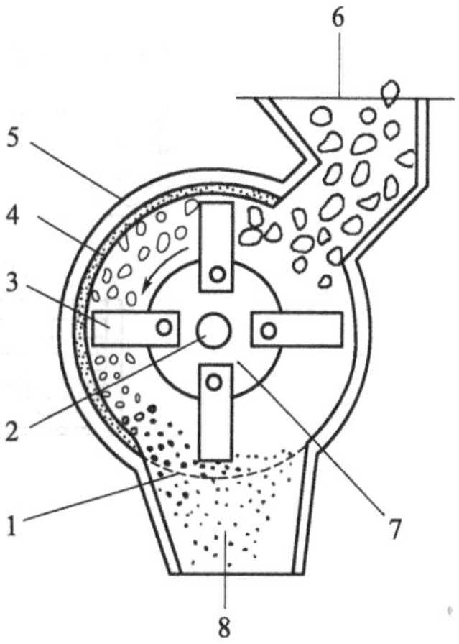

图 1-10 锤式粉碎机结构示意简图
（引自：邹东恢《生物加工设备选型与应用》，2009）
1—筛网；2—轴；3—锤片；4—齿板；5—机壳；6—物料入口；7—圆盘转子；8—物料出口

锤片、齿板、筛网与机壳是锤式粉碎机的主要部件，下面分别对它们进行介绍。

（1）锤片　锤片是锤式粉碎机的主要零件，其形状各异（图 1-11）。条状矩形锤片［图 1-11(a)］是主要形状之一。它由两表层硬度大、中间夹层韧性好的钢板制造，有两个销孔，可与圆盘转子相连。条状矩形锤片的通用性好，形状简单，制造成本低，粉碎效果好且使用寿命长。条状矩形锤片还可以在其工作边角（破碎物料的主要边角）涂焊、堆焊碳化钨等合金，增强耐磨性，延长锤片使用寿命，但制造成本较高［图 1-11(b)～图 1-11(d)］。此外，锤片形状还有阶梯式、尖角式和环形等形式［图 1-11(e)～图 1-11(g)］。阶梯式锤片的工作棱角多，粉碎效果好，但耐磨性差些；尖角式锤片适于粉碎纤维质物料，但耐磨性较差；环形锤片的中央有一个销孔，工作中可自动变换工作角，因此磨损均匀，使用寿命较长，但结构较复杂。

（2）齿板　齿板一般用激冷白口铸铁制造，抗磨性好，并有较高的硬度和韧性。齿板的齿形有人字齿形、直齿形和高齿槽形三种（图 1-12）。具体采用哪种齿形，可根据被粉碎物料的韧性、含水量、颗粒大小等因素进行选择。

齿板的作用是阻碍粉碎机内物料环流层的运动，降低运动速度，以增强物料的碰撞和摩擦作用。一般来说，如果粉碎物料易于破碎、含水量少、粉碎机筛网孔径小、粉碎物料的排出性能较好时，齿板的作用不显著；而对于纤维多、韧性大、湿度高的物料，齿板的作用比较明显。

（3）筛网　筛网有不同的规格，视被粉碎物料的种类、性质和粉碎的要求而异。根据筛孔

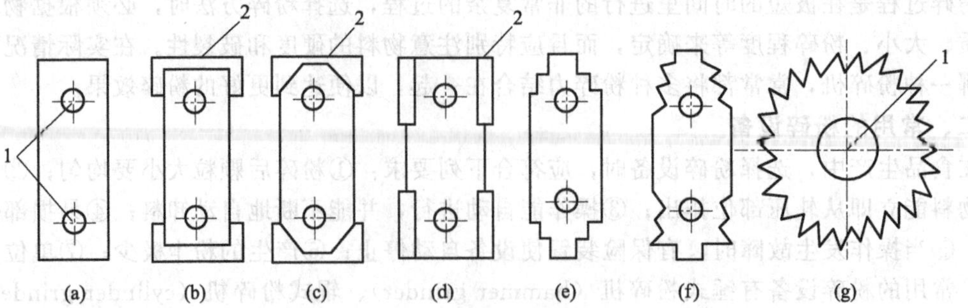

图 1-11 锤片形状示意图

（引自：邹东恢《生物加工设备选型与应用》，2009）

(a)～(d) 条状矩形锤片；(e) 阶梯式锤片；(f) 尖角式锤片；(g) 环形锤片

1—销孔；2—焊接的合金

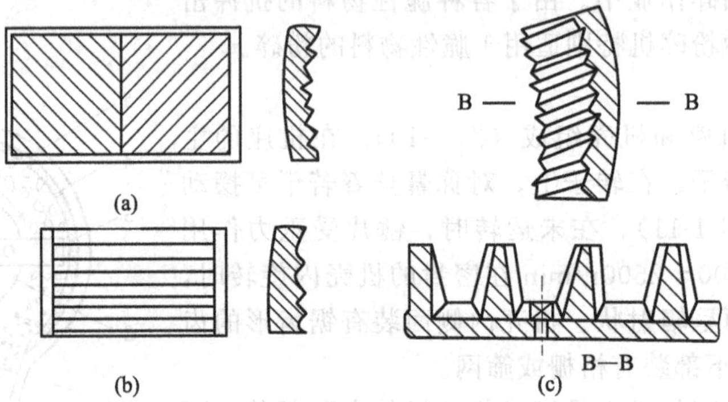

图 1-12 齿板形状

（引自：刘协舫《食品机械》，2002）

(a) 人字齿形；(b) 直齿形；(c) 高齿槽形

的大小，筛网可以分为粗筛网与细筛网。筛网可用钢丝构成，或在金属板（钢板）上钻圆孔、方孔或长方孔。为了避免堵塞，筛网孔通常加工成上小下大的锥形孔。

锤片与筛网间的径向间隙是影响粉碎效率的重要因素之一。由于粉碎机工作时存在气流环流层，若锤筛间隙过大，外层粗粒受锤片打击的机会减少，内层小粒受到重复打击，从而恶化产品质量，增加电耗；如果锤筛间隙过小，环流层速度增大，不仅降低了锤片对物料的打击力，而且还使物料粉碎后不易通过筛孔，电耗增加，效率降低，锤片磨损加快。

锤筛之间的间隙是可以调节的。各种物料的最佳锤筛间隙 ΔR 应通过实验求得。国外资料显示，粉碎谷物时，$\Delta R=8\text{mm}$ 较好；而粉碎纤维物料时，$\Delta R=14\text{mm}$ 较好。我国则推荐谷物的 $\Delta R=4\sim8\text{mm}$ 较合适，而通用型的 $\Delta R=12\text{mm}$ 较好。

(4) 机壳 机壳的作用是保证物料顺利喂入粉碎机内，防止反料（机内物料向物料入口飞溅）和架空（物料不能顺利进入而在粉碎机内产生的空隙）现象的产生。同时，收集被粉碎且穿过筛孔的物料，使之从物料出口顺利排出。

2. 工作原理

物料通过物料入口进入粉碎机中，在锤片和齿板的撞击下被粉碎，粉碎的物料通过筛网网孔排出，不能通过网孔的，再次受锤片的冲击而粉碎。当遇有坚硬不能粉碎的物料时，由于锤片悬挂在圆盘上可以活动，所以可以摇动而让开，从而避免损伤机器，但是锤片可能会受到较大的磨损，甚至可以导致筛网损坏。为了避免堵塞，被粉碎的物料含水量不应超过10%～15%。

（二）辊式粉碎机

辊式粉碎机常用的类型很多，常用的有辊式粉碎机、辊式破碎机、齿辊破碎机、轧坯机、胶辊砻谷机和碾米机等。各类辊式粉碎机的基本构件和工作原理相似。下面将以双辊式粉碎机（twin-cylinder grinder）为例，介绍其结构和工作原理。其他辊式粉碎机的结构与工作原理请参阅相关书籍。

1. 结构

双辊式粉碎机的结构比较简单，主要包括两个固定在机座上的辊筒、料斗、电动机与出料口等（图1-13）。辊筒的表面结构可以是平滑的，也可以是带齿槽的。两辊间的距离可通过压缩弹簧来调节，同时压缩弹簧还对超载荷起保险作用。两辊间的最小距离称为开度，物料的粉碎程度与开度有关。

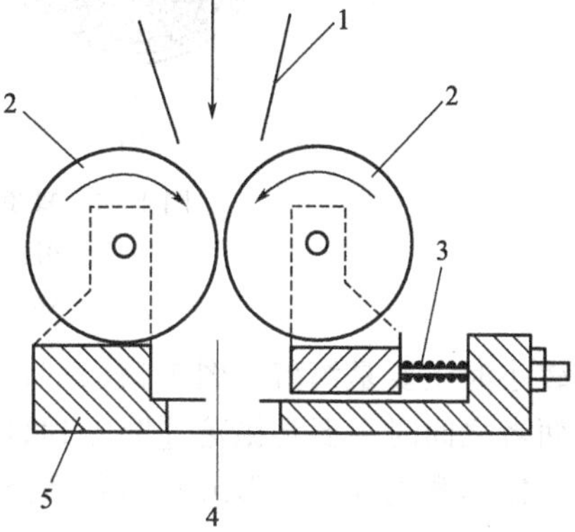

图1-13 双辊式粉碎机工作原理示意图
（引自：陆振曦《食品机械原理及设计》，1995）
1—料斗；2—辊筒；3—压缩弹簧；
4—出料口；5—机架

2. 工作原理

双辊式粉碎机的工作原理是两个辊筒以相反的方向旋转，利用辊筒在转动过程中产生的挤压力和剪切力将物料粉碎。进入两辊上面的物料，由于与辊筒表面之间的摩擦作用而被拽入两辊的空隙中而被破碎。凡物料颗粒小于开度的，可经空隙漏出。当要求产品较细时，可通过提高辊筒表面的圆周速度。另外，调节两辊筒的转速，使它们的转速差达到15%～20%也可以增加粉碎度。

与其他形式的粉碎机相比，辊式粉碎机有许多优点，主要表现在：①辊式粉碎机的粉碎区短，物料通过粉碎区的时间短，避免了物料在粉碎过程中温度上升过高而使物料中蛋白质等变性，因此特别适合热敏性物料的粉碎；②通过调节两辊筒的开度，即可以控制粉碎物料的粒度，从而避免过度粉碎，节省能源，保证粉碎质量；③通过选择磨辊表面几何参数，可以达到不同的粉碎效果；④辊筒表面上每一点的几何参数和运动参数均相同，粉碎过程稳定，便于控制并实现自动化生产。缺点是粉碎比小，生产能力小及辊筒磨损不均匀。

（三）磨介式粉碎机

磨介式粉碎属于微粉碎和超微粉碎，是历史比较悠久，至今仍被广泛应用的一种粉碎方法。它是利用与物料颗粒一起运动的球形或棒状的研磨介质对颗粒状物料施加冲击、研磨、摩擦、剪切等作用，从而达到粉碎的目的。与其他粉碎设备相比，磨介式粉碎机的特点是：①粉碎比大、结构简单、机械可靠性强；②磨损零件容易检查和更换；③工艺成熟，可标准化，适应于不同情况下的操作，如粉碎与干燥、粉碎与混合等可同时进行，既可用于干法粉碎，又可进行湿法粉碎。但是磨介式粉碎机的粉碎效率较低，单位产量的能耗较高，研磨介质容易磨损，运转时噪声较大。

常用的磨介式粉碎机包括球磨机（ball mill pulverizer）、振动磨（vibration grinder）和搅拌磨（stirring grinder）等。

球磨机是以钢球或瓷球等为研磨介质，当球磨机的筒体按一定转速运转时，小球与物料一起，在离心力和摩擦力的作用下被提升到一定高度后，由于重力作用而脱离筒壁沿抛物线轨迹下落。然后，它们又被提升到一定高度，再沿抛物线轨迹下落，如此周而复始。处于研磨介质之间的物料，一方面受冲击作用而被击碎，另一方面由于研磨介质的滚动和滑动，对其产生研磨、摩擦、剪切等作用而被磨碎。图1-14是球磨机在不同转速下研磨介质的运动轨迹。当速

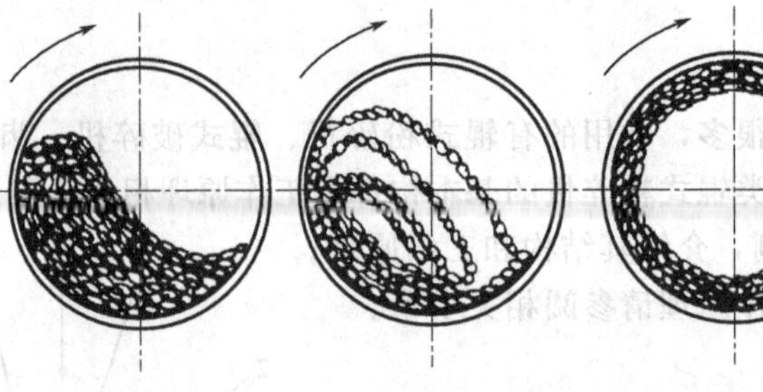

图 1-14 球磨机在不同转速下的研磨介质运动轨迹

（引自：高福成《食品工程原理》，1998）

(a) 泻落；(b) 抛落；(c) 离心运动

度较小时主要是泻落［图 1-14(a)］，当速度较大时主要是离心运动［图 1-14(c)］，而当速度介于两者之间时主要是抛落［图 1-14(b)］。

振动磨是利用球形或棒形研磨介质做高频振动时产生的冲击、摩擦、剪切等作用力使物料粉碎的设备。

搅拌磨是通过搅拌器搅动研磨介质产生的冲击、摩擦和剪切作用使物料粉碎的设备。下面以搅拌磨为例，对其分类、结构、工作原理等进行介绍。

1. 分类与结构

搅拌磨主要由研磨筒和搅拌器构成（图 1-15）。搅拌磨可以分为敞开型和密闭型两大类，每一种类型又可以进一步分为立式与卧式、单轴与双轴、干式与湿式以及间歇式、循环式和连续式等。

顾名思义，敞开型搅拌磨的研磨筒是敞开的，而密闭型搅拌磨是密闭的；立式搅拌磨的研磨筒是立着的，卧式搅拌磨的研磨筒是卧着的；单轴搅拌磨只有一根搅拌轴，而双轴搅拌磨有两根搅拌轴；干式搅拌磨的物料是干的，而湿式搅拌磨的物料是湿的。

间歇式、循环式和连续式搅拌磨是根据操作方式来分的，它们结构示意见图 1-15。

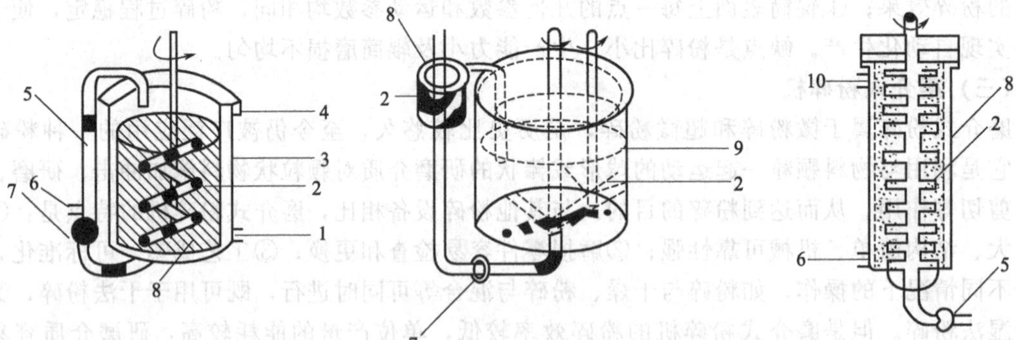

图 1-15 搅拌磨的类型与结构示意图

（引自：http：//www.foodjx.com）

(a) 间歇式；(b) 循环式；(c) 连续式

1—冷却介质入口；2—搅拌器；3—冷却夹套；4—冷却水出口；5—循环卸料管；6—成品出口；7—循环泵；8—研磨筒；9—循环罐；10—物料入口

间歇式搅拌磨主要由带冷却套的研磨筒、搅拌器、循环卸料装置等组成［图 1-15(a)］。冷却夹套内可通入不同温度的冷却介质，以控制研磨时的温度。研磨筒内壁及搅拌装置的外壁可根据不同的用途敷涂不同的材料。循环卸料装置由循环泵和循环卸料管组成，它既可保证在研磨过程中物料的循环，又可保证最终产品及时卸出。

循环式搅拌磨由一台搅拌磨和一个大容积循环罐组成［图 1-15(b)］，循环罐的容积是搅拌磨容积的 10 倍左右。这种搅拌磨的特点是可用较小的搅拌磨一次性生产出质量均匀及产品粒度分布较窄的较大数量的产品。

连续式搅拌磨的研磨筒的形状像个倒立的塔体［图 1-15(c)］，筒体上下装有格栅，产品的最终细度是通过调节进料流量而控制物料在研磨筒内的滞留时间来保证的。

在搅拌磨中，搅拌器是非常重要的，它要搅动的是研磨介质与浆料的混合物，需要为颗粒的粉碎提供足够的能量，因而应比普通的液体搅拌器更强有力。搅拌磨的搅拌器由搅拌轴和分散器构成，搅拌轴起连接并带动分散器转动的作用，直接与电动机相连。在搅拌磨内，研磨筒内壁与分散器外圆周之间是强化研磨区，浆料颗粒在该区内被有效地研磨，而靠近搅拌轴是一个不活动的研磨区，在该区内的浆料颗粒可能还没有被研磨就在泵的推动下通过，所以该区域被称为“研磨死区”。为避免研磨死区的产生，搅拌轴常常设计成直径较大并带冷却壁的空心轴，这样可以强化搅拌轴周围研磨介质的撞击作用，保证研磨筒内各点得到较一致的研磨分散作用。分散器形式多种多样，常见的有圆盘形、异形、环形和螺旋沟槽形等（图 1-16）。分散器多用不锈钢制作，有时也用树脂橡胶和硬质合金材料等制成。

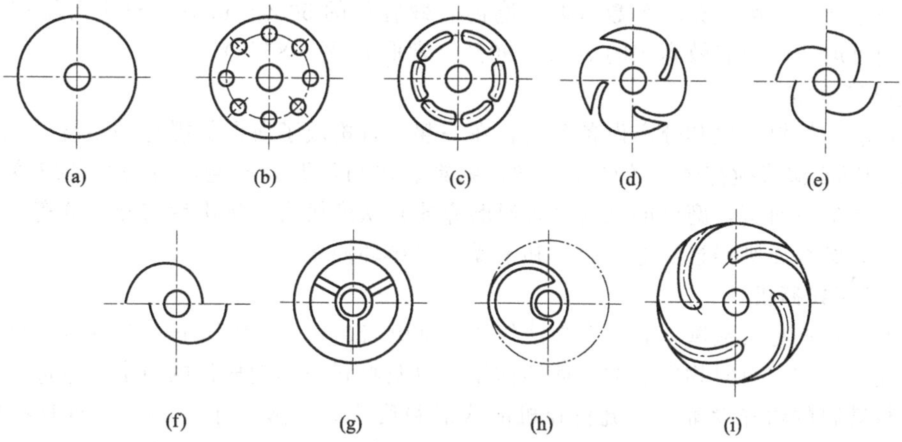

图 1-16　搅拌磨中常见的分散器类型

（引自：陈斌《食品加工机械与设备》，2009）

(a) 平面圆盘形；(b) 开圆孔圆盘形；(c) 开豌豆空圆盘形；(d) 渐开线槽形异形；(e) 风车形异形；(f) 偏凸形异形；(g) 同心圆环形；(h) 偏心圆环形；(i) 螺旋沟槽形

2. 工作原理

搅拌磨在粉碎过程中，筒体不转动，主要通过搅拌器搅动研磨介质产生冲击、摩擦和剪切作用而使物料粉碎。在搅拌磨中，研磨介质做不规则运动，对物料产生以下 3 种作用力：①研磨介质之间互相冲击产生的冲击力；②研磨介质转动产生的剪切力和摩擦力；③研磨介质填入分散器所留下的空间而产生的撞击力。正是在这些力的作用下，浆料中的固体颗粒被粉碎成微粒。

在搅拌磨中，研磨介质对研磨的效果影响很大。最初的研磨介质是玻璃砂，故早期的搅拌磨又称为砂磨器。现在一般使用球形研磨介质，常用的有玻璃珠、钢珠、氧化铝珠和氧化铁珠等。

研磨介质粒径大小对研磨效率和产品粒径有直接影响。介质粒径越大，产品粒径也越大，产量越高；反之，介质粒径越小，产品的粒径也越小，产量越低。所以，研磨介质粒径大小视原料粒度和要求的产品粒度而定。为了提高粉碎效率，研磨介质的粒径必须大于 10 倍给料的平均粒径。如果对成品粒度要求不高，可使用较大的研磨介质；若要求成品粒径小于1～1.5μm，介质粒径通常采用0.6～1.5mm；当要求成品粒度在5～25μm时，则介质粒度可采用2～3mm。通常情况下研磨介质的粒度愈均匀愈好，这样不但可以获得均匀强度的剪切力、冲击力和摩擦力，使成品粒度均匀、提高研磨效率和成品质量，而且研磨介质也不易破损。

研磨介质的密度对研磨效率也起重要作用，介质密度越大，研磨时间越短。所以，在选用研磨介质时，也要考虑其密度。尤其对于高黏度、高浓度的浆料，应尽量选用密度大的介质，同时，也要注意采用密度高的材料制造研磨筒和搅拌器，以防止其严重磨损。表1-1给出了常用研磨介质的密度和直径。

表1-1 搅拌磨常用研磨介质的密度和直径

研磨介质	密度/(g/cm^3)	直径/mm	研磨介质	密度/(g/cm^3)	直径/mm
玻璃(含铅)	2.5	0.3～3.5	锆砂	3.8	0.3～1.5
玻璃(不含铅)	2.9	0.3～3.5	氧化锆	5.4	0.5～3.5
氧化铝	3.4	0.3～3.5	钢球	7.6	0.2～1.5

注：引自肖旭霖《食品加工机械与设备》，2000。

研磨介质（含物料）的充填率对研磨效率也有直接影响。充填率视介质粒径大小而定，粒径大，充填率也大，粒径小，充填率也小。具体的充填系数，还随搅拌磨类型的不同而不同。对于敞开型立式搅拌磨，充填系数可取研磨筒有效容积的50%～60%；对于密闭型立式和卧式搅拌磨则可取研磨筒有效容积的70%～90%（常取80%～85%）。

3. 搅拌磨系统

将搅拌磨、给料装置和分离设备等结合在一起，就构成了所谓的搅拌磨系统。图1-17是瑞士生产的NRZK湿式搅拌磨系统的示意图。物料、水与研磨介质经调浆槽制备成浆料后送入湿式搅拌磨中进行研磨，磨好的浆料（含研磨介质）从磨机底部排出后与介质分离，浆料进入产品贮仓，研磨介质则经过洗涤、脱水和干燥后可循环使用。

（四）气流粉碎机

气流粉碎机亦称气流磨，它是在高速气流（300～500m/s）作用下，物料通过自身颗粒之间的相互撞击，在气流对物料的冲击剪切作用，以及物料与其他构件的撞击、摩擦、剪切等作用下使物料破碎的粉碎设备。气流粉碎机的成品粒度小，一般小于5μm，并且具有成品粒度均匀度高，颗粒表面光滑、形状规则、纯度高、分散性好、粉碎过程升温小等优点。

气流粉碎机包括扁平式气流粉碎机（flat airflowing grinder）、立式环形喷射式气流粉碎机（vertical ring-like jet-type airflowing grinder）、对冲式气流粉碎机（pair-flushes airflowing grinder）和叶轮式气流粉碎机（impeller-type airflowing grinder）等。下面介绍它们的结构与工作原理。

1. 扁平式气流粉碎机

扁平式气流粉碎机主要机构见图1-18。工作时，物料由文丘里喷嘴加速到超音速后导入粉碎室，压缩空气通过气流分配室，以高达每秒几百米至上千米的气流速度由研磨喷嘴进入粉碎室。由于研磨喷嘴与粉碎室形成一锐角，因此由研磨喷嘴喷射出的高速旋转气流使颗粒间、颗粒与构件间产生相互冲击、碰撞、摩擦而粉碎。粗粒在离心力作用下甩向粉碎室周壁进行循环粉碎，而细粒则在离心气流带动下，经推料喷嘴导出后经分离沉淀下来。

2. 立式环形喷射式气流粉碎机

立式环形喷射式气流粉碎机主要机构见图1-19。工作时，物料经给料器由文丘里喷嘴送入粉碎区，压缩空气经一组研磨喷嘴喷入粉碎室，加速颗粒使其相互冲击、碰撞、摩擦而粉碎。气流携带粉碎的颗粒，在离心力场的作用下使颗粒分流，细粒在内层经分级器分级后排出，粗粒在外层继续循环粉碎。

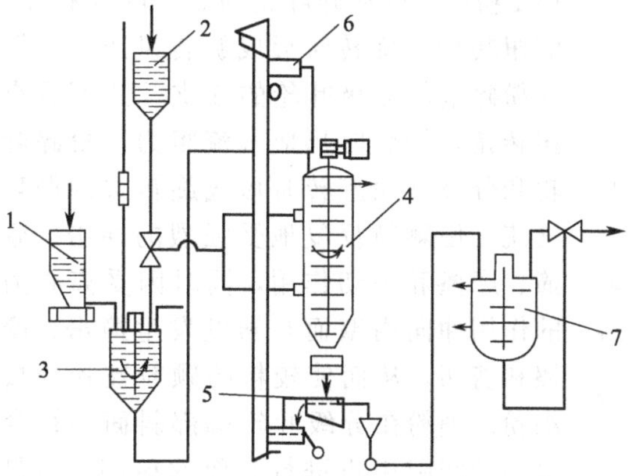

图 1-17 NRZK 湿式搅拌磨系统的示意图
（引自：http：//cn. tradekey. com）
1—物料；2—研磨介质；3—调浆槽；4—搅拌磨；5—介质分离洗涤系统；6—介质干燥系统；7—产品贮仓

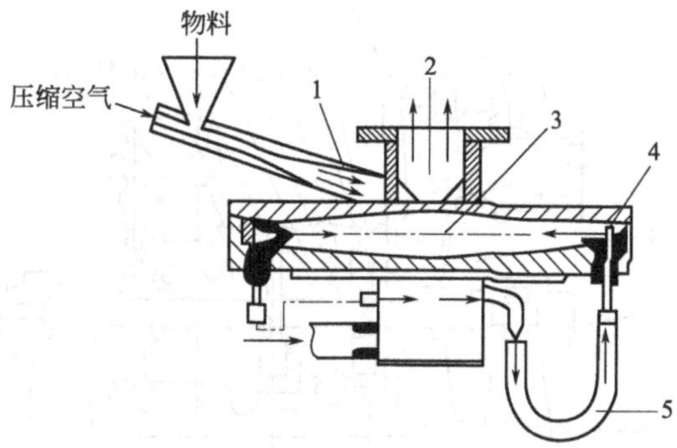

图 1-18 扁平式气流粉碎机的结构示意图
（引自：刘协舫《食品机械》，2002）
1—文丘里喷嘴；2—推料喷嘴；3—粉碎室；4—研磨喷嘴；5—气流分配室

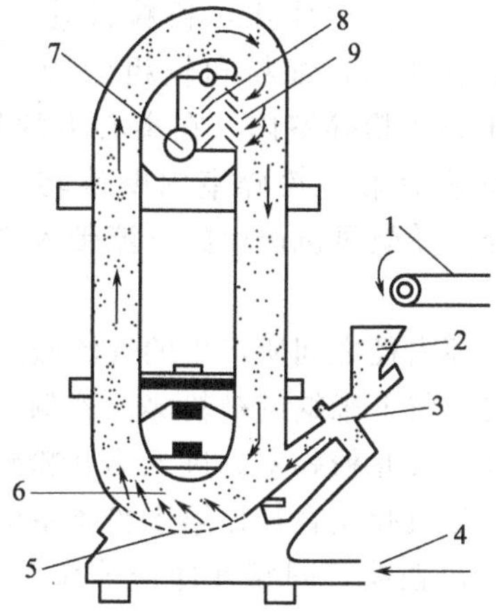

图 1-19 立式环形喷射式气流粉碎机工作原理图
（引自：刘协舫《食品机械》，2002）
1—给料器；2—料斗；3—文丘里喷嘴；4—压缩空气入口；5—研磨喷嘴；6—粉碎室；7—产品出口；8—百叶窗式惯性分级器；9—分级器入口

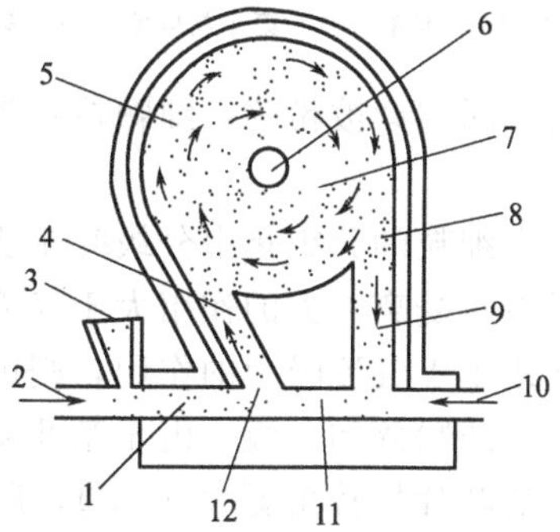

图 1-20 对冲式气流粉碎机工作原理图
（引自：刘协舫《食品机械》，2002）
1—加料喷嘴；2—喷管Ⅰ；3—料斗；4—上导管；5—分级室；6—产品出口；7—微粉体；8—粗粉体；9—下导管；10—粉碎喷嘴；11—喷管Ⅱ；12—冲击室

3. 对冲式气流粉碎机

对冲式气流粉碎机主要机构见图 1-20。工作时，加料喷嘴与粉碎喷嘴同时相向向冲击室喷射高压气流，加料喷嘴喷出的高压气流将加料斗中的物料吸入后，被加速进入冲击室，受到粉碎喷嘴喷射出的高速气流阻止，物料被冲击而粉碎。粉碎后的物料随气流经上导管进分级室，在离心力的作用下，粗粒（离心力大）沿分级室外壁运行，经下导管被粉碎喷嘴喷出的气流送回至冲击室继续粉碎；细粒（离心力小）处于内圈，随气流吸入产品出口。

4. 叶轮式气流粉碎机

叶轮式气流粉碎机同时具有锤式和气流式粉碎机的特点。它是由水平轴上设置的两个串联的粉碎-分级室，以及风机与加料装置等组成（图 1-21）。每一个粉碎-分级室都设有带撞击销的粉碎叶轮和定子衬套以及分级叶轮。

开机运行时，将小于 10mm 的物料颗粒由加料装置定量连续地加至第Ⅰ粉碎室内，由于

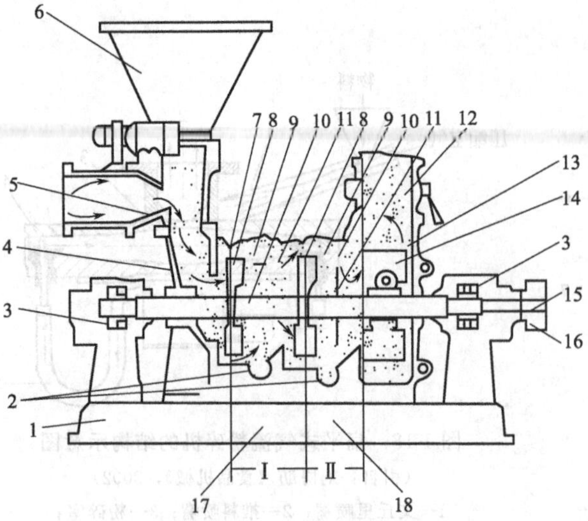

图 1-21 叶轮式气流粉碎机的结构示意图

(引自：高福成《现代食品工程高新技术》，1998)

1—机座；2—排渣机构；3—轴承座；4—加料装置；5—加料器；6—料斗；7—衬套；8—叶轮；9—撞击销；10—内分级叶轮；11—隔环；12—碟阀；13—机壳；14—风机叶轮；15—主轴；16—带轮；17—第Ⅰ粉碎室；18—第Ⅱ粉碎室

第Ⅰ粉碎室的粉碎叶轮的5支叶片有30°的扭转角，旋转时形成旋转风压，而第Ⅱ粉碎室的分级叶轮的5支叶片不具有扭转角，旋转时形成气流阻力，粉碎叶轮和分级叶轮旋转时形成旋转式的循环气流，使颗粒反复地受强烈的冲击、碰撞、摩擦和剪切作用，同时因受离心力的作用冲向内壁而与器壁发生撞击、摩擦和剪切，从而使较粗的颗粒被粉碎成细粉。细粉在分级叶轮端部斜面和衬套之间的间隙中也进行有效的粉碎。但最有效的粉碎作用发生在两个叶轮之间的滞流区。这是因为叶轮高速旋转时物料被急剧搅拌，导致了颗粒间的剧烈冲击、摩擦和剪切作用。

由于上述作用，粉粒被粉碎至数十到数百微米，细粉和较粗的颗粒同时旋转于第Ⅰ粉碎室内，在离心力的作用下，粗颗粒沿第Ⅰ粉碎室内壁旋转，与新加入的物料一同继续被粉碎；细颗粒则随气流趋向中心部分，随鼓风机产生的气流带入第Ⅱ粉碎室内。

粗粒和细粒的分级是由分级叶轮所产生的离心力和隔环内径之间所产生的气流吸力来决定的。若颗粒所受离心力的作用大于气流吸力的作用，则被滞留下来继续被粉碎；若颗粒所受离心力的作用小于气流吸力的作用，则被吸向中心随气流进入第Ⅱ粉碎室。进入第Ⅱ粉碎室的细粒进行同样的粉碎和分级。由于第Ⅱ粉碎室的粉碎叶轮和分级叶轮直径比第Ⅰ粉碎室的大，且粉碎叶轮的叶片扭转角更大（40°），所以造成的风压更大，颗粒之间相互冲击等作用力更大，粉碎效果得以增强。同时，因粉碎室直径增大而使得通过该室的风速减缓，分级精度提高，这样可使细颗粒粉碎到几微米到数十微米的超细粒子并被气流吸出机器外分数。

叶轮式气流粉碎机的两个粉碎室的底部都设有排渣机构（图 1-22）。当物料中含有硬度和相对密度大的杂质时，由于旋转时受到分级叶轮离心力的作用而被甩向衬套内壁而降到粉碎室底部排渣孔，由排渣机构的螺旋器不断地排出机外，从而提高了成品的质量和纯度。当物料不含杂质时，该装置也可将粗颗粒排出机外，以防止粉碎机因粗颗粒的积累以及新物料的不断加入而超载，保证成品粒度的大小符合规格。但是，若要粉碎两种以上组分的混合物，且各分级密度相差较大，则不宜采用排渣机构来排除杂质。

（五）盘击式粉碎机

盘击式粉碎机的工作原理与锤击式粉碎机相似，它是由互相靠近的两个圆盘组成，每个圆盘上装有很多以同心圆排列的齿状、针状或棒状的“指爪”，而且一个圆盘上的每层指爪都伸入到另一个圆盘的两层指爪之间（图 1-23）。这样，当两个圆盘做相对运动时，除了指爪对物料的冲击粉碎力外，还产生分割或拉碎作用，所以最适合于较韧性的纤维质物料的粉碎。

盘击式粉碎机的式样颇多，从圆盘的运动情况看，可以分为两种：一种是一个圆盘转动而另一个圆盘固定；另一种是两个圆盘均转动。后者又可分为两种情况：一种是两个圆盘同向转动但转速不等；另一种是两个圆盘以相反的方向转动。

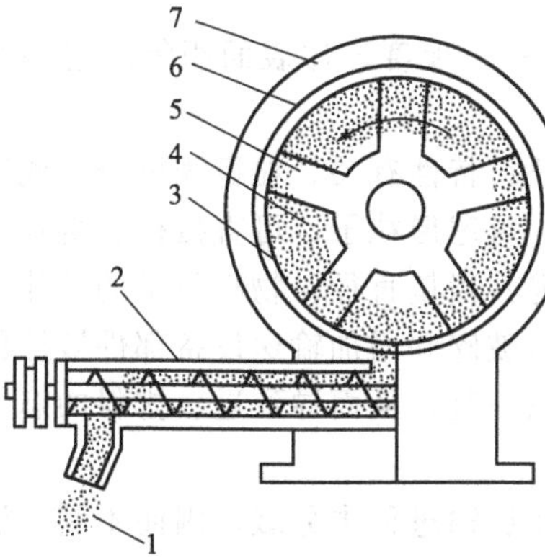

图 1-22　排渣原理示意图
（引自：高福成《现代食品工程高新技术》，1998）
1—粗渣粒；2—螺旋推料器；3—粗粉；4—细粉；
5—分级叶轮；6—衬套；7—机壳

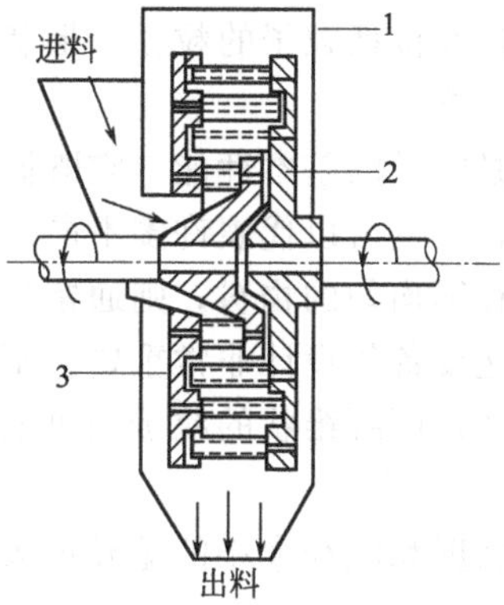

图 1-23　盘击式粉碎机示意图
（引自：高福成《食品工程原理》，1998）
1—外壳；2—动磨盘；3—定磨盘

盘击式粉碎机的指爪形状也是多种多样的，有圆柱状的，也有形似刀齿状的。另外，为了使物料在离心力作用下，在内外圆周移动时能产生逐级粉碎的效果，也可以将同一圆盘上内、外层指爪的形状与它们之间的距离设计为不同。

三、粉碎机的选用原则

固体物料的粉碎特性与物料的硬度、强度、脆性、韧性、水分含量、吸湿性等许多因素有关，选用粉碎机时要充分考虑这些因素。一定类型的粉碎机能产生特定的粉碎力，对具有相应物理性质的物料才能发挥粉碎作用。

一般而言，对坚硬的物料挤压力和冲击力更有效，对于韧性物料则以剪切力为好。硬度和韧性越大的物料，功率消耗也越大。而物料的黏结性则具有使物料重新聚结的可能，所以功耗也较大。

物料含水分多时容易粉碎，但微粒化后会带来黏性，因而容易导致堵塞，或者由于粉粒凝聚而降低生产能力。所以，可以在粉碎过程中吹入热风使物料边干燥边粉碎。

粉碎过程中产生的热能容易使热敏物料变质、溶解或黏着，从而降低粉碎机的生产能力。因此，可在粉碎前或粉碎时进行冷却处理。湿法粉碎可以有效地预防粉碎过程中热能的影响。此外，缩短物料在粉碎机内的停留时间也可缓和粉碎热的影响，尽量以剪切粉碎力代替冲击粉碎力同样可以很好地减少热能的影响。

第三节　固体物料的输送设备

固体物料常用的输送设备包括机械输送设备和气力输送设备。在实践过程中，具体选择哪种设备，与物料的输送特性密切相关，所以本节将首先简要介绍物料的输送特性，然后再分别对机械输送设备与气力输送设备进行叙述。

一、固体物料的输送特性

食品发酵常用的固体原料多以散粒体（颗粒状）和粉体（粉状）的形式进行输送。所谓输送特性是指颗粒状或粉状物料的固有特性对输送系统的管路、管件、输送设备的种类及相应参数选择等方面的影响。固体物料的输送特性因物料种类不同而有很大变化，通常固体物料的输送特性包括粒子特性和散料特性。

1. 粒子特性

粒子特性包括粒子的粒径（形状与大小）、密度、脆性、硬度、比表面积等。它们对物料输送均有影响。

粒径是粒子的基本性能，它既同单个粒子有关也与散料特性有关。粒径既可分为代表单个粒子的粒径，也可以代表许多不同尺寸粒子的平均粒径。对球形粒子，可直接按其直径进行定义；对粒径不均匀的物料，则通常将粒子视作球形而确定其当量直径。物料粒子的总体形状和结构对输送设备的设计非常重要。不规则粒子在输送时易破碎并增加输送设备部件被擦伤和磨蚀的可能性；而纤维状的粒子则可能在输送过程中纠结在一起，从而导致进、排料的麻烦和管道的堵塞。

粒子密度和粒径大小的差异过大容易导致混合物料在运输过程中分级，因而不利于混合物料的输送。

粒子的脆性在输送过程中会造成粒子的磨碎，使粒子暴露更多新表面，从而使物料容易结块，且产生过多的细粉，增大粉尘爆炸的危险性。但是有时粒子磨碎也可能会带来好处，因为输送过程产生磨碎的物料在后续操作中可以增加接触面积，从而缩短作用时间。

粒子的硬度是造成管路和输送部件磨损的主要原因之一，磨损程度是粒子硬度和输送速度的函数。

粒子的比表面积值可用于估算粒子的形状系数，而且可以预计粉粒状物料的透气性与输送模式间的关联度。当物料的比表面积增大时，意味着该物料的透气性减小而存气能力增大，物料的质量流量也可适当提高。

2. 散料特性

散料是由大量单个粒子组成的，这些粒子常常大小、形状各异，并可能具有不同的化学成分。散料的性能不但与单个粒子有关，也与物料的散装（堆积）状态有关。物料在堆积状态下的整体性能称为散料特性。它包括散料的堆积密度、空隙度、流动性能、透气性、摩擦角、粒径分布和黏性等。

堆积密度是散料质量与该散料所占体积的比值，包含粒子的体积和粒子间的空隙，取决于粒子密度和形状、粒子装填方法和粒子彼此的配位。对于输送系统尤其是气力输送系统，堆积密度的数据对确定输送排料量以及计算料斗的大致容积都是必不可少的参数。

散料的流动性范围较大，可以从自由流动到黏性很强。流动性对物料输送系统的选择和相关部件的设计均有较大影响。对于流动性好的散料，粒子间的力可以忽略，这类散料在重力作用下即很容易流动，就像是单个分离的粒子一样。随着粒子尺寸的减小，粒子间力的作用增大，这样再单凭重力已不足以使其流动，这时产生的流动不是单个分离的粒子而是以粒子集合体（团块）来进行，因而增大了散料的流动阻力。实践证明，当粒子带静电荷、形状不规则、含水量较高都可以增加散料的黏性、增大散料流动的阻力，影响输送系统的形式和相关部件参数的设计。

散料的透气性、摩擦角、粒径分布和黏性等对其运输也有影响。散料一般都具有抗剪切力的能力，其初始的抗剪切能力是由散料内部颗粒的黏聚力生成的，随后的抗剪切能力则是由其摩擦角决定的内摩擦力产生的。散料的抗剪切能力一方面可防止物料在运输过程中以粉尘的形式损失，另一方面增加了对运输系统相关部件的磨损。散料也具有液体的性质，对分散在散料中的颗粒可产生浮力作用，散料的透气性与其颗粒所受浮力密切相关。另外，在运输过程中受到振动或其他扰动时，散料中的各颗粒会根据其粒径和密度进行分级，不利于已混合物料的输运。

二、机械输送设备

在食品发酵工业中常用的固体物料机械输送设备包括带式输送机（belt conveyor）、斗式提升机（bucket elevator）、螺旋式输送机（spiral conveyor）和刮板式输送机（scraper conveyor）等。下面将分别对它们的结构与工作原理进行介绍。

（一）带式输送机

带式输送机是食品工业中应用很广泛的一种连续输送机械。它不仅可用于块状、粉状物料及整件物品的水平或倾斜方向的输送，作为向其他加工机械及料仓的加料、卸料设备，还可作为在生产线中检验半成品或成品的输送装置。常用的带式输送机包括固定带式输送机（fixed belt conveyor）和轻便移动带式输送机（portable mobile belt conveyor）。

1. 固定带式输送机

固定带式输送机的主要组成见图 1-24。同时，附设有加料及卸料装置。

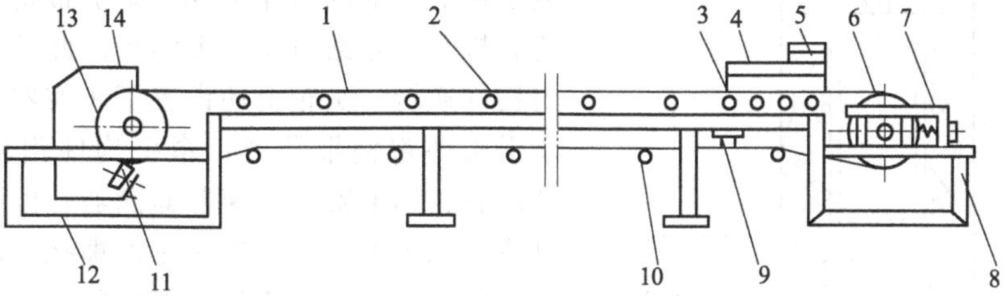

图 1-24　固定带式输送机的结构示意图

（引自：www.foodmate.net）

1—输送带；2—上托辊；3—缓冲托辊；4—导料板；5—加料斗；6—改向鼓轮；7—张紧装置；8—尾架；9—空段清扫器；10—下托辊；11—弹簧清扫器；12—头架；13—驱动鼓轮；14—头罩

封闭的输送带绕过驱动鼓轮和改向鼓轮，上下有托辊支持，并通过张紧装置将其张紧在两鼓轮间。当电动机经减速器带动驱动鼓轮转动时，由于鼓轮与输送带之间摩擦力的作用，使输送带在驱动鼓轮和改向鼓轮间运转，加到输送带上的物料就可以由一端被送到另一端。

固定带式输送机的输送距离长、工作速度范围宽（0.01～4m/s）、输送能力大、动力消耗低、构造简单、工作可靠、维修方便、运行平稳、无噪声，并可在输送带的任何部位加料或卸料。其缺点是不能实现密封输送，输送轻质粉状料时易产生粉尘，倾斜输送的倾斜度应小于18°，只能做直线输送，要改变输送方向需几台输送机联合使用。

2. 轻便移动带式输送机

轻便移动带式输送机的主要组成见图 1-25。其工作原理与固定带式输送机的相同。它的特点是将带式输送机通过钢管机架支撑在支撑轮胎上，便于移动，灵活性好。另外，通过升降

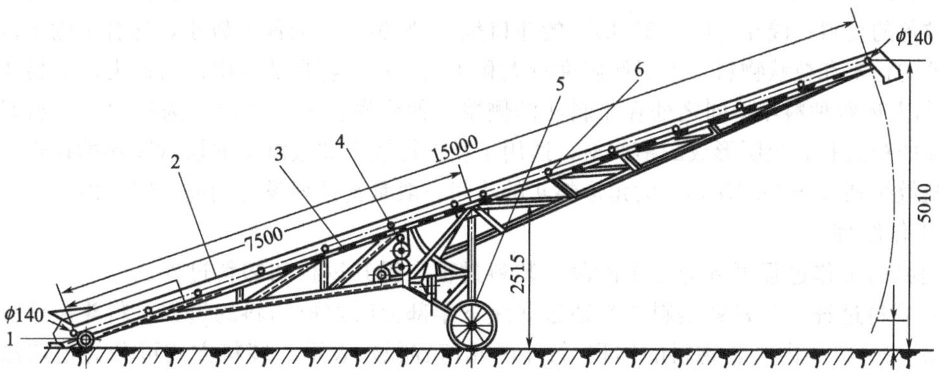

图 1-25　轻便移动带式输送机结构示意图（单位：mm）

（引自：沈再春《农产品加工机械与设备》，1993）

1—驱动滚轮；2—输运带；3—钢管机架；4—升降机构；5—支撑轮胎；6—托辊

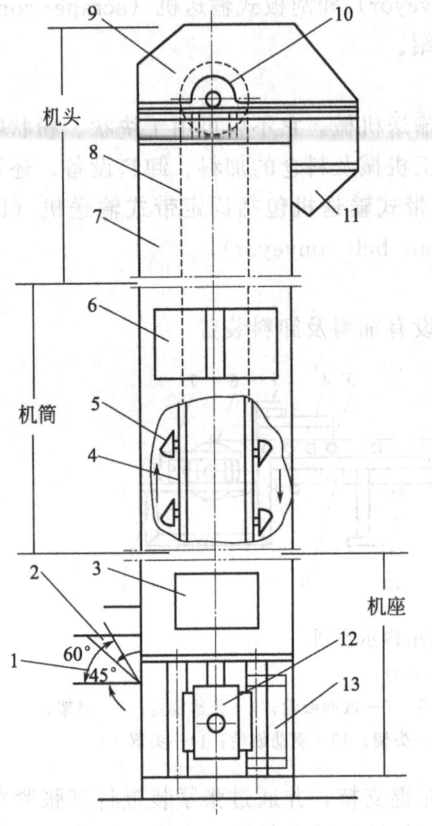

图 1-26 斗式提升机的结构示意图

（引自：马海乐《食品机械与设备》，2004）

1—低位装料口；2—高位装料口；3,6,13—孔口；4,8—牵引带；5—料斗；7—机壳；9—头罩；10—头轮；11—出料口；12—张紧装置

机构可以调节输送机的倾斜角度，适合于存在较大位差的两点之间直线输送块状、粉状以及大体积的成件物品，但是它的输送距离较短。

（二）斗式提升机

1. 结构

斗式提升机简称斗提机，主要组成见图 1-26。斗提机的外部由机壳罩着形成封闭式的结构，从上至下分别为机头、机筒和机座。机筒可根据提升高度由若干节构成。在机壳的内部主要由牵引带和安装于牵引带上的料斗组成。牵引带是环绕于机头头轮和机座底轮的封闭环形结构。此外，为了防止牵引构件逆转，头轮上还设置了止逆器；机筒内安装牵引构件跑偏报警器，牵引构件跑偏时能及时报警；底轮轴上安装有速差监测器，以防止牵引构件打滑；机头外壳上设置一个泄爆孔，能及时缓解密封空间的压力，防止粉尘爆炸的发生。这些特殊构件装置是为了保证斗提机正常安全运转而设计的。

牵引带与料斗是斗提机的重要部件。牵引带具有承载和传递动力的作用，要求强度高、挠性好、延伸率小、重量轻。常用的牵引带分为胶带和链条两种。胶带适合生产能力不大、中等提升高度、磨蚀性小的粉状及小颗粒物料的输送；链条适合生产能力及提升高度较大、物料温度较高的输送。

料斗作为盛装输送物料的构件，用特定螺栓按疏散或紧密排列形式（图 1-27）固定安装于牵引带上。根据材料不同，料斗可分为金属料斗和塑料料斗。金属料斗通常是用 1～2mm 厚的薄钢板经焊接、铆接或冲压而成；塑料料斗常用聚丙烯塑料制成，它具有结构轻巧、造价低、耐磨、与机筒碰撞不产生火花等优点。

根据运送物料的性质和提升机的结构特点，料斗可制成深斗、浅斗和尖角形料斗等三种类型（图 1-27）。深斗［图 1-27(a)］的斗口呈 65°倾斜，斗的深度（h）较大，适合于干燥、流动性好、能很好散落的物料；浅斗［图 1-27(b)］的斗口呈 45°倾斜，斗的深度较小，适合于输送潮湿及流动性较差的粉末和粒状物料，由于倾斜度较大和斗浅，物料容易从斗中倒出；尖角形料斗［图 1-27(c)］与上述两种料斗不同之处在于料斗的侧壁延伸到底板外，使之成为挡边，卸料时物料可沿一个斗的挡边和底板所形成的槽卸料，适用于黏稠性较大和较沉重的块状物料的运送。深斗与浅斗常疏散排列［图 1-27(d)］，尖角形料斗的斗间一般紧密排列没有间隔［图 1-27(e)］。

2. 工作原理

斗提机的工作过程可分为三个阶段：装料过程、提升过程和卸料过程。

（1）装料过程　装料就是料斗在通过底座下半部分时挖取物料的过程。料斗装满程度用装满系数 ψ（ψ=料斗内所装物料的体积/料斗的几何容积）表示。装料方式可分为挖取法和装入法（图 1-28）。挖取法是将物料加到斗提机底部，运转着的料斗直接挖取。这种装料方法适合于粒径小且磨蚀性小的粉状物料。其运行阻力较小，料斗的运行速度较高，为 0.8～2m/s。装入法是物料由装料口直接加到运行的料斗中。这种装料法适用于料块较大及磨蚀性较大的物

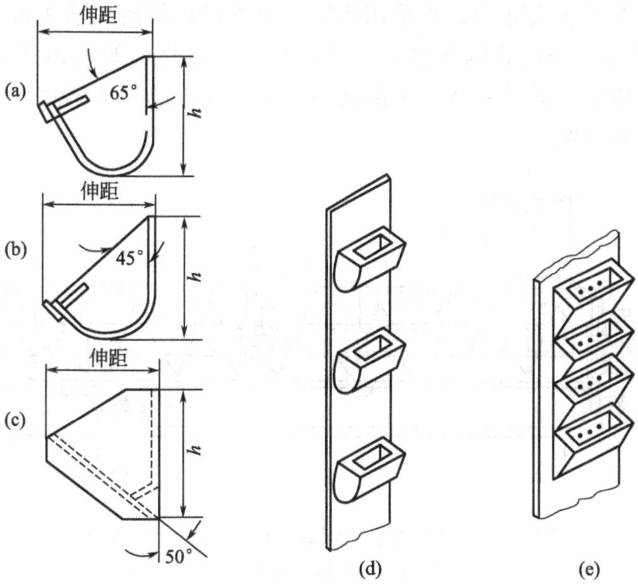

图 1-27 料斗类型与排列形式

（引自：马海乐《食品机械与设备》，2004）

(a) 深斗；(b) 浅斗；(c) 尖角形料斗；(d) 疏散排列；(e) 紧密排列

料，料斗紧密排列，运行速度较低，一般低于 1m/s。

(2) 提升过程 料斗从绕过底轮水平中心线至头轮水平中心线，即物料随着料斗垂直上升的过程，称为提升过程。此过程应保证牵引带有足够的张力，实现平稳提升，防止撒料。

(3) 卸料过程 物料随着料斗绕过头轮水平中心线，离开料斗从卸料口卸下的过程称为卸料过程。卸料方法有离心式、重力式和离心重力式三种（图 1-28）。离心式卸料是利用离心力将物料从卸料口卸出，物料的提升速度高，通常为 1～2m/s。离心卸料要求料斗间的距离要大，以免砸伤料斗，此种卸料方式适用于粒度较小、流动性好、磨蚀性小的物料。重力式卸料是依靠物料本身的自重进行卸料。这种卸料方式的物料提升速度较低，通常为 0.4～0.6m/s。重力卸料时物料是沿前一个料斗的背部落下，所以料斗要紧密相接。重力式卸料适宜于提升块度较大、磨蚀性强及易碎的物料。离心重力式卸料是利用离心力和重力的双重作用实现卸料，物料的提升速度为 0.6～0.8m/s。这种卸料方式适用于流动性不太好的粉状料及潮湿物料。

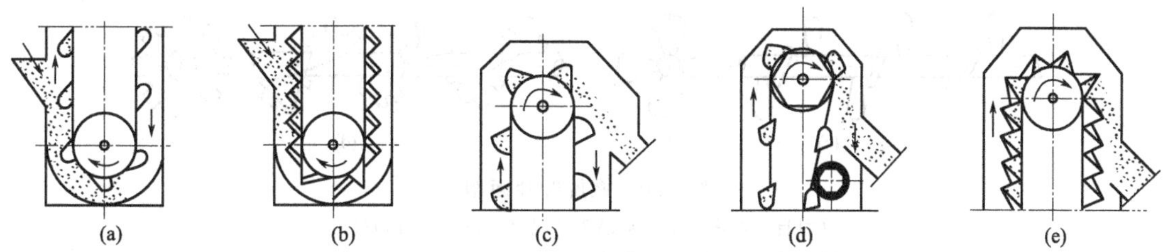

图 1-28 斗式提升机的装料、卸料方式

（引自：马海乐《食品机械与设备》，2004）

(a) 挖取法装料；(b) 装入法装料；(c) 离心式卸料；(d) 离心重力式卸料；(e) 重力式卸料

（三）螺旋式输送机

1. 结构

螺旋式输送机俗称绞龙，是一种用于短距离水平或垂直方向输送散体物料的连续性输送机械。按安装形式，螺旋式输送机可分为固定式和移动式；按输送方向或工作转速可分为水平慢

速和垂直快速两种。在工程实际中，常采用固定式水平慢速螺旋式输送机。

图1-29为固定式水平螺旋式输送机的一般结构图。刚性的螺旋体通过头部、尾部和中间部位的轴承支承于料槽中，通过安装于头部的驱动装置实现物料的输送。进出料口分别开设于料槽尾部的上侧和头部下侧。

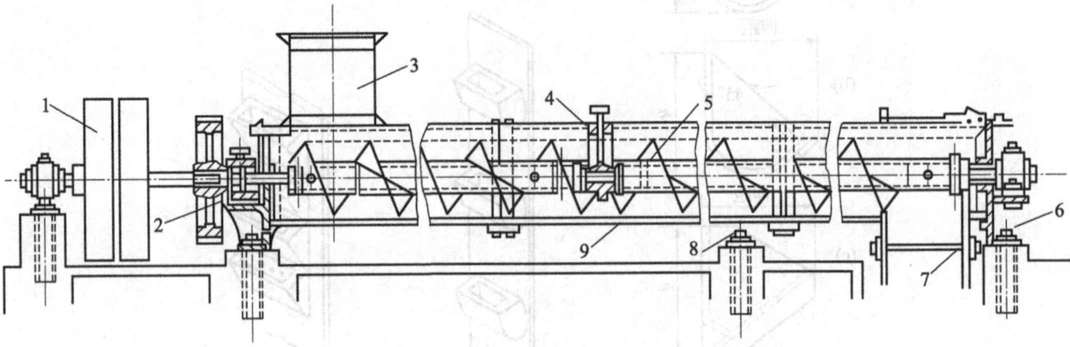

图1-29 固定式水平螺旋式输送机的一般结构

(引自：马海乐《食品机械与设备》，2004)

1—驱动装置；2—轴承；3—进料口；4—中间吊挂轴承；5—螺旋体；6,8—支座；7—出料口；9—料槽

螺旋体是螺旋式输送机的主要构件，它由螺旋叶片和螺旋轴两部分构成，常用的螺旋叶片形式有实体面型、带式面型、叶片面型和叶片桨型等（图1-30）。实体面型的构造简单、效率高，适宜输送松散、干燥、无黏性的物料；带式面型的加工制造较麻烦、强度较低、磨损大，适宜输送腐蚀性较大及粒度较大的物料；叶片面型的加工制造麻烦、效率低，用于物料在输送过程中需要搅拌及混合等要求的情况；叶片桨型的加工复杂，适于运送韧性、可压缩物料。根据叶片在轴上盘绕方向的不同，螺旋叶片又分为右旋和左旋两种（逆时针盘绕为左旋，顺时针盘绕为右旋）。螺旋体输送物料的方向由叶片旋向和轴的旋转方向决定。具体确定时，先确定叶片旋向，然后按左旋用右手、右旋用左手的原则，四指弯曲方向为轴旋转方向，大拇指伸直方向即为物料输送方向。

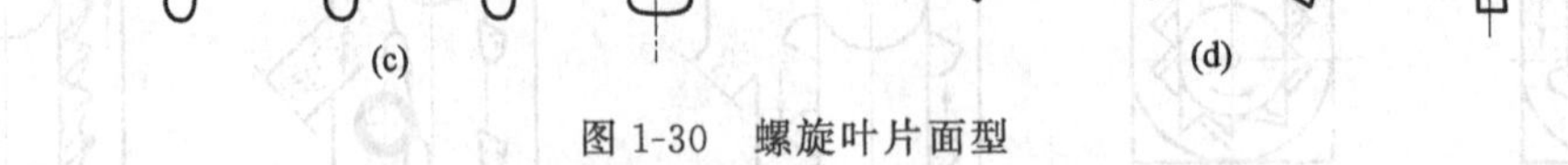

图1-30 螺旋叶片面型

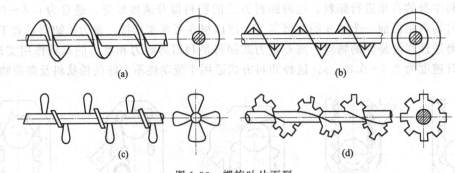

(引自：江南大学《食品工厂机械与设备》，1997)

(a) 实体面型；(b) 带式面型；(c) 叶片面型；(d) 叶片桨型

2. 工作原理

螺旋式输送机是通过螺旋体在旋转运动中伴随的直线运动将物料向前推进的。物料呈螺旋线状向前运动，也就是在向前输送的同时伴随着圆周方向的翻滚运动。所以，水平慢速螺旋式输送机的转速不能太快。但是对于垂直螺旋式输送机，必须利用螺旋体的高速旋转使物料与料槽间形成足够的摩擦力，以克服螺旋叶片对物料的摩擦阻力及物料自身的重力，保证物料向上输送，所以转速不能太慢。

3. 特点与选用原则

螺旋式输送机的主要特点是结构简单、外形尺寸小、造价低、密封性好、可实现多点进料与卸料、对物料有搅拌混合作用；但是其输送距离短，叶片和机壳易磨损，能耗较高，对物料的破碎作用较强。所以，它不宜输送大块的、含纤维性杂质较多的、磨损性很强的、易破碎或易黏结的物料，以免造成堵塞和物料的破碎。通常情况下，输送原粮类和大米等物料，一般不选用螺旋式输送机；而在葡萄酒行业中，螺旋式输送机主要用于输送葡萄和压榨后的葡萄皮。

选用螺旋式输送机时，除应遵循输送设备选用的一般原则外，还应考虑到以下几点。①根据工艺要求选择合适的机型。水平或小倾角短距离输送应选用水平慢速螺旋式输送机；而对于高度不大的垂直或大倾角输送，则应选用垂直快速螺旋式输送机。②根据被输送物料的性质确定螺旋叶片形式。例如，在粮油、饲料加工过程中，输送小麦、稻谷等散落性好的物料时，应选用实体面型叶片；输送油料类黏性大、易黏结的物料时，为了防止堵塞，应选用带式面型叶片。③根据工艺设备的布置要求，确定螺旋叶片的旋向、螺旋轴的转向及螺旋体的组合。输送机头尾端（进、卸料端）的位置确定后，物料的输送方向即确定，螺旋叶片旋向和轴的转向必须符合要求，如需中间或两端卸料，则应采用旋向不同的叶片组合成一个螺旋体。

（四）刮板式输送机

1. 分类与结构

刮板式输送机是一种具有挠性牵引构件的连续输送机械，可用于水平、倾斜和垂直方向输送散体物料。刮板式输送机常为固定式安装，分为水平型（MS 型）、垂直型（MC 型）和混合型（MZ 型）三种（图 1-31）。MS 型主要用于水平［图 1-31(a)］或较小倾斜角度［图 1-31(b)］的物料输送；MC 型可以用于较大倾斜角度［图 1-31(c)］甚至倾角达 90°［图 1-31(d)］的物料输送；MZ 型则可以将水平与垂直输送结合在一起［图 1-31(e)］。

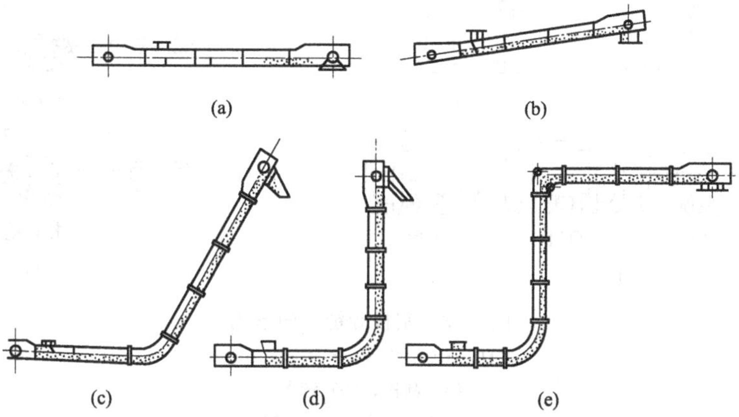

图 1-31　刮板式输送机的类型

（引自：http：//www.foodjx.com）

(a)，(b) 水平型；(c)，(d) 垂直型；(e) 混合型

图 1-32 是水平型刮板式输送机的结构示意图。驱动链轮安装于输送一端，张紧链轮安装于输送的另一端，它们的结构相同。牵引链条环绕并支承于驱动链轮和张紧链轮上，通过齿啮合而实现驱动。刮板安装于链条上，是输送物料的构件。进料口开设于料槽上部，卸料口开设于料槽下部。

刮板与链条是刮板式输送机的主要构件，它们连接于一体，其作用是传递动力、承载和输送物料。根据结构不同，刮板可分为 T 形、U 形和 O 形（图 1-33）。不同的刮板适合于不同物料和不同类型的刮板式输送机。准确选择刮板类型直接关系到输送机的工作性能。一般情况

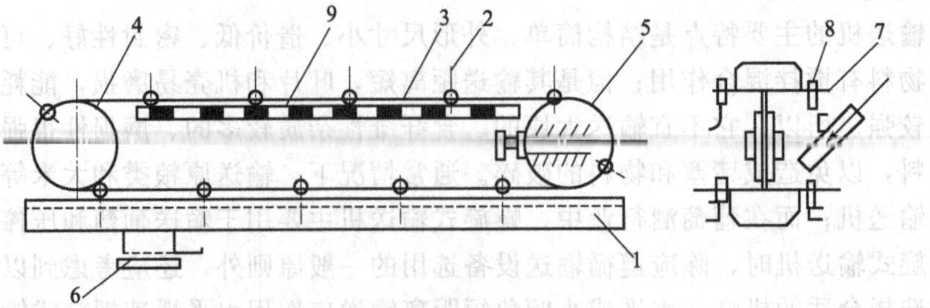

图 1-32 水平型刮板式输送机的结构示意图

（引自：http：//www.foodjx.com）

1—料槽；2—刮板；3—牵引链条；4—张紧链轮；5—驱动链轮；6—卸料口；7—链条销轴；8—滚轮；9—导轨

下，对于输送性能好的物料，在水平输送（也就是采用MS型刮板式输送机）时可选用结构简单的T形刮板；在包含有垂直段的输送（也就是采用MC型或MZ型刮板式输送机）时可选用U形或O形刮板。链条必须有足够的强度和耐磨性，常用的链条有滚子链、双板链、模锻链（图 1-33）三种。滚子链转动灵活，链接处比压较低，可降低磨损，延长使用寿命，但重量较大，拆换链条时必须成对更换；双板链和模锻链强度高，结构简单，使用可靠，拆装方便，在相同强度和节距的情况下，双板链重量最大，而模锻链轻。

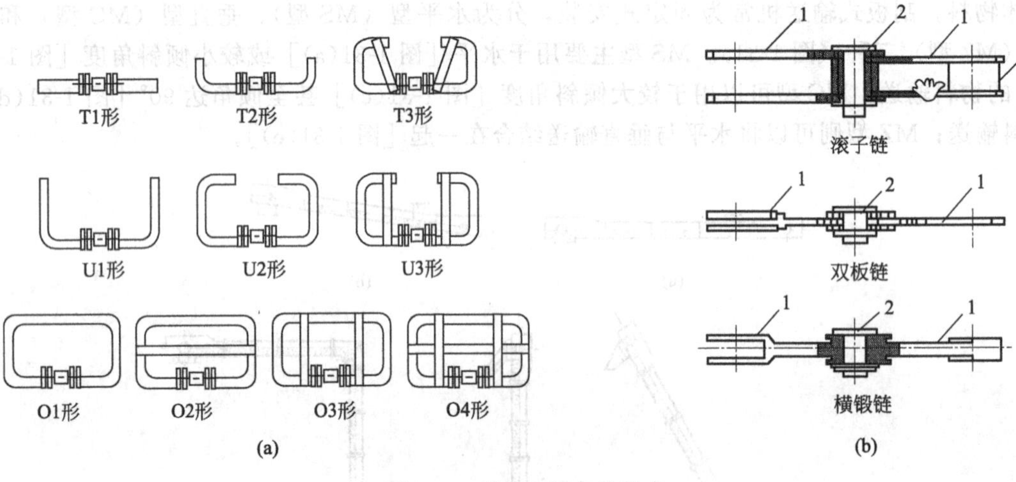

图 1-33 刮板和链条的形式

（引自：http：//www.foodjx.com）

（a）刮板；（b）链条

1—链杆；2—销轴；3—滚子

2. 工作原理

物料由进料口进入料槽内，水平输送时，物料受到刮板、链条在运动方向上的压力及物料重力的作用，在物料间产生内摩擦力，这种摩擦力保证了物料之间的稳定状态，并足以克服物料在料槽中移动而产生的外摩擦力，使物料形成连续整体的料流被输送而不致发生翻滚现象；在垂直提升时，物料在内摩擦力、刮板支撑与推动及机筒的作用下，克服在料槽中移动而产生的外摩擦力和物料的重力，形成连续整体的料流而被提升。

刮板式输送机具有结构简单、密封性好、进卸料装置简单、可多点进卸料、布置形式灵活、可同时实现多方向物料输送等特点。常用于粮油、饲料加工过程中的原粮、半成品及成品的输送。

三、气力输送

气力输送（air conveyor）也叫“风运”，是利用强烈的气流沿管道流动，从而把悬浮在气流中的物料输送至目的地的一种输送方式。气流输送可用于大麦、大米、麦芽等松散物料的输送。

（一）分类

根据料、气两相流的质量流量比以及气流速度的不同，气力输送系统可分为稀相气力输送系统、中相气力输送系统和密相气力输送系统三大类；按气源压力，可分为低真空气力输送系统、高真空气力输送系统、低压气力输送系统、高压气力输送系统；按压力差的大小，可分为吸送式气力输送系统、压送式气力输送系统以及吸送-压送混合式气力输送系统等。它们的具体分类指标见表 1-2。

表 1-2　气力输送系统的分类

分类原则	界限	类型
按料、气两相流的质量流量比分	<5	稀相
	5～50	中相
	>50	密相
按气流速度分	10～40m/s	稀相
	8～15m/s	中相
	1.5～9m/s	密相
按气源压力分	$-0.1\sim0\mathrm{kgf/cm^2}$①	低真空
	$<-0.1\mathrm{kgf/cm^2}$	高真空
	$0\sim0.5\mathrm{kgf/cm^2}$	低压
	$0.5\sim0.7\mathrm{kgf/cm^2}$	高压
按压力差大小分	<大气压	吸送式
	>大气压	压送式

① $1\mathrm{kgf/cm^2}=98.0665\mathrm{kPa}$。

注：引自周曼玲《通风除尘与机械输送》，2006。

（二）主要设备

尽管气流输送的类型很多，但是它们设备主要包括旋风分离器、供料装置、卸料装置、除尘装置和风机等。下面分别对这些设备进行介绍。

1. 旋风分离器

旋风分离器是气流输送中的物料分离设备，它利用气流的旋转运动，使物料产生离心力，将悬浮于气流中的物料分离出来。图 1-34 是旋风分离器的工作原理示意图。旋风分离器的上部为带有切线方向的圆柱形体，下部为圆锥形体。悬浮有物料颗粒的气流，以一定的速度自旋风分离器气流入口处切线方向进入，产生高速的旋转，并产生离心力，在离心力的作用下，物料颗粒被甩到器壁碰击而沿壁落下，由下部出料口排出。由于出料口加装卸料闭风器，只能出料，不能排气，所以气流只能由中心处旋转上升，由顶部的气流出口排出。

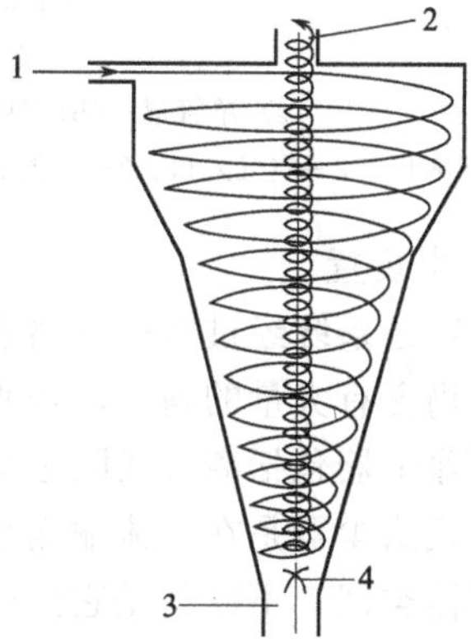

图 1-34　旋风分离器工作原理示意图
（引自：马海乐《食品机械与设备》，2004）
1—气流入口；2—气流出口；3—出料口；4—闭风器

旋风分离器的结构简单，一般采用普通钢板焊制，加工制造方便，对小麦、大豆等颗粒物料的分离效率可达 100%。但是对于粒度小于 5μm 的粉末，分离效果不好；也不适合于潮湿黏结的物料。

2. 供料装置

在气流输送系统中供料装置是使物料进入输料管，并形成一定混合比的构件。它的结构与工作原理取决于物料的物理性质和气流输送方式，通常包括吸嘴与叶轮式供料器。

(1) 吸嘴 吸嘴是吸送式气流输送系统的供料器。其工作原理是利用管内真空，将空气和物料一起吸进输料管。常见的吸嘴包括单管形、单筒形、倾斜形和双筒喇叭形［图 1-35(a)～(d)］。单管形、单筒形、倾斜形吸嘴结构均简单，但吸入空气的能力不一样，均容易因物料堆积造成空气不能进入管道，使操作中断；双筒喇叭形吸嘴由内筒和外筒组成，为减少空气进口的阻力，内筒做成喇叭形，外筒是空气进入内筒的通道，同时可通过调节内外套筒上下位置，避免因物料堆积造成操作中断。

(2) 叶轮式供料器 叶轮式供料器是一种容积式加料器，广泛用于中、低压的压送式气力输送系统。一般适用于流动性较好、磨损性小的粉粒状和小块状物料。其结构如图 1-35(e) 所示，在机壳内装有可以旋转的、由 6～8 片叶片组成的叶轮。物料从料斗加入后，流进旋转叶轮上部叶片间的格子里，随同叶轮转至下部，借助自重落入输料管中，叶轮空格再次转至上部，重新落入物料，于是叶轮不断转动即完成取料和卸料工作。供料器叶轮的转速与加料量有关，通常情况下当其圆周速度低于 0.25m/s 时，供料量与速度成正比；当其圆周速度约在 0.5m/s 时，供料能力最大；速度再快，供料能力反而降低，这是由于旋转太快，物料不能充分落入格子里，已落入的也可能被甩出料斗。

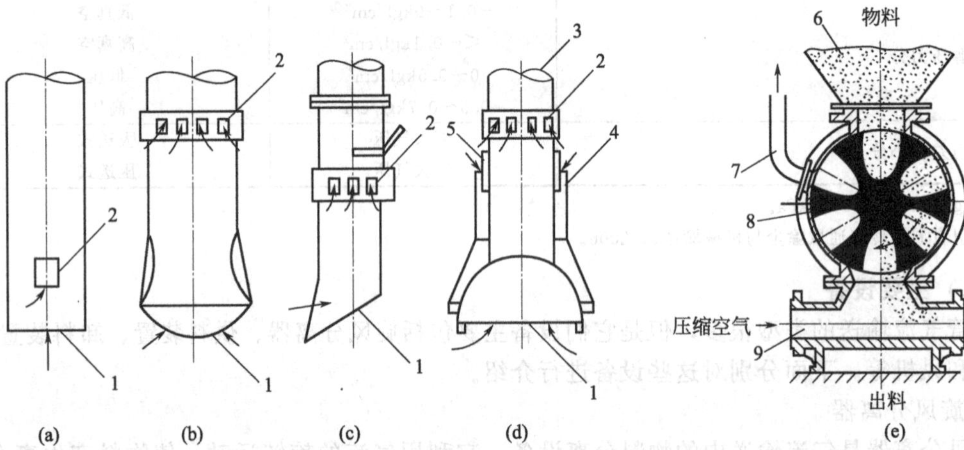

图 1-35 吸嘴与叶轮式供料器的结构示意图

（引自：高福成《食品工程原理》，1998）

(a) 单管形；(b) 单筒形；(c) 倾斜形；(d) 双筒喇叭形；(e) 叶轮式供料器

1—物料入口；2—空气入口；3—内筒；4—外筒；5—外筒空气入口；6—料斗；7—均压管；8—叶轮；9—输料管

3. 除尘装置

气流输送系统经过旋风分离器、卸料器之后，颗粒状物料虽然可以 100%地卸出，但排出的气流中仍含有大量的粉尘，若直接排出可能会严重污染环境，所以对排出前的气流应进行除尘。常用除尘器包括离心式除尘器、袋滤器和湿式过滤器。

离心式除尘器是在气流输送系统中应用最广泛、效果较好的一种，它的结构和工作原理与旋风分离器类似，不同的是它的外壳半径较小。为了得到更好的除尘效果，常常将两个或几个离心式除尘器并联使用。

袋滤器是广泛用于离心式除尘器之后的除尘设备，其结构简单，效果较好。袋滤器的结构示意图如图 1-36 所示，在外壳内装有许多直径为 100～300mm 的筒状滤袋。工作时，含尘气流由气流入口进入，穿过筒状滤袋，灰尘被截留在滤袋内，透出滤袋的净化气流由气流出口排出。袋内灰尘借振动器振落到下部，每隔一定时间打开排灰口由粉尘出口排掉灰尘。

对于旋风分离器不能分离的粉尘也可用湿式过滤器进行清除。湿式过滤器有各种不同的形式，但除尘机理大致相同，主要是利用水滴（水雾）与粉尘的碰撞，使粉尘被浸湿而滞留于水中，除尘效率可达95%左右，且压力损耗很小。图1-37是湿式过滤器的结构示意图。过滤器的气流入口管装于圆柱箱体中，侧面装有带孔的滤水板并浸入水中。当含尘气流进入缸内，经滤水板鼓泡洗涤，灰尘被水浸湿而留于水中，净化气流由上部气流出口排出。定期由下部排污口放掉含粉尘的水，再由上部加水管加入新水，重新操作。

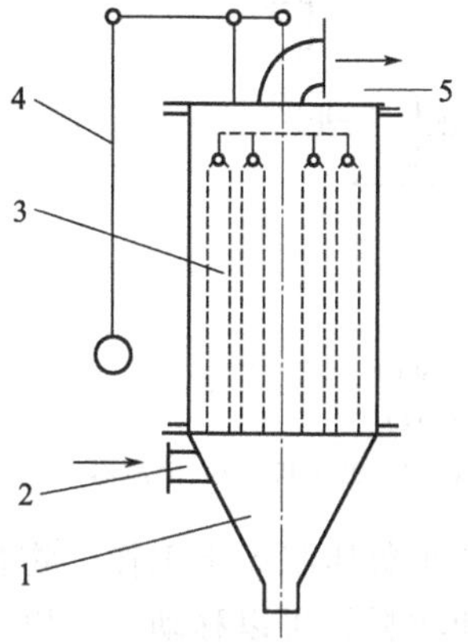

图1-36　袋滤器的结构示意图

（引自：马海乐《食品机械与设备》，2004）

1—粉尘出口；2—气流入口；3—滤袋；4—振动器；5—气流出口

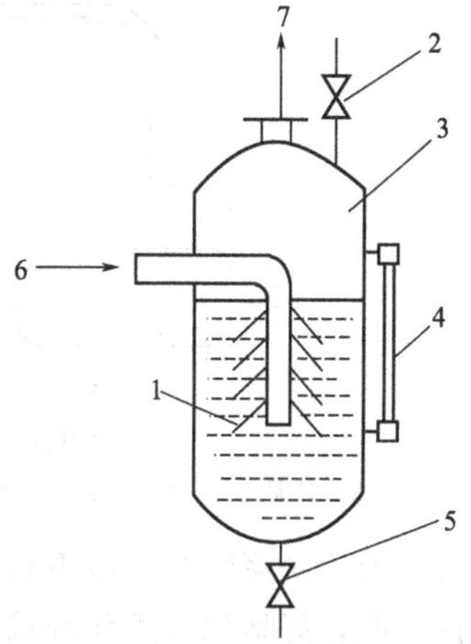

图1-37　湿式过滤器的结构示意图

（引自：陈从贵等《食品机械与设备》，2009）

1—滤水板；2—水管；3—箱体；4—液面计；5—排污口；6—气流入口；7—气流出口

4. 风机

风机为气流输送系统提供一定压差的气流，用以克服气流输送系统各构配件引起的压力损失。气力输送系统中使用最广泛的是罗茨风机，其结构示意图如图1-38所示。罗茨风机为容积式风机，输送的风量与转数成比例。两根轴上的叶轮与椭圆形壳体内孔面，叶轮端面和风机前后端盖之间及风机叶轮之间始终保持为0.3～0.5mm的微小间隙，这样可保证转子的正常旋转又不会引起漏气。这种风机的主要缺点是运转时噪声较大并要求有彻底的除尘措施。压力一般为0.2～0.5MPa。

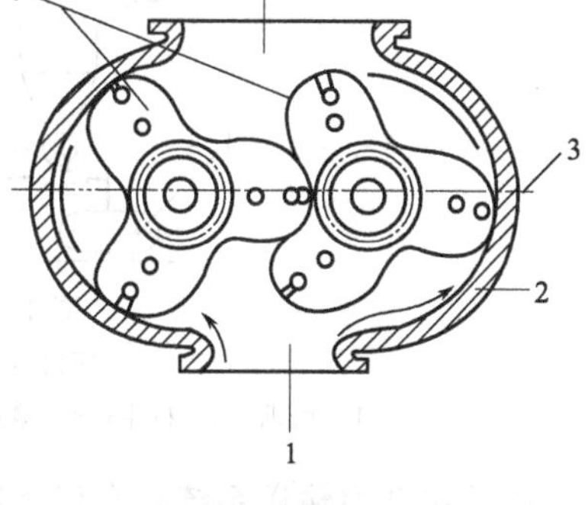

图1-38　罗茨风机的结构示意图

（引自：赵思明《食品工程原理》，2008）

1—气流入口；2—椭圆形壳体；3—轴；4—叶轮；5—气流出口

离心式风机是另外一种常用的风机，其结构与单级离心泵相似。在蜗壳形机壳内装一叶轮，叶轮上叶片数目较多。其工作原理和离心泵相同。它由蜗壳和在其中旋转的叶轮组成，依靠叶片旋转形成低压区，靠大气压把气体压入低压区，再靠叶片旋转把气体甩出去。其优点是较小的尺寸可以获得较大的风量，效率高，可在含尘量大的环境中作业。其最大缺点是风量变化较大，工作不稳定，有可能造成电动机过载。

(三) 几种常用的气力输送系统

所谓气力输送系统是根据物料的特性，按照不同气力输送的要求（表 1-2），将各种相关设备组合在一起，以实现物料输送的一种装置。下面仅对吸送式、压送式和吸送-压送混合式气力输送系统进行简要介绍。

1. 吸送式气力输送装置

吸送式气力输送系统的一般形式如图 1-39 所示。在鼓风机提供的气流的作用下，物料由吸嘴吸入，通过输送管到达分离器，物料由分离器的下部闭风器排除，气流经除尘器除尘后排放。

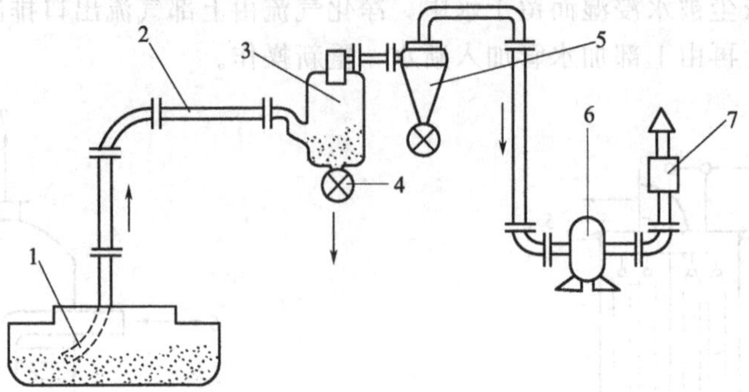

图 1-39 吸送式气力输送系统的示意图

（引自：马海乐《食品机械与设备》，2004）

1—吸嘴；2—输料管；3—分离器；4—闭风器；5—除尘器；6—鼓风机；7—消声器

吸送式气力输送系统具有以下特点：①整个输送系统处于负压状态下工作，物料和粉尘不会外逸飞扬，能较好地保证工作环境的卫生；②由于吸嘴和输料管可以移动，所以适宜于将物料从多处向一处集中输送；③可以根据需要适当增加输料管的长度，所以适用于堆积面广或低、深处物料的输送（如仓库、货船等散装粮的输送）；④物料由吸嘴吸入，喂料方式简单；⑤对卸料闭风器、除尘器的气密性要求高（要求在气密条件下排料）；⑥输送量、输送距离受到一定的限制，动力消耗较大。

2. 压送式气力输送系统

压送式气力输送系统的形式如图 1-40 所示。风机位于供料器的前方，提供的气流将来自供料器的物料经输送管送入旋风分离器，物料由分离器底部闭风器排除，气流经除尘器除尘后排放。

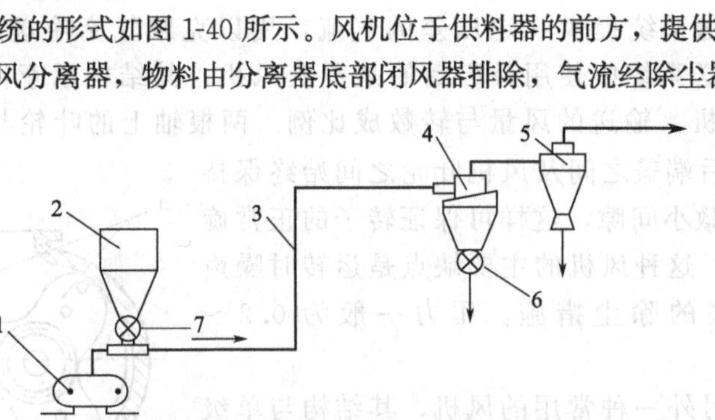

图 1-40 压送式气力输送系统的示意图

（引自：周曼玲《通风除尘与机构输送》，2006）

1—风机；2—料斗；3—输送管；4—旋风分离器；5—除尘器；6—闭风器；7—供料器

压送式气力输送系统具有以下特点：①整个输送系统处于正压状态，容易造成粉尘外逸，污染环境；②可以将物料由一处同时向几个地方输送；③通过增加鼓风机的功率，适当增加输送管的长度，可以实现长距离、大流量输送；④当输送压力较高，供料结构复杂时，需将供料器上部的料罐做成密闭结构；⑤物料可以从旋风分离器底部闭风器直接卸出，结构简单。

3. 吸送-压送混合式气力输送系统

吸送-压送混合式气力输送系统是由吸送式气力输送系统和压送式气力输送系统组合而成的，它具有两者的共同特点，一般可以移动，适用于既要集料又要配料的场合。

图 1-41 是吸送-压送混合式气力输送系统的示意图。物料在鼓风机负压的作用下，由吸嘴吸入输送管，进入旋风分离器Ⅰ后，物料从该分离器下部排除，并再次进入输送管，在鼓风机正压的作用下，被压送至旋风分离器Ⅱ，最后物料从旋风分离器Ⅱ底部卸出，气流经除尘器除尘后排出。

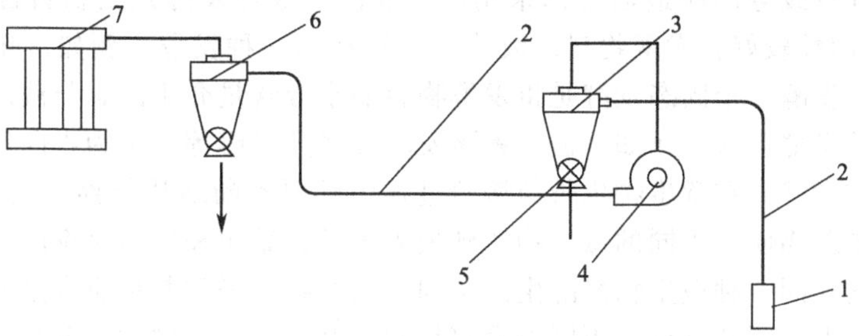

图 1-41　吸送-压送混合式气力输送系统的示意图

（引自：周曼玲《通风除尘与机械输送》，2006）

1—吸嘴；2—输送管；3—旋风分离器Ⅰ；4—风机；5—闭风器；6—旋风分离器Ⅱ；7—除尘器

（四）气流输送系统的特点

气流输送系统的优点是设备简单，占地面积小，输送能力和输送距离可调节性大，易于实现自动化。但是，如果使用不当，可能导致输送动力消耗过大、管路堵塞、磨损严重等。所以在选用和设计气流输送系统时对输送物料的性质，如密度、黏附性、流动性、吸湿性或耐磨性、形状、尺寸以及输送能力、输送距离等情况应进行详细的了解。输送物料形状和尺寸的大小，将直接影响气流输送流程的选用。对松散颗粒状物料，如粮谷类，最宜应用气流输送；颗粒过大或过细的粉状物料，气流输送的困难较大。

输送能力是选用气流输送系统的重要依据。一般对于输送能力大且需要连续运行的操作，宜采用气流输送；对于输送量少且是间歇性的操作，不宜采用气流输送。

输送的距离将直接影响气流输送系统的选取和动力消耗的大小。管路的布置应尽量减少90°弯管，距离过长应考虑采用压力气流输送系统。此外，还须注意管线支柱、检查孔、切换阀、输送物料的温度和湿度等。

总之，气流输送系统的确定，应结合具体条件，在调查分析的基础上，再将理论计算和实际经验结合起来，综合进行考虑。

思　考　题

1. 什么叫粉碎？粉碎的作用是什么？举例说明粉碎操作在食品发酵工业中的应用情况。
2. 常见的粉碎力有哪几种？各有何特点？
3. 什么叫粉碎比？试比较干法粉碎与湿法粉碎的优缺点？
4. 在选择粉碎设备时，应从哪些方面考虑？
5. 带式输送机、斗提机、刮板式输送机和螺旋式输送机分别由哪些主要部件构成？
6. 常用的张紧装置有哪几种？它们的结构和主要特点如何？
7. 选用输送机械设备时主要应考虑哪几个方面的问题？
8. 比较几种常用气流输送系统的特点。

第二章 发酵基质的制备与灭菌设备

根据发酵过程中物料含水量的多少，发酵可以分为固体发酵（solid-state fermentation，SSF）、液体发酵（liquid-state fermentation，LSF）和半固体发酵（semi-solid fermentation，SESF）。所谓固体发酵是指在培养基呈固态，含水较少（一般30%～75%），也就是在没有或几乎没有自由流动水的状态下进行的一种或多种微生物的发酵过程。例如，我国的谷物醋、白酒、红曲、腐乳和豆豉等的酿造通常都采用固体发酵。液体发酵是指物料含水较多（通常>85%），原料的水溶性较好，发酵物料以液体形式存在的一种发酵。例如，味精、果酒、啤酒等通常都采用液体发酵。半固态发酵是指发酵物料的水分含量介于固态与液态发酵之间，物料呈半固态浓稠状的发酵形式。例如，酱油稀醪发酵和酱类发酵等通常为半固态发酵。

无论是哪一类发酵，在微生物生长与繁殖过程中都要不断地从外界环境中吸收营养物质，以获得能量并合成新物质。不同的微生物达到最大生长、繁殖和代谢速率所需要营养物质的种类与浓度是不同的；同一种微生物发酵生产不同代谢产物所需营养物质也是不同的，因此在微生物发酵中，应根据不同的菌种、不同的发酵目的，制备多种多样的培养基。

现代发酵，特别是液体发酵，多为单一菌种的纯种发酵，被污染的其他微生物称为杂菌。杂菌的污染会给纯种发酵带来许多问题：①杂菌可以消耗发酵基质或/和目的产物，造成生产能力下降或生产失败；②杂菌产生的代谢产物，或因杂菌繁殖而改变培养液的某些理化性质，可能会使目的产物的分离与提取变得困难，造成产品收率降低与质量下降；③杂菌大量繁殖，可能改变培养基的pH，从而使微生物的生化反应发生异常，导致微生物代谢产物的种类、产生速率等发生变化，从而影响目的产物的得率与纯度等；④如发生噬菌体污染，可以导致微生物细胞的裂解，从而使生产失败。其实，现代固体发酵也多为单一菌种或多个菌种的纯种发酵，杂菌污染同样可以带来上述不利影响。所以为了保证纯种发酵的正常进行，在接种发酵之前，对发酵基质（培养基）、空气、流加物料、消泡剂以及相关设备与管道等进行灭菌是必不可少的操作步骤。

另外，为了加速发酵进程，在接种发酵前，发酵基质还需进行适当的处理。例如，以淀粉质原料进行液体发酵时，通常需要先对原料进行粉碎、液化和糖化等处理；进行固体发酵时需要进行润水与蒸煮等处理。

本章将主要介绍与固体和液体发酵基质准备和灭菌相关的一些设备。由于发酵基质常采用湿热灭菌方法，所以本章第一节还将介绍湿热灭菌的理论基础。

第一节 湿热灭菌的理论基础

灭菌是指利用物理或化学方法杀灭或除去环境中所有微生物，包括营养细胞、细菌芽孢和真菌孢子的过程。常用的灭菌方法有干热灭菌、湿热灭菌、射线灭菌、化学药品灭菌和过滤除菌等。在发酵工业，广泛采用蒸汽湿热灭菌方法对固体、液体发酵基质及相关设备进行灭菌，因为蒸汽具有容易制得、无毒、穿透力强、灭菌彻底、成本低、操作方便、易管理等优点。

本节将简要介绍湿热灭菌的原理、微生物热致死规律以及影响灭菌效果的一些因素。

一、湿热灭菌的原理及常用术语

任何一种微生物都有一个合适的生长温度范围。当温度低于最低生长温度时，代谢作用几乎停止而处于休眠状态；当温度超过最高生长温度时，微生物细胞中的酶等蛋白质发生了不可逆的凝固变性，从而导致微生物死亡。湿热灭菌就是利用蒸汽具有很强的穿透力，且在冷凝时会放出大量的冷凝热，很容易使蛋白质凝固的原理来杀死微生物的。

在湿热灭菌过程中，常用一些指标来指导灭菌工作，如热致死温度、热致死时间、热阻和相对热阻。热致死温度是指杀死微生物的极限温度。热致死时间是指在热致死温度下，杀死全部微生物所需的时间。在热致死温度以上，温度愈高，致死时间愈短。微生物的热阻是指微生物在某一特定条件（主要是温度和加热方式）下的致死时间。相对热阻是指某一微生物在某一条件下的致死时间与另一微生物在相同条件下的致死时间的比值。不同种类微生物对热的抵抗力是不同的，表 2-1 是部分微生物细胞的相对热阻。从表 2-1 中可以看出，细菌芽孢的热阻要比生长期营养细胞和酵母的热阻大得多，其次是霉菌孢子、病毒和噬菌体。

表 2-1 各种微生物对湿热的相对热阻

微生物细胞	相对热阻	微生物细胞	相对热阻
营养细胞和酵母	1.0	霉菌孢子	2～10
细菌芽孢	3×10^{6}	病毒和噬菌体	1～5

注：引自李艳《发酵工程原理和技术》，2006。

二、微生物的热致死规律——对数残留定律

研究表明，在灭菌过程中，活菌数是逐渐减少的，减少量随着残留活菌数的减少而递减，即微生物的死亡速率与任一时刻残存的活菌数成正比，这就是所谓的对数残留定律。即：

$$-\frac{\mathrm{d}N}{\mathrm{d}t}=kN \tag{2-1}$$

式中，N 为残存的活菌数，个；t 为灭菌时间，min 或 s；k 为灭菌速度（率）常数，也称比死亡速率常数，min^{-1}或 s^{-1}；$\mathrm{d}N/\mathrm{d}t$ 为活菌数瞬时变化速率，即死亡速率。

取边界条件 $t_0=0$，$N=N_0$，对式(2-1) 积分得式(2-2) 或式(2-3)：

$$\frac{N_t}{N_0}=\mathrm{e}^{-kt} \tag{2-2}$$

$$t=\frac{1}{k}\ln\frac{N_0}{N_t}=\frac{2.303}{k}\lg\frac{N_0}{N_t} \tag{2-3}$$

式中，N_0 为开始灭菌时的活菌数，个；N_t 为经过时间 t 后残存活菌数，个。

当微生物致死 90%时，所需的灭菌时间称为 90%致死时间，也称为 1/10 衰减时间，如果将这个时间以 D 表示，则从公式(2-3) 得：

$$D=2.303\,\frac{1}{k}\lg\frac{100}{100-90}=\frac{2.303}{k}$$

式(2-3) 是计算灭菌时间的基本公式。灭菌速度（率）常数 k 的大小与微生物的种类和加热温度有关，同一种微生物在不同的灭菌温度下，k 值不同，灭菌温度愈低，k 值愈小，温度愈高，k 值愈大；不同微生物在同样的灭菌温度下，k 值越小，则此微生物越耐热。例如，细菌芽孢对热的抵抗力高于其营养细胞，所以细菌芽孢的 k 值比营养细胞和霉菌孢子小得多。

图 2-1 是大肠杆菌（*Escherichia coli*）营养细胞和嗜热脂肪芽孢杆菌（*Bacillus stearothermophilus*）芽孢在不同温度下的死亡曲线。由图 2-1 可以看出，嗜热脂肪芽孢杆菌芽孢的热杀灭动力学与大肠杆菌营养细胞的不同，它表现为非对数的死亡动力学。但是当温度超过 120℃时，热阻极强的嗜热脂肪芽孢杆菌芽孢的热杀灭动力学也接近对数死亡动力学。

若要求绝对无菌，即 $N_t=0$，则从公式(2-3) 可以看出，灭菌时间将等于无穷大，这在实际上是不可能的，故培养液灭菌后，以在培养液中还存在一定的活菌数进行计算。例如，在实际工程中，进行灭菌设计时，通常要求达到 $N_t=0.001$，即在被灭菌的 1000 个罐中只残留一个活菌的程度，这已经能满足一般生产的要求。

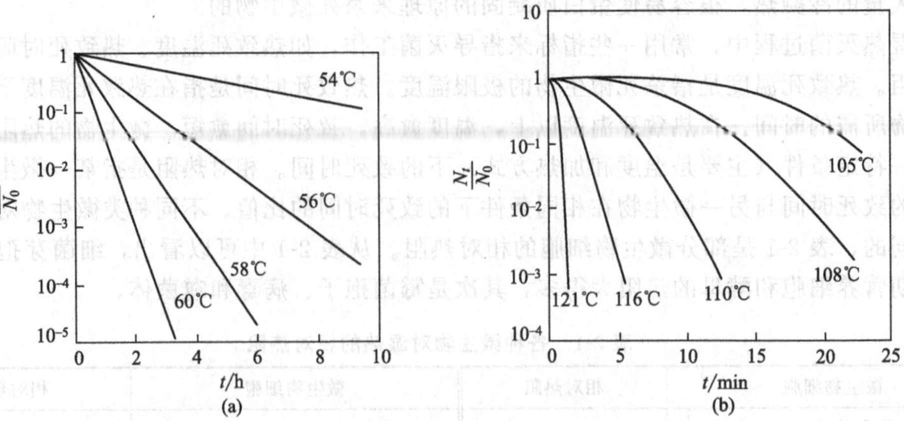

图 2-1 大肠杆菌和嗜热脂肪芽孢杆菌芽孢在不同温度下的死亡曲线

（引自：高孔荣《发酵设备》，2001）

(a) 大肠杆菌；(b) 嗜热脂肪芽孢杆菌芽孢

应该注意的是根据式(2-3) 计算得到的是理论灭菌时间，实际的灭菌时间应该根据经验数据来进行修正。

三、灭菌温度的选择

微生物的热致死动力学接近一级反应动力学规律，其灭菌速率常数 k 与灭菌温度 T 之间的关系也可以用阿伦尼乌斯方程来表征。即：

$$k=A\exp\left(-\frac{\Delta E}{RT}\right) \tag{2-4}$$

式中，k 为灭菌速率常数，min^{-1}或 s^{-1}；A 为频率常数，也称阿伦尼乌斯常数，min^{-1}或 s^{-1}；R 为气体常数，8.314J/(mol·K)；T 为绝对温度，K；ΔE 为微生物受热死亡所需要的活化能，J/mol。

从式(2-4) 可以看出，微生物活化能 ΔE 的大小对 k 值有重大影响，其他条件相同时，ΔE 越大，k 值越小，即热死速率越小。

对式(2-4) 两边取自然对数，得式(2-5)：

$$\ln k=-\frac{\Delta E}{RT}+\ln A \tag{2-5}$$

由式(2-5) 可以看出，k 是 ΔE 和 T 的函数，在式(2-5) 两边对 T 取导数，得式(2-6)：

$$\frac{d\ln k}{dT}=\frac{\Delta E}{RT^2} \tag{2-6}$$

由式(2-6) 可知，ΔE 越高，$\ln k$ 对 T 的变化率越大，即 T 的变化对 k 的影响越大。

在灭菌时，灭菌温度 T 和灭菌时间 t 是两个应该考虑的重要参数。一般而言，提高温度或延长时间均可增加对微生物的杀灭效果，但是通常采取提高温度的办法。这主要是因为在热灭菌的过程中常会出现这样的矛盾，即在加热杀菌的同时，培养基中的营养成分也遭到破坏。因此，必须选择一个既能满足杀菌需要，同时又不破坏或尽可能少地破坏培养基中营养成分的灭菌工艺。研究表明，采用高温瞬时灭菌法可有效地解决这一问题。下面对其原因进行简要的分析。

灭菌时，培养基成分的分解速率常数 k' 与温度之间的关系也可以用阿伦尼乌斯方程表示为：

$$k'=A'\exp\left(-\frac{\Delta E'}{RT}\right) \tag{2-7}$$

式中，k'为培养基内易被破坏成分的分解速率常数，min^{-1}或s^{-1}；A'为频率常数，也称阿伦尼乌斯常数，min^{-1}或s^{-1}；R为气体常数，8.314J/(mol·K)；T为热力学温度，K；$\Delta E'$为培养基成分分解所需活化能，J/mol。

当灭菌温度从T_1上升到T_2时，微生物死亡速率与培养基成分的分解速率有如下关系：

$$\frac{\ln\left(\frac{k_2}{k_1}\right)}{\ln\left(\frac{k'_2}{k'_1}\right)}=\frac{\Delta E}{\Delta E'} \tag{2-8}$$

式中，k_1、k_2分别为在灭菌温度T_1、T_2下的微生物死亡速率常数；k'_1、k'_2分别表示在灭菌温度T_1、T_2下培养基成分的分解速率常数。

由式(2-8)可看出，活化能变化大时，反应速率常数变化程度也大。

试验表明，细菌芽孢热致死反应的ΔE很高，而某些有效成分热破坏反应的ΔE较低，如表2-2所示。

表2-2 不同物质被热破坏时所需要的活化能（ΔE）

受热物质种类	ΔE/(J/mol)	受热物质种类	ΔE/(J/mol)
葡萄糖	100500	嗜热脂肪芽孢杆菌芽孢	283460
维生素B_{12}	96300	肉毒梭状芽孢杆菌	318210
维生素B_1	108860	枯草芽孢杆菌	318210
维生素B_1	98800	厌氧性腐败菌	303140

注：引自余龙江《发酵工程原理与技术应用》，2006。

由表2-2可知，灭菌时杀死微生物所需要的活化能大于培养基成分被破坏的活化能。即：

$$\ln\left(\frac{k_2}{k_1}\right)>\ln\left(\frac{k'_2}{k'_1}\right) \tag{2-9}$$

也就是说，当温度从T_1上升到T_2时，微生物的死亡速率常数（k）的增加倍数（k_2/k_1）大于培养基成分的破坏速率常数（k'）的增加倍数（k'_2/k'_1）。所以，当灭菌温度上升时，微生物死亡速率的增加要超过培养基成分的破坏速率的增加。

表2-3是在不同灭菌温度下完全灭菌所需要的时间，以及对维生素B_1破坏率的比较。由表2-3中数据可以看出，如果灭菌温度为100℃，完全灭菌的时间为400min，这时维生素B_1损失达99.3%；但如果灭菌温度为130℃，完全灭菌时间仅为0.5min，这时维生素B_1损失仅为8%。由此可见，采用高温短时杀菌不仅可使培养基达到规定的灭菌程度，还可以减少其营养成分的损失。

表2-3 灭菌温度和完全灭菌时间对维生素B_1破坏率的比较

灭菌温度/℃	完全灭菌时间/min	维生素B_1破坏率/%
100	400	99.3
110	36	67
115	15	50
120	4	27
130	0.5	8
145	0.08	2
150	0.01	<1

四、影响灭菌效果的因素

以上叙述表明，灭菌温度与时间对灭菌效果的影响非常大，根据对数残存规律公式和阿伦尼乌斯方程可以导出它们之间的关系。但是，影响培养基灭菌效果的因素除了温度和时间外，还有培养基组成成分、物理状态和 pH 值，以及微生物细胞数量、菌龄、含水量与耐热性，甚至蒸汽中空气的排除情况与搅拌和泡沫情况等。

1. 培养基成分对灭菌效果的影响

培养基中脂肪、糖分和蛋白质的含量越高，微生物的热死亡速率就越慢。这是因为在热致死温度下，脂肪、糖分和蛋白质等有机物质在微生物细胞外面形成一层薄膜，该薄膜能有效保护微生物细胞抵抗不良环境，所以灭菌温度相应要高些。相反，高浓度的盐类、色素等的存在会削弱微生物细胞的耐热性，故一般较易灭菌。

2. 培养基物理状态对灭菌效果的影响

固体培养基比液体培养基灭菌时间长，因为液体培养基灭菌时，热的传递除了传导外，还有对流作用，固体培养基则只有传导作用，且液体培养基中水的传热系数要比有机固体物质大得多。在实际工作中，对于含有小于 1mm 的颗粒培养基，可不必考虑颗粒对灭菌的影响，但对于含有少量大颗粒及粗纤维的培养基，则要适当提高温度，也可在不影响培养基质量的条件下，采用粗过滤的方法对培养基进行预先处理，以防止培养基结块而造成灭菌不彻底。

3. 培养基 pH 值对灭菌效果的影响

实验表明，pH 小于 6 时，在相同的灭菌温度下，培养基的 pH 值愈低，灭菌时间愈短(表 2-4)。因为 pH 小于 6 时，pH 越低，氢离子越容易渗入微生物细胞内，从而改变细胞的生理反应促使其死亡。但是，也不是 pH 越高微生物的耐热性越好，研究表明，pH 为 6～8 时，微生物耐热性最好。

表 2-4 pH 值对灭菌效果的影响

温度/℃	孢子数/(个/mL)	不同 pH 值下的灭菌时间/min				
		pH 6.1	pH 5.3	pH 5.0	pH 4.7	pH 4.5
120	10000	8	7	5	3	3
115	10000	25	25	12	13	13
110	10000	70	65	35	30	24
100	10000	740	720	180	150	150

注：引自李艳《发酵工程原理和技术》，2006。

4. 培养基中的微生物数量对灭菌效果的影响

由理论灭菌时间的计算公式(2-3) 可知，培养基中微生物数量越多，达到一定灭菌效果所需的灭菌时间就越长。也就是说，对于微生物基数比较大的培养基，在一定温度下，采用比较长的灭菌时间就可以取得理想的效果。但是，在生产实际中，不宜采用严重腐败变质的原料，因为这类原料中除了微生物基数大外，往往培养基的有效成分也少，而且还可能有毒素等对微生物发酵或人体有害的代谢产物。

5. 微生物细胞水分含量对灭菌效果的影响

在一定范围内，微生物细胞含水量越多，蛋白质的凝固温度越低，也就越容易受热凝固而失活。这也是微生物营养细胞一般比芽孢和孢子更容易被杀灭的原因之一。

6. 微生物菌龄对灭菌效果的影响

微生物菌龄的不同，对高温的抵抗能力也不同，菌龄大的微生物细胞一般对不良环境的抵抗力要比菌龄小的细胞强，这也与细胞中的含水量有关，菌龄大的细胞含水量低，菌龄小的细胞含水量高，因此菌龄小的微生物细胞更容易被杀死。

7. 微生物耐热性对灭菌效果的影响

各种微生物对热的抵抗力是不同的，细菌的营养体、酵母细胞和霉菌的菌丝体对热较敏感，而放线菌、酵母、霉菌的孢子比营养细胞的抗热性强，细菌芽孢的抗热性最强。一般讲，无芽孢的细菌或霉菌孢子的真菌在100℃加热3～5min都可被杀死，而细菌的有些芽孢100℃30min仍不能被杀死，所以灭菌的彻底与否常以杀死细菌芽孢为标准。

8. 空气排除情况对灭菌效果的影响

蒸汽灭菌过程中，温度的控制是通过控制罐内蒸汽的压力来实现的。压力表所显示的压力应与罐内蒸汽压力相对应，即压力表压力所对应的温度应是罐内的实际温度。但是如果罐内空气排除不完全，压力表所显示的压力就不单是罐内蒸汽压力，还包括了空气分压，因此，此时罐内的实际温度就低于压力表显示压力所对应的蒸汽温度，以致灭菌温度不够而造成灭菌不彻底。所以，比较大的灭菌容器，除了带有压力表外，通常还带有温度表。

9. 搅拌对灭菌效果的影响

在整个灭菌过程中，必须保持培养基在罐内始终均匀充分地翻动，避免培养基因翻动不均匀造成局部过热，从而过多破坏营养物质，或者造成局部温度过低而杀菌不彻底。要保持培养基翻动良好，除了搅拌外，还必须正确控制进、排汽阀门，在保持一定温度和罐压的情况下，使培养基得到充分的搅拌与翻动。

10. 泡沫对灭菌效果的影响

在培养基灭菌过程中，产生的泡沫对灭菌极为不利，因为泡沫中的空气形成阻隔层，使热量难以传递，不易达到微生物的致死温度，从而导致灭菌不彻底。泡沫的形成主要是由于进汽与排汽不均衡而导致的。如果在灭菌过程中突然减少进汽或加大排汽，则立即会出现大量泡沫，所以均匀进汽和排汽是非常必要的。同时，对于极易发泡的培养基可以添加少量的消泡剂以减少泡沫量。

第二节　液体发酵基质的制备与灭菌设备

可用作液体发酵基质的原料很多，其中，淀粉质原料是重要的发酵原料之一。由于许多发酵微生物不能直接利用淀粉，所以必须对这类原料进行粉碎、蒸煮液化、糖化、过滤等处理，将大分子的淀粉转化为小分子的糖类。对原料进行粉碎的设备已经在本书的第一章讲述了，而关于过滤相关设备将在本书的第六章进行叙述，因此本节将主要对淀粉质原料的糊化、糖化以及液体培养基的灭菌等相关设备进行阐述。

一、淀粉质原料的蒸煮糊化和糖化设备

（一）淀粉质原料的蒸煮设备

淀粉质原料中的淀粉是存在于植物原料的细胞中，受到细胞壁的保护，呈非溶解状态，不能直接被淀粉酶等糖化剂作用，因此，需要通过蒸煮使原料吸水并借助蒸煮时的高温高压作用，使原料的组织和细胞壁破裂，淀粉颗粒变为可溶性淀粉，便于糖化剂的作用，这个过程叫做糊化。同时，蒸煮过程也可以实现原料的部分灭菌。淀粉原料的蒸煮工艺有两种，即连续蒸煮和间歇蒸煮。目前，大型发酵厂主要采用连续蒸煮工艺。

1. 连续蒸煮设备

所谓连续蒸煮是指在原料的蒸煮过程中，料液连续流动，在不同的设备中完成加料、蒸煮等工艺操作，整个过程连续化。目前，我国大型发酵厂（例如啤酒厂、味精厂）多采用这种蒸煮工艺，其具体形式又分为罐式连续蒸煮、管式连续蒸煮、柱式连续蒸煮。下面分别对它们的工艺流程与相关设备进行介绍。

（1）罐式连续蒸煮设备　图2-2为罐式连续蒸煮工艺流程。物料由斗式提升机输送至贮料斗，粉碎后送入另一贮料斗，再由螺旋式输送机将粉碎的物料送入粉浆罐和预热锅，最后依次

送入蒸煮罐和后熟器完成淀粉质原料的蒸煮，经气液分离器后进入糖化车间。其中，蒸煮罐、后熟器和气液分离器内的温度都较高，是受热的三个不同阶段。蒸煮罐中的物料在蒸汽作用下被加热，所以实际上应为加热罐；后熟器不再进入蒸汽，仅在一定温度下维持一定时间，起到后熟作用；而气液分离器（其实也是最后一个后熟器）主要起到气液分离作用，使经加热后熟的蒸煮醪分离出一部分二次蒸汽并使料液降温。

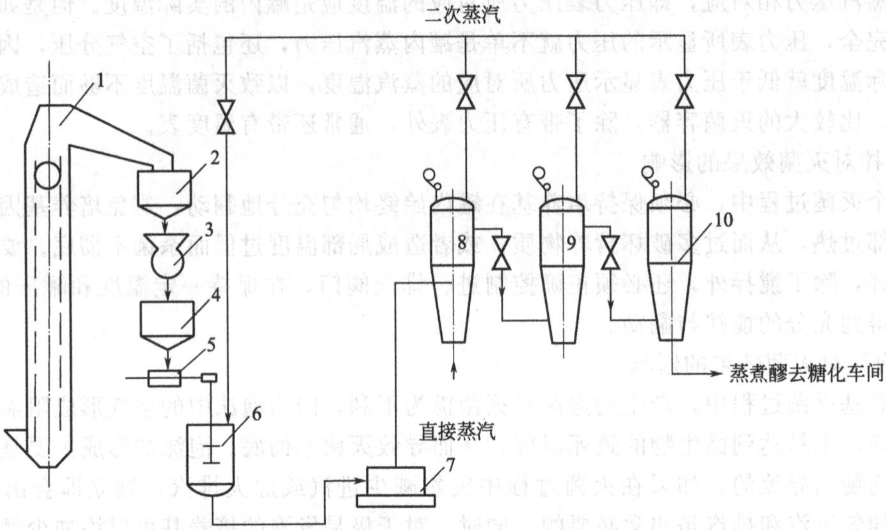

图 2-2 罐式连续蒸煮工艺流程

（引自：何国庆《食品发酵与酿造工艺学》，2005）

1—斗式提升机；2，4—贮料斗；3—锤式粉碎机；5—螺旋式输送机；6—粉浆罐；7—预热锅；8—蒸煮罐；9—后熟器；10—气液分离器

蒸煮罐的结构如图 2-3 所示。它是由长圆筒形、球形或碟形封头焊接而成。粉浆由下端粉浆入口压入蒸煮罐内，并迅速被加热蒸汽管入口喷出的蒸汽加热到蒸煮温度。加热蒸汽入口处装有止逆阀，以防止管路蒸汽压力降低时罐内醪液倒流导致管路上其他装置的堵塞。在靠近加热位置的上方有温度计插口，以测试醪液被加热的温度，可通过自动或手动控制蒸汽的大小以控制醪液的温度。罐顶装有安全阀和压力表，以保持压力为 0.3～0.35MPa（表压）。加热的醪液经蒸煮罐顶部中心的加热醪液出口送入后熟器。加热醪液出口管应深入罐内 300～400mm，使蒸煮罐顶部留有一定的自由空间。罐下侧有人孔，以便于罐内焊缝（该罐应采用双面焊接）和零部件检修。为避免过多的热量散失，蒸煮罐壁须装有良好的保温层。

罐式连续蒸煮的蒸煮罐和后熟器，其直径不宜太大，否则醪液从罐底中心进入后做返混运动，不能保证醪液先进先出，致使受热不均匀，可能有部分醪液蒸煮不透就过早排出，而另有局部醪液过热而焦化，因此蒸煮罐和后熟器的数量不能太少，当然也不能太多，否则造成压力降过大，导致后熟器压力过低，以致醪液压不到最后一个后熟器，一般采用 3～6 个。薯干类原料蒸煮压力较低，宜采用 3～4 个；玉米类原料蒸煮压力较高，可采用 5～6 个。长圆柱形后熟器圆筒部分的直径和高度之比为 1∶（3～5）。

在将醪液加入蒸煮罐之前，可用粉浆加热器（粉浆罐和预热锅）提高醪液的蒸煮温度，使蒸煮得到改善，这样能使连续蒸煮设备生产能力提高 10%～15%。醪液压力随着流动距离的增加而下降，产生的二次蒸汽由气液分离器分离出来。气液分离器的结构如图 2-4 所示，与蒸煮罐相似。

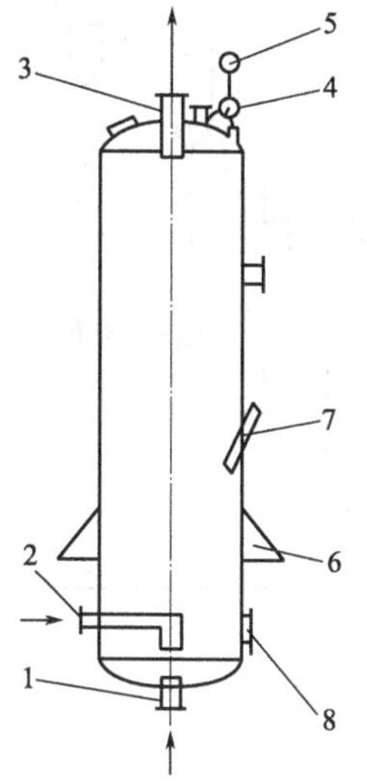

图 2-3　蒸煮罐的结构示意图

（引自：梁世中《生物工程设备》，2005）

1—粉浆入口；2—加热蒸汽管；3—加热醪出口；4—安全阀接口；5—压力表；6—罐耳；7—温度计测温口；8—人孔

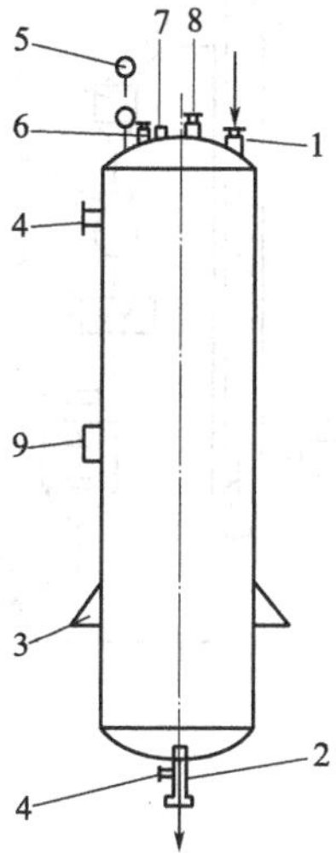

图 2-4　气液分离器结构示意图

（引自：梁世中《生物工程设备》，2005）

1—加热醪入口；2—加热醪出口；3—罐耳；4—自控液位仪表接口；5—压力表；6—二次蒸汽出口；7—人孔；8—安全阀；9—液位指示器

蒸煮罐和各后熟器几乎是充满醪液的，而气液分离器的上部留有足够的自由空间，以利于分离二次蒸汽。气液分离器的液位可自动控制，也可用液位指示器指示液位，用手动控制醪液出口阀门，把醪液控制在 50%左右的位置上。

罐式连续蒸煮系统具有以下特点：①不需要很高压力的蒸汽，可降低能源消耗；②操作简单；③生产过程中不易发生堵塞现象；④淀粉利用率高。但是，该系统也具有设备占地面积大、蒸煮时间长、蒸汽与物料接触不够均匀等不足。

（2）管式连续蒸煮设备　管式连续蒸煮是将淀粉质原料在高温高压下进行蒸煮，并在管道转弯处产生压力间歇上升和下降，醪液发生收缩和膨胀，使原料的植物组织和细胞壁、淀粉颗粒等彻底破裂，从而使淀粉糊化和溶解，利于酶作用的工艺操作。管式连续蒸煮工艺流程见图 2-5。

混合的浆料泵送至预热锅中，利用来自后熟器的二次蒸汽进行加热预煮，预煮过的醪液经过滤器滤去较大的杂质后，再用泥浆泵送到加热器。加热器不是加热罐而是三套管式加热器（图 2-6），它有三层直径不同的套管，内层和中层管壁上都钻有许多直径为 3～5mm 的小孔，小孔或平开或向下或向上倾斜 45°，一般采用平开或向下倾斜。小孔排列成排，每排 4～8 个，均匀分布管壁四周，排与排之间的距离没有硬性规定，有的前密后疏。为了使醪液在加热器内受热均匀，并保证蒸汽与所送醪液互不影响，要求醪液呈膜状通过内管与中管之间的环隙，其环隙面积应为送醪管截面积的 2～3 倍。蒸汽分两路进入加热器中，一路进入加热器的内套管内，向外喷射；一路进入加热器的外夹套内，向内喷射。当蒸煮醪进入两套管之间的空间时，被两路来的蒸汽接触，然后送入蒸煮管道，蒸汽喷入管内速度为 40m/s。管式蒸煮器管道直径为 117mm，总长为 78m，竖立安装，在管的接头处放置 35mm、40mm、50mm 孔径的锐孔板（图 2-7），顺次排列，粉浆通过锐孔板前后，由于突然的收缩和膨胀，压力下降，而相应的醪液沸点也变低，结果产生了自蒸发现象，使醪液在沸腾状态下更好地进行蒸煮。另外，醪液经过锐孔板时产生了机械碰撞和锐板边缘摩擦，有利于淀粉颗粒的破碎，增加了蒸煮醪和蒸汽接

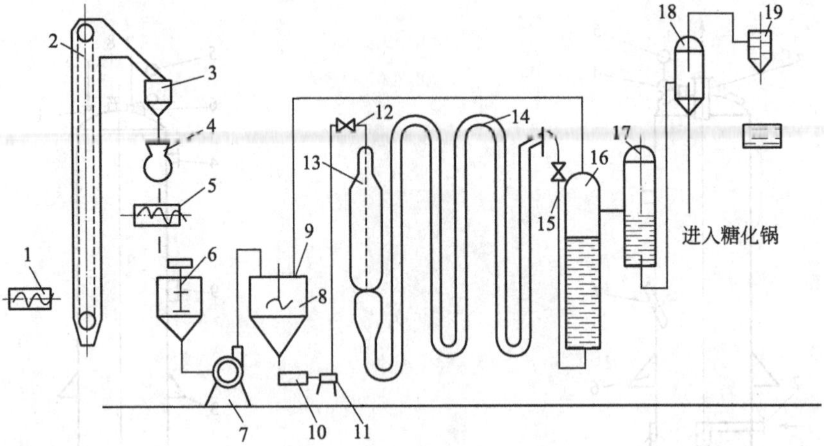

图 2-5 管式连续蒸煮工艺流程

（引自：郑裕国《生物工程设备》，2007）

1,5—螺旋式输送机；2—斗式提升机；3—贮料斗；4—锤式粉碎机；6—粉浆罐；7—泵；8—预热锅；9—进料控制阀；10—过滤器；11—泥浆泵；12—单向阀；13—三套管加热器；14—蒸煮管道；15—压力控制阀；16—后熟器；17—气液分离器；18—真空冷却器；19—冷凝器

触的面积。这种醪液的收缩、膨胀、减压气化和冲击现象，使淀粉软化、破碎，进行快速蒸煮，醪液通过锐孔板前后温度差为2～3℃，在管道蒸煮器中经过的时间为3～4min，蒸煮进口压力为（6.37～6.86）×10⁴Pa，出口压力为2.94×10⁴Pa，醪液通过整个蒸煮器的压力为3.92×10⁴Pa左右。蒸煮醪自管式蒸煮器出来以后，经过压力控制阀进入后熟器，停留50～60min，即可完全煮熟。在后熟器内装有浮子式液面控制器和压力自动控制器，以保持液面压力，使温度稳定，顶部蒸汽空间的压力为（1.47～1.76）×10⁴Pa，醪液的温度为126～130℃。后熟器的醪液进入气液分离器是沿切线方向进入，此时压力降至常压，因此排出大量的二次蒸汽，醪液由下部排出，二次蒸汽送出作预热使用。气液分离器的液面自动控制，醪液停留时间为6～8min，温度90～100℃，自蒸汽分离出来的醪液流至真空冷却器，蒸煮醪迅速被冷却到60～65℃。

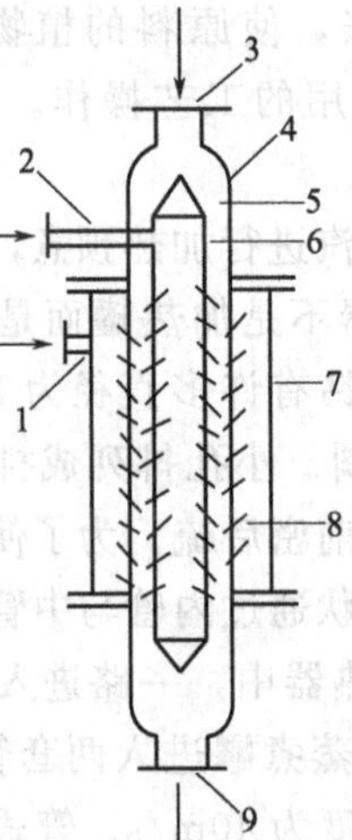

图 2-6 三套管式加热器的结构示意图

（引自：郑裕国《生物工程设备》，2007）

1,2—加热蒸汽入口；3—预煮醪入口；4—中层管；5—内管与中管之间的环隙；6—内层管；7—外层管；8—小孔；9—加热醪出口

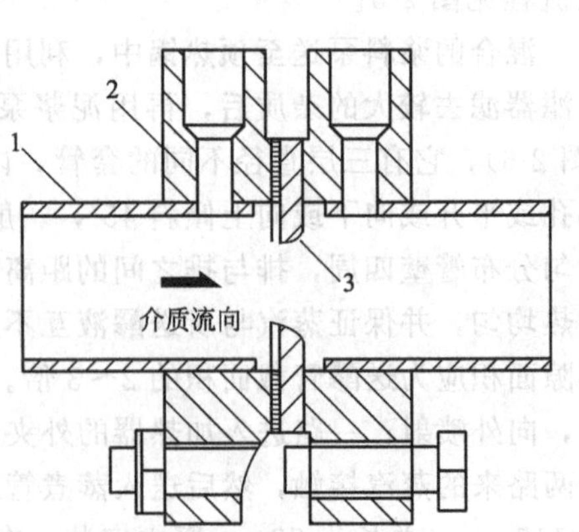

图 2-7 管式连续蒸煮设备的蒸煮管接头处的结构

1—蒸煮管；2—法兰；3—锐孔板

管式连续蒸煮的特点是高温、快速、糊化均匀、损失少、设备紧凑、易于实现机械化和自动化操作。但是由于蒸煮温度高，加热蒸汽消耗量大，并形成大量的二次蒸汽，因而只有在充分利用二次蒸汽的条件下，才能提高其经济效益。又由于蒸煮时间短，所以蒸煮质量不够稳定，而且生产上操作难度大，不易控制，有时在管道上还会出现阻塞现象。

（3）柱式连续蒸煮设备　柱式连续蒸煮设备是在管式连续蒸煮设备的基础上改进而来的，它的工艺流程见图 2-8。

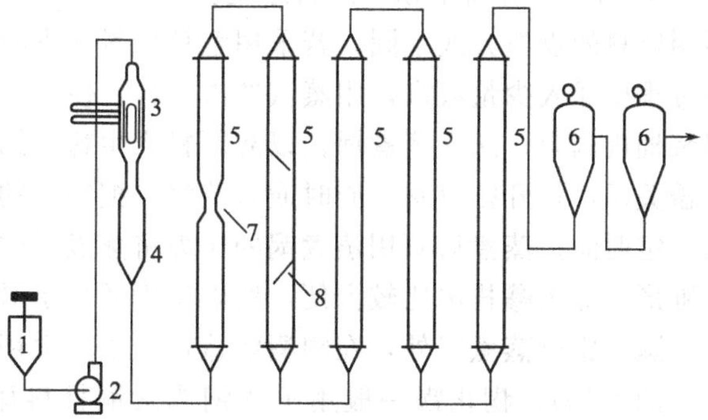

图 2-8　柱式连续蒸煮的工艺流程

（引自：郑裕国《生物工程设备》，2007）

1—粉浆罐；2—泵；3—加热器；4—缓冲器；5—柱子；6—后熟器；7—锐孔；8—圆缺形挡板

将在粉浆罐中预热至 60～65℃的粉浆用离心泵送入柱式连续蒸煮的加热器（其结构同管式连续蒸煮的加热器）。高压蒸汽从内、外层管进入，穿过小孔从粉浆液流两旁喷射，由于加热蒸汽从侧面喷射，接触均匀，加热比较全面，故能在很短时间内达到蒸煮温度（145～150℃），然后流入缓冲器，再均匀地流入后面几根由无缝钢管或铸铁管制造而成的柱子内，在一定温度下继续蒸煮。柱子为圆柱形，内径 450～550mm，高约 10m，两端锥顶，锥高约 400mm。柱子一般为 3～5 根，每根柱子分若干节，每节长约 1m，节与节之间用法兰连接。第一根柱子分成 2～3 节，在节与节之间连接处装 2 个锥形帽，形成 1～2 个内径 100～120mm 的锐孔（图 2-8）。第二根柱子内装 2 块倾斜的圆缺形挡板，这两块挡板交错排列，一个向左倾斜 30°，一个向右倾斜 30°，挡板之间的距离为柱子全高的 1/3（图 2-8）。挡板为切去弓形的圆缺板，板的直径比柱子内径略小，切去弓形的宽度约为板直径的 1/4。柱内安装锐孔和挡板都是为了使料液在流动中突然缩小和扩大，以促使细胞壁破裂，并得到充分混合。后边第三根与第四根柱子一般不装锐孔与挡板。柱子和柱子之间用圆弯管并联，柱子两端出入口直径为 100～120mm。由于柱子容积不大，料液在里面维持的时间不长，为使原料淀粉糊化，一般在柱子后面再连接 1～2 个后熟器，使料液在一定温度下继续维持一定时间，保证淀粉充分糊化。

柱式连续蒸煮的特点：①物料在蒸煮柱中停留时间较管式蒸煮的长，因而操作相对容易，不易堵塞；②蒸煮柱阻力小，蒸煮压力低，对设备要求低。但是操作技术要高，否则加热器容易发生堵塞现象。

2. 间歇蒸煮设备

间歇蒸煮是指蒸煮的整个过程都处在一个设备中，一锅一锅地蒸煮。间歇蒸煮常在蒸煮锅（cooking boiler）内完成，图 2-9 为锥形蒸煮锅的结构示意图。它主要由锥形锅体、加热蒸汽管、取样器、锅耳和压力装置等组成。物料由锅顶的加料口加入，蒸汽从锥形底部引入，除了加热外，蒸汽还具有循环搅拌原料的作用，使蒸煮醪的蒸煮质量均匀。

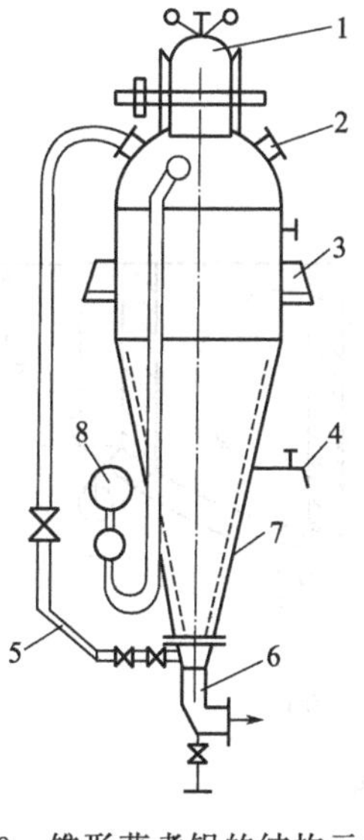

图 2-9　锥形蒸煮锅的结构示意图

（引自：郑裕国《生物工程设备》，2007）

1—加料口；2—排汽口；3—锅耳；4—取样器；5—加热蒸汽管；6—排醪管；7—衬套；8—压力表

蒸煮原料时，应向原料中加入适量的温水。原料不同，加入水的温度和比例均不同。蒸煮整粒原料时用 80℃左右的热水，而粉状原料则用 50℃左右的水。粉状原料的料水比为1：4.0；甘薯干原料的料水比为1：(3.2～3.4)；谷物原料的料水比为1：(2.8～3.0)。不同原料的投料方式不同，若采用整粒原料蒸煮时，原料投完后即可关闭加料盖进汽，或在投料过程中通入少量蒸汽，用蒸汽冲击原料，使其上下翻动起搅拌作用；若采用粉状原料，先在调浆桶内调匀，送入蒸煮锅，以防原料产生粉粒结块而导致蒸煮不彻底。投料后，立即把加料口盖关闭，打开排汽阀，同时通入蒸汽，把锅中的冷空气赶尽，待蒸汽压力升到规定值时，保压一定时间。蒸煮后利用蒸煮锅的压力将蒸煮后的醪液从蒸煮锅排出，送入糖化锅，由于下部是锥形，蒸煮醪排出比较方便，所以特别适合于对整粒原料，如甘薯干、甘薯丝等的蒸煮。

除了锥形蒸煮锅外，在啤酒酿造过程中，常用糊化锅来蒸煮辅助原料和加热煮沸部分糖化醪（图2-10）。糊化锅一般用不锈钢或紫铜材料加工而成，锅体为圆柱形，上部和底部为球形，底部装搅拌器，锅底还有加热装置和蒸汽夹套，蒸汽夹套外有保温层。为顺利地将煮沸而产生的蒸汽排出，顶盖成弧形，顶盖中心有直通到室外的升气管，升气管的截面积一般是锅内液体面积的1/30～1/50。粉碎后的大米粉、麦芽粉和热水由下粉管及进水管混匀后送入，旋桨式搅拌器使其充分混合，使醪液的浓度和温度均匀，保证醪液中较重颗粒悬浮，防止靠近传热面处醪液的局部过热。底部蒸汽的进口为4个，均匀分布周边上。糊化后的醪液经锅底出口用泵压送至糖化锅。升气管下部的环形污水槽是收集从升气管内壁上流下来的污水的，收集的污水由排出管排出锅外，升气管根部还设有风门，根据锅内醪液升温或煮沸的情况，控制其开启程度。顶盖侧面有带拉门的人孔。

糊化锅的锅底设计成弧形有利于液体的循环，节省搅拌动力消耗，同时有利于清洗和液体

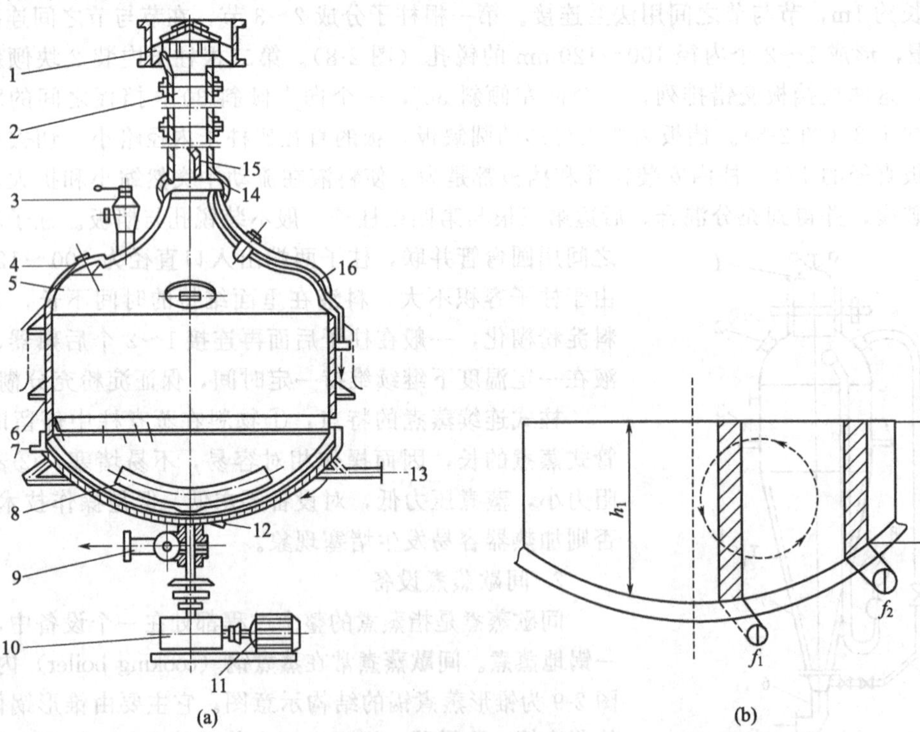

图2-10 糊化锅及球形锅中麦芽汁循环示意图

(引自：郑裕国《生物工程设备》，2007)

(a) 糊化锅；(b) 麦汁循环示意图

1—筒形风帽；2—升气管；3—下粉管；4—人孔双拉门；5—锅盖；6—锅体；7—不凝气管；8—螺旋式搅拌器；9—出料阀；10—减速箱；11—电机；12—冷凝水管；13—蒸汽入口；14—污水槽；15—风门；16—环形洗水管

排尽。因为弧形锅底，靠近锅倾斜壁有液柱 h_2，但有较大的加热面积 f_2，而中心部位具有较深的液柱 h_1，但加热面积 f_1 较小，因此在锅底部周围较快产生气泡，将液体向上推，而形成中心的液体向下的自然循环［图 2-10(b)］，因而能节省搅拌动力消耗。为了有利于液体的循环和有更大的加热面积，糊化锅的直径与圆筒高度之比通常为 2∶1。

(二) 淀粉质原料的糖化设备

糊化的淀粉被送至糖化罐进行糖化，使大分子的淀粉转化成小分子的糖。目前，常用的糖化工艺分为连续糖化和间歇糖化。

1. 连续糖化设备

连续糖化是连续地把糊化醪用水稀释，并与液体曲或麸曲或糖化酶混合，在一定温度下维持一定时间，保持流动状态，以利于酶作用的过程。连续糖化所用的设备有连续糖化罐（continuous saccharification pot）和真空糖化罐（vacuum saccharification pot）。

(1) 连续糖化罐　连续糖化罐的作用是连续地把糊化醪用水稀释，并与液体曲等混合，在一定的温度下维持一段时间，保持流动状态，以利于酶的作用。

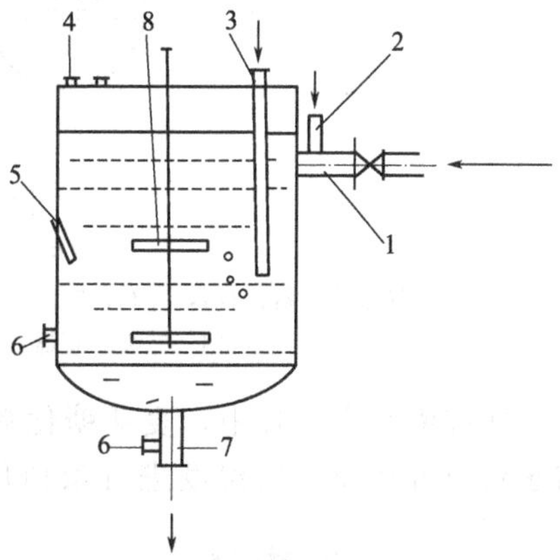

图 2-11　连续糖化罐的结构示意图
(引自：郑裕国《生物工程设备》，2007)
1—糊化醪进口管；2—水和液体曲或麸曲乳或糖化酶进口；3—无菌压缩空气管；4—人孔；5—温度计测温口；6—杀菌蒸汽进口管；7—糖化醪出口管；8—搅拌器

连续糖化罐（图 2-11）为圆筒形外壳，球形或锥形底，是一个矮而肥的圆柱形，为减少染菌，可制成密闭式。如果进入的糊化醪未经冷却或冷却不够，则还需在罐内设换热管；如果温度能达到工艺要求则不需。罐盖上有人孔，罐侧中部有温度计测温口，在罐侧和罐底有杀菌蒸汽进口。罐内装有搅拌器 1～2 组，轴中心至搅拌器边缘的长度应为糖化锅直径的 15%～18%，若装有冷却蛇管，则搅拌器旋转方向与冷却水在蛇管中水流的方向相反，搅拌的转速一般为 80～100r/min，也有的要慢些，约 50r/min。为使曲液与糊化醪均匀混合，液体曲和经过冷却的糊化醪在进入管处混合后进入。为保证醪液有一定的糖化时间（采用 45min 或更长时间），应保证糖化醪的容量不变，设有自动控制液面的装置，连续地送入无菌空气。糖化罐每天杀菌一次，杀菌蒸汽从罐侧和罐底的入口进入。糖化醪由罐底的出口管排出。

糖化罐的容积是根据 $1.0m^3$ 的糖化醪需要 $1.3m^3$ 的容积来决定。一般糖化罐的容积为 $9m^3$、$12m^3$ 和 $19m^3$，不宜过大或过小。因为容积太小，不易保持糖化时的温度；太大则冷却较慢，易引起杂菌污染。

(2) 真空糖化罐　真空糖化装置如图 2-12 所示。糖化罐处于真空状态，在压力差的作用下，来自气液分离器中的蒸煮醪液绕着管壁高速流动，从而使来自糖化曲液贮罐的曲液（包括糖化醪稀释水）被吸入，并与蒸煮醪充分接触混合后进入糖化罐。尽管在引入口处（图 2-12 的 A 所示）曲液和蒸煮醪液的温度为 64～66℃，但由于速度快（30～40m/s），曲液与蒸煮醪液的传热时间短，并且在糖化罐中迅速冷却，因此曲液不会因为过热而失活。糖化醪在真空糖化罐内平均停留 20min 后，进入三级真空冷却器。在这里真空糖化罐既是蒸发冷却器，又是糖化器。

2. 间歇糖化设备

间歇糖化是蒸煮醪冷却、糖化、糖化醪冷却以及将糖化醪送入发酵罐等操作过程都在一个具有搅拌和冷却装置的糖化锅内完成的，因此设备利用率低，冷却用水量与动力消耗都较大。

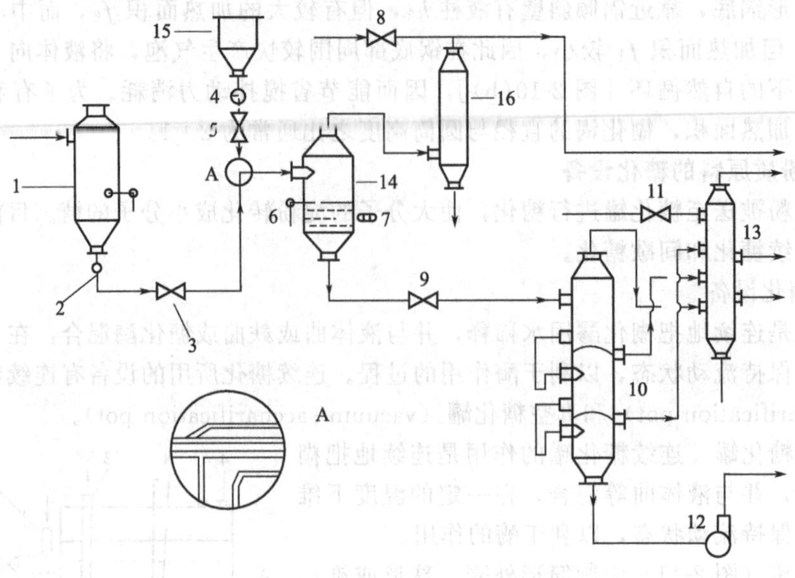

图 2-12 真空糖化罐的结构示意

（引自：梁世中《生物工程设备》，2005）

1—气液分离器；2,4,6—阀；3,5,8,9,11—控制阀；7—测温；10—三级真空冷却器；12—糖化醪泵；13—三级冷凝器；14—糖化罐；15—糖化曲液贮罐；16—冷凝器

在啤酒生产过程中，麦芽糖化常用间歇糖化锅（简称为糖化锅）。在糖化锅内，麦芽粉与水混合并保持一定温度进行蛋白质分解和淀粉糖化。糖化锅常用不锈钢材料，也可用碳钢。传统的糖化锅（图 2-13）不带加热装置，升温在糊化锅中进行。为保证糖化醪在一定温度下的浸渍和糖化，现在的糖化锅带加热装置（图 2-14），一般在锅底周围设置 1～2 圈通蒸汽蛇管或设有蒸汽夹套以保持糖化醪在一定温度下进行浸渍和糖化。采用全麦芽浸出糖化法时，因为这种糖化锅带有加热装置，所以还可以省去糊化锅。为保持醪液浓度和温度均匀，避免固形物下沉，保持流动状态以增加酶的作用，锅内装有螺旋桨搅拌器。有的糖化锅内壁还装有挡板，以改变流型，提高搅拌效果。锅底可制成平的，也有制成球形的。锅体直径与高度之比一般为 2∶1，排汽管截面积为锅圆筒截面积的 1/50～1/30，糖化锅容积一般比糊化锅大约 1 倍。

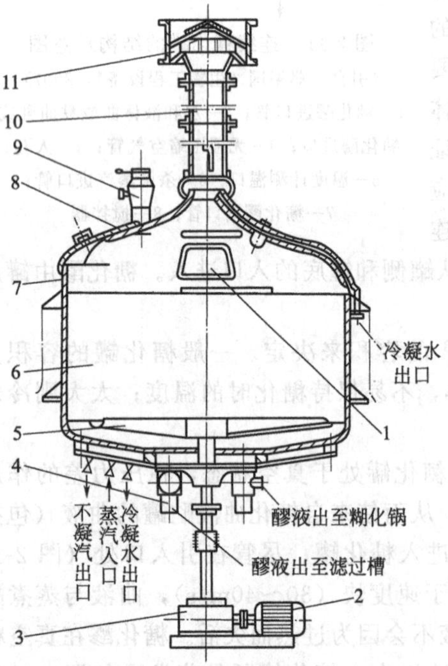

图 2-13 传统糖化锅的结构示意图

（引自：梁世中《生物工程设备》，2005）

1—人孔单拉门；2—电动机；3—减速箱；4—出料阀；5—搅拌器；6—锅身；7—锅盖；8—人孔双拉门；9—下粉筒；10—排汽管；11—筒形风帽

二、液体发酵基质的灭菌系统与设备

对培养基进行灭菌时，可以将培养基置于发酵罐中用蒸汽加热，达到预定温度后维持一段时间，再冷却到发酵温度后接种发酵，这种灭菌方式称为分批灭菌（batch sterilization），又称为实罐灭菌或间歇灭菌或实消。也可以将发酵罐预先灭菌好，将培养基在发酵罐外连续灭菌与冷却后，进入发酵罐，

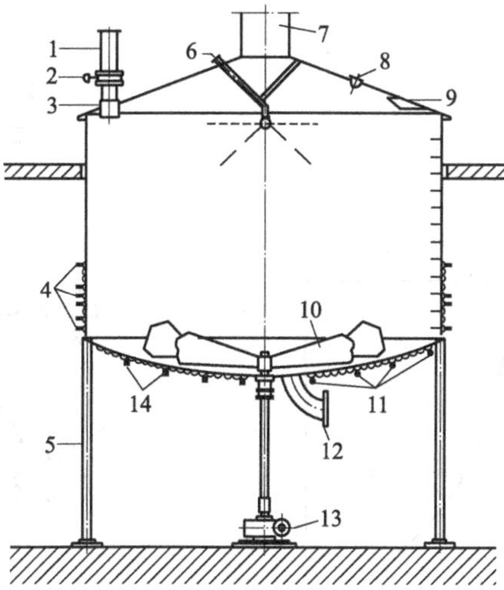

图 2-14 带加热装置的糖化锅

（引自：程殿林《啤酒生产技术》，2005）

1—下料管；2—闸板；3—料水混合器；4—蒸汽入口；5—支撑架；6—喷洗管；7—排汽管；8—照明；9—人孔；10—搅拌器；11—蒸汽入口；12—排料口；13—搅拌电机；14—冷凝液出口

再接种发酵，这种在发酵罐外进行的连续灭菌又称为连消（continuous sterilization）。下面分别介绍这两种灭菌系统及其常用设备。

（一）分批灭菌

1. 分批灭菌及特点

在分批灭菌过程中，用表压 0.3～0.4MPa 的饱和蒸汽把培养基升温到灭菌温度，保温一定时间，再冷却到发酵温度，即分批灭菌的过程包括升温、保温、降温三个阶段（图 2-15）。

图 2-16 是通用型发酵罐分批灭菌的管道配制图。在进行培养基的分批灭菌之前，通常先将与发酵罐等培养装置相连的空气过滤器用蒸汽灭菌并用空气吹干，将输料管路中的污水放掉并冲净，然后将培养液泵送至发酵罐并开动搅拌器。开始灭菌时，应先放去夹套或蛇管中的冷水，开启排汽管阀，将蒸汽引入夹套或蛇管进行预热（间接加热），待罐温升至 80～90℃时，将排汽阀逐渐关小。接着将蒸汽从进汽口、排料口、取样口直接通入罐中（直接加热），使罐温升至 118～120℃，维持罐压为 0.09～0.1MPa（表压），并保持约 30min。在保温阶段，凡在培养基液面下的各种管道都应通入蒸汽，而在液面上的各种管道应排放蒸汽。无论与发酵罐连接的管路如何配制，在分批灭菌时均应遵循“不进则出”的原则，这样才能不留死角，从而保证灭菌彻底。保温结束后，依次关闭各排汽、进汽阀门，待罐内压力低于空气压力后，向罐内通入无菌空气，在夹套或蛇管中通冷水降温，使培养基的温度降到所需的温度，进行下一步的接种发酵。灭菌时，总蒸汽管道压力要求不低于 0.3MPa，使用压力不低于 0.2MPa。

分批灭菌不需要专门的灭菌设备，投资少，对设备要求简单，对蒸汽的要求也比较低，且灭菌效果可靠，因此，分批灭菌是中小型生产工厂经常采用的一种培养基灭菌方法，极易发泡或黏度极大的培养液也宜采用分批灭菌方法。但加热和冷却时间较长，发酵罐利用率不高，培养基中的营养成分会遭到一定程度的破坏，灭菌过程中蒸汽用量变化大，造成锅炉负荷波动大，所以一般只限于中小型发酵装置。

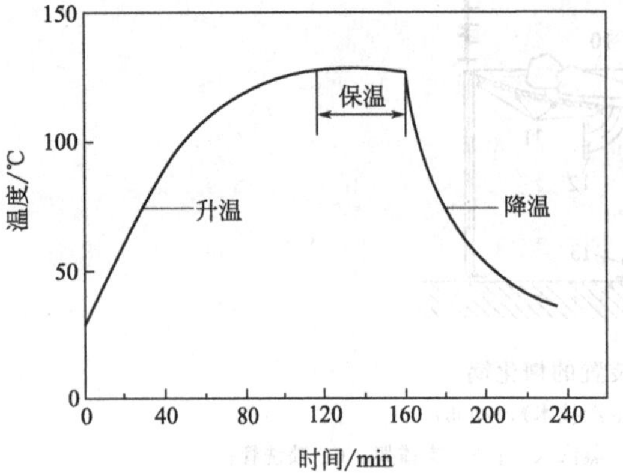

图 2-15 分批灭菌过程中典型的温度-时间关系图

（引自：李艳《发酵工程原理和技术》，2006）

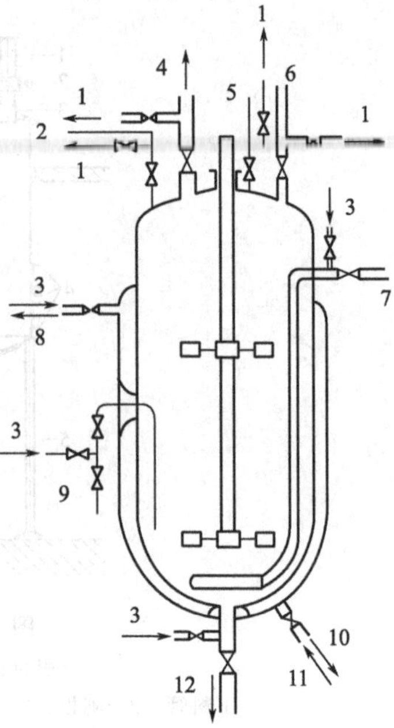

图 2-16 分批灭菌时发酵罐的管道配制示意图

（引自：段开红《生物工程设备》，2008）

1—排汽口；2—消泡剂管；3—进汽口；4—出汽口；5—接种管；6—进料口；7—进汽管；8—冷却水出口；9—取样管；10—冷凝水出口；11—冷却水进口；12—排料管

2．分批灭菌操作的注意事项

①设备的密封性好，以防杂菌的侵染。在空罐或实罐灭菌前，发酵罐及其附属设备必须进行全面的严密度检查，在保证无渗漏的情况下才能进行灭菌。②灭菌温度和压力要对应。③发酵罐内部的结构布置合理，无死角，焊缝及轴封装置可靠，蛇管无穿孔，蒸汽压力稳定，操作合理。④各路蒸汽进口要畅通，防止短路逆流。⑤保证罐内液体翻动剧烈，以使罐内物料达到均一的灭菌温度。⑥排汽量不宜过大，以节约蒸汽。⑦在引入无菌空气前，罐内压力必须低于过滤器压力，否则培养基将倒流入过滤器。⑧应将培养基中的葡萄糖和乳糖等与其他成分分开灭菌，然后再混合，也可以采用培养基连消工艺，把在高温下易相互反应的培养基组分在连消操作中分批投料灭菌。因为高温灭菌时糖类物质容易被破坏且易和有机氮物质结合而产生氨基糖，从而对微生物产生一定的毒性，严重时还会明显抑制微生物的生长发育，破坏整个发酵代谢过程。

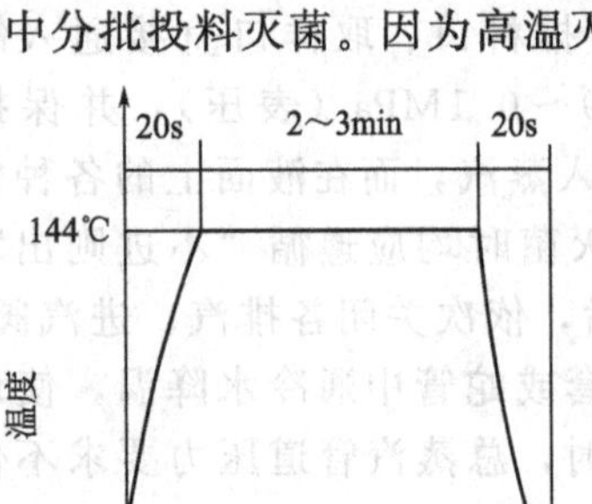

图 2-17 连续灭菌过程中的温度变化示意图

（引自：李艳《发酵工程原理和技术》，2006）

（二）连续灭菌

1．连续灭菌特点

图 2-17 为连续灭菌过程中温度的变化情况。由图 2-17 可以看出，连续灭菌时，培养基可在短时间内加热到灭菌温度，并且能很快地冷却，因此可在比间歇灭菌更高的温度下进行灭菌，而由于灭菌温度很高，保温时间就相应地可以很短。

连续灭菌具有如下特点：①采用高温快速灭菌，物料受热时间短，营养成分破坏少，培养基连消后质量好；②由于灭菌时间短，发酵罐的利用率高；③蒸汽负荷均匀，锅炉利用率高；④较易实现自动控制，糖等物质受蒸汽的影响较少；⑤由于培养基的加热、保温和冷却都是在发酵罐外完成，因此需要一套连续的灭菌设备和较稳定的饱和蒸汽（≥0.5MPa），设备复杂，投资大。

2. 连续灭菌常用设备

液体培养基的连续灭菌比间歇灭菌复杂，设备也比间歇灭菌的多，一般由配料罐（池）、送料泵、预热罐、连消泵、加热器、维持罐和冷却器七个关键设备组成。原材料在配料罐内配制成液体培养基，经送料泵输送至预热罐，在预热罐内，培养基被加热到60～70℃后，由连消泵连续打入加热器，在20～30s或更短时间内将培养基加热至126～132℃［目前微生物发酵企业一般采用0.5～0.8MPa（表压）的蒸汽与预热后的培养基直接混合加热］，被加热到灭菌温度的培养基被输送到维持罐保温一定时间后，经冷却器快速冷却到发酵工艺规定的温度。下面简单介绍加热器、维持罐与冷却器的结构与工作原理。

（1）加热器　目前使用最广泛的加热器有塔式加热器（tower heater）和喷射式加热器（jet-type heater）。

① 塔式加热器：又称连消塔，图2-18是套管式连消塔的结构示意图。在设备中央是蒸汽导入管，在管壁上开有与管壁呈45°向下倾斜的小孔，孔径一般为5～8mm，蒸汽由此喷出。小孔的总面积等于或略小于蒸汽导入管的截面积。小孔在导入管上的分布上稀下密，这样有利于蒸汽从各个小孔均匀喷出。培养基由塔底经连消泵打入，料液在蒸汽导入管和设备外壳之间的流速控制在0.1m/s左右。塔式加热器的有效高度在2～3m，物料在塔中停留的时间一般为20～30s。

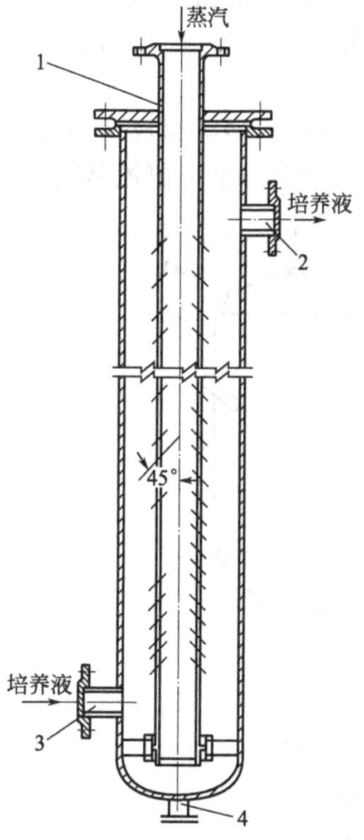

图2-18　套管式连消塔的结构示意图
（引自：陈国豪《生物工程设备》，2007）
1—蒸汽导入管；2—培养基出口；3—培养基进口；4—排污口

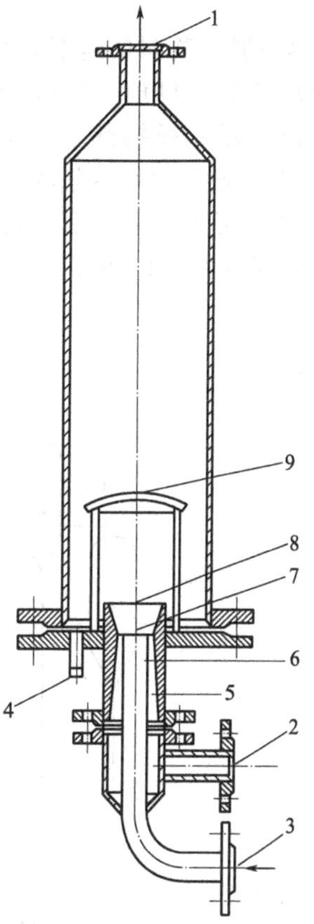

图2-19　喷射式加热器结构示意图
（引自：陈国豪《生物工程设备》，2007）
1—物料出口；2—蒸汽进口；3—进料口；4—排液口；5—进料套管；6—套管环隙；7—喷嘴；8—扩大端；9—挡板

② 喷射式加热器：图 2-19 是目前微生物发酵企业采用较多的喷射式加热器，也称为连消加热器。主要由蒸汽进口、物料进出口和喷嘴等组成，料液由进料套管的中央进入，蒸汽由套管环隙进入，同时在喷嘴出口处有一个扩大端，并在其顶端上方设置了一块弧形挡板，以增强蒸汽与料液的混合加热效果。培养基在进入加热器时流速约为 1.2m/s，整个加热器高为 1.5m 左右。喷射式加热器的特点是蒸汽和物料密切混合，加热在瞬间完成，结构简单，性能稳定，噪声少，无震动。

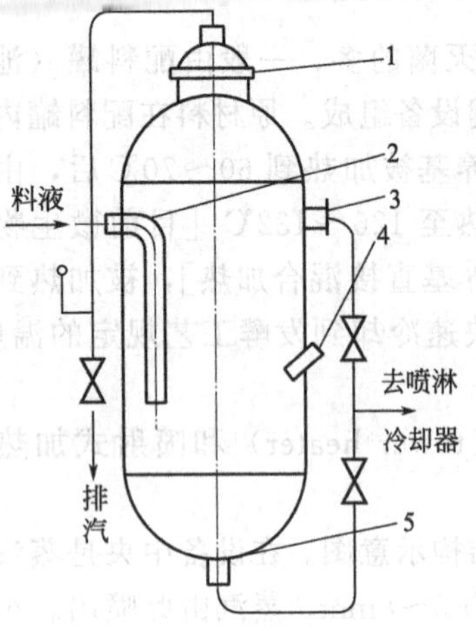

图 2-20 维持罐的结构示意图

（引自：段开红《生物工程设备》，2008）

1—人孔；2—进料管；3—出料管；4—温度计插座；5—料液排尽管

（2）维持设备 维持设备是使加热后培养基保温一段时间，以达到灭菌目的的设备，也称保温设备。为使高温培养基在该设备中保温停留一定时间，要求该设备内物料返混（物料逆流动方向的流动）要小，外壁要用保温材料。

目前，使用最广泛的维持设备是维持罐（maintaining tank），它是一个圆柱形立式容器，其结构如图 2-20 所示。高温培养基由进料管道进入容器底部，缓缓上升至出料管流出，若无返混，培养基在维持罐中停留时间就是连续灭菌工艺要求的保温时间，即灭菌时间。由于容器直径较大，培养基在容器中流速又较小，这样在维持罐中物料的返混现象是不可克服的，因此设计物料在维持罐中停留时间 τ 时，τ 应为计算的理论灭菌时间的 3～5 倍，设计中一般取 3 倍。为了尽量减少物料的返混，维持罐要做得瘦长些，高径比取（2.0～2.5)∶1 较合适。

（3）冷却设备 目前，发酵企业主要采用真空冷却系统（vacuum cooler)、喷淋冷却器(spray cooler)、螺旋板换热器（spiral heat exchanger）和薄板换热器（thin plate heat exchanger）等作为连消后培养基的冷却设备。

① 真空冷却系统：它由真空冷却器、蒸汽冷凝器和蒸汽喷射器等组成［图 2-21(a)］。其中真空冷却器是该系统的主要设备［图 2-21(b)］，其器身为圆筒锥底，醪液从切线方向进入，

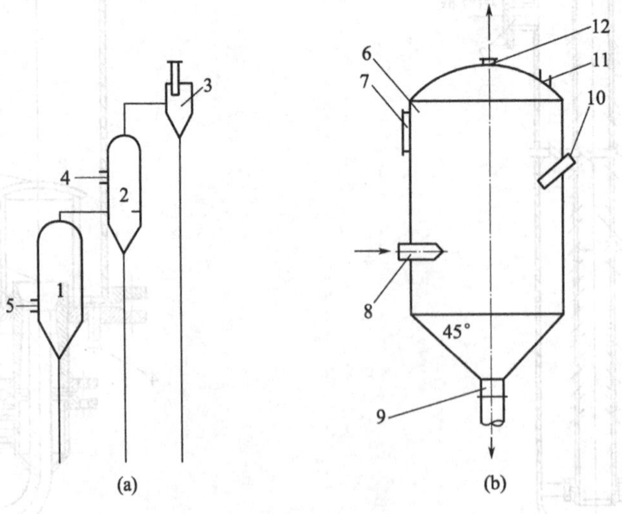

图 2-21 真空冷却装置示意图

（引自：段开红《生物工程设备》，2008）

(a) 真空冷却系统；(b) 真空冷却器

1—真空冷却器；2—蒸汽冷凝器；3—蒸汽喷射器；4—冷水进口；5—料液进口；6—圆筒体；7—人孔；8—进料口；9—料液排出管；10—温度计插口；11—真空表接管；12—二次蒸汽出口

在器内旋转，在离心力作用下被甩向四周沿壁下流，从锥底料液排出管排出，产生的二次蒸汽由二次蒸汽出口排出后进入蒸汽冷凝器，不能被冷凝的气体经蒸汽喷射器（或真空泵）抽走，造成器内真空，加速二次蒸汽的蒸发与培养基温度的降低。培养基最终被冷却的温度取决于设备操作的真空度，不同真空度下水的饱和蒸汽压和温度的对应关系如表 2-5 所示。从表 2-5 可以看出，真空冷却器的真空度为 500～550mmHg❶，蒸煮醪温度可降到 67.5～72.5℃；若真空度为 700mmHg（约 0.9MPa），蒸煮醪温度可降到 42℃。

表 2-5 真空度下水的饱和蒸汽压和温度的关系

真空度/mmHg①	500	550	600	650	700	750
绝对压/mmHg	260	210	160	110	60	10
温度/℃	72.5	67.5	61.5	54	42	11

① 1mmHg=133.322Pa。

注：引自陈国豪《生物工程设备》，2007。

由于器内压力低于大气压，真空冷却器和冷凝器必须安装在较高的位置，一般高于糖化锅 10m，冷却的醪液才能从料液排出管排出，冷凝器中的废水也才能顺利地从废水管排出。实践表明，为了更完全地从料液中分离蒸汽，真空冷却器内二次蒸汽上升速度一般为 0.8m/s，二次蒸汽流出速度一般≤10m/s，高温培养基进入真空冷却器的流速一般为 40～60m/s，冷却培养基流出真空冷却器的速度一般为 0.2～0.3m/s，冷却器 $H/D=1.5\sim2.0$。

② 喷淋冷却器：它由多组环形与直形不锈钢无缝钢管经焊接或法兰连接而成，最上端有一个淋水槽，冷却水从淋水槽中溢出，沿着檐板淋到最上层水平排列的冷却排管上，然后沿着淋水板一层直管往下流（图 2-22）。为了增加传热效果，高温培养基应从底端进入冷却器，从上部出来。在热物料冷却过程中，一方面由于冷却水与热物料导热过程带走热量，另一方面在淋水过程中有部分冷却水被气化，可带走 10%～20%的总热量。另外，为了强化喷淋冷却器的冷却效果，该设备通常放在通风的场所。

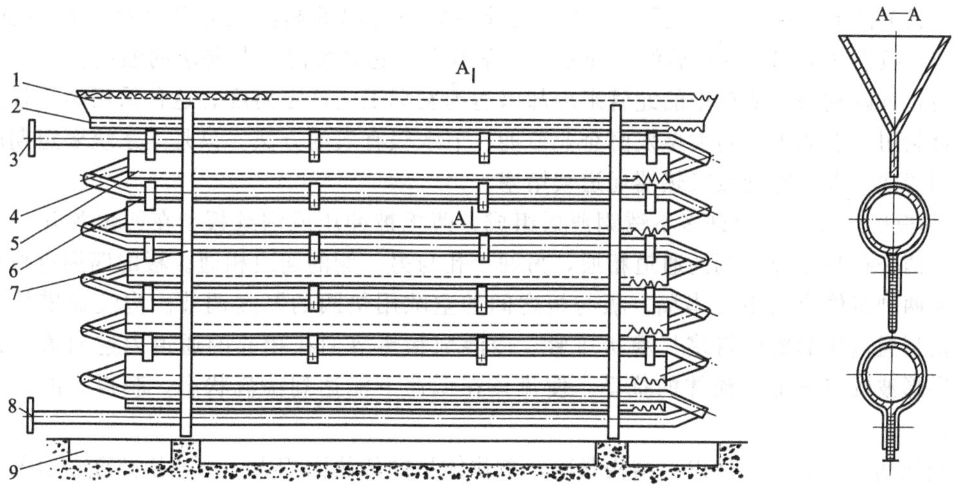

图 2-22 喷淋冷却器结构示意图

（引自：陈国豪《生物工程设备》，2007）

1—淋水槽；2—檐板；3—物料出口；4—冷却水；5—淋水板；6—吊环；7—支架；8—物料进口；9—盛水槽

❶ 1mmHg=133.322Pa。

③ 螺旋板换热器：它是由两张钢板卷成双螺旋，形成了两个均匀的螺旋通道，螺旋末端用盖子密封（图 2-23），两种传热介质可进行全逆流流动，大大增强了换热效果，即使是两种小温差介质，也能达到理想的换热效果。在壳体上的接管采用切向结构，局部阻力小，由于螺旋通道的曲率是均匀的，液体在设备内流动没有大的转向，总的阻力小，因而可提高设计流速，使之具备较高的传热能力。当培养基中固体含量高、黏度较大时，为了防止螺旋板换热器通道的堵塞，要求选用板间距在 5～18mm 的换热器。由于螺旋板换热器的通道间距较小，热流体和冷却流体的流速较大，故传热效果很好。

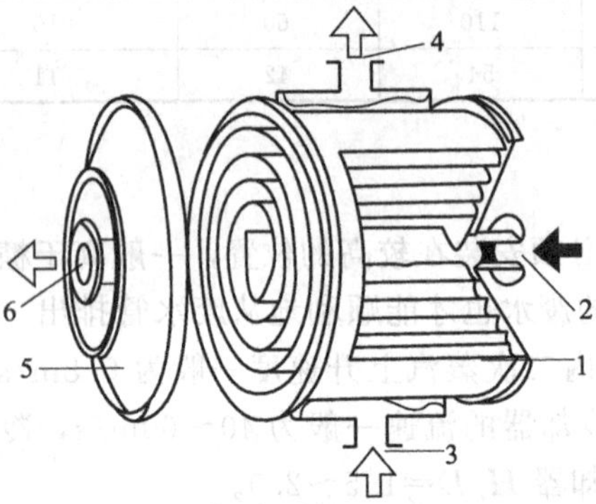

图 2-23 螺旋板换热器的结构示意图

（引自：段开红《生物工程设备》，2008）

1—螺旋通道；2—高温介质入口；3—低温介质入口；4—低温介质出口；5—盖子；6—高温介质出口

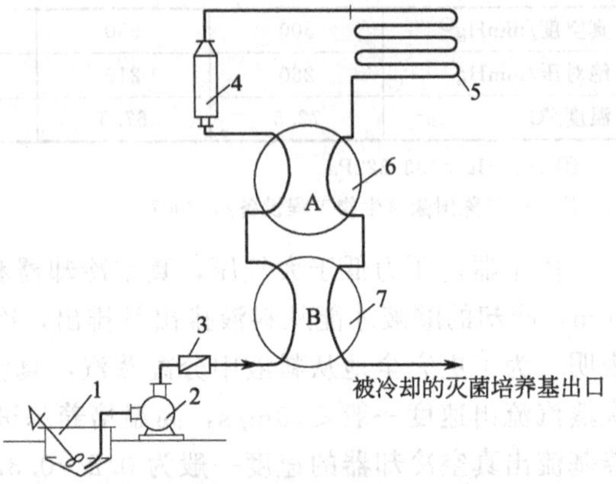

图 2-24 螺旋板换热器综合利用热能的工艺流程图

（引自：陈国豪《生物工程设备》，2007）

1—配料罐；2—打料泵；3—流量计；4—加热器；5—管式维持器；6—螺旋板换热器 A；7—螺旋板换热器 B

在培养基连续灭菌过程中，可以利用螺旋板换热器进行综合利用热能的工艺设计，用待灭菌的冷培养基来冷却经灭菌后的高温培养基，从而提高待灭菌培养基的温度，降低灭菌培养基的温度。其工艺流程如图 2-24 所示。从管式维持器中流出的高温培养基经螺旋板换热器 A，再经过螺旋板换热器 B，冷却后的培养基温度基本上可达到发酵工艺要求的温度。若培养基温度还太高，可以利用发酵罐中的蛇管来冷却以达到发酵工艺规定温度。这种采用螺旋板换热器进行综合利用热能的工艺是大型发酵企业节能、节水很有效的方法。只是本系统要定期应用化学除垢剂清洗，以免螺旋板换热器通道被堵塞。

④ 薄板换热器：它由许多不锈钢薄板组成，薄板被冲压成沟纹板，在四角各开一个圆形孔，其中两个孔与薄板一侧的通道相通，另两个孔与另一侧的通道相通。板的四周有橡胶密封垫圈，使两种流体介质不会串漏。板与板之间的空隙用垫圈的厚度调节。沟纹板横挂在横杠上，压紧板通过压紧螺杆将多片薄板压紧，冷溶剂和热溶剂在相邻的通道内逆向流动进行换热，人字形波纹能增加对流体的扰动，使流体在低速下能达到湍流状态，获得高的传热效果（图 2-25）。

薄板换热器具有以下优点：结构紧凑，单位体积的传热面积大；增减换热面积容易，不需要保温措施；装拆方便，甚至可以不必完全拆开，只需要将压紧螺栓松开即可抽出板片清洗、更换垫圈，以至于更换板片。国外发酵企业有采用薄板换热器的报道，但是国内因薄板换热器片间的耐高温橡胶垫片有时会发生泄漏，所以使用范围受到很大限制。

3. 连续灭菌流程

由于加热、保温和冷却等设备不同，可以将不同型号的设备组合在一起，以达到灭菌目的，形成所谓的连续灭菌流程。下边介绍几种国内外较为常用的连续灭菌流程。

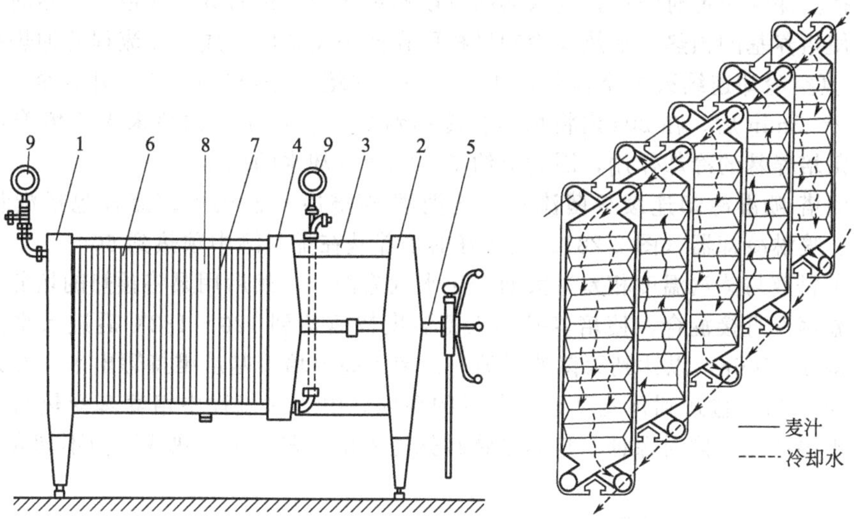

图 2-25　薄板换热器的结构示意图

（引自：程殿林《啤酒生产技术》，2005）

1—后支架；2—前支架；3—横杠；4—压紧板；5—压紧螺杆；6—第一段冷却；7—第二段冷却；8—分界板；9—温度表

（1）喷射加热-真空冷却连续灭菌流程　喷射加热-真空冷却连续灭菌流程由喷射加热器、管道维持器和真空冷却器三部分组成（图 2-26）。蒸汽直接喷入喷射加热器与培养基混合，使培养基温度急速上升至预定灭菌温度，保温时间长短由维持管道的长度确定。灭菌后的培养基通过一个膨胀阀进入真空冷却器急速冷却。培养基在 140℃高温维持 2～3min 后急骤冷却到 80℃后，又快速冷却到 37℃。此流程的特点是加热和冷却时间短，培养基营养成分损失小；并能保证培养基先进先出，避免了过热或灭菌不彻底等现象。但如果维持时间较长，维持管的长度就很长，给安装使用带来不便。本系统要求真空系统密封严格，以避免已灭菌的培养基重新污染。

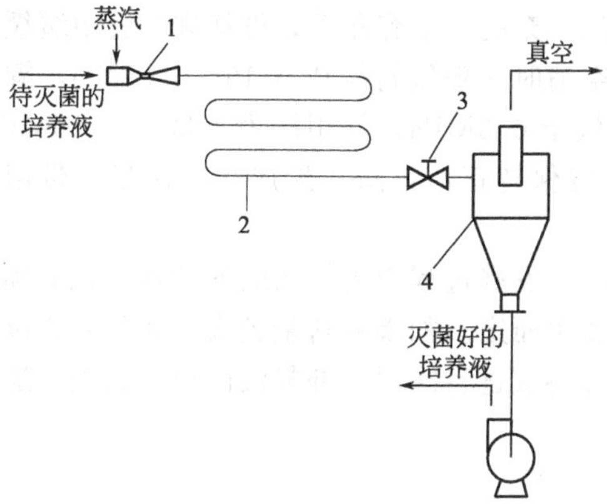

图 2-26　喷射加热-真空冷却连续灭菌流程

（引自：郑裕国《生物工程设备》，2007）

1—喷射加热器；2—管道维持器；3—膨胀阀；4—真空冷却器

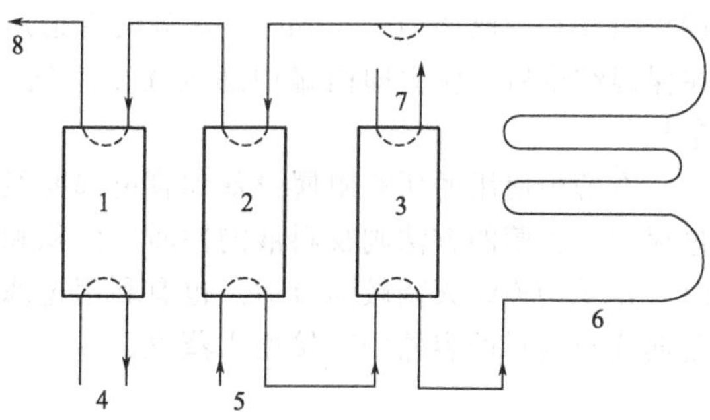

图 2-27　薄板换热器连续灭菌流程

（引自：郑裕国《生物工程设备》，2007）

1—冷却段；2—回收段；3—加热段；4—冷却水；5—待灭菌培养液；6—维持段；7—加热蒸汽；8—已灭菌培养液

（2）薄板换热器连续灭菌流程　薄板换热器连续灭菌流程（图 2-27）是采用薄板换热器作为培养液的加热和冷却器，同时利用已灭菌待冷却的培养液的热量对冷培养液进行加热，作为热回收段，提高了热利用率。在薄板换热器的加热段，蒸汽使来自热回收段的培养液的温度升高，经维持段保温一定时间后，进入热回收段初步冷却，然后进入薄板换热器的冷却段进行冷却，从而使培养基的预热、加热及冷却过程可在同一设备内完成。该流程的加热和冷却时间比喷射加热-真空冷却连续灭菌流程要长些。在 20s 内培养基温度由 27℃升高至 145℃，在该温度下保持 2～3min 后，在 20s 内将培养基冷却到 27℃。由于在预热未灭菌培养基的同时也起到了对灭菌培养基的冷却作用，因而节约了蒸汽和冷却水的用量。

(3) 连消塔-喷淋冷却连续灭菌流程　连消塔-喷淋冷却连续灭菌流程包括配料罐、连消塔、维持罐、喷淋冷却器（图 2-28）。配制好的培养基在配料罐中预热到 60～70℃，以避免连续灭菌时由于料液与蒸汽温度相差过大而产生水汽撞击声，然后用泵将预热的培养基打入连消塔使之与高温蒸汽直接混合，使培养基的灭菌温度快速达到 126～132℃后进入维持罐，在灭菌温度下保持 5～7min，以达到灭菌的目的。灭菌的高温培养基从维持罐出来，经过冷却排管冷却至 40～50℃后，输送到预先已经灭菌过的罐内。由于该流程中培养基受热时间短，营养物质的损失不很严重，同时保证了培养基物料先进先出，避免了过热或灭菌不彻底等现象。

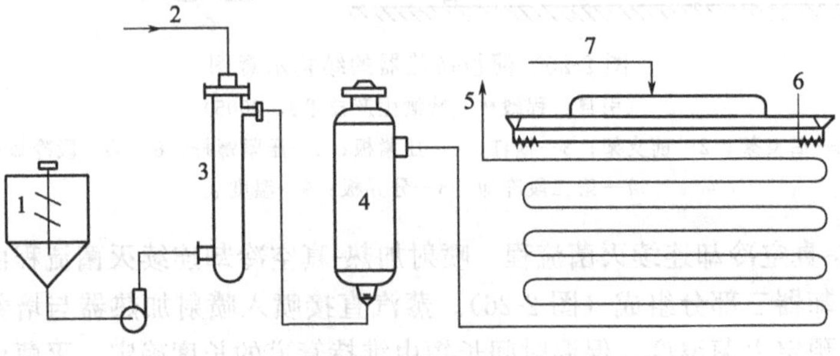

图 2-28　连消塔-喷淋冷却连续灭菌流程

（引自：郑裕国《生物工程设备》，2007）

1—配料罐；2—蒸汽入口；3—连消塔；4—维持罐；5—灭好菌的培养基；6—喷淋冷却器；7—冷却水

（三）发酵罐和补料液的灭菌

如果采用连续灭菌法，则发酵罐应在加入灭菌的培养基前先行单独灭菌。通常是用蒸汽加热发酵罐的夹套或蛇形管并从空气分布管中通入蒸汽，充满整个容器后，再从排气管中缓缓排出，发酵罐罐体的灭菌被称之为空罐灭菌或空消。空消时一般维持罐压 0.15～0.2MPa，罐温 125～130℃，保持 30～40min，总蒸汽管道压力不低于 0.3MPa，使用压力不低于 0.25MPa。在保温结束后，应立即向罐中通入无菌空气，使容器保持正压，防止形成真空而吸入带菌的空气。

发酵中使用的所有附属设备和管道都要经过灭菌。发酵过程中需加入的各种料液也必须经过灭菌。灭菌的方法则视料液的性质、体积和补料速率而定。如果补料量较大，而具有连续性时，则采用连续灭菌较为合适。也有利用过滤法对补料液进行除菌。补料液的分批灭菌，通常是向盛有物料的容器中直接通入蒸汽。

第三节　固体发酵基质的制备与灭菌设备

固体发酵基质是在固态发酵过程中为微生物生长、繁殖与代谢提供营养物质，且具有一定温度和湿度的固体培养基。固体发酵基质在接种发酵前，其原料一般需要进行粉碎、混合、灭菌与冷却等处理，其基本的制备工艺流程如图 2-29 所示。

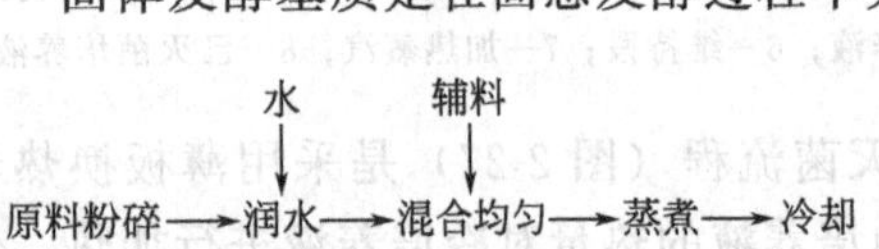

图 2-29　固体发酵基质的处理过程

从上述工艺流程可以看出，固体培养基制备与灭菌设备主要包括粉碎设备、润水设备、混合设备、蒸煮灭菌设备和冷却设备等。固体原料粉碎粒度的大小、水分含量是否合适、配料混合是否均匀、灭菌是否彻底以及接种温度是否合适，都将直接影响到发酵过程是否能够顺利进行以及目标产物的产率，因此，选用合适的粉碎设备、润水设备、配料混合设备及灭菌设备在固态发酵生产过程中具有极其重要的意义。鉴于粉碎设备在本书第一章，冷却设备在本章第二节已经阐述，而且在其他章节中也有讲述，所以本节主要介绍固体发酵基质制备的润水、混合和蒸煮与灭菌设备。

一、固体物料的润水设备

润水的目的是使原料中蛋白质与淀粉等含有适量水分，以便在蒸料时能使蛋白质适度变性，使淀粉吸水膨胀与糊化，使其他营养物质溶出，以利于微生物生长、繁殖与代谢，并提供微生物生长繁殖所需要的水分。常用的润水设备包括以下三种。

1. 水泥池

水泥池是最简单的一种润水设备。一般在蒸煮锅附近用水泥砌一个大小适当、四周一砖高、池底稍微向一方倾斜、以便冲洗排水的水泥池即可。润水方法是将固体物料（包括原辅料）导入池中，加入50～80℃的热水，用钉耙与煤铲人工翻拌，使主辅料混合均匀即可。本方法的劳动强度大，除了一些小厂尚采用外，大部分发酵工厂已经不再使用。

2. 螺旋式输送机

螺旋式输送机（spiral conveyer）（俗称绞龙）其结构如图2-30所示，与第一章所讲的螺旋式输送机不同的是增加了一个加水管。将粉碎后的主辅料不断装入原料入口送入螺旋式输送机的一端，并在同一端加50～80℃的热水，物料与水在螺旋式输送机的作用下完成搅拌润水与输送过程。螺旋式输送机底部外壳通常可以拆卸，以便于润水后清洗，以免细菌污染繁殖。

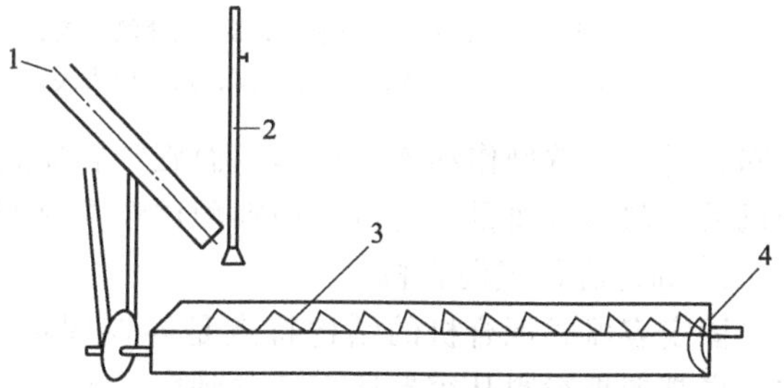

图2-30　螺旋式输送机润水装置

（引自：郑裕国《生物工程设备》，2007）

1—原料入口；2—加水管；3—螺旋体；4—湿料出口

3. N. K式旋转蒸煮锅

N. K式旋转蒸煮锅（N. K rotary cooker）是目前国内发酵工厂普遍采用的润水蒸煮设备，其结构如图2-31所示。原料经真空管道吸入蒸煮锅，或用提升机将原料送入蒸煮锅，利用喷水装置直接喷入50～80℃的热水，开启蒸煮锅，翻拌润水。润水完后可以通入蒸汽完成蒸煮灭菌过程。它具有操作简便、省力、安全、卫生等优点。

二、固体物料的混合设备

固态发酵的培养基原料一般是麸皮、玉米粉、无机盐等固体物料。

混合机的作用是使两种或两种以上的粉料颗粒通过流动作用，成为组分浓度均匀的混合物。在混合机内，大部分混合操作都并存对流、扩散和剪切三种混合方式，只不过由于机型结构和被处理物料的物性不同，其中某一种混合方式起主导作用而已。

影响混合效果的一个主要因素是原料的物料特性。物料特性包括原料颗粒的大小、形状、密度、附着力、表面粗糙程度、流动性、含水量和结块倾向等。实验表明，大小均匀的颗粒混合时，密度大的趋向器底；密度近似的颗粒混合时，最小的和形状近圆球形的趋向器底；颗粒的黏度越大，温度越高，越容易结块或结团，不易混合均匀分散。影响物料混合效果的另一个因素是搅拌方式。

固体混合设备按运动方式不同可分为固定容器式混合机和旋转容器式混合机；按混合操作形式不同，可分为间歇容器式混合机和连续容器式混合机。固定容器式混合机可按生产工艺的

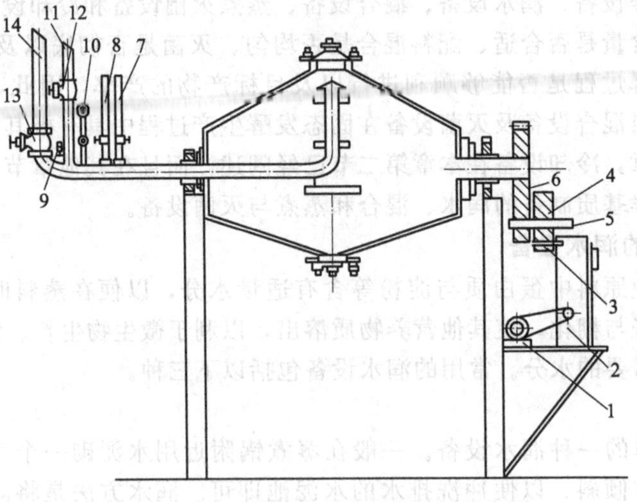

图 2-31 N.K 式旋转蒸煮锅的结构示意图

（引自：郑裕国《生物工程设备》，2007）

1—电动机；2—蜗轮蜗杆减速箱；3—减速箱齿轮；4—过桥中齿轮；5—过桥小齿轮；6—旋转蜗正齿轮；7—水管；8—蒸汽管；9—安全阀；10—压力表；11—排汽管；12—排汽阀；13—闸阀；14—冷却管

不同，进行间歇操作和连续操作，而旋转容器式混合机通常只能进行间歇操作。间歇容器式混合机易控制混合质量，适应于物料配比经常改变的情况，因此比较多用。

1. 固定容器式混合机

固定容器式混合机的结构特点是容器固定，旋转搅拌器装于容器内部。它以对流混合为主，搅拌器把粉料从容器底部移送到容器上部，下面形成的空间会因重力作用而被运动的粉料所填补，并产生侧向运动，如此循环混合。它适用于被混合各物料的物理性质及配比差别较大的散料混合操作。比较典型的固定容器式混合机有螺带式混合机（spiral belt-type mixer）和行星运动螺旋式混合机（planetary spiral mixer）。

（1）螺带式混合机 螺带式混合机的结构如图 2-32 所示。搅拌器为装在容器内的大螺旋带，与轴固定连接。螺旋带的数目根据混合要求来确定。对于较简单并且要求不太高的混合操作，只要一条或两条螺旋带就够了，容器上只有一对进、排料口。如果被混合粉料的性质差别较大、混合量大或混合要求较严格时，则搅拌器为三条以上按不同旋向排布的

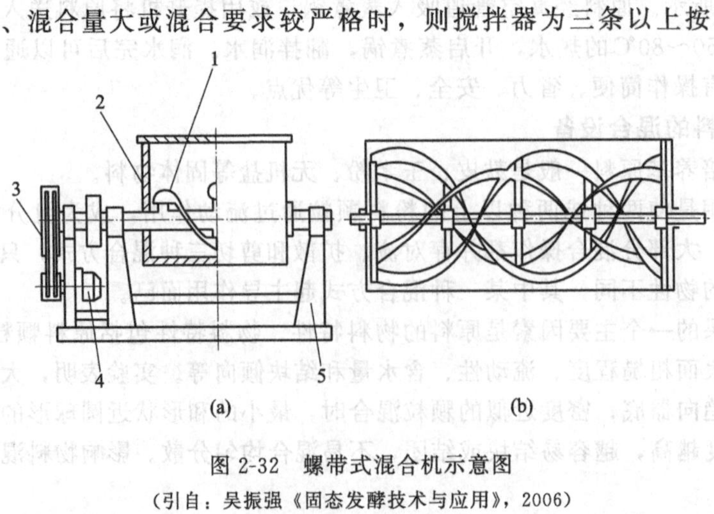

图 2-32 螺带式混合机示意图

（引自：吴振强《固态发酵技术与应用》，2006）

（a）外形；（b）内部结构

1—搅拌器；2—混合容器；3—传动机构；4—电动机；5—机架

螺旋带［图2-32(b)］。这种混合机的混合原理是利用水平槽内搅拌器产生的纵向和横向的复合运动来混合粉料。在同一轴上装有旋向相反的几条螺旋带，正向螺带使粉料往一端移动，而反向螺带则使粉料向相反一端移动，被混合物料不断地重复分散和集聚，从而达到较好的混合效果。

如果使用单一旋向搅拌器的混合机操作，或者正反向螺带旋转时存在轴向速度差，则粉料整体存在着单向纯位移，设备就成为连续式混合机，在一端投料，另一端连续卸料。

螺带式混合机的长径比为（2～10）：1，搅拌器工作转速在 20～60r/min。混合机的混合容量为容器体积的 30%～40%，最大不超过 60%。

螺带式混合机适用于混合易离析的物料，对稀浆体和流动性较差的粉体也有较好的混合效果。这种混合机的螺旋带与容器壁间隙较小，且有磨碎物料的功能。但是螺带式混合机容器两端存在死角，粉料在此位置流动困难。

(2) 行星运动螺旋式混合机　图 2-33 是行星运动螺旋式混合机的结构示意图。盛料容器呈圆锥形［图 2-33(a)］，有利于粉料下滑，螺旋搅拌器置于盛料容器内，其轴线平行于容器壁母线，上端通过转臂与旋转驱动轴连接。当驱动轴转动时，搅拌器除自转外，还被转臂带着公转。其自转速度在 60～90r/min，公转速度为 2～3r/min。行星运动螺旋式混合机转臂传动装置的结构如图 2-33(b) 所示。电动机通过三角皮带带动皮带轮将动力输入水平传动轴，使轴转动，再由此分成两路传动，一路经一对圆柱齿轮（2 和 3）、一对蜗轮蜗杆（4 和 5）减速，带动与蜗轮连成一体的转臂 6 旋转，装在转臂上的螺旋搅拌器 15 随着沿容器内壁公转。另一路是经过三列圆锥齿轮（8、9、11、12、13 和 14）变换两次方向及减速，使螺旋搅拌器绕本身的轴自转，这样就实现了螺旋搅拌的行星运动。

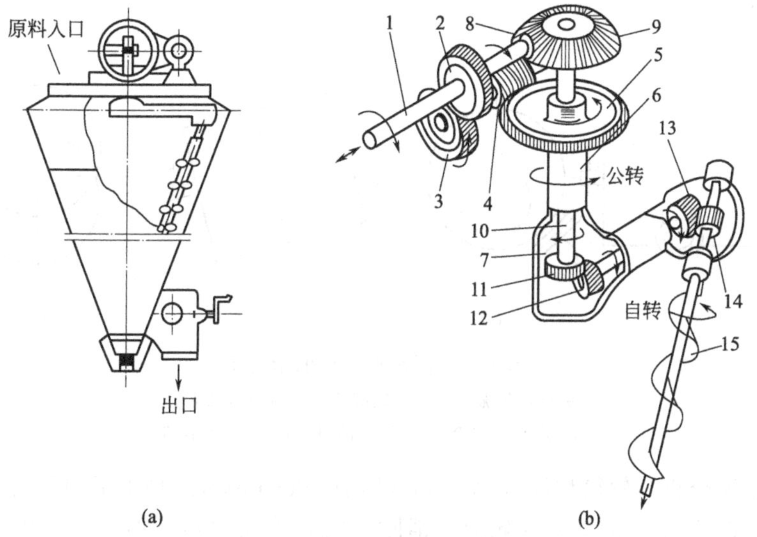

图 2-33　行星运动螺旋式混合机
（引自：吴振强《固态发酵技术与应用》，2006）
(a) 混合机；(b) 混合机的传动机构
1—主轴；2,3—圆柱齿轮；4—蜗杆；5—蜗轮；6—转臂；7—转臂体；8,9,11,12,13,14—圆锥齿轮；
10—转臂轴；15—螺旋搅拌器

行星运动螺旋式混合机工作时，搅拌器的行星运动使被混合的粉料既能产生垂直方向的流动，又能产生水平方向的位移，且搅拌器还能消除靠近容器内壁附近的滞流层。因此这种混合机的混合速度快、混合效果好。它适用于高流动性粉料及黏滞性粉料的混合，且有粉碎的功能，这是因为螺旋搅拌器与容器内壁间隙很小，可以磨碎粉料。

2. 旋转容器式混合机

旋转容器式混合机的操作是以扩散混合为主。它的工作过程是通过混合容器的旋转形成垂直方向运动，使被混合粉料在器壁或容器内的固定抄板上引起折流，造成上下翻滚及侧向运动，不断进行扩散，以达到混合的目的。

旋转容器式混合机由旋转容器及驱动转轴、机架、减速传动机构和电动机组成。旋转容器的形状决定了混合操作的效果。容器内表面要求光滑平整，以减少粉料对器壁的黏附、摩擦等影响。有时为了加大粉料的翻滚混合，减少混合时间，在器壁或旋转容器内安装几个固定抄板。

旋转容器式混合机的驱动轴水平布置，轴径与选材以满足装料后的强度和刚度为准。减速传动机构要求减速比大，常采用蜗轮蜗杆、行星减速器等传动装置。因动力消耗不大，故混合功率一般为配用电动机额定功率的50%～60%。

旋转容器式混合机的混合量（即一次混合所投入容器的物料量）取容器体积的30%～50%。如果投入量大，混合空间减少，粉料的离析倾向大于混合倾向，搅拌效果不理想。混合时间与被混合粉料的性质及混合机型有关，多数操作时间约为10min。

下面介绍几种常见的旋转容器式混合机。

（1）圆筒混合机　圆筒混合机（cylinder mixer）按其回转轴线位置可分为水平型和倾斜型两种，水平型圆筒混合机的结构如图2-34(a)所示，倾斜型圆筒混合机的结构如图2-34(b)所示。在倾斜型圆筒混合机中，容器轴线与回转轴线之间有一定的角度，因此粉料运动时有三个方向的速度，流型复杂，加强了混合能力。这种混合机的工作转速在40～100r/min，常用于混合调味粉料。

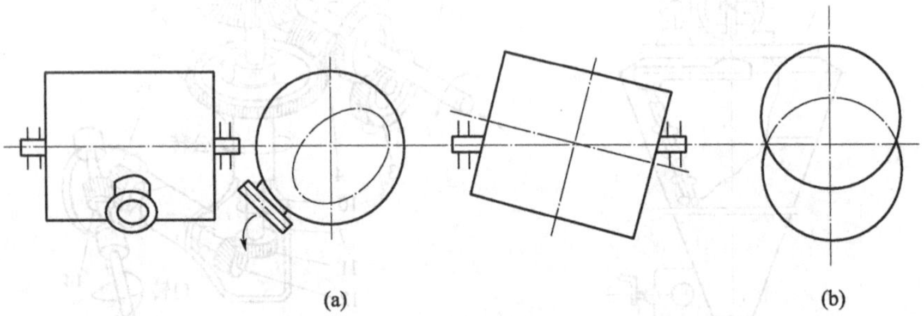
(a)　　(b)

图2-34　圆筒混合机的示意图

（引自：吴振强《固态发酵技术与应用》，2006）

(a) 水平型圆筒混合机；(b) 倾斜型圆筒混合机

（2）轮筒型混合机　轮筒型混合机（round cylinder mixer）是水平型圆筒混合机的一种变形，结构如图2-35所示。圆筒变为轮筒，消除了混合流动死角，轴与水平线有一定角度，起到与倾斜型圆筒混合机一样的作用。因此它兼有上述混合机的优点。但缺点是容器小，装料少，同时以悬臂轴的形式安装，会产生附加弯矩。

（3）双锥形混合机　双锥形混合机（double conical mixer）的结构如图2-36所示。容器是由两个锥筒和一段短柱筒焊接而成，其锥角有90°和60°两种。双锥形混合机操作时，粉料在容器内强烈翻滚，进行复杂的撞击运动，达到均匀的混合。由于流动断面的不断变化，能够产生良好的横流效应。它的主要特点是：对流动性好的粉料混合较快，功率消耗低。这种混合机转速较低，一般5～20r/min，混合时间为5～20min，混合量占容器体积的50%～60%。

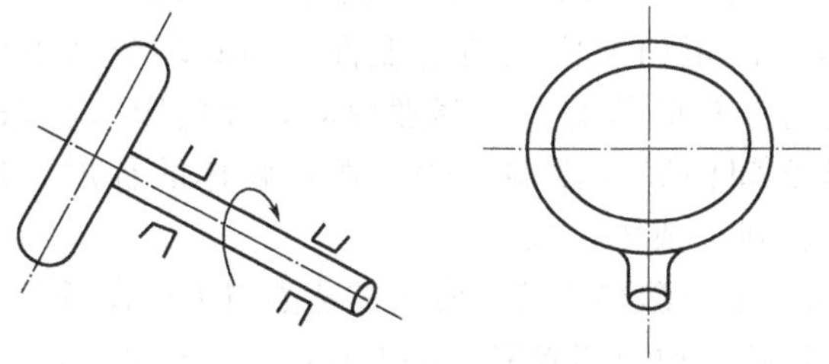

图 2-35　轮筒型混合机的示意图
（引自：吴振强《固态发酵技术与应用》，2006）

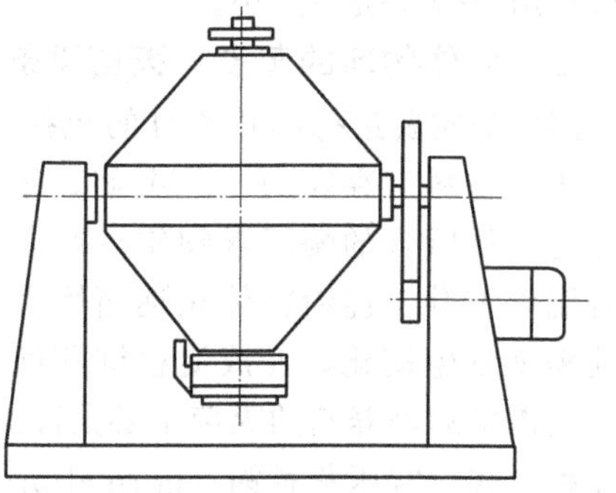

图 2-36　双锥形混合机的示意图
（引自：吴振强《固态发酵技术与应用》，2006）

（4）V 形混合机　V 形混合机（V tape blender）也叫双联混合机，结构如图 2-37。它的旋转容器是由两段圆筒以互成一定角度的 V 形连接。两筒轴线夹角在 60°～90°，两筒连接处剖面与回转轴垂直。这种混合机的工作转速为 6～25r/min，混合时间约为 4min，粉料混合量占容量体积的 10%～30%，混合均匀度达 99%以上。V 形混合机旋转轴为水平轴，其操作原理与双锥形混合机类似。但由于 V 形容器的不对称性，使得粉料在旋转容器内时而紧聚，时而散开，因此混合效果要好于双锥形混合机，而混合时间也比双锥形混合机更短。为混合流动性不好的粉体，一些 V 形混合机做了结构上的改进。在旋转容器内装有搅拌桨，而且搅拌桨还可反向旋转。通过搅拌桨使粉料强制扩散，同时利用搅拌桨的剪切作用还可破坏吸水量多、易结团的小颗粒粉料，从而在短时间内使粉料得到充分混合。V 形混合机适用于多种干粉类、颗粒性物料的混合。

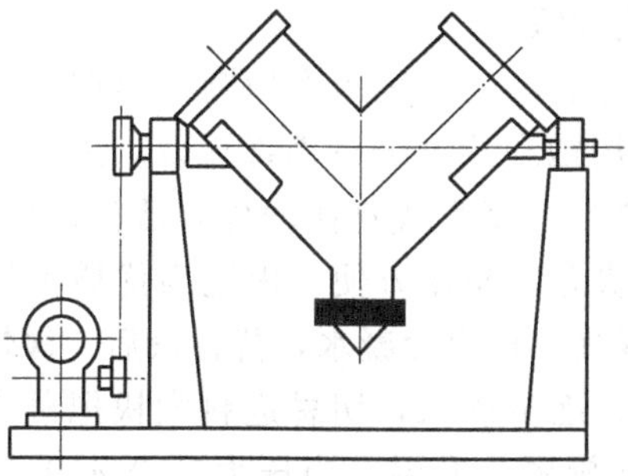

图 2-37　V 形混合机的示意图
（引自：吴振强《固态发酵技术与应用》，2006）

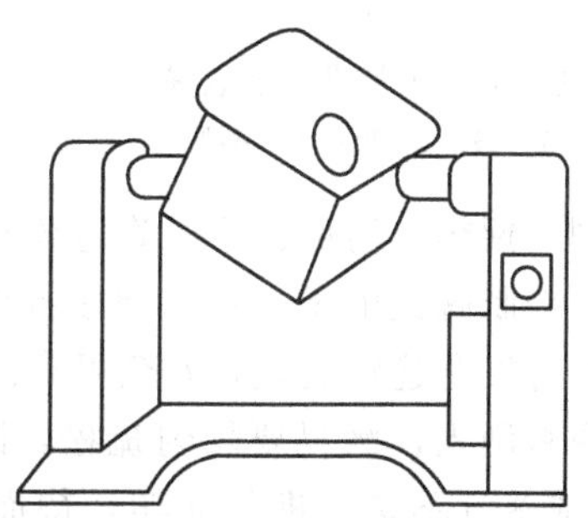

图 2-38　正方体形混合机的示意图
（引自：吴振强《固态发酵技术与应用》，2006）

（5）正方体形混合机　正方体形混合机（cube-shaped mixer）是旋转容器式混合机的一种。它的容器形状为正方体，旋转轴与正方体对角线相连，如图 2-38 所示。混合机工作时容器内粉料做三维运动，其速度随时改变，因此重叠混合作用强，混合时间短。由于沿对角线转动，因而没有死角产生，混合速度快，卸料也较容易。

3. 粉料混合机的选型

粉料混合机选型时要考虑下面几点。①工艺要求及操作目的。包括混合产品的性质、要求的混合度、生产能力、操作方式（间歇式或是连续式）。②粉料的物性。粉料物性包括粉粒大小、形状、分布、密度、流动性、粉体附着性、凝聚性、润湿程度等。同时也要考虑各组分物性的差异程度。由上述两点，初步可以确定适合给定过程的混合机型。③操作条件。包括混合机的转速、装填率、原料组分比、各组分加入方法、加入顺序、加入速率、混合时间等。根据粉料物性及混合机型来确定操作条件与混合速度（或混合度）的关系以及混合规模。④需要的功率。⑤操作可靠性。包括装料、混合、卸料、清洗等操作工序。⑥经济性。主要设备费用、维持费用和操作费用大小。

三、固体物料的蒸煮与灭菌设备

固体基质要进行蒸煮的目的包括以下三个方面：①对固体培养基进行灭菌，而且还可以杀死固体物料上存在的一些虫卵；②使培养基中的蛋白质完成适度变性，消除培养基中生大豆等物质所含的酶阻遏物质，使之成为易被酶分解的状态；③蒸煮使淀粉原料吸水膨胀，随着温度上升，淀粉粒体积逐渐增大，分子链之间的联系削弱，达到颗粒解体的程度，这样淀粉就发生糊化，变成淀粉糊和糖分，从而有利于菌体生长。

固态发酵培养基的灭菌主要是高温蒸汽灭菌，也叫湿热灭菌。常用的蒸煮与灭菌设备有以下几种形式：常压蒸煮锅（normal-pressure cooker），加压蒸煮锅（high-pressure cooker），转鼓式蒸煮灭菌器以及连续蒸煮设备（continuous cooking device）。下面分别进行介绍。

（一）常压蒸煮锅

常压蒸煮锅是固体发酵基质蒸煮设备中最古老但是现在仍然在广泛使用的一种设备。其中最简单的是在灶上面放一个盛有水的锅，锅中放一个甑，润水后的物料放入甑内，然后以柴火、煤、炭、电或蒸汽等加热水产生蒸汽，对物料进行蒸煮（图 2-39）。目前这种蒸煮设备在我国很多中小发酵食品厂，特别是白酒厂仍广泛使用。它具有结构简单、造价低、操作简便、易控制等优点，但是也存在劳动强度大、生产规模小、物料的蒸煮程度主要凭经验判断、批次间存在较大差异等不足。

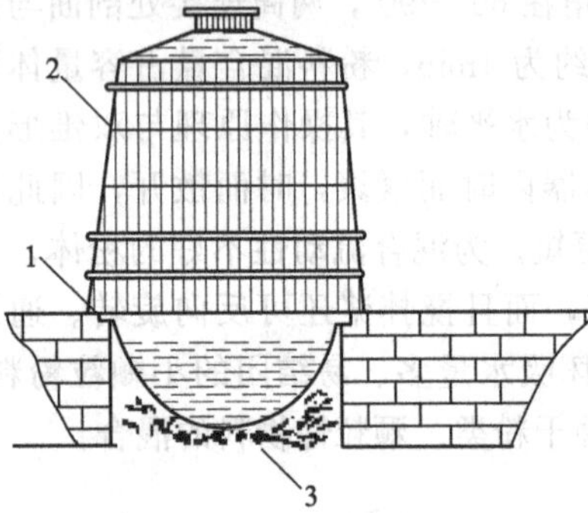

图 2-39　土灶常压蒸煮锅

1—锅；2—甑；3—热源

（二）加压蒸煮锅

加压蒸煮锅为能承受一定压力的圆筒形钢板蒸煮锅图 2-40。它是利用饱和蒸汽进行消毒灭菌，夹套结构的消毒室利于预热、消毒、干燥等连续操作，可用电加热产生蒸汽或直接的外来蒸汽。压力表、温度计、控制阀集中于一体，便于控制消毒器的工作状态，操作方便。内壁为优质不锈钢材料，并装有安全连锁装置，安全可靠。操作时，先开蒸汽，排出冷凝水，待冒汽后，缓慢将润水后的原料洒入，洒料要均匀疏松，随着蒸汽的冒出，逐步洒入，切忌进料太快把蒸汽“压死”，造成蒸汽不透。进料完毕，待面层冒汽后加盖并旋紧，升温，当压力升至 4.9×10^4 Pa 时，关蒸汽，开启锅盖上的排汽阀，当压力上升到 11.77×10^4 Pa 左右时，保持 15min，关闭

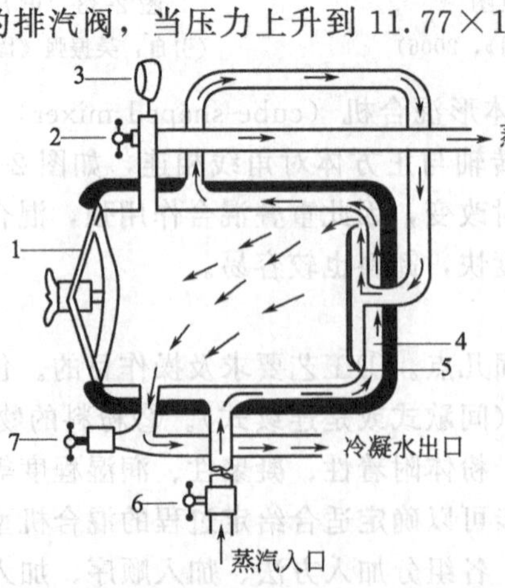

图 2-40　卧式加压蒸煮锅结构示意图

1—门；2—蒸汽排气阀；3—压力表；4—夹套；5—灭菌室；6—蒸汽供应阀；7—冷凝水排出阀

蒸汽再焖 15min 后排尽余汽，打开锅盖出锅。

(三) 转鼓式蒸煮灭菌器

转鼓式蒸煮灭菌机结构如图 2-41 所示，它由一个转鼓用钢板焊制而成，能承受一定压力。转鼓中心有空心横轴，转鼓固定在轴上，轴则装在支架两端的轴承中，由齿轮传动。转鼓两端有原料进出口，装料后应旋紧进出口盖子。转鼓转速为 0.5～1r/min，培养基在鼓内得到翻动，同时蒸汽沿轴中心通入转鼓内，加热固体培养基，加热到一定温度后，进行保温灭菌。灭菌完毕，用真空泵沿空心横轴抽真空，降低转鼓内压力，热培养基得到迅速冷却。冷却时转鼓仍照常旋转，冷却后，将固体培养基卸出。

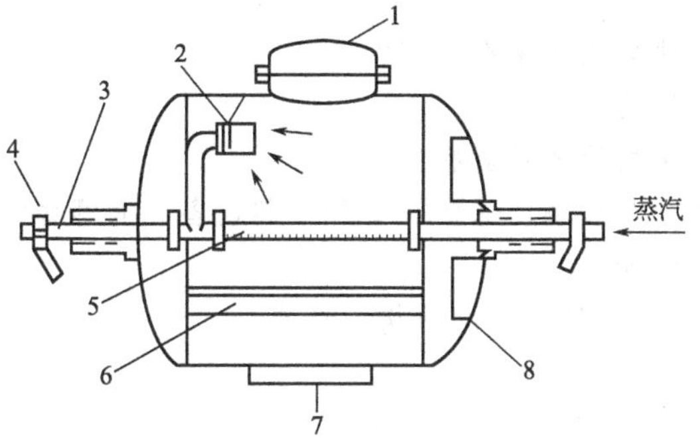

图 2-41　转鼓式蒸煮灭菌机

(引自：郑裕国《生物工程设备》，2007)

1—原料进口；2—吸气口；3—真空管；4—阀门；5—空心横轴；6—搅拌叶；7—原料出口；8—转鼓

(四) 连续蒸煮设备

连续蒸煮设备结构如图 2-42 所示。工作时，粉碎的固体原料进入螺旋输送机中润水，用

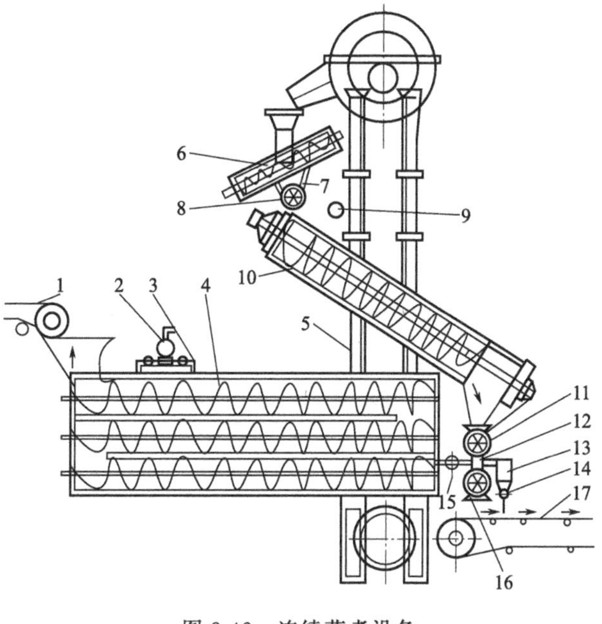

图 2-42　连续蒸煮设备

(引自：郑裕国《生物工程设备》，2007)

1—原料输送带；2—流量表；3—浸渍水喷头；4—浸渍螺旋输送机；5—提升机；6—输入管；7—输入管抽气器；8—输入旋转阀；9—输入蒸汽阀；10—蒸汽管；11—脱压旋转阀；12—脱压小室；13—真空泵；14—除粒阀；15—排汽阀；16—排出旋转阀；17—输送传送带

提升机将原料送至蒸煮锅上部由输入管送入蒸汽管得到蒸煮处理，并经脱压小室排出。这个装置的特点是蒸煮均匀，不黏结成团，原料连续处理，操作简便。

思考题

1. 简述杂菌污染给发酵工业带来的危害。
2. 简述消毒和灭菌的区别和联系。
3. 简述湿热灭菌的原理。
4. 根据对数残留定律，如何确定培养基的灭菌时间？发酵工业中采用高温瞬时灭菌的依据是什么？
5. 影响微生物比死亡速率的因素有哪些？
6. 简述培养基实罐灭菌的特点。
7. 简述培养基连续灭菌的流程及其特点。
8. 培养基灭菌常用的加热设备、保温设备和冷却设备各有哪些？
9. 简述连续糖化罐的结构。
10. 简述塔式加热器（或连消塔）的结构的功能。

第三章　空气过滤除菌系统

大部分食品发酵都是好氧发酵，需要不断地通入空气以提供微生物繁殖和代谢所需要的氧。此外，以酵母为发酵微生物的酒类等厌氧发酵过程，在酵母的繁殖阶段也需要供氧。还有，在发酵罐空罐灭菌或培养基实罐灭菌后的降温保压过程也需要通入压缩空气。所有这些过程所通入的空气都应该是无菌的，否则容易引起杂菌污染，导致发酵失败。

因空气带菌而导致的发酵食品被污染的概率是很高的。表 3-1 为抗生素工厂发酵染菌的分析与资料统计结果。由表 3-1 可知，由于空气系统带菌而导致的污染占整个污染事件的 19.96%，所以对发酵用空气进行除菌是非常重要的。

表 3-1　抗生素工厂发酵染菌的分析与资料统计

染菌原因	比例/%	染菌原因	比例/%
1. 种子染菌	9.64	8. 接种管道渗漏	0.39
2. 接种子罐压跌零	0.19	9. 阀门泄漏	1.45
3. 培养基灭菌不彻底	0.79	10. 搅拌轴封泄漏	2.09
4. 空气系统带菌	19.96	11. 罐盖泄漏	1.54
5. 泡沫升至罐顶	0.48	12. 其他设备泄漏	10.15
6. 夹套穿孔	12.36	13. 操作问题	10.15
7. 蛇管穿孔渗漏	5.89	14. 原因不明	24.91

注：引自陈国豪《生物工程设备》，2007。

本章将首先介绍空气除菌的方法、机理与过滤介质，然后再介绍与空气过滤除菌相关的设备与过滤除菌流程。

第一节　空气除菌的方法、机理与过滤除菌介质

一、发酵对无菌空气的要求

（一）空气中的微生物

空气中的微生物主要来自于土壤与水体，数量大致在 10^3～10^4 个/m^3，数量上的差异受到所在地区、环境、气候条件、季节、人口密度以及人类活动的影响。通常情况下，空气中的微生物数量，寒冷干燥的北方少于潮湿温暖的南方，人口稀少的农村少于人口稠密的城市，冬季少于夏季，高空少于地平面。

空气中由于没有微生物存活所需要的营养，同时又受到阳光中紫外线的直接照射，因此，单独的微生物在空气中存活的可能性不大。空气中的微生物大多数是通过依附或黏附在空气中的微细尘埃上或微细水雾的表面而存活的。因此只要能有效地除去空气中的尘埃与水雾，就能得到一定级别的无菌空气。

空气中常见的微生物是细菌及其芽孢，还有一定数量的霉菌、酵母和病毒等。表 3-2 是空气中常见微生物种类及其大小。

由表 3-2 可知，除病毒外，微生物粒径大于 0.5μm，加上其存活于空气之中所依附的尘埃或水雾的粒径就远远大于这个长度。所以一般认为，只要能除滤掉空气中一定数量的 0.5μm 以上的尘埃和水雾，就可以得到无菌空气。当然，要除去存在于空气中的病毒，就需要更加精密的除菌方法。

表 3-2 空气中常见微生物种类及其大小 单位：μm

种类	细胞		芽孢	
	宽	长	宽	长
金黄色葡萄球菌	0.51～1.0			
产气杆菌	1.0～1.5	1.0～2.5		
腊样芽孢杆菌	1.3～2.0	8.1～25.8		
普通变形杆菌	0.5～1.0	1.0～3.0		
巨大芽孢杆菌	0.9～2.1	2.0～10.0	0.6～1.2	0.9～1.7
霉状分枝杆菌	0.6～1.6	1.6～13.6	0.8～1.2	0.8～1.8
枯草芽孢杆菌	0.5～1.1	1.6～4.8	0.5～1.0	0.9～1.8
酵母菌	3～5	5～19	2.5～3.0	
病毒	0.0015～0.225	0.0015～0.28		

注：引自白秀峰《发酵工艺学》，2003。

(二) 发酵对无菌空气的要求

1. 对无菌空气洁净程度的要求

由于所用菌种的生产能力、生长速度、发酵周期、分泌物性质以及培养基的营养成分与pH等的差异，发酵对空气的洁净程度有不同的要求。对于菌种繁殖快、发酵周期短的发酵，即使空气中含有少数杂菌，它们也很难在短时间形成优势菌群，对发酵不会带来多大危害，所以对无菌空气的洁净程度要求较低；对于培养基起始pH值低或发酵过程产酸的发酵，由于杂菌可以被低pH的环境所抑制，所以对无菌空气的洁净程度要求也较低；另外，对于一些碳源特殊（例如纤维素、油脂、甘油）或培养基营养成分较差的情况，由于绝大部分杂菌难以利用这些成分或因为营养不足，所以对无菌空气的洁净程度要求不高；还有，菌种的代谢产物为杀虫剂或抗生素的发酵，在发酵后期对无菌空气的洁净程度要求也不高。

2. 无菌空气的性能指标

发酵对无菌空气的压强、流量、温度、湿度以及洁净度都有一定的要求。一般要求空气压缩机出口的空气压强（表压）控制在0.2～0.35MPa；空气流量应根据发酵工厂或发酵车间发酵罐的总体容积来确定；为了降低空气的相对湿度，一般控制进发酵罐的压缩空气的温度比发酵温度高10～15℃；由于过滤介质受潮后过滤效果会大大下降，所以相对湿度一般控制在60%～70%；而对于空气的洁净度，在发酵工业中所谓"无菌空气"是指通过除菌处理后空气的含菌量降低到零或达到洁净度100级的洁净空气，通常染菌率控制在10^{-3}，即1000个发酵周期所用的无菌空气只允许1～2次染菌。

二、空气除菌方法与机理

空气除菌就是除去或杀灭空气中的微生物。常用的除菌方法包括化学杀菌、辐射杀菌、加热杀菌、静电吸附除菌与过滤除菌。其中后面四类方法又属于物理杀菌或物理除菌方法。从杀菌机理看，化学杀菌、辐射杀菌和加热杀菌都是通过使蛋白质和核酸等生物活性物质变性，从而杀灭空气中的微生物；而过滤除菌和静电吸附除菌则是通过分离的方法将微生物除去。下面将对这些方法及其作用机理分别进行叙述。

(一) 化学杀菌

化学杀菌是利用化学药剂对微生物的蛋白质和核酸等生理活性物质的变性作用来杀死微生物的方法。本方法多用于固定环境，例如房间、无菌室、病房、发酵车间内的空气除菌。常用的化学药剂包括甲醛、苯酚和臭氧等。甲醛杀菌是将一定量（一般为10mL/m^3）的甲醛加热成甲醛蒸气，封闭消毒2h后，打开门窗或用换气扇换气，并用氨气吸收空气中残留的甲醛；苯酚杀菌是将2%～5%的苯酚溶液喷雾于密闭空间进行杀菌，该药剂对皮肤有一定的刺激作用，因此应注意采取防护措施；臭氧杀菌通常是采用臭氧发生器产生臭氧，另外，在紫外线杀菌过程中也会产生一定量的臭氧。

（二）辐射灭菌

从理论上讲，声能、高频阴极射线、X射线、γ射线、紫外线、超声波、β射线等都能破坏蛋白质和核酸等的活性而起到杀菌作用，但是，紫外线是应用最为广泛的空气消毒与杀菌射线。当波长在253.7～265nm时杀菌能力最强，杀菌能力与紫外线的强度成正比，与距离的平方成反比。紫外线通常用于无菌室和医院手术室等空气对流不大的环境中的消毒与杀菌，但是一般杀菌效率低，杀菌时间长，所以常常需要结合甲醛或苯酚杀菌方法，以保证空气的洁净程度。

（三）加热灭菌

加热杀菌是一种有效、可靠的杀菌办法。例如，细菌芽孢虽然耐热能力很强，但是悬浮在空气中时，218℃保温24s就可以被杀死。但是如果采用蒸汽或电来加热大量的空气，以达到杀菌目的，则需要消耗大量的能源和增设许多换热设备。这在工业生产上是很不经济的，所以通常利用空气在压缩过程中放出的热量进行杀菌。假设压缩机空气进口气体压力为常压，温度为21℃，当压力达到0.7MPa时，出口温度可达到187～198℃，因此保温一段时间就可起到杀菌目的。然而，在生产实践中，该加热杀菌工艺使用较少，一方面是因为随着节能意识的增强，现在很少有厂家将空气压缩到0.35MPa以上，所以空气经压缩后，温度并不会升得很高；另一方面现在新型的空气压缩机采用多级压缩，每级压缩后都会对压缩空气进行降温处理，因此在空气排出压缩机前就已经将温度冷却下来了。

（四）静电除菌

近年来一些工厂采用静电除尘法去除空气中的水雾、油雾、尘埃和微生物。在最佳条件下，采用静电除尘法对1μm微粒的去除率高达99%，而且消耗能量小，每处理1000m^3空气只耗电0.2～0.8kW，空气压力损失也小，一般仅为30～150Pa，对设备的大小、维护和安全技术措施要求也不高。本方法常用于洁净工作台与工作室所需无菌空气的预处理，并常与高效过滤器配合使用。

图3-1是静电除菌（除尘）装置的示意图，包括电离区与除尘区。电离区是一系列等距平行且接地的极板，极板间带有用钨丝或不锈钢丝构成的放电线，又称离化线。当放电线与接地极板间接上10kV的直流电压，且放电线接负极时，它与接地极板之间形成电位梯度很强的不均匀电场，且放电线发射出高速电子。高速运动的电子与进入电离区的气体中的微粒碰撞使其电离，阴离子向接地极板运动，而带正电荷的微粒随气流进入除尘区。除尘区是由高压电极板与接地电极板组成，它们交替排列，平行于气流方向，间隔很窄。当高压电极板加上5kV直流电压时，极板间可形成均匀电场。来自电离区带正电荷的微粒受静电场库仑力的作用，产生

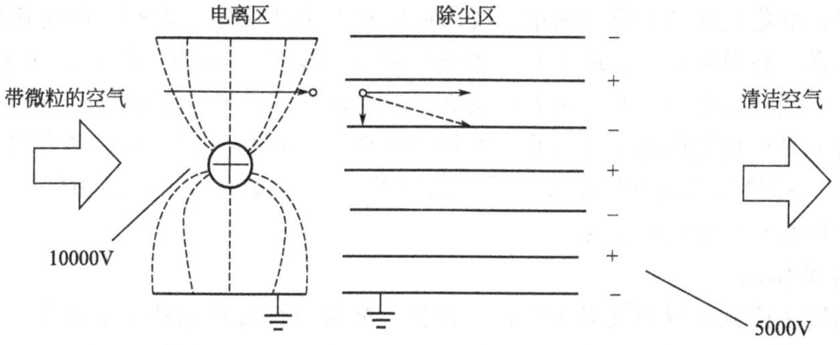

图3-1 静电除菌（除尘）装置示意图
（引自：郑裕国《生物工程设备》，2007）

一个向负极板移动的速度，这个速度与气流的拖带速度合成一个倾向负极板的合速度而向负极板移动，最后吸附在极板上，从而达到除菌（除尘）作用。

应该注意的是当除尘区的微粒积聚到一定厚度时，极板间的火花放电加剧，极板电压下降，微粒的吸附力减弱甚至随气流飞散，除菌效率迅速下降，所以一般当电极板上尘厚达到1mm时就应该采用喷水管自动喷水清洗，干燥后重新投入运行。另外，静电除菌（除尘）装置除尘区的极板间距小，电压高，所以要求极板非常平直，且安装间距均匀，只有这样才能保证电场电势均匀，从而达到阻力小、耗电少与除尘效果好的特点。静电除菌（除尘）装置的一次性投资费用较大。

（五）过滤除菌

空气过滤除菌是目前发酵工业中最常使用的空气除菌方法，它采用过滤介质对微尘和微生物等进行拦截，从而达到除菌的目的。根据过滤除菌的机理不同，分为绝对过滤除菌与相对过滤除菌。所谓绝对过滤除菌是指过滤介质的孔径小于被过滤的微尘与微生物等的粒径，当空气通过这类介质时，微尘与微生物被截留于介质上从而实现除菌的方法。而相对过滤除菌是指过滤介质的孔径大于被过滤微粒的粒径的过滤除菌方法。关于相对过滤除菌的机理比较复杂。在相对过滤除菌中，常采用由多层棉花、活性炭、玻璃纤维、石棉等过滤介质形成过滤层。空气中微粒的粒径一般为0.5～10μm，过滤介质棉花纤维直径为16～20μm，玻璃纤维直径为5～19μm，纤维之间的空隙大约为50μm，微粒随空气流通过过滤层时，滤层纤维所形成的网格阻碍气流前进，使气流无数次改变运动速度和运动方向，绕过纤维前进，这些改变引起微粒对滤层纤维产生惯性冲击、拦截、布朗扩散、重力沉降和静电吸引等作用而使微粒滞留在纤维表面，从而实现过滤除菌。由于在相对过滤除菌中，过滤层通常比较厚，所以相对过滤又称为深层介质过滤。下面将比较详细地介绍深层介质过滤的除菌机理。

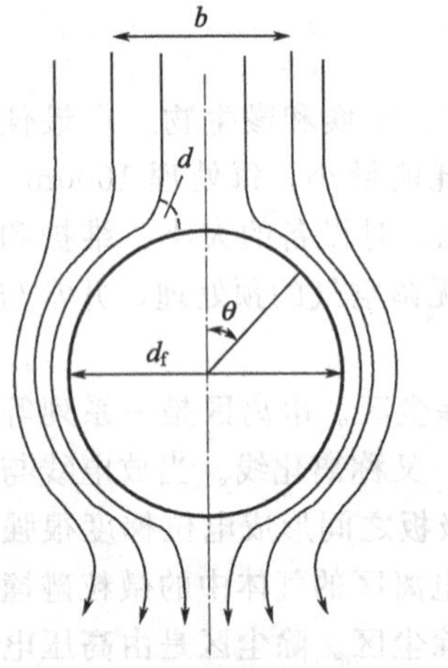

图 3-2 单纤维空气流线图

（引自：郑裕国《生物工程设备》，2007）

1. 惯性冲击滞留作用

惯性冲击滞留在空气深层介质过滤除菌中起到非常重要的作用。当微粒随气流以一定的速度垂直向纤维方向运动时，气流受阻，改变运动方向，绕过纤维前进。在此过程中，当微粒的运动惯性较大，未能及时改变运动方向时，将直接冲击到纤维表面，通过摩擦黏附而滞留在纤维表面上，这就称为惯性冲击滞留作用。图3-2显示的是单纤维空气流线图。纤维能滞留微粒的宽度区间b值与纤维直径d_f值之比，称为单纤维的惯性冲击捕集效率。

实践证明，捕集效率和b值的大小主要由微粒惯性力所决定，而空气的流速是影响微粒惯性力的重要因素。在微粒粒径、纤维直径和空气温度等保持一定的条件下，气流的流速越大，微粒惯性越大，捕集效率和b值也越大；反之，b值减小，捕集效率下降。当气流速度下降到微粒的惯性力不足以使其脱离主导气流与纤维产生碰撞，而随气流改变运动方向绕过纤维前进时，此时$b=0$，碰撞滞留捕集效率等于零。这时的气流速度称为惯性碰撞的临界速度，它随纤维直径和微粒粒径的变化而变化。

2. 拦截滞留作用

当气流速度下降到临界速度以下时，微粒就不能因惯性碰撞而滞留于纤维上，捕集效率显著下降。但实践证明，随着气流速度的继续下降，纤维对微粒的捕集效率不再继续下降，反而有所回升，说明还有别的机理在起作用，这就是拦截滞留作用。当微粒随低速气流慢慢靠近纤维时，微粒所在的主导气流流线受纤维所阻而改变流动方向，绕过纤维前进，并在纤维的周边形成一层边界滞流区。在滞留区的气流速度更慢，进到滞留区的微粒慢慢靠近和接触纤维而被黏附滞留，这就是所谓的拦截滞留作用。拦截滞留的捕集效率决定于微粒粒径和纤维直径之比，与空气流速成反比，当气流速度很低时拦截滞留才起作用。

3. 布朗扩散作用

粒径微小的微粒在流速很小的气流中能产生一种不规则的直线运动，称为布朗扩散。布朗扩散的运动距离很短，其除菌作用在较大的气速或较大的纤维间隙中是不起作用的，但是在很小的气流速度和纤维间隙中，布朗扩散作用可以大大增加微粒与纤维的接触滞留机会。布朗扩散作用与微粒和纤维直径有关，并与流速成反比，在气流速度小时，它是介质过滤除菌的重要作用之一。

4. 重力沉降作用

微粒虽小，但仍具有质量。重力沉降是一个稳定的分离作用，当微粒所受的重力大于气流对它的拖带力时，微粒就沉降。就单一的重力沉降作用而言，大颗粒比小颗粒的沉降作用显著，对于小颗粒只有在气流速度很低时才起作用。重力沉降作用一般与拦截作用配合，在纤维的边界滞留区内，微粒的沉降作用可提高拦截滞留的捕集效率。

5. 静电吸附作用

静电吸附的原因之一是微粒带有与介质表面相反的电荷，从而被吸附；另一原因是当空气流过介质时，介质表面能感应出很强的静电荷从而使微粒被吸附，特别是用树脂处理过的纤维表面，这种作用特别明显。悬浮在空气中的微粒大多带有不同的电荷，例如枯草杆菌的孢子约20%带正电荷，约15%带负电荷，其余为电中性。这些带电的微粒会受到带异性电荷过滤介质的吸引而沉降。

当空气经过过滤介质时，上述五种截留除菌机理同时起作用，不过气流速度不同，起主要作用的机理也就不同。当气流速度较大时，除菌效率随空气流速的增加而增加，此时，惯性冲击起主要作用；当气流速度较小时，除菌效率随气流速度的增加而降低，此时，布朗扩散起主要作用；当气流速度中等时，拦截可能起主要作用。但是空气流速过大时，除菌效率又会下降，这是由于已被捕集的微粒又被湍动的气流夹带返回到空气中所导致的，所以空气流速不能太大。图3-3表示了气流速度（v_s）与单纤维除菌效率（η）的关系，其中虚线段表示空气流速过大时会引起重新污染而使除菌效率下降。

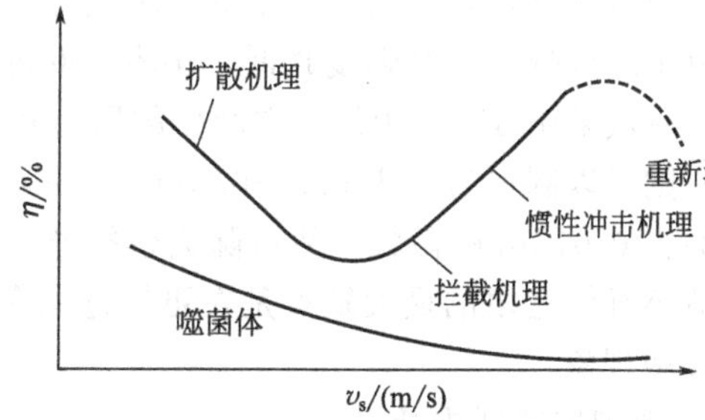

图3-3 气流速度与捕集效率的关系
（引自：郑裕国《生物工程设备》，2007）

过滤除菌是目前发酵工业中最常使用的空气除菌方法，过去主要是采用深层介质的相对过滤机理进行除菌，如今绝对过滤在发酵工业上的应用逐渐增多，传统的深层过滤介质和过滤器正逐渐被绝对过滤介质和过滤器所取代，它可以除去0.2μm左右的粒子，故可把细菌等微生物与微粒全部过滤除去。最近还开发成功了可除去0.01μm微粒的高效绝对过滤器，可有效除去空气中的噬菌体等病毒。

三、常用的过滤除菌介质

过滤除菌介质是过滤除菌的关键材料，其质量好坏不但影响到介质所形成的网格（孔隙）大小和过滤效率，还影响到介质的消耗量，过滤过程动力消耗、操作劳动强度、维护管理等，而且还决定着设备的结构、尺寸，关系到设备运转过程的可靠性。对过滤除菌介质的总体要求是吸附性强、阻力小、空气流量大、吸湿性大、能反复进行灭菌与使用、高温下不易变形或炭化。

常用的深层（相对）过滤介质主要包括棉花、活性炭、玻璃纤维、石棉等，而绝对过滤介质主要包括烧结材料和微孔滤膜。这些过滤介质单独或间隔装填于特定的容器内，形成所谓的过滤器。下面对各种过滤介质进行介绍，而过滤器将在本章的第二节进行叙述。

（一）深层过滤除菌介质

1. 棉花

棉花是传统的过滤介质，在工业化生产中和实验室都可以采用。棉花的质量随品种和种植条件不同有较大差别，最好选用纤维细长疏松的新鲜棉花，因为贮藏过久，纤维会发脆甚至断裂，而增大过滤时的压强降。而脱脂纤维因易吸湿而降低过滤效果，所以也不采用。棉花纤维直径一般为16～21μm，在装填于过滤器时，棉花纤维要拉开，并分层均匀铺砌，切忌成团、成块。每铺一层均要压紧，铺完后还要压紧，要特别注意棉花与过滤器壁边缘部分的压紧，装填密度达到150～200kg/m^3 为好。如果压不紧或是装填不均匀，会造成空气走短路，甚至介质翻动而丧失过滤效果。

棉花作为过滤介质的缺点是易吸湿，对流过的空气相对湿度要求高，吸水后纤维强度变差，过滤效率大幅降低。另外，棉花堆流过空气的阻力较大，空气除菌系统的能耗高。所以目前棉花过滤器已经被其他过滤介质所代替。

2. 活性炭

活性炭有非常大的比表面积，主要通过表面吸附作用来吸附截留微生物等微粒。一般采用直径3mm、长5～10mm的圆柱状活性炭作为空气过滤除菌介质。其粒子间隙大，故对空气的阻力较小，仅为棉花的1/12，但它的过滤效率比棉花要低得多。目前，在实践应用中都是将其夹装在两层棉花之间使用，以降低滤层阻力。

活性炭的好坏决定于它的强度和比表面积，比表面积小，则吸附性能差，过滤效率低；强度不足，则易破碎，堵塞孔隙，增大气流阻力。通常在过滤中，活性炭的装层高度为总过滤层高度的1/3～1/2。

3. 玻璃纤维

作为散装充填过滤器的普通玻璃纤维，一般直径为8～19μm不等，纤维直径越小越好。但是由于纤维越小，其强度越低，很容易断碎而造成堵塞，从而增大阻力，因此充填系数不宜太大，一般采用6%～10%，它产生的压力降（阻力）损失一般比棉花小。如果采用硅硼玻璃纤维，则可以制得直径为0.3～0.5μm的高强度玻璃纤维，并可用其制成2～3mm厚的滤材，它可除去0.01μm的微粒，故可除去包括噬菌体在内的几乎所有的微生物。

玻璃纤维充填的最大缺点是在更换过滤介质时将造成碎末飞扬，使皮肤、鼻腔发痒，甚至出现过敏现象。

4. 超细玻璃纤维纸

超细玻璃纤维纸是利用质量较好的无碱玻璃，采用喷吹法制成的直径为1～1.5μm的玻璃纤维，然后再采用造纸的方法做成0.25～1.0mm厚的纤维纸。这种超细玻璃纤维纸的密度为380kg/m^3，当厚度为0.25mm时，每1kg这种玻璃纸的面积为20m^2，所形成的网格孔隙为0.5～5μm，故它有较高的过滤效率。当空气流速为0.02m/s时，一层0.25mm的超细玻璃纤维纸用油雾测试，对0.3μm的微粒过滤效率为99.99%，压力损失为30Pa左右。

超细玻璃纤维纸属于高速过滤介质，当空气流速低时，主要以拦截滞留作用为主，效率较差；当气流速度超过临界速度时，以惯性冲击机理为主，且气流速度越高，效率越高。在实际操作中，气流速度应尽可能避开效率最低的临界速度。

超细玻璃纤维纸虽然有较高的过滤效率，但由于纤维细短，强度很差，容易受空气冲击而破坏，特别是受潮以后，水分在细小的纤维间，因毛细管表面力作用而使纤维松散，从而使强度大大下降。所以为增加强度，可采用树脂进行处理，用树脂处理时要注意所用树脂浓度，树脂过浓，则会堵塞网格小孔，降低过滤效率和增加空气的阻力损失。通常使用2%～5%的2124酚醛树脂的95%酒精溶液进行浸渍、涂抹或喷洒处理，这样可以提高机械强度，防止气流冲击穿孔，如果同时采用聚硅氧烷等疏水剂处理还可以防湿润并增加强度。另外，如果在造纸的过程中就加入适量的疏水剂处理，则可以耐受油、水和蒸汽的反复加热杀菌，具有坚韧、不怕折叠、抗湿、强度高等特点，同时具有更高的过滤效率（0.3μm油雾的去除率达99.999%）和较低的过滤阻力（不大于450Pa）的优点。

目前，在国内多采用多层复合超细玻璃纤维纸，目的是增加强度和进一步提高过滤效果。但实际上过滤效果并无显著提高，因为虽然是多层，但滤层间并无重新分布空气的空间，故不可能达到多层过滤的要求。同样，采用紧密叠合的多层超细玻璃纤维纸形成稍厚的超细玻璃纤维滤垫，过滤效果未能提高，反而大大增加压力损失。

5. 石棉滤板

石棉滤板是采用20%纤维小而直的蓝石棉和8%纸浆纤维混合打浆制造而成的。这种滤板由于纤维的直径粗，纤维间隙比较大，虽然滤板较厚（3～5mm），但过滤效率还是比较低，只适用于作为分过滤器。其最大的优点是湿润时强度仍较大，受潮时也不易穿孔或折断，能耐受蒸汽反复杀菌，使用时间较长。

（二）绝对过滤除菌介质

1. 烧结材料

烧结材料过滤介质的种类很多，有烧结金属（蒙乃尔合金、青铜等）、烧结陶瓷、烧结塑料等。制造这类过滤介质时，先将材料微粒粉末加压成型，然后置于熔点温度下使粉末表面熔融黏结，而保持粒子的空间和间隙，从而得到具有微孔过滤作用的块状过滤材料。某些可溶于有机溶剂的塑料，也可采用溶剂黏结法制备得到整块的过滤材料。烧结材料过滤介质的加工比较困难，滤板孔隙也不可能做得很小。滤板微孔的孔径大小决定于烧结粉末的大小，但是粉末粒径太小则温度、时间难以掌握，容易全部熔融而堵塞微孔，所以一般滤板的孔隙都在10～30μm之间，也可做到过滤精度达到0.2～0.3μm的烧结材料过滤介质。

目前我国生产的蒙乃尔合金粉末烧结板（或管）是由钛、锰、镍等合金金属粉末烧结而成，一般板厚4mm左右，特点是强度高，不需经常更换，使用寿命长，能耐受高温反复杀菌，且受潮后影响不大，不易损坏，使用方便，故对空气除水、除油等前处理要求不很严格。过滤设备也比较简单，安装后只要定期反冲杀菌即可使用较长时间，但是过滤效果中等，只宜作为二级分过滤器使用。另外，我国研制生产并得到广泛应用的JLS型微孔烧结金属过滤膜棒，是以金属镍为材质，采用特殊粉末冶金技术制成；JSS型微孔烧结金属过滤膜棒，以不锈钢为材质，采用特殊粉末冶金技术制成。这类过滤芯是由全金属制成，具有机械强度大、可长期耐受高压降、压降小（初始压降不大于0.01MPa）、过滤效率高、耐蒸汽反复加热杀菌、可多次重复再生、使用寿命长等特点。它们的过滤精度达0.2μm，过滤效率99.999%，工作温度小于130℃，可耐最大压差0.4MPa（25℃，正向）。当滤芯两端的压力差大于0.05MPa，说明孔隙堵塞严重，拆下用化学药剂或超声波再生后，可重新投入使用；而当压力差低于理论值（0.015MPa），说明过滤介质穿孔，即需更换。

此外，以聚乙烯醇烧结基板的聚乙烯醇（PVA）过滤板，经耐热树脂处理后，可经受高温杀菌，120℃ 30min杀菌不变形，每周杀菌一次可使用一年。其特点是加工方便，微孔多，间隙中等，但过滤效率较高，属于高气流速度类型，对流速十分敏感。国外常用的PVA滤板，其滤板厚度0.5cm，孔径范围60～80μm，最高效率时气速0.8m/s，过滤效率99.999%，压力损失只有140～540Pa。

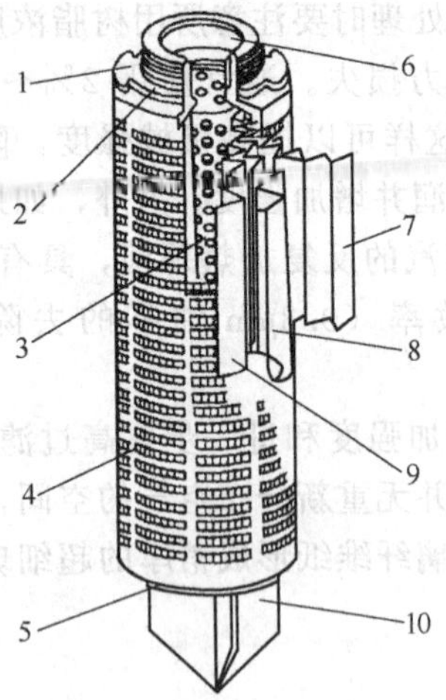

图 3-4 JPF 滤芯的结构

(引自：陈国豪《生物工程设备》，2007)

1—卡锁；2—密封端盖；3—不锈钢芯柱；4—外筒；5—端盖；6—不锈钢衬圈；7—外支撑层；8—微孔滤膜；9—内支撑层；10—翅片

2. 高分子聚合物微孔滤膜

目前比较常用的微孔滤膜包括两大类：一类是能有效除去 0.22μm 大小微粒的滤膜，例如 Millipore 公司生产的 0.22μm 的膜式过滤器，主要由可耐蒸汽杀菌的 PVDF（聚偏氟乙烯）或 PTFE（聚四氟乙烯）组成，它可以有效地去除细菌、酵母、霉菌等微生物，但不能除去噬菌体等病毒；另一类是可除去小至 0.01μm 微粒的滤膜，例如英国 DH（Domnick Hunter）公司研制的绝对空气过滤器，它的过滤介质由直径 0.5μm 的超细玻璃纤维制成（Bio-x 滤材）或膨化 PTFE 制成，可 100％地过滤除去 0.01μm 以上的微粒，可耐 121℃反复加热杀菌，被公认是最保险、最安全的空气除菌过滤器，能除去噬菌体等病毒。

我国在微孔滤膜方面也获得了长足的进步，研制成功聚四氟乙烯复合膜（DMF）、玻璃纤维复合毡（DGF）型 YUD 预过滤器滤芯、聚偏二氟乙烯（JPF-A）、硼硅酸涂氟（JPF-B）和聚四氟乙烯（JPF-C）型膜折叠式空气过滤器滤芯，具有国际先进水平。图 3-4 是 JPF 型膜折叠式空气过滤器滤芯的结构图，它主要由微孔滤膜、内外撑层、不锈钢芯柱和外筒等构成。其中微孔滤膜是其核心构件，它具有以下特点：①滤膜的疏水性好，在干燥和潮湿条件下均能保证满足绝对过滤的要求；②滤膜多褶成堆，过滤面积大，气体通量大，过滤压降小；③耐高温，可反复蒸汽灭菌；④抗撞强度高，可耐气流冲击；⑤过滤精度达 0.01μm，过滤效率 99.9999％；⑥安装与更换方便。目前，JPF 型膜折叠式空气过滤器已经在我国发酵工业中得到较广泛的应用。

第二节 空气过滤除菌设备

空气过滤除菌是目前发酵工业中最常用的空气除菌方法，要实现空气的过滤除菌需要由一系列的设备来支持，这些设备主要包括空气过滤器、空气压缩机、粗过滤器、空气贮罐、热交换器、气液分离器等，这些设备按一定的要求组合在一起就形成了所谓的空气过滤除菌系统或流程。下面将对这些设备分别进行介绍，关于空气过滤除菌流程将在本章的第三节进行叙述。

一、空气过滤器

空气过滤器是空气过滤除菌的主要设备之一，种类较多，主要包括深层棉炭过滤器、平板式过滤器、管式过滤器、接迭式过滤器和微孔滤膜过滤器等。

1. 深层棉炭过滤器

深层棉炭过滤器是以棉花和活性炭为过滤介质的过滤器。当然也可以用玻璃纤维、超细玻璃纤维等纤维物质替代棉花，所以有时深层棉炭过滤器又称为深层纤维介质过滤器。图 3-5 是深层棉炭过滤器的结构示意图。它主要由空气进口、夹套、空气出口、压紧装置、安全阀、罐体和排污口等组成。棉花与活性炭装填于过滤器的圆筒形罐体内，并以孔板、铁丝网与麻布作为它们的支撑物，它们的装填顺序为孔板→铁丝网→麻布→棉花→麻布→活性炭→麻布→棉花→麻布→铁丝网→孔板。

过滤器中的介质可用周边固定螺栓压紧，也可以用中央螺栓压紧，还可以利用顶盖的密封螺栓压紧，其中后一种压紧装置比较简便。有时为了防止棉花受潮下沉后产生松动，在压紧装置上还可以加装缓冲弹簧，以确保在一定的位移范围内保持对孔板的压力。

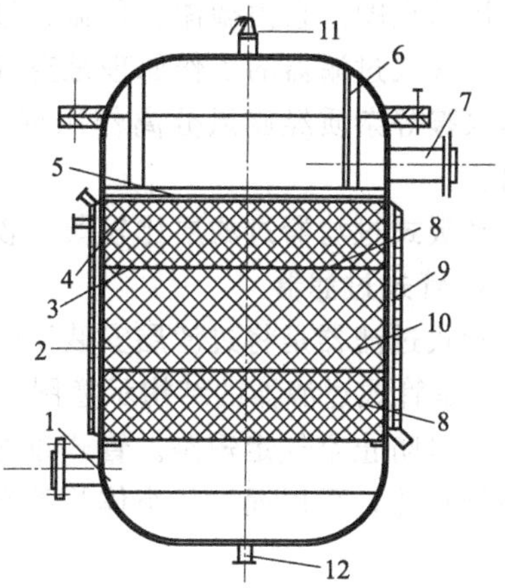

图 3-5 深层棉炭过滤器的结构示意图

（引自：刘振宇《发酵工程技术与实践》，2007）

1—空气进口；2—罐体；3—麻布；4—铁丝网；5—孔板；6—压紧装置；7—空气出口；8—棉花；9—夹套；10—活性炭；11—安全阀；12—排污口

过滤器的夹套可以通入蒸汽以实现对过滤介质的加热杀菌。在实际操作中应特别注意控制加热杀菌的温度，因为温度过高，则容易使棉花局部焦化而丧失过滤效能，甚至有烧焦着火的危险。通常在对过滤器进行加热灭菌时，一般是自上而下通入 0.2～0.4MPa（表压）的干燥蒸汽，维持 45min 后，再用压缩空气吹干过滤介质。当深层棉炭过滤器作为总过滤器时约每月灭菌一次，而作为分过滤器则每批发酵前均需要进行灭菌。同时，作为总过滤器，为了保证不间断地工作，常设有一个备用的过滤器，以实现交替灭菌使用。

过滤器上的安全阀是为了保证其安全工作而设置的，当过滤器内的空气达到一定压力时，安全阀可以自动泄压。过滤器上部法兰的作用是便于过滤介质的装卸。

深层棉炭过滤器罐体的下部结构相当于旋风分离器的作用，当空气以一定的速度由空气进口以切线方向进入时，空气中所含有的大颗粒尘埃、铁锈、水垢和水滴等可以沉降下来，并由下部的排污口排出，从而可以更好地保证过滤器的过滤效率与使用寿命。

2. 平板式过滤器

平板式过滤器的过滤层是将棉花、玻璃纤维或金属丝网等过滤介质装填于上下孔板之间的一种平板式结构。为了使气流均匀进入并通过过滤介质，上下孔板应先铺上 30～40 目的金属丝网和麻布等织物，以使过滤介质均匀受力，并夹紧，周边加装橡胶圈密封，以防止空气走短路。上下孔板既要起到压紧滤层的作用，还要承受滤层两边的压力差。图 3-6 是平板式过滤器

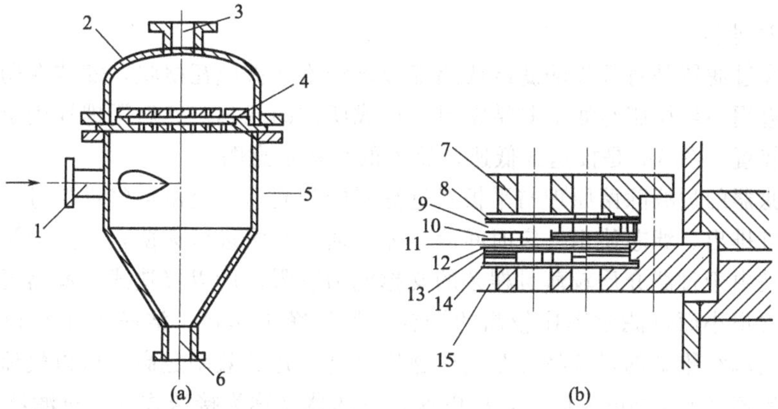

图 3-6 平板式过滤器及其过滤层的结构示意图

（引自：段开红《生物工程设备》，2008）

（a）平板式过滤器；（b）过滤层结构

1—空气入口；2—顶盖；3—空气出口；4—过滤层；5—罐体；6—排污口；7—上孔板；8,14—垫圈；9,13—金属丝网；10,12—麻布；11—滤纸；15—下孔板

的结构示意图。它由罐体、顶盖、过滤层、空气进口、空气出口、排污口等构成。

平板式过滤器的工作原理是空气以一定的流速由空气进口以切线进入过滤器的罐体，空气中的水雾等杂质经旋风分离作用沉于底部，由排污管排出，空气经过滤层过滤后，由排气口排出。

平板式过滤器过滤层比较薄，较深层棉炭过滤器过滤效果差，一般仅作为分过滤器使用。

3. 管式过滤器

管式过滤器是将过滤层安装于带孔的管子（孔管）上，以增加过滤层面积的一种过滤器。图 3-7 是管式过滤器的结构示意图。与平板式过滤器一样，应特别注意将过滤介质安装均匀与压紧，以防止空气走短路。管式过滤器的过滤除菌原理与平板式过滤器的相同，但是与平板式过滤器相比，可以通过较小体积的设备，获得较大的过滤面积。

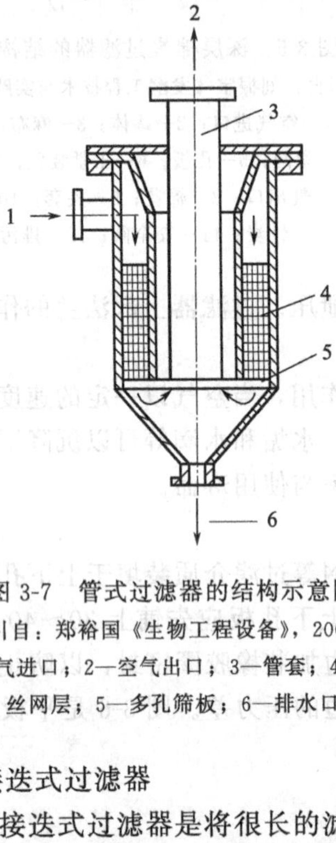

图 3-7 管式过滤器的结构示意图

（引自：郑裕国《生物工程设备》，2007）

1—空气进口；2—空气出口；3—管套；4—金属丝网层；5—多孔筛板；6—排水口

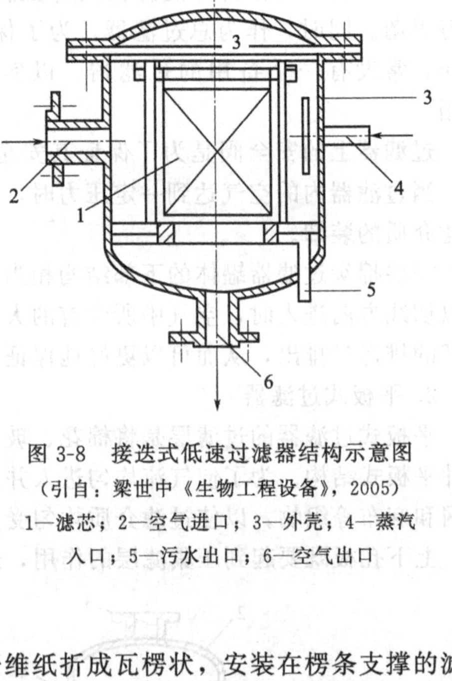

图 3-8 接迭式低速过滤器结构示意图

（引自：梁世中《生物工程设备》，2005）

1—滤芯；2—空气进口；3—外壳；4—蒸汽入口；5—污水出口；6—空气出口

4. 接迭式过滤器

所谓接迭式过滤器是将很长的滤纸或超细玻璃纤维纸折成瓦楞状，安装在楞条支撑的滤框内，在滤纸周边用环氧树脂与滤框黏结密封，形成所谓的滤芯，然后用螺栓固定压紧在过滤器内的一种过滤装置。图 3-8 是接迭式低速过滤器的结构示意图。

接迭式过滤器的过滤除菌原理与平板式过滤器的相同，气流由空气进口进入，经过滤芯过滤后由空气出口排出。滤芯使用一定时间后，还可通入蒸汽进行灭菌，产生的污水可以从污水出口排出。但是由于过滤介质较薄且楞条的支撑能力有限，所以接迭式过滤器通常仅适合于一些要求过滤阻力很小而过滤效率比较高的场合，如洁净工作台、洁净工作室和自吸式发酵罐等；而且超细玻璃纤维纸的过滤特性是气流速度越低，过滤效率越高，所以气流速度也不能太大，一般选择流速在 0.025m/s 以下，所以这类过滤器又称为接迭式低速过滤器。

接迭式过滤器滤芯的周边黏结部分，常会因黏结松脱而漏气，丧失过滤除菌效能，故要定期用烟雾法检查。另外，为了提高过滤器的过滤效率和延长其使用寿命，一般可以在其前面加装预过滤设备或静电除尘设备，配合使用，从而使较大的微粒和部分小微粒被预过滤器除去，以减少低速过滤器表面微粒的堆积和堵塞滤网现象。

5. 微孔滤膜过滤器

微孔滤膜过滤器是新一代高效、能反复灭菌的绝对过滤介质过滤器。图 3-9 是我国生产的 JPF 过滤器结构示意图。为了方便滤芯（结构见图 3-4）安装和更换，过滤器圆柱状筒身分成上下两部分，由法兰相连接。在实际过程中，可以根据空气通量大小，将多根加工成型的滤芯安装在一个过滤器内，以增加过滤面积。

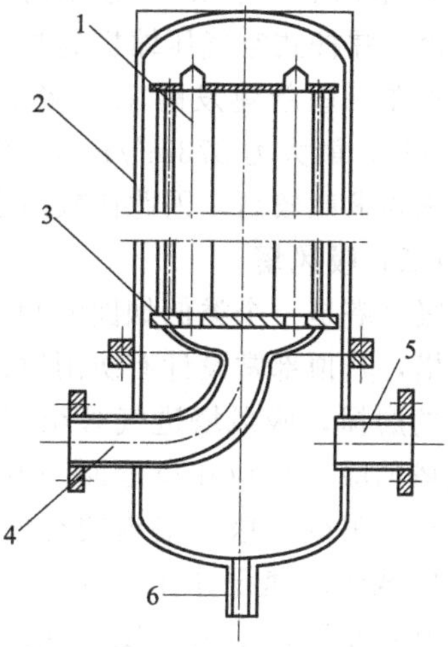

图 3-9 JPF 过滤器结构
（引自：陈国豪《生物工程设备》，2007）
1—滤芯；2—外壳；3—滤芯固定孔板；4—空气进口；5—空气出口；6—污水出口

二、其他相关设备

除了过滤器外，在空气过滤除菌系统（流程）中，还包括其他一系列设备，主要有空气压缩机、吸风塔、粗过滤器、空气贮罐、换热器和水雾分离器等。下面将对它们的结构与功能进行叙述。

（一）空气压缩机

由于空气在经过过滤器、进入发酵罐和通过培养基等过程中需要克服各种阻力，所以提供给发酵生产用的空气必须具有 0.2～0.3MPa 的压力。具有这样压力的空气属低压压缩空气。目前，发酵工业提供这种压缩空气的设备主要是往复式空气压缩机（reciprocating compressor），此外，还有离心式空气压缩机（centrifugal compressor）和螺杆式空气压缩机（screw compressor）。

1. 往复式空气压缩机

往复式空气压缩机是通过活塞在汽缸内的往复运动而将空气抽吸和压出的一种压缩机。它有单缸、多缸之分；若以出口压力来分类，又有高压（8～100MPa）、中压（1～8MPa）与低压（1MPa 以下）之分。目前，国内生产的低压往复式空气压缩机，除小型（$1m^3/min$ 以下）的是单缸之外，大多数是双缸二级压缩的。所谓二级压缩是指空气先进入第一级（低压）汽缸，经压缩并冷却后，再进入第二级（高压）汽缸进行进一步的压缩，然后排出。这种压缩机的额定出口压力一般为 0.8MPa，但可以在 0.4～0.8MPa 范围内进行调节，并通过对压缩机进行适当改造后，可以获得出口压力为 0.2～0.3MPa 的压缩空气，以满足发酵生产的需要。

由往复式空气压缩机的工作原理可知，其空气出口的压力存在不稳定的脉冲，而且由于在汽缸内要加入润滑活塞的润滑油，所以空气中还常带有油雾。通过在压缩机之后的空气贮罐，可以有效地消除脉冲，稳定压力。另外，通过对压缩机进行适当的改造，减少油耗，并消除油雾对空气的污染。

2. 离心式空气压缩机

离心式空气压缩机一般是由电机直接带动涡轮高速旋转，产生所谓的“空穴”，吸入空气并使其获得较高的离心力，再使部分动能转变为静压而将空气输出的一种压缩机。它可以分为单级和多级离心式空气压缩机。

离心式空气压缩机具有输气量大、输出空气压力稳定、效率高、设备紧凑、占地面积小、无易损部件、获得的空气不带油雾等优点，因此是发酵工业中很理想的供气设备。适用于发酵工业的离心式空气压缩机属于低压涡轮空气压缩机，出口压力一般为 0.25～0.5MPa，在实际生产中，可选用出口压力较低又能满足工艺要求的压缩机，这样可节省动力消耗。

3. 螺杆式空气压缩机

螺杆式空气压缩机是利用高速旋转的螺杆在汽缸内瞬时形成的空腔吸入空气，并在螺杆的运动下把腔内空气压缩后输出的一种空气压缩机。它可以分为单螺杆和双螺杆空气压缩机。

由于螺杆式空气压缩机是整机安装，占地面积小，压缩空气中不含油雾且压力平稳，所以近年来在一些新建发酵工厂多采用这种空气压缩机。目前，使用较多的机型吸气量最小为 $8m^3/min$，最大为 $373m^3/min$，排气压强为 0.35MPa（表压）。但是这类空气压缩机的维护保养技术要求比较高，因此比较适合大中型发酵企业采用。

（二）吸风塔

吸风塔是一个类似烟囱的圆柱形钢结构设备，是空气压缩机的吸气口。为了防止雨水灌入吸风塔，其顶部常设计有防雨罩。为了减少压力的损失，保证空气的洁净度，减少对压缩机汽缸的磨损，吸风塔进气管至空气压缩机的管路要求直管连接，避免弯管或多弯管；同时，吸风塔的吸气口应在离地面 10m 以上，这样可以减少尘埃颗粒及微生物对空气压缩机汽缸的磨损。另外，吸风塔内的空气流速不能太快，不然会产生很大的噪声，一般空气在吸风塔内的截面流速设计在≤8m/s。如果受到四周环境空间的限制，不能单独建吸风塔时，也可以利用车间厂房的高度，在其屋顶上建一个吸风室替代吸风塔。它既不占地方，又能保证吸风高度。

（三）粗过滤器

粗过滤器是安装于空气压缩机之前，捕集空气中较大的灰尘颗粒，以防止压缩机受磨损，同时也可减轻总过滤器负荷的一种过滤器。一般要求粗过滤器的过滤效率要高，且阻力要小，否则会增加空气压缩机的吸入负荷和降低空气压缩机的排气量。常见的粗过滤器包括水雾除尘装置、油浴洗涤装置、前置预过滤器和布袋除尘器等。

1. 水雾除尘装置

图 3-10 是水雾除尘装置的结构示意图。其工作原理是气流由罐体底部的空气入口进入，经喷雾器喷下的水雾洗涤，带有微细水雾的洁净空气经罐体上部过滤网过滤后排出，而空气中的灰尘与微生物等微粒被洗涤后，随洗涤水由废水出口排出。

水雾除尘装置可以洗涤去除空气中大部分的微粒，对 0.5μm 粒子的洗涤效率为 50%～70%，对 1.0μm 粒子的去除效率为 55%～88%，对 5μm 以上粒子的除去效率为 90%～99%。一般将气流的速度控制在 1～2m/s，否则带出过多的水雾，影响压缩机的工作效率，降低排气量。

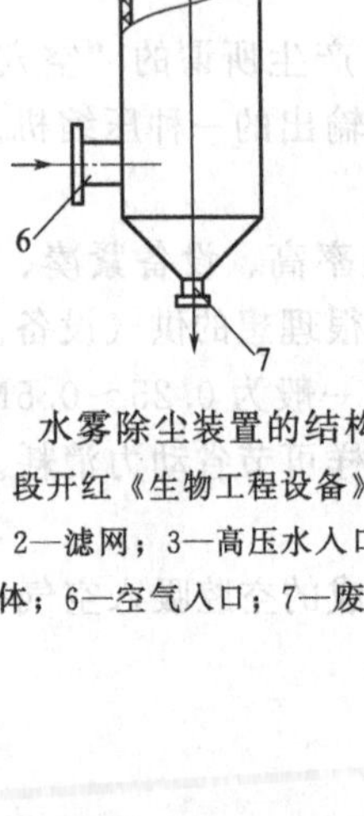

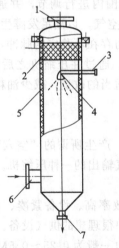

图 3-10 水雾除尘装置的结构示意图

（引自：段开红《生物工程设备》，2008）

1—空气出口；2—滤网；3—高压水入口；4—喷雾器；5—罐体；6—空气入口；7—废水出口

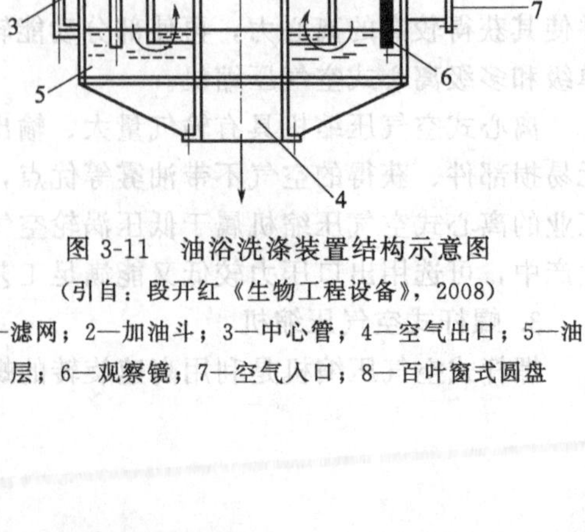

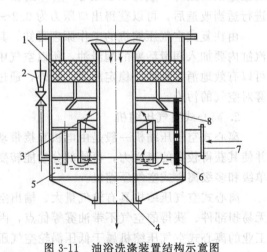

图 3-11 油浴洗涤装置结构示意图

（引自：段开红《生物工程设备》，2008）

1—滤网；2—加油斗；3—中心管；4—空气出口；5—油层；6—观察镜；7—空气入口；8—百叶窗式圆盘

2. 油浴洗涤装置

油浴洗涤装置的结构示意图如图 3-11 所示。气流由空气入口进入，通过油层洗涤后，微粒被油黏附而逐渐沉降于油箱底部而被除去，带有油雾的空气经百叶窗式圆盘分离较大颗粒油雾，再经过滤网分离小颗粒油雾后，由中心管吸入压缩机。

油浴洗涤装置的除尘效果比较好，对于分离不干净的油雾带入压缩机时也无影响，且阻力不大，但是耗油大。

3. 前置预过滤器

前置预过滤器的外形像一只大型的集装箱，内部设计有两层过滤介质层，第一层称粗过滤层，通常采用绒布或聚氨酯泡沫塑料作为过滤介质；第二层称亚高效过滤层，通常采用无纺布作为过滤介质。空气在前置预过滤器中的流速不能过快，否则噪声很大。一般粗过滤层的空气流速控制在≤0.5m/s，而亚高效过滤层的气速控制在 0.2～0.5m/s。空气经过前置预过滤器处理后尘埃含量大大减少。

4. 布袋除尘器

布袋除尘器也叫袋滤器是以麻布做成的，其除尘机理是含尘气体通过过滤材料，尘粒被过滤下来，过滤材料捕集粗粒粉尘主要靠惯性碰撞作用，捕集细粒粉尘主要靠扩散和筛分作用。滤料的粉尘层也有一定的过滤作用。其结构示意图如图 1-36 所示。含尘气体从袋式除尘器入口进入后，由导流管进入各单元室，在导流装置的作用下，大颗粒粉尘分离后直接落入灰斗，其余粉尘随气流均匀进入各仓室过滤区中的滤袋，当含尘气体穿过滤袋时，粉尘即被吸附在滤袋上，而被净化的气体从滤袋内排出。当吸附在滤袋上的粉尘达到一定厚度时，打开电磁阀，喷吹空气从滤袋出口处自上而下与气体排除的相反方向进入滤袋，将吸附在滤袋外面的粉尘清落至下面的灰斗中，粉尘经卸灰阀排出后利用输灰系统送出。布袋除尘器运行中控制含尘气流通过滤料的速度（称为过滤速度）颇为重要。一般来说，气流速度越大，则阻力越大，且过滤效率也低，所以每平方米布袋每分钟的空气流量应控制在 2～2.5m^3，空气阻力为 600～1200Pa。另外，滤布应定期清洗，以减少阻力损失和提高过滤效率。

（四）空气贮罐

空气贮罐是位于空气压缩机之后，一方面可以消除气流的脉冲，稳定压强；另一方面可以让高温空气在贮罐里停留一定时间，起到部分杀菌的作用（此时要在空气贮罐外加保温层）。空气贮罐是一个钢制圆柱容器，罐顶上装有安全阀和压力表，罐底安装有排污阀，罐壁上设置有人孔，便于检修。

为了很好地发挥空气贮罐消除气流脉冲的作用，它必须具有足够的容积，根据经验估算，其容积可取空气压缩机每分钟吸气量的 10%～15%，也可以根据式(3-1) 计算空气贮罐的体积。

$$V \geqslant 400\frac{V_p}{n} \tag{3-1}$$

式中，V 为贮罐体积，m^3；V_p 为压缩机汽缸容积，m^3；n 为压缩比。

应该特别注意的是压缩空气要切向进入空气贮罐，这样可以大大降低空气贮罐的噪声。另外，也可以在贮罐内加装导筒，以提高热杀菌效果。

（五）换热器

在空气过滤除菌系统中，换热器包括空气冷却器与空气加热器。空气冷却器的作用是降低压缩空气的温度，以除水减湿。空气冷却器常为双程或多程列管式换热器，冷却水走管程，压缩空气走壳程。为提高换热器的传热系数，应在壳程安装圆缺形的折流板。空气加热器的作用是降低压缩空气的相对湿度。压缩空气经降温除水后，其相对湿度往往很高，而进入总过滤器之前，其相对湿度必须控制在60%～70%，所以常采用换热器加热空气以达到降湿的要求。空气加热器一般采用列管式换热器，空气走管程，蒸汽走壳程。值得注意的是为了避免温度过高的空气进入发酵罐，造成微生物最佳生长环境的波动，应控制进入发酵罐的空气温度最好不要高于微生物培养温度10℃。

（六）水雾分离器

水雾分离器一般位于空气冷却器之后，以去除压缩空气冷却产生的水雾，以减轻空气加热器的工作压力，防止空气中夹带水滴进入总过滤器，使过滤介质失效。水雾分离器通常包括旋风分离器和丝网分离器两种。其中，丝网分离器对10μm粒径水滴的除去效率为60%～70%，若要除去2～5μm大小的水滴或油滴就要采用金属丝网分离器。所以旋风分离器又称为粗除水器，金属丝网分离器称为精细除水器。

关于旋风分离器的工作原理，请参阅本书的第一章。丝网分离器的工作原理是当夹带水滴或油滴的气体穿过金属丝网层时，水滴或油滴被拦截在金属丝网层上，液滴慢慢变大，当重力大于其在金属丝网表面的吸附力和浮力时，水滴就会自然滴下来。

第三节 空气过滤除菌流程

一、空气过滤除菌流程的要求

空气过滤除菌流程的制定需要按照发酵生产过程中对无菌空气的无菌程度、压力、温度和湿度等要求，并结合采气环境的空气条件以及所用除菌设备的特性等来综合考虑。

对于风压要求低、输送距离短、无菌度要求不很高的场合（如洁净工作室、洁净工作台等），以及具有自吸作用的转子式自吸发酵罐、喷射式自吸发酵系统等，只需要数十帕斯卡到数百帕斯卡的空气压力就可以满足需要。在这种情况下可以采用普通的离心式鼓风机增压，具有一定压力的空气通过一个较大过滤面积的过滤器，以很低的流速进行过滤除菌就可以，气流阻力损失很小。另外，由于在上述情况下空气的压缩比很小，空气温度升高不大，相对湿度变化也不大，所以一般也无需采用空气冷却与加热设备，以及水雾与油雾清除设备等。这类空气除菌流程很简单，空气经一、二级过滤后就能符合要求，关键在于离心式鼓风机的增压与空气过滤的阻力损失要配合好，以保证空气过滤后还有足够的压强推动空气在管道和无菌空间中流动。

当制备无菌程度较高且压强较大的无菌空气时，就需要采用较高压力的空气压缩机来增压，这时空气的压缩比大，空气相关参数的变化也大，所以除了压缩机与过滤器外，还需要增加一系列附属设备。例如，在温暖潮湿的南方，由于空气含水分比较多，当空气压缩升温并冷却后，会析出很多水雾，所以需要加强除水设施，以确保过滤器的最大除菌效率和使用寿命。同时，对于压缩机耗油严重的流程，还要增加消除油雾的设备。对冷却与除水除油设备的要求，可根据环境气候条件来确定，通常要求压缩空气在通过过滤器的相对湿度应小于60%。另外，如果采气环境的空气污染比较严重，则还需要考虑改变吸风的条件，增加粗过滤器等以降低过滤器的负荷，以提高空气的无菌程度。

总之，发酵工业中所使用的空气除菌流程要根据生产的具体要求和各地的气候条件而制定，保证空气具有一定的气流速度和不受油、水的干扰，以维持过滤器较高的过滤效率，满足生产需要。

二、常见的空气过滤除菌流程

依据发酵生产对无菌空气要求的不同，以及生产环境条件的差异，空气过滤除菌流程也不相同，常见的空气过滤除菌流程包括高空采风和前置过滤器的两级冷却分离流程、空气压缩冷却过滤流程和空气冷冻干燥过滤除菌流程。下面分别进行简要的介绍。

(一) 高空采风和前置过滤器的两级冷却分离流程

高空采风和前置过滤器的两级冷却分离流程是一种适应范围广、通用性强、比较全面的空气过滤除菌系统。它包括一系列的设备，按图 3-12 中的顺序安装。此外，空气从总过滤器出来后，还需通过发酵车间空气总管，经分过滤器进一步过滤后，才可到达发酵罐。下面将分别对这些设备的作用进行简要的叙述。

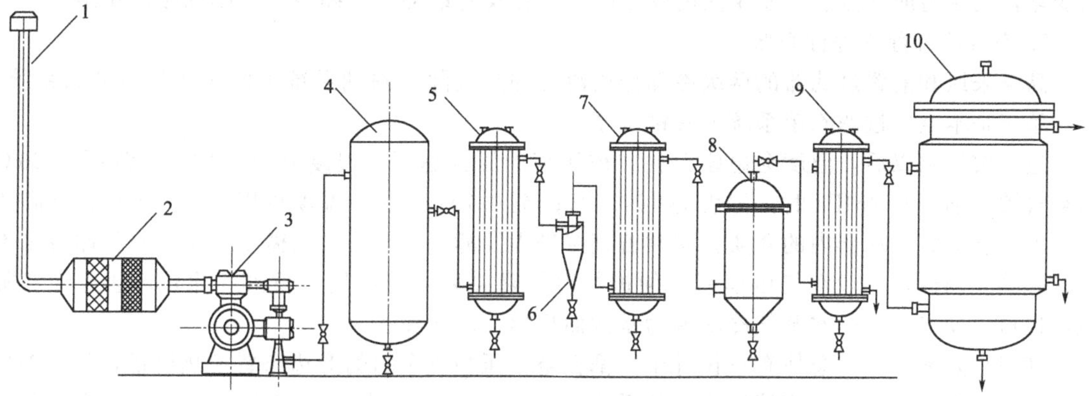

图 3-12 高空采风和前置过滤器的两级冷却分离流程

1—吸风塔（高空采风）；2—前置高效过滤器；3—空气压缩机；4—空气贮罐；
5—第一级空气冷却器；6—旋风分离器；7—第二级空气冷却器；
8—丝网分离器；9—空气加热器；10—空气总过滤器

1. 吸风塔

吸风塔的作用是实现高空采气，以提高空气的无菌程度。因为高空的微生物含量少于地面，通常每升高 10m，微生物含量就减少一个数量级，所以通常要求吸风塔的采气口应高于地面 10m，也有一些工厂从 10m、20m 甚至 30m 的高空采气，以降低过滤器的过滤负荷，提高无菌空气的无菌程度。

2. 前置高效过滤器

空气中的微生物主要依附在尘埃的表面，通过在空气压缩之前安装高效的过滤器，不仅可去掉尘埃，减少对空气压缩机关键部位造成的磨损和对润滑油的污染，还可以去掉依附在尘埃表面的微生物。经前置过滤后，空气中的无菌程度可达 99.99%，从而可以有效降低总过滤器的过滤负荷，保证发酵安全。

3. 空气压缩机

空气压缩机是为过滤空气提供压力（动力）的设备。空气是否要经过压缩以及压缩空气压力的大小主要由发酵工艺和发酵罐的形式来决定。①除菌流程长，经过的设备多，以及管路长，管路直径小，空气流速大，管路阻力损失大，空气的压力降大，压缩空气的压力大。②压缩空气是从发酵罐底部进入发酵液中的，它需要抵抗发酵液的压力才能通过发酵液，所以发酵罐设计的高径比越大，发酵罐装液越多，发酵液压力也会越大，压缩空气需要的压力当然也越大。③为防止发酵罐外微生物经泄漏点进入发酵罐，在发酵过程中一般需要将罐内压力控制在 0.03～0.1MPa 之间，所以压缩空气不仅仅要抵抗发酵液的压力，还要抵抗发酵罐上部空间的压力。

4. 空气贮罐

空气贮罐位于空气压缩机之后，它可以防止空气除菌系统中出现物料倒流和过滤器滤芯冲击穿孔等问题的发生。所谓物料倒流是由于突然断电或空气管路上出现新的用气点，造成空气除菌系统内压力的突然降低，导致发酵罐内压力高于空气除菌系统管道内的压力，从而使发酵液、种子液或流加物料返流入空气除菌系统，引起空气过滤器的污染和堵塞的现象。而过滤器滤芯冲击穿孔常常是由于往复式空气压缩机或空气管路上阀门的快开或快关，引起气流脉冲，导致流过过滤器滤芯的气流速度突然发生大的变化，而造成介质纤维断裂，或存在于空气中的大颗粒铁锈、水垢高速冲击过滤器滤芯造成穿孔的现象。空气贮罐可以削弱突然的压力或流速的变化，当压力或气流速度发生大的变化时，能够及时地补充压缩空气而起到缓冲作用。

5. 空气冷却除水除油系统

高空采风和前置过滤器的两级冷却分离流程的空气除水除油系统为两级冷却与分离系统。这一系统是本空气过滤除菌系统的关键工序。

空气被压缩以后，温度会急剧升高，被压缩的压强越高，温度升高也越多。常压下 20℃ 的空气被压缩至 0.2MPa 时，温度为 104.5℃；至 0.7MPa 时，温度可以达到 190℃。过高的高温不仅会损害过滤器内的介质，同时若直接进入发酵罐时，还会给微生物生长与代谢带来不利的影响。因此，一般空气压缩后必须进行冷却降温后才可以用于发酵。此外，通过冷却降温，也可以使空气中的水蒸气冷凝成为水滴而析出，从而除去。

在以往发酵工厂的总体布置设计中，都在空气压缩机车间的旁边布置换热设备，从压缩机车间出来的高温压缩空气直接进入冷却系统中进行冷却。20 世纪 80 年代中期之后，为了节约能量，提出了高温压缩空气沿程冷却的设计方案，即把原安置在空气压缩机车间旁的空气冷却系统（换热器）搬迁到发酵车间的周边，空气压缩机输出的高温压缩空气在输送过程的沿程就可以向大气中散发热量，通常有近 1/3～1/2 的热量可以被散发，从而可以大大节约换热器冷却水的用量。

空气经冷却后即有水分析出，而压缩空气的露点要比原始空气的露点高得多，更容易析出水滴。空气中的湿含量接近饱和，不仅对空气过滤器内的介质带来严重的影响，使过滤介质受潮失效或降低其过滤效率，引起过滤介质霉变，同时空气中湿含量接近饱和会对发酵过程的体积控制、生长代谢调控带来很不利的影响。因此，必须在空气进入过滤器之前把其夹带的水分除掉。在我国空气中的相对湿度随地理、季节的不同而有很大的变化，例如，在沿海地区，一年中 7～8 月份相对湿度最大，而且晚间的相对湿度也大于白昼。因此，在设计时一般都采取最湿月相对湿度平均值作为设计参数，以使发酵工厂压缩空气预处理系统能较稳定地工作。

除了水分外，当空气经过油浴洗涤器除尘，或经过油润滑的往复式空气压缩机、螺杆式空气压缩机压缩后，空气中会混入油雾。而油雾会在换热器中的换热面上形成油膜，降低了传热系数，使换热后的空气温度达不到工艺要求；油雾还会堵塞过滤器滤芯，使过滤空气通量减小，影响发酵的溶解氧浓度，导致发酵失败；油雾黏附在过滤介质的纤维表面，堵塞过滤介质的过滤空隙，降低过滤效率。因此，空气除油对于空气过滤除菌来说，也是一个比较重要的问题。其实，空气的除油与除水过程是同时进行的，在除水的同时也除去油雾。

为了有效地除掉空气中的水和油，高空采风和前置过滤器的两级冷却分离流程常采用两级冷却、分离工艺。第一级将空气温度冷却到 30～35℃，第二级冷却到 20～25℃。每一级冷却都会有油水雾析出，第一级冷却大部分的油水雾析出，且雾粒较大，浓度较高，所以可采用旋风分离器去除它们；第二级冷却，形成的雾粒较小，所以采用丝网分离器分离。两级冷却的好处是能提高传热系数，节约冷却用水，油水雾分离比较完全。

另外，在空气过滤系统中，如果不使用油浴洗涤器作为前置过滤器，不使用会产生油雾的油润滑往复式空气压缩机和螺杆式空气压缩机都能比较好地防止油雾的产生。

6. 空气加热器

压缩空气经冷却除水除油后，相对湿度仍为100%，因为去除的只是水（雾）珠，并没有降低相对湿度。为了保护空气过滤器滤芯，空气相对湿度应降低到50%～70%（深层过滤介质相对湿度控制在50%～60%，绝对过滤介质相对湿度控制在60%～70%），所以通常采用换热器来加热压缩空气，以降低其相对湿度。

7. 空气总过滤器

空气总过滤器是空气过滤除尘系统中的核心部件，加热后的压缩空气必须经过空气总过滤器后才能进入发酵车间。通常，空气总过滤器体积较大，它不仅可以过滤除去微生物，还可以去除前面工序没有充分分离掉的水、油雾、管道中的铁锈和水垢等。另外，较大的体积，还能起到一定的缓冲和贮气作用。

20世纪常用的空气总过滤器为深层棉炭过滤器，但是过滤除菌效率低，而且装拆的劳动强度大，所以目前基本被微孔膜空气过滤器取代。

8. 空气分过滤系统

空气分过滤系统位于总过滤器之后发酵罐之前，是空气除菌流程中最后一道空气过滤除菌质量的控制工序。它由空气预过滤器、空气精过滤器和蒸汽过滤器构成（图3-13）。此外，在每一级过滤器的前后都装有压力表，前后压力表之间的压力差可反映过滤器滤芯工作状态的好坏。应定期进行压差的检查，压差大于0.05MPa和小于0.015MPa都说明滤芯已经不在最佳工作状态之下，此时需要进行更换。为了防止因过滤介质失效引起的多罐染菌，一般要求每个发酵罐需配置一套独立的空气分过滤系统。

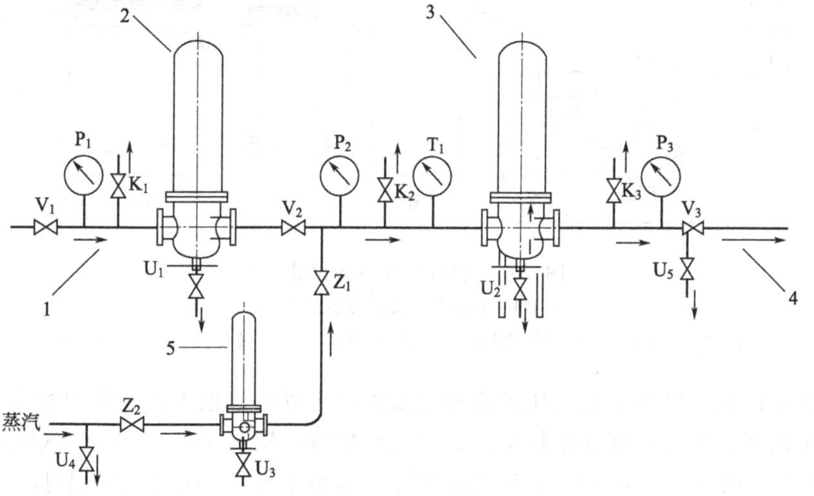

图3-13　空气分过滤系统的结构示意图

（引自：陈国豪《生物工程设备》，2007）

1—来自总过滤器的空气；2—空气预过滤器；3—空气精过滤器；4—去往发酵罐的空气；5—蒸汽过滤器；
V_1、V_2、V_3—空气流量计；P_1、P_2、P_3—压力表；K_1、K_2、K_3—压力调节阀；
U_1、U_2、U_3、U_4、U_5—废液排出管；Z_1、Z_2—蒸汽流量计；T_1—温度计

（1）空气预过滤器　为了防止空气管道中的铁锈、水垢在高气流速度下对空气精过滤器滤芯造成冲击穿孔，在空气精过滤器前设置一道拦截屏障，即空气预过滤器。空气预过滤器无需灭菌，也不能耐受反复的蒸汽灭菌。预过滤器与精过滤器相互之间应尽量靠拢，它们之间的管路应选择不易生锈的不锈钢材质，这样才能起到对精过滤器的保护作用。管道上应安装吹口，便于管道内冷凝水的排出和灭菌。

(2) 空气精过滤器　根据发酵用微生物菌种的不同，应选择不同过滤精度的精过滤器的滤芯。对于细菌、放线菌发酵，应选择能除去噬菌体的滤芯，过滤精度为 0.01μm；对于霉菌、酵母菌发酵则只需选择可除去细菌和孢子的滤芯，过滤精度 0.3μm 即可。

(3) 蒸汽过滤器　由于空气精过滤器需要定期进行蒸汽灭菌，所以需要有管道将蒸汽导入精过滤器中。考虑到蒸汽管道中也可能存在铁锈和水垢等，因此必须对蒸汽进行过滤才能保证精过滤器滤芯不会被高速蒸汽中夹带的颗粒所击穿。蒸汽过滤器与精过滤器相互之间应尽量靠拢，它们之间的管路也应选择不易生锈的不锈钢材质，这样才能起到对精过滤器的保护。管道上也应安装吹口，以便于管道内冷凝水的排出和灭菌。蒸汽过滤器的过滤介质通常为聚四氟乙烯或不锈钢烧结材料，它们可以反复进行高温蒸汽灭菌与反复再生使用，过滤精度 3μm，过滤效率 90%。

(二) 空气压缩冷却过滤流程

此除菌流程是一个设备较简单的空气除菌流程，主要组成见图 3-14。由于没有配备空气除水除油系统，所以它只能适用于那些气候寒冷、相对湿度很低的地区。由于空气的温度低，经压缩温度也不会升高很多，特别是空气的相对湿度低，空气中的绝对湿含量很小，所以通常空气经压缩并冷却到能符合进入发酵罐要求的温度，但最后空气的相对湿度还能保持在 60% 以下，所以无需进行空气的除水除油处理。

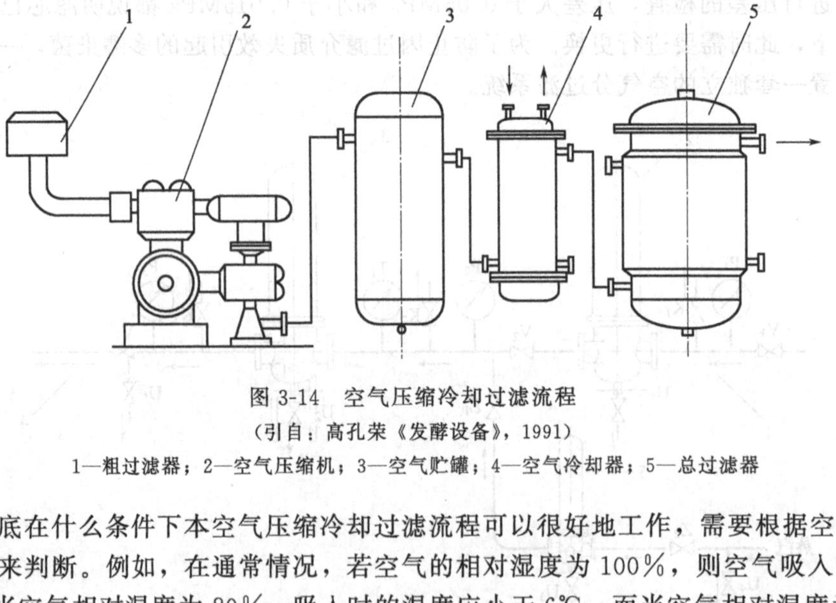

图 3-14　空气压缩冷却过滤流程

(引自：高孔荣《发酵设备》，1991)

1—粗过滤器；2—空气压缩机；3—空气贮罐；4—空气冷却器；5—总过滤器

当然到底在什么条件下本空气压缩冷却过滤流程可以很好地工作，需要根据空气中的相对湿度和温度来判断。例如，在通常情况，若空气的相对湿度为 100%，则空气吸入时的温度应小于 4℃；当空气相对湿度为 80%，吸入时的温度应小于 6℃；而当空气相对湿度为 60%，吸入时空气的温度小于 12℃就可以。但是这种流程需要使用涡轮式空气压缩机或无油润滑空气压缩机，因为采用普通空气压缩机时，可能会产生油雾污染过滤器。如果只能使用普通的压缩机，应加装丝网分离器将油雾除去。

(三) 空气冷冻干燥过滤除菌流程

对于中、小型发酵工厂的空气除菌系统，由于空气处理量小，设备也较小，采用专门的除水、除油设备加工和使用不便，占地面积也较大。目前，有一种集成化的装置——空气冷冻干燥机可取代空气除菌流程中的一部分设备。它将两级冷却和两级分离装置集成在一起，可以代替两级冷却器与旋风分离器和丝网分离器。应该注意的是，空气冷冻干燥机并不能对空气进行加热，如果环境的空气湿度过大，必须增加一个空气加热器，否则由于空气湿度过大，容易导致过滤器滤芯长霉和腐烂。

思 考 题

1. 发酵类型对无菌空气有什么要求?
2. 发酵工业对无菌空气的性能指标有哪些要求?
3. 简述常用的空气过滤器的结构和特点。
4. 采用无油润滑的空气压缩机有什么优点?
5. 为什么要降低空气过滤的阻力?
6. 为什么在除水、除油流程中要对空气进行加热?不加热会出现怎样的后果?
7. 高空采风和前置过滤的作用各是什么?
8. 简述旋风分离器的除水、除油的工作原理及适用的分离范围。
9. 简述丝网分离器的填料类型与适用的分离范围。
10. 压缩空气的压力该如何确定?
11. 介质深层过滤除菌的作用原理与气流速度有何关系?
12. 为什么不能用脱脂棉花为过滤介质?

第四章　液体发酵罐

20 世纪 40 年代中期，伴随青霉素工业化生产而出现的液体深层通风发酵技术，标志着近代发酵工业的开始。迄今为止，尽管白酒、酱油、奶酪等传统发酵食品的生产仍然主要沿用固体发酵技术与设备，但是其他很多发酵食品的大规模生产大多都采用液体发酵技术与设备。其中，发酵罐（fermentor，fermentation vessel）是液体发酵设备中最主要和最关键的设备之一。尽管现在有些固体发酵也采用发酵罐，但是固体发酵罐与液体发酵罐在结构与功能等方面均存在非常大的区别，而且固体发酵罐也远远没有像液体发酵罐那样普遍使用，所以通常所讲的发酵罐就是指液体发酵罐。在本书中，如果没有特别说明，所说的发酵罐也是指液体发酵罐，关于固体发酵罐将在本书的第五章阐述。

本章将首先介绍发酵罐设计基础，然后介绍几种常见发酵罐的结构与功能。

第一节　发酵罐的设计基础

发酵罐在使用过程中，通常需要耐受 130℃的高温和 0.25MPa（绝对压力）的压力，按照我国《压力容器安全技术监察规程》的规定，发酵罐设计、制造及管理必须符合压力容器（pressure vessel）的有关规范要求，一般需要按照压力容器的要求进行设计与计算。所以为了更好地介绍发酵罐的设计基础，本节将首先介绍发酵罐的基本结构与压力容器设计的相关基础知识，然后对发酵罐的相关参数以及壁厚、容积、直径与高度等的设计进行阐述。

一、发酵罐的基本结构

发酵罐是以碳钢或不锈钢为材料，由圆柱形筒体和封头（又称为端盖）焊接而成的，并附设有温度、pH 值、溶氧等测定与控制装置，以及人孔、管口和支座等结构，供微生物（或动植物细胞）繁殖与代谢，分泌产生各种代谢产物的容器（图 4-1）。在生物工程中，又将供动植物细胞生长繁殖的发酵罐称为生物反应器。发酵罐的基本结构与化工生产中贮存气体或液体物料的圆筒形容器相似。

发酵罐的种类繁多，形式各异，按径高比不同，可以分为立式与卧式发酵罐（图 4-1）；按发酵过程中是否需要供氧，分为好氧和厌氧发酵罐。但无论是哪一类发酵罐，一般都必须满足以下条件：①传质和传热性能好，能耗低；②结构密封性好，可以防止杂菌的污染；③维修方便；④检测控制系统完善，容易放大。同时，无论哪一种发酵罐都包括筒体和封头等基本构件。其中，筒体结构比较简单，而封头的结构比较复杂，按其形状可分为凸形封头（convex head）、锥形封头（conical head）和平盖封头（flat head）。其中，凸形封头包括半球形封头（semi-spherical head）、椭圆形封头（ellipsoidal head）、碟形封头（dished head）和球冠形封头（spherical head）。下面对这些封头的基本结构与特点进行简要叙述。

（一）半球形封头

半球形封头是由半个球壳（所谓壳是指能防止设备受到某些外部影响并在各个方向防止直接接触的设备部件）构成（图 4-2）。半球形封头的深度大，整体冲压成型困难，所以在制造过程中，可先将数块钢板冲压成型后，再到现场拼焊而成。

（二）椭圆形封头

椭圆形封头由半椭球面和短圆筒（称为直边）组成（图 4-3）。直边（h_0）的作用是避免封头和发酵罐筒体连接时的环焊缝与椭圆壳和筒体壳交界处重合，以改善其应力状态。

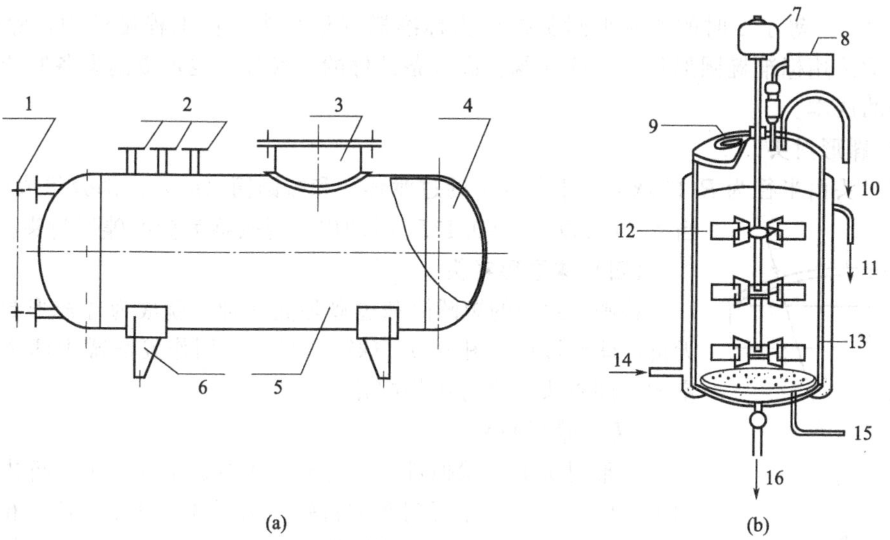

图 4-1 发酵罐的结构简图

（引自：赵军《化工设备机械基础》，2007）

（a）卧式发酵罐；（b）立式发酵罐

1—液位计；2—管口；3—人孔；4—封头；5—筒体；6—支座；7—电动机；8—pH 检测及控制装置；9—加料口；10—排气口；11—冷却水出口；12—搅拌器；13—夹套；14—冷却水进口；15—无菌空气入口；16—放料口

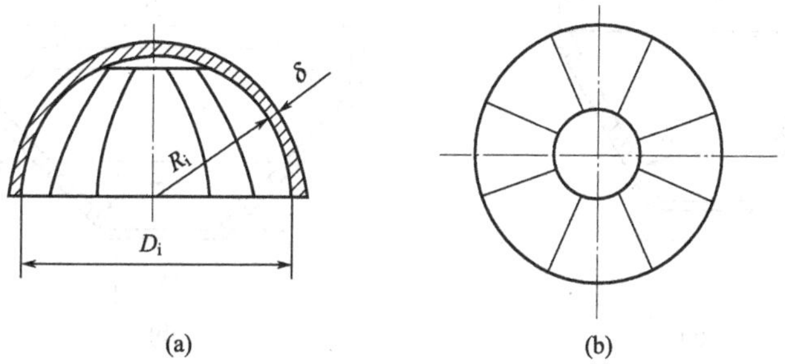

图 4-2 半球形封头

（引自：赵军《化工设备机械基础》，2007）

（a）纵剖图；（b）俯视图

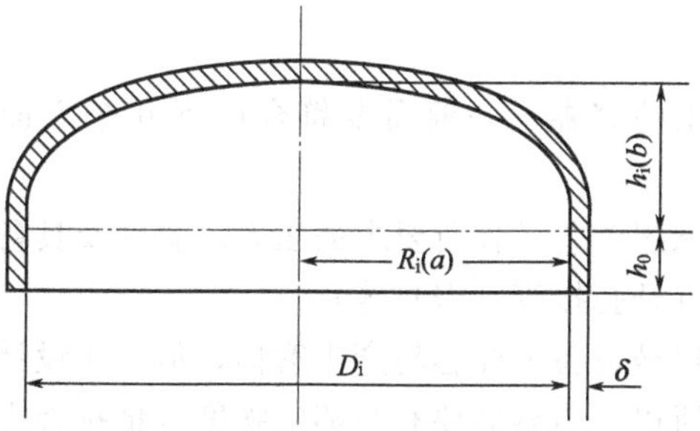

图 4-3 椭圆形封头

（引自：赵军《化工设备机械基础》，2007）

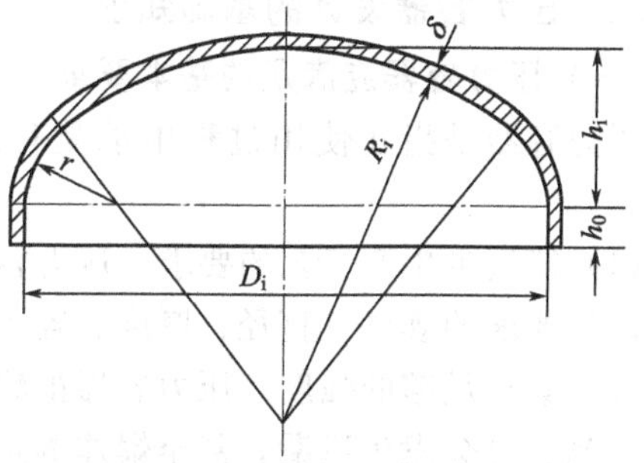

图 4-4 碟形封头

（引自：赵军《化工设备机械基础》，2007）

如果椭圆的长半轴和短半轴分别用 $R_i(a)$ 和 $h_i(b)$ 表示（图 4-3），则当长轴与短轴长度比值（$D_i/2h_i$）等于 2 时的椭圆形封头被称为标准椭圆形封头。在工程设计中，除特殊情况外，一般均采用标准椭圆形封头，这样既提高设备部件的互换性，也可提高设备制造的质量和降低设备的成本。

（三）碟形封头

碟形封头由半径为 R_i 的球面、半径为 r 的过渡环壳和短圆筒（h_0）三部分组成（图 4-4）。当 $R_i=0.9D_i$，$r=0.17D_i$ 时的碟形封头称为标准碟形封头。

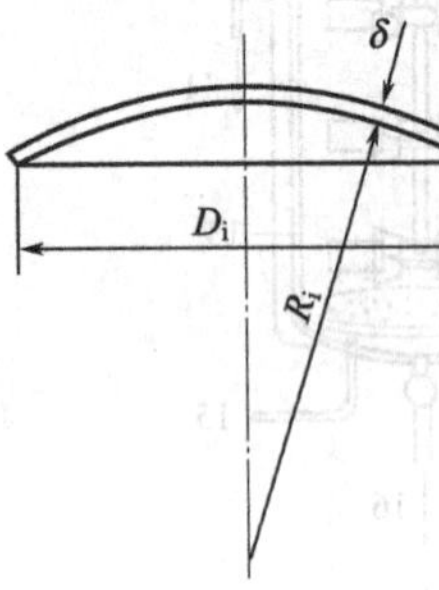

图 4-5 球冠形封头

（四）球冠形封头

将碟形封头的短圆筒和过渡环壳去掉，就成为球冠形封头，也称无折边球形封头（图 4-5）。球冠形封头常用作发酵罐中两个独立受压室的中间封头，也可用作端盖。

（五）锥形封头

锥形封头的形状似锥形，可分为无折边锥形封头和折边锥形封头两种（图 4-6）。因锥形封头的特殊结构形式有利于固体颗粒和悬浮或黏稠液体的排放，所以广泛用作发酵罐的下封头。无折边锥形封头的锥体半顶角 α 应小于或等于 30°；折边锥形封头的锥体半角可以大于 30°，它的大头由锥体（大端内径 D_c）、短圆筒（过渡段，内径为 D_i，高为 h_0）和相连段（圆弧半径 r）组成。

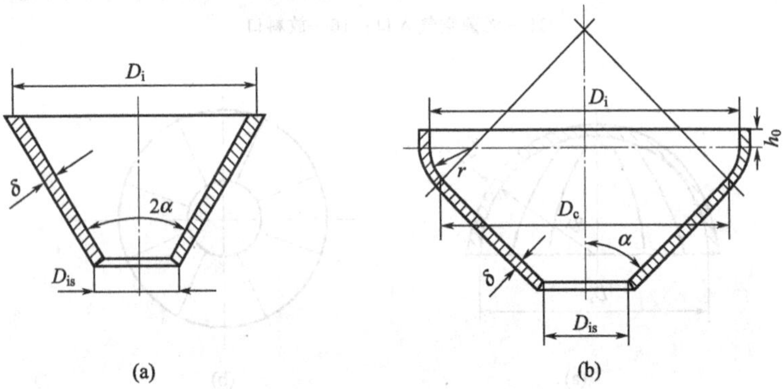

图 4-6 锥形封头

（引自：刁玉玮《化工设备机械基础》，2003）

（a）无折边锥形封头；（b）折边锥形封头

二、压力容器设计的基础知识

（一）压力容器应满足的基本要求

压力容器是指在使用过程中承受有内压或外压的容器，一般需要符合以下几个方面的要求。

（1）能满足生产工艺的要求　压力容器必须能承担工艺过程所要求的压力、温度及具备工艺生产所要求的规格（直径、厚度、容积）和结构（开孔接管、密封等）。

（2）具有足够的强度　压力容器虽然不像一般机械设备那样容易产生磨损，但如果设计或使用不当，也会发生泄漏，甚至爆炸等恶性事故。所以压力容器要有足够的强度（抵抗外力破坏的能力）、稳定性（抵抗外力使容器发生变形的能力）和密封性。

（3）具备一定的使用寿命　压力容器的使用寿命与材料选用和腐蚀有关。物料对容器的腐蚀，可以导致器壁减薄，甚至穿孔。因此在设计壁厚时必须考虑附加腐蚀裕量（为防止物料腐蚀对压力容器安全性影响，而增加的器壁厚度），或在结构设计中采取防腐措施，以达到所要求的设计寿命。

（4）便于制造、检验、安装、操作和维修　结构简单、易于制造和探伤的设备，其质量就容易得到保证，因为即使存在某些缺陷也能够准确地发现，并及时予以消除。另外，为了满足某些使用要求，例如为了便于清洗与内部构件的维护，压力容器还常需要设置人孔（供人进出的孔）或手孔（供维修与清洗用的孔，一般比人孔小）。

（5）经济性好　压力容器的设计，要尽量做到结构简单，制造方便，重量轻，节约材料，制造与维修费用低。因此应该采用科学合理的设计，选取适当的容器壁厚，做到既节约材料，降低制造成本，又保证容器的安全可靠性。

总之，压力容器在满足工艺要求的前提下，还必须满足安全性及经济性等方面的要求。对生产企业来说，停工一天所造成的经济损失，有时远远大于单台设备的成本，因而压力容器长期安全稳定运行也是良好经济性的体现。

（二）压力容器的材料选择

压力容器材料的选择是压力容器设计过程中一项重要工作。总体上应遵循适用、安全和经济的原则。由于发酵罐通常为钢制压力容器，所以选用钢材时，应考虑使用条件（温度、压力、介质特性和操作特点等）、材料焊接性能、制造工艺与经济合理性。

金属材料的性能一般包括使用性能和工艺性能，使用性能又包括机械性能、物理性能、化学性能等，它反映了金属材料在使用过程中，受到外力作用时所表现出来的特性；而工艺性能又包括铸造性能、切削性能、焊接性能等，它反映金属材料在制造加工过程中的各种加工特性。就发酵罐的制造而言，选材时应该考虑的最主要性能指标包括强度、塑性、韧性和可焊性。

（1）强度　是衡量钢材在外力作用下抵抗塑性变形和断裂的特性。强度通常用抗拉强度（σ_b）和屈服点（σ_s）来表征，它们可以通过静拉伸试验来测定。试验时在材料两端缓慢施加轴向拉力，引起材料沿轴向伸长而发生变形，σ_s 是材料开始发生明显塑性变形时的应力，而 σ_b 是材料拉断时的应力。这两个指标也是压力容器在设计中用于确定许用应力的主要依据。

（2）塑性　是指材料断裂前抗发生不可逆永久变形的能力。由于容器制造过程中常采用冷弯卷成型工艺，所以要求材料必须具备充分的塑性。直接反映钢板冷弯性能的试验是冷弯试验。对钢板在某一直径弯芯下进行常温弯曲试验，规定在冷弯 180°之后不裂的材料方可用于制造压力容器。

（3）韧性　表示材料弹塑性变形到断裂全过程吸收能量的能力，也就是材料抵抗裂纹扩展的能力。它包括缺口敏感性（承受静载荷时抗裂纹扩展的能力）和冲击韧性（承受动载荷时抗裂纹的能力）。压力容器在使用过程中，材料的原始缺陷会发生扩展，当裂纹扩展到某一临界值时将会引起断裂，此临界值的大小主要取决于钢材的韧性。

（4）可焊性　是指在一定的焊接工艺条件下，材料焊接的难易和牢固程度。压力容器的各零件间主要采用焊接进行连接，良好的可焊性是压力容器用钢的一项重要指标。钢材的可焊性主要取决于它的化学成分，其中影响最大的是含碳量。含碳量愈低，愈不容易产生裂纹，可焊性也愈好。

压力容器用钢的类型按化学成分不同，可分为碳素钢（碳钢）、低合金钢和高合金钢。①碳素钢强度较低，但塑性与可焊性良好，价格低廉。②低合金钢是在碳素钢的基础上加入少量的 Mn、V、Mo 等金属元素后形成的，其强度、韧性、耐腐蚀性与抗低温和高温性能均优于相同含碳量的碳素钢。③高合金钢中常用的是铬不锈钢和铬镍不锈钢，它比低合金钢具有更高的强度、塑性、韧性以及良好的机械加工和耐腐蚀性能。一般情况下，相同规格的碳素钢的价格低于低合金钢，不锈钢的价格高于低合金钢。因此在满足设备耐腐蚀和力学性能的前提下，应优先选用价格低廉的碳素钢和低合金钢。但是压力容器用钢应符合相应国家标准和行业标准的相关规定，从而使钢材使用温度的上限和下限及其他条件均能满足标准要求。

由于压力容器在使用过程中，经常要与酸、碱、盐等腐蚀性介质接触，容易发生腐蚀，而且材料的耐腐蚀性常常对材料的选择起决定性作用，所以除了应根据要求，考虑选用上述几种不同类型钢材外，还可以考虑采用复合钢板。复合钢板由复层和基层组成。复层与介质直接接触，厚度一般仅为基层厚度的1/3～1/10，主要起耐腐蚀的作用，它通常由不锈钢或钛等材料制成。基层与介质不接触，主要起承载作用，通常为碳素钢或低合金钢。采用复合钢板制造耐腐蚀的压力容器，可以节省大量昂贵的耐腐蚀材料，从而降低压力容器的制造成本。

（三）压力容器的结构与分类

压力容器是由壳与板组合焊接而成的结构。作为压力容器筒体和封头的壳，包括圆柱壳、球壳、椭球壳、球冠、锥形壳等，而板主要包括圆平板和环形板等。这些结构对应到发酵罐中就是前面所述的筒体、球形封头、椭圆形封头、球冠形封头、锥形封头等。压力容器的分类方法较多，常见的有以下几种。

1. 按用途分

根据用途不同，压力容器可以分为反应压力容器、换热压力容器、分离压力容器和贮存压力容器。①反应压力容器：是用于完成介质的物理、化学反应的设备，如生物反应器、反应釜、聚合釜、合成塔、蒸压釜等。②换热压力容器：是用于完成介质热量交换的设备，如热交换器、冷却器、冷凝器、蒸发器、加热器等。③分离压力容器：是用于完成介质的流体压力平衡和气体净化分离的设备，如分离器、过滤器、吸收塔、干燥塔等。④贮存压力容器：是用于盛装生产和生活用的原料气体、液体的设备，如各种贮罐、贮槽、计量槽等。

2. 按承压性质和压力等级分类

按承受压力方式，可将容器分为内压容器与外压容器。当容器内部介质压力大于外部介质的压力时，称为内压容器；当容器内部压力小于外部压力时，称为外压容器。其中，内部压力小于一个绝对大气压（0.1MPa）的外压容器又叫真空容器。

按所承受的工作压力，内压容器可分为常压、低压、中压、高压和超高压五个等级，具体分类依据如表4-1。

表4-1 内压容器按压力等级的分类方法

容器分类	设计压力/MPa	容器分类	设计压力/MPa
常压容器	$p<0.1$	高压容器(代号H)	$10.0\leqslant p<100$
低压容器(代号L)	$0.1\leqslant p<1.6$	超高压容器(代号U)	$p\geqslant 100$
中压容器(代号M)	$1.6\leqslant p<10.0$		

注：引自赵军《化工设备机械基础》，2007。

3. 按安全技术管理要求分

上述几种分类方法仅考虑了压力容器的某个设计参数或使用状况，没有反映压力容器内贮存物质可能导致的危害。例如，贮存易燃或高毒性物质的压力容器，其危害性要比相同几何尺寸贮存非易燃或低毒性物质的压力容器大得多。为此，在我国《压力容器安全技术监察规程》中，采用既考虑容器的压力与容积大小，又考虑贮存物质危害程度的综合分类方法，以便于容器的安全技术监督与管理。依据该方法，将压力容器分为三大类，即一类容器、二类容器和三类容器，具体分类可参见《压力容器安全技术监察规程》。在我国，无论是设计单位还是制造单位，必须经过申请与批准，方可取得以上三类压力容器的设计或制造许可证。

压力容器除主体设计（筒体和封头）以外，还需选择适当的零部件，增设适当的结构，例如法兰、支座、人孔、手孔、开孔、视镜和各种用途的接管等，才能组成完整的压力容器。由于零部件的数量、几何尺寸、形状和结构形式的变化很大，它们的受力状态、应力分布以及强度与刚度等设计计算都十分复杂。因此，为了简化设计与生产程序，提高零部件的互换性，便于组织成批生产，提高产品质量，降低成本，在实际工程中，对一定设计压力和一定几何尺寸范围的零部件制定了统一的标准，可直接选用制成的标准件。在压力容器设计过程中，应尽可能选用标准化的零部件。只有在少数特殊情况下，超出了标准范围的零部件（非标准件）才需要进行复杂的设计。

三、发酵罐的应力分析

按壁厚与容器直径的比值不同，圆筒形容器可分为薄壁容器（thin wall vessel）和厚壁容器（thick wall vessel）。当壁厚小于其直径 1/10 时，称为薄壁容器；当壁厚大于其直径 1/10 时，称为厚壁容器。根据这一标准，发酵罐属于薄壁容器。另外，发酵罐一般采用夹套或罐内安装列管换热器的形式来实现发酵过程的热量交换。小型发酵罐常采用夹套换热结构，在发酵罐外部形成一个封闭的夹层，冷或热介质进入夹层内，通过罐壁与罐内物料进行热交换。夹套（外筒）受夹套内介质压力作用，属于内压容器。由于夹套压力通常高于罐内压力，所以发酵罐（内筒）则属于外压薄壁容器。对于大型发酵罐常采用罐内安装列管换热器来进行热交换，所以大型发酵罐属于内压薄壁容器。下面分别对这两种发酵罐的应力进行分析。

（一）无夹套发酵罐的应力分析

由上述可知，无夹套发酵罐属于内压薄壁容器。在材料力学中，内压薄壁容器的应力分析通常用薄膜理论（无力矩理论），即将薄壁容器的器壁简化成薄膜，认为在内压作用下，其均匀膨胀，薄膜的横截面几乎不承受弯矩（即无力矩），因此壳体在内压作用下产生的主要内力（应力）是拉力。图 4-7 是其在压力 p 作用下的应力示意图。

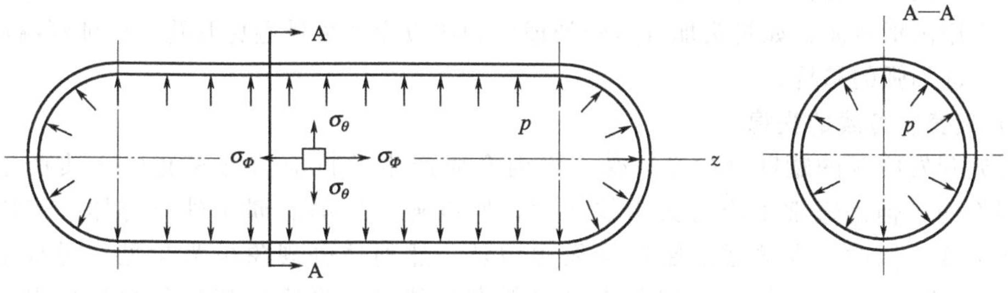

图 4-7 薄壁圆筒的应力示意图

（引自：化工设备机械基础编写组《化工设备机械基础》，1979）

薄壁圆筒体在内压 p 作用下，筒壁上任一点将产生两个方向的应力。一个是由轴向拉应力而引起的轴向（或径向）应力，以 σ_Φ 表示；另一个是使圆筒均匀向外膨胀，在圆周切线方向产生的环向（或周向）应力，以 σ_θ 表示。根据材料力学中对薄壁容器应力的计算，可以推出 σ_Φ 与 σ_θ 的计算公式(4-1) 和式(4-2)。

$$\sigma_\Phi=\frac{pD}{4t} \tag{4-1}$$

$$\sigma_\theta=\frac{pD}{2t} \tag{4-2}$$

式中，D 为平分壁厚中面的直径，对于薄壁圆筒，可认为约等于内径，mm；p 为设计压力，MPa；t 为计算厚度，mm。

比较两个计算公式，可以发现 σ_θ 是 σ_Φ 的 2 倍，即环向应力是轴向应力的 2 倍，所以如果需要在圆筒上开孔，应尽量减少环向上的削弱面积。例如，如果开设椭圆孔，则椭圆孔之短轴应平行于筒体轴线（图 4-8）。

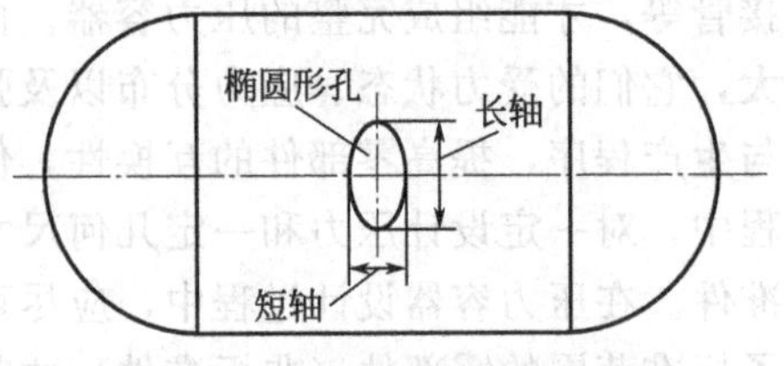

图 4-8 圆筒上开设椭圆孔的方向

（引自：化工设备机械基础编写组《化工设备机械基础》，1979）

以同样的分析方法可以求得球形容器的应力。因为球形容器是中心对称的，故壳体上各处的应力均相等，并且轴向应力 σ_Φ 与环向应力 σ_θ 也相等，即：

$$\sigma_\Phi=\sigma_\theta=\frac{pD}{4t} \tag{4-3}$$

比较球形容器的环向应力与圆筒壳的环向应力可以发现，在相同内压作用下，球形容器的环向应力要比同直径、同壁厚的圆筒壳的小一半，这是球形容器的一大优点，可以节省制造材料。

在以上的讨论中，将薄壁容器简化成薄膜，忽略了横截面上可能承受的弯矩，这种简便的计算方法在工程设计上完全可以满足精度的要求。但是，在圆筒壳与封头壳、不同厚度或不同材料的连接处，以及沿轴向的任何突变处（称为连接边缘或边界），都必须考虑弯矩的影响。在边缘处由于两部分壳体的自由变形不协调，会产生明显的边缘弯曲应力（简称边缘应力），其数值可达薄膜应力的几倍甚至十几倍，有时可能导致容器变形甚至破裂，所以应该予以重视。然而，边缘弯曲应力的数值尽管相当大，但其作用范围是很小的。研究表明，随着离开边缘处距离的增大，边缘弯曲应力迅速衰减，而且壳壁越薄，衰减越快，这就是边缘弯曲应力的局限性。边缘弯曲应力的另一个特性是自限性，即边缘弯曲应力是由边缘部位的变形不连续，以及由此产生的对弹性变形（elastic deformation）的互相约束作用所引起的，一旦材料产生了局部的塑性变形（plastic deformation），这种弹性约束就开始缓解，边缘弯曲应力也就自动消失。所以对于以塑性好的金属材料制造的静载荷压力容器，不必精确计算其边缘弯曲应力的数值，只需在设计中进行结构上的局部处理就可以。常见的处理方法包括：①尽量采用等壁厚连接；②采用圆滑过渡，如封头加直边的处理；③在边缘区尽量避免开孔，保证焊缝质量，必要时采用局部加强的结构。

（二）夹套发酵罐的失稳

尽管夹套发酵罐的罐壁（内筒）受到罐内介质产生的拉应力与夹套内介质产生的压应力的共同作用，但是通常压应力大于拉应力，所以夹套发酵罐属于外压容器。当压应力达到材料的强度极限时，发酵罐的罐壁会发生破坏，然而这种现象极为少见。通常是当罐壁所受的压应力还远远低于材料的屈服点（材料在拉伸时，当应力超过其弹性极限，即使应力不再增加，实验材料仍继续发生明显的塑性变形，此现象称为屈服，而产生屈服现象时的最小应力值即为屈服点）时，罐体就可能突然失去原来的几何形状，被压瘪或发生褶皱。这种承受外压载荷的壳体，当外压载荷增大到某一值时，壳体会突然失去原来的形状，被压扁或出现波纹，且载荷卸去后，不能恢复原状，即失去原有稳定性的现象称为外压壳体的失稳（instability）。

失稳包括侧向失稳与轴向失稳。由均匀侧向外压引起的失稳，叫侧向失稳，其横断面由圆形变为波浪形；由轴向压应力引起，失稳后其经线由原来的直线变为波形线，而横断面仍为圆形的失稳称为轴向失稳（图 4-9）。

外压容器产生失稳时所承受的外压力称为临界压力。影响临界压力的因素如下。①筒体几

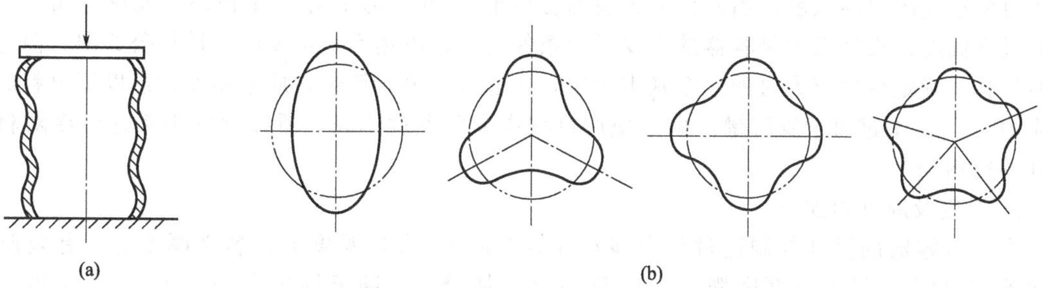

图 4-9 外压圆筒侧向与轴向失稳后的形状
(引自：赵军《化工设备机械基础》，2007)
(a) 轴向失稳；(b) 侧向失稳

何尺寸筒长 L、筒径 D 和壁厚 t 的影响。当 L/D 相同时，t/D 大者临界压力高；t/D 相同时，L/D 小者临界压力高；t/D、L/D 相同，有加强圈者临界压力高。②筒体材料性能的影响。材料的弹性模数（elastic modulus）E 和泊松比（Poisson ratio）μ 越大，其抵抗变形的能力就越强，因而其临界压力也就越高。但是，由于各种钢材的 E 和 μ 值相差不大，所以选用高强度钢代替一般碳素钢制造外压容器，并不能提高筒体的临界压力。③筒体椭圆度和材料不均匀性的影响。稳定性的破坏并不是由于壳体存在椭圆度或材料不均匀而引起的。无论壳体的形状多么精确，材料多么均匀，当外压力达到一定数值时也会失稳。但是壳体的椭圆度与材料的不均匀性，能使其临界压力的数值降低，使壳体失稳提前发生。

由上述临界压力的影响因素可以看出，导致外压容器失稳与造成内压容器破坏的因素是不完全相同的，单纯提高外压容器的材料强度并不能提高其稳定性。一般来说，失稳与筒体的几何尺寸，尤其是与筒长有关。容器在外压作用下，与临界压力相对应的长度，称为临界长度。提高外压容器稳定性最有效的措施是设置加强圈，即减小了圆筒的计算长度，可以成倍提高圆筒的临界压力，增强其稳定性。

四、发酵罐的强度设计

压力容器的设计，除了应根据需要选择适用、合理、经济的结构形式外，还应满足制造、检测、装配、运输和维修等的要求。其强度设计的基本要求包括安全性（强度、刚度、密封性、耐久性）、可靠性和经济性等。强度计算内容包括结构尺寸确定，强度、刚度和稳定性计算等。作为低压容器的发酵罐，其筒体与封头的壁厚计算是强度设计的主要内容。下面首先介绍压力容器设计的相关参数，然后再叙述发酵罐的壁厚计算。

（一）压力容器的强度设计参数

1. 压力

压力容器的压力包括工作压力 p_w、设计压力 p 和计算压力 p_c。工作压力指在正常工作情况下，能达到的最高压力；设计压力指将设定的最高压力与相应的设计温度一起作为设计载荷条件，来确定壳体厚度的压力，其值不低于工作压力；计算压力指在相应设计温度下，用以确定发酵罐各部位厚度的压力，包括液柱静压力。对于盛装液体的容器，当容器内液体静压大于或等于设计压力的 5%时，液柱静压应计入容器的设计压力内，此时，计算压力等于设计压力与液柱静压力之和。

2. 设计温度

压力容器一般都是在一定的温度下使用的，所以通常必须考虑温度对材料的许用应力 $[\sigma]$ 的影响。设计温度是指容器在正常操作过程中，在相应设计压力下，受压元件的金属温度（沿元件金属截面的温度平均值）。当元件的金属温度大于或等于 0℃时，设计温度不得低于元件金属可能达到的最高温度；当元件的金属温度小于0℃时，设计温度不得高于元件金属可能达到的最低温度。设计温度是容器的主要设计条件之一，虽然不直接反映在计算公式中，但它是材料选择及确定许用应力时的一个基本参数，在进行相关计算时，应采用设计温度下材料的许用应力 $[\sigma]_t$。不过对于发酵罐，由于使用过程中通常温度不高，所以常常不考虑温度对材料强度的影响。

3. 厚度及厚度附加量

在压力容器的设计与制造过程中涉及计算厚度 t、设计厚度 t_d、名义厚度 t_n、有效厚度 t_e 和毛坯厚度 t_h 等多个厚度概念，以及壁厚附加量 C、钢板厚度负偏差 C_1、介质腐蚀裕量 C_2、厚度圆整值 C_3 和加工减薄量 C_4。为了理解它们之间的相关关系，首先分别介绍相关概念。

所谓壁厚附加量是指厚度负偏差和介质腐蚀裕量之和。其中，C_1 应按 GB 709—88《热轧钢板和钢带的尺寸、外形、重量及允许偏差》和 GB 6654—1996《压力容器用钢板》等相应的钢材标准选取。通常可按表 4-2 选取。当 C_1 不大于 0.25mm，且不超过名义厚度的 6%时，可取 $C_1=0$。C_2 是由容器所盛介质对容器壁材料的均匀腐蚀速率与容器的设计寿命来确定的。在一般情况下，对于低碳钢和低合金钢，C_2 不小于 1mm；对于不锈钢，当介质的腐蚀性极微时，可取 $C_2=0$。C_3 是设计厚度向上圆整至钢材标准规格的厚度。C_4 则是设备在制造过程中的加工减薄量，由各制造工厂自行确定。

表 4-2　钢板厚度负偏差　　单位：mm

钢板厚度	2.0	2.2	2.5	2.8～3.0	3.2～3.5	3.8～4.0	4.5～5.5
负偏差 C_1	0.18	0.19	0.20	0.22	0.25	0.30	0.50
钢板厚度	6.0～7.0	8.0～25	26～30	32～34	36～40	42～45	55～60
负偏差 C_1	0.6	0.8	0.9	1.0	1.1	1.2	1.3

注：引自郑裕国《生物工程设备》，2007。

计算厚度是按有关公式计算得到的厚度，它不包括 C；设计厚度是计算厚度与 C_2 之和；名义厚度是将设计厚度向上圆整至钢材标准规格的厚度；有效厚度是指名义厚度减去 C 的厚度；毛坯厚度是指名义厚度与 C_4 之和。

厚度与厚度附加量之间的关系如图 4-10 所示。

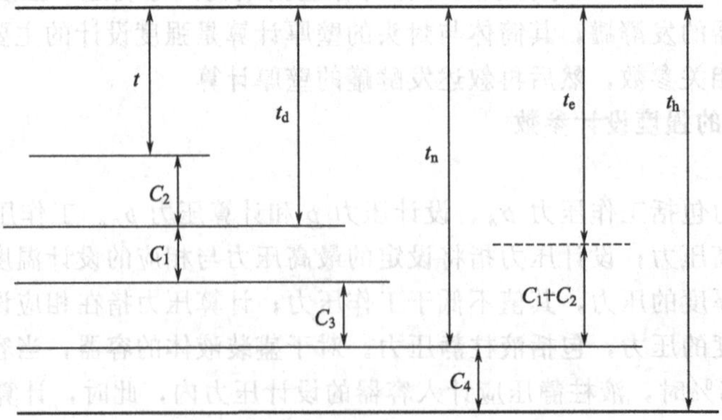

图 4-10　厚度与厚度附加量之间的关系图

（引自：郑裕国《生物工程设备》，2007）

应该注意的是，腐蚀裕量只对防止发生均匀腐蚀破坏作用才有意义。因为均匀腐蚀是从金属表面以同一腐蚀速度向内部延伸的，所以腐蚀速度可以预测。对于非均匀腐蚀（即局部腐蚀），不能单纯以增加腐蚀裕量的办法来延长容器的设计寿命，而应着重于选择耐腐蚀材料或进行适当的防腐蚀处理。另外，容器壁厚不仅要满足强度要求，还要满足刚度要求。强度是指容器抵抗载荷而不损坏的能力，满足强度条件是说明该容器能够承受设计载荷而不致被破坏。而刚度是指容器抵抗变形的能力。如果刚度不够，容器会产生变形，时间长，变形加大，同样会损坏容器。对于设计压力较低的压力容器，按强度计算公式计算出的壁厚通常很小，不能满足制造、运输和安装时的刚度要求，因此，应对压力容器规定最小壁厚。按照我国钢制压力容器的标准规定，容器壳体加工成型后不包括腐蚀裕量的最小壁厚，对于碳素钢和低合金钢容器，不小于 3mm；对于高合金钢容器，不小于 2mm。

4. 许用应力

许用应力 $[\sigma]$ 是容器壳体等受压元件的材料许用强度，它等于材料极限强度与相应安全系数的比值。材料极限强度的选择取决于容器材料的判废标准。对于常温容器，为了防止在使用操作过程中出现过度塑性变形或断裂等破坏形式，在工程设计中通常取屈服点 σ_s 和抗拉强度 σ_b 作为强度极限。此时，许用应力取式(4-4) 与式(4-5) 中较小值。

$$[\sigma]=\frac{\sigma_b}{n_b} \tag{4-4}$$

$$[\sigma]=\frac{\sigma_s}{n_s} \tag{4-5}$$

式中，n_b 和 n_s 分别是抗拉强度、屈服点的安全系数。

所谓安全系数是一个反映包括设计分析、材料试验、制造运行控制等水平不同的质量保证参数。安全系数的数值不仅需要一定的理论分析，更需要长期的实践经验积累。目前，我国对中低压力容器的安全系数作如下规定：对于碳素钢、低合金钢、铁素体高合金钢，$n_b \geqslant 3.0$，$n_s \geqslant 1.6$；对于奥氏体高合金钢，$n_s \geqslant 1.5$。而且为方便设计，在 GB 150—1998《钢制压力容器》中直接给出了常用钢板、钢管、锻件和螺栓材料等在不同温度下的许用应力值，可以从中直接查取。

5. 焊缝系数

压力容器一般由钢板焊接而成，焊缝区是容器上强度比较薄弱的地方。焊缝区强度降低的原因是在焊接热影响区常常会形成粗大晶粒区从而使强度和塑性降低，其降低的程度主要决定于熔焊金属、焊缝结构和施焊质量。所谓焊缝系数 Φ，又称焊接接头系数，是指焊缝区材料强度与本体材料强度的比值，它小于或等于 1。在工程设计中，常用 Φ 作为材料在设计温度下设计许用应力 $[\sigma]_t$ 的安全系数。

焊接的基本形式包括双面焊与单面焊。顾名思义，双面焊是在材料对接处的两面同时焊接，而单面焊则仅在一面焊接，显然双面焊的 Φ 比单面焊的大。在我国，依据 GB 150—1998《钢制压力容器》要求，Φ 应根据焊接形式与无损检测（指在不损伤被检测结构构件的条件下，检查构件内在或表面缺陷）的长度比例来选取。对于双面焊对接接头和相当于双面焊的全焊透对接接头，100%无损检测时，Φ 取 1.00；而局部无损检测时，Φ 取 0.85。对于带垫板的单面焊对接接头，100%无损检测时，Φ 取 0.9；局部无损检测时，Φ 取 0.8。

（二）发酵罐壁厚计算

我国压力容器常规设计的依据是国家标准 GB 150—1998《钢制压力容器》，该标准采用的容器失效标准是弹性失效（elastic failure）设计准则，即壳体上任何一处的最大应力不得超过材料的许用应力值。这里所讲的“失效”并不完全指容器破裂，而是泛指容器失去正常的工作能力。在圆筒形压力容器的强度设计中，一般先根据工艺要求确定圆筒内径，再结合设计压力、温度以及介质腐蚀性等条件，计算并确定合适的壁厚，以保证设备在规定的使用寿命内安全稳定地运行。

在压力容器的常规设计中，通常采用材料力学中的第一强度理论（最大拉应力理论）进行强度设计计算。该理论认为，材料的破坏是由最大拉应力引起的，即第一主应力 $[\sigma]_1$ 应该小于或等于材料在设计温度下的许用应力 $[\sigma]_t$。

发酵罐属于压力容器的范畴，所以在设计计算壁厚时也必须遵循上述原则。

1. 无夹套发酵罐筒体壁厚的计算

根据应力分析结果，无夹套发酵罐圆筒中的第一主应力（最大主应力）为环向应力 σ_θ（图4-7）。按照第一强度理论，有：

$$\sigma_1=\sigma_\theta=\frac{pD}{2t}\leqslant[\sigma]_t \tag{4-6}$$

由于 $D=D_i+t$（D_i 为内径，t 为壁厚），所以式(4-6) 可转化为式(4-7)。

$$\frac{p(D_i+t)}{2t}\leqslant[\sigma]_t \tag{4-7}$$

又因为发酵罐的筒体一般由钢板卷焊而成，考虑到焊缝处可能出现强度削弱，所以 $[\sigma]_t$ 应乘以焊缝系数 Φ。将 Φ 代入并化简，得发酵罐的圆筒壁厚 t（mm）的计算公式为式(4-8)。

$$t=\frac{pD_i}{2[\sigma]_t\Phi-p} \tag{4-8}$$

此外，考虑到钢板厚度负偏差和介质腐蚀等因素，设计厚度 t_d（mm）等于计算厚度 t（mm）加壁厚附加量 C（mm），即：

$$t_d=\frac{pD_i}{2[\sigma]_t\Phi-p}+C \tag{4-9}$$

如果已知发酵罐圆筒的尺寸 D_i 与名义厚度 t_n，并需要对现存筒体器壁中的应力进行强度校核，则上式可改写为式(4-10)。

$$\sigma=\frac{p(D_i+t_n-C)}{2(t_n-C)}\leqslant[\sigma]_t\Phi \tag{4-10}$$

同理，对于无夹套球形发酵罐，其设计厚度计算公式为式(4-11)。

$$t_d=\frac{pD_i}{4[\sigma]_t\Phi-p}+C \tag{4-11}$$

若校核应力，则用式(4-12)。

$$\sigma=\frac{p(D_i+t_n-C)}{4(t_n-C)}\leqslant[\sigma]_t\Phi \tag{4-12}$$

比较圆筒形发酵罐与球形发酵罐的壁厚计算公式可知，当压力和直径相同时，球形发酵罐的壁厚约为圆筒的一半，所以采用球形发酵罐可以节省材料，而且占地面积也小。但是球形壳体为非可展曲面，拼接工作量大，制造工艺复杂，所以很少作为发酵罐，通常仅用作液化气贮罐和氧气贮罐等。

2. 无夹套发酵罐封头壁厚的计算

如前所述，发酵罐的封头包括半球形封头、椭圆形封头、碟形封头、球冠形封头、锥形封头和平盖封头。它们的形状与结构不同，应力不同，所以壁厚计算公式也各不相同。

(1) 半球形封头　半球形封头的壁厚计算公式与球壳相同，即：

$$t=\frac{pD_i}{4[\sigma]_t\Phi-p} \tag{4-13}$$

式中，t 为计算厚度，mm；p 为设计压力，MPa；D_i 为半球形封头内径，mm；$[\sigma]_t$ 为材料在设计温度下的许用应力，MPa；Φ为焊缝系数。

根据上述公式计算得到的半球形封头的计算壁厚约为相同直径与压力的圆筒厚度的一半。但在实际工作中，为了焊接方便与降低边缘应力，半球形封头常取与圆筒体相同的厚度。

(2) 椭圆形封头　研究表明，椭圆形封头中的最大应力和筒体周向薄膜应力的比值与椭圆形封头长轴和短轴长度之比 $D_i/2h_i$ 有关，且最大应力的位置也随 $D_i/2h_i$ 的改变而变化。考虑这种变化对强度的影响，同时为了使计算公式简便通用，常采用应力 2 倍于相同筒体直径 D_i 时半球形封头的应力公式，再乘以一个椭圆形封头的形状系数 K 来对计算壁厚进行修正，即椭圆形封头的壁厚计算公式为：

$$t=\frac{2KpD_i}{4[\sigma]_t\Phi-p} \tag{4-14}$$

化简后得到：

$$t=\frac{KpD_i}{2[\sigma]_t\Phi-0.5p} \tag{4-15}$$

这里 K 为应力增强系数，也称形状系数。它表示封头上最大总应力与筒体周向薄膜应力的比值。在工程设计中 K 值由经验关系式(4-16) 计算得到。

$$K=\frac{1}{6}\left[2+\left(\frac{D_i}{2h_i}\right)^2\right] \tag{4-16}$$

当 $D_i/2h_i=2$ 时，为标准椭圆形封头，此时应力增强系数 $K=1$。在工程设计中，除特殊情况外，一般采用标准椭圆形封头，这样既提高设备部件的互换性，也可提高设备制造的质量和降低设备的成本。

(3) 碟形封头　在内压作用下，碟形封头过渡环（短筒体）与球面连接处会产生很大的边缘应力。考虑这一边缘应力的影响，在计算公式中引入形状系数 M，得碟形封头的壁厚计算公式为：

$$t=\frac{MpD_i}{2[\sigma]_t\Phi-0.5p} \tag{4-17}$$

式中，M 为碟形封头的形状系数，表示过渡环的总应力与球面部分应力的比值，其大小可按式(4-18) 计算得到。

$$M=\frac{1}{4}\left(3+\sqrt{\frac{R_i}{r}}\right) \tag{4-18}$$

由上式可见，当球面半径 R_i 越大，环壳过渡段半径 r 越小，则封头的深度越浅，这对于封头的加工是有利的，但产生的应力却很大。因此，规定碟形封头球面部分半径 R_i 一般不大于与其连接的筒体内径 D_i，环壳过渡段半径 r 在任何情况下均不得小于筒体内径 D_i 的 10%，且不小于 3 倍的封头名义厚度。碟形封头球面部分半径为 $R_i=0.9D_i$，环壳过渡段半径 $r=0.17D_i$ 时，称为标准碟形封头，此时形状系数 $M=1.325$。

(4) 球冠形封头　球冠形封头常用作容器中两独立受压室的中间封头，也可用作端盖。由于球面与筒体连接处没有转角过渡，所以在连接处附近的封头和筒体上均存在很大的边缘应力。因此，在确定球冠形封头的壁厚时，重点应考虑这些边缘应力的影响。球冠形封头的壁厚计算公式为式(4-19)。

$$t=\frac{QpD_i}{2[\sigma]_t\Phi-p} \tag{4-19}$$

式中，Q 为系数，可从 GB 150—1998《钢制压力容器》中查取。

在任何情况下，与球冠形封头连接的筒体厚度应不小于封头厚度，否则，应在封头与圆筒间设置过渡连接。筒体加强段的厚度 t_r 应与封头厚度相等，而加强段长度应不小

于 $2\sqrt{0.5D_i t_r}$。

(5) 锥形封头 研究表明，受均匀内压作用的锥形封头的最大应力在锥体大端。由最大拉应力准则，可得锥体厚度 t (mm) 的计算公式为：

$$t=\frac{pD_c}{2[\sigma]_t\Phi-p}\times\frac{1}{\cos\alpha} \tag{4-20}$$

式中，D_c 为锥体大端内直径（见图 4-6），当无折边时 $D_c=D_i$，如果锥壳由同一半顶角的几个不同厚度的锥壳段组成时，D_c 分别为各锥壳段大端的内径；α 为锥体半顶角度。

在锥壳大端与圆筒连接处，曲率半径发生了突变，故在两壳体连接处可产生显著的边缘应力。因边缘应力具有自限性，设计中规定以 $3[\sigma]_t$ 作为最大应力强度的限制值。

对于折边锥形封头，壁厚除应根据上式计算外，还应考虑其过渡段与相连接处的计算壁厚，它们的计算公式如式(4-21)。折边锥形封头大端的计算壁厚取它们中的最大值。

$$t=\frac{KpD_i}{2[\sigma]_t\Phi-0.5p} \tag{4-21}$$

式中，K 为系数，可从 GB 150—1998《钢制压力容器》中查取。

与过渡段相连接处的锥壳计算厚度按式(4-22) 计算。

$$t=\frac{fpD_i}{[\sigma]_t\Phi-0.5p} \tag{4-22}$$

式中，f 为系数，可从 GB 150—1998《钢制压力容器》中查取。

(6) 平盖封头 根据平盖与筒体连接结构形式和筒体尺寸参数的不同，平盖的最大应力既可能出现在中心部位，也可能在平盖与筒体的连接部位。在工程计算中常采用经验公式确定平板封头的厚度，通过系数 K 来体现平盖周边的支承情况，其计算公式为式(4-23)。

$$t_p=D_c\sqrt{\frac{Kp}{[\sigma]_t\Phi}} \tag{4-23}$$

式中，t_p 为平盖计算厚度，mm；K 为结构特征系数；D_c 为平盖计算直径，mm。

K 和 D_c 均可从 GB 150—1998《钢制压力容器》中查取。

3. 夹套发酵罐的强度计算

由于夹套发酵罐的夹套压力高于罐内压力，所以其属于外压容器。在外压作用下的筒体，有时仅横向均匀受压，有时则横向和轴向同时均匀受压，但通常失稳破坏总是在横断面内发生，即失稳破坏主要为环向应力及其变形所控制。根据理论计算与实践经验，对于两向均匀受压的筒体，仅按横向均匀受压进行计算，产生的误差很小，在工程计算上是允许的。

计算外压容器圆筒的强度（壁厚）时，许用外压力 $[p]$ 应比临界压力 p_{cr} 小，即：

$$[p]=\frac{p_{cr}}{m} \tag{4-24}$$

式中，m 为稳定安全系数，对于圆筒和锥壳 $m=3$，对于球壳、椭圆形和碟形封头 $m=15$。

设计准则是计算压力 $p\leqslant[p]=\frac{p_{cr}}{m}$，并接近 $[p]$。

关于外压圆筒厚度的理论计算非常复杂，所以一般先假定一个名义厚度（已圆整至钢板厚度规格），再经反复校核后才能完成。GB 150—1998《钢制压力容器》推荐采用图算法来确定外压圆筒的壁厚，该方法的优点是简便。具体的计算请参阅 GB 150—1998《钢制压力容器》和相关书籍。

应该注意的是实际使用的外压容器，其筒体多少总存在几何形状和材质不均匀的缺陷，载荷也可能出现波动，故理论公式不一定很精确。因此，绝不允许在等于或接近于导致失稳的临界压力理论值的情况下进行操作，实际操作压力应该小于理论临界压力。

外压球壳与凸形封头的强度计算与外压圆筒的强度计算类似，也是先假定一个名义厚度（已圆整至钢板厚度规格），再采用图算法来确定壁厚，并经反复校核后才能完成。

（三）压力试验

发酵罐等压力容器在制成或检修后投入生产之前，必须进行压力试验，以检查它们的宏观强度，看能否满足操作条件及工作压力条件下的强度要求；检验有无渗漏现象，密封性能是否可靠；在试验过程中观测受压元件的变形量和发现容器结构、材料和制造过程中的缺陷。如出现以上问题，应及时采取措施加以解决，以确保设备在实际运行过程中的安全与可靠性。

1. 压力试验方法

常用的压力试验方法有液压试验和气压试验。因为气压试验的危险性大，而液体介质的压缩系数远小于气体，所以一般采用液压试验。只有不宜做液压试验的某些特殊要求的容器，才用气压试验来代替液压试验。

液压试验通常采用水为介质，但是水的渗透性不如气体，对于细小的渗漏，短时间不易被发现，故对盛装易燃、易爆、有毒、有害或强挥发性物料，密封性要求高的受压容器，还要在水压试验的基础上再进行气密性实验；对于不允许进行气压试验的容器而又要求密封性较高时，则可做煤油试验。

对于需要进行焊后热处理的容器，应在全部焊接工作完成并经热处理之后，才能进行压力试验。对于大型的容器和设备，往往是分段制造，现场组装。对于这种容器，可分段进行热处理。在现场焊接后，对焊缝区进行局部热处理后，再进行压力试验。对于夹套容器先进行内筒试压，试压合格后再焊夹套，再进行试压实验。液压试验完毕，应将液体排尽，并用压缩空气或其他办法使容器保持干燥。

其实，容器在进行压力试验之前，也就是在强度计算时，就要考虑容器是否能满足压力试验所需的强度要求。因此，在压力试验之前必须先对需进行压力试验的容器强度进行应力校核。

2. 内压容器的试压

内压容器的液压试验压力按式(4-25)，气压试验压力按式(4-26) 计算确定。

$$p_T = 1.25p\frac{[\sigma]}{[\sigma]_t} \tag{4-25}$$

$$p_T = 1.15p\frac{[\sigma]}{[\sigma]_t} \tag{4-26}$$

式中，p_T 为试验压力，MPa；$[\sigma]$ 为试验温度下材料的许用应力，MPa；$[\sigma]_t$ 为设计温度下材料的许用应力，MPa。

若介质为易燃或毒性极强物质，在设计上不允许有微量泄漏（如真空度要求较高）的压力容器，必须进行气密性试验。气密性试验的压力大小视容器上是否配置安全泄放装置而定。若容器上没有安装安全泄放装置，气密性试验压力值一般取设计压力的 1.0 倍；若容器上设置了安全泄放装置，为了保证安全泄放装置的正常工作，气密性试验压力值应低于安全阀的开启压力或爆破时的设计爆破压力，建议取容器最高工作压力的 1.0 倍。已经做过气压试验，并检验合格的容器，可免做气密性试验。

液压试验或气压试验前，还需按式(4-27) 来校核圆筒的应力。

$$\sigma_T = \frac{p_T[D_i + t_n - C]}{2(t_n - C)\Phi} \tag{4-27}$$

式中，σ_T 为圆筒所受应力，MPa；p_T 为试验压力，MPa；D_i 为圆筒内径，mm；t_n 为壁厚，mm；C 为壁厚附加量，mm；Φ 为焊缝系数。

对干液压试验，此应力值不得超过该试验温度下材料屈服点的 90%；对于气压试验，则不得超过屈服点的 80%。

3. 外压容器和真空容器的试压

外压容器和真空容器均以内压方式进行压力试验。液压试验时，$p_T=1.25p$；气压试验时，$p_T=1.15p$。式中 p 为设计压力，MPa，p_T 为试验压力，MPa。

对于带夹套的容器，应在图样上分别注明内筒和夹套的试验压力，并注明应在内筒的液压试验合格后，再焊接夹套并进行夹套液压试验。确定了夹套试验压力值后，还必须校核内筒在该试验压力下的稳定性。如果不能满足稳定要求，则应规定在做夹套液压试验时，须在内筒保持一定压力，以使整个试压过程（包括升压、保压和卸压）中任一时间内内筒和夹套的压力差不超过设计压差。这一要求与试验压力和允许压差值都应在图样上予以说明。

第二节　常见的液体发酵罐

根据发酵过程中是否需要不断地提供氧气，食品发酵可以分为好氧发酵与厌氧发酵，对应地用于好氧发酵的发酵罐称为好氧发酵罐（aerobic fermentation tank）或通风发酵罐，用于厌氧发酵的发酵罐称为厌氧发酵罐（anaerobic fermentation tank）。前者具有通风设施，能在发酵过程中不断通入空气，以满足微生物好氧发酵的需要；后者没有通风设施，不需要通入空气。下面将对几种常见的好氧与厌氧发酵罐的结构与功能进行介绍。

一、通风发酵罐

像所有的发酵罐一样，通风发酵罐也应该具有很好的气密系统，防杂菌污染能力强；具有足够的冷却面积，传热性能好，冷却能力强；具有良好的检测与控制系统，便于实现对发酵条件的控制；设备较简单，维护检修方便，能耗低；具有良好的搅拌系统，能使培养基流动与混合良好，传质和传热性能好。同时，通风发酵罐还必须具备良好的空气分布系统，传氧效果好。

常见的通风发酵罐有机械搅拌式（machine agitating）、气升式（air-lift）和自吸式（self-suction）等，其中机械搅拌通风发酵罐（ventilating fermentation tank by machine agitating）应用最为广泛。

（一）机械搅拌通风发酵罐

1. 机械搅拌通风发酵罐应满足的基本要求

机械搅拌通风发酵罐是发酵工厂应用最广泛的发酵罐，占发酵罐总数的 70%～80%，故又称为通用式发酵罐。其通风特点是罐内通风，以机械搅拌作用使气泡分割细碎，与培养液充分混合，密切接触，以提高氧的吸收系数，所以它既具有机械搅拌装置，又具有压缩空气分布装置。

机械搅拌通风发酵罐必须满足以下基本要求。①发酵罐应具有适宜的高径比。一般高度与直径之比为（1.7～4）：1，罐身越高，氧的利用率越高。②发酵罐能承受一定的压力。因为罐在灭菌及正常工作时，罐内有一定的压力（气压和液压）和温度，所以罐体各部分要能承受一定的压力。③有良好的气液接触和液固混合性能，使物质传递、气体交换能有效地进行。搅拌通风装置能使气液充分混合，保证发酵液中必需的溶解氧。在保证发酵要求的前提下，尽量减少搅拌和通气时所消耗的动力。④应具有足够的冷却面积和良好的热量交换性能，以实现灭菌操作和发酵过程中温度的控制。⑤结构严密。经得起蒸汽的反复灭菌，内壁光滑，耐腐蚀性能好，内部附件少，死角少，以避免藏垢积污，以利于灭菌彻底和减少金属离子对发酵的影响。⑥搅拌器轴封严密，无泄漏，附设有效的消泡装置，装料系数高，有可靠的检测及控制仪表。

2. 机械搅拌通风发酵罐的结构与功能

机械搅拌通风发酵罐可分为小型夹套机械搅拌通风发酵罐（通常小于 $5m^3$）与大型无夹套机械搅拌通风发酵罐，它们的结构如图 4-11 所示。

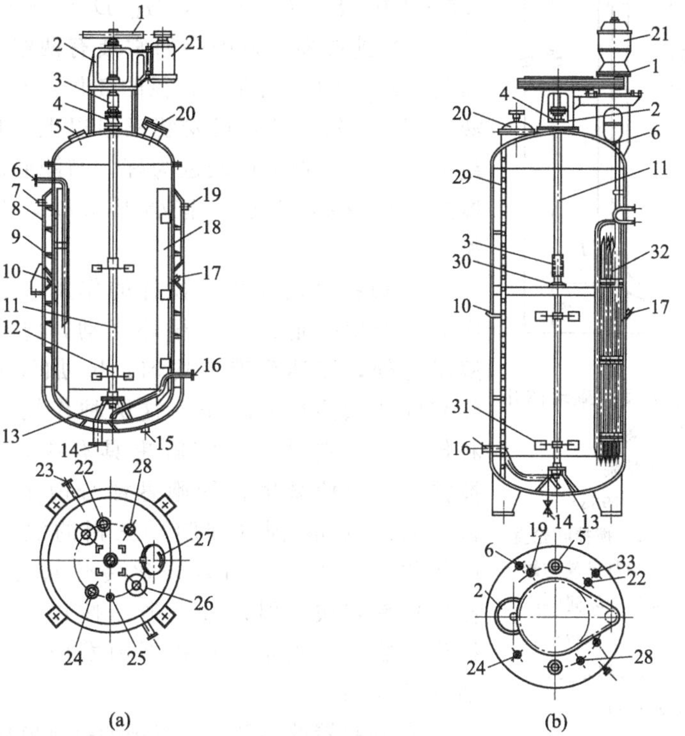

图 4-11 机械搅拌通风发酵罐的结构示意图

（引自：原华南工学院《发酵工程与设备》，1983）

(a) 小型夹套机械搅拌通风发酵罐；(b) 大型无夹套机械搅拌通风发酵罐

1—三角皮带转轴；2—轴承支柱；3—联轴器；4—轴封；5,26—视镜；6,23—取样口；7—冷却水出口；8—夹套；9—螺旋片；10—温度计接口；11—搅拌轴；12—搅拌桨；13—底轴承；14—放料口；15—冷却水进口；16—通风管；17—热电偶接口；18—挡板；19—接压力表；20,27—手孔；21—电机；22—排气口；24—进料口；25—压力表接口；28—补料口；29—梯；30—中间轴承；31—搅拌叶轮；32—冷却管；33—回流口

(1) 罐体　发酵罐的罐体为圆柱形，由罐身、罐顶、罐底三部分组成。中大型发酵罐罐顶与罐底、小型发酵罐罐底多采用椭圆形或碟形封头通过焊接与罐身连接；而小型发酵罐罐顶多采用平板盖用法兰与罐身连接，材料一般为不锈钢。

在发酵罐的罐顶，通常带有进料、补料、排气、接种和压力表的接管。为了便于清洗，小型发酵罐顶设有清洗用的手孔，中大型发酵罐则装有安装维修的人孔及清洗用的手孔。罐顶还装设视镜与灯镜，而取样管可装在罐侧或罐顶，视操作方便而定。在发酵罐的罐身，装有冷却水进出管、空气进出管、取样管、温度计与测控仪表接口等。

为满足工艺要求，罐体必须能承受一定压力和温度，通常要求耐受 130℃和 0.25MPa（绝对压力）。罐壁的厚度取决于罐径、材料及耐受的压强。罐体有关尺寸必须满足一定要求，高度与直径之比一般为（1.7～4）∶1。新型的高位罐高度与直径之比在10∶1以上，从而大大提高了氧的利用率，但是压缩空气的压力需要较高，顶料和底料不易混合均匀，厂房高，操作不便。图4-12是机械搅拌通风发酵罐罐体几何尺寸符号示意图。各部分一般采用如下尺寸比例：$H/D=1.7\sim4.0$，$d/D=1/2\sim1/3$，$B/D=1/8\sim1/12$，$C/d=0.8\sim1.0$，$S/D=2.5\sim3.0$或$S/d=1.5\sim2.0$，$H_0/D=2\sim3$，$H_L/D=1.4\sim2.0$。

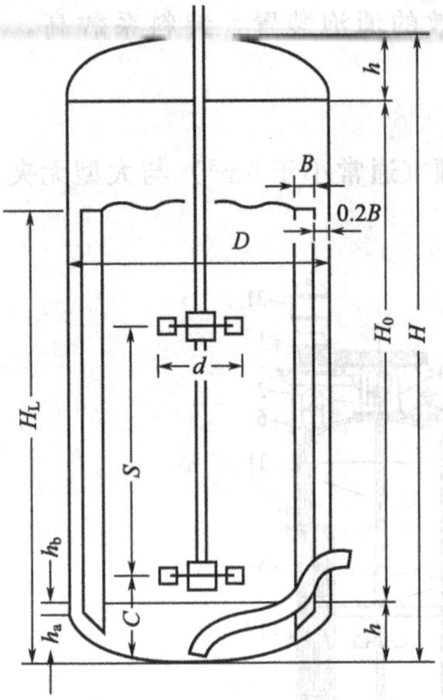

图 4-12　机械搅拌通风发酵罐罐体几何尺寸符号示意图

（引自：华南工学院《发酵工程与设备》，1983）

H—罐总高；D—罐径；d—搅拌叶轮直径；B—挡板宽；C—下搅拌叶轮与罐底间距；S—相邻两搅拌叶轮间距；H_0—圆柱体筒身高；H_L—液位高；h、h_a、h_b—椭圆形封头的总高、短半轴长、直边高

（2）搅拌器　发酵罐通常装有两组搅拌器，两组搅拌器的间距S约为搅拌器直径的3倍。对于大型发酵罐以及液位高H_L较高的，可安装三组以上的搅拌器。最下面一组搅拌器与风管出口较近为好，与罐底的距离C一般等于搅拌器直径d，但也不宜小于$0.8d$，否则会影响液体的循环。

① 搅拌器的作用　搅拌的作用主要有两点：a. 使罐内液体产生一定途径的循环流动，将流体均匀分布于发酵罐各处，以达到宏观均匀；b. 加强湍流，使液体、气体和固体微团尺寸减小。这两种作用有利于混合、传热和传质，特别对氧的溶解更具有决定性的意义。另外，搅拌还可以使微生物细胞悬浮分散于发酵体系中，以维持适当的气-液-固（细胞）三相的混合一致，促进代谢产物的传质速率，同时强化传热过程。搅拌速度越快，传质速率越快。但是过度强烈搅拌产生的剪切作用，会损伤细胞，特别是对丝状真菌发酵，更要注意剪切力对细胞的损伤。

② 搅拌器的类型　发酵罐的机械搅拌器大致可分为径向（涡轮式）和轴向推进（螺旋桨式）两种型式（图4-13）。搅拌器在发酵罐中造成的流型，对气-液-固相的混合效果、氧气的溶解、热量的传递都影响较大。

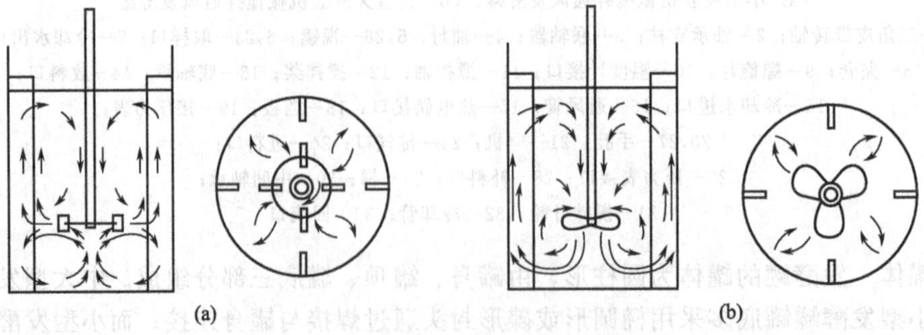

图 4-13　不同搅拌器的流型示意图

（引自：陈国豪《生物工程设备》，2007）

（a）径向推进型（涡轮式）；（b）轴向推进型（螺旋桨式）

机械搅拌通风发酵罐大多采用圆盘涡轮式搅拌器。涡轮桨叶又分为平直叶、弯叶、箭叶三种，桨叶数一般为六个（图4-14）。桨叶用扁钢制成，一般和圆盘焊接，而后再将圆盘焊在轴套上。叶轮直径一般取发酵罐直径的1/2～1/3。

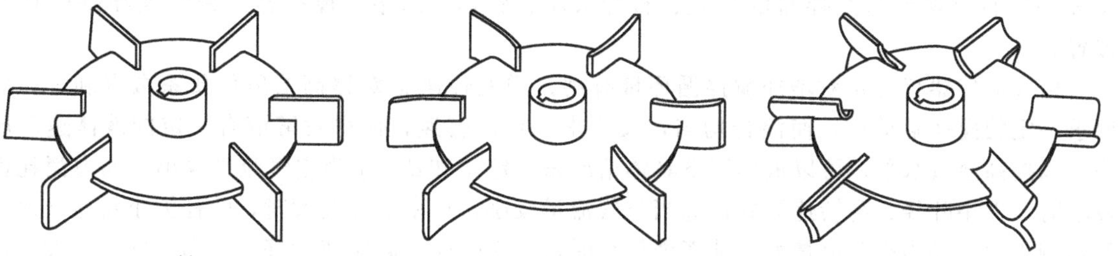

(a) (b) (c)

图 4-14 各种形式涡轮结构示意图

(引自：华南工学院《发酵工程与设备》，1983)

(a) 平直叶涡轮；(b) 弯叶涡轮；(c) 箭叶涡轮

涡轮式搅拌器的转速一般为 20～100r/min，使流体均匀地由垂直方向的运动变成水平方向的运动，自涡轮流出的高速液流沿圆周运动的切线方向散开，而使整个流体得到激烈的搅动[图 4-13(a)]。其中，圆盘平直叶涡轮式搅拌器的叶面与旋转方向垂直，主要使液体产生切线方向的流动，具有很大的循环输送量和功率输出，溶氧速率高，适用于各种流体的搅拌混合。圆盘弯叶涡轮式搅拌器与圆盘平直叶涡轮式搅拌器相比较，前者造成的液体径向流动较为强烈，因此在相同的搅拌转速时，前者的混合效果较好。但是由于前者为流线叶型，在相同的搅拌转速时，输出的功率较后者小。因此，在混合要求特别高，而溶氧速率相对要求略低时，可选用圆盘弯叶涡轮式搅拌器。圆盘箭叶涡轮式搅拌器的叶面与旋转方向成一倾斜角度，轴向分流较多，混合效果好但剪切力较小，造成溶氧速率较低，在同样转速下，输出功率较低，适合于菌丝体发酵液。

总的来说，涡轮式搅拌器是应用较广的一种搅拌器，能有效地完成几乎所有的搅拌操作，并能处理黏度范围很广的流体。涡轮式搅拌器具有结构简单、传递能量高、有较大的剪切力、溶氧速率高等优点。但存在的缺点是轴向混合差，搅拌强度随着相邻两搅拌叶轮间距的增大而减弱，故当培养液较黏稠时，混合效果就下降。

螺旋桨式搅拌器一般是整体铸造，有三瓣叶片，其螺距与桨直径 d 相等（图 4-15)。叶轮直径较小，一般为发酵罐直径的 1/4～1/3。螺旋桨叶端速度一般为 7～10m/s。搅拌时流体由桨叶上方吸入，下方以圆筒状螺旋形排出，流体至容器底再沿壁面返至桨叶上方，形成轴向流动[图 4-13(b)]。螺旋桨式搅拌器结构简单，制造方便，混合效果较好，但对气泡造成的剪切力较低，溶氧效果不好。

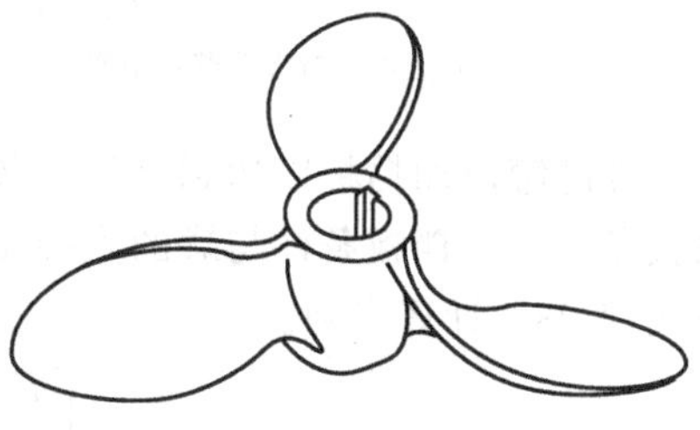

图 4-15 螺旋桨结构示意图

(引自：华南工学院《发酵工程与设备》，1983)

目前，通用发酵罐中最广泛使用的是平直叶涡轮式搅拌器，国内采用的大多数是六平叶式，部分尺寸比例已规范化。为强化轴向混合，也可采用不同型式桨叶的涡轮式搅拌器或涡轮式与推进式叶轮共用的搅拌系统。大型搅拌叶轮可做成两半型，用螺栓联成整体装配于搅拌轴上以方便拆装。应该注意的是搅拌器造成的流型不仅决定于搅拌器本身，还受罐内附件及其安装位置的影响。

③ 搅拌器对溶氧传质系数 K_La 的影响　由于空气中的氧在发酵液中的溶解度很低，大量经过净化处理的无菌空气在给发酵液通气过程中因溶解少而被浪费掉。因此，必须设法提高传氧效率。溶氧传质系数 K_La 的大小是评价发酵罐通气的重要指标。搅拌器对溶氧传质系数

K_La 的影响因素包括搅拌器的型式、直径大小、转速、组数、搅拌器间距以及在罐内相对位置。

增大搅拌器直径 d 对增加搅拌循环量有利，增大转速 ω 对提高溶氧传质系数有利。一般要求一定的搅拌翻动量，使混合均匀，又要求一定的转速，使得发酵液有一定的液体速度压头，以提高溶氧水平。可以根据以下具体情况来决定 ω 和 d：①当空气流量较小，动力消耗也较小时，以小叶径、高转速为好；②当空气流量较小，功率消耗较大时，叶径大小对通气效果的影响不大；③当空气流量大，功率消耗小时，以大叶径、高转速为好；④当空气流量大、功率消耗都大时，以大叶径、低转速为好。

(3) 挡板　发酵罐中心垂直安装的螺旋桨式搅拌器，在转速较高的情况下，由于离心力的作用可使轴中心形成凹陷的旋涡［图 4-16(a)］，使轴向循环速率低于径向循环速率，从而影响搅拌效果。为了克服涡流的产生，阻止液面中央部分产生下凹旋涡，将径向流改变为轴向流，促使液体激烈翻动，增加溶氧速率，通常在发酵罐内壁装设挡板［图 4-16(b)］。挡板的作用是改变被搅拌液体的流动方向，使液体的螺旋状流受挡板折流，被迫向轴心方向流动，使旋涡消失［图 4-16(b)］。

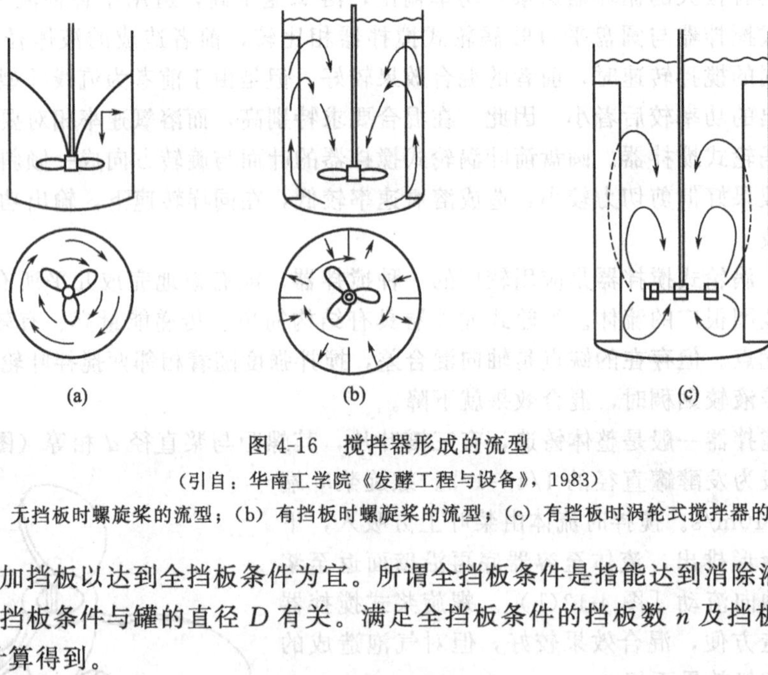

图 4-16　搅拌器形成的流型

(引自：华南工学院《发酵工程与设备》，1983)

(a) 无挡板时螺旋桨的流型；(b) 有挡板时螺旋桨的流型；(c) 有挡板时涡轮式搅拌器的流型

发酵罐内加挡板以达到全挡板条件为宜。所谓全挡板条件是指能达到消除液面旋涡的最低挡板条件。全挡板条件与罐的直径 D 有关。满足全挡板条件的挡板数 n 及挡板宽度 B，可以按式(4-28) 计算得到。

$$\left(\frac{B}{D}\right)n=\frac{(0.1\sim0.12)D}{D}n=0.5 \tag{4-28}$$

式中，D 为罐的直径，mm；n 为挡板数，个；B 为挡板宽度，mm。

通常设 4～6 块挡板，其宽度为 $0.1\sim0.12D$，即可满足全挡板条件。

挡板的长度从液面起至罐底为止。挡板与罐壁之间应留有挡板宽度 1/8～1/5 的距离，以避免形成死角，防止物料与菌体堆积。发酵罐中竖立的蛇管、列管与排管等，也可起挡板作用，故在具有冷却列管的发酵罐内一般不另设挡板，也可基本消除轴中心凹陷的旋涡。但是对于盘管，仍应设挡板。

另外，涡轮式搅拌器在涡轮平面的上下两侧也会形成向上和向下的两个翻腾［图 4-16(c)］。如不满足全挡板条件，轴中心位置也有凹陷的旋涡。

(4) 空气分布器　空气分布器的作用是将无菌空气导入罐内，并使空气均匀分布。通常有两种结构：一种为环管式结构，另一种为单管式结构。其中，单管式空气分布器，结构简单，比较常用。

单管式空气分布器的空气出口位于最下面搅拌器的正下方，开口往下，可避免培养液中固体物质在开口处堆积和罐底固形物质的沉淀。管口正对罐底中央，与罐底的距离约 40mm，这样的空气分散效果较好，若距离过大，分散效果较差，可根据溶氧情况适当调整。空气由分布管喷出上升时，被搅拌器打碎成小气泡，并与醪液充分混合，增加了气液传质效果。通风量在 0.02～0.5mL/s 时，气泡直径与空气喷口直径的 1/3 次方成正比。也就是说，喷口直径越小，气泡直径也越小，氧的传质系数也越大。但是，在实际生产中，通风量均超过上述范围，通常为 20 m/s，此时气泡直径与风量有关，而与喷口直径无关。为了防止空气分布器管口喷出的空气直接喷击罐底，加速罐底腐蚀，在空气分布器管口直对的罐底，通常加焊一块不锈钢进行补强，以延长罐底使用寿命。

环管式空气分布器的环径一般为搅拌器直径的 0.8，环径上开有向下的空气喷孔，直径为 5～8mm，喷孔总截面积约等于通风管的截面积，这样可以使空气有效地分散，增加与发酵液接触的时间与面积，增加溶氧量。但是，这种空气分布器的空气分散效果不如单管式的，而且容易出现喷孔被堵塞的现象，现已很少采用。

（5）消泡装置　在通气发酵过程中，由于发酵液中含有大量的蛋白质、多糖及大分子代谢物等能够稳定泡沫的表面活性物质，所以在强烈的通气、搅拌以及代谢气体的作用下可以产生大量的泡沫。泡沫严重时将导致发酵液外溢，增加染菌机会，给发酵造成困难，所以在发酵过程中采用适当的消泡方法是非常必要的。常用的消泡方法有两种：一是加入化学消泡剂进行消泡，但是高浓度的化学消泡剂可能会对发酵产生抑制作用，故不能添加太多；二是使用机械消泡装置，将泡沫打破，在泡沫的机械强度较差和泡沫量较少时有一定作用。机械消泡装置是依靠机械作用引起压力变化（挤压）或强烈振动，从而促使泡沫破裂。这种消泡装置可放在罐内或罐外，在罐内最简单的是在搅拌轴上方装一个消泡桨，它可使泡沫被旋风离心压制破碎；罐外消泡法，是把泡沫引出罐外，通过喷嘴的喷射加速作用或离心力，将排气中溢出的泡沫破碎后，分离出的液体仍返回罐内。机械消泡的优点是不需引进消泡剂等外来物质，这样可以减少培养液性质上的改变，也可节省原材料，减少污染机会；缺点是不能从根本上消除引起泡沫的因素。通常将电导式或电容式泡沫探头安装在发酵罐中以探头监测泡沫的形成与多少，并与消泡装置或消泡剂添加装置连接以实现对泡沫的控制。

常用的机械消泡装置包括桨（耙）式消泡器、半封闭式涡轮消泡器、离心式消泡器、刮板式消泡器和碟片式消泡器等。

① 桨（耙）式消泡器：是最简单消泡器（图 4-17）。它安装于罐内顶部，固定在搅拌轴

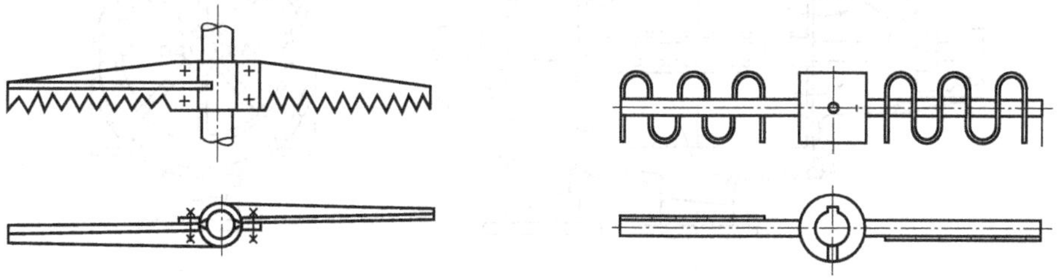

(a)　　(b)

图 4-17　桨（耙）式消泡器结构图

（引自：陈国豪《生物工程设备》，2007）

（a）耙式消泡桨；（b）蛇形栅条桨

上，齿面略高于液面。消泡桨随搅拌轴转动，不断将泡沫打破。消泡桨的直径为罐直径的0.8～0.9，以不妨碍旋转为原则。如果消泡桨由耙式［图4-17(a)］改为蛇形棚条桨［图4-17(b)］，泡沫上升与棚条桨反复碰撞，搅破液面上的气泡，不断破坏生成的气泡，控制泡沫的增加，可提高消泡效果。由于桨（耙）式消泡器安装于搅拌轴上，往往因搅拌轴转速太低而效果不佳。

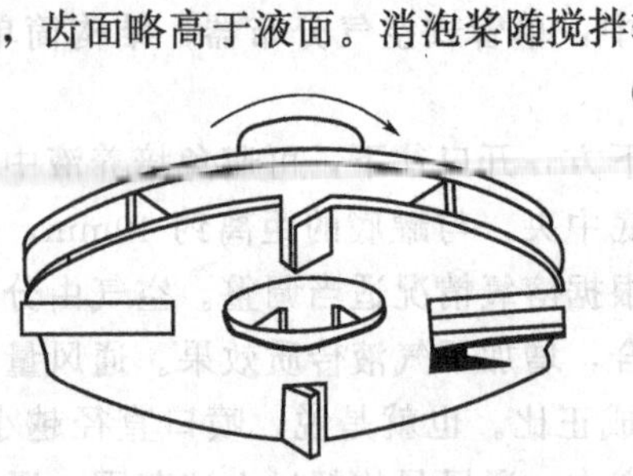

图4-18 半封闭式涡轮消泡器结构图
（引自：陈国豪《生物工程设备》，2007）

② 半封闭式涡轮消泡器：是由桨（耙）式消泡器发展改进而来。对于罐顶空间较大，如下伸轴发酵罐，可以在罐顶装半封闭式涡轮消泡器（图4-18）。涡轮高速旋转时，泡沫可直接被涡轮打碎或被涡轮抛出撞击到罐壁而破碎。这种消泡器基本上和桨（耙）式消泡器一样，没有太大的变化，同样存在着桨（耙）式消泡器的缺点。

③ 离心式消泡器：是一种离心式气液分离装置，置于发酵罐的顶部，利用高速旋转产生的离心力将泡沫破碎，液体仍然返回罐内。图4-19是旋风离心式消泡器和叶轮离心式消泡器的结构示意图。这类消泡器装于发酵罐的排气口上，夹带泡沫的气流以切线方向进入分离器中，由于离心力作用，液滴被甩向器壁，经回流管返回发酵罐，气体则自中间管排出。这种装置适用于泡沫量较大的场合，但不能将泡沫全部破碎。

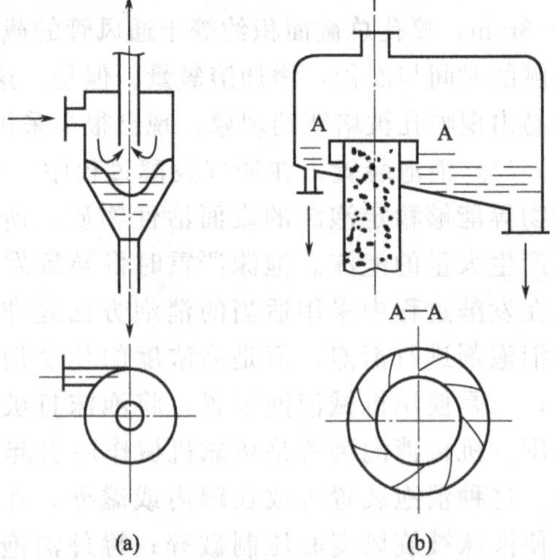

图4-19 离心式消泡器结构示意图
（引自：华南工学院《发酵工程与设备》，1983）
(a) 旋风离心式；(b) 叶轮离心式

④ 刮板式消泡器（图4-20）：它安装于发酵罐的排气口处，排气夹带着泡沫进入消泡器高速旋转（1000～1450r/min）的刮板中，泡沫迅速被打碎，在离心力作用，液体和空气分离。液体被甩向壳体壁上，经回流管返回罐内，气体则由气孔排出。这种消泡器的消泡效果较好，基本上可以不用或少用消泡剂，就可以达到良好的消泡效果。

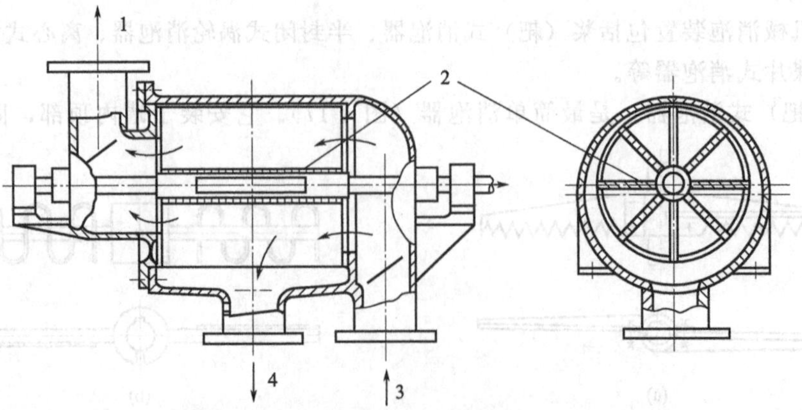

图4-20 刮板式消泡器结构图
（引自：华南工学院《发酵工程与设备》，1983）
1—气体出口；2—刮板；3—气体进口；4—液体回流口

⑤ 碟片式消泡器：主要部件为碟片，碟片数目为4～6个（图4-21）。碟片的斜角均为35°，两碟片之间的间距约10mm。碟片式消泡器装在发酵罐的顶部，当泡沫与碟片接触时，泡沫受碟片的离心力作用，被分离成液态及气态两相，气相沿碟片向上，通过通气孔沿空心轴向上排出，液体则被甩回发酵罐中而达到消泡目的。这种消泡器的消泡能力大，功率消耗小，消泡效果很好，但设备投资大。

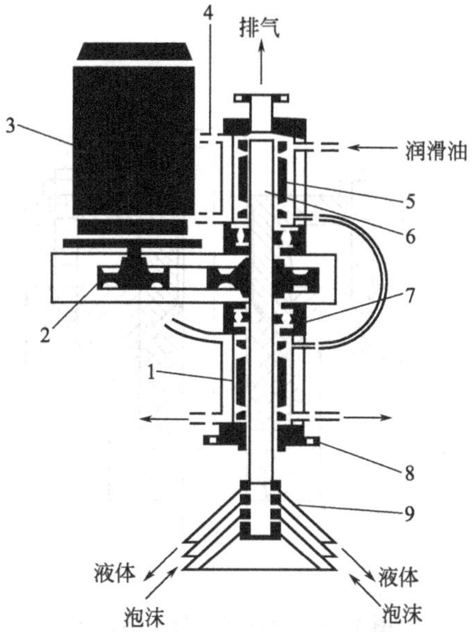

图4-21 碟片式消泡器

（引自：段开红《生物工程设备》，2008）

1—夹套；2—皮带轮转动；3—电动机；4—冷却水；5—轴封；6—空心轴；7—滚动轴承；8—固定法兰；9—碟片

(6) 联轴器及轴承 大型发酵罐搅拌轴较长，常分为2～3段，通过联轴器使它们成牢固的刚性连接。常用联轴器为夹壳联轴器（图4-22），它由两个半圆筒状夹壳组成，沿轴向剖分，用螺栓夹紧以实现两轴连接，靠两半联轴器表面间的摩擦力传递转矩，利用平键作辅助连接。对于小型发酵罐搅拌轴可用法兰连接，轴的连接应垂直，中心线对正。

为了减少震动，中型发酵罐一般在发酵罐内底部安装有底轴承；而大型发酵罐，除了底轴承外，还装有中间轴承。罐内轴承不能加润滑油，轴瓦材料采用液体润滑的石棉酚醛塑料和聚四氟乙烯。轴瓦与轴之间的间隙常取轴径的0.4%～0.7%，以适应温度差的变化。罐内轴承接触处的轴颈极易磨损，尤其是底轴承处的磨损更为严重，可以在与轴承接触处的轴上增加一个轴套，用紧固螺钉与轴固定，这样仅磨损轴套而轴不会磨损，检修时只要更换轴套就可以了。

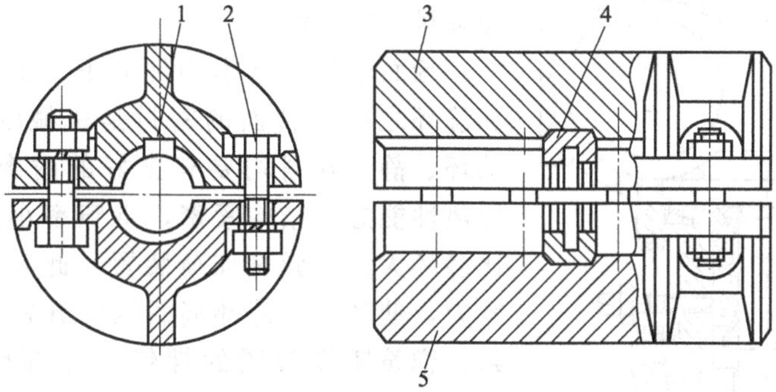

图4-22 夹壳联轴器

（引自：赵军《化工设备机械基础》，2007）

1—键；2—螺栓；3—夹壳Ⅰ；4—悬吊环；5—夹壳Ⅱ

(7) 轴封 轴封的作用是对罐顶或罐底与轴之间的缝隙加以密封，防止泄漏和染菌。常用的轴封有填料函轴封（填料函密封圈）和端面轴封（机械轴封）两种。

填料函轴封（图4-23）由填料箱体、填料、铜环、填料压盖和压紧螺栓等零件构成，使旋转轴达到密封的效果。其优点是结构简单。主要缺点是：①死角多，很难彻底灭菌，易渗漏及染菌；②轴的磨损较严重；③填料压紧后摩擦功率消耗大；④寿命短，经常维修，耗工时多。

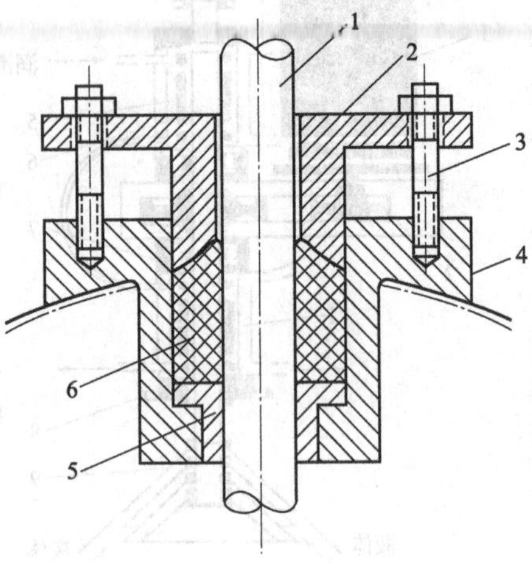

图 4-23 填料函轴封的结构示意图

（引自：华南工学院《发酵工程与设备》，1983）

1—转轴；2—填料压盖；3—压紧螺栓；4—填料箱体；5—铜环；6—填料

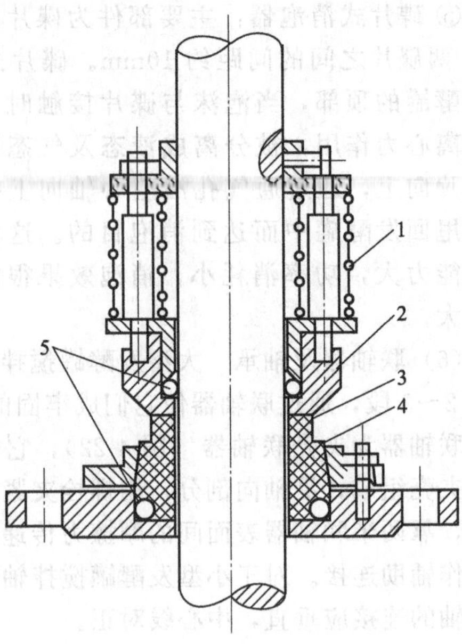

图 4-24 端面轴封结构示意图

（引自：华南工学院《发酵工程与设备》，1983）

1—弹簧；2—动环；3—堆焊硬质合金；4—静环；5—O 形圈

所以，目前广泛应用端面轴封。端面轴封又称机械轴封，其结构如图 4-24 所示。密封作用是靠弹性元件（弹簧、波纹管等）的压力使垂直于轴线的动环和静环光滑表面紧密地相互贴合，并做相对转动而达到密封。对于密封要求较高的情况，可选用双端面轴封（图 4-25）。

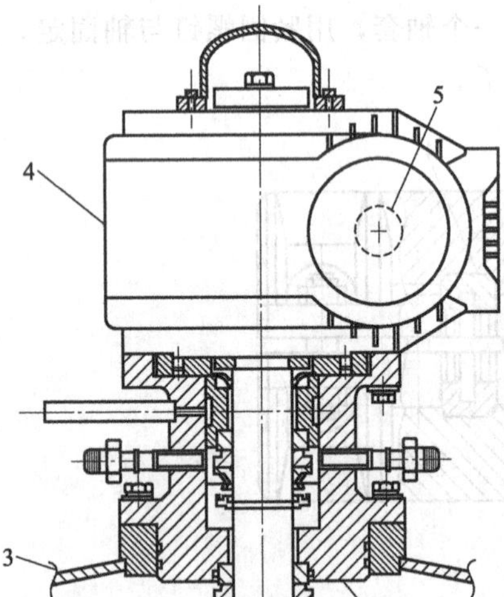

图 4-25 双端面轴封结构示意图

（引自：梁世中《生物工程设备》，2005）

1—密封环；2—搅拌轴；3—罐体；4—传动齿轮箱；5—齿轮箱

端面轴封的基本构件如下。①动环和静环。动环和静环之间旋转面的密封是机械轴封的关键。因此，动环、静环材料均要有良好的耐磨性，摩擦系数小，导热性能好，结构紧密，空隙率小，且动环的硬度应比静环大。②弹簧加荷装置。此装置的作用是产生压紧力，使动环、静环端面压紧并密切接触，以确保密封。弹簧座靠旋紧的螺钉固定在轴上，用以支撑弹簧，传递扭矩。③辅助密封元件。辅助密封元件有动环和静环的密封圈，用来密封动环与轴以及静环与静环座之间的缝隙。

端面轴封的优点是：①清洁；②密封可靠，在较长使用期中，不会泄漏或很少泄漏；③无死角，可以防止杂菌污染；④使用寿命长，质量好的可用 2～5 年不需维修；⑤摩擦功率耗损小，一般为填料函的 10%～50%；⑥轴或轴套不受磨损；⑦它对轴的精度和光洁度没有填料函那么要求严格，对轴的震动敏感性小。其缺点是：①结构比填料函轴封复杂，装拆不便；

②对动环及静环的表面光洁度及平直度要求高，否则易泄漏。

(8) 传动装置　小型试验罐通常采用无级变速装置作为传动装置，而生产用发酵罐常用的变速装置包括三角皮带传动减速装置和圆柱或螺旋圆锥齿轮减速装置，其中以三角皮带变速传动效率较高，但加工与安装精度要求也较高。

采用变速电动机可根据需要实现阶段变速，即在需氧高峰时采用高转速，而在不需较高溶解氧的阶段适当降低转速。这样，既可节约动力消耗，也可降低发酵产率。自动化程度较高的发酵罐，还可采用可控硅变频装置，根据溶氧测定仪连续测定发酵液中溶解氧浓度的情况，并按照微生物生长需要的耗氧及发酵情况，随时自动变更转速，这种装置进一步节约了动力消耗，并可相应提高发酵产率，但其装置颇为复杂。

关于发酵罐搅拌器的转速，依罐体大小而异。小型发酵罐的搅拌器转速要比大罐的快些，但是所有发酵罐搅拌器的叶尖线速度，在一般情况下几乎是恒定的值，即为15～30m/s。

(9) 换热装置　机械搅拌通风发酵罐在发酵搅拌过程中一方面会产生机械搅拌热，另一方面，微生物生长繁殖过程还会产生生物合成热。若不能及时地将这些热量去除，发酵罐中发酵液的温度就会上升，从而无法维持工艺所规定的最佳温度。同时，在培养基灭菌阶段与微生物生长初期，还需要适当增加培养基的温度以实现培养基的灭菌和促进微生物的生长。所以发酵罐的换热装置是必不可少的。发酵罐中常用的换热装置有夹套、竖式蛇管和竖式列管（排管）等。下面分别对它们进行介绍。

① 夹套式换热装置：多应用于容积小于5m^3 的发酵罐或种子罐。夹套设计无需进行冷却面积的计算，夹套的宽度对于不同直径的发酵罐取不同的尺寸，一般为50～200mm，其高度比静止液面高度稍高即可，一般取50～100mm。夹套上设有水蒸气、冷却水或其他介质的进出口。当加热介质为水蒸气时，进口管应靠近夹套上端，冷凝液从底部排出；而如果冷却介质是液体，则进口管应在底部，使液体由底部进入上部流出。夹套式换热装置优点是结构简单，加工容易，罐内死角少，容易进行清洁与灭菌，从而有利于发酵；其缺点是传热壁较厚，冷却水流速低，发酵时降温效果差，传热系数为400～600kJ/(m^2·h·℃)。若在夹套内设置螺旋片导板，可增加换热效果，同时对罐身也起到加强作用。

② 竖式蛇管换热装置：一般分组安装于发酵罐内，有四组、六组或八组不等，根据管的直径大小而定，容积5m^3 以上的发酵罐多用这种换热装置。竖式蛇管换热装置的优点是冷却水在管内的流速大，传热系数高，为1200～1800kJ/(m^2·h·℃)。若管壁较薄，冷却水流速较大时，传热系数可达4200kJ/(m^2·h·℃)。这种冷却装置适用于冷却用水温度较低的地区，水的用量较少。但是气温高的地区，冷却用水温度较高时，则可能出现发酵时降温困难，发酵温度经常超过40℃，从而影响正常发酵。此时可以采用冷冻盐水或冷冻水进行冷却，但增加了设备投资及生产成本。同时，蛇管弯曲位置容易被腐蚀，导致培养液中金属离子浓度增加，甚至引起穿孔导致发酵被污染。

③ 竖式列管（排管）换热装置：是以列管形式分组对称装于发酵罐内。大型发酵罐可安装4～8组冷却列管。其优点是加工方便，适用于气温较高、水源充足的地区。这种装置的缺点是传热系数较蛇管低，用水量较大。为了提高传热系数，可在罐外装设板式或螺旋板式热交换器，不仅可强化热交换效果，而且便于检修和清洗。冷却列管极易腐蚀或磨损穿孔，最好用不锈钢制造。表4-3是不同形式换热装置的使用范围与优缺点比较。

(二) 其他通风发酵罐

1. 气升环流式发酵罐

机械搅拌通风发酵罐设备构造比较复杂，动能消耗较大，易使丝状菌细胞受损伤，采用气升环流式发酵罐（air loop fermentater）可克服上述缺点。

表 4-3 不同形式换热装置的使用范围与优缺点

装置类型	夹套	竖式蛇管	竖式列管
适用范围	$5m^3$ 以下小发酵罐	大型发酵罐	大型发酵罐，气温较高的地区
优点	结构简单，加工容易，罐内死角少，容易清洗灭菌	流速大，传热系数大，降温效果较好	加工方便，提高传热推动力的温差
缺点	传热壁较厚，冷却水流速低，降温效果差	冷却水温度较高时，降温困难，弯曲位置易腐蚀	用水量较大

注：引自华南工学院《发酵工程与设备》，1983。

气升环流式发酵罐是利用空气的喷射作用，使气泡分散于环流管的液体中，造成环流管内气液混合物与发酵罐中液体之间的密度差，从而引起连续循环流动，以实现液体的搅拌、混合和传氧。在气升环流式反应器中，不用机械搅拌，完全依靠气体的带升而使液体产生循环并发生湍动，从而达到气液混合和传递的目的。气升环流式反应器的结构较简单，不需搅拌，易于清洗与维修，不易染菌，能耗低，溶氧效率高，在生产上得到广泛的应用。

(1) 结构与工作原理 气升环流式发酵罐的主要结构包括罐体、环流管、空气喷嘴等。根据环流管的安装位置可分为内循环式发酵罐和外循环式发酵罐（图 4-26）。在发酵罐内或外装设环流管，环流管两端与罐底及罐上部相连接，构成一个循环系统。在环流管的下部装设空气喷嘴，无菌空气在喷嘴处以 250～300m/s 的高速喷入环流管，借气液混合物的湍流作用而使空气泡分割细碎，与环流管的发酵液密切接触。由于环流管内形成的气液混合物密度降低，加上压缩空气的喷流动能，使环流管内的液体向上运动，同时发酵罐内含气率小的发酵液下降而重新进入环流管的下部，形成反复的循环流动，实现混合与溶氧传质。

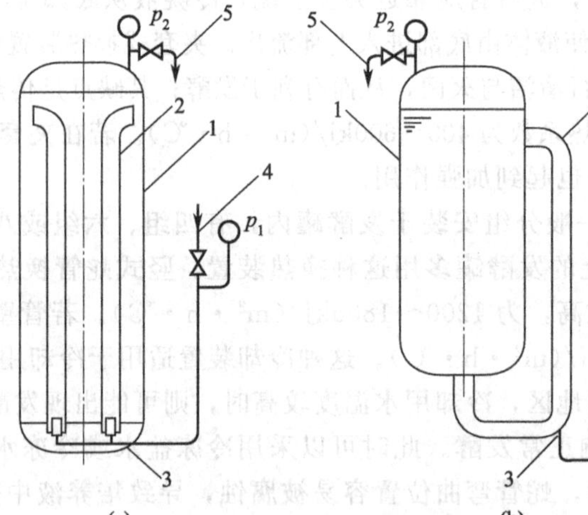

图 4-26 气升环流式发酵罐的结构示意图
（引自：陈国豪《生物工程设备》，2007）
(a) 内循环式；(b) 外循环式
1—罐体；2—环流管；3—空气喷嘴；4—空气进管；5—排气管

(2) 主要性能指标

① 循环周期：发酵液必须维持一定的环流速度以不断补充氧，使发酵液保持一定的溶氧浓度，适应微生物生命活动的需要。发酵液在环流管内循环一次所需要的时间，称为一个循环周期。由于不同的发酵类型与不同发酵时期，微生物的需氧量不同，故对循环周期的要求亦不同。对需氧发酵，若供氧不足，则生物细胞活力下降而发酵产率降低。循环周期可由式(4-29) 计算得到。

$$t_m=\frac{V_L}{Q_C}=\frac{V_L}{\frac{\pi}{4}D^2\omega} \tag{4-29}$$

式中，V_L 为发酵罐内培养液量，m^3；Q_C 为发酵液循环流量，m^3/s；D 为环流管直径，m；ω 为环流管内液体的流速，m/s。

循环周期通常在 2.5～4min 之间。

② 气液比：通风量 Q 对气升环流式发酵罐的混合与溶氧起决定性的作用。发酵液的循环流量 Q_C 与通风量 Q 之比称为气液比 A。

$$A=\frac{Q_C}{Q} \tag{4-30}$$

气液比 A 与环流管内液体的环流速度 ω 的实验曲线如图 4-27 所示。通常液体在环流管内的环流速度 ω 可取 1.2～1.8m/s。

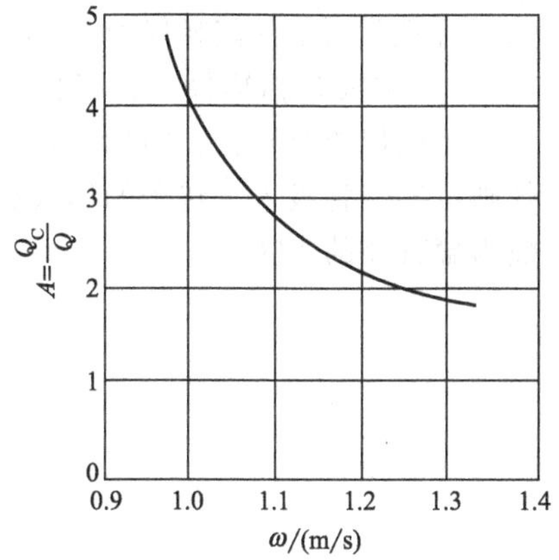

图 4-27　气液比 A 与环流速度 ω 关系曲线

（引自：陈国豪《生物工程设备》，2007）

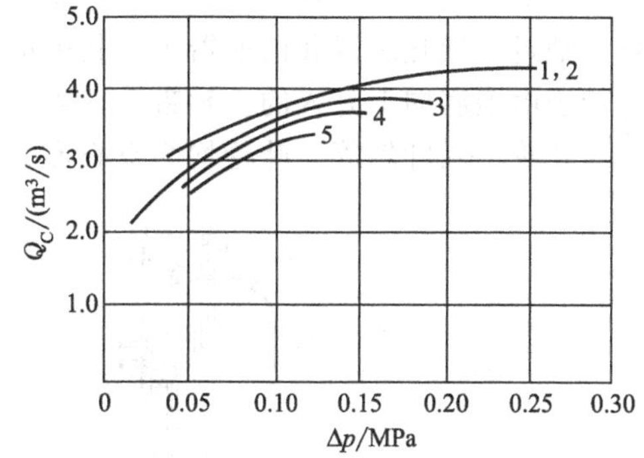

图 4-28　压差 Δp 与循环量 Q_C 关系曲线

（引自：陈国豪《生物工程设备》，2007）

气升环流式发酵罐喷嘴前后压差 Δp 和发酵罐环流量 Q_C 有一定关系。当喷嘴直径一定，发酵罐内液柱高度也不变时，压差 Δp 越大，通风量就越大，相应就增加了液体的循环量。Δp 与 Q_C 之间关系的实验曲线见图 4-28。

为了使环流管内空气泡分裂细碎，与发酵液均匀接触，增加溶氧系数，应使空气自喷嘴喷出时的雷诺数大于液体流经喷嘴处的雷诺数，即 $Re_{空气}>Re_{醪液}$。当环流管径一定时，喷嘴的孔径不能过大，进而保证空气泡分割细碎，增加溶解氧。

（3）设计要点　在设计气升环流式发酵罐时，应注意下列几点。①液面到喷嘴的垂直高度是影响气升效率的重要因素，设计或选用时应不小于 4m。②液面到环流管出口高度直接影响液体循环。液面低于环流管出口时，液体循环量和升液效率明显下降，液面愈低，效率愈低；液面高于环流管出口时，对提高效率并无明显影响，当液面超过环流管出口 1.5m 时，如果罐内液体旋转混合不够有力，就有可能产生“循环短路”现象，使发酵效果不良。③为了降低液体循环摩擦阻力，环流管的内壁应光滑；尽量缩短环流管的总长度，采用直径较大的单管；环流管的出口应开在发酵罐侧壁，并以切线方向与罐相接。④增大压差 Δp 时，可增加通气量和发酵液循环量，缩短循环周期。所以，对要求较大溶氧量的生物细胞发酵，如条件允许，可适当加大压差 Δp。⑤通常压差 Δp 较小时，采用较大的喷嘴，反之用较小的喷嘴。

气升环流式发酵罐已成功应用于酵母生产、单细胞蛋白生产、细胞培养、酶制剂和有机酸等发酵生产。其优点是：①剪切力小，反应溶液分布均匀，较高的溶氧速率和溶氧效率；②结构简单，传热良好，冷却面积小；③无搅拌传动设备，能耗小，操作时无噪声，节省钢材；④料液装料系数达 80%～90%，不需加消泡剂；⑤清洗、操作及维修方便，不易染菌。但是气升环流式发酵罐还不能代替好氧量较小的发酵罐，而且对于黏度较大的发酵液，气升环流式发酵罐的溶氧系数较低。

2. 机械搅拌自吸式发酵罐

机械搅拌自吸式发酵罐（self-suctional fermenter by machine agitating）是一种不需要空气压缩机提供加压空气，而依靠特设的机械搅拌吸气装置吸入无菌空气，并同时实现混合搅拌与溶氧传质的发酵罐（图 4-29）。它与通用发酵罐的主要区别是：①有一个特殊的搅拌器，搅拌器由转子和定子组成；②通常不用空气压缩机。

这种发酵罐起源于 20 世纪 60 年代，最初用于醋酸发酵，转子转数为 1450r/min，吸气比为 0.07vvm（通气比单位，即每分钟通气量与罐体实际料液体积的比值）。这种设备的耗电量小，能保证发酵所需的空气，并能使气泡分离细小，均匀地接触，吸入空气中 70%～80%的氧能被利用，使酒精转化为醋酸的转化率达 96%～97%，每 1 千升 5%醋酸发酵液的能耗仅为 15kW・h。

(1) 结构　机械搅拌自吸式发酵罐的结构如图 4-29 所示，主要包括罐体、自吸搅拌器与导轮、轴封、换热装置和消泡器等。其中最主要的构件是自吸搅拌器及导轮，简称为转子与定子。转子由罐底向上升入的主轴带动，当转子转动时空气则由导气管吸入。转子的形式有三叶轮、四叶轮、六叶轮等，叶轮均为空心形，叶轮直径一般为罐直径的 1/3。

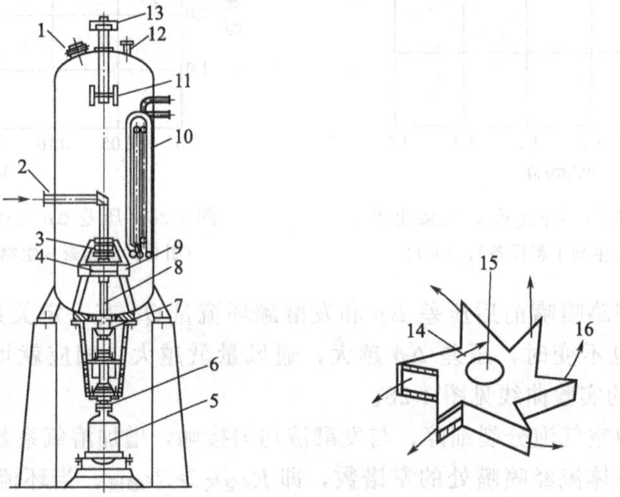

图 4-29 机械搅拌自吸式发酵罐的结构

（引自：梁世中《生物工程设备》，2005）

(a) 自吸式发酵罐简图；(b) 六叶轮转子

1—人孔；2—进风管；3—轴封；4—转子；5—电机；6—联轴器；7—轴封；8—搅拌轴；9—定子；10—冷却蛇管；11—消泡器；12—排气口；13—消泡转轴；14—转子转动方向；15—空气进入方向；16—空气排出方向

(2) 工作原理　当发酵罐内充满液体，启动搅拌电机后，由于转子的高速旋转，液体和空气在离心力的作用下，被甩向叶轮外缘，液体便获得能量。转子的线速度愈大，液体的动能愈大，当其离开转子时，由动能转变为静压能也愈大，在转子中心造成的负压也越大，吸气量也越大。由于转子的空膛通过管子与大气相通，因此空气不断地被吸入，甩向叶轮的外缘，通过导向叶轮而使气液均匀分布甩出。由于转子的搅拌作用，气液在叶轮周围形成强烈的混合流

（湍流），使刚离开叶轮的空气立即在循环的发酵液中分裂成细微的气泡，并在湍流状态下混合、翻腾、扩散到整个罐中。因此自吸式通风装置在搅拌的同时，完成了通风作用。

由于机械搅拌自吸式发酵罐是靠转子转动形成的负压而吸气的，吸气装置沉浸于液相中，所以为保证较高的吸风量，发酵罐的高径比 H/D 不宜过大，且罐容增大时，H/D 应适当减小，以保证搅拌吸气转子与液面的距离为 2～3m。对于高黏度的发酵液，还应适当降低罐的高度。

（3）优缺点　优点：①不必配备空气压缩机及其附属设备，节约设备投资，减少厂房面积，可节约投资 30%左右。自吸式发酵罐的搅拌转速比通用式发酵罐高，搅拌功率也较高，但由于不需要空压机，自吸式发酵罐的总动力消耗反而减少约 30%。②设备便于自动化、连续化，降低劳动强度，减少劳动力。③设备结构简单，操作方便，溶氧效率高，能耗较低；用于酵母生产或醋酸发酵生产效率高、经济效益高。

缺点：①因机械搅拌自吸式发酵罐是负压吸入空气，故发酵系统不能保持一定的正压，较易产生染菌污染。②由于产生的吸力有限，所以必须配备低阻力损失的高效空气过滤系统，否则可能无法提供足够量的无菌空气。为克服这些缺点，可采用自吸气与鼓风相结合的鼓风自吸式发酵系统，即在过滤器前加装一台鼓风机，适当维持无菌空气的正压，这不仅可减少染菌机会，而且可增大通风量，提高溶氧系数。

3. 喷射自吸式发酵罐

喷射自吸式发酵罐（jet self-suctional fermenter）是应用文氏管喷射吸气装置或溢流喷射吸气装置实现混合通气的，它既不用空压机，又不用机械搅拌吸气转子。

（1）结构　文氏管喷射自吸式发酵罐是利用文氏管结构使气液在湍流状态下充分混合的发酵罐，其结构如图 4-30 所示。文氏管液体喷射吸气装置是这种发酵罐的关键装置。

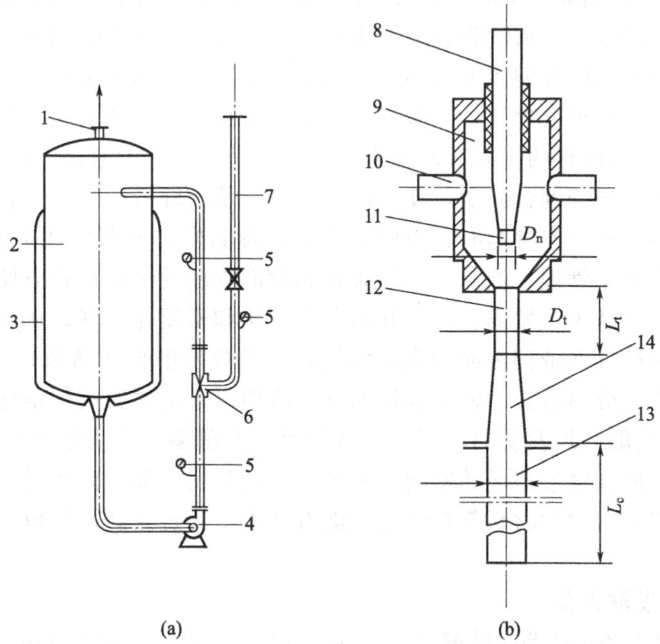

图 4-30　文氏管喷射自吸式发酵罐结构示意简图

（引自：梁世中《生物工程设备》，2005）

（a）结构简图；（b）液体喷射吸气装置简图

1—排气管；2—罐体；3—换热夹套；4—循环泵；5—压力表；6—文氏管；7—吸气管；8—高压料液管；9—吸气室；10—进风管；11—喷嘴；12—收缩段；13—导流尾管；14—扩散段；

D_n—喷嘴内径；D_t—收缩管内径；L_t—收缩管长度；L_c—导流尾管长度

(2) 工作原理 文氏管喷射自吸式发酵罐的工作原理是用泵将发酵液压入文氏管，由于文氏管的收缩段中液体的流速增加，形成负压将无菌空气吸入，并被高速流动的液体打碎，与液体均匀混合，提高了发酵液中的溶解氧。同时由于上升管中发酵液与气体混合后，密度较罐内发酵液轻，再加上泵的提升作用，使发酵液在上升管内上升。当发酵液从上升管进入发酵罐后，微生物耗氧，同时将代谢产生的二氧化碳和其他气体不断地从发酵液中分离并排出，这部分发酵液的密度变大，向发酵罐底部流动，待发酵液中的溶解氧即将耗竭时，发酵液又从发酵罐底部被泵打入上升管，进入下一个循环。实验证明，当收缩段中液体的雷诺数 $Re \geqslant 6\times10^4$ 时，气体的吸收率最高。如果液体流速再增高，虽然吸入气体量有所增加，但由于压力损失也增加，动力消耗也增加，总的吸收效率反而降低。

溢流喷射自吸式发酵罐的结构和工作原理与文氏管喷射自吸式发酵罐的类似。

(3) 优缺点 喷射自吸式发酵罐的优点是吸氧效率高，气、液、固三相均匀混合，传热效能高，设备简单，无需空气压缩机及搅拌器，动力消耗少。其缺点是气体吸入量与液体循环量之比较低，对于耗氧量较大的微生物发酵不适宜。

二、厌氧发酵罐

厌氧发酵罐不需要通入无菌空气，在设备放大、制造和操作时，都比好氧发酵设备简单得多。对这类发酵罐的要求是能封闭，能承受一定压力，有冷却设备，罐内尽量减少装置，消灭死角，便于清洗灭菌。啤酒是厌氧发酵产品的典型代表，下面简单介绍啤酒发酵设备。

传统的啤酒发酵设备是由分别设在发酵间的发酵池和贮酒间内的贮酒罐组成的。目前使用的大型发酵罐主要是立式罐，如圆筒体锥底立式发酵罐（cylindroconical tank，CCT）、联合罐（universal tank）、朝日罐（asaki tank）等。其中，圆筒体锥底立式发酵罐露天使用最为普遍。由于发酵罐容量的增大，清洗设备也有很大进步，大多采用 CIP 自动清洗系统。

目前，啤酒发酵容器的发展主要包括以下三个方向。①啤酒发酵容器向大型、室外、联合的方向发展，从而使生产更合理化，以降低主要设备的投资。迄今为止，使用的大型发酵罐容量已达 $1500m^3$。大型化的目的主要有两方面：第一方面，由于大型化，使啤酒的质量均一化；第二方面，由于啤酒生产的罐数减少，使生产更合理，从而降低了主要设备的投资。②由开放式向密闭式转换。小规模生产啤酒时，投资量较少，啤酒发酵容器放在室内，一般用开放式，上面没有盖子，对发酵的管理、泡沫形态的观察和醪液浓度的测定比较方便。随着啤酒生产规模的扩大，投资量越来越大，发酵容器已开始向大型化和密闭化发展。从开放式转向密闭发酵的最大问题是发酵时被气泡带到表面的泡盖的处理。开放发酵便于撇取，密闭容器人孔较小，难以撇取，可用吸取法分离泡盖。密闭容器的发展后期出现的是圆筒体锥底立式发酵罐。这种罐是 20 世纪初期瑞士的奈坦发明的，所以又称奈坦式发酵罐。③发酵容器材料变化。原来在开放式长方形容器上面加穹形盖子的密闭发酵槽，容器材料由陶瓷向木材→水泥→金属材料演变。现在的啤酒生产，后两种材料都在使用。随着技术革新过渡到用钢板、不锈钢或铝制的卧式圆筒形发酵罐。

（一）传统啤酒发酵设备

传统的啤酒发酵设备包括前发酵槽（main fermentater）和后发酵槽（secondary fermentater）。

1. 前发酵槽

常见的前发酵槽是采用钢筋混凝土制成，也可以钢板制成，形式以长方形或正方形为主，通常为开口式，置于发酵室内（图 4-31）。为了防止啤酒中有机酸对各种材质的腐蚀，前发酵槽内均涂布一层特殊材料的保护层。前发酵槽的底部略有倾斜，以利于洗涤废水、啤酒和酵母泥等的排出。在发酵槽内高出槽底 10～15cm 处，有嫩啤酒放出管口。该管为活动接管，平时可拆卸，管口带有塞子，以挡阻沉淀下来的酵母，避免酵母污染放出的嫩啤酒。当嫩啤酒放完后，可拆除啤酒出口管头，从而使酵母泥由该管口直接流出。为了维持发酵槽内醪液的低温，在槽内装有冷却蛇管或排管，根据经验，在前发酵槽中进行下面啤酒发酵，每立方米发酵液约需 0.2m^2 的冷却面积。另外，由于前发酵槽是敞口的，所以要注意室内 CO_2 的排放以防止中毒。当然也可以将发酵槽做成密闭式的，以减少通风换气时冷量消耗与杂菌的污染机会。此外，还需在发酵室内配置冷却排管或采用空调装置，维持室内的温度和湿度。

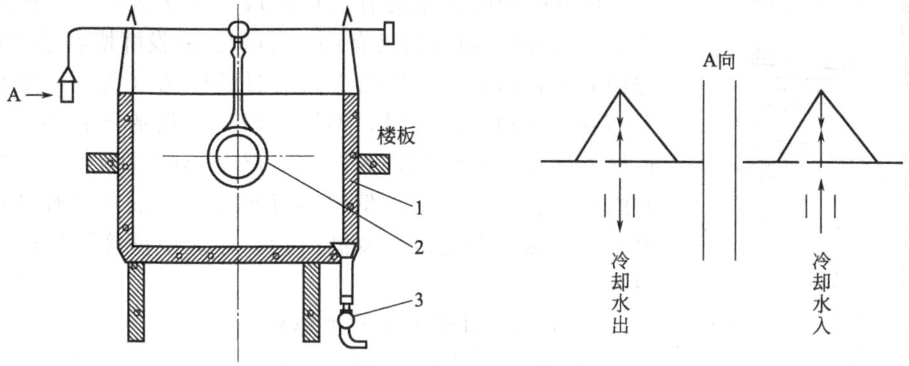

图 4-31 前发酵槽结构示意图
（引自：梁世中《生物工程设备》，2005）
1—槽体；2—冷却水管；3—出酒阀

2. 后发酵槽

后发酵槽又称贮酒罐，主要用于嫩啤酒的继续发酵，并饱和 CO_2，促进啤酒的稳定、澄清和成熟。后发酵槽置于贮酒室内，根据工艺要求，贮酒室内要维持比前发酵室更低的温度，一般要求 0～2℃，特殊要求达－2℃左右，主要依靠室内冷却排管或通入冷循环风来维持。后发酵过程中残糖低，发酵温和，发酵产热较少，其热量可借贮酒室内低温带走，故后发酵槽内一般无需再装置冷却蛇管，但是贮酒室的建筑结构和保温要求均不能低于前发酵室。

后发酵槽为金属圆筒形密闭容器，有卧式和立式之分（图 4-32），卧式居多。后发酵槽槽

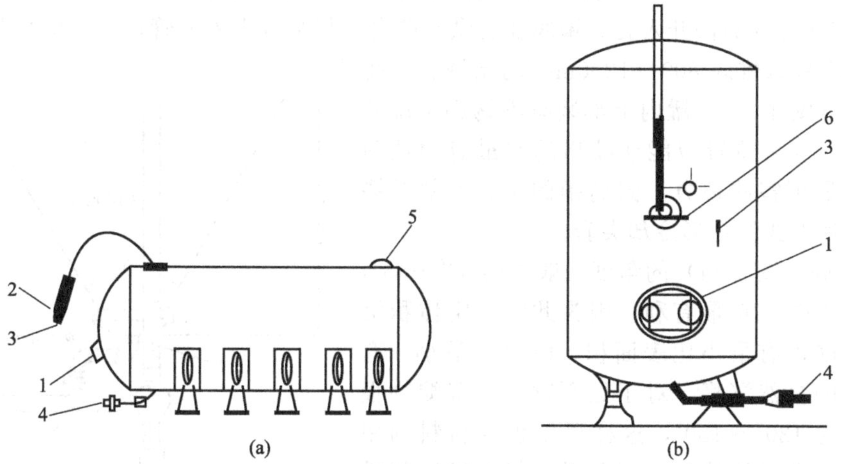

图 4-32 后发酵槽
（引自：梁世中《生物工程设备》，2005）
（a）卧式后发酵槽；（b）立式后发酵槽
1—人孔；2—连通接头（排 CO_2 等）；3—取样阀；4—啤酒放出阀；5—压力表和安全阀；6—压力调节装置

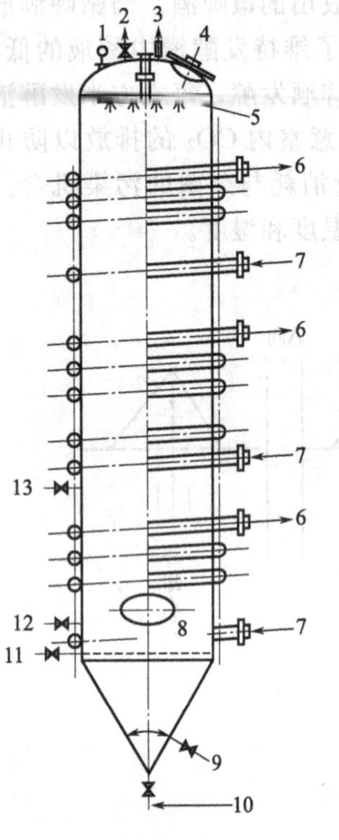

图 4-33 圆筒体锥底立式发酵罐结构示意图
（引自：李艳《发酵工程原理与技术》，2006）
1—压力表；2—CO_2 排出口；3—安全阀；4—人孔；5—洗涤器；6—冷溶剂出口；7—冷溶剂进口；8—人孔门；9—啤酒出口；10—料液、酵母进口；11—通风口；12—洗水、CO_2 进口；13—取样口

身装有人孔、取样阀、进出啤酒接管、排出 CO_2 接管、压缩空气接管、温度计、压力表和安全阀等附属装置。由于发酵过程中需要饱和 CO_2，所以后发酵槽应制成耐压 0.1～0.2MPa（表压）的容器。后发酵槽常以碳钢与不锈钢压制的复合钢板制成，这样既可以保证酒槽的安全、卫生和防腐性，造价又比不锈钢的低。

后发酵槽的容量随着生产发展逐渐扩大，在国内最小的多在 10～15m^3，最大的已有100～200t。后发酵槽容量应和啤酒过滤能力配合起来，就是说 1 天的过滤能力（酒量）要相当于一个槽或几个槽的贮酒量，不能过滤半个槽的酒就停下来。因为这样能导致大量空气进入罐内，严重影响啤酒质量。当然如果贮酒罐的备压用 CO_2，情况会好得多。一般小型啤酒厂，采用单个贮酒罐来满足每日装酒产量，而大中型啤酒厂则要数个贮酒罐才能满足要求。

（二）圆筒体锥底立式发酵罐

圆筒体锥底立式发酵罐（CCT），简称锥形罐，可单独用于前发酵或后发酵，还可以将前、后发酵合并在该罐中进行（一罐法，这种罐又称为单酿罐）。这种设备能缩短发酵时间，而且灵活性好，所以适合于生产各种类型啤酒的要求，已广泛用于上面或下面发酵啤酒生产，成为国内外啤酒工厂使用最多的设备。

1. 罐体基本结构

CCT 可以用不锈钢板或碳钢制作，用碳钢材料时，需要用涂料作为保护层，其结构示意如图 4-33 所示。

罐顶为碟形或无折边球形封头，装有人孔、安全阀、压力表、CO_2 排出口等。如果采用 CO_2 维持罐内压力，为了避免用碱液清洗时形成负压，还可以设置真空阀。罐底为锥形封头，锥底有直径 500mm 的快开人孔。罐底部有供新鲜麦汁与酵母进入的管口。如果 CCT 作为单酿罐，还应具有深入锥底 800～1200mm 的出酒管和排酵母的底阀（图 4-34）。罐内上部装有不锈钢可旋转喷射洗涤器，安装位置应能使喷出的水最有力地射到罐壁结垢最厉害的地方。圆筒罐的中、下部及罐底还配有各种形式的带形冷却夹套。

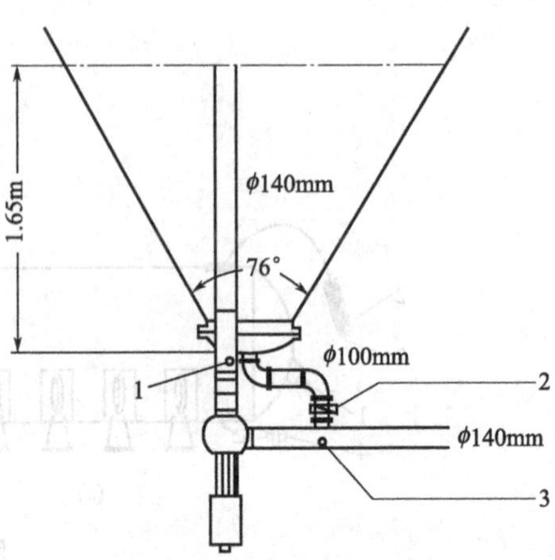

图 4-34 CCT 的底部结构图
（引自：顾国贤《酿造酒工艺学》，1996）
1—出酒管；2—碟阀；3—排酵母管

CCT 锥底（图 4-34）的角度一般采用 60°～85°，但是角度为 73°～76°最有利，因为此时一定体积沉降酵母在锥底占有最小比表面积，摩擦力最小，有利于酵母菌的自然沉降。对于贮酒罐，因沉淀物很少，锥角常为 120°～150°，这样可以提高材料利用率，而沉积在锥底的酵母，可以通过打开锥底阀排出。为了加强冷却时酒液的自然对流，在发酵罐底部高于酵母层的位置上设置 CO_2 喷射环，在发酵后期，通过充入高纯度 CO_2，可以加速酒液循环，并

可带走酒液中的不良挥发性成分，在发酵罐顶部设 CO_2 回收总管，可将 CO_2 送回处理站处理。

筒体直径（D）和高度（H）是 CCT 的主要特性参数。增加 H 有利于加速发酵，降低 H 有利于啤酒的自然澄清。根据实践经验，$D:H=1:(2\sim6)$ 均可取得良好的发酵效果。按国内目前设备情况，控制 $D:H=1:(2\sim4)$ 是恰当的。对单酿罐，一般是 $D:H=1:(1\sim2)$；对两罐法的发酵罐 $D:H=1:(3\sim4)$，对两罐法的贮酒罐 $D:H=1:(1\sim2)$，也有采用直径为 3～4m 的卧式圆筒体罐作为贮酒罐。

2. 罐体材料选择

为了回收 CO_2，必须使罐内的 CO_2 维持一定的压力，所以 CCT 常为耐压罐。罐的工作压力根据其不同的发酵工艺而有所不同。若作为前期发酵和贮酒两用，即单酿罐，就应以贮酒时 CO_2 含量为依据，所需的耐压程度要稍高于单用于前期发酵的罐。通常工作压力为 $(1.5\sim2.0)\times10^5$Pa，而设计压力应该是工作压力的 110%。此外，啤酒是酸性液体，能造成铁的电化学腐蚀，啤酒发酵时产生的 H_2S、SO_2 对铁材料还会造成氧化还原腐蚀。所以 CCT 采用碳钢加涂料或不锈钢材料制成，常用的材料为 8Cr18Ni 的不锈钢。

3. 冷却夹套与冷溶剂

CCT 特别是大型 CCT 一般置于室外，而罐内发酵液的温度较低，所以 CCT 的冷却系统非常重要。它由防护层、绝热层和冷却夹套三层组成。防护层位于最外层，覆盖于绝热材料层之上，一般采用 0.7～1.5mm 厚的合金铝板或 0.5～0.7mm 的不锈钢板，或镀锌铁板外涂银粉。绝热层的材料应具有热导率低、堆密度小、吸水小、不易燃等特性。啤酒 CCT 常用绝热材料聚酰胺树脂，它可现场喷涂发泡，施工方便，价格中等，但易燃；也可采用自熄式聚苯乙烯泡沫塑料，它是最佳绝热材料，但价格贵。采用上述两种绝热材料只需厚度 150～200mm。膨胀珍珠岩粉和矿渣棉也是很好的隔热材料，它们的价格低，但因吸水性大所以厚度必须增至 200～250mm。冷却夹套位于最里面，被绝热层材料覆盖，它一般分成三段，上段距发酵液面 15cm 向下排列，中段在筒体下部距支撑裙座 15cm 向上排列，锥底段（下段）尽可能接近排酵母口，向上排列（图 4-35）。发酵最旺盛时，为维持适宜的发酵温度，通常需要使用全部冷却夹套。

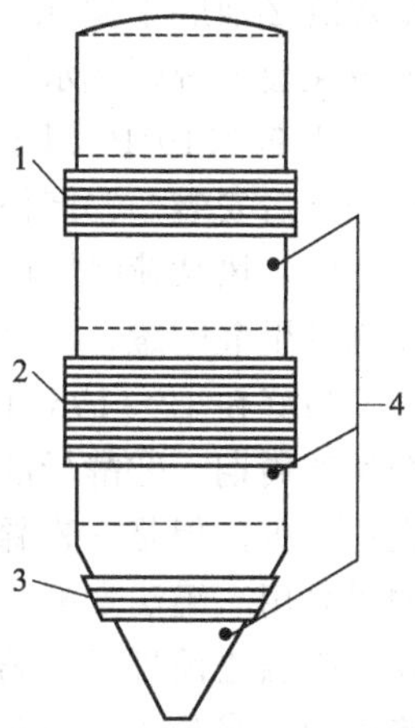

图 4-35 CCT 冷却夹套分布示意图

（引自：顾国贤《酿造酒工艺学》，1996）

1—上段冷却夹套；2—中段冷却夹套；3—下段冷却夹套；4—温度指示器

由于啤酒冰点温度为 $-2.7\sim-2.0$℃，为了防止啤酒在罐内局部结冰，冷溶剂温度应在 -3℃左右。CCT 用于前发酵时，冷溶剂温度一般控制在 -4℃；用于后发酵贮酒时，则控制在 $-3\sim-2$℃。啤酒冰点温度 T 可按如下经验式计算：

$$T=-(A\times0.42+P\times0.42+0.2)\ (℃)$$

式中，A 为啤酒中酒精质量分数，%；P 为发酵前原麦汁浓度，°P。

冷溶剂移走热量由三部分组成：①发酵罐环境（露天）太阳的辐射热和环境传导热；②啤酒发酵时的发酵热；③ 啤酒降温（0.4℃/h）的放热。

CCT 冷却系统中常用冷溶剂，国内大多用低温低压（-3℃、0.03MPa）液态二次性冷溶剂——20%～30%酒精或 30%乙二醇水溶液；而先进的 CCT 均采用一次性冷溶剂，例如液氮，其蒸发温度为 $-4\sim-3$℃，压力为 1.0～1.2MPa。采用一次性冷溶剂具有能耗低、冷却夹套管径小、省去一套制冷过程、生产费用较低等优点，但是，所用夹套需耐高压，制作困难，为了避免泄漏，管理要求也较高。

CCT冷却系统的冷却面积，应根据冷溶剂的种类来确定。对于单酿罐，一次性冷溶剂直接蒸发冷却，冷却面积为 $0.25\sim0.30m^2/m^3$ 发酵液；用二次性冷溶剂冷却，冷却面积为 $0.35\sim0.40m^2/m^3$ 发酵液。

4. 主要附件、辅助设备及自控设施

CCT罐顶部还应装上视镜、灯镜、空气和 CO_2 排出管，以及安全阀、真空破坏阀等。当压力达到罐的设计压力时，安全阀应开启。安全阀最大的工作压力是设计压力的110%。罐内真空主要是系列的发酵罐在密闭条件下转罐或进行内部清洗时造成的。大型发酵罐放料的速度很快，也可以造成一定的负压。真空安全阀可以允许空气进入罐内，以建立罐内外压力的平衡。

CCT的辅助设备主要包括洗涤液贮罐、杀菌用甲醛贮罐、热水贮罐、空气过滤器及进出酒泵、洗涤液泵、甲醛泵、热水泵。如需 CO_2 回收，则设置 CO_2 回收及处理装置。

CCT容量大，人工操作不便，所以设置有自控系统对温度、工作压力等进行自动控制与液位显示等。例如，在上、中、下三段冷却介质进口位置装有智能型铂温度传感器，在圆筒形下部装有可清洗的取样阀，在罐内装有CIP执行机构。温度传感器和取样管均需深入罐中300mm，而CIP执行机构应装在液面上150mm。

5. 安装要求及使用说明

为保证CCT安全高效运行，在安装使用过程中必须遵循如下原则。①罐体焊接后，罐体内壁焊缝必须磨平抛光，抛光方向必须与CIP自动清洗系统水流方向一致。②设备安装后，罐内及夹套内分别试水压 2.94×10^5Pa。③冷溶剂进口管应装有压力表和安全阀，进口冷溶剂压力在 1.96×10^5Pa 以下。排出管上应装有止回阀。④ 露天圆筒体锥底罐体积较大，一般应现场加工后安装。⑤圆筒体锥底罐的罐体高，负荷重，设计安装时要考虑支座和地基的承重问题及防震、风载荷等措施。⑥罐体的下锥部应置于室内，其酒液出口高出地面，以便于操作。洗涤剂及甲醛贮罐、配套泵和自控装置均置于室内。⑦CCT的容量应和糖化设备的容量相应配合，最好在12～15h连续满罐，满罐时间过长，啤酒的双乙酰含量将显著提高，这样将延长整个生产周期。⑧酵母的添加以分批添加为好。一次添加酵母，操作比较方便，发酵起发快，污染机会少。但是一次添加酵母后，酵母容易移位至上层，形成上下层酵母不均匀的现象。⑨如果采用一罐法发酵，酵母的回收一般分三次进行，第一次在主发酵完毕时进行；第二次在后发酵降温之前进行；第三次在滤酒前进行。前两次回收的酵母浓度高，可以选留部分作为下批接种用。⑩为了滤酒时罐底部混酒不至于先排出，锥底设置一出酒短管，其长度以高出混酒液面即可，使滤酒时上部澄清良好的酒先排出。出酒后，发酵罐应立即进行自动清洗。

6. 优缺点

(1) 优点

① CCT发酵最大优点是易实现大型化，容积可从 $100\sim600m^3$。

② 发酵速度快：在啤酒发酵罐中，发酵液的对流循环主要依靠罐体中 CO_2 的作用与冷却操作时啤酒温度变化来实现。由于CCT比传统罐要高5～10倍，所以导致发酵液对流的以下三个推动力都得到了强化：发酵罐底部产生 CO_2 气泡上升，对发酵液拖曳力；在发酵阶段，由于罐底部液体中酵母细胞浓度大于罐上部，底部发酵液的糖降低速度快，酒精生成也快，导致发酵罐上、下部发酵液形成密度差，从而造成对流；在发酵时，控制发酵罐下部液体温度高于上部液体1～2℃，从而实现温差引起的热对流。这种对流在发酵后期上述两种推动力减小后，对发酵液对流发挥的作用更大。总之，与采用传统发酵设备相比，由于这些对流推动力得到了加强，因此以CCT进行发酵时，发酵进程可以加速。例如，传统发酵酿造周期，低温发

酵需50天以上，快速发酵需25～30天；而CCT单罐发酵，酿造周期一般为16～22天，如两罐法发酵一般为20～30天，即酿造周期可缩短1/3～1/2。可大幅度减少罐数，节省投资。

③ 厂房投资节省：传统发酵必须在有绝热层的冷藏库内发酵和贮酒。CCT罐可以大部分或全部在户外，而且罐数、罐总容积减少，厂房投资节省。

④ 冷耗节省：CCT发酵冷却是直接冷却发酵罐和酒液，而且冷却介质在强制循环下，传热系数高。传统发酵和贮酒，冷量多消耗在冷却厂房、空气、操作人员和机器（如泵、电动机）、发酵罐支座等。根据计算和测定，CCT发酵比传统发酵可节省40%～55%冷耗。

⑤ 易于实现自动化：传统发酵罐和贮酒罐基本上依赖人工清洗和消毒，根本无法实现自动化程序化。CCT发酵可依赖CIP自动程序清洗消毒，卫生条件好，染菌机会少，有利于无菌操作，既节省生产费用，又降低了劳动强度。自身有冷却装置，可有效地控制发酵温度；尤其是锥底部的冷却夹套便于回收酵母。

⑥ 锥底罐是密闭罐，既可作发酵罐，又可作贮酒罐。也可用CO_2洗涤，除去生青气味，促进啤酒的成熟。由于是加压密闭发酵，减少了酒花苦味物质的损失，可降低酒花使用量的15%左右。

⑦ 在采用CCT的发酵过程中，主发酵结束后，常常不将酵母完全排除，保留部分酵母参与后发酵中双乙酰的还原，从而可以缩短双乙酰的还原时间，这对凝聚性差的酵母特别有效。另外，通过温度自控装置，还可以灵活控制双乙酰还原所需的温度，也可以大大缩短后发酵周期。

（2）缺点及改进措施

① 由于罐体比较高，酵母沉降层厚度大，酵母泥使用代数一般比传统低（只能使用5～6代）。贮酒时，澄清比较困难，尤其在麦汁成分有缺陷，或酵母凝集差时影响过滤，排酵母时酒液损失大。

② 主酵时产生大量泡沫，罐利用率只有80%～85%。因此，应适当降低麦汁含氧量，以减少泡沫的形成，一般麦汁浓度在8°Bx时，含氧量可控制在5～8mg/L；10°Bx时溶解氧可控制在6～8mg/L；12°Bx时溶解氧可降低到4～5mg/L，才不致出现窜沫现象。

③ 锥底罐液层高，若采用单罐发酵，罐壁温度和罐中心温度一致一般要5～7天以上，短期贮酒不能保证温度一致。由于流体静压的关系，CO_2在酒内形成浓度梯度，液面和底部的CO_2含量相差很大，以致酒内CO_2含量不均匀。

（三）联合罐

联合罐在发酵生产上的用途与CCT相同，既可用于前、后发酵，也能用于多罐法及一罐法生产。因为适合多方面的需要，故又称为通用罐。与CCT相比，联合罐的表面积与容量之比较小，因而罐的造价较低；罐内各层酒液质量较均匀；动力和冷冻能量的消耗降低；清洗方便。这对缩短生产周期，节省投资和生产费用有显著的效果。实践证明，联合罐更适合中小型厂。

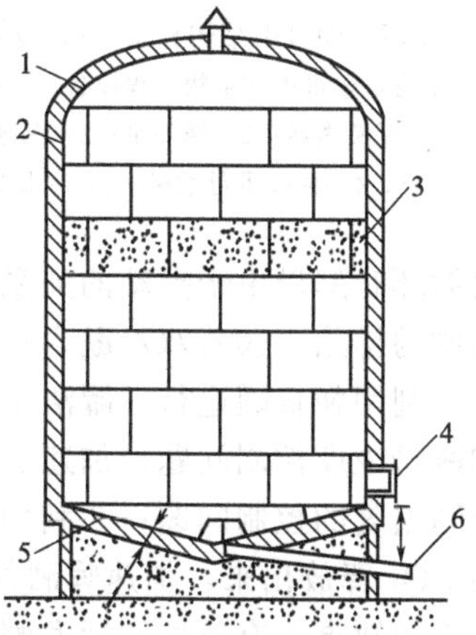

图4-36　联合罐结构示意图
（引自：梁世中《生物工程设备》，2005）
1—拱形顶；2—圆柱体；3—冷却板；4—出酒口；5—锥底；6—酵母出口

图4-36所示为总表面积378m²、总体积765m³的联合罐的结构。罐体是由带人孔的薄壳垂直圆柱体、拱形顶及有足够斜度以除去酵母的锥底所组成。主体是一圆柱体，是由7层1.2m宽的钢板组成。罐顶可设安全阀，必要时设真空阀。高径比为1∶(1～1.3)。

为了加强酒液冷却时的对流，在罐的底部酵母层的上方设

有一个 CO_2 喷射环，环上 CO_2 喷射眼的孔径为 1mm 以下。当 CO_2 在罐中心向上鼓泡时，酒液运动使底部出口处的酵母浓度增加，便于回收。同时不良的挥发性物质被 CO_2 带走，CO_2 可以回收。

罐的中上部设有一段双层冷却板，采用乙二醇溶液或液氨冷却，传热面积能保证在发酵液的开始温度为 13～14℃时，在 24h 内能使其温度降到 5～6℃。位于罐中上部的冷却夹套只有一段，上部酒液冷却后，沿罐壁下降，底部酒液从罐中心上升，形成对流。因此，罐的直径虽大，仍能保持罐内温度均匀。罐体外部是保温材料，厚度达 100～200mm。

罐内设自动清洗装置，并设浮球带动一出酒管，滤酒时可以使上部澄清酒液先流出。联合罐的基础是一钢筋混凝土圆柱体，其外壁约 3m 高、20cm 厚。基础圆柱体壁上部的形状是按照罐底的斜度来确定的。有 30 个铁锚均匀地分埋入圆柱体壁中，并与罐焊接。圆柱体与罐底之间填入坚固结实的水泥沙浆，在填充料与罐底之间留 25.4cm 厚的空心层以绝缘。

联合罐若只要求贮酒保温，则没有较大的降温要求，其冷却系统的冷却面积远较 CCT 小，安装基础也较前者简单。

（四）朝日罐

朝日罐又称朝日单一酿槽，它是 1972 年日本朝日啤酒公司研制成功的前发酵和后发酵合一的室外大型发酵罐。它采用了一种新的生产工艺，解决了沉淀困难的问题，大大缩短了贮藏啤酒的成熟期。

朝日罐是用厚 4～6mm 的不锈钢板制成的罐底微倾斜的圆柱形发酵罐，其直径与高度之比为 1∶(1～2)，罐身外部设有两段冷却夹套，底部也有冷却夹套，用乙二醇溶液或液氨为冷溶剂，外面用泡沫塑料保温。罐内设有带转轴的可转动的不锈钢出酒管，用来排出酒液，并可使放出的酒液中 CO_2 含量比较均匀。图 4-37 为朝日罐结构和生产系统的示意图。

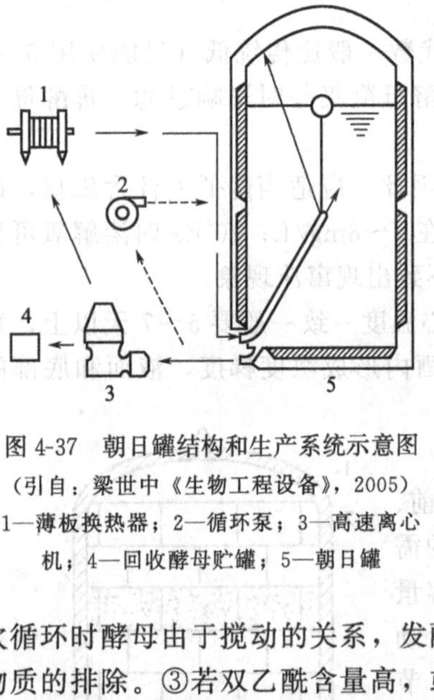

图 4-37 朝日罐结构和生产系统示意图
（引自：梁世中《生物工程设备》，2005）
1—薄板换热器；2—循环泵；3—高速离心机；4—回收酵母贮罐；5—朝日罐

朝日罐与 CCT 具有相同的功能，但生产工艺不同：①利用离心机回收酵母；②利用薄板换热器控制发酵温度；③利用循环泵把发酵液抽出又送回去。

啤酒循环的目的是为了回收酵母，降低酒温，控制下酒酵母浓度和排除啤酒中的生味物质。①第一次循环是在主发酵完毕的第 8 天，发酵液由离心机分离酵母后经薄板换热器降温返回发酵罐，循环时间为 7h。②待后酵到 4h 时进行第二次循环，使酵母浓度进一步降低，循环时间为 4～12h。如果要求缩短成熟期，可缩短循环时间。当第二次循环时酵母由于搅动的关系，发酵液中酵母浓度可能回升，这有利于双乙酰的还原和生青味物质的排除。③若双乙酰含量高，或生青味物质较显著，可在第 10 天进行第三次循环操作。

利用朝日罐进行一罐法生产啤酒的优点是三种设备互相组合，解决了前、后发酵温度控制和酵母浓度控制问题，加速了啤酒的成熟：①利用薄板换热器顺利地解决了从主发酵到后发酵啤酒温度的控制问题；②利用间歇的循环泵把罐内的发酵液抽出来再送回去，使发酵液中更多的 CO_2 释放出来，加速啤酒的后熟；③使用酵母离心机分离发酵液的酵母，可以解决酵母沉淀慢的缺点，有效控制后发酵液中酵母的浓度，减少了排除酵母时发酵液的损失，还可以减小罐的清洗工作；④啤酒成熟期短，容积装料系数大，可达 96%左右，设备利用率高，发酵液损失少，可节约投资 12%，生产费用降低 35%。利用朝日罐进行一罐法生产的缺点是动力消耗大，冷耗稍多。

思考题

1. 发酵罐的强度设计包括哪些内容？如何选定设计参数？如何计算并确定发酵罐的壁厚？

2. 简述通风发酵罐的基本要求，它在结构上与厌氧发酵罐有何区别？

3. 机械搅拌通风发酵罐的基本结构包括哪些部件？各部件的作用是什么？

4. 简述机械搅拌通风发酵罐和气升环流式发酵罐的优缺点？

5. 简述机械搅拌自吸式发酵罐和喷射自吸式发酵罐的工作原理，并指出二者在结构上的区别。

6. 简述传统啤酒发酵罐的结构部件及其作用。

7. 现代大型啤酒发酵罐有哪些类型？试从结构方面比较它们的异同点。

第五章　固态发酵容器

关于固态发酵（solid state fermentation）的情况比较复杂，不同的固体发酵产品，其发酵过程不相同。大部分固态发酵产品如酱油、谷物醋、白酒、豆腐乳、豆豉等的发酵过程包括两个阶段：第一个阶段是微生物的培养阶段，它的主要目的是培养微生物，使微生物在发酵基质中生长繁殖并分泌各种酶系，特别是水解酶系，这个阶段常称为制曲或培菌；第二阶段是利用微生物产生的酶系和微生物菌体裂解后释放的酶类分解基质成分生成产物的过程，这个过程称为发酵。另外，还有一些发酵产品，如红曲的固体发酵过程只有微生物培养阶段。但这个过程常被称为发酵而不叫制曲或培菌。很多时候，人们并没有很好地区分这两类固态发酵产品的发酵过程；也有的时候，所说的固态发酵是指第一类发酵产品的制曲或培菌过程和第二类产品的发酵过程，因为它们在本质上是一致的，都是微生物的培养过程。

在本书中，如果没有特别说明，所说的固态发酵也是指后一种说法，它包括第一类发酵产品的制曲或培菌过程和第二类发酵产品的发酵阶段。近年来由于能源危机与环境问题的日益严重，固态发酵技术引起了人们的兴趣，相关研究逐渐增多，在控制杂菌、水活度、pH 值、提高传质与传热效能以及相关设备的研究与开发方面都取得了较大的进展。固态发酵技术在污染物和有害化合物的生物降解、工农业废弃物的生物脱毒、动物饲料生产、生物制浆以及传统发酵食品生产等领域都得到了很好的应用。

在固态发酵中，培养基质通常是不溶于水的聚合物，它不仅可以提供微生物所需碳源、氮源、无机盐、水及其他营养物，还是微生物生长繁殖的场所。固态发酵与液态发酵（liquid state fermentation）相比，它具有如下优点：① 培养基组成简单且来源广泛，多为便宜的天然基质或工业生产的下脚料；② 投资少，能耗低，技术较简单；③ 产物的产率较高；④ 基质含水量低，固形物含量高，可大大减少发酵容器的体积，常常不需要进行废水处理，环境污染小，后处理方便；⑤ 发酵过程一般不需要严格的无菌操作；⑥ 通气一般可由气体扩散或间歇通风完成，不需要连续通风，一般也不需严格的无菌空气。但是，与液态发酵相比，它的缺点也很明显：① 培养基水分活度低，不均匀且不易搅拌，导致微生物的生长繁殖、对营养物质的吸收利用以及代谢产物的分泌不均匀，基质利用率不高；② 固体培养基的热传导性差，并且一般都在密闭的环境下培养，所以如何有效地排除代谢热是一个问题，尤其在大规模培养时，这成为限制产能的主要障碍；③ 发酵参数的检测和控制都比较困难，尤其是液态发酵中应用的各种生物传感器不适用于固态发酵，pH 值、温度、湿度和基质浓度不容易调控，生物量也不容易测量，每批次产品的发酵条件很难完全一致，重复性差；④ 由于操作参数检测困难，具体的培养方法大多是基于经验数据和个人经验，因此不容易设计发酵容器，难以量化生产过程或设计合理化的发酵流程；⑤ 固态发酵的培养时间较长，其产量及产能常低于液态发酵；⑥ 产物提取液常因黏度高而不容易进行大量浓缩。正是由于这些缺点，当液态发酵与固态发酵具有相同的经济性能时，液态发酵总会成优选的方法。

固态发酵设备与液态发酵设备一样，包括基质处理设备、发酵容器与样品提取分离设备等。关于培养基质处理设备已在本书第二章进行了叙述，而产品提取分离设备将在第六章阐述，本章主要介绍固态发酵容器。固态发酵具有很多不同于液态发酵的规律与特性，所以本章将首先对固态发酵的影响因素和发酵动力学进行简单介绍，然后再对固态发酵容器的结构与工作原理进行介绍。

第一节 固体发酵条件与发酵动力学

固态发酵是一种接近自然状态的发酵，其最显著的特征是微生物的生长、繁殖与产物分泌都不均匀，从而使很多在液态发酵中成功应用的传感器无法应用于固态发酵中，所以固态发酵参数的检测和控制较困难。目前对固态发酵影响较大的参数有培养基含水量和空气湿度、通风和传质、温度和 pH 值、物料的营养成分与颗粒度等。这些因素对固态发酵的影响很大。

一、固体发酵条件对发酵的影响

（一）培养基含水量与空气湿度

水是发酵的主要媒质，基质含水量是决定固态发酵成功与否的关键因素之一。基质的含水量应根据原料的性质（细度、持水性等）、微生物的特性（厌氧、兼性厌氧或需氧）、培养条件（温度、湿度、通风状况）等来决定。含水量较高时，导致基质多孔性降低，减少了基质内气体的体积和气体交换，因此难以实现通风和降温，也增加了杂菌污染的概率；含水量低时，造成基质的膨胀程度低，微生物生长受抑制，发酵后期由于微生物生长及蒸发作用容易造成物料干燥，微生物难以生长，发酵产品的产量和质量降低。

在固态发酵中，一般基质的起始含水量控制在 30%～75%。在发酵过程中，水分由于蒸发、菌体代谢活动和通风等因素而减少，所以应该补充水分，一般可采用向发酵容器内通入湿空气，或在翻曲（这里的曲指固体发酵物料）时直接补加无菌水等方式来解决。

发酵容器或发酵环境中的空气湿度（由于有些固体发酵是敞口或半敞口的，所以环境中空气湿度的影响也很大）对发酵的影响也很大。空气湿度太小，物料容易因水分蒸发而变干，影响微生物生长；湿度太大，影响空气中的含氧量，造成缺氧，而且还会产生冷凝水使物料表面变得过湿，从而影响菌体生长或导致污染杂菌，最终影响产品质量与产量。所以空气湿度一般应保持在 85%～97%。

（二）通风和传质

固态发酵利用的微生物几乎都是好氧性的微生物，所以空气的通气率特别重要。空气的通气速率增加，既可以提供微生物所需的氧，又可以带走反应热和 CO_2，提高传质、传热效率。在实验室及工业化生产中，一般利用强制通入无菌空气的方法来达到通风的目的。但是，通风速率主要取决于以下因素：①微生物的特性，好氧、厌氧还是兼性厌氧；②发酵产物对氧的需求程度，有些发酵产品例如谷氨酸对氧的需求大，而有些发酵产品，例如酒精为厌氧或微好氧发酵；③发酵过程产生的热量多少，产热多，一般通气速率较大，便于带走热量，而产热少则可以降低通气速率；④发酵物料的料层厚度，厚度大，空气阻力大，通气速率也大，相反则通气速率可以降低；⑤微生物产生 CO_2 和其他易挥发代谢产物的量以及发酵物料的空隙大小等，产生 CO_2 及其他挥发性产物多，通气速率大，便于及时将它们带走，降低它们对发酵的影响，反之，则通气速率小。当通风率增加时，发酵物料水分降低快，容易导致底物干燥，所以相应地使空气的加湿时间延长。也可以采用气相色谱或氧分析仪通过分析氧的浓度，再根据测定结果来调节通风的速率。

由于在固态发酵基质中没有可流动的自由水，所以微生物主要是直接从空气中汲取 O_2，空气压力、通气率、基质孔隙率、料层厚度、基质湿度、发酵容器几何特征及机械搅拌装置的转速等都可以影响微生物的汲取氧能力。通常固体基质表面形成的一层液膜是 O_2 传递给微生物的控制因素，但其传质阻力比液体发酵小得多。

一般情况下，要改善固体发酵中 O_2 等传质状况，可采取下列措施：以颗粒状多孔或纤维状物质为发酵物料；减小物料厚度；增大物料间空隙；使用多孔浅盘作为发酵容器；不断搅拌发酵物料或使用转鼓式发酵容器等。目前，利用较多的方法是将强制通风与搅拌相结合，但需要定时换气或改变气体流向以防止培养物料中沟流的产生，避免空气从这些沟流中逃逸，从而影响空气的传质效率。

(三) 温度和pH值

在固态发酵中，一方面微生物需要适宜的生长温度（通常最适温度为20～35℃）；另一方面伴随微生物生长，会产生大量的热，而固态发酵的传热效率差，所以易导致发酵物料温度急剧上升，此时如果不能及时降温，将会影响微生物生长和产物的产率。

实践证明，单位体积（质量）固体培养基的产热量要远远高于液态培养基。固态发酵过程中热量传递过程包括两个方面：一是固体培养基颗粒内热量的传递；二是热量在颗粒表面到颗粒间气相的传递。而一般固态基质多为有机质，导热性能差，基质中又没有自由流动的液相，所以固态发酵过程中热量传递困难，基质内存在较大的温度梯度，不利于微生物生长和代谢产物生成。研究表明，固态发酵主要通过对流、传导和蒸发三种机制实现传热，其中，蒸发传热占64.7%，对流传热占26.65 %，传导传热占8.65%，蒸发传热是主导。所以，在实践操作中常采用强制通风方法来降低温度，因为强制通风可直接带走热量，同时可通过提高培养基水分的蒸发量，从而带走热量。在强制通风散热时，应定期对培养基喷入无菌水以维持固体培养基的含水量，否则强制通风很容易导致培养基干燥，从而影响发酵。目前，将通气、温度、湿度的控制相结合在一起是大规模固态发酵系统常用的控温措施。

pH值对固体发酵过程中微生物的生长和代谢产物形成也有很大影响。但是非常遗憾的是目前还缺乏在线测定固定发酵物料pH的办法。通常是用手轻轻挤压物料使之与pH探头密切接触，并挤出少许水分，从而测定pH值；也可以取小量蒸馏水加到物料中充分混匀后，用pH探头进行测量。后一种方法测定的pH值一般较前一种方法的高0.1～0.2。

到目前为止，关于固态发酵过程中pH变化，尤其是pH调控方法的研究很少。通常采用具有较好缓冲能力的物质作发酵物料以消除pH变化对发酵带来的不利影响；另一个比较新颖的方法是以含氮无机盐（如脲）做氮源，以抵消发酵过程中产酸带来的不利影响。

(四) 物料的营养成分与粒度

要使微生物大量繁殖，并获得所需的代谢产物，就必须供给菌体充足的营养。固态发酵的原料包括营养料和填充料。营养料可供给养分，如麸皮、豆粕（饼）、无机盐等；填充料可促进通风，如稻壳、玉米芯、花生壳等。一定要选用优质的不能霉烂和变质的原料。此外，要特别注意营养物的配比。碳氮比不当，会影响菌体生长和代谢产物形成。氮源过多时，菌体生长过于旺盛，一般不利于代谢产物的积累；氮源不足时，菌体活力不足，生长繁殖缓慢；碳源物质缺乏时，菌体容易衰老和自溶。在不同的固态发酵产品生产工艺中，最适的碳氮比在（10～100）：1，变化很大，因而在固态发酵时，应通过实验来确定最佳的营养物组成。

固态发酵基质颗粒的大小直接影响到单位体积或重量物料的表面积，也会影响菌体的生长、O_2供给及CO_2排放等。在固态发酵中，原料的粒度细，可提高利用率和产品的得率；但是原料过细，又影响O_2在基质内的传递。大颗粒物料可以提供较大间隙，有利于提高传热和传质效率，还可以提供更好的呼吸及通气条件，但较小表面积不利于微生物的生长。因此，应该综合考虑，选择合适颗粒大小。

二、固态发酵动力学

发酵动力学是研究发酵过程中菌体生长、基质消耗、产物生成的动态平衡及其内在规律的科学。研究发酵动力学的目的在于为发酵过程的工艺控制、发酵容器的设计与放大和用计算机对发酵过程进行监控提供依据。对固态发酵来说，发酵过程中的生物量、pH值、温度和湿度等参数可以用发酵动力学进行指导和优选。设计合理的发酵过程，以发酵动力学模型作为依据，利用计算机可根据发酵动力学模型来设计程序，模拟最合适的工艺流程和发酵工艺参数，从而使生产控制达到最佳化。研究发酵动力学，不仅可以为固态发酵容器的设计与选择提供基础资料，还可以为从小试到大规模生产的模拟放大提供理论依据。

发酵动力学研究内容包括微生物生长过程中的质量和能量平衡，发酵过程中菌体生长速率、基质消耗速率和产物生成速率的相互关系，环境因素对三者的影响等。所以，发酵动力学模型一般由微生物生长动力学模型、底物消耗动力学模型和产物形成动力学模型组成。下面将首先介绍微生物生长动力学、底物消耗和产物形成动力学，然后再简要介绍固态发酵动力学模型。

（一）微生物生长动力学

1. 微生物生长曲线

固态发酵过程一般为分批发酵，也称分批培养，即在一个密闭系统内一次性投入有限数量的营养物进行培养的方法。当时间为零时，向灭过菌培养基中接入菌种，然后在适宜条件下培养。在培养过程中，除通入空气，添加少量水分和调节 pH 值外，不再添加其他物质。在这个过程中，微生物生长繁殖，生物量和代谢产物积累，培养基中营养成分逐步减少。

微生物生长过程可以用细胞浓度的变化来描述。以细胞浓度的对数值与细胞生长时间作图，可得到分批培养时的微生物生长曲线（图 5-1）。关于微生物生长与代谢特点在普通微生物教科书中已有详细介绍，在此不再赘述。

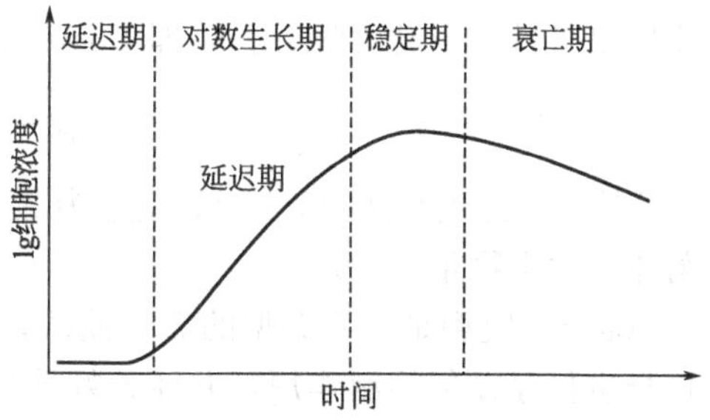

图 5-1　典型的微生物生长曲线

（引自：姚汝华《微生物工程工艺原理》，2005）

2. 生物量的测定

测定固态发酵生物量的方法包括直接法和间接法。所谓直接法是直接分离测定培养基中的生物量，在液态发酵中这是一种很常规的方法，包括细胞计数、干重测量和光密度测定等。但对固态发酵来说，直接测定生物量必须从残留的培养基中分离出全部的生物量。由于微生物的菌体常常与固态发酵基质混在一起，很难分离，所以一般通过测定微生物中某些特殊成分来间接测定生物量。具体的方法包括以下几种。

（1）葡萄糖胺浓度的测定　这种方法是基于葡萄糖胺是几丁质乙酰葡萄糖胺的单体成分，而几丁质是真菌等微生物中不溶性的多聚体。这个过程需先降解几丁质，然后测定生成的葡萄糖胺含量。

（2）麦角固醇含量的测定　麦角固醇是真菌细胞膜的重要组成成分，在真菌的生长过程中，它在确保膜结构完整性、流动性以及细胞活力与物质运输方面起着重要作用，大多以自由态存在于真菌细胞膜的磷脂双分子层中，少量酯化于脂肪酸中。用麦角固醇来表征真菌的生物量，因其性质相对稳定，不受外界环境影响，而且测定方法很多，因此近年来被广泛应用。

（3）核酸含量的测定　核酸在细胞中的含量十分稳定，不易被分解代谢。理论上讲，核酸的含量与生物量具有较好的线性关系。但固态发酵原料也含有核酸，可能影响测定结果。一般来说，谷物原料中含 DNA 较少，且微生物也可能利用其 DNA 合成自身的 DNA，因此在大多数情况下，可以忽略原料中所带入的 DNA。也可以先测定未发酵原料中的核酸含量，作为空白对照值。

（4）蛋白质含量的测定　这种方法是间接测定中比较可行的方法，主要问题是如何精确测定蛋白质含量，即如何排除基质中蛋白质的干扰。当基质中蛋白质含量较低时，此方法较可靠。蛋白质测定常采用凯氏定氮法。

应该说各种间接测定方法各有优缺点，最主要的问题是如何尽可能地消除发酵基质对测定结果的影响。

3. 微生物生长的动力学方程

在特定的温度、pH 值、营养物类型与浓度等条件下，固态分批培养的微生物的比生长速率（μ）是一个常数。它与限制性营养物浓度关系符合式(5-1) 的方程。

$$\mu=\mu_{\max}\frac{S}{K_s+S} \tag{5-1}$$

式中，μ 为比生长速率，h^{-1}；$\mu_{\max}$为最大比生长速率，h^{-1}；S 为限制性底物浓度，g/L；K_s 为饱和常数，g/L。

当 $\mu=\frac{1}{2}\mu_{\max}$时，$K_s$ 在数值上等于限制性营养物的浓度。如果微生物生长所需要的所有营养物都过量，$\mu=\mu_{\max}$，此时细胞处于对数生长期，生长速度达到最大值。

式(5-1) 是基于经验观察得出的，也称为 Monod 方程。在纯培养情况下，只有当微生物细胞生长在单一限制性营养物质中时，此方程才与实验数据一致。但是实际的情况比较复杂，为此提出了另一个动力学方程，即 Logistic 模型。

$$\mu=\mu_{\max}\left(1-\frac{X}{X_m}\right) \tag{5-2}$$

式中，μ 比生长速率，h^{-1}；$\mu_{\max}$为最大比生长速率，h^{-1}；X 为菌体生物量，g/L；X_m 为菌体最大生物量，g/L。

Logistic 模型是一个典型的 S 形曲线，能较好地反映分批发酵过程中因菌体浓度的增加而对自身生长存在的抑制作用，并能较好地拟合分批发酵过程中菌体生长规律。分批发酵的起始阶段，菌体浓度很低，即 X 比 X_m 小得多，所以 X/X_m 项可忽略不计，这时方程(5-2) 表示的是菌体呈指数生长的情况；而当 $X=X_m$ 时，方程(5-2) 表示菌体生长停止。

Logistic 模型在各种微生物的生长动力学研究中被广泛应用。该模型的主要缺点是未能明确反映出底物浓度与比生长速率之间的关系。

除了上述 Monod 方程和 Logistic 模型之外，其他常用的微生物生长动力学方程见表 5-1。

表 5-1 微生物生长的动力学方程

提出者	动力学方程	提出时间
Tessier	$\mu=\mu_{\max}\left[1-\exp\left(-\frac{S}{K_s}\right)\right]$	1936 年
Moser	$\mu=\mu_{\max}\frac{1}{1+K_sS^{-\lambda}}$	1958 年
Contois	$\mu=\mu_{\max}\frac{S}{K_sX+S}$	1959 年

注：引自姚汝华《微生物工程工艺原理》，2005。

（二）底物消耗和产物形成动力学

1. 微生物生长得率系数与产物得率系数

在分批培养中，随着时间的推移，营养物质逐渐消耗，产物逐渐积累。所以一般可用得率系数来描述微生物生长过程，即用生成细胞或产物的量与消耗营养物之间的关系来表征微生物的生长。它们的比值分别称为生长得率系数或产物得率系数。

一般情况下，微生物的生长得率系数可以分为三类。①与实际生产过程的效率和成本有关的生长得率系数。如 $Y_{x/s}$、Y_{x/O_2}、$Y_{x/kJ}$，分别表示消耗 1g 底物、1mol O_2 和 1kJ 能量生成的细胞的质量（g）。②与代谢过程有关的生长得率系数。如 $Y_{x/C}$、$Y_{x/P}$、$Y_{x/N}$，分别表示消耗

1g 碳、1g 磷、1g 氮生成细胞的质量（g）。③与能量代谢有关的生长得率系数。如 $Y_{x/ATP}$，表示消耗 1mol 的 ATP 生成的细胞的质量（g）。

而常用的微生物产物得率系数，主要有 $Y_{p/s}$、$Y_{CO_2/s}$、$Y_{ATP/s}$ 和 Y_{CO_2/O_2} 等。它们分别表示每消耗 1g 底物生成的产物、CO_2 和 ATP 的量，以及每消耗 1mol O_2 生成 CO_2 的量。其中，最常用的得率系数是 $Y_{x/s}$ 和 $Y_{p/s}$。在工业上，得率系数的计算是采用在一定的时间内，测定细胞或产物的生成量及营养物的消耗量来进行的。即：

$$Y_{x/s}=\frac{X-X_0}{S_0-S}=\frac{\Delta X}{\Delta S} \tag{5-3}$$

$$Y_{p/s}=\frac{P-P_0}{S_0-S}=\frac{\Delta P}{\Delta S} \tag{5-4}$$

式中，X 表示细胞的质量，g；X_0 为最初的细胞质量，g；ΔX 为细胞的生成量，g；P 表示微生物的代谢产物量，g；P_0 为最初的代谢产物量，g；ΔP 为产物的生成量，g；S 为底物的量，g；S_0 为最初的底物量，g；ΔS 为底物的消耗量，g。

2. 产物形成的动力学模型

这里的产物是指细胞培养过程中代谢生成的细胞量以外的产物。根据代谢产物生成与细胞生长速率之间的关系，可将代谢物的生成模式分为三种不同的类型。Ⅰ型是代谢产物与菌体生长呈正相关，这种情况一般出现于代谢产物是细胞能量代谢的直接结果，如乙醇等。Ⅱ型是代谢产物与菌体生长呈部分相关，这种情况一般出现于代谢产物是细胞能量代谢的间接结果，如柠檬酸等。Ⅲ型是代谢产物与菌体生长不相关，在细胞生长阶段无产物积累，当细胞生长停止后产物大量生成，这种情况多见于次级代谢产物，如青霉素等的合成。产物的比生成速率可用以下方程进行描述。

$$\frac{dP}{dt}=\alpha\frac{dX}{dt}+\beta X \tag{5-5}$$

式中，P 为产物浓度，g/L；α 为与生长相关的产物合成系数；β 为非生长相关的产物合成系数；X 为菌体生物量，g/L。

3. 底物消耗的动力学模型

底物包括细胞生长所需的各种营养成分，其消耗主要有三个方面：一是细胞生长的消耗，用以合成新的细胞；二是细胞维持基本生命活动的消耗；三是用于合成代谢产物的消耗。因此底物消耗可用如下动力学模型表示。

$$\frac{dS}{dt}=-\frac{dX}{dt}\times\frac{1}{Y_{x/s}}-m_xX-\frac{1}{Y_{p/s}}\times\frac{dP}{dt} \tag{5-6}$$

式中，$Y_{x/s}$ 为生物量对底物的得率系数；$Y_{p/s}$ 为产物对底物的得率系数；m_x 为微生物碳源的维持常数。

（三）固态发酵动力学模型

1. 两阶段模型

研究表明，在固态发酵过程中微生物生长曲线包括两个阶段，即短暂的快速加速生长期和较长的慢速减速生长期。所以用对数方程拟合生长曲线时就存在着系统偏差，因此为了描述快速加速/慢速减速生长曲线，提出了二阶段方程。

$$\frac{dX}{dt}=\mu X, t<t_a \tag{5-7}$$

$$\frac{dX}{dt}=[\mu L e^{-k(t-t_a)}]X, t\geqslant t_a \tag{5-8}$$

式中，t_a 为微生物由指数期转为减速期的时间点；L 为减速期的比生长速率与指数期比生长速率的比值；k 为指数衰减常数。

式(5-7) 表示指数生长期，此阶段时间较短；式(5-8) 表示减速期，此阶段时间较长。

2. 菌体死亡的动力学模型

目前的动力学模型是用具有生物活力的菌体建立的，方程只描述生长与死亡的总体结果，而没有分别建立活生物菌体与死生物菌体的动力学方程。但在实际情况中，由于营养物质的消耗和代谢热等环境条件的改变，菌体的死亡是不可避免的。在微生物生长的衰亡期，菌体的生长和死亡实际上是同时进行的。菌体的比生长速率是这两者之差，总的菌体量包括活菌体和死菌体。

假定菌体死亡是按照一级方程进行的，可得到描述菌体的死亡方程为：

$$\frac{dX_D}{dt}=K_D X_V \tag{5-9}$$

式中，X_D 为死菌体的绝对浓度；X_V 为活菌体的绝对浓度；K_D 为菌体的比死亡速率，h^{-1}。

当菌体的生长符合对数生长模型时，总菌体可用 Logistic 模型表示。

$$\frac{dX}{dt}=\mu X_V\left(1-\frac{X}{X_m}\right) \tag{5-10}$$

式中，X 为总的菌体浓度；X_m 为最大的菌体浓度；μ 为菌体比生长速率，h^{-1}。

活菌体是总菌体与死菌体之差，即：

$$\frac{dX_V}{dt}=\mu X_V\left(1-\frac{X}{X_m}\right)-K_D X_V \tag{5-11}$$

为了定量表示微生物生长与温度的关系，常用比生长速率 μ 与绝对温度 T 倒数的关系来表示。在某个 T 范围内，按照阿伦尼乌斯（Arrhenius）方程可得式(5-12)，据此可得到比死亡速率与温度的关系式(5-13)。

$$\mu=A_V \exp\left[-\frac{E_{AV}}{R(T+273)}\right] \tag{5-12}$$

$$K_D=A_D \exp\left[-\frac{E_{AD}}{R(T+273)}\right] \tag{5-13}$$

式中，A_V 为生长频率系数；E_{AV} 为生长的活化能，J/mol；A_D 为死亡频率系数；E_{AD} 为死亡的活化能，J/mol；T 为温度，℃；R 为理想气体常数，8.314J/(mol·℃)。

由此得到菌体的净比生长速率：

$$\mu_0=A_V \exp\left(-\frac{E_{AV}}{RT}\right)-A_D \exp\left(-\frac{E_{AD}}{RT}\right) \tag{5-14}$$

式中，μ_0 为菌体的净比生长速率，h^{-1}。

3. 结合环境条件的动力学模型

用模型进行发酵容器设计和操作优化时，不仅需要描述发酵容器的质量和能量平衡以确定关键过程变量，而且需要将微生物的生长动力学表示为这些关键变量的函数，其中最重要的两个关键变量是发酵物料的温度和水分活度。物料温度是大型固态发酵生产中最难以控制的一个变量，所以对数动力学方程应该能够描述温度变化对微生物生长的影响。

目前，主要用“等温方法”模拟温度变化对生长的影响，即在不同的特定温度下分别进行微生物培养，用非线性回归方法分析其生长曲线，得到不同温度条件下微生物生长动力学方程的参数值，再用非线性回归方法拟合温度与每个温度参数值的曲线，得到用温度表达的参数函数。用这种方法开发的生长模型在预测某一特定时刻的生长率时，只与当前的瞬时温度有关。

Saucedo-Castaneda 等将比生长速率（μ）和最大菌体量表达成当前温度的函数如下。

$$\mu=\frac{2.694\times10^{11}\mathrm{e}^{(-70225/8.314T)}}{1+1.300\times10^{47}\mathrm{e}^{(-283356/8.314T)}} \tag{5-15}$$

$$X_{\mathrm{m}}=-127.08+7.95(T-273)-0.016(T-273)^2-4.03\times10^{-3}(T-273)^3+4.73\times(T-273)^4 \tag{5-16}$$

式中，T 为绝对温度，K；X_{m} 为最大菌体量，g/L。

假定比生长速率是温度和水分活度的函数，则有：

$$\mu_{\mathrm{W}}=\exp(D_1a_{\mathrm{ws}}^3+D_2a_{\mathrm{ws}}^2+D_3a_{\mathrm{ws}}+D_4) \tag{5-17}$$

$$\mu_{\mathrm{T}}=\frac{1}{\mu_{\mathrm{M}}}\times\frac{A\exp\left[\frac{-E_{\mathrm{A1}}}{R(T+273)}\right]}{1+B\exp\left[\frac{-E_{\mathrm{A2}}}{R(T+273)}\right]} \tag{5-18}$$

$$\mu=\mu_{\mathrm{M}}\sqrt{\mu_{\mathrm{W}}\mu_{\mathrm{T}}} \tag{5-19}$$

式中，μ_{W} 为基于水分活度的比生长速率，h^{-1}；μ_{T} 为基于温度的比生长速率，h^{-1}；μ_{M} 为最大比生长速率，h^{-1}；μ 为比生长速率，h^{-1}；α_{ws} 为固体基质的水分活度；E_{A1}，E_{A2} 为活化能，J/mol；A，B 为频率系数；D_1，D_2，D_3，D_4 为方程拟合系数；T 为温度，℃；R 为理想气体常数，8.314J/(mol·K)。

4. 微生物生长对环境影响的模型

由于微生物所处的局部环境会影响其生长，所以发酵容器数学模型的质量与能量平衡方程必须包括微生物对其局部环境影响的描述，将代谢产热、底物消耗、O_2 消耗和 CO_2 产生、水及产物形成等与微生物生长有关的活动与动力学方程相联系，有时这些活动可以表达成生物成分或动力学方程。

(1) O_2 消耗和 CO_2 产生模型　O_2 消耗和 CO_2 产生可以表示为菌体量的函数，研究表明，赤霉菌（*Gibberella* spp.）在发酵过程中的 O_2 消耗和 CO_2 产生的动力学可以表示为：

$$\frac{\mathrm{d}[CO_2]}{\mathrm{d}t}=\mu\frac{X}{Y_{\mathrm{x/CO_2}}}+m_{\mathrm{CO_2}}X \tag{5-20}$$

$$\frac{\mathrm{d}[O_2]}{\mathrm{d}t}=\mu\frac{X}{Y_{\mathrm{x/O_2}}}+m_{\mathrm{O_2}}X \tag{5-21}$$

式中，$Y_{\mathrm{x/CO_2}}$ 为生物量对 CO_2 的得率系数；$Y_{\mathrm{x/O_2}}$ 为生物量对 O_2 的得率系数；$m_{\mathrm{CO_2}}$ 为菌体对 CO_2 的维持常数；$m_{\mathrm{O_2}}$ 为菌体对 O_2 的维持常数；μ 为菌体比生长速率；X 为菌体生物量。

(2) 生物反应代谢热模型　微生物利用碳源，一部分经柠檬酸循环，被完全氧化；另一部分转变为能量状态更低的产物；还有一部分经微生物代谢产生能量。而能量中的一部分以 ATP 的形式贮存；另一部分以自由能形式释放，使物料产生热量（代谢热）。产生的代谢热与微生物的生长和代谢活动有关，与微生物维持的代谢活动也有关。故代谢热的产生速率可用式(5-22) 表示。

$$r_Q=Y_{Q/\mathrm{x}}\frac{\mathrm{d}X}{\mathrm{d}t}+m_QX \tag{5-22}$$

式中，r_Q 为总的代谢热产生速率；$Y_{Q/\mathrm{x}}$ 为菌体生长时热量的得率系数；m_Q 为菌体维持代谢时的热量得率系数；X 为菌体生物量。

第二节　固态发酵容器

固态发酵容器的种类很多，按形态与结构分，包括发酵盘、发酵池、发酵箱、发酵缸和发酵罐等，理想的固态发酵容器应具备以下特征。①用于建造发酵容器的材料必须坚固、耐腐蚀并对发酵微生物无毒、无害。②可以防止发酵过程污染物进入，同时可以控制发酵过程的有害物质或生物释放到环境。由于有些固体发酵容器是敞口或半敞口的，所以有时很难完全有效地控制杂菌的进入，此时主要是通过控制发酵条件使目标微生物成为优势菌群，以有效控制杂菌的影响。而对于发酵过程有害物质（主要是微生物孢子等）对环境的影响，通常可以在空气出口处安装过滤器，对空气过滤并达到要求后再排放，这样可以有效地控制它们对环境的影响。③具有有效的通风调节系统，可以有效调控温度、水分活度和氧气浓度等。④能够维持发酵物料内部的均匀性。⑤便于安装和拆卸，也便于与培养基质的制备、灭菌、接种以及发酵产物的提取等设备相衔接。

固态发酵容器除了以形态与结构特点进行分类外，根据发酵过程中基质的运动状态，可以将固态发酵容器分为静态发酵容器（static fermentation container）和动态发酵容器（dynamic fermentation container）。所谓静态发酵容器是指物料在发酵过程中处于静止状态的发酵设备。此类设备具有结构简单、容易放大、操作简便和能耗低等优点；但是，由于物料处于静止状态，传热与传质困难，从而导致基质内部温度、湿度不均匀，菌体生长不均匀，在发酵过程中需要人工间歇翻动物料，劳动强度大。所谓动态发酵容器是指发酵过程中物料处于间歇或连续的运动状态的一类发酵容器。此类设备具有传热和传质好、设备集成度高、自动化水平高等优点；但是，由于设备的机械部件多，结构复杂，灭菌消毒比较困难，物料搅拌的能耗较大，设备放大困难。下面将分别对这两类固态发酵容器的分类、结构与工作原理进行简要介绍与分析。

一、静态发酵容器

静态发酵容器，根据其形状不同，有浅盘式发酵容器（shallow tray fermentation container）、塔柱式发酵容器（tower-type fermentation container）、填充床式发酵容器（packed-bed-type fermentation container）、箱式发酵容器（box-type fermentation container）以及传统发酵食品酱油、白酒等发酵中使用的发酵缸（fermentation vat）、发酵窖（fermentation pit）和发酵池（fermentation well）等。根据发酵过程中通风方式的不同，可以将固态发酵设备分为强制通风发酵设备和非强制通风发酵设备。填充床式发酵容器和箱式发酵容器通常与强制通风结合在一起，以提高传质与传热效率，属于强制通风发酵设备。

（一）浅盘式发酵容器

浅盘式发酵容器与我国在曲房中进行的传统浅盘制曲（图 5-2）非常相似。这种传统的

图 5-2 曲房浅盘制曲示意图

培养制曲方式是将接种后的固态物料盛放于以竹或木制成的圆形或方形的浅盘（曲盘）中，覆盖麻袋或草帘等保温材料后，搁置于一个相对密闭的房间（曲房）的木架上，以炭、煤直接加热，或热交换器与空调加热，结合曲房门窗的开关来调控物料的温度与湿度。这种传统的浅盘制曲工艺尽管存在劳动强度大、条件难以控制、产品质量不均匀等诸多不足，但是由于它具有曲房结构简单、构建成本低、技术要求不高等优点，而且在我国传统发酵食品领域，有大量经验丰富、技艺高超的能工巧匠，所以目前浅盘制曲在我国仍被广泛采用。

浅盘式发酵容器就是将上述的曲房改为一个密闭并带有空气过滤循环与加热系统的容器或培养室，将曲盘改为底部带有小孔的木制、塑料制或金属制的浅托盘（图 5-3）。

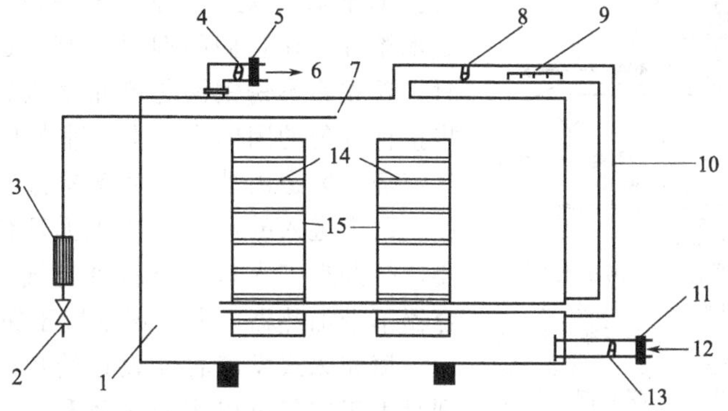

图 5-3　浅盘式发酵容器结构示意图

（引自：Durand A. Biochem Eng，2003）

1—培养室；2—水阀；3—紫外灯管；4,8,13—空气吹风机；5,11—空气过滤器；6—空气出口；7—湿度调节装置；9—加热器；10—空气循环管；12—空气入口；14—浅盘；15—层架

工作时，将灭菌、冷却并接了种的培养基平铺于托盘内，放置于培养室的层架上，层架与层架之间以及同一层架的托盘与托盘之间留有一定空隙，以便进行传质与传热，然后打开空气过滤与加热控制系统，根据产品发酵要求，调节控制培养室内的温度与氧气的含量。也可以根据需要打开水阀，让自来水经紫外灯杀菌后，通过湿度调节装置调控培养室的湿度。培养结束后，将浅盘移出，即可对产品进行后续处理。

浅盘式发酵容器具有以下特点：①相对比较薄的发酵基质铺在一个面积相对比较大的托盘里，便于传质与传热；②托盘上的小孔可以使空气缓慢地在托盘周围循环；③ 发酵基质的温度与湿度随着培养室周围环境中的温度与湿度的变化而变化，因此可以通过控制培养室的温度与湿度来控制培养基质的温度与湿度；④操作简单，技术含量不高，适合于推广与应用。但是，进出料均需要人工操作，劳动强度大，难以实现自动化。另外，由于发酵基质是静态的，传质、传热困难，所以基质厚度往往只能是几厘米到十几厘米。

（二）塔柱式发酵容器

图 5-4 是一种小型的实验室用塔柱式发酵容器，由上部罐体、中部容器、底部容器以及加热器、冷却水管、温度与湿度探头等组成。工作时，首先将无菌水注入底部容器中，并将灭菌冷却接种后的固体基质无菌操作装入灭菌的罐体中（底部有不锈钢筛网），并盖好加热盖后，接通底部与中部容器的加热器电源，通入无菌空气。无菌空气经过底部容器中的无菌水后进入中部容器，在该容器中无菌空气经加热控制相对湿度后，进入罐体的物料中，同时为物料通气、加热和增湿。为了有效地控制固体物料的温度，罐体还可以通过夹套调节温度，罐体的上

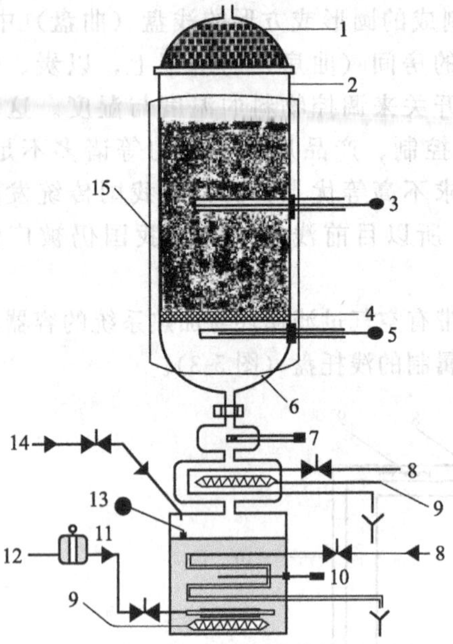

图 5-4 塔柱式发酵容器结构示意图
（引自：Durand A. Biochem Eng，2003）
1—加热盖（上部罐体）；2—中部容器；3—温度探测器；4—不锈钢过滤筛；5—空气进口温度探测器；6—底部容器；7—相对湿度探测器；8—冷水入口；9—电阻加热器；10—水温探测器；11—流量计；12—无菌空气；13—水位探针；14—无菌水入口；15—绝热夹套

盖可以加热，中部与底部容器还装有冷却水管。

塔柱式发酵容器最大的特点是可以对物料同时进行通气、加热与增湿，通过计算机控制可以实现自动化。但是由于固态培养基位于塔式罐体中无法搅拌，所以上下层物料存在一定的温差和湿度差，故这种塔式发酵容器不能过大，目前主要用于对固态发酵工艺参数进行初步研究，大小通常为1～2L。

（三）填充床式发酵容器

填充床式发酵容器由填充床、鼓风机、风道等组成。填充床可以是横卧（图 5-5）、垂直或倾斜的圆柱或木箱等，在它们的迎风面有孔道供空气进入。工作时，首先将不锈钢网与麻布依次铺在填充床上，然后将接种混匀的固体物料均匀铺在麻布上，打开鼓风机，气流经下风道由填充床底部穿过物料层向上流动，并经上风道进入鼓风机可实现循环使用。也可以根据需要，打开空气入口补充新鲜空气。由于填充床式发酵容器不带加热器，所以通常置于保温培养室中。

填充床式发酵容器设计简单，工艺控制容易，特别是由于空气可以实现循环利用，所以温度与湿度的损失不大，可以节约能源，所以相对于浅盘式发酵容器而言，它在生产中的应用更加广泛。但是填充床式发酵容器的进出料比较麻烦，传热与传质困难，微生物生长不均匀。

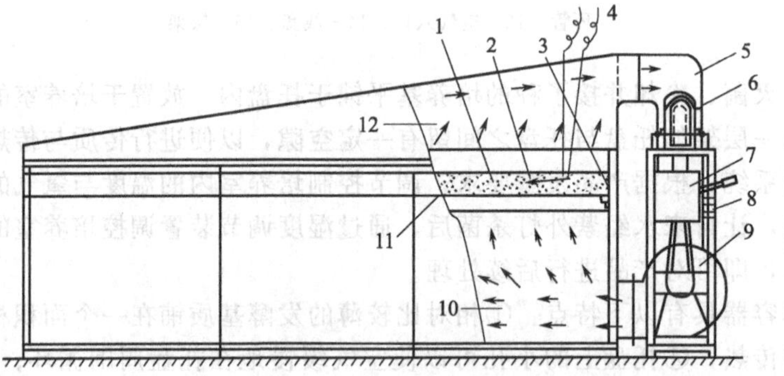

图 5-5 填充床式发酵容器结构示意图
（引自：邱立友《固态发酵工程原理及应用》，2008）
1—培养物料；2—不锈钢网；3—麻布；4—温度传感器；5，12—上风道；6—电动机；7—变速箱；8—空气入口；9—鼓风机；10—下风道；11—填充床

（四）箱式发酵容器

箱式发酵容器由曲箱、鼓风机、风道等组成（图 5-6）。它的基本结构与填充床式发酵容器相似，主要是将填充床变成了曲箱，而且其下风道有8°～10°的倾斜角，这样便于空气均匀分布于曲箱底部。工作时，首先将竹帘子、麻布等依次铺在曲箱底部的木制或不锈钢栅栏上，并将接种后的物料铺在曲箱中，打开鼓风机，使空气通过下风道均匀分布并穿过物料后，经风道实现循环使用，以保持空气中的相对湿度与温度，当然也可以根据需要打开入风口补充新鲜空气。

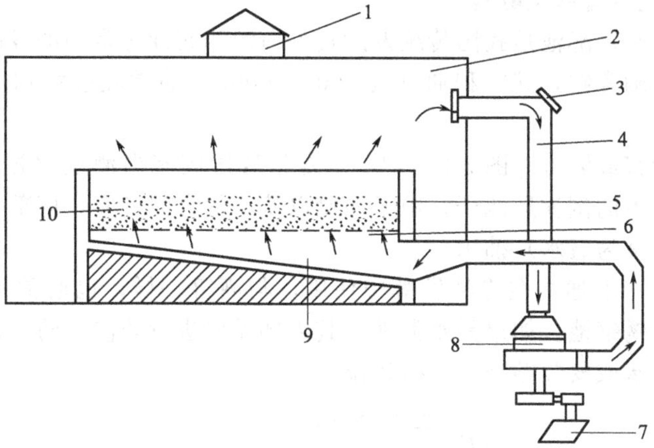

图 5-6　箱式发酵容器结构示意图

（引自：邱立友《固态发酵工程原理及应用》，2008）

1—天窗；2—曲池罩；3—入风口；4—风道；5—曲箱；6—栅栏；7—电动机；8—鼓风机；9—下风道；10—曲料

箱式发酵容器是目前我国传统发酵食品生产中广泛使用的一种固态发酵容器，特别是在酱油与谷物醋的生产中，几乎所有的生产厂家都采用这种通风制曲设备。与浅盘式发酵容器相比，其培养物料的厚度可以达到30cm，所以又称为深层通风制曲箱。曲箱通常由钢筋混凝土在制曲室（房）中直接砌成，且下风道常位于地面以下，结合曲房的控温与保湿系统，可以使曲箱保温、保湿效果更好，温度与湿度更加稳定。有时也可以将曲箱做成活动的，这样采用机械吊装系统可以将整个曲箱吊起并翻转，以便于物料的进出。为了使曲箱中物料的传热、传质与微生物生长均匀，常常需要对物料进行搅拌，目前已有专门的拌曲机用来对物料进行搅拌，主要使用的有垂直绞龙式拌曲机和滚耙式拌曲机，其结构如图 5-7 所示。

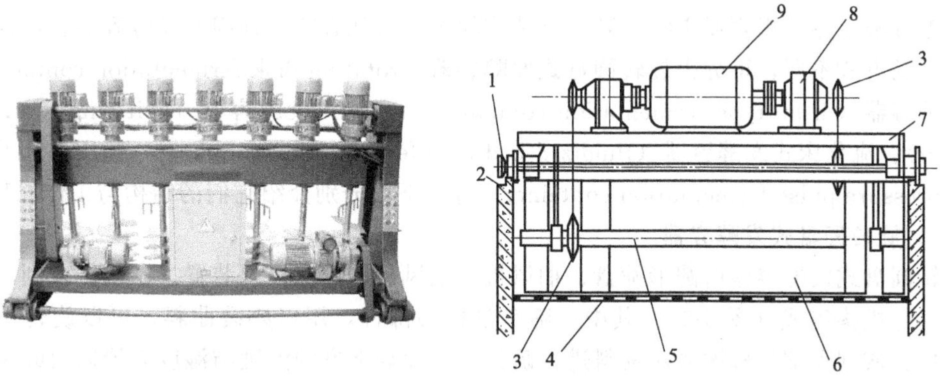

图 5-7　拌曲机的结构示意图

（引自：葛向阳《酿造学》，2005）

（a）垂直绞龙式拌曲机；（b）滚耙式拌曲机

1—滚轮；2—轨道；3—链轮；4—假底；5—耙轴；6—曲池；7—机架；8—减速器；9—电动机

箱式发酵容器是目前我国工业化生产中广泛使用的一种固态发酵容器，它具有结构简单、造价低廉、操作容易等优点，但是，在采用拌曲机进行翻曲搅拌时往往对曲箱边角的搅拌效果不好，所以常常还要结合人工翻曲，劳动强度大。

（五）发酵缸、发酵窖和发酵池

发酵缸、发酵窖和发酵池是我国传统发酵食品白酒和酱油等常用的发酵容器。

发酵缸是普通的陶瓷缸，其容积通常为500～1000L，通常经过特别的防渗漏处理，防渗效果好。

发酵窖，简称为窖或酒窖［图5-8(a)］，是专指我国固态白酒发酵过程使用的一种池子，它通常是位于地面以下的倒梯形池子，池子四壁以特定的窖泥夯实，底部有假底，便于将发酵过程中产生的液体（称为黄水）抽出。

发酵池［图5-8(b)］通常在酱油发酵中使用，与酒窖一样，也通常是位于地下的倒梯形或矩形的水泥池或不锈钢池。如果是水泥池，其内部需要进行防渗与防腐蚀处理。发酵池带有夹套，可以通入冷热水或安装循环管进行控温。

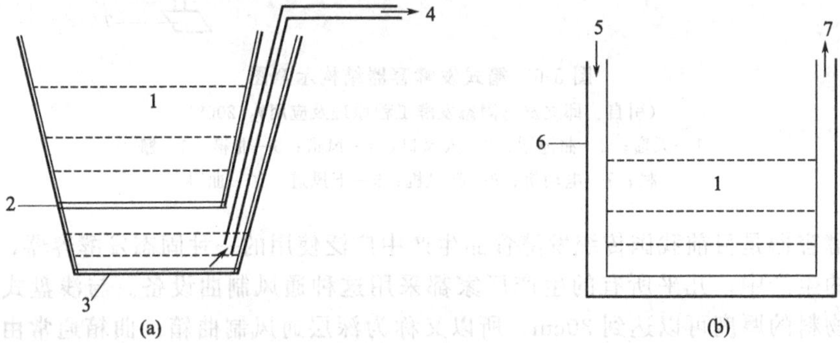

图5-8 发酵窖与发酵池的结构示意图

（a）发酵窖；（b）发酵池

1—发酵醪；2—夹层（假底）；3—底层；4—黄水出口；

5—冷水或热水进口；6—夹套；7—冷水或热水出口

二、动态发酵容器

动态发酵容器是指容器中物料处于连续或间歇运动状态的一种固态发酵容器。根据其形状和物料运动方式不同，可分为旋转圆盘式发酵容器（rotating disk fermentation container）、转鼓式发酵容器（drum-type fermentation container）、搅拌式发酵容器（agitating fermentation container）、流化床式发酵容器（fluidized-bed-type fermentation container）和压力脉动式发酵容器（pressure pulse fermentation container）等。下面分别介绍它们的结构与工作原理。

（一）旋转圆盘式发酵容器

旋转圆盘式发酵容器由圆形筛盘、抽风机、鼓风机、控温控湿装置、抛撒、摊刮、筛盘转动、翻料等机构组成（图5-9）。其中，筛盘是核心部件，用以盛装曲料，可以旋转，在其上方的抛撒、摊刮和翻料机构可对物料进行疏松，而筛盘下方的温度与湿度装置以及鼓风机是用来控温、控湿和通风的。

工作时，圆形筛盘上的固态物料可随筛盘一起旋转，这样既可以消除发酵“死角”，又得以与入料、翻料、摊平、出料等部件有机地配合，实现出入料、摊平、翻料的机械化，并可与前后工序的设备配套，形成自动化程度较高的生产线。同时，该发酵容器内设置的蒸汽灭菌系统可对物料进行灭菌，并可根据物料特性、粒度结构、物料层厚度等调节灭菌时间。灭菌后可直接通风冷却，配合物料层上部喷洒系统可直接采用菌液喷洒接种，避免了灭菌、接种、培养在不同设备中进行，减少了污染的概率，提高发酵的效率和质量。筛盘的间歇转动，并配合翻料、抛撒、摊刮机构的联动，可以方便地将板结的物料打散并混合均匀。摊刮机构还可以保证

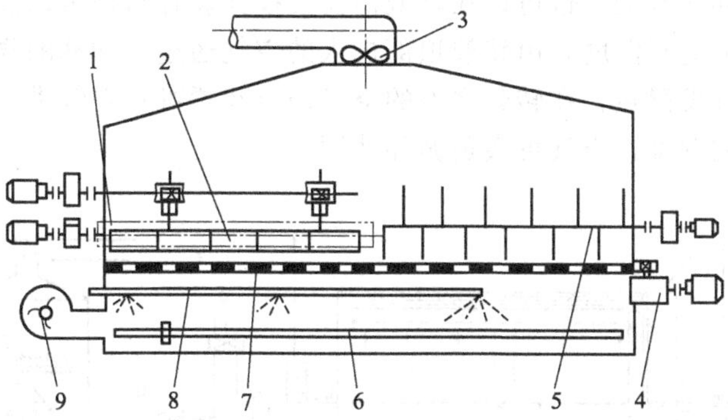

图 5-9 旋转圆盘式发酵容器结构示意图
(引自：邱立友《固态发酵工程原理及应用》，2008)
1—抛撒机构；2—摊刮机构；3—抽风机；4—筛盘转动机构；5—翻料机构；6—升温装置；7—筛盘；8—喷雾装置；9—鼓风机

物料层厚度均匀一致及表面平整，从而使通气顺畅、均匀，实现良好控温。

另外，旋转圆盘式发酵容器还可以设计成双层双盘结构。图 5-10 是双层双盘旋转圆盘式发酵容器的结构示意图。它的基本结构同旋转圆盘式发酵容器，但是配备的螺旋混合器，不仅可以每隔一段时间对物料进行搅拌，而且还可以将上层的培养物料送入下层，实现连续培养。

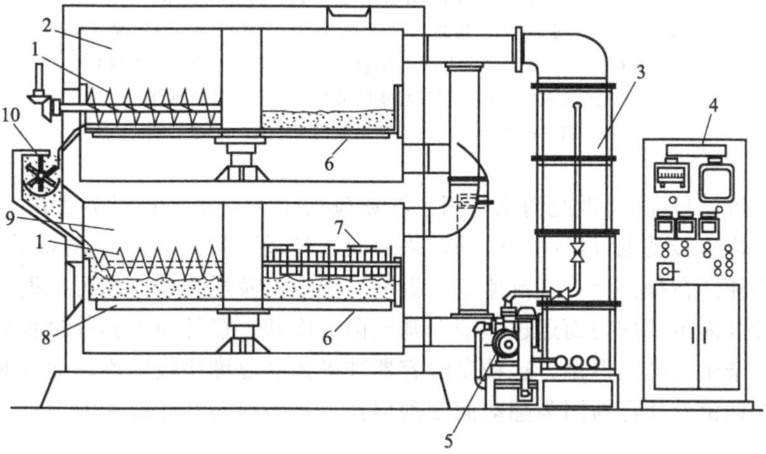

图 5-10 双层双盘旋转圆盘式发酵容器结构示意图
(引自：邱立友《固态发酵工程原理及应用》，2008)
1—螺旋输送器；2—1 号室；3—空气调节器；4—控制板；5—泵；6—曲床；7—搅拌器；8—转盘；9—2 号室；10—粉碎机

旋转圆盘式发酵容器具有工艺适应性强，占地面积小，密封性好，不易被杂菌污染，控温、控湿与翻料效果好，容易实现自动化，工作性能稳定，发酵水平高，产品质量稳定等诸多优点，所以不仅适用于酱油、酱类、食醋、酒类等传统发酵食品的生产，也适用于酶制剂、发酵制品和发酵饲料等产品的生产，是目前国内较为先进的固态发酵设备。但是其结构复杂，清洗困难，制造成本高。

(二) 转鼓式发酵容器

转鼓式发酵容器由转鼓、空气调节装置、传动系统等组成（图 5-11)。其中，转鼓是其核心部件，它为圆柱形，水平或倾斜安装于中轴上，可随中轴向正反两个方向旋转。工作时，转鼓内的物料随转鼓转动而翻动，也可以在转鼓内安装搅拌装置与挡板以强化物料的搅拌，通过转鼓内喷嘴喷水可调节物料湿度，由转鼓顶部进入的空气通过与翻动的物料接触，进行供氧与气体交换，并带走部分发酵热，在转鼓之外的空气调节装置可对空气进行净化，还可以通过对空气增湿来控制物料的湿度，空气可实现循环使用。

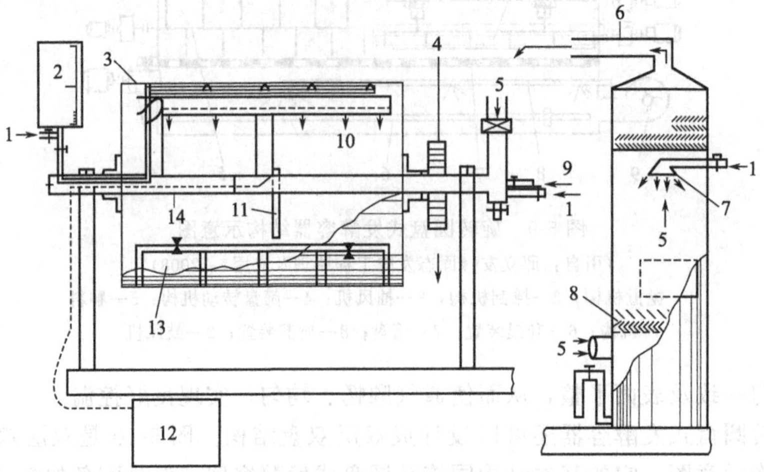

图 5-11 转鼓式发酵容器的结构示意图

(引自：邱立友《固态发酵工程原理及应用》，2008)

1—进水口；2—水箱；3—转鼓；4—变速轮；5—空气；6—空气调节器；7—喷嘴；8—拉西环（一种人造填料，通常由陶瓷或金属片做成）；9—蒸汽入口；10—空气与水的喷嘴；11—温度传感器；12—控制板；13—不锈钢丝网盖；14—中轴

转鼓式发酵容器早在 20 世纪初就已用于淀粉酶的生产，第二次世界大战以后用于青霉素生产。转鼓可以连续转动也可以间歇转动，采用间歇转动可以有效地控制对霉菌菌丝的损伤，并可降低转动能耗。在操作上，气流速率、温度、湿度以及搅拌频率均可根据实际需要进行调控，微生物在转鼓内生长均匀而迅速。培养基灭菌、冷却、接种与培养等过程可以在同一转鼓内完成，可防止杂菌污染。但是，这种发酵容器准确控制温度比较困难，而且对于丝状真菌的培养，在发酵初期菌丝体容易因为翻动而受到损伤，且原料易结球或黏附于反应器壁上，造成传质不均匀。

（三）搅拌式发酵容器

搅拌式发酵容器由圆筒式发酵容器、搅拌轴、搅拌桨、夹套、空气进出口等组成。其中，发酵容器与搅拌器是核心部件，发酵容器可以是卧式（图 5-12）的也可以是立式的，相应的搅拌轴在这两种发酵容器中分别为水平的和垂直的，轴上安装有多个搅拌桨，桨叶与轴平行。工作时，搅拌桨随轴旋转使物料搅拌均匀。为减少搅拌剪切力的影响，通常采用间歇搅拌的方式，而且搅拌转速较低。空气由发酵容器底部的空气进口进入，穿过物料，由上部空气开口排除，给物料供氧，同时带走部分热量。通过向发酵容器的夹套中通入热水或冷溶剂来控制发酵物料的温度。

卧式搅拌式发酵容器可以实现无菌培养，且可以同时控制温度和湿度，用于不同的生产目的，但是其热传递效率差，在搅拌过程中容易导致丝状真菌的菌丝体受到损伤，放大困难，大规模的生产效率很低。

为了克服卧式搅拌式发酵容器的传热效果差，难以实现大规模生产的缺点，改良设计了一

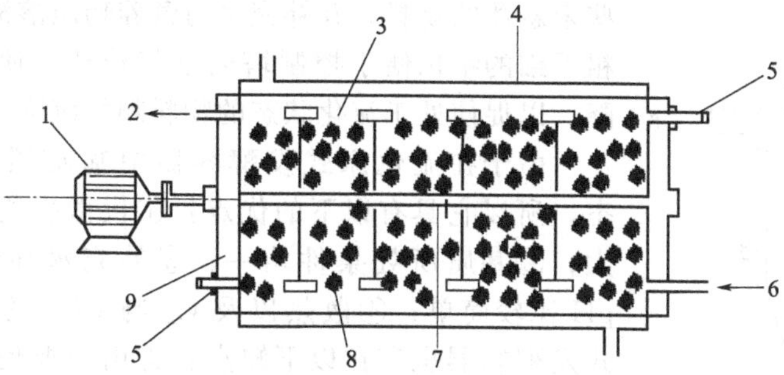

图 5-12 卧式搅拌式发酵容器的结构示意图

(引自：邱立友《固态发酵工程原理及应用》，2008)

1—搅拌电机；2—空气出口；3—搅拌浆；4—水夹套；5—温度探针；
6—空气进口；7—搅拌轴；8—固体培养物料；9—发酵容器

种圆盘搅拌式发酵容器（图 5-13）。它以圆盘替代圆筒作为发酵容器，发酵物料置于圆盘上，通过旋转式搅拌桨实现搅拌，温度与湿度通过加热与加湿空气控制。这种发酵容器的圆盘大小可以根据生产量确定，物料层可以很厚，实现深层通风发酵。通过与计算机连接，还可以实现对温度、湿度、空气流速、搅拌速度等的自动化控制，实现大规模自动化生产。但是这种设备的灭菌困难，温度与湿度控制不易，易受杂菌污染，发酵基质易结块，而且在搅拌过程中也容易对丝状真菌的菌丝体产生损伤。所以这种发酵设备通常仅用于生产比较粗放、菌种抗杂菌能力强、对无菌程度要求不高的固态发酵，例如酱油生产过程的米曲霉（*Aspergillus oryzea*）制曲。

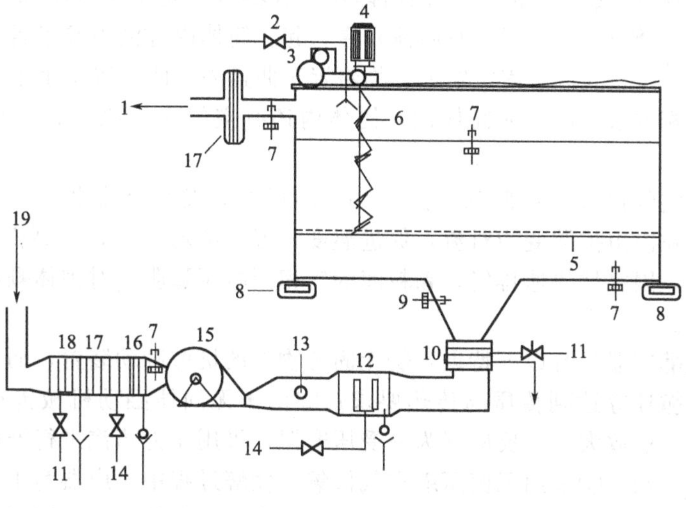

图 5-13 圆盘搅拌式发酵容器结构示意图

(引自：邱立友《固态发酵工程原理及应用》，2008)

1—空气出口；2—接种和喷水口；3—搅拌架电机；4—搅拌浆电机；5—圆盘；6—旋转式搅拌桨；
7—温度传感器；8—测重仪；9—湿度传感器；10—冷却器；11—冷水入口；12—湿
度调节器；13—空气流量器；14—蒸汽；15—鼓风机；16—加热器；
17—空气过滤器；18—空气冷却器；19—空气进口

(四) 流化床式发酵容器

流化床式发酵容器的结构如图 5-14 所示。工作时，由发酵容器底部通入高速空气，使物料处于流化状态，底部的分布器和搅拌器可以打散结团物料，上部的分离器和喷嘴可以打碎一

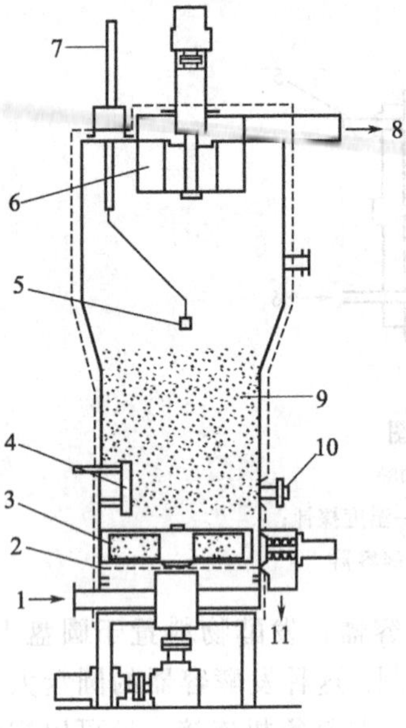

图 5-14 流化床式发酵容器结构示意图
（引自：邱立友《固态发酵工程原理及应用》，2008）
1—空气入口；2—空气分布器；3—搅拌器；4—温度传感器；5—喷嘴；6—分离器；7—水入口；8—空气出口；9—塔式发酵容器；10—接种口；11—产物出口

些未悬浮的物料，并补充水与营养物质溶液。塔式发酵容器上粗下细的结构便于控制塔内空气流速，使塔上部空气流速下降，以促使处于流化状态的物料颗粒沉降。

由于在流化床式发酵容器中基质颗粒处于流化悬浮状态，所以它具有以下的优点：①供微生物生长的有效表面积大；②基质所处条件均一；③补充水和营养物质以及控制 pH 比较简单；④散热以及 O_2 与 CO_2 的交换容易。流化床式发酵容器也存在以下缺点：①由于要使基质颗粒处于流化状态，所以空气流速大，能耗高；②对基质颗粒的特性与大小要求严格，黏性较高的物料容易结块，不适合流化床培养，物料颗粒不均匀时，大颗粒，质量大，不易被悬浮，而小颗粒或粉状物料则易被空气带到更高的位置，甚至带出容器外；③流化状态的物料颗粒相互碰撞，大小经常发生变化，颗粒表面的微生物也可能受到损伤；④塔式发酵容器必须有足够的高度，以满足处于流化状态物料膨胀的需求，所以比较耗材。目前，流化床式发酵容器主要用于酵母生产，也有用于霉菌生产酶的过程中。

（五）压力脉动式发酵容器

压力脉动式发酵容器由卧式圆筒体发酵容器、压力脉动控制系统、空气循环系统、盘架系统和机械输送系统等组成（图 5-15）。圆筒体发酵容器可以是单个（单筒体）也可以两个串联（双筒体）在一起。筒体内有供小推车运动或供曲盘移动的固定轨道，物料置于曲盘内，曲盘置于小车上或直接放在轨道上，从位于筒体一端的快开门放入筒体内。筒体内还有空气循环风道和冷却水盘（排）管等结构。

工作时，无菌空气以周期性脉动（图 5-16）的形式为发酵容器供气。在冲压阶段，可以促使空气在物料颗粒内由扩散变为对流，促进温度与湿度的均匀性，提高供 O_2 与排出 CO_2 的速度；在泄压阶段，因突然快速排气，颗粒间的气相因减压膨胀，对固体颗粒起松动作用，有利于菌丝体的生长。

压力脉动式发酵容器具有以下特点：①无固态物料的机械翻动装置，而通过薄层（物料）、气体脉动以及气体循环等达到传质与传热要求；②由于无固体翻动机械传动，反应器结构简单，易密封，便于工业放大；③反应器为一受压容器，可用压力蒸汽进行严格的空罐或实罐灭菌，无死角，便于清扫；④采用无菌压缩空气供氧，发酵过程中反应器为正压状态，可防止外部微生物进入，故能严格达到纯种固态培养的要求；⑤通过气体压力的周期性变化，可促进微生物代谢、强化细胞内外的传质，减少代谢产物的反馈抑制，从而缩短发酵周期、提高转化率；⑥反应器的环形结构与循环鼓风机的使用，使反应器内的温度、湿度均匀一致；⑦反应器内设置冷却排管，加之循环风机配合后，强制罐内空气顺次通过物料和冷却排管，降低发酵物料的温度，并便于反应器内温度与湿度的调控；⑧气相的脉动周期、振幅与波形由进出气阀自动控制系统实现，可以随发酵过程对供氧与发热要求进行计算机在线优化控制；⑨压力脉动式发酵容器的大小可以根据需要设计，既可以设计为实验室用的几升、十几升或上百升设备，也可设计成能满足工业化要求的几十立方米的大型发酵设备，可应用于抗生素、酶制剂、有机酸、传统发酵食品等的生产。

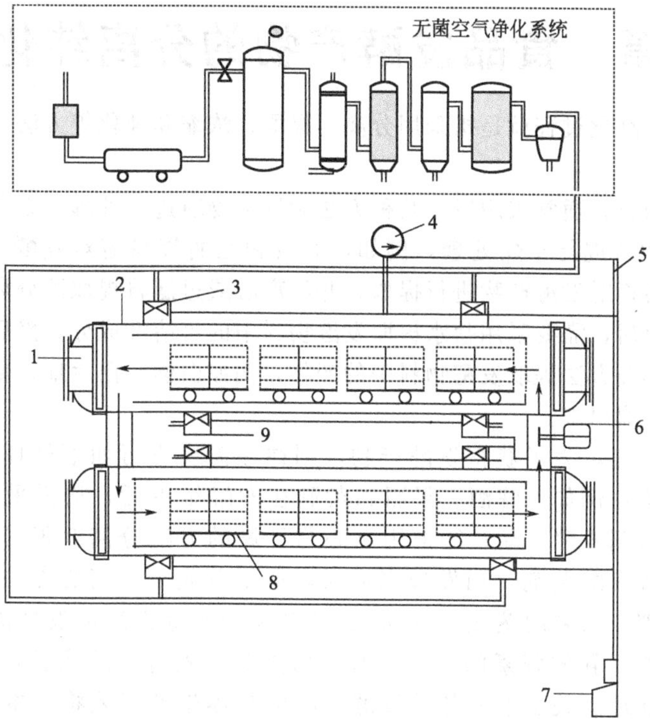

图 5-15　双筒体压力脉动式发酵容器的结构示意图

（引自：陈洪章《现代固态发酵原理及应用》，2004）

1—快开门；2—圆筒体发酵容器；3—进气电磁阀；4—电触点式压力表；5—进、排气控制线；6—鼓风机；7—控制器；8—小推车架；9—排气电磁阀

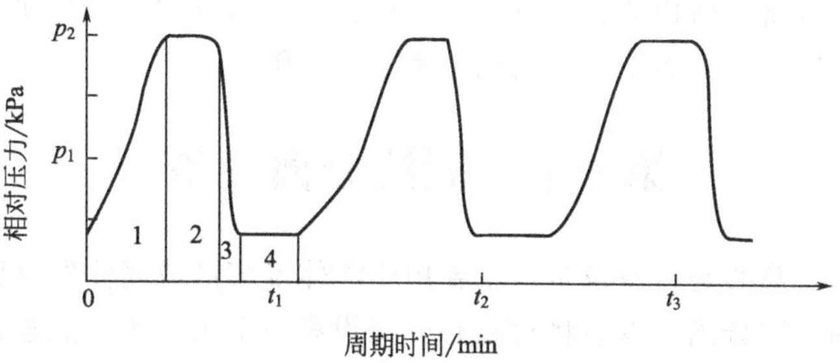

图 5-16　压力脉动式发酵容器的压力脉动曲线图

（引自：陈洪章《现代固态发酵原理及应用》，2004）

1—冲压时间；2—峰压时间；3—卸压时间；4—空压时间

思 考 题

1. 简述固态发酵的特点。
2. 设计固态发酵反应器应考虑哪些主要因素？
3. 静态固态发酵反应器和动态固态发酵反应器的主要区别是什么？
4. 简述静态固态发酵反应器的种类及特点。
5. 简述动态固态发酵反应器的种类和特点。
6. 查阅文献，了解固态发酵在食品工业中的研究与应用进展。

第六章 食品发酵产物的分离纯化设备

发酵产物的分离纯化过程就是指采用分离、提取、浓缩和纯化等方法，从发酵物料中获得目标产物的过程。

对于固态发酵而言，通常采用以下几种方法对发酵物料进行处理，以获得发酵产物：①采用干燥方法对发酵物料进行干燥处理，例如，豆豉和红曲等只需对发酵产物进行干燥即可；②以水或稀盐水等溶剂对发酵产物进行提取，并经离心或过滤将提取液分离出来，例如，酱油和谷物醋在发酵结束后，需要采用盐水提取发酵物料中的可溶性成分，然后再离心或过滤得到发酵产品；③采用蒸馏方法提取发酵物料中的产物，例如白酒、白兰地、威士忌等需要采用蒸馏方法将发酵产物提取出来。

对于液态发酵而言，为了获得发酵产物，则往往需要进行如下处理：①采用离心或过滤方法分离发酵产物，例如，啤酒、果酒和黄酒在发酵结束后，均需采用离心或过滤的方法分离去除沉淀，得到发酵产品；②采用离心与干燥的方法分离获得发酵产品，例如，活性干酵母和乳酸菌等发酵菌剂，当发酵完成时，通常首先采用离心方法得到菌体，然后再对菌体进行干燥处理；③采用蒸发（浓缩）、结晶和干燥等方法从发酵液中提取发酵产物，例如，味精、核苷酸、乳酸菌素的生产，通常均需要首先对发酵液进行蒸发、浓缩，然后再进行结晶和干燥处理。关于上述各种发酵产品的具体生产工艺将在本书的发酵工艺章节进行系统介绍。

由以上叙述可知，食品发酵产物常用的分离提取方法主要包括离心、过滤、提取、蒸馏、蒸发（浓缩）、结晶和干燥等。要实现这些操作，必须采用对应的设备。其中，离心与过滤设备属于固液分离设备，所以将它们放在一起在本章第一节中进行叙述，而提取和蒸馏设备从广义上讲，均属于提取设备，所以放在本章第二节中介绍，而蒸发、结晶和干燥设备在食品工程原理中已有非常清楚的讲述，为了节省篇幅，本书不再阐述。

第一节 固液分离设备

固液分离设备包括离心与过滤设备，主要用于液体发酵液或固体发酵提取液，以及发酵产品在蒸发与结晶后的固液分离。本节将对离心分离设备（离心机）、过滤设备和膜分离设备的种类、结构与工作原理进行叙述。

一、离心机

（一）分类

离心分离（centrifugal separation）是利用物质的沉降系数（sedimentation coefficient）、质量、相对密度、溶解性等参数的不同，应用离心力来对悬浮液和乳浊液进行分离、浓缩与提纯的技术。由于离心力场产生的离心力可以比物质的重力高几千甚至几十万倍，所以对于很小的固体颗粒，或黏度很大，过滤速度很慢的液体，甚至难以过滤的悬浮液，都可以采用离心分离技术来实现分离。离心机是实现离心分离的设备，在食品发酵工业中，常用于啤酒与果酒等的澄清，酵母菌与乳酸菌等微生物细胞的分离与收集等过程。

离心机的分类方法很多。根据其离心力（或转速）的大小，可以分为低速离心机（low-speed centrifuge）、高速离心机（high-speed centrifuge）和超速离心机（over-speed centrifuge）。各种离心机的离心力和分离对象见表 6-1。

表 6-1 离心机的种类和适用范围

项目 \ 离心机种类		低速离心机	高速离心机	超速离心机
转速/(r/min)		2000～6000	10000～26000	30000～120000
离心力/g		2000～7000	8000～80000	100000～600000
适用范围	细胞	适用	适用	适用
	细胞核	适用	适用	适用
	细胞器	不适用	适用	适用
	蛋白质	不适用	不适用	适用

注：引自田瑞华《生物分离工程》，2008。

低速离心机在实验室和工业中都有广泛用途，主要用于细胞、细胞碎片和培养基残渣等的分离，也用于味精结晶等较大颗粒产品的分离；高速离心机主要用于各种沉淀物、细胞碎片和细胞器等的分离；超速离心机主要用于 DNA、RNA、蛋白质等生物大分子以及细胞器、病毒等的分离纯化、样品纯度检测、沉降系数和相对分子质量的测定等方面。食品发酵工业中常用的离心机是低速和高速离心机。

另外，根据使用时离心腔与离心物料温度的不同，可分为常温离心机和冷冻离心机；按容量和用途不同，可分为小型分析型离心机、大容量制备型离心机；按照安放的方式不同，可分为台式离心机、落地式离心机等；按离心过程是连续的或是间歇的，可以分为连续离心机和间歇离心机。

在实验室中，一般常使用间歇式、小型、常温或冷冻、分析型的低速、高速、超速台式离心机；而在工业化生产中，常用连续、大型、常温、低速或高速的落地式离心机。关于实验室所使用的各种离心机的型号、结构与特点等请参阅其他相关书籍，在此将仅介绍几种食品发酵工业中常用的大型离心机。

（二）常用的大型离心机

按结构和分离要求的不同，工业化生产中使用的离心机又可以分为过滤离心机（filtering centrifuge）、沉降离心机（sediment centrifuge）和分离机（separator）三类。过滤离心机分离操作的推动力为惯性离心力，其转鼓壁上有孔，常采用滤布作为过滤介质，主要用于分离味精等的晶体和母液，例如，三足式离心机（tripod centrifuge）。沉降式离心机的转鼓壁上无孔，但也是借离心力作用来实现沉降分离的，适用于固体物含量比较低（不高于 10%）的固液分离，例如，碟片式离心机（disk centrifuge）。分离机的鼓壁上也无孔，但转速极大，分离因数很高，适用于分离低浓度悬浮液和乳浊液，例如，管式分离机（tubular centrifuge）。

1. 三足式离心机

三足式离心机主要由转鼓、主轴、悬挂支承装置（包括机壳、翻盖、底盘等）和驱动装置（包括电动机与离心离合器等）等组成（图 6-1）。其中转鼓是离心机的核心部件，在其壁上开有均匀而较密集的小孔。其工作原理是，使用前在转鼓内壁贴放滤布，当驱动装置通过主轴带动转鼓高速旋转时，注入转鼓内的物料在离心力作用下，滤液经

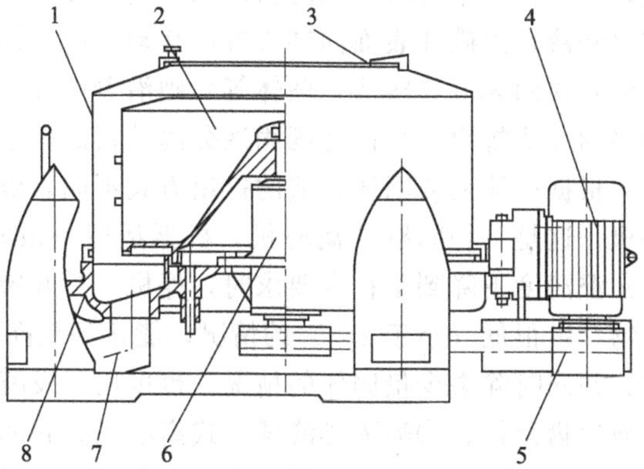

图 6-1 三足式离心机的结构示意图

（引自：刘俊果《生物产品分离设备与工艺实例》，2008）

1—机壳；2—转鼓；3—小翻盖；4—电动机；5—离心离合器；6—主轴；7—滤液出口；8—底盘

过滤介质（滤布）从转鼓的壁孔流出，滤渣留在转鼓内，从而实现固液分离。

三足式离心机是世界上最早出现的过滤离心机。虽然是间歇操作，进料阶段需启动、增速，卸料阶段需减速、停机，生产能力低，劳动强度大，但对物料的适应性强，而且还具有结构简单、成本低、操作方便等优点。因而迄今为止，三足式离心机仍是应用最广泛的离心机之一，普遍应用于中小型规模的生产过程中。三足式离心机适合于分离固相颗粒粒径为0.01mm左右的悬浮液，固相颗粒可为粒状、片状或纤维状等。

2. 碟片式离心机

图6-2是碟片式离心机的结构示意图。它凸出的底部与坚固的壳铸在一起，壳上有圆锥形盖，经螺帽紧固定于壳体。壳由高速旋转的倒锥形转鼓带动，壳内设有数十片乃至上百片锥角为60°～120°的锥形碟片，碟片一般用厚度为0.8mm的不锈钢或铝制成，碟片之间的间隙一般为0.5～2.5mm。各碟片均有若干孔，各孔的位置相同，于是各碟片相互重叠时形成一个通道。

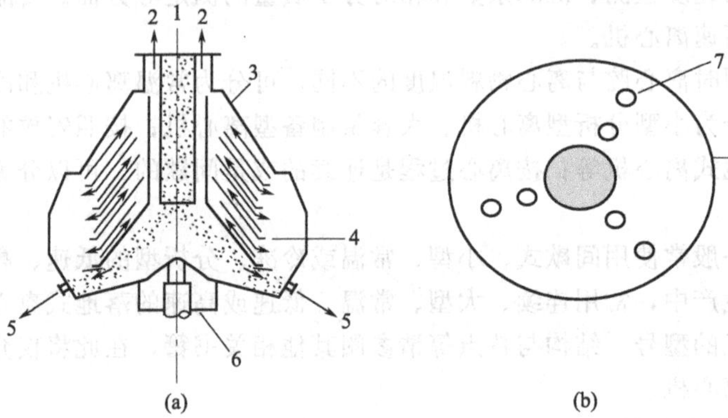

图6-2 碟片式离心机的结构示意图

（引自：刘俊果《生物产品分离设备与工艺实例》，2008）

(a) 碟片式离心机的工作原理图；(b) 碟片结构（俯视图）

1—进料口；2—轻液出口；3—倒锥形转鼓；4—碟片；5—浓缩液或料渣出口；6—底座；7—碟片小孔

碟片式离心机的工作原理是待离心的液体（例如发酵液）由转鼓中心进入高速旋转的转鼓内，由于液体中各成分相对密度的不同，在碟片空隙内受到的离心力也不同，相对密度小的液体（轻液）沿碟片表面向轴心方向移动，由上部的轻液出口排出，而相对密度较大的液体（浓缩液）或固体（如料渣、菌体等）则沿着碟片下滑到碟片下边缘（远离轴心）的位置聚集，经适当的方式排出，从而达到固液分离的目的。

根据浓缩液或固体料渣的排出方式不同，碟片式离心机可分为3类。①人工排渣碟片式离心机。这是一种间歇式离心机，机器运行一段时间后，转鼓壁聚集的沉渣增多，分离液（轻液）澄清度下降到不符合要求时，停机，拆开转鼓清渣，然后再进行运转。它适用于进料中固形物含量很低（小于2%）的情况，能达到很高的离心力，特别适用于分离两种密度不同的液体，并同时除去少量固体的情况，也可用于发酵液等的澄清，同时收集发酵液中酵母菌和细菌等微生物菌体。②喷嘴排渣碟片式离心机。它属于连续式离心机，在转鼓周边有若干（2～24个）孔径为0.5～3.2mm的喷嘴。这种离心机多用于浓缩过程，由于浓缩液含液量较高，具有较好的流动性，所以可以从喷嘴连续排出。喷嘴排渣碟片式离心机的转鼓直径可达900mm，最大处理量可达300m^3/h，适用于处理颗粒直径为0.1～100μm、体积浓度小于25%的悬浮液。③活门排渣碟片式离心机。它是利用活门启闭排渣孔而进行断续自动排渣的碟片式离心机。位于转鼓底部的环板状活门在操作时可上下移动，位置在上时，关闭排渣口，停止卸料；位置在下时则开启排渣口进行卸渣，排渣时可以不停机。该离心机的最大处理能力可达 $40m^3/h$，适合处理颗粒直径为 0.1～500μm、固液密度差大于 $0.01g/cm^3$、固相含量小于 10%的悬浮液。

3. 管式分离机

管式分离机可分为澄清型和分离型两种。澄清型管式分离机主要用于分离各种难分离的悬浮液，特别适用于浓度稀、颗粒细、固液密度相差甚微的悬浮液的液固分离。分离型管式分离机主要用于工业上各种难分离的乳浊液，特别适用于两相密度差甚微的液液分离。

图 6-3 为管式超速离心机的结构示意图，它由机座、转鼓、驱动装置和支撑轴承等组成。其工作原理是料液由底部进液口射入，在离心力的作用下沿转鼓内壁向上流动，因料液不同组分密度的不同而实现分层，固体微粒逐渐沉积在转鼓内壁形成沉渣层，待停机后人工卸出，密度较大的液体由重液排出口排出，密度较轻的液体（澄清液）上升到转鼓上部的轻液排液口排出。

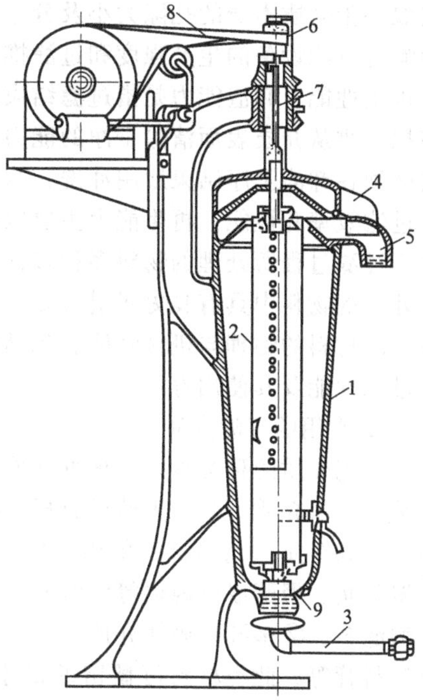

图 6-3　管式超速离心机结构示意图
（引自：刘俊果《生物产品分离设备与工艺实例》，2008）
1—机座；2—转鼓；3—进液口；4—轻液排出口；5—重液排出口；6—皮带轮；7—挠性轴；8—平皮带；9—支撑轴承

管式分离机的转速可达 15000～50000r/min，分离因数极高，主要应用于化工、生物制品、中药制品、血液制品、医药中间体等物料的固液分离及液液分离，特别对一些液固相密度差异小，固体粒径细、含量低等物料的提取、浓缩、澄清较为适用。该机具有分离效果好、产量高、占地小、操作方便等优点。

二、过滤设备

过滤（filtration）是在外力（压力或吸力）作用下，使悬浮液的液体通过多孔介质的孔道，而固体颗粒被截留在介质上，从而实现固液分离的操作。其中，所处理的悬浮液称为滤浆；多孔介质称为过滤介质；滤浆中被过滤介质截留的固体颗粒称为滤饼或滤渣；通过过滤介质后的液体称为滤液。

关于过滤的分类方法很多。①根据过滤推动力的不同，可分为重力过滤、加压过滤、真空过滤和离心过滤。②根据过滤机理不同，可分为澄清过滤和滤饼过滤。③根据过滤过程是间歇性的还是连续性的，可分为间歇过滤和连续过滤。间歇过滤常用于实验室对少量样品进行过滤，工厂中大量样品的过滤常采用连续过滤。④根据过滤介质的不同，可分为膜过滤和常规过滤。其中，膜过滤是近些年才发展起来的新型过滤技术，关于膜的组成、种类和特性等比较复杂，所以将在随后的内容中作为单独的一部分内容进行介绍。

下面将首先介绍常规过滤中的过滤介质与助滤剂，然后再介绍几种常见的过滤设备。

（一）过滤介质

所谓过滤介质（filter media）是指过滤操作中用以拦截滤浆中所含固体颗粒并对滤饼起支撑作用的各种多孔性材料。它的作用是促使滤饼的形成，并成为滤饼的支撑物。

1. 过滤介质的指标

衡量过滤介质质量的指标如下。①对固体颗粒的捕集能力。指能截留的最小颗粒的尺寸，它取决于介质本身的孔隙大小及分布情况。②渗透率。它反映了过滤介质对滤液流动的阻力，影响着过滤设备的生产强度和过滤推动力即压强差。渗透率与介质的孔隙率有关。③卸渣和清洗再生性能。卸渣能力是指过滤结束后能利用滤饼自身性质，压缩空气吹除，或机械刮除等措施把滤饼从介质表面清除干净的能力。过滤过程中总会有少量滤渣颗粒阻塞在介质孔隙中，所以必须在卸渣工序结束后用冲洗、吹扫等方法把颗粒从介质表面、孔隙中清洗掉，以维持介质的过滤效率和性能。再生能力主要取决于过滤介质的构成材料和制造工艺。④化学稳定性能。由于过滤过程所处理的物料多种多样，它们的化学性质各不相同，这就要求过滤介质材料能在被处理的物料中具有良好的化学稳定性，具有耐化学腐蚀、耐温度变化、耐微生物作用等特性。⑤材料的物理与机械性能。包括吸湿性、耐磨性、机械强度和延伸率等，它们均影响介质的过滤性能及其使用寿命。

2. 常用的过滤介质

过滤介质的种类很多，根据介质材料的不同，工业上常用的过滤介质可以分为以下几种。①编织材料介质，是由天然或合成纤维、金属丝等编织而成的滤布和滤网，是工业生产中最常用的过滤介质。此类材料价格便宜，清洗和更换方便，可截留的最小颗粒粒径为 5～65μm。用聚酰胺、聚酯或聚丙烯等纤维制成的滤网，质地均匀、耐腐蚀、耐疲劳，正在逐步取代其他织物滤布。②多孔性固体介质，包括由素瓷、烧结金属或玻璃，或由塑料细粉黏结而成的多孔性塑料管等。此类材料可截留的最小粒径为 1～3μm，常用于处理含有少量微小颗粒的悬浮液。③堆积介质，如砂、砾石、木炭和硅藻土等颗粒状物料，或玻璃棉等非编织纤维的堆积层。一般用于处理固体含量很少的悬浮液，如城市给水和待净化的糖液等。此外，近年来，高分子多孔膜的制造与应用有很大发展，应用于更微小的颗粒的过滤，以获得高度澄清的液体。其中，微孔滤膜和超滤膜广泛应用于医药、食品和生物化学等工业。

(二) 助滤剂

在很多情况下，过滤过程形成的滤饼受压后孔隙率明显减少，这种现象称为滤饼的可压缩性。这可以导致过滤阻力在过滤压力提高时明显增大，而且过滤压力越大，这种情况会越严重。另外，当悬浮液中所含的颗粒很细，粒径小于过滤介质孔径时，它们可以进入介质孔道中而将孔道堵死，即使不堵死，这些很细颗粒所形成的滤饼也会使液体的透过性变得很差。

为解决过滤过程中的上述两个问题，过滤时常采用助滤剂。所谓助滤剂是指能悬浮于液体中，并且能在多孔的隔板或过滤网（过滤介质）上形成稳定的滤饼层的一类物质。通常由助滤剂形成的滤饼层孔隙大，渗透性好，不可压缩，能使滤液中的细小颗粒或胶状物质被截留在其上，进而滤除微细（0.1～1μm）的悬浮物。因此，助滤剂可以扩大被分离物体的形式、粒度与浓度范围，防止过滤介质被堵塞，缓和过滤时压力上升，提高过滤效率与经济性。

1. 助滤剂应具备的特性

作为优良的助滤剂，应具备以下特性：①分散性能好，但不漂浮在液面上；②不溶、惰性、化学性质稳定；③对滤液中的有效成分不产生吸附作用；④颗粒细小、粒度均匀，能形成微细多孔滤层，使滤饼有良好的渗透性及较低的流体阻力；⑤在操作压强范围内具有不可压缩性。

2. 常用的助滤剂

目前在工业上常用的助滤剂主要有硅藻土和膨胀珍珠岩。① 硅藻土类助滤剂。它由统称为硅藻的单细胞藻类死亡以后的硅酸盐遗骸沉积物经过精细加工而成的粉末状产品。硅藻土由无定形的 SiO_2 组成，并含有少量 Fe_2O_3、CaO、MgO、Al_2O_3 及有机杂质。硅藻土通常呈浅黄色或浅灰色，质软，多孔而轻，具有较好的化学稳定性和热稳定性。由于硅藻土的种类复杂和多孔性，硅藻土具有其他任何过滤介质无法比拟的过滤性能与吸附性能，是目前国内外广泛应用的助滤剂。② 膨胀珍珠岩助滤剂。它是由酸性火山玻璃质熔岩（珍珠岩）经破碎，筛分至一定粒度，再经预热，瞬间高温焙烧而制成的一种白色或浅色颗粒。其颗粒内部为蜂窝状结构，无毒、无味。其特点是质量轻、原材料丰富、价格低廉、使用安全。膨胀珍珠岩的典型化学成分是 SiO_2、Al_2O_3、K_2O 等，其表观密度比硅藻土小，化学性质与硅藻土类似，宜在 pH4～9 范围内使用，但其结构与硅藻土不同，在相同的过滤速度下，所得滤液澄清度比硅藻土的差。

（三）常用的过滤设备

在发酵工业中，常用的过滤设备有板框过滤机（frame filter）、硅藻土过滤机（diatomite filter）和真空转鼓过滤机（vacuum drum filter）。小规模的分批发酵液常采用板框过滤机，大规模的发酵液常采用硅藻土过滤机和真空转鼓过滤机。下面分别对它们的结构与工作原理进行简要介绍。

1. 板框过滤机

板框过滤机是由许多滤板和滤框间隔排列而组成的过滤设备，主要由止推板、压紧板、滤板、滤框、顶紧装置等组成（图 6-4）。两根横梁把止推板、滤板、滤框、压紧板和顶紧装置

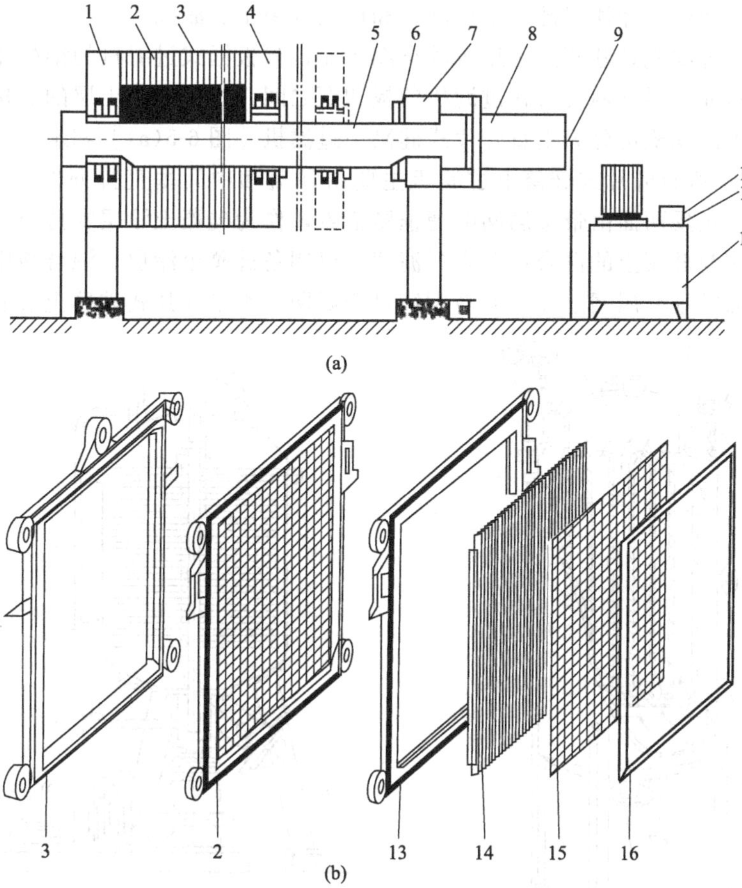

图 6-4　板框过滤机的结构示意

（引自：刘俊果《生物产品分离设备与工艺实例》，2008）

（a）过滤机；（b）滤框和滤板

1—止推板；2—滤板；3—滤框；4—压紧板；5—横梁；6—B 油管；7—油缸座；8—油缸；9—A 油管；10—B 油管；11—A 油管；12—液压站；13—滤板外框架；14—滤板栅；15—支撑格筛；16—压盖框

连接成一个长方形的框架结构，顶紧装置的前端连接着压紧板，滤板、滤框按次序排列在止推板和压紧板之间，其间夹着过滤介质。当压紧板被向前推进时，被压紧的滤板与滤框闭合，滤板与滤板之间形成室腔，即滤室，滤室被滤布或滤纸等过滤介质覆盖。

在过滤时，在进料泵压力的推动下，物料从止推板上的进料孔进入各个滤室，大颗粒物质因粒径大于过滤介质的孔隙而被截留在滤室内，形成滤饼层，滤液则透过滤饼和过滤介质由出液孔排出。同样，随着滤饼的不断增厚，过滤阻力越来越大，过滤速度愈来愈慢，过滤效率不断降低，此时应停机清除滤饼，并进行反洗，使过滤介质再生。一般地，过滤面积越大，滤饼含固形物的比率越高，越有利于滤饼的反洗。

板框过滤机在发酵工业上的应用以过滤发酵液最为普通，它具有对滤饼性能的适应性强、结构简单、制造方便、造价低廉、过滤推动力大、动力消耗小等优点。但是劳动强度大，属于间歇式过滤机。如果在过滤时以硅藻土作为助滤剂，那么板框过滤机就可称为板框式硅藻土过滤机。

2. 硅藻土过滤机

硅藻土过滤机是以硅藻土为助滤剂的一类过滤机，其型号较多，大致可以分为三种类型，即板框式硅藻土过滤机、叶片式硅藻土过滤机和柱式硅藻土过滤机。

板框式硅藻土过滤机是硅藻土过滤机的早期产品，与板框式过滤机的结构相同，以特制的多孔隙滤纸、滤布或金属丝网夹持在过滤机的板和框之间，作为硅藻土层的支持介质。

叶片式硅藻土过滤机可分为垂直叶片式硅藻土过滤机［图 6-5(a)］和水平叶片式硅藻土过滤机［图 6-5(b)］。垂直叶片式硅藻土过滤机主要由顶盖和中间垂直排列的扁平滤叶等组成。其中，扁平滤叶的正反两面由带金属网的滤框紧箍着，作为硅藻土涂层支持介质，过滤时顶盖紧闭，将待过滤液与硅藻土的混合液泵入过滤器，以制备硅藻土涂层。混合液中的硅藻土颗粒被截留在滤叶表面的细金属网上面，滤液则穿过金属网。水平叶片式硅藻土过滤机在垂直空心

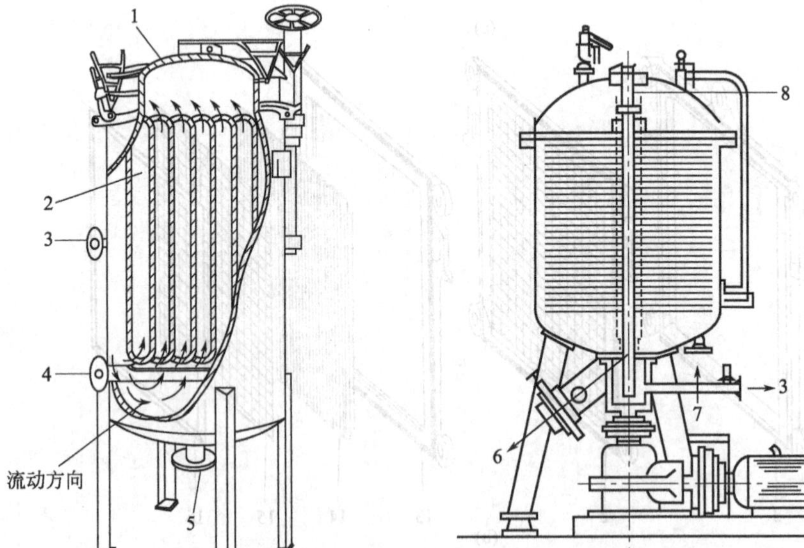

图 6-5 叶片式硅藻土过滤机的结构示意图

（引自：郑裕国《生物工程设备》，2007）

(a) 垂直叶片式硅藻土过滤机；(b) 水平叶片式硅藻土过滤机

1—顶盖；2—滤叶；3—滤液出口；4—滤液进口；5—卸渣口；6—滤饼卸口；7—滤浆入口；8—空心轴

轴上装有许多水平排列的滤叶。滤叶内腔与空心轴内腔相通，滤液从滤叶内腔汇集至空心轴，然后从底部排出。滤叶的上侧是一层细金属网，作为硅藻土预涂层的支持介质，中央夹着一层大孔格粗金属网，作为细金属网的支持物，滤液下侧则是金属薄板。

柱式硅藻土过滤机是我国自主创新生产的新型硅藻土过滤机，其结构如图 6-6 所示，由壳体与若干根位于壳体中的柱式滤管等组成。其中，柱式滤管是过滤器的核心部件。每根柱式滤管的中心是三棱形（横切面为 Y 形）的不锈钢柱子，不锈钢环一个个叠装在柱子上，圆环底面扁平，顶面有扇形突起，并用端盖将位置固定，作为硅藻土滤层的支撑物，硅藻土沉积于环面与环面之间。过滤时，先通过循环的形式在滤管上预涂布一层硅藻土，然后将待过滤的液体（如啤酒）打入过滤器中，酵母菌、胶体沉淀物及其他杂质沉积在滤管外表面上的预涂层上，清酒液则在过滤推动力作用下穿过硅藻土滤层，经滤管中心三棱形柱子的凹槽排出过滤机。

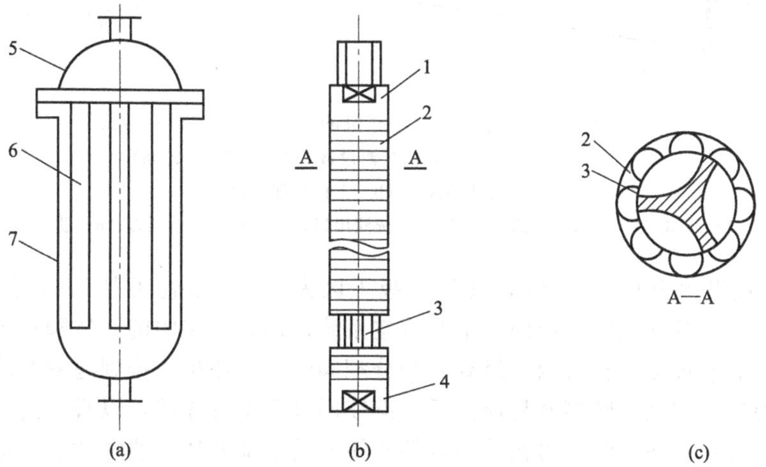

图 6-6 柱式硅藻土过滤机结构示意图

（引自：邹东恢《生物加工设备选型与应用》，2009）

(a) 过滤机；(b) 柱式滤管；(c) 不锈钢环

1—接头；2—不锈钢圆环；3—三棱形金属棒；4—端盖；5—封头；6—柱式滤管；7—壳体

硅藻土过滤机型号很多，便于根据过滤要求进行选择。其主要特点是体积小、过滤周期长、效率高、浊度稳定、密封性好、结构紧凑、操作方便、可移动、易于维护保养。适用于白酒、果酒、葡萄酒、酱油、醋等澄清过滤。在啤酒、葡萄酒、清酒以及含有细微蛋白质类胶体粒子悬浮液的过滤操作中，硅藻土过滤机是使用最为广泛的过滤设备。

3. 真空转鼓过滤机

真空转鼓过滤机是一种真空连续过滤机，它以大气与真空之间的压力差作为过滤的推动力。根据滤渣卸料方式不同，真空转鼓过滤机又可分为刮刀卸料真空转鼓过滤机和折带卸料真空转鼓过滤机。

(1) 刮刀卸料真空转鼓过滤机的结构与工作原理　图 6-7 是刮刀卸料真空转鼓过滤机的结构与工作原理示意图。它由一水平转鼓、机械传动装置与支撑架等组成。其中，转鼓是核心部件，其外周表面镶有若干块矩形筛板，筛板上铺以金属丝网和滤布，构成过滤面，筛板内的转鼓空间沿径向被肋板分成若干扇形滤室，各滤室通过独立导管与转鼓轴颈端面连通，以便将滤液排出。

刮刀卸料真空转鼓过滤机的工作原理是，转鼓由机械传动装置带动其缓慢旋转（0.16～0.75 r/min），每旋转一周，各滤室通过分配阀轮流接通真空系统和压缩空气系统，依次完成过滤、洗渣、吸干、卸渣和过滤介质（滤布）再生等操作。在转鼓的整个过滤面上，过滤区约

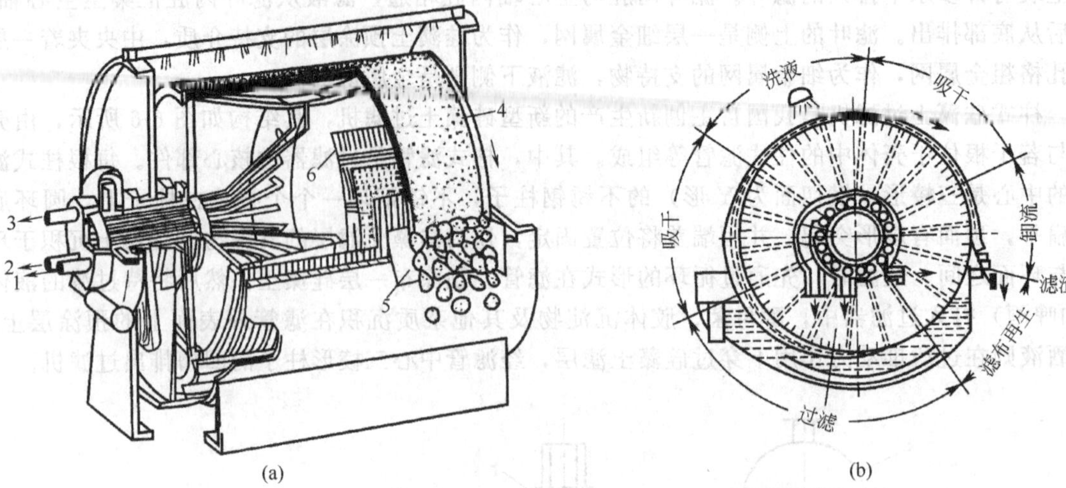

图 6-7 刮刀卸料真空转鼓过滤机的结构与工作原理示意图

（引自：刘俊果《生物产品分离设备与工艺实例》，2008）

(a) 过滤机结构；(b) 工作原理示意图

1—压缩空气出口；2—滤液出口；3—洗液出口；4—转鼓；5—刮刀；6—肋板

占圆周的1/3，浸没角为90°～135°，洗渣和吸干区占1/2，卸渣区占1/6，各区之间有过渡段。在过滤区时，沉没在悬浮液内的滤室与真空系统连通，料液中的固体颗粒被吸附在滤布表面上形成滤渣，滤液被吸入转鼓内，经导管和分配阀吸出过滤机，排到滤液贮罐中。在洗涤及脱水区时，过滤室随转鼓旋转离开悬浮液后，继续同真空系统连接，以吸去滤渣中的液体。当需要除去滤渣中残留的滤液时，可在滤室旋转到转鼓的上部时通过喷嘴喷洒洗涤水。这时，滤室与另一真空系统连接，洗涤水和滤渣中的残余滤液被抽入转鼓内，并通过分配阀流到另一个贮罐（洗液贮罐）中。如果滤渣层产生裂缝，会导致空气大量流入鼓内，而影响真空度。此时可在转鼓脱水区上方安装一个滚压轴防止滤渣裂缝，并可提高脱水效果。在卸渣区时，转鼓继续旋转，进入卸渣区。这时滤室与压缩空气系统连通，反吹滤布，使滤渣松散，再由刮刀刮下滤渣。卸渣后，压缩空气继续反吹滤布，尽量吹落滤布上面的残余固体，疏通孔隙，使滤布再生。

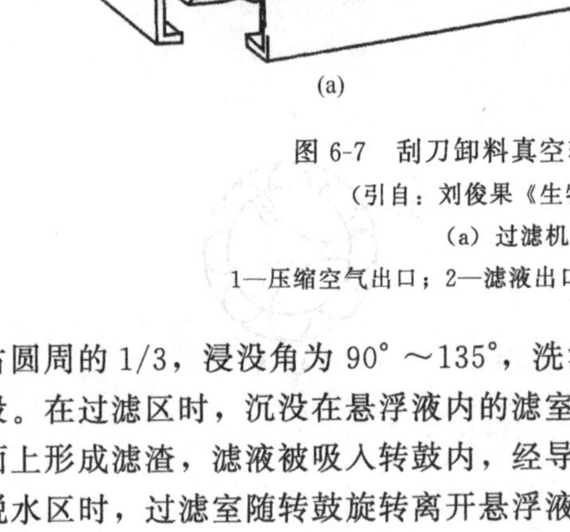

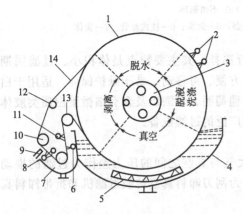

图 6-8 折带卸料真空转鼓过滤机工作原理示意图

（引自：刘俊果《生物产品分离设备与工艺实例》，2008）

1—转鼓；2—洗涤水孔；3—分配盘；4—料液槽；5—搅拌装置；6—清洗水管；7—清洗槽；8—洗涤液；9—刮板；10—卸渣辊；11—喷嘴；12—张紧辊；13—导向辊；14—滤布

(2) 折带卸料真空转鼓过滤机的结构与工作原理　刮刀卸料真空转鼓过滤机在刮刀刮卸滤渣时，为了不损伤滤布，滤布表面总会残留有一薄层滤渣，它与完全洗刷干净的滤布相比，过滤速度平均下降40%左右。另外，滤布的毛细孔道也会逐渐被细小的固体粒子堵塞，阻力相应增加，甚至每运转若干小时后，就需拆下滤布洗刷。

折带卸料真空转鼓过滤机是为了克服上述缺点而研发的，它除了转鼓和机械传动装置等外，还专门增加了由卸渣辊、张紧辊、导向辊、清洗槽、清洗水管等组成的卸料系统，滤布不是固定在转鼓上，而是绕过这几个辊轮后，再环绕在转鼓上（图 6-8）。

它们的工作原理与刮刀卸料真空转鼓过滤机的工作原理相同，仅是在卸料时有所不同。转鼓转动时，带动滤布运动，完成过滤、洗涤、脱水后，滤渣随滤布离开转鼓，运行到卸料系统完成卸渣、滤布清洗等过程后再返回转鼓。

真空转鼓过滤机以大气与真空之间的压力差作为过滤操作的推动力，具有自动化程度高、操作连续、滤布易再生等特点，被广泛用于食品发酵工业等行业中。

三、膜分离技术

膜分离（membrane separation）技术是指利用具有选择透过性的天然或合成薄膜为分离介质，在膜两侧的推动力（如压力差、浓度差、电位差、温度差等）作用下，原料液体混合物或气体混合物中的某个或某些组分选择性地透过膜，从而使混合物达到分离、分级、提纯、富集和浓缩过程的一种分离技术。它是用半透膜（semi-permeable membrane）作为选择介质，这种半透膜只能允许混合物中的某些特定组分透过，而其他组分被截留，从而使目标产物得到分离。

膜本身可以是均匀的单一相，也可以是由两种以上的凝聚态物质所构成的复合体。膜分离技术是对液液、气气、液固、气固体系中不同组分进行分离、纯化和富集的一门多学科交叉的新兴技术。其主要特点是利用选择性透过膜作为分离组分的手段（介质），具有设备简单、操作快速方便、选择性好、无相变、无化学变化、处理效率高、节省能源等特点，特别适用于生物活性物质和食品等热敏性物质的处理。目前，膜分离技术在生物工程、食品工业、发酵工业、医药工业以及水处理、环保工程、湿法冶金等行业得到了较为广泛的应用。

（一）膜分离技术种类与分离原理

根据膜孔径的大小以及被分离物质的差别，膜分离技术主要可以分为反渗透法（reverse osmosis，RO）、超滤法（ultra-filtration，UF）、微滤法（micro-filtration，MF）、透析法（dialysis，DS）、渗透气化法（permeate vaporization，PV）、纳滤法（nano-filtration，NF）、离子交换法（ion exchange，IE）、气体分离（gas permeation，GP）、电渗析（electro-dialysis，ED）等。各种膜分离技术的分离原理和应用范围见表 6-2。

表 6-2 各种膜分离技术的分离原理和应用范围

膜分离法	传质推动力/MPa	孔径大小	分离原理	适用对象
微滤	压差(0.05～0.5)	0.05～10μm	筛分	从气相和液相物质中截留微米及亚微米级的细小悬浮物、微粒、细菌、酵母、红细胞、污染物等
超滤	压差(0.1～1.0)	0.01～0.1μm	筛分	蛋白质、多肽和多糖的回收和浓缩，病毒的分离，一般相对分子质量大于 500～1000000 的大分子和胶体分子
反渗透	压差(1.0～10)	0.1～1nm	筛分	盐、氨基酸、糖的浓缩，淡水制造，截留组分为(1～10)$\times 10^{-10}$m 的小分子溶质
透析	浓度差	5～10nm	筛分	脱盐，除变性剂，血液透析
纳滤	压差(0.5～2.0)、电位差	3nm 以下	荷电、筛分	饮用水、工业用水的纯化，发酵产物的分离纯化
电渗析	电位差		荷电、筛分	脱盐，氨基酸和有机酸的分离
渗透气化	压差、温差		溶质与膜的亲和作用	有机溶剂与水的分离，共沸物的分离(如乙醇浓缩)

（二）膜的种类与选择

1. 膜的种类

随着膜科学和膜工业的发展，膜的种类及功能越来越多，膜材料的分类方法也很多。

(1) 根据膜孔径大小与分离性质分　根据膜孔径的大小以及被分离物质的差别，膜分离技术主要可以分为 RO、UF、MF、DS、PV、NF、IE、GP 和 ED。它们所对应的膜就分别称为 RO 膜、UF 膜、MF 膜、DS 膜、PV 膜、NF 膜、IE 膜、GP 膜和 ED 膜。

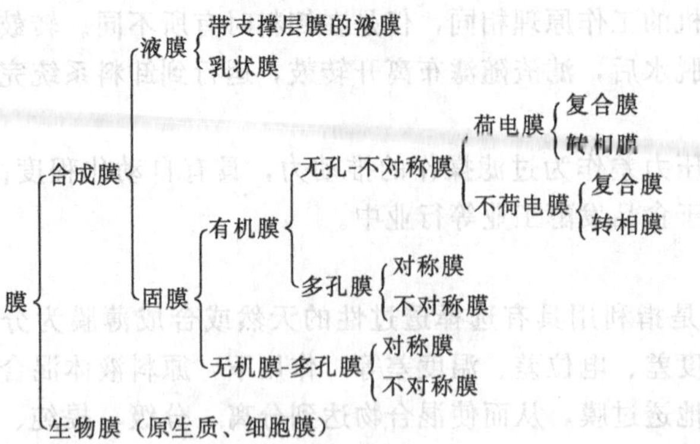

图 6-9 膜的分类

（引自：孙彦《生物分离工程》，2005）

（2）根据膜的来源、形态和结构分 按照来源、形态和结构对膜进行分类的结果如图 6-9。

（3）根据材料分 根据材料不同，膜可分为天然高分子膜、合成高分子膜和无机膜。

① 天然高分子膜。主要是纤维素的衍生物，有醋酸纤维、硝酸纤维和再生纤维素等，其中，醋酸纤维膜的截盐能力强，常作为反渗透膜，也可用于微滤膜和超滤膜。

② 合成高分子膜。种类很多，主要有聚砜（polysulfone，PSU）、聚氟乙烯（polyvinyl fluoride，PVF）、聚四氟乙烯（polytetrafluoroethylene，PTFE）、聚乙烯（polyethylene，PE）、聚丙烯（polypropylene，PP）、聚丙烯腈（polyacrylonitrile，PAN）、聚乙烯醇（polyvinyl alcohol，PVA）、聚酰亚胺（polyimide，PI）、聚醚砜（polyethersulfone，PES）、硫化聚矾（sulfide polysulfone，SPS）和硅橡胶（silicone rubber，SR）等。其中，PSU 是最常用的膜材料之一，主要用于制造超滤膜，它的特点是耐高温（一般为 70～80℃，有些可高达 125℃），适用 pH 范围广（pH 1～13），耐氯能力强，可调节孔径范围宽度（1～20nm）。但是 PSU 膜耐压能力较低，一般平板膜的操作极限为 0.5～1.0MPa。

③ 无机膜。相对聚合物材料而言，无机材料具有化学和热稳定性非常好的优点。但无机膜价格昂贵，不易加工，品种和规格也较少，限制了其广泛使用。主要有陶瓷、微孔玻璃、不锈钢和碳素等。其中，以陶瓷材料的微粒膜最为常用。多孔陶瓷膜主要利用氧化铝、硅胶、氧化钛等陶瓷微粒烧结而成。

2. 对膜的要求与选择

为了实现高效率的膜分离操作，对膜材料有如下要求：①起过滤作用的有效膜厚度小，超滤和微滤膜的开孔率高，过滤阻力小；②膜材料为惰性，不吸附溶质（蛋白质、细胞等），使膜不易污染，膜孔不易堵塞；③适用的 pH 值和温度范围广，耐高温灭菌，耐酸碱清洗剂，稳定性高，使用寿命长；④容易通过清洗恢复透过性能；⑤满足实现分离目的的各种要求，如对菌体细胞的截留、对生物大分子的通透性或截留作用等。

对于膜分离过程，选择适宜的膜是非常重要的，因为在选择膜时，要考虑的因素很多，例如膜的抗酸碱性、最高耐受温度、最大承受压力、膜的荷电性、膜孔径、被分离物质的特性以及经济可行性等。在选择膜时应综合考虑这些因素，因此没有一个固定可循的方法。在充分了解待分离过程后，可从以下几个方面进行考虑。①膜分离过程的确定。根据分离要求，选择适合的膜与膜分离过程。②膜材料的选择。根据分离环境，选择合适的膜材料。③根据被分离物质特性，选择相应的膜。如小分子的浓缩通常采用 NF 膜或 RO 膜；大分子的澄清采用 UF 膜或 MF 膜等。④膜孔径的选择。被截留分子的大小要与膜孔有 1～2 个数量级的差别，才能保证好的回收率。⑤对膜分离特性的要求。分离特性好与膜通量有时是矛盾的。截留率大、截留分子量小的膜往往透过量低。因此，需在两者之间做出权衡。⑥经济可行性。可以从性价比、能源消耗等方面考虑。

根据以上几个方面的因素对膜初选后，再通过小试、中试甚至实际的生产应用来最后确定膜的种类。

(三) 常用的膜分离设备

膜分离系统通常包括料液贮罐、输送系统、膜分离设备、浓缩液与透过液贮罐等（图6-10）。其中，膜分离设备是膜分离系统的主要设备，而膜组件也称膜装置是膜分离设备的核心部件。所谓膜组件是由膜、固定膜的支撑体、间隔物以及收纳这些部件的容器构成的一个单元。在设计膜组件时，应尽量满足以下几个要求：① 流体分布均匀，无死角；②具有良好的机械稳定性、化学稳定性和热稳定性；③ 装填密度大；④制造成本低；⑤易于清洗；⑥更换膜的成本低；⑦压力损失小等。

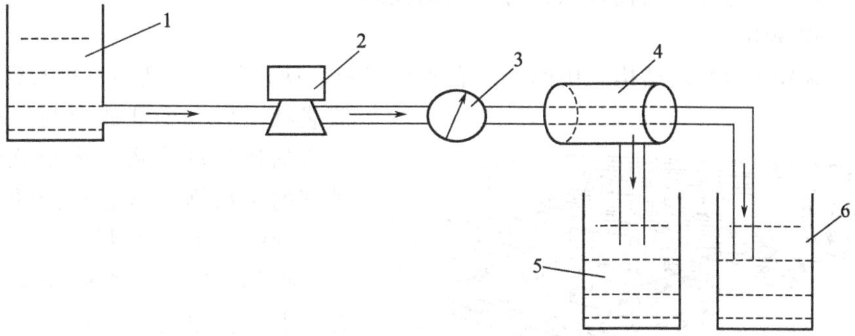

图 6-10 膜分离系统示意图

1—料液贮罐；2—水泵；3—压力表；4—膜分离设备；5—透过液贮罐；6—浓缩液贮罐

在选择膜分离设备时，主要应根据上述要求，结合生产实际选择合适的膜组件，下面将对平板式、管式、螺旋卷式和中空纤维式等几种常见的膜组件进行介绍。

1. 平板式膜组件

平板式膜组件结构与板框过滤机（图 6-4）相似，由多个圆形或长方形的多孔支撑板以1mm 左右的间隔重叠加工而成，板与板之间衬设滤膜，供料液或滤液流动（图 6-11）。平板式膜组件可用 RO、MF、UF、NF 和 PV 等膜组成。

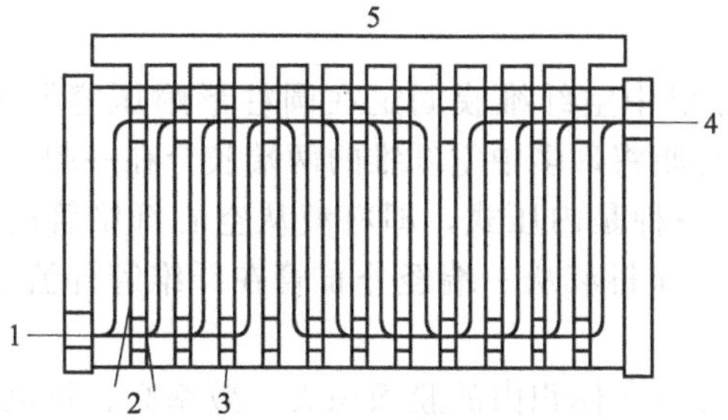

图 6-11 平板式膜组件的结构示意图

（引自：孙彦《生物分离工程》，2005）

1—料液；2—滤膜；3—多孔支撑板；

4—浓缩液；5—透过液

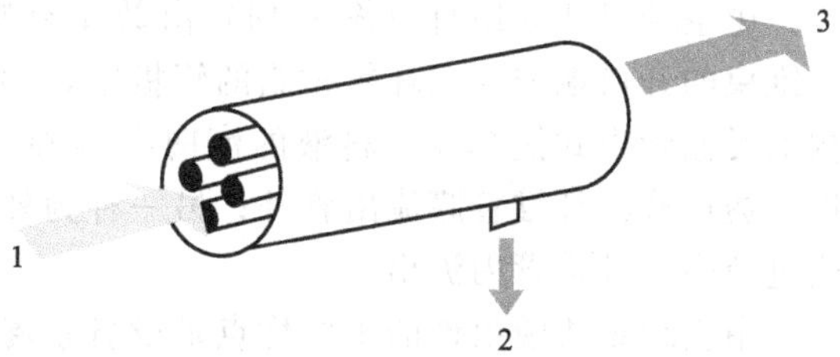

图 6-12 管式膜组件示意图

（引自：刘俊果《生物产品分离设备与工艺实例》，2008）

1—原料；2—渗透物；3—截留物

平板式膜组件的优点是：组装方便，同一设备可视生产需要而组装不同数量的膜；膜的清洗更换比较容易，料液流通截面较大，不易堵塞；每两片膜之间的渗透物都是被单独引出的，因而可以单独关闭某个出了故障的膜组件来消除操作中的故障，而不影响整个膜组件。其缺点是：需密封的边界线长；内部压力损失也相对较高。

2. 管式膜组件

管式膜组件是将管式膜固定在一个多孔的不锈钢、陶瓷或塑料管内。管直径通常为 6～

24mm，每个膜组件中膜管数目一般为4～18根（图6-12）。原料一般流经膜管中心，而渗透物通过多孔支撑管流入膜组件外壳。

管式膜组件的内径较大，结构简单，适合于处理悬浮物含量较高的料液，能有效地控制浓度极化（指在超滤过程中，由于水透过膜而使膜表面的溶质浓度增加，在浓度梯度作用下，溶质与水以相反方向向本体溶液扩散，在达到平衡状态时，膜表面形成一个溶质浓度分布边界层，它对水的透过起着阻碍作用）；流动状态好，可大范围调节料液的流速；膜生成污垢后容易清洗；对料液的预处理要求不高。其主要的缺点是单位体积的过滤表面积（即比表面积）在各种膜组件中最小，此外它的投资和运行费用也较高。

3. 螺旋卷式膜组件

螺旋卷式膜组件为双层结构，中间为多孔支撑材料，两边是膜，其中三边被密封而粘贴成膜袋状，另一个开放边与一根多孔位于中心的透过液收集管密封联结，在膜袋外部的原水侧（靠近料液的一侧）再垫一层网眼型间隔材料，也就是把膜—多孔支撑体—膜—原水侧间隔材料依次叠合，卷绕在空心管，形成一个膜卷，再装入圆柱形压力容器里。图6-13是其结构示意图。

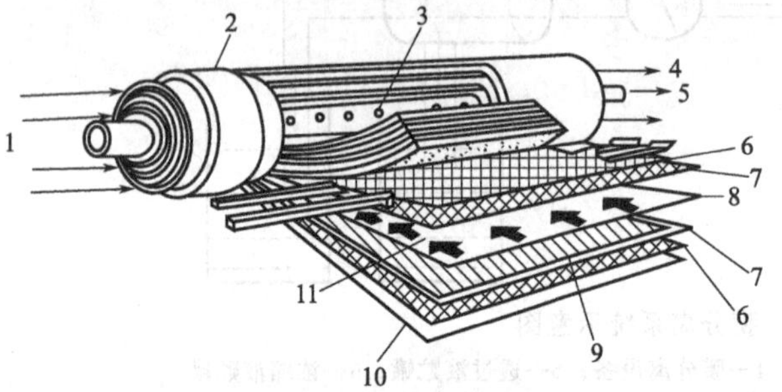

图6-13 螺旋卷式膜组件示意图

（引自：孙彦《生物分离工程》，2005）

1—料液；2—组件密封和壳体胶圈；3—透过液收集孔；4—浓缩液；5—透过液；6—原水侧间隔材料；7—滤膜；8—多孔支撑体；9—黏结线；10—外罩；11—透过液流向

螺旋卷式膜组件的优点是：结构简单，造价低廉；与平板式相比，螺旋卷式膜组件的设备比较紧凑，单位体积内的膜面积大；有进料分隔板，物料交换效果好；能耗低；膜更换及系统的投资较低。其缺点是渗透边流体流动路径较长；难以清洗；膜必须是可焊接和可黏结的；料液的预处理要求严格。

4. 中空纤维式膜组件

中空纤维式膜组件（图6-14）由数十至数百万根中空纤维膜固定在圆柱形耐压容器内，纤维束的开口端密封在环氧树脂的管板中，用环氧树脂将许多中空纤维的两端胶合在一起，结构上类似管壳式换热器。料液的流向有两种形式：一种是内压式，即料液从空心纤维管内流过，透过液经纤维管膜流出管外；另一种为外压式，即料液从一端经分布管在纤维管外流动，透过液则从纤维管内流出。

中空纤维式膜组件的主要优点是设备紧凑，单位设备体积内的膜面积大，效率高；可以逆

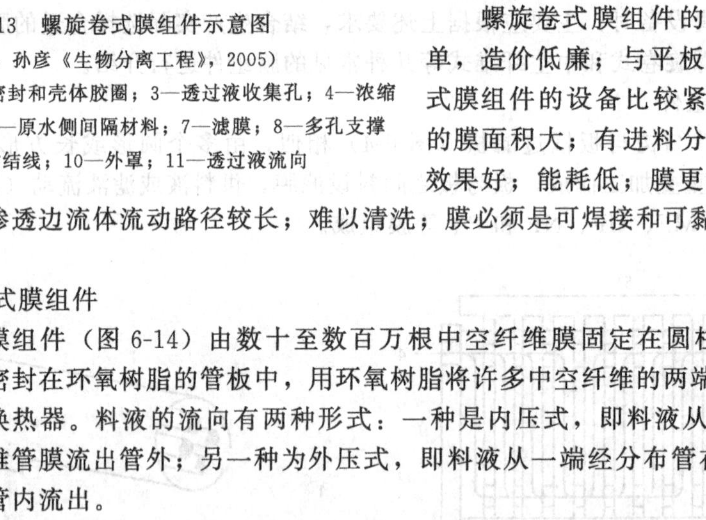

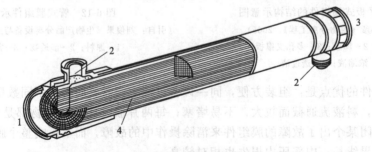

图6-14 中空纤维式膜组件结构示意图

（引自：孙彦《生物分离工程》，2005）

1—料液入口；2—透过液出口；3—浓缩液出口；4—中空纤维膜

流操作，压力较小；设备投资低。其缺点是中空纤维内径小，阻力大，易阻塞，膜污染难除去等。

第二节　提取、蒸馏设备

发酵食品的提取与蒸馏是从含有复杂组分的发酵醪（或液）中分离获得发酵产品的两种重要方法。发酵食品的提取（extraction）通常是指以水或盐水为溶剂浸出发酵醪中可溶性组分，滤去渣滓，从而获得发酵产品的过程。在酱油和谷物醋生产过程中就是利用提取方法从成熟的醅中分离得到发酵产品。蒸馏（distillation）是利用各组分挥发性的不同，以分离液态混合物的单元操作。把液态混合物或固态酒醅加热使液体沸腾，其生成的蒸气总比原来混合物中含有较多的易挥发组分，在剩余混合物中含有较多难以挥发的组分，因而可使原来混合物中的组分得到部分或完全分离。生成的蒸气经冷凝而成液体。蒸馏被广泛应用在发酵食品的生产过程中，如白酒、白兰地、威士忌等蒸馏酒的生产。

蒸馏酒的蒸馏和化工行业中酒精蒸馏有较大的区别，在白酒蒸馏中，乙醇在被蒸溶液中占的量较低，水占绝大部分，水分子有极强的氢键作用力，因此可以吸引其他分子。例如，在吸引乙醇和异戊醇分子方面，异戊醇分子大且具有侧链，妨碍了它和水分子之间的氢键缔合，即水对异戊醇的吸引力小，因此异戊醇比乙醇容易挥发而出现在起初的蒸馏液中，而在酒精蒸馏中则出现在最后的蒸馏液中。同样道理，水分子对甲醇的缔合力比对乙醇的缔合力强，因此甲醇在酒精蒸馏时在起初的蒸馏液中，而在白酒蒸馏时出现在最后的蒸馏液中。这说明影响组分在蒸馏分离时的决定因素不是组分的沸点，而是物质分子间的引力不同所表现出来的蒸馏系数的大小。沸点高低在蒸馏过程中所起的作用缺乏普遍意义。因此，选择合适的蒸馏方式是决定产品质量的关键工序，蒸馏方式多种多样，每一种蒸馏方法得到相应质量的蒸馏产品。例如，生产酒精要求有很高的浓度与纯度，因此要采用多层塔板的蒸馏塔；对白酒而言，在酒精蒸馏中的被称为杂质的多数成分是香味组分，而白酒的酒精浓度要求也不高，所以采用简单的蒸馏设备即可达到要求。

本节将重点介绍发酵食品生产过程中常用的提取设备、蒸馏设备的结构和工作原理。

一、发酵食品的提取设备

在我国，从发酵醅（例如，醋醅与酱醅）中提取发酵产品的常用方法有浸出法（leaching method）和压榨法（squeezing method），对应的设备分别被称为浸出设备与压榨设备。

（一）浸出设备

我国传统发酵食品的浸出设备包括淋缸和淋池等。

1. 淋缸

淋缸是一种用于谷物醋等传统发酵食品提取的陶瓷缸，是传统而简易的浸泡设备。一般地，在淋缸下部安装有淋嘴，缸内有淋架，架上铺有淋席。图 6-15 是其剖面示意图。

工作时，先将待处理的发酵醪（例如醋醅）放在淋席上，关上淋嘴阀门，然后将浸提溶液（盐水）放入淋缸内超过物料表面 5～10cm，放置一段时间，以使发酵醪中的成分充分溶解于浸提溶液中，然后打开淋嘴阀门，让浸提液流出，必要时可用浸提溶液对残渣进行多次提取。

2. 淋池

淋池是目前较为广泛采用的发酵产品的浸泡设施。与淋缸相比，它具有生产能力大、劳动强度低、工作效率高等优点。但是其结构仍比较简单，通常是一个以水泥砌成的带有假底的池子，池内壁采用食品级的原料进行防酸与防腐等处理。图 6-16 是带有浇淋装置的淋池结构示意图，它由淋池、泵和循环管等组成。

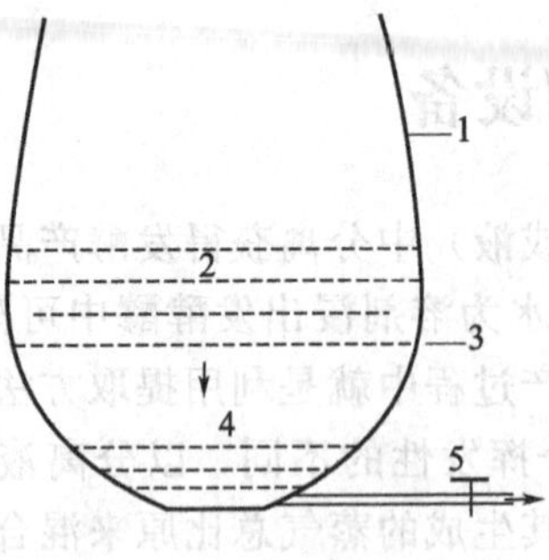

图 6-15 淋缸剖面示意图

1—淋缸；2—醅层；3—淋架；4—滤液；5—淋嘴

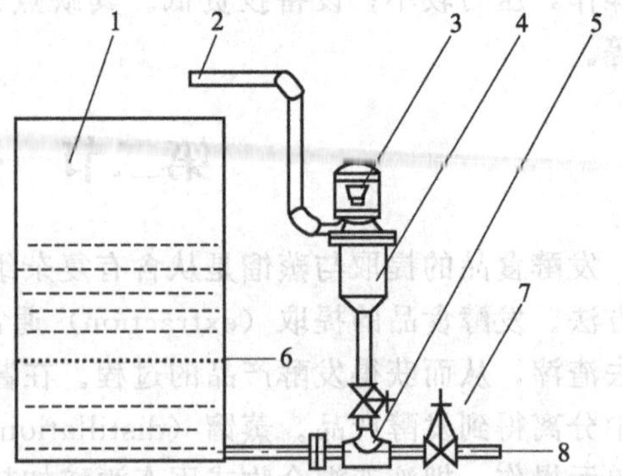

图 6-16 带有浇淋装置的淋池结构示意图

（引自：宋安东《调味品发酵工艺学》，2009）

1—淋池；2—循环管；3—泵；4—贮液罐；5—三通；6—假底；7—阀门；8—浸提液出口

工作时，将待浸提的物料（如酱醅）放入淋池内，关闭浸提液出口的阀门，将适量的浸提溶液（盐水）放入淋池内，打开三通上与泵相连的阀门，开启泵，让浸提液通过循环管循环。当浸提完全后，打开浸提液出口阀门，放出浸提液，残渣可以用浸提液多次提取。在很多情况下，淋池与发酵池是同一个池子，发酵结束后，注入浸提溶液，发酵池就可作为淋池使用。

(二) 压榨设备

压榨设备包括杠杆式压榨机、螺旋式压榨机和水压式压榨机等。

1. 杠杆式压榨机

杠杆式压榨机是一种传统而古老的压榨设备，通常是木制的。其结构如图 6-17 所示，主要由支架、杠杆、底板、榨箱、拉杆及加压架等构成。

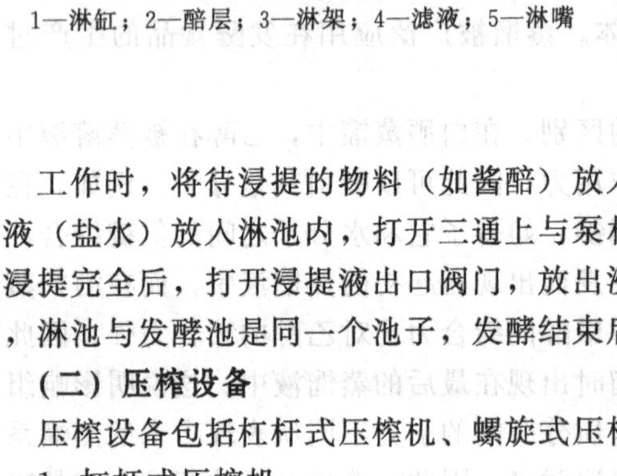

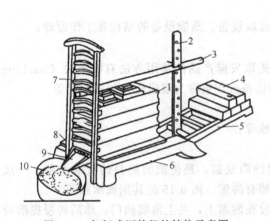

图 6-17 杠杆式压榨机的结构示意图

（引自：宋安东《调味品发酵工艺学》，2009）

1—榨箱；2—拉杆；3—杠杆；4—加压石块；5—加压架；6—榨床架；7—支架；8—底板；9—流液槽；10—贮液缸

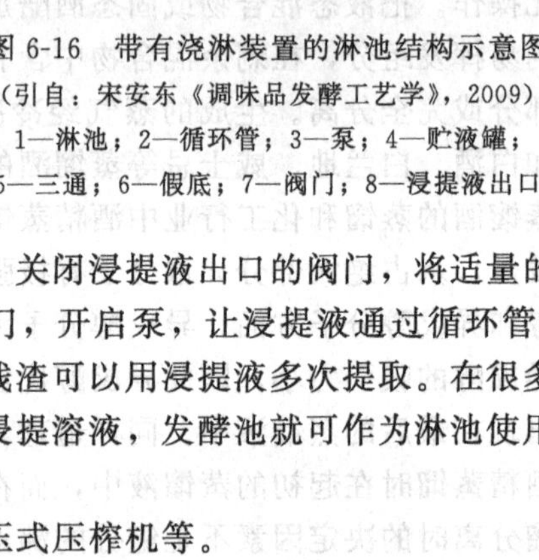

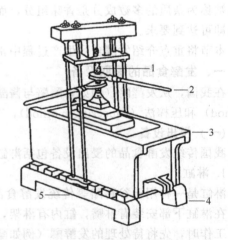

图 6-18 螺旋式压榨机的结构示意图

（引自：宋安东《调味品发酵工艺学》，2009）

1—挤压螺旋；2—传动杆；3—榨箱；4—出液槽；5—底板

顾名思义，杠杆式压榨机是利用杠杆原理进行工作的。压榨时，将装有待压榨物料（如酱醅）的布袋或麻袋放入榨箱中，然后将石块等重物放在加压架上，通过拉杆、木杆将压力传递到榨箱中的物料上，将其中的液体压榨出来。在用杠杆式压榨机压榨时，每次要把石块搬上搬下，劳动强度大，且生产能力小，所以除了极少数作坊仍在使用外，一般的工厂都不采用。

2. 螺旋式压榨机

螺旋式压榨机的结构如图 6-18 所示，主要由挤压螺旋、传动杆、榨箱等构成。榨箱可以是木制的，也可以用钢筋水泥砌成。

工作时，将装有物料的布制或麻制榨袋后再放入榨箱，通过传动杆带动挤压螺旋向下运动以对物料进行压榨。它具有结构简单、占地面积小、安装维护方便等优点，但是仍存在工作能力小、劳动强度大等不足。

3. 水压式压榨机

水压式压榨机的结构如图 6-19 所示，主要由榨箱、水压泵、蓄力机、盖板、升降装置等构成。其中，榨箱由钢筋水泥砌成，箱内壁以食品级的材料进行防腐与耐酸等处理。

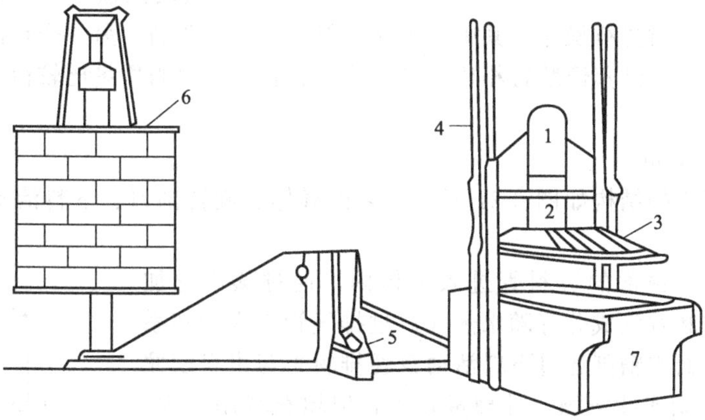

图 6-19 水压式压榨机的结构示意图

（引自：宋安东《调味品发酵工艺学》，2009）

1—活塞；2—钢筒；3—盖板；4—升降装置；5—水压泵；6—蓄力机；7—榨箱

工作时，将物料装入榨袋，再放入榨箱中，蓄力机中贮水产生的压力通过水压泵传递给压榨机盖板，使其沿升降装置向下运动，对物料进行压榨。压力大小可以通过调节蓄力机内的水位高低来调节。

二、发酵食品的蒸馏设备

发酵食品的蒸馏设备主要是指蒸馏酒的蒸馏设备，其种类很多，分类方法也不同。①按蒸馏的过程是否连续，可分为分批蒸馏设备和连续蒸馏设备。②按蒸馏原料的状态，可分为固态蒸馏设备和液态蒸馏设备。③按蒸馏对象的不同，可分为白酒蒸馏设备、白兰地蒸馏设备、威士忌蒸馏设备等。以下将以白酒、白兰地、威士忌的蒸馏为例，分别对固态与液态蒸馏设备进行介绍。

（一）固态蒸馏设备

固态蒸馏设备主要用于固态法白酒的蒸馏，常见的设备有土灶蒸馏装置、三甑旋转间歇蒸煮机和罐式连续蒸酒机。

1. 土灶蒸馏装置

采用土灶蒸馏白酒是我国一种传统的蒸馏方法，自白酒问世以来，一直沿用至今。土灶蒸馏装置主要由锅、蒸桶、冷凝器、盛酒罐等组成（图 6-20）。蒸桶可以是木质的，也可以是不锈钢的或以钢筋水泥砌成的。

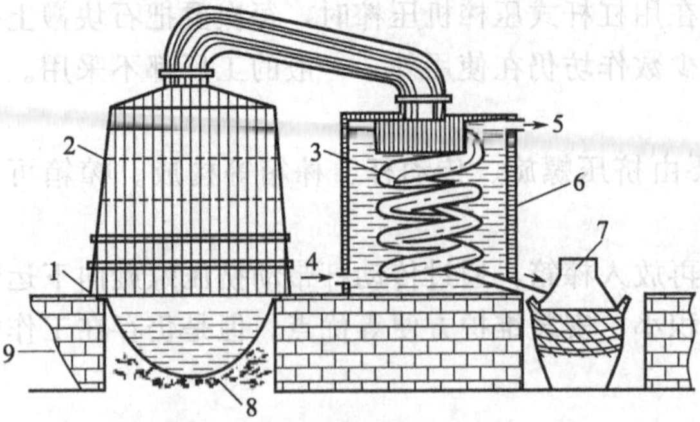

图 6-20 土灶蒸馏装置的结构示意图
1—锅；2—蒸桶；3—冷凝管；4—冷水口；5—热水出口；6—冷凝器；7—盛酒罐；8—热源；9—土灶

工作时，将酒醅人工装料于甑中，通过木柴、煤、电或蒸汽等加热，锅中产生的蒸汽穿过酒醅，下层醅料的酒精与香味等挥发性组分浓度逐层不断变小，上层醅料的浓度逐层增加，并随水蒸气进入冷凝器中，冷凝成液体进入盛酒罐中。按照现代蒸馏理论，蒸桶可以认为是一个特殊的填料塔，酒醅中的酒精及香味成分经过气化、冷凝而达到多组分浓缩、提取的目的。同时，少量难挥发组分也带入酒中。

2. 三甑旋转间歇蒸煮机

三甑旋转间歇蒸煮机是在一个旋转圆盘上安装三个甑桶，同时进行操作，其中一个在装料，一个在蒸酒，另一个在出料，其基本操作与土灶蒸馏相同。与土灶蒸馏装置相比，具有快速、省时、白酒质量比较稳定等优点，但不能进行连续蒸馏。

3. 罐式连续蒸酒机

罐式连续蒸酒机的结构如图 6-21 所示。它由罐体、旋转刮刀、下料活动盘、排料耙、出料绞龙等组成。

工作时，酒醅由顶部的进料管进入罐体内，通过蒸汽管加热，料醅中的酒精和香气成分等随水蒸气通过排气管进入冷却系统，冷却成液体，而酒糟则通过下料活动盘经排料耙与出料绞龙排出罐体。此设备能连续蒸酒，处理量较大，但填充料用量大，对酒的风味影响大。

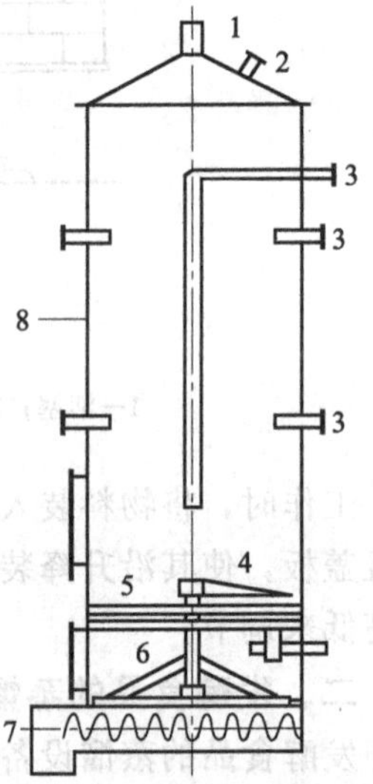

图 6-21 罐式连续蒸酒机的结构示意图
（引自：金凤燮《酿酒工艺与设备选用手册》，2003）
1—排气管；2—进料管；3—蒸汽管；4—旋转刮刀；5—下料活动盘；6—排料耙；7—出料绞龙；8—罐体

（二）液态蒸馏设备

1. 液态法白酒的蒸馏设备

我国几乎所有的优质白酒都是通过固态发酵、固态蒸馏生产的。固态发酵与固态蒸馏的白酒酸、酯提取率要高，酒的风味好，但是存在原料利用率较低、劳动强度大、比较难实现机械化等不足。而液态发酵与液态蒸馏的白酒风味较差，但是原料的利用率高，劳动强度低，容易实现机械化。液体白酒的液态蒸馏设备很多，主要包括蒸馏釜、双罐串联间歇式蒸馏设备、卧式单釜式蒸馏设备、单塔或双塔式连续蒸馏设备、塔釜结合式蒸馏设备等。

(1) 蒸馏釜　根据形状，蒸馏釜可以分为卧式蒸馏釜和立式蒸馏釜（图 6-22）。它们的基本结构相同，主要由蒸汽供给系统、蒸馏系统和冷凝系统等组成，包括蒸馏釜、发酵醪入口、废醪出口、冷却器等结构。

工作时，先将发酵醪倒入酒醪贮池中，再用泵泵入蒸馏釜中，通蒸汽加热，酒精与香气成分随水蒸气进入冷却器中冷凝成液体蒸馏液。蒸馏完后的醪，即所谓的废醪经废醪出口排出蒸馏釜。

(2) 双罐串联间歇式蒸馏设备　双罐串联间歇式蒸馏设备主要由两个蒸馏罐和两个冷凝器组成（图 6-23）。两个蒸馏罐的安装有一定高度差，用管道串联。

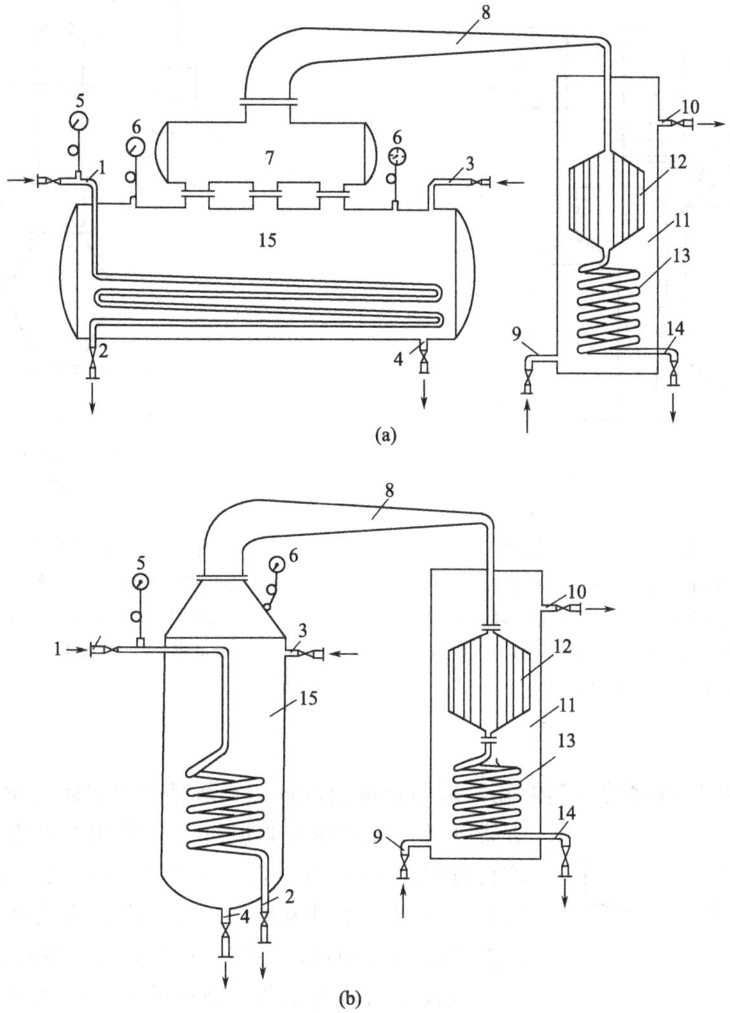

图 6-22 蒸馏釜的结构示意图

（引自：金凤燮《酿酒工艺与设备选用手册》，2003）

(a) 卧式蒸馏釜；(b) 立式蒸馏釜

1—蒸汽入口；2—冷却水出口；3—发酵醪入口；4—废醪出口；5—蒸汽压力表；6—蒸馏釜压力表；7—气鼓；8—蒸汽导管；9—冷却水入口；10—热水出口；11—水箱；12—列管式冷却器；13—蛇管式冷却器；14—蒸馏液出口；15—蒸馏釜

工作时，在第一蒸馏罐中装入发酵醪，以蒸汽间接加热，酒气由顶部蒸出，经蒸馏罐进入第一冷凝器中冷凝，冷凝液回流到第一蒸馏罐，继续蒸馏以提高酒精度，没有被冷凝的酒气经第二冷凝器继续冷凝为成品。当第一蒸馏罐中醪液酒精含量为1%左右时，把醪液放入第二蒸馏罐，以直接蒸汽加热的方式，将产生的低度酒气作为第一蒸馏罐的热源之一，同时第一蒸馏罐继续装入新的发酵醪，并以间接蒸汽加热蒸馏。当蒸馏完全后，将第二蒸馏罐的酒糟排出，并将第一蒸馏罐醪液放入第二蒸馏罐中，第一蒸馏罐装入新的发酵醪继续蒸馏，如此循环。

双罐串联间歇式蒸馏设备的容积不宜大，否则因加热时间过长，致使发酵醪产生异味，影响酒的品质。

(3) 卧式单釜式蒸馏设备　卧式单釜式蒸馏设备结构如图 6-24 所示。它主要包括蒸馏釜、缓冲罐、填料层、分凝器、冷凝器和旋风分离器等。

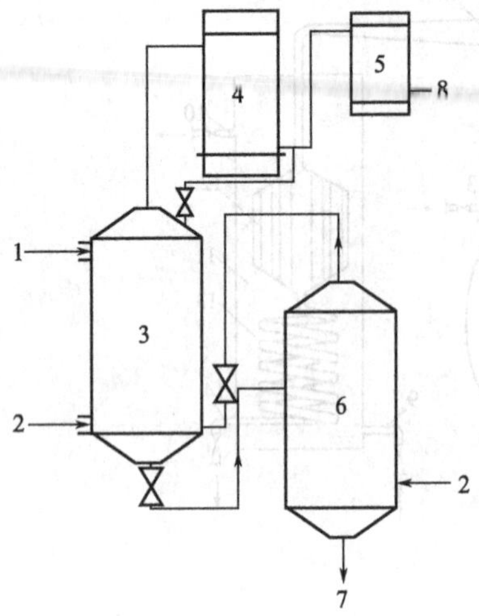

图 6-23 双罐串联间歇式蒸馏

(引自：金风燮《酿酒工艺与设备选用手册》，2003)

1—发酵醪入口；2—蒸汽入口；3—第一蒸馏罐；4—第一冷凝器；5—第二冷凝器；6—第二蒸馏罐；7—废渣、废液；8—白酒出口

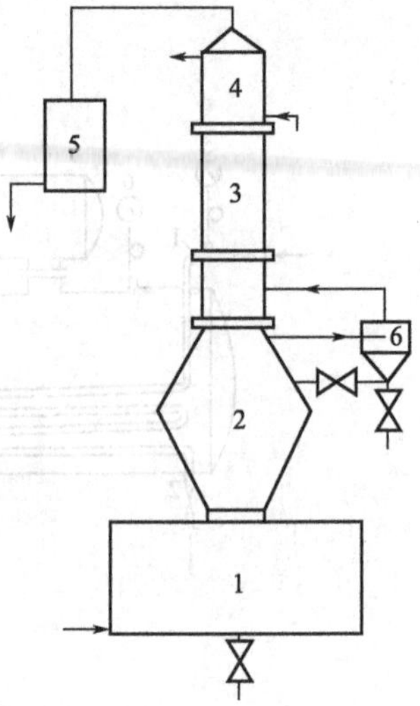

图 6-24 卧式单釜式蒸馏

(引自：金风燮《酿酒工艺与设备选用手册》，2003)

1—蒸馏釜；2—缓冲釜；3—填料层；4—分凝器；5—冷凝器；6—旋风分离器

工作原理是将发酵醪装入蒸馏釜，采用直接蒸汽加热，缓冲釜可以防止蒸发过程中的液沫夹带现象（如果蒸发强度过大，液沫夹带现象严重时，通过增设旋风分离器可以防止液沫中难挥发物质进入馏出液），填料层（通常填料为稻壳）可以提高馏出液酒度，分凝器可以控制回流液的量，酒蒸气最后经冷凝器冷却成液体。

该设备的特点是蒸发面积较大，能使成品酒具有固态法白酒的风格，但是蒸馏损耗较大，属间歇性操作。

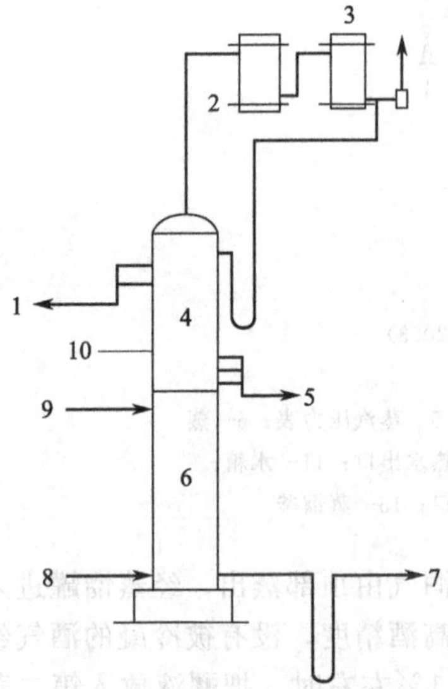

图 6-25 单塔式连续蒸馏设备的结构示意图

(引自：金风燮《酿酒工艺与设备选用手册》，2003)

1—成品酒出口；2—第一冷凝器；3—第二冷凝器；4—精馏段；5—杂碎酒；6—粗馏段；7—废渣和废液；8—蒸汽入口；9—醪液入口；10—蒸馏塔

(4) 单塔或双塔式连续蒸馏设备　图 6-25 为单塔式连续蒸馏设备的结构示意图。它主要由蒸馏塔和冷凝器等组成。

工作时，醪液由醪液入口进入蒸馏塔的粗馏段后，在底部蒸汽的作用下，醪液中的易挥发成分变成蒸气进入蒸馏塔精馏段，经进一步分离，在精馏段的上段凝集成品酒，下段排出杂碎酒，未冷凝的蒸气进入冷凝器，经冷凝后再回流到精馏段，废渣、废液从塔底排出。

图 6-26 为双塔式连续蒸馏设备的结构示意图。它由粗馏塔和精馏塔等组成。

工作时，发酵醪从粗馏塔的顶端进入，塔底不断均匀通入蒸汽，将发酵醪中的液态酒精等转变为酒蒸气，进入精馏塔，蒸馏后的废液由粗馏塔的底部排出。进入精馏塔的酒蒸气通过加热蒸发、冷凝、回流，酒尾由塔底排出，酒头由塔顶排出，成品酒则由塔的上中部排出。

塔式连续蒸馏设备可以实现连续蒸馏，酒的品质，特

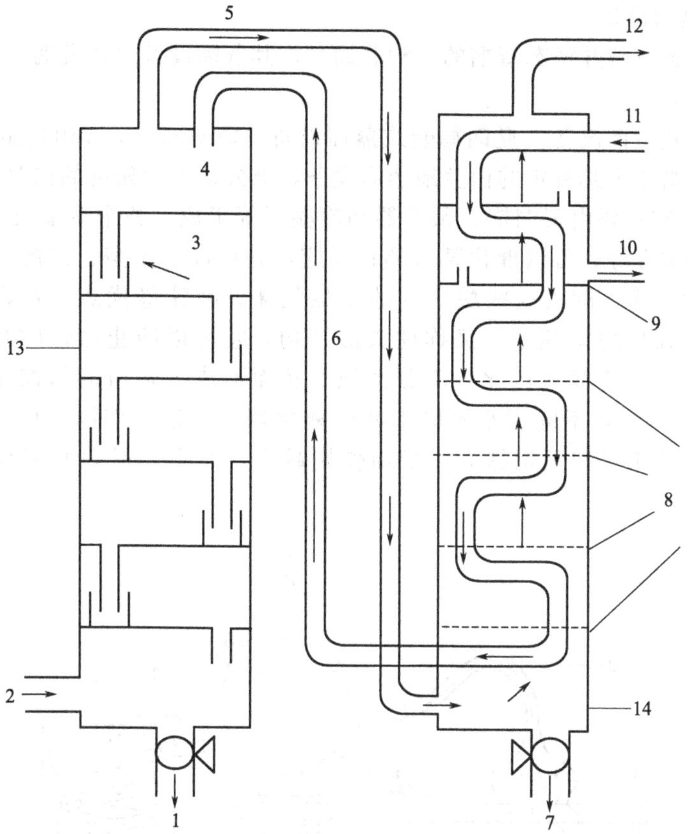

图 6-26 双塔式连续蒸馏设备

1—废液；2—蒸汽；3—酒蒸气；4—醪液入口；5—热酒蒸气；6—热醪液；7—酒尾；8—穿孔板；9—挡板；10—成品酒；11—冷醪液；12—酒头；13—粗馏塔；14—精馏塔

别是双塔式连续蒸馏设备的酒品质优质、稳定、可靠。

(5) 塔釜结合式蒸馏设备 塔釜结合式蒸馏设备的结构如图 6-27 所示，主要由蒸馏塔、分凝器、蒸馏釜和冷凝器等构成。

工作时，发酵醪经预热后，连续送入蒸馏釜中，约蒸出发酵醪中 30%的酒精后，釜中的醪液由釜底连续进入蒸馏塔中部，酒气上升经塔顶分凝器冷却回流，未冷凝的酒气与蒸馏塔的酒气混合后经冷凝器冷凝成酒，蒸馏完全后的发酵醪由塔底排出。

该装置集中了塔、釜两式的优点，釜式蒸馏蒸发面大，液沫夹带量大，可增加酒中难挥发物质，如酸和一些水溶性物质。利用蒸馏塔提高馏出液酒度，排杂醇油，并能连续作业，减少排糟的酒精损失。为了更好地排除杂醇油和除去因蒸煮带有的煳味，在蒸馏釜顶可加一段稻壳填充层。此设备较单塔蒸馏时的总酸、总酯含量高，而醛的含量可下降 30%左右。

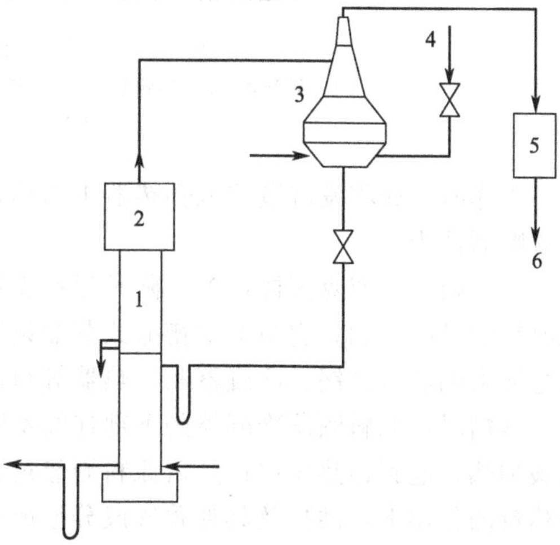

图 6-27 塔釜结合式蒸馏设备的结构示意图

(引自：金风燮《酿酒工艺与设备选用手册》，2003)

1—蒸馏塔；2—分凝器；3—蒸馏釜；4—发酵醪入口；5—冷凝器；6—白酒出口

2. 白兰地的蒸馏设备

白兰地属于液态发酵并液态蒸馏的一种蒸馏酒，其蒸馏设备包括夏朗德壶式蒸馏设备和阿马尼亚克蒸馏设备等。

(1) 夏朗德壶式蒸馏设备 夏朗德壶式蒸馏设备（Cognac pot still）是法国可涅克地区，也是人头马等名酒沿用了几百年的白兰地蒸馏设备，被公认为最先进的白兰地蒸馏设备，其组成如图 6-28 所示。它主要由蒸馏锅、预热器和冷凝器等组成。整个蒸馏设备由铜制成，具有导热性好，对酸的抗性好，可以催化某些酯化反应，并可以与丁酸、己酸、癸酸、月桂酸等形成不溶性铜盐而析出，除去这些酸产生的不良气味、酸味等优点。在设计方面，夏朗德壶式蒸馏设备具有独特的鹅颈帽，又称柱头部结构，它可以防止蒸馏时扑锅，即液体溢出锅外现象的发生，也可使蒸气在此有部分回流，从而形成了轻微的精馏作用。它的容积一般为蒸馏锅容器的 10%，不同大小不同形状的鹅颈帽，其精馏作用不同，因而所蒸得的产品质量亦不同。一般来讲鹅颈帽越大，精馏作用越大，所得产品口味趋向于中性，芳香性降低。

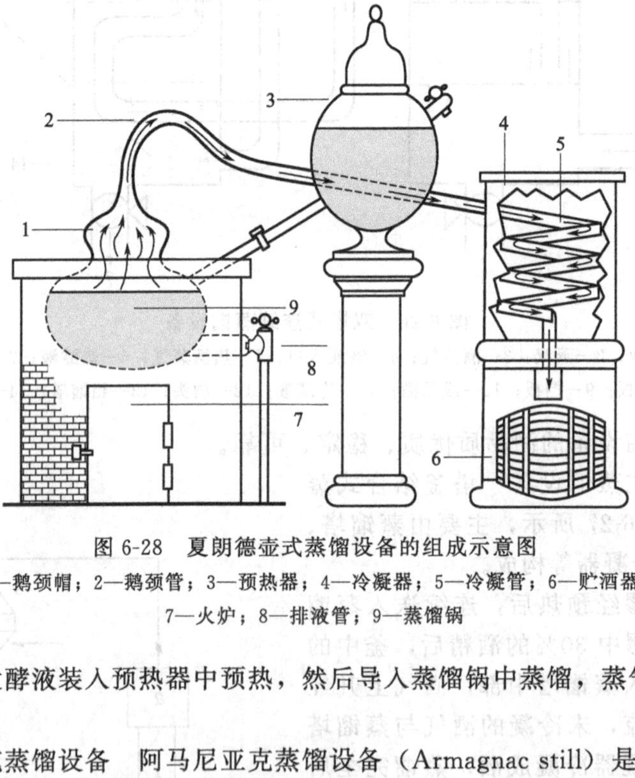

图 6-28 夏朗德壶式蒸馏设备的组成示意图

1—鹅颈帽；2—鹅颈管；3—预热器；4—冷凝器；5—冷凝管；6—贮酒器；7—火炉；8—排液管；9—蒸馏锅

工作时，先将发酵液装入预热器中预热，然后导入蒸馏锅中蒸馏，蒸气进入冷凝器冷凝后进入贮酒器中。

(2) 阿马尼亚克蒸馏设备 阿马尼亚克蒸馏设备（Armagnac still）是 1818 年国王路易十八时期的发明专利，它与夏朗德壶式蒸馏设备的区别是可以连续蒸馏，其结构如图 6-29 所示。它主要由铜制蒸馏锅、冷凝器和预热器等组成。

蒸馏时，原料酒从冷凝器的下部连续不断地进入，对蛇形管中酒蒸气进行冷凝，同时自己也被加热，起到预热作用；然后原料酒经过导流板，进入蒸馏锅，在柴火、煤、炭、电或蒸汽等热量的作用下，酒精及其他香气成分形成蒸气上升，进入冷凝管冷却成产品。此设备的蒸馏程度较低，更有利于保持白兰地中葡萄的风味。

3. 威士忌蒸馏设备

(1) 麦芽威士忌蒸馏器 全世界麦芽威士忌蒸馏至今仍沿用 18～19 世纪的铜制带有长鹅颈的蒸馏器，其结构如图 6-30 所示，主要由蒸馏釜、长鹅颈、冷凝器等组成。

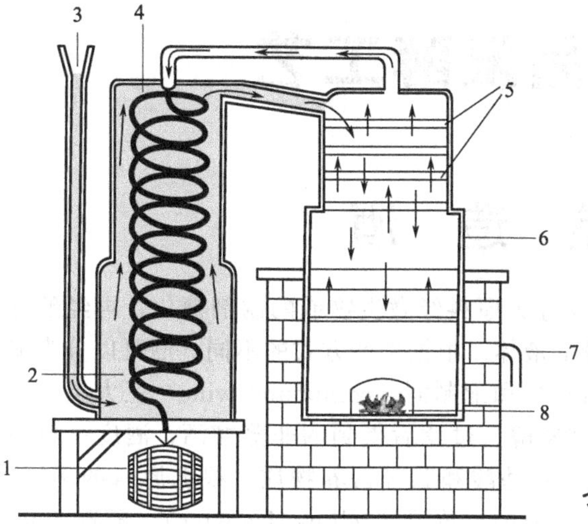

图 6-29　阿马尼亚克蒸馏设备结构示意图

1—贮酒器；2—预热器；3—原料酒；4—冷凝器；
5—导流板；6—铜制蒸馏锅；7—酒尾出口；8—热源

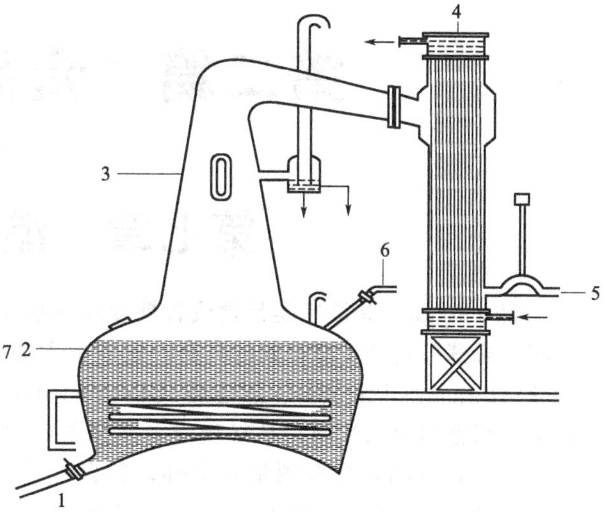

图 6-30　麦芽威士忌蒸馏器的结构示意图

（引自：金凤燮《酿酒工艺与设备选用手册》，2003）

1—废液出口；2—蒸馏釜；3—长鹅颈；
4—冷凝器；5—冷凝液出口；6—料液进口

工作时，将发酵液导入蒸馏釜蒸馏，蒸气顺着长鹅颈进入冷凝器冷凝后，经冷凝液出口进入贮酒容器。

（2）连续蒸馏机　粮谷威士忌的蒸馏常以连续蒸馏机进行蒸馏，所谓连续蒸馏机是将两个蒸馏容器以串联方式组合在一起的蒸馏设备。它的结构和工作原理与麦芽威士忌蒸馏器的相同。

思　考　题

1. 简述三足式离心机、管式分离机和碟片式离心机的工作原理。
2. 简述板框过滤机、真空转鼓过滤机的过滤原理。
3. 简述常用膜组件结构及工作原理。
4. 简述夏朗德壶式蒸馏设备中铜锅和鹅颈帽作用。

第二篇 食品发酵工艺

第七章 酿造酒

酒（liquor）是淀粉类粮食或含糖较高的水果等为原料经微生物或酶制剂糖化，再经酵母发酵，或酵母直接发酵得到的具有一定酒精含量的液体。根据生产方式的不同，酒可以分为酿造酒（fermented liquor）、蒸馏酒（distilled liquor）和配制酒（compound wine）三大类。所谓酿造酒也称为原汁酒，是谷物或者水果等经过发酵、过滤后得到的非蒸馏酒，酒度一般为4°～18°。这种酒除含有酒精和水外，还含有糖、氨基酸和肽等营养物质。根据原料的不同，酿造酒又可进一步分为啤酒（beer）、果酒（fruit wine）、黄酒（yellow rice wine）、米酒（rice wine）和日本清酒（sake）等。所谓蒸馏酒（distilled liquor）是将经过微生物发酵后得到的酒醅（醪）或发酵酒，以蒸馏的方式，提取其中的酒精与香气等成分，而获得的含有较高酒精度的液体。蒸馏酒除含有乙醇外还含有挥发性风味物质，酒度一般在38°～65°，目前也有25°或30°的蒸馏酒。根据原料不同，蒸馏酒可以分为中国白酒（Chinese spirits）、白兰地（brandy）、威士忌（whisky）、伏特加酒（vodka）、朗姆酒（rum）和金酒（gin）等。所谓配制酒，也称混配酒（mixed liquor），通常是以蒸馏酒或酿造酒作为主要原料加上果汁、香料或/和药用动植物等调配得到的酒，如中国药酒（白酒中加入中药材浸泡而成）、味美思（葡萄酒中加入芳香植物浸泡而成）、五加皮酒（白酒中加入芳香植物浸泡而成）、竹叶青酒（白酒中加入淡竹叶等浸泡而成）、鸡尾酒（白兰地、威士忌或朗姆酒等蒸馏酒中加入果汁、香料和水果片调制的酒）。

本章将对酿造酒中的啤酒、黄酒、果酒和日本清酒的分类、酿造原辅料、发酵机理、酿造工艺及其操作要点等进行叙述。蒸馏酒将在第八章进行叙述，而配制酒由于是以酿造酒或蒸馏酒为原料加工得到的，与发酵关系不大，所以本书将不予介绍，感兴趣的读者可以参考其他相关书籍。

第一节 啤酒酿造

啤酒（beer）是以麦芽、水为主要原料，加啤酒花或其制品，经酵母发酵酿制而成含有CO_2的起泡的低酒精度的发酵酒。

啤酒是世界上产量最大、酒精含量最低、营养非常丰富的酒种。啤酒酿造历史悠久，根据考古发现和文字记载推测，啤酒起源于两河流域南部的古巴比伦，由这里的最早居民苏美尔人最先酿制而成，距今大约已有6000年的历史。据说是苏美尔人偶然发现了啤酒的发酵过程，可能是面包或谷物变湿后开始发酵并逐渐生成了含酒精的浆状物，但据推断原始啤酒的产生是在公元前8000年前后。

中国的啤酒是20世纪初才从欧洲大陆引进，到目前只有100多年的历史。据资料记载，1900年由俄国技师在哈尔滨建立了第一家作坊式啤酒厂——乌卢布列夫斯基啤酒厂（哈尔滨啤酒厂前身）。我国啤酒虽然历史较短，但是发展较快，尤其是在改革开放以后的20多年中得到了迅猛发展，实现了三级跳，1988年我国啤酒年产量达到0.66×10^{10} L，位居世界第三名；

1993 年我国啤酒年产量为 1.225×10^{10} L，超过德国跃居世界第二名；2002 年中国啤酒年产量为 2.386×10^{10} L，超过美国成为世界第一。2009 年，中国啤酒产量超过 4.2×10^{10} L，已经连续 8 年保持世界第一。

本节将从啤酒的分类、主要原辅料、发酵机理以及酿造工艺等方面进行详细介绍

一、啤酒的分类

啤酒的种类很多，分类方法也很多，根据 GB/T 17204—2008 的饮料酒分类标准，我国的啤酒可以分为以下种类。

（一）按是否杀菌分类

（1）熟啤酒（pasteurized beer） 经过巴氏灭菌或瞬时高温灭菌的啤酒。由于经过了灭菌处理，所以熟啤酒的保质期能达到半年甚至一年，但灭菌处理也会影响啤酒的口味，产生熟味和杀菌味，并破坏部分营养物质。我国绝大部分瓶装啤酒和罐装啤酒都属于熟啤酒。

（2）鲜啤酒（fresh beer） 不经巴氏灭菌或瞬时高温灭菌，成品中允许含有一定量活酵母菌，达到一定生物稳定性的啤酒。由于鲜啤酒未经杀菌或除菌处理，含有一定数量的酵母，所以营养丰富、口味鲜美，但保质期较短，最长不超过 1 周，且需要冷链运输和贮藏。鲜啤酒多采用桶装，主要在夏季销售。

（3）生啤酒（draft beer） 不经巴氏灭菌或瞬时高温灭菌，而采用过滤等物理方法除菌，达到一定生物稳定性的啤酒。由于未经长时间或高温灭菌处理，所以保持了啤酒的新鲜口感和营养，又由于去除了微生物，所以保质期可以达到半年。一些桶装啤酒和标有“纯生啤酒”的瓶装啤酒都属于此类。虽然目前熟啤酒在市场上仍然占主导地位，但越来越多的消费者更倾向于饮用纯生啤酒。

（二）按色泽分类

（1）淡色啤酒（light beer） 色度为 2～14 EBC（European Brewery Convention）单位（是根据光的入射、出射和散射角度计算得到的值）的啤酒。目前市场上绝大多数为淡色啤酒。根据其原麦汁浓度的高低不同，淡色啤酒又分为三种：原麦汁浓度大于 13%（质量分数）的为高浓度淡色啤酒，10%～13%的为中等浓度淡色啤酒，而低于 10%的为低浓度淡色啤酒。

（2）浓色啤酒（dark beer） 色度为 15～40 EBC 单位，色泽介于淡色啤酒与黑啤酒之间，即棕红色的啤酒。该色调给人以温暖的感觉，适合天冷的季节饮用。按原麦汁 13%为分界点，分为高浓度和低浓度浓色啤酒。

（3）黑色啤酒（black beer） 色度大于或等于 41 EBC 单位，麦芽焦香味突出的啤酒。原麦汁浓度相对较高，亦适合于天冷的季节饮用，但产量不大。

（三）按发酵结束后酵母是否沉降分类

（1）下（底）面发酵啤酒（bottom fermented beer） 是指发酵结束后酵母沉降到发酵容器（发酵罐）底部的啤酒。它采用的酵母称为“下面酵母”（或底面酵母）。

（2）上面发酵啤酒（top fermented beer） 是指发酵结束后酵母上升到发酵液（发酵池）表面的啤酒。它采用的酵母称为“上面酵母”。

目前，在国际国内市场上，除少量上面发酵啤酒外，其余都属于下面发酵啤酒。关于上面发酵与下面发酵酵母将在随后的内容中进行介绍。

（四）特种啤酒分类

特种啤酒是指由于原辅材料或生产工艺方面的某些重大改变，而使啤酒改变了原有的风味，并具有独特风格的啤酒。

(1) 干啤酒（dry beer） 真实（实际）发酵度在72%以上、口味干爽的啤酒。啤酒的发酵度（degree of fermentation）包括表观发酵度和真实发酵度。所谓表观发酵度是指啤酒发酵终了时被酵母消耗的糖占原始麦汁中总糖的比例，它是通过测定含有酒精的发酵液浓度，即所谓表观浓度计算得到的发酵度，即表观发酵度=(原麦汁浓度－表观浓度)/原麦汁浓度×100%。而真实发酵度是根据排除了酒精之后发酵液的浓度，即真实浓度计算得到的发酵度，即真实发酵度=(原麦汁浓度－真实浓度)/原麦汁浓度×100%。

(2) 低醇啤酒（low-alcohol beer） 酒精度为0.6%～2.5%的啤酒。

(3) 无醇啤酒（non-alcohol beer） 酒精度小于或等于0.5%，原麦汁浓度大于或等于3.0°P的啤酒。

(4) 小麦啤酒（wheat beer） 以小麦芽（占总原料的40%以上）、水为主要原料酿制的啤酒。它具有小麦麦芽经酿造而产生的特殊香气。

(5) 浊啤酒（turbid beer） 在成品中含有一定量的活酵母菌或显示风味的胶体物质，浊度大于或等于2.0EBC的啤酒。

(6) 冰啤酒（ice beer） 鲜啤酒在过滤前冷却至冰点，使啤酒出现微小冰晶，然后经过滤，将冰晶滤除后得到的啤酒。它的透明度很好，浊度小于0.8 EBC。

二、啤酒酿造的主要原辅料

(一) 大麦

自古以来大麦（barley）是酿造啤酒的主要原料，在酿造时先将大麦制成麦芽，再进行糖化和发酵。

大麦之所以适于酿造啤酒，主要是由于：①大麦便于发芽，并在发芽后产生大量的水解酶类，便于麦汁制备阶段的液化与糖化；②大麦种植遍及全球，来源广；③大麦淀粉含量高，蛋白质含量适中，脂肪含量低，适合啤酒酿造；④大麦是非人类食用主食，不存在消耗人类主食的问题。

1. 大麦分类

按用途，大麦可分为食用、饲料及酿造用三类。按大麦籽粒在麦穗断面上的分配形态，可将大麦分为六棱大麦、四棱大麦和二棱大麦（图7-1）。二棱大麦沿穗轴只有对称的两行籽粒，籽粒大而整齐，谷皮较薄，淀粉含量高，浸出率高，蛋白质含量相对较低，发芽均匀，是酿造啤酒的最好原料。四棱大麦有两对籽粒互为交错，麦穗横断面呈四角形，看起来像是在穗轴上形成四行籽粒。六棱大麦的麦穗断面呈六角形，有六行麦粒围绕一根穗轴而生，其中只有中间对称的两行籽粒发育正常，左右四行籽粒发育迟缓，籽粒不够整齐，也比较小。四棱大麦和六棱大麦蛋白质含量较高，淀粉含量较低，制造出的麦芽含酶较丰富，与二棱大麦芽配合使用可以弥补二棱大麦芽含酶量低的不足。

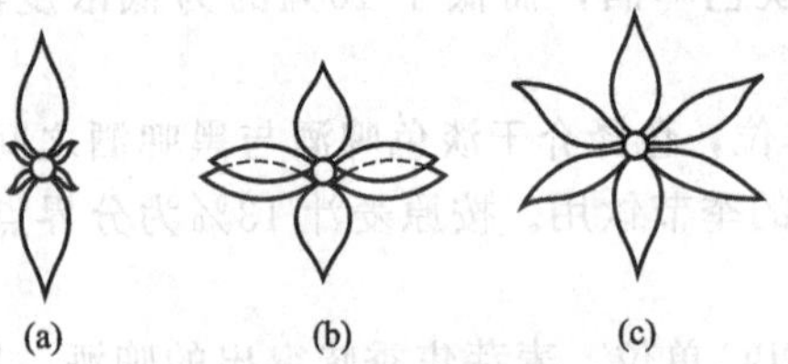

图 7-1 大麦穗的横断面示意图

（引自：程殿林《啤酒生产技术》，2005）

(a) 二棱大麦；(b) 四棱大麦；(c) 六棱大麦

2. 大麦籽粒结构

大麦籽粒可粗略分为胚、胚乳及谷皮三大部分，其剖面如图7-2。

(1) 胚（embryo） 胚由原始胚芽、胚根、盾状体和上皮层组成，占麦粒质量的2%～5%。它位于麦粒背部下端，是大麦器官的原始体，根茎叶即由此生长发育而成。发芽开始时，胚分泌出赤霉酸，并输送至糊粉层，激发糊粉层产生多种水解酶。酶逐渐增长扩散至胚乳，对胚乳中的半纤维素、糖、蛋白质等进行分解。产生的小分子物质，通过上皮层和盾状体，由脉

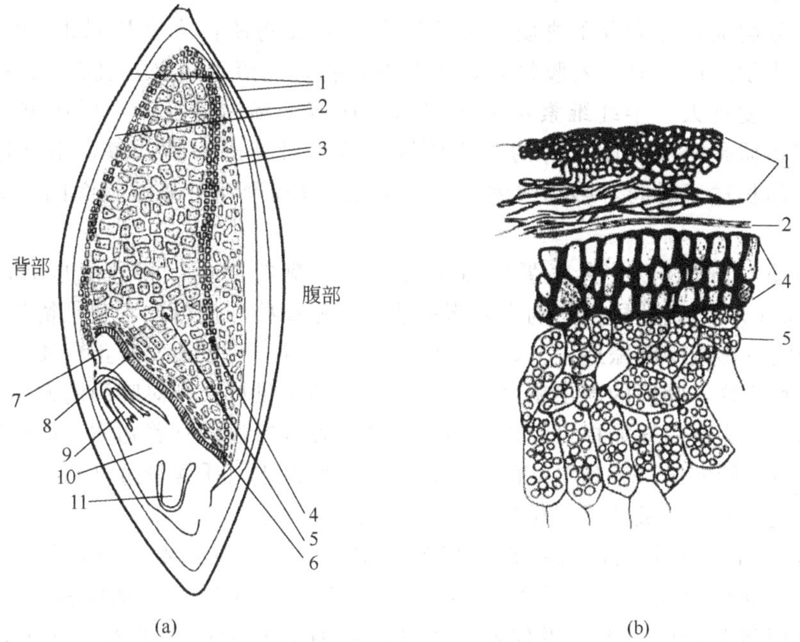

图 7-2 大麦籽粒内部结构

（引自：程殿林《啤酒生产技术》，2005）

(a) 大麦籽粒纵剖面；(b) 局部放大

1—皮壳；2—果皮和种皮；3—腹沟；4—糊粉层；5—胚乳；6—空细胞层；7—盾状体；8—上皮层；9—胚芽；10—营养部分；11—胚根

管输送体系送至胚根和胚芽作为发育营养。胚是麦粒中有生命部位，一旦胚被破坏，大麦即失去发芽力。

(2) 胚乳（endosperm） 胚乳是胚的营养库，占麦粒质量的 80%～85%。在发芽过程中，胚乳成分不断地分解成小分子糖和氨基酸等，部分供给胚作营养，部分供呼吸消耗，产生 CO_2 和 H_2O 并发出热量，这些成为制麦损失。

(3) 谷皮（husk） 谷皮由腹部的内皮和背部外皮组成，两者都是一层细胞。外皮的延长部分为麦芒。谷皮占谷粒质量的 7%～13%。谷皮里面是果皮，再里面是种皮。

谷皮成分绝大部分为非水溶性物质，制麦过程基本无变化，其主要作用是保护胚，维持发芽初期谷粒的湿度。

3. 大麦的化学成分与啤酒酿造的关系

(1) 淀粉（starch） 淀粉是大麦的主要贮藏物，以淀粉粒的形式存于胚乳细胞壁内，淀粉粒中大约有 97%的化学纯淀粉。淀粉密度平均为 1.5g/cm^3，由于其密度大于水，故在水中下沉。淀粉含量越高，浸出物就越多，麦汁收得率也越高。大麦淀粉粒中直链淀粉占总淀粉的 17%～24%，支链淀粉占 76%～83%。

麦芽淀粉酶作用于直链淀粉，几乎可以使其全部转化为麦芽糖和葡萄糖；但作用于支链淀粉，除生成麦芽糖和葡萄糖外，尚生成相当数量的糊精和异麦芽糖。

(2) 纤维素（cellulose） 它是细胞壁的支撑物质，主要存在于皮壳中，微量存在于胚及果皮和种皮中，不存在于胚乳中。纤维素对淀粉酶等水解酶的酶解抗性强，难分解、不溶于水，因此不参与物质代谢，停留在皮壳中，麦汁过滤时作为滤层。

(3) 半纤维素和麦胶物质（hemicellulose and wheat gum material） 半纤维素和麦胶物质

是胚乳细胞壁的组成部分，发芽过程中只有当半纤维素酶将细胞壁分解之后，其他水解酶方能进入细胞内分解淀粉等大分子物质。半纤维素和麦胶物质占大麦质量的10%～11%，二者具有类似的化学组成成分。麦胶物质是多糖混合物，能溶于热水，且在40～80℃范围内，温度越高，溶解度越大。半纤维素不溶于热水，而溶于稀碱溶液。半纤维素分解产生的β-葡聚糖及麦胶物质是溶液黏度上升的主要原因，若不对其进一步分解，则会造成麦汁和啤酒过滤困难，延长过滤时间，影响啤酒质量。但是，β-葡聚糖对啤酒圆润的口感和啤酒的起泡有利。

(4) 蛋白质（protein） 大麦蛋白质主要存在于糊粉层中，胚乳中也有，含量一般在9.0%～12.0%（无水），我国生产的大麦蛋白质含量略高些。蛋白质含量是衡量大麦质量的重要指标，因为它既影响啤酒酿造工艺，又影响啤酒的质量。一般地，若蛋白质含量高，则淀粉含量低，浸出物下降，啤酒的产出率也较低；若蛋白质含量低，则对啤酒的发酵、口感与起泡性等均有影响，因为蛋白质能提供酵母菌生长繁殖与发酵所需的营养物质，同时适当含量的蛋白质对啤酒醇厚、圆润的口感和丰富的泡沫均有利。所以蛋白质含量过高和过低都不适宜，一般认为啤酒酿造用大麦的最适蛋白质含量为10.5%。

(5) 脂肪（fat） 脂肪大部分存在于糊粉层中，含量约占大麦干物质的2%。大麦中只有很少的游离脂肪酸存在，通常低于0.1%，其中亚油酸占52%、油酸占28%、棕榈酸占11%。制麦芽时部分脂肪用于呼吸代谢，麦汁过滤时只有少量会进入麦汁中，大部分停留在麦糟中。脂类物质含量虽低，但是一旦进入麦汁中，对啤酒的风味稳定性和泡沫稳定性均不利。

(6) 磷酸盐（phosphate） 大麦所含的磷酸盐约50%为植酸钙镁，约占大麦干物质质量的0.9%。每100g大麦干物质含260～350mg磷。有机磷酸盐水解后进入麦汁中，有利于调节麦汁pH，并在发酵过程中参与酵母代谢。

(7) 无机盐（inorganic salt） 无机盐主要存在于皮壳、胚和糊粉层中，总含量占大麦干物质的2.5%～3.5%。无机盐对啤酒发酵的影响很大。例如，假设麦汁中缺乏二价离子，那么酵母的生长繁殖将会受到严重抑制，从而使发酵缓慢。相反，则可以使酵母的数量、形状和代谢发生变化，还会使啤酒出现浑浊现象。

(8) 维生素（vitamin） 大麦和麦芽富含维生素，集中分布在胚和糊粉层中。总含量占大麦干物质的0.008%～0.015%，主要是烟酸。此外，大麦还含有维生素H、泛酸、叶酸和α-氨基苯酸。维生素是酵母极其重要的生长素。

(9) 多酚物质（polyphenol） 大麦中多酚物质主要存在于麦壳和糊粉层中，占大麦干物质的0.1%～0.3%。大麦中的多酚物质会影响啤酒的色泽、泡沫、风味和非生物稳定性。单宁等多酚类物质属于苦味物质对啤酒有不利影响。同时，在酿造过程中，一种称为黄烷基多酚物质，如黄色苷、儿茶酸等，经缩合和氧化后具有单宁的性质，容易和蛋白质交联、聚集，在酒液中沉淀出来，因此减少这类物质，避免酒液与空气接触是提高成品酒非生物稳定性的重要措施之一。

(二) 其他淀粉类原料

酿造啤酒的淀粉类原料，除了大麦芽以外，还有大米（rice）、玉米（corn）、小麦（wheat）和淀粉（starch），甚至蔗糖和淀粉糖浆（sucrose and starch syrup）等都可以作为啤酒酿造的原料。

(三) 酒花及其制品

酒花（hops）是蛇麻（*Humulus lupulus*），又名忽布的花。蛇麻是一种藤本植物，茎长可达10m，根深入土壤1～3m，可生存20～30年。酒花有雌酒花和雄酒花之分，啤酒酿造中所用的酒花通常是雌酒花（图 7-3）。在啤酒酿造中添加酒花作为香料始于 9 世纪，最早使用于德国。

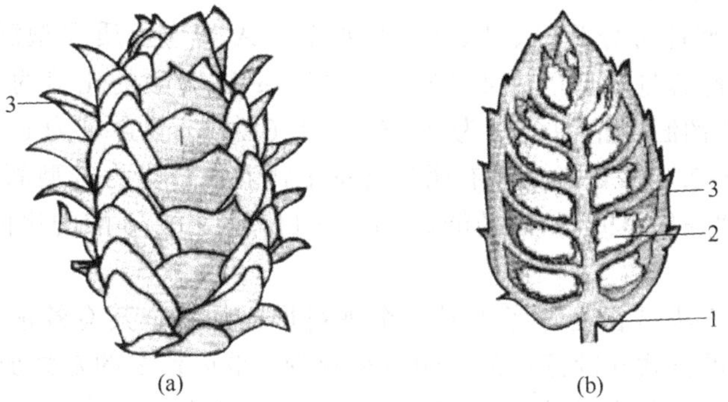

图 7-3 雌酒花
（引自：程殿林《啤酒生产技术》，2005）
（a）酒花球果；（b）酒花球果纵剖面
1—花轴；2—蛇麻腺；3—苞叶

目前全球的酒花生产主要集中在德国、美国、中国、捷克、英国和俄罗斯，约占全球总产量的 75%，其中德国和美国约占 50%。世界最著名的酒花产地是德国的 Hallerauer。我国酒花主要产区在新疆、甘肃、宁夏、青海、辽宁、吉林和黑龙江等地。

1. 酒花的化学成分及其在啤酒中的作用

在酒花的化学组分中，对啤酒酿造品质具有重要意义的是合适的含水量、酒花树脂（hop resins）、酒花油（hop oil）和多酚物质（polyphenol）。其他的化学成分如蛋白质、碳水化合物、有机酸、矿物质等，因酒花用量很少，在啤酒中的含量很低，对啤酒酿造的意义不大。

（1）含水量　干酒花含水量一般为 10%～11%，大于 12%不利于贮藏，易发热，容易被微生物污染，使酒花树脂和酒花油氧化、聚合。酒花粉的含水量为 3%～7%。

（2）酒花树脂　酒花树脂是酒花中最主要的成分，是啤酒苦味的主要来源，其成分非常复杂，包括 α-酸（α-acid，又称葎草酮）、β-酸（β-acid，又称蛇麻酮）及其一系列氧化聚合产物（oxidative polymer）。其中，α-酸含量是酒花最重要的质量指标，与酒花品种、种植区域、年份及收获时间有关。α-酸本身没有苦味，但在麦汁煮沸时 α-酸异构为异 α-酸，异 α-酸为苦味物质，可赋予啤酒苦味，并且其溶解性远大于 α-酸。β-酸与 α-酸类似，新鲜酒花中 β-酸的含量为 5%～11%，它的苦味只有 α-酸的 1/9 左右，防腐能力也只有 α-酸的 1/3 左右。β-酸更易氧化形成 β-软树脂，能赋予啤酒柔和苦味。

（3）酒花油　酒花油主要存在于蛇麻腺中，新鲜酒花中仅含 0.4%～2.0%，是酒花香味的主要来源。酒花油有 200 多种组分，各种成分对于酒花香味的影响不同，例如，石竹烯等所产生的香气是对啤酒有利的，但是香叶烯对酒花的香味起副作用。

（4）多酚物质　多酚物质主要存在于酒花萼片及苞片中（约 74%），其次是腺体中（约 22%），少量存在于果轴和叶柄中（约 4%）。多酚物质占酒花干物质的 4%～14%，它对于啤酒酿造具有以下重要影响：①与蛋白质形成复合物，促进蛋白质凝固，有利于提高啤酒的稳定性；②低分子多酚能赋予啤酒一定的醇厚性，但大分子物质氧化后会使啤酒口味变得粗糙；③在麦汁和啤酒中形成黑色物质，增加啤酒的色泽；④一些多酚物质在有氧的情况下，能催化脂肪酸和高级醇氧化形成醛类，导致啤酒老化。

总之，酒花的主要作用是赋予啤酒爽口的苦味和酒花香味，另外，对麦汁和啤酒的澄清、啤酒泡沫的形成等也有一定作用。

2. 酒花品种及其典型性

按酒花品种的典型性可分为A、B、C、D四类。A类为优质香型酒花，精油含量较高，为2.0%～2.5%，α-酸含量较低，为4.5%～5.5%，α-酸/β-酸的比值约1∶1。B类为香型酒花（兼型），香型酒花的酒花精油含量为0.85%～1.6%，α-酸含量为5.0%～7.0%，α-酸/β-酸的比值为1∶(1.2～2.3)。C类为没有明显特征的酒花。D类为苦型酒花，优质苦型酒花的α-酸含量较高，一般为6%～9%，高的能达11%～14%，α-酸/β-酸的比值为1∶(2.2～2.6)。

3. 酒花制品

传统的酒花使用方法是在麦汁煮沸时以全酒花形式加入，其有效成分的利用率较低。目前，这种添加全酒花的方式在啤酒厂的使用越来越少，取而代之的是添加各种酒花制品。酒花制品的产量已占到全球酒花产量的80%以上，其主要形式包括酒花粉、颗粒酒花、酒花浸膏和酒花油等。

(1) 酒花粉　将酒花干燥至水分含量为7%～9%，再将其粉碎成1～5mm的粉末，并在混合罐中混合均匀后，包装。酒花粉碎后，便于酒花中苦味物质的浸出，但是酒花粉的容重较低，所占体积大，贮存、运输与使用不便，且容易产生损失，所以近几年酒花粉多压制成颗粒使用。

(2) 颗粒酒花　颗粒酒花是在酒花粉中添加约20%的膨润土，混匀，以造粒机加工成颗粒状的酒花。通常颗粒酒花的颗粒直径2～8mm，长约15mm。颗粒酒花又可进一步分为90型颗粒酒花、45型颗粒酒花和异构颗粒酒花等。其中90型颗粒酒花是最普通的颗粒酒花，它仅去掉了10%的杂物，苦味物质等内含物的含量与原酒花区别不大。45型颗粒酒花去掉了45%的杂物，使α-酸的含量提高，波动范围缩小。异构颗粒酒花是将酒花中的α-酸在一定的条件下异构化后，制成的颗粒酒花。酒花中所含的α-酸必须在麦汁煮沸过程中异构成异α-酸才能赋予啤酒苦味，而这种转变需要温度、时间及适宜的pH，并且异构率仅在33%左右。同时随着煮沸时间的延长，酒花香气成分易挥发掉。而异构颗粒酒花中α-酸异构率可达55%左右，所以采用异构颗粒酒花能提高苦味物质的利用率，并突出酒花香味。

与压缩片状（全）酒花相比，颗粒酒花体积小，可真空包装，便于运输和贮藏，缺点是造粒时会损失部分α-酸。

(3) 酒花浸膏　酒花浸膏是用有机溶剂将酒花苦味物质和酒花油提取出来，然后再将有机溶剂蒸发，或用超临界CO_2萃取，得到的一种膏状物。常见的酒花浸膏有己烷酒花浸膏、热水酒花浸膏、CO_2酒花浸膏等。标准酒花浸膏总树脂含量约35%，α-酸含量12%～16%。优级酒花浸膏总树脂含量达35%左右，α-酸含量18%～25%。富集型酒花浸膏总树脂含量高于85%，α-酸含量30%～40%。

酒花浸膏的优点是提高了α-酸的利用率，可以比较准确地控制使用量，可保证啤酒的苦味值具有很好的一致性，同时，浸膏的体积较小，便于运输和贮藏。

总之，与全酒花相比，酒花制品具有以下优点：①有效苦味成分α-酸含量高，在无氧低温下贮存，α-酸损失小；②便于运输和长期贮藏；③质量容易得到保证，也可使啤酒的质量得到保证；④有效成分的利用率高。

(四) 水

啤酒生产用水包括制麦、糖化、洗涤麦糟、灭菌、冷却和锅炉用水等。其中，糖化和洗涤麦糟用水统称为酿造用水，其质量影响啤酒质量。因此，啤酒酿造用水除应满足生活饮用水标准外，还要符合啤酒酿造的一些要求，具体见表7-1。

表 7-1 啤酒酿造用水的水质要求

水质内容		理想要求	最高极限	超过极限出现的问题
色		无色	无色	有色的水是严重污染水，不能用来酿造啤酒
透明度		透明，无沉淀	透明，有沉淀	影响麦汁透明度，啤酒容易浑浊沉淀
味		20℃、50℃无异味	20℃、50℃无异味	污染啤酒口味恶劣，有异味水不能用来酿造啤酒
总溶解盐类/(mg/L)		150～200	500 以下	含盐过高的水用来酿造啤酒，口味苦涩粗糙
pH		6.8～7.2	6.5～7.8	造成糖化困难，啤酒口味不佳
有机物(高锰酸钾耗氧量)/(mg/L)		0～3	10 以下	超过极限的水是严重污染的水
硬度	总硬度/(mmol/L)	0～0.71	1.78 以下	使麦芽醪降酸，造成糖化困难等一系列缺点，浓度过高，影响口味
	碳酸盐硬度/(mmol/L)	0.71～1.78	2.50 以下	适量存在有利于糖化和口味，麦汁清亮；过量则使啤酒口味粗糙
	非碳酸盐硬度/(mmol/L)	0.71～2.50	4.28 以下	有的国家和地区也有用高硬度的水酿制特种风味的酒，酿制浓色啤酒，水的硬度可以高一些，上述极限系指淡色啤酒而言
铁盐(以 Fe 计)/(mg/L)		0.3 以下	0.5 以下	铁腥味，导致麦汁色度加深，影响酵母菌生长和发酵，引起啤酒单宁的氧化及啤酒浑浊
锰盐(以 Mn 计)/(mg/L)		0.1 以下	0.5 以下	微量对酵母菌生长有利，过量则啤酒缺乏光泽，口味粗糙
氨态氮(以 N 计)/(mg/L)		0	0.5	氨的存在，表示水源受污染，超过极限为严重污染

注：引自金凤燮《酿酒工艺与设备选用手册》，2003。

三、啤酒发酵机理

啤酒的生产过程比较复杂，以大麦为原料制备麦芽是啤酒生产的第一步，麦芽经粉碎、液化、糖化后制备得到麦汁，麦汁接入酿酒酵母（*Saccharomyces cerevisiae*）后，啤酒发酵就开始了。啤酒发酵是在酵母细胞内一系列酶的作用下，以麦汁中所含的可发酵性物质（主要为糖类物质）为底物，通过一系列生物化学反应，最终得到一定量的酵母菌体和乙醇、CO_2 以及少量的高级醇、酯类、连二酮、醛类等发酵产物的过程。啤酒发酵分主发酵和后熟两个阶段。在主发酵阶段，酿酒酵母进行适当繁殖并分解麦汁中大部分可发酵性糖，主要产生乙醇，并产生少量高级醇、醛类、双乙酰等代谢副产物。后熟阶段主要进行双乙酰的还原，使双乙酰在酵母体内还原酶的作用下被还原为 2,3-丁二醇，使酒成熟，并使残糖继续发酵和 CO_2 饱和，从而使啤酒口味清爽，并促进啤酒的澄清。

麦汁中可发酵性糖主要是麦芽糖，还有少量的葡萄糖、果糖、蔗糖、麦芽三糖等，单糖可直接被酵母吸收而转化为乙醇，寡糖则需要分解为单糖后才能被发酵。由麦芽糖合成乙醇的生物学途径的总反应式如下：

$$\frac{1}{2}C_{12}H_{22}O_{12}+\frac{1}{2}H_2O \longrightarrow C_6H_{12}O_6+2ADP+2Pi \longrightarrow 2C_2H_5OH+2CO_2+2ATP+226.09kJ$$

理论上每 100g 葡萄糖发酵后可以生成 51.14g 乙醇和 48.86g CO_2。实际上，只有 96%的糖发酵为乙醇和 CO_2，2.5%生成其他代谢副产物，1.5%用于形成酵母菌体。

四、啤酒酿造工艺

啤酒酿造的工艺过程主要包括麦芽制备（简称制麦）、麦汁制备（糖化）、啤酒发酵与灌装四大部分。其工艺流程如图 7-4 所示，下面将分别进行介绍。

（一）麦芽制备

麦芽制备（malt preparation）简称制麦，是指酿造大麦经过一系列处理后制成麦芽的过

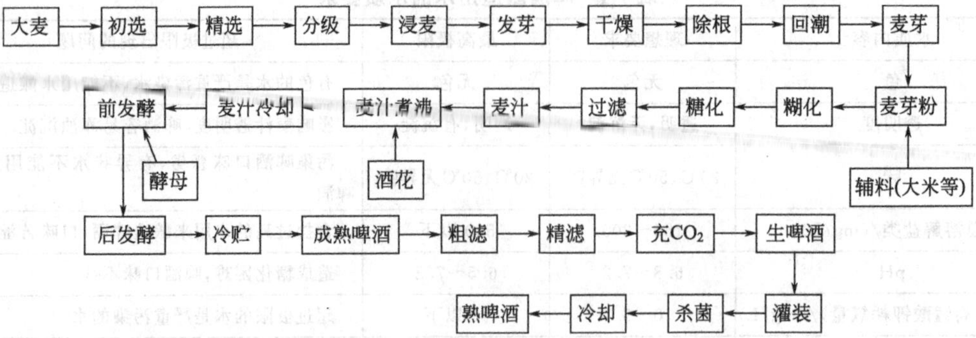

图 7-4 啤酒酿造工艺流程图

（引自：程殿林《啤酒生产技术》，2005）

程。它是啤酒生产的开始，其主要目的是使大麦吸收一定水分后，在适当的条件下发芽，产生一系列的酶，以便在后续处理过程中使大分子物质溶解和分解，并且在麦芽干燥过程还可以产生啤酒所必需的色、香、味等成分。

制麦过程决定着麦芽的种类和质量，进而决定啤酒的类型并影响啤酒的质量。过去由于啤酒厂的生产规模通常较小，制麦通常是啤酒厂的一个车间，现在由于啤酒厂的规模一般都很大，对麦芽的产量和质量也提出了更高的要求，所以为了便于管理和降低生产成本，现在几乎所有的啤酒厂都没有制麦车间，而是直接购买麦芽进行啤酒生产。

制麦过程包括大麦的清选、分级、浸麦、发芽、干燥和贮存等几个环节，下面将分别进行简要叙述。

1. 清选、分级

所谓清选是指清除物料中的异物及杂质。它包括两道工序，第一道称为粗选，主要目的是去除石块、铁屑等杂物。第二道称为精选，主要目的是去除半粒和与大麦截面积大小相等的杂质。所谓分级是指对清选后的物料按其尺寸、形状、密度、颜色或品质等特性分成等级。因为麦粒大小实质上反映了麦粒成熟度的差异，也反映了其成分的差异。当不同大小的麦粒混在一起时，由于它们吸收水分与发芽的速度不同，会导致麦芽质量的参差不齐，所以分级后可以保证麦芽质量的均一性，从而提高麦汁的出汁率。分级常与精选结合在一起。

2. 浸麦

经过清选和分级的大麦，在一定的条件下用水浸泡，使其达到适当的含水量，这一过程称为浸麦（steeping）。浸麦的目的是使大麦吸收适当的水分，达到发芽要求，并利于产酶和物质溶解。同时，也可以对大麦进行洗涤、杀菌，并使部分有害物质（例如大麦发芽抑制剂）浸出。大麦吸收水分的速度决定于浸麦温度、麦粒大小及大麦品质。浸麦后大麦的含水率叫浸麦度（steeping degree），一般可达到 43%～48%。

浸麦的水温一般不超过 20℃，但为了缩短浸麦时间，也可用 30℃以内的温水浸泡。

3. 发芽

当浸渍大麦达到要求的浸麦度后即可进入发芽阶段。实际上大麦的萌发在浸麦期间就已经开始，只不过浸麦条件并不完全适合发芽，特别是不能均匀通风、及时降温和完全排除CO_2，所以发芽不是很明显。大麦发芽的目的如下：①形成各种有活性的酶。大麦中的酶系是很复杂的，但量少，多数以酶原的形式存在于糊粉层中。发芽开始，当根芽和叶芽开始发育时释放出多种赤霉酸，糊粉层中的酶原被激活成一系列的水解酶，且随着麦芽的生长各种酶的酶活力都有大幅度地甚至成倍地增加。②物质的转变。随着大麦中酶的激活和生成，颗粒内含物，例如淀粉、蛋白质、半纤维素等，在这些酶的作用下发生转变，从而使上述大分子物质溶解与部分分解，并使胚乳结构发生变化，变得疏松，便于在糖化阶段容易被酶作用。③通过麦芽的焙燥除去麦芽中多余的水分和生腥味，产生干麦芽特有的色、香、味，并便于保藏和运输。

在生产上，大麦的发芽方法主要有地板式发芽和通风式发芽。地板式发芽是一种传统的方法，即将浸渍后的大麦平摊在水泥地板上，人工翻麦。由于占地面积大、劳动强度大、机械化程度低、工艺条件难以控制以及受外界气候影响等，该方法已经很少使用。目前，主要采用通风式发芽方法。

影响大麦发芽的主要因素有温度、水分、通风量和时间，应根据不同的工艺要求，确定不同的参数。基本的原则是在保证麦芽质量的前提下，做到损失小，能耗和水耗低，生产周期短。

根芽和叶芽的长度是判断大麦是否发芽充分的重要指标（图 7-5），一般来说生产淡色麦芽的根芽长度为麦粒的 1～1.5 倍，叶芽伸长为颗粒长度的 2/3～3/4 的麦粒应占 75%以上。深色麦芽的根芽长度为麦粒的 2～2.5 倍，叶芽伸长为颗粒长度的 3/4～1 的麦粒应占 75%以上。

图 7-5 麦芽

4. 干燥

刚刚完成发芽的新鲜麦芽称为绿麦芽。绿麦芽通常需要进行干燥。干燥的目的是：①除去麦芽中多余水分，使麦芽水分降低到 5%以下；②终止麦芽生长和酶的分解作用，并最大限度地保持酶的活力；③经过加热干燥可以去除麦芽的生青味，产生有利于啤酒风味的色、香、味，另外经过焙焦的麦芽还能产生黑色啤酒等啤酒特有的色、香、味。

绿麦芽的干燥过程大体上可以分为凋萎期和焙焦期。①凋萎期。是麦芽干燥的初期，应采用低温大风量排湿（风温 50～60℃），使水分降至 10%～12%。一般地从 35～40℃起温，1～2℃/h 的速度缓慢升温，控制进风和出风口温差为 25℃左右；当水分降到 20%左右，控制升温速度为 5～6℃/h，控制进风与排风口温差约为 15℃。水分降到 10%左右时，麦温不得超过 50℃。在凋萎期，控制较慢的失水速度可以保持胚乳的空隙结构，防止因失水速度过快而造成玻璃质粒的形成。②焙焦期。当麦芽干燥至麦根能用手搓掉时，开始升温焙焦，进一步升高温度至 80～85℃保持 2～4h，使麦芽含水量降至 5%以下。深色麦芽可提高焙焦温度到 100～105℃，整个干燥过程 24～36h。

5. 贮存

干燥后的麦芽经过除根、冷却以及磨光等处理后，即可进行贮存。经焙焦后的大麦水分降至 3%～5%，即可停止加热，出炉后的干麦芽立即除根，因为麦根带有不良的苦味，易吸潮，并影响啤酒色泽。除根过程是在除根机中完成的，麦芽从一端进去从另一端出来，而麦根从除根机筛眼中漏出。麦芽磨光的目的是除去麦芽表面的水锈、灰尘，保持良好的外观。麦芽磨光是在磨光机中进行的，它由可调节的刷子与波面板组成，麦芽经过转动的刷子和波面板之间时，在摩擦力的作用下达到清洁和除杂目的。麦芽干燥后需经过最少一个月甚至半年的贮存后才能用于酿酒。这主要是因为通过贮藏：①麦芽中产生的玻璃体有一定的改进；②麦芽的蛋白酶、淀粉酶的活力有所提高；③贮藏过程中麦芽受空气湿度的影响，表皮失去了原有的脆性，有利于在麦芽破碎时保持表皮的完整性，以便于麦汁制备时的过滤；④麦芽的可溶性浸出物有所增加。

(二) 麦汁制备

大麦经过发芽过程，虽然其淀粉与蛋白质等内含物有了一定程度的溶解和分解，但是这些分解产物主要还是一些大分子物质，还不能作为酵母的底物，酵母生长繁殖所需的营养物质和发酵所需的低分子糖类还需进一步通过麦芽汁制备过程来获得。所谓麦芽汁制备（wort preparation）简称为麦汁制备，是指将固体的麦芽等原辅料通过粉碎、糖化、过滤得到清亮的液体——麦芽汁（wort），麦芽汁再经煮沸、冷却成为具有固定组成的麦芽汁的过程。麦汁制备包括原料粉碎与糖化，以及麦汁过滤、煮沸、处理等过程。

1. 原料粉碎

啤酒酿造常用的原料是麦芽、大米和酒花。其中，大米只要粉碎得细些就可以，而啤酒花，如果采用酒花制品是不需要粉碎的，只有使用片状压缩酒花才需要进行简单的粉碎，所以啤酒生产中原料的粉碎主要是指麦芽的粉碎。麦芽粉碎的总体要求是"皮壳破而不烂，胚乳尽可能细些。"这样便于在麦芽胚乳中的淀粉等大分子物质在随后的糖化过程中溶出并分解成小分子物质，而麦芽的皮壳在麦汁过滤中可形成过滤层，便于麦汁过滤。

麦芽粉碎方法分为干法粉碎、增湿粉碎和湿法粉碎三种。所谓干法粉碎是麦芽含水量在5%～8%下进行的粉碎。所谓增湿粉碎是指在很短时间里通过向麦芽通入蒸汽或热水，使麦壳增湿，吸收水量达到0.8%～2.0%，从而使麦芽表皮韧性增强，而胚乳水分保持不变的条件下进行的粉碎。而湿法粉碎是指在预浸渍槽中用20～50℃的温水浸泡麦芽10～20min，使其含水量达到25%～35%，浸泡后麦芽带水进入辊式粉碎机中，粉碎物落入粉碎机下部的混合室后，边加水调浆边泵入糖化锅的粉碎过程。其中，干法粉碎是一种传统的并且一直延续至今的粉碎方法，但它在破碎过程中使表皮破碎过细，从而影响麦汁过滤、啤酒的口味和色泽，且粉碎时粉尘大，有1%左右的损失。增湿粉碎可以较好地保持麦芽皮壳的完整性，有利于过滤，并减少了麦皮中不利于啤酒质量的物质溶出。湿法粉碎时表皮完整性好，有利于过滤，可提高麦汁收率1%～2%，并可减少粉尘，以及控制麦汁色度。由于增湿粉碎和湿法粉碎具有诸多优点，因此被越来越多的厂家采用。

2. 糖化

糖化（saccharification）是麦芽内含物在酶的作用下溶解和分解的过程。麦芽及辅料粉碎物加水混合后，在保温条件下，麦芽中的酶分解相应底物成为小分子物质，并溶于水中。粉碎物料与水混合后的混合液称为醪（mash），经酶糖化后的醪称为糖化醪，溶解于水的物质称为浸出物，过滤后所得到的澄清溶液称为麦汁。麦汁中浸出物含量和原料中干物质之比称为无水浸出率。

糖化是麦汁制备过程中最重要的环节之一，在糖化过程中，通过控制适当的条件，采用不同的糖化方法，以最大限度地提高糖化的效率。

(1) 糖化条件　糖化过程中需要控制的因素很多，主要包括料水比（醪液浓度）、投料温度、休止温度与时间、糖化醪 pH 等。其中，糖化温度是最重要的影响因素之一，它与糖化方法有密切的联系，不同的糖化方法，糖化温度有很大的不同，所以将在随后的糖化方法中进行叙述。在这里仅对其他几个因素进行说明。

① 料水比：所谓料水比是指原料质量与糖化用水体积之比，简称料水比，又叫醪液浓度。糖化时，原料加水越少，糖化醪浓度越高，黏度也越大，从而影响酶对作用基质的渗透，降低淀粉的水解速度，可发酵性糖含量也会降低，而且糖化时间会延长。一般酿制淡色啤酒的料水比为1∶(4～5)；酿制浓色啤酒的料水比为1∶(3～4)。从醪液浓度看，淡色啤酒第一麦汁浓度以14%～16%为宜；浓色啤酒第一麦汁浓度可提高到18%～20%。

② 投料温度：所谓投料温度是指原料与水混合时的温度。目前主要采用的投料温度为

35～40℃或 50℃。当麦芽溶解得好，含酶量多时，可以采用较高的投料温度，即 50℃，此时糖化的时间较短；相反，如果麦芽溶解不足，就应该采用较低的投料温度，即 35～40℃。

③ 休止温度与时间：糖化过程实际上是各种酶分解底物的过程。由于不同的酶分解底物的最适温度不同，因此糖化时的温度一般分几个阶段进行控制，每个阶段所起的作用是不同的，具体见表 7-2。

表 7-2 糖化温度的阶段控制

温度/℃	控制阶段与作用
35～40	浸渍阶段：此时的温度称为浸渍温度。有利于酶的浸出和酸的形成，并利于 β-葡聚糖的分解
45～55	蛋白质休止阶段：此时的温度称为蛋白质休止温度。其控制方法如下：温度偏向下限，氨基酸生成量相对多一些；温度偏向上限，可溶性氮生成量多一些；对溶解良好的麦芽来说，温度可以偏高一些，蛋白质分解时间可以短一些；对溶解特好的麦芽，也可放弃这一阶段；对溶解不良的麦芽，温度应控制偏低，并延长蛋白质分解时间；在上述温度下，内-β-1,3-葡聚糖酶仍具活力，葡聚糖的分解作用继续进行
62～70	糖化阶段：此时的温度统称为糖化温度。其控制方法如下：在 62～65℃时，生成的可发酵性糖比较多，非糖的比例相对较低，适于制造高发酵度啤酒；同时在此温度下，内肽酶和羧肽酶仍具有部分活力。若控制在 65～70℃，则麦芽的浸出率相对增多，可发酵性糖相对减少，非糖比例增加，适于制造低发酵度啤酒。控制 65℃糖化，可以得到最高的可发酵浸出物收得率。通过调整糖化阶段的温度，可以控制麦汁中糖与非糖的比例。糖化温度偏高，有利于 α-淀粉酶的作用，糖化时间（指碘反应完全的时间）缩短，生成的非糖比例偏高
75～78	糊精化阶段：在此温度下，α-淀粉酶仍起作用，残留的淀粉可进一步分解，而其他酶则受到抑制或失活

④ 糖化醪的 pH：α-淀粉酶、β-淀粉酶、蔗糖酶、内肽酶、羧肽酶等，最适作用 pH 值都在 5.2～5.6 之间，而糖化醪本身的 pH 略高于此值，所以应适当添加乳酸、磷酸、盐酸、硫酸等将 pH 调节到最适范围内。

(2) 糖化方法　根据在糖化过程中是否分出部分糖化醪进行蒸煮，可以将糖化方法分为浸出糖化法（infusion mashing）和煮出糖化法（decoction mashing）。

① 浸出糖化法：所谓浸出糖化法是指把醪液从一定的温度开始加热至几个温度休止阶段进行休止，最后达到糖化终了温度的糖化方法。图 7-6 是一个在低温下料的典型的浸出糖化法的工艺过程，投料温度为 35～37℃，在该温度浸渍 20min 后，升温至 50℃，进行蛋白质休止，60min 后再升温至 72℃，保温糖化 20min，继续升温至 76～78℃进入糊精化阶段，10min 后就可将糖化醪泵入过滤槽，过滤。浸出糖化法适合于溶解良好、含酶丰富的麦芽，酿制上面发酵啤酒和低浓度发酵啤酒时使用，我国一般不采用此法。

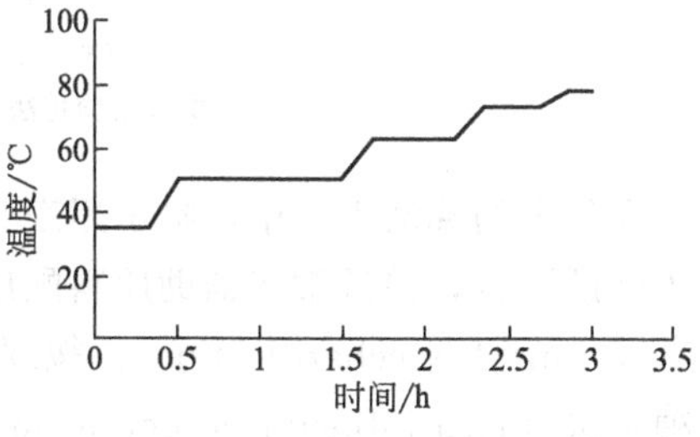

图 7-6 浸出糖化法糖化曲线
（引自：程殿林《啤酒生产技术》，2005）

浸出糖化法的特点是操作简单，便于控制，易实现自动化，与煮出糖化法相比能耗降低 20%～50%，但碘反应稍差，糖化得率偏低。另外，由于浸出糖化法没有煮沸过程，所以口味没有什么特点，色度较浅，所以常需要加入特种麦芽加以改善。

② 煮出糖化法：所谓煮出糖化法是指在糖化过程中的某一特定时间停止搅拌，并经短时间静置后，从糖化锅中取出部分浓醪至糊化锅中，并以蒸汽加热煮沸一定时间，使淀粉颗粒崩解后，再送回糖化锅与保留在糖化锅中的稀醪混合后继续糖化，从而有利于淀粉酶作用的一种糖化方法。

根据部分醪液煮出的次数不同，煮出糖化法又分为三次煮出糖化法（three-step decoction

mashing)、二次煮出糖化法（two-step decoction mashing）和一次煮出糖化法（one-step decoction mashing）。它们的糖化曲线如图 7-7 所示。其中，三次煮出糖化法是最古老的一种糖化方法，也是最为强烈的煮出糖化法。其糖化过程中三次分出部分浓醪进行蒸煮、并醪，其工艺示例如图 7-7(a)。三次煮出糖化法采用低温下料（35～37℃），并在浸渍阶段、蛋白质休止阶段和糖化阶段进行三次分醪，煮沸 15～30min 后并醪，使醪温分别达到蛋白质休止温度 50℃、糖化温度 64℃和糊精化温度 75℃，直至糖化结束。三次煮出糖化法特别适合于处理溶解不好的麦芽和酿造深色啤酒，但该法糖化时间长，一般需要 4～6h，能耗大，因此不是酿制特殊啤酒一般不采用此法。二次煮出糖化法是由三次煮出糖化法引申出来的，两次分出部分浓醪进行蒸煮、并醪。其工艺示例如图 7-7(b)。传统的二次煮出糖化法的下料温度为 35～37℃或 50℃，并分别在蛋白质休止阶段、糖化阶段分出部分浓醪，分别煮沸 15～30min 后进行并醪，使醪温分别达到糖化温度 65～70℃和糊精化温度 75℃，直至糖化结束。二次煮出糖化法一般需要 3～3.5h。二次煮出糖化法适应性较强，可用来处理各种性质的麦芽和酿造各种类型的啤酒。一次煮出糖化法也是由三次煮出糖化法引申出来的，它只一次分出部分浓醪进行蒸煮、并醪，其工艺示例如图 7-7(c)。一般在 35℃或 50℃下料，在蛋白质休止阶段分醪并煮沸 15～30min，并醪时使温度从 50℃升至 65℃，进入糖化阶段，然后再逐步升温进入糊精化阶段，直至糖化结束。一次煮出糖化法适合于溶解性较好的麦芽，糖化时间较短。

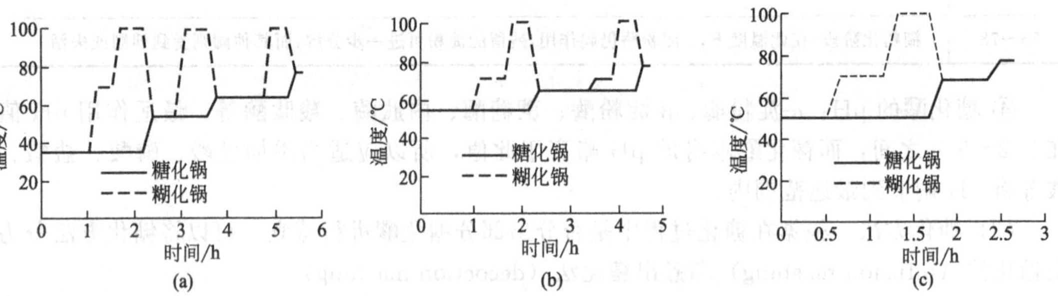

图 7-7 煮出糖化法糖化曲线

（引自：程殿林《啤酒生产技术》，2005）

(a) 三次煮出糖化法；(b) 二次煮出糖化法；(c) 一次煮出糖化法

在如今的啤酒生产中，除了用麦芽作为原料外，通常都会采用玉米、高粱、小麦和大米等作为辅助原料，并且常将辅助原料配成醪液后与麦芽醪一起糖化，这种糖化方法称为双醪糖化法（two-mash saccharification）。按双醪混合后是否分出部分浓醪进行蒸煮可将其分为双醪浸出糖化法（two infusion decoction mashing）和双醪煮出糖化法（two mash decoction mashing）。双醪煮出糖化法又分双醪一次煮出糖化法和双醪二次煮出糖化法。目前双醪浸出糖化法应用不多，一般生产淡色啤酒采用双醪一次煮出糖化法，生产优质啤酒多采用双醪二次煮出糖化法。

双醪一次煮出糖化法的糖化曲线如图 7-8 所示。其糖化过程如下：①在糖化锅中，麦芽投料温度 50℃，保温 30min 左右后与来自糊化锅的大米醪兑醪，兑醪后温度约为 62℃，在此温度下保温糖化 60min，糖化期间，分出部分浓醪入糊化锅，煮沸 15～30min 后，与糖化锅中的糖化醪进行第二次兑醪，兑醪后温度 75～78℃，在此温度下进行糊精化，直至糖化结束；②在糊化锅中，大米投料，投料温度约 50℃，保温 20min 左右，升温至 70℃，保温 10min 左右，升温至煮沸温度，煮沸 30min 左右，送入糖化锅进行兑醪。同时也可将糖化阶段分出的部分浓醪进行糊化，并送回糖化锅兑醪。

(3) 糖化过程中物质的变化　在糖化过程中，麦芽中的淀粉、蛋白质、半纤维素和多酚物质等发生了一系列的变化。

① 淀粉的分解：淀粉的分解是糖化过程中最重要的酶促反应，淀粉分解是否完全，直接影响着原料淀粉利用率和最终发酵度等指标。原料中的淀粉在麦芽中α-淀粉酶、β-淀粉酶、麦芽糖酶、蔗糖酶、极限糊精酶等淀粉酶的作用下，分解成为葡萄糖和麦芽糖等小分子物质。淀粉分解是否完全，可以通过碘反应等来判断。

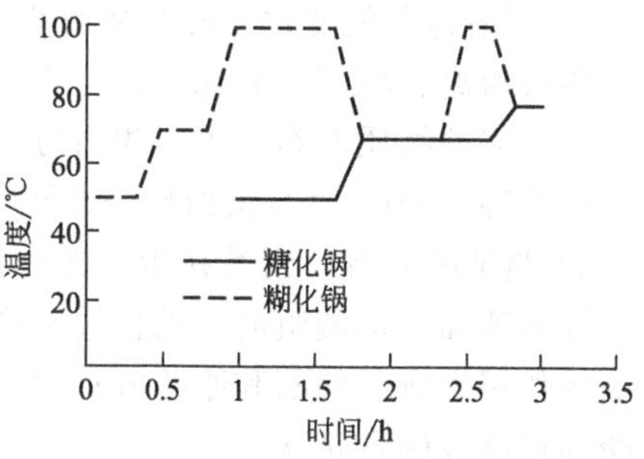

图 7-8　双醪一次煮出糖化法的糖化曲线

（引自：程殿林《啤酒生产技术》，2005）

② 蛋白质的分解：与淀粉的分解不同，蛋白质的溶解主要是在制麦过程中进行，而糖化过程要起修饰作用。制麦与糖化过程中蛋白质的溶解之比为 1∶(0.6～1.0)，而淀粉分解之比为 1∶(10～14)。糖化过程中蛋白质的适当分解可以为酵母菌提供充足的氮源，促进酵母生长、繁殖与发酵，有利于啤酒的发酵。此外，糖化后麦汁中适当比例的高、中、低分子量的蛋白质水解产物，即多肽，有利于啤酒泡沫等的形成，提高啤酒的品质。但是糖化过程中蛋白质的分解仅仅是制麦过程中蛋白质分解的继续，如果制麦时蛋白质分解很差，糖化过程中是很难调整过来的。蛋白质的分解由蛋白分解酶完成，麦芽中主要蛋白酶的性质和作用方式见表 7-3。

表 7-3　麦芽蛋白酶的性质和作用方式

酶的名称	性质	最适作用条件	作用方式	作用基质	分解产物
内肽酶	内切酶	pH 5.0～5.2 温度 50～60℃ 失活温度 80℃	作用于蛋白质或多肽链的内部肽键	蛋白质、多肽	多肽、肽类、氨基酸
羧肽酶	外切酶	pH 5.2 温度 50～60℃ 失活温度 70℃	作用于蛋白质或多肽末端有游离羧基的肽键	蛋白质、多肽	氨基酸
氨肽酶	外切酶	pH 7.2 温度 40～45℃ 失活温度 50℃	作用于蛋白质或多肽末端有游离氨基的肽键	蛋白质、多肽	氨基酸
二肽酶	—	pH 7.8～8.2 温度 40～50℃ 失活温度 50℃以上	以二肽为基质，作用于两端含有游离羧基和氨基的肽键	二肽	氨基酸

注：引自金凤燮《酿酒工艺与设备选用手册》，2003。

③ 半纤维素和麦胶物质的分解：半纤维素和麦胶物质的分解实际上是指β-葡聚糖的分解，它是在β-葡聚糖酶的作用下分解的。β-葡聚糖酶的最适作用条件如表 7-4 所示。

表 7-4　β-葡聚糖酶的最适作用条件

β-葡聚糖酶	最适 pH	最适温度/℃	失活温度/℃
内-β-1,4-葡聚糖酶	4.5～4.8	40～45	55
大麦内-β-葡聚糖酶	4.5～4.8	40～45	55
内-β-1,3-葡聚糖酶	4.6/5.5①	60	70
β-葡聚糖溶解酶	6.6～7.0②	62	73

① 作用底物为海带多糖时 pH 为 4.6，作用底物为羟甲基纤维素时 pH 为 5.5。

② 酯酶活性为 pH6.6～7.0，羧肽酶活性为 pH4.6～4.9。

注：引自程殿林《啤酒生产技术》，2005。

④ 多酚物质的变化：麦芽溶解得越好，多酚物质游离得就越多。糖化过程中多酚物质的变化通过游离、沉淀、氧化、聚合等形式表现出来。糖化过程中，在浸出物溶出和蛋白质分解的同时，多酚物质游离出来。相对分子质量在600～3000之间的活性多酚具有沉淀蛋白质的性质，温度高于50℃时与蛋白质一起沉淀。

⑤ 脂类的分解：脂类在脂酶的作用下分解，生成甘油酯和脂肪酸，82%～85%的脂肪酸是由棕榈酸和亚油酸组成。糖化过程中脂类的变化分两个阶段：第一阶段是脂类的分解，通过脂酶的作用生成甘油酯和脂肪酸；第二阶段是脂肪酸在脂氧化酶的作用下发生氧化，表现在亚油酸和亚麻酸的含量减少。

3. 麦汁过滤

糖化结束后，必须将糖化醪尽快进行固液分离，即过滤，固体部分称为麦糟（spent grains），这是啤酒厂的主要副产物之一，液体部分为麦汁，是啤酒酵母发酵的基质。

糖化醪过滤是以大麦皮壳为滤层，通常分为两步：第一步是将糖化醪中的麦汁分离，这部分麦汁称为头号麦汁（top wort）或第一麦汁（first wort），这个过程称为头号麦汁过滤（top wort filtration）；第二步是将残留在麦糟中的麦汁用热水洗出，洗出的麦汁称为洗糟麦汁（stillage wort）或第二麦汁（second wort），这个过程称为洗糟（wash stillage）。

为了加速过滤的进行，糖化结束后可将糖化醪升温至76～78℃，以降低醪液的黏度，提高过滤速度。

麦汁过滤操作，由于设备不同，操作方法也有区别，大致可分为过滤槽法（lauter tun method）、压滤机法（mash filter method）和快速过滤槽法（rapid filtration）。前两种方法是传统的麦汁过滤方法，近年来在设备结构、材质和过滤机理方面已有显著的改进，大大提高了工作效率，目前被绝大多数厂家采用。快速过滤槽是一种在真空下操作的新型过滤设备，过滤速度较快。限于篇幅限制，关于这些设备的结构与工作原理在这里不再赘述。

4. 麦汁煮沸与酒花添加

过滤得到的麦汁必须尽快进行麦汁煮沸（wort boiling），并加入酒花制品，使其成为符合啤酒质量要求的定型麦汁。麦汁煮沸的目的与作用有：①通过煮沸、蒸发、浓缩麦汁到规定的浓度；②破坏麦汁中全部酶的活性，稳定麦汁的组成成分；③通过煮沸，杀灭麦汁中存在的有害微生物，提高生物稳定性；④浸出酒花中的有效成分，赋予麦汁独特的苦味和香味；⑤使蛋白质变性和凝固析出，提高啤酒的非生物稳定性；⑥降低麦汁和成品啤酒的pH，有利于提高啤酒的生物和非生物稳定性；⑦煮沸过程中，麦汁色泽逐步加深，形成了一些成分复杂的还原物质，有利于提高啤酒的泡沫性能、风味稳定性和非生物稳定性；⑧挥发出不良气味，具有不良气味的碳氢化合物，随水蒸气的挥发而逸出，提高麦汁质量。

麦汁煮沸方法包括传统煮沸方法、体内加热煮沸法和体外加热煮沸法。①传统煮沸方法，即间歇常压煮沸方法，国内大多中小企业均采用这种方法。刚滤出的麦汁温度多在75℃左右，当麦汁的容量盖过加热层时即可开始加热，使麦汁温度缓慢上升，待麦糟洗涤结束前，加大蒸汽量，使麦汁沸腾。同时测量麦汁的容量和浓度，计算煮沸后麦汁产量。煮沸时间随麦汁浓度及煮沸强度而定，一般为70～90min。麦汁在煮沸过程中，必须始终保持强烈对流状态，使蛋白质凝固得更多些，尤其在酒花加入后，可用清洁的玻璃杯取样并对光检查，必须凝固良好，有絮状凝固物，麦汁清亮透明，当在预定时间达到要求后，即可停汽，并测量麦汁浓度。②体内加热煮沸，即内加热式煮沸法。此法属加压煮沸，即在0.11～0.12 MPa的压力下进行煮沸，煮沸温度为102～110℃，最高可达120℃。第一次酒花加入后开放煮沸10min，排出挥发物质，然后将锅密闭，使温度在15min升至104～110℃并煮沸15～25min，之后在10～15min内降至大气压力，第二次加入酒花，煮沸60～70min。③体外加热煮沸法，也称为外加热煮沸法，又称低压煮沸，它是用体外列管式或薄板热交换器与麦汁煮沸锅结合起来，把麦汁从煮沸锅中用泵抽出，在 0.20～0.25kPa 条件下，通过热交换器加热至 102～110℃后，再泵回煮沸锅，可进行 7～12 次的循环。

在麦汁的煮沸过程中，应同时加入酒花。酒花添加没有统一的方法，苦型花和香型花并用时，先加苦型花，后加香型花。使用同种酒花，先加陈酒花，后加新酒花。分批加入酒花，先少后多。如果分三次添加酒花，那么第一次加酒花应在初沸 5～10min 后加入酒花总量的 20%左右，压泡，使麦汁多酚物质和蛋白质充分作用；第二次加酒花应在煮沸 40min 左右加入酒花总量的 50%～60%，萃取 α-酸，促进异构；第三次加酒花应在煮沸终了前 5～10min，加入剩余的酒花，最好是香型酒花，萃取酒花油，提高酒花香。酒花浸膏添加方法与酒花添加方法基本一致，只是添加时间稍早一些。

颗粒酒花现已广泛使用，由于颗粒酒花的有效成分比整粒酒花更易溶解，更有利于 α-酸的异构化，使用和保管均比整粒酒花更为方便，所以在各啤酒厂家中普遍使用，而且添加次数也有所减少，一般为 1～3 次。如果添加纯酒花油，则应先用酒精溶解（1：20），然后在下酒（将嫩啤酒从主发酵池打入后发酵罐的操作）时添加。如果是酒花油乳化液，既可在下酒时添加，又可在滤酒时添加。

酒花的添加量应依据酒花的质量（α-酸含量）、消费者的嗜好以及啤酒的品种等来决定。为了方便计算，国内通常用每吨啤酒所需加入酒花的质量（kg）来表示，或以酒花与啤酒质量分数来表示，一般添加量在 0.8～1.3kg/t。啤酒的苦味高低一般用 Bu（苦味值 Bu＝mg 苦味物质/L 啤酒）来表示，10°～14°淡色啤酒的苦味值在 15～40Bu 之间。生产厂家可以根据自己所生产啤酒的特点将苦味值固定下来，允许波动范围±5Bu。

5. 麦汁处理

麦汁煮沸达到要求的浓度、色泽等后，在进入发酵之前还需进行一系列处理，主要包括热凝固物的分离、冷凝固物的分离、麦汁的冷却与充氧等。不同的发酵方法，不同的啤酒品种，处理方法有较大差异，最主要的差别是对冷凝固物是否进行分离。

（1）热凝固物分离　热凝固物（又叫粗凝固物）（heat coagulum）是在麦汁煮沸过程中，由于蛋白质变性和凝聚，以及蛋白质与麦汁中的多酚物质不断氧化和聚合而形成。热凝固物一般在冷却到 60℃之前就析出了。热凝固物的分离大多采用回旋沉淀槽法（whirlpool method），也可采用离心机或硅藻土过滤机进行分离。

（2）冷凝固物的分离　冷凝固物（又叫细凝固物）（cold coagulum）是指麦汁在 60℃以下才凝聚析出的浑浊物质。冷浑浊物主要是盐溶性 β-球蛋白及 δ-醇溶蛋白、ε-醇溶蛋白的分解产物与多酚的配合物，以及松散结合 β-葡聚糖，被氧化后逐渐形成复合物而析出。冷凝固物与热凝固物不同之处是：当把麦汁重新加热到 60℃以上，冷凝固物可以重新溶解，麦汁回复到原来的浑浊状态，但热凝固物不能重新溶解。分离冷凝固物有利于提高啤酒的非生物稳定性。

冷凝固物分离可采用静置沉降的方法除去，也可通过离心和硅藻土过滤等方法去除。通常采用酵母繁殖槽法、锥形发酵罐分离法和浮选法。

（3）麦汁冷却及充氧　麦汁在发酵前还需进行适当的冷却，冷却的目的是：①降低麦汁温度，使之达到适合酵母发酵的温度；②使麦汁吸收一定量的氧气，以利于酵母的生长繁殖；③析出和分离麦汁中的冷、热凝固物，改善发酵条件和提高啤酒质量。要求冷却时间短，温度保持一致，避免微生物污染，防止浑浊沉淀进入麦汁，保证麦汁足够的溶解氧。

麦汁冷却的方法有开放式喷淋冷却及密闭式薄板冷却或列管冷却，现在主要采用密闭式薄板冷却器进行冷却。以前多数采用两段法冷却，即先用自来水冷却，再用 20%酒精冷却，也可用低温生产用水在预冷区将麦汁冷却至接种温度 6～8℃（下面发酵法生产啤酒）或 13～

16℃（上面发酵法生产啤酒）。目前我国啤酒厂家绝大多数采用一段冷却法，即先将酿造水冷却至1～2℃作为冷溶剂，与热麦汁在板式换热器中进行热交换，结果使95～98℃麦汁冷却至6～8℃，而1～2℃酿造水升温至80℃左右，进入热水箱，作为糖化用水。

在麦汁温度较高时，要尽可能减少接触空气防止氧化。在麦汁冷却后，发酵之前，必须补充适量氧气，以供发酵前期酵母生长与繁殖。氧在麦汁中的溶解度和麦汁中氧的分压成正比，与麦汁的温度成反比，所以麦汁冷却利于氧的溶解。而麦汁充氧时间一般选择在麦汁冷却至低温后，采用文丘里管通入无菌空气，使麦汁中的氧浓度达6～10mg/L。

（三）酵母菌的分类和啤酒发酵

1. 酵母菌的分类

啤酒发酵是在酿酒酵母（*S. cerevisiae*）的作用下完成的。根据酿酒酵母在啤酒发酵中的物理性质不同，可分为上面酿酒酵母和下面酿酒酵母。所谓上面酿酒酵母是指在发酵过程中随着CO_2和泡沫漂浮于液面上，发酵结束时在液面形成酵母泡盖的一类酿酒酵母。而下面酿酒酵母是指在发酵时，悬浮在发酵液中，发酵结束时，凝集并沉淀于发酵容器底部的一类酿酒酵母。它们的区别如表7-5所示。

表7-5 上面酿酒酵母和下面酿酒酵母的区别

酵母种类	上面酿酒酵母	下面酿酒酵母	酵母种类	上面酿酒酵母	下面酿酒酵母
细胞形态	圆形	卵圆形	37℃培养	生长	不生长
发酵时的现象	聚集上浮	凝集下沉	子囊孢子	易形成	难形成
芽细胞	易形成芽簇	不形成芽簇	利用酒精生长	能	不能
对棉子糖的分解	三分之一	全部			

由于下面酿酒酵母发酵结束后沉淀于容器底部，便于分离与啤酒的澄清，也便于大规模的工业化生产，所以现在全世界几乎所有的啤酒都是以下面酿酒酵母生产的，只有极少数小型的啤酒厂还采用上面酿酒酵母生产啤酒。

2. 影响啤酒发酵的因素

由于啤酒发酵是在酵母菌的作用下完成，所以影响啤酒发酵的因素，也就是影响酵母发酵的因素。这些因素主要包括麦汁成分、无机离子、溶氧量和温度等。

（1）麦汁成分　麦汁成分对啤酒酵母的代谢非常重要。麦汁中α-氨基氮、可发酵性糖、pH、无机离子及生长素等营养成分不合理，会导致酵母营养缺乏、代谢缓慢、酵母衰老，从而引起酵母死亡及自溶。麦汁中的冷凝固物析出不彻底，带入发酵也会妨碍酵母的繁殖、代谢，降低酵母的活性，使酵母细胞容易出现衰老、死亡及自溶。当5%以上的酵母自溶时，啤酒会产生明显的酵母味、苦味和涩味等。

（2）无机离子　麦汁中无机离子的浓度对酵母的发酵影响很大。Zn^{2+}浓度应为0.25～2mg/L。若Zn^{2+}含量不足，乙醇脱氢酶等胞内酶活力明显下降，引起酵母增殖缓慢，发酵速度减慢；若Zn^{2+}浓度过高，可以促进酵母的生长代谢，但是酵母菌体极易衰老、自溶。麦汁中的Cu^{2+}和Cr^{6+}含量高于0.1mg/L时，易使酵母变异，并会抑制酶的活性。Pb^{2+}、Sn^{2+}、Cr^{6+}等重金属离子，对酵母有毒性，会使酵母菌失去活性。麦汁中Fe^{2+}含量高于1.0mg/L时，也会使酵母早衰，造成死亡及自溶。

（3）溶氧量　在发酵初期，如果麦汁中溶解氧不足，容易使啤酒酵母增殖率下降，并易造成酵母细胞的衰老与死亡，从而影响酵母的发酵与酒精的产生。但是在发酵后期，如果溶氧量过多则可以使酵母菌大量繁殖，消耗养分，影响啤酒的产量与质量。

（4）温度　提高发酵温度，可以使酵母代谢作用加快，缩短发酵时间，但是容易导致有害副产物生成量的增加，可以加速啤酒酵母衰老。但是如果温度过低，又容易使酵母生长过于缓慢，从而延长发酵时间，增加生产成本，并可能导致杂菌的污染。通常上面酵母发酵温度为15～20℃，下面酵母发酵温度为5～10℃。

3. 酵母菌扩大培养

酵母菌在接入发酵罐之前，一般都需要进行扩大培养。扩大培养麦汁要求是将头号麦汁加水调节浓度为11～12°P，0.1MPa蒸汽灭菌20～30min。酵母在扩大培养过程中必须保证：①原菌种的性状要优良；②扩大培养出来的酵母要强壮无污染。扩大培养在实验室阶段，由于采用无菌操作，只要能遵守操作技术和工艺规定，则很少出现杂菌污染现象。进入车间后，凡是接种、麦汁追加过程所要经过的管路、阀门必须以蒸汽彻底灭菌，室内的空气、地面、墙壁也要定期消毒或杀菌，压缩空气也需无菌。同时，要保证通气适量，通气不足酵母生长缓慢，通气过度会造成酵母细胞呼吸酶活性太强，酵母繁殖量过大，对后期的发酵不利。

一般扩大培养酵母在进入培养罐前，每天要通气3次，每次20min。另外，还需对每批次酵母菌的发酵度和双乙酰产量等指标进行检测，以便正确掌握酵母菌在使用过程中的各种性状是否稳定。

4. 啤酒发酵

啤酒发酵过程一般分为主发酵和后发酵两个阶段。主发酵是指接种酵母入麦汁后，酵母增殖并快速大量消耗发酵液中的营养物质的阶段，也称为前发酵。麦汁经主发酵后的发酵液称为嫩啤酒（immature beer）。嫩啤酒中CO_2含量不足，大量的悬浮酵母和凝固物还没有沉淀下来，酒液还不够澄清，酒液中双乙酰和硫化氢等生青味物质含量较高，一般不适合饮用。因此嫩啤酒必须经过几周或更长时间的贮存期，这个时期称为啤酒的后发酵。通常后发酵在后发酵罐中进行，后发酵罐一般为卧式罐，将嫩啤酒从主发酵罐（池）打入后发酵罐的操作称为下酒（beer shifting）。

啤酒发酵技术分为传统发酵技术和现代发酵技术。其中，现代发酵技术又包括大容量发酵罐发酵法、高浓度酿造稀释法和连续发酵法。下面分别对这些啤酒发酵技术进行简要介绍。

（1）传统发酵　啤酒的传统主发酵一般在发酵池内进行，发酵池大多为开放式的方形或圆形发酵容器，容积较小，通常仅在5～30m^3。也可以在敞口容器上安装可移动的有机玻璃拱形盖。发酵池通常被安置在发酵室内，发酵室要求清洁卫生，隔热好，并有控温装置，还应有通风设备，以备在必要时通风降低发酵室内CO_2浓度。啤酒传统发酵的设备简单，造价较低，但是生产规模小，生产周期长，发酵温度难以控制，易被杂菌污染。在20世纪80年代以前，我国啤酒厂普遍采用传统发酵工艺，但是现在基本已被现代啤酒发酵技术所代替。

传统啤酒发酵的基本过程包括主发酵和后发酵两个阶段。主发酵阶段又可分为酵母繁殖期（yeast breeding stage）、起泡期（bubble period）、高泡期（high vesicle stage）、落泡期（drop-bubble period）和泡盖形成期（formation stage of bubble cap）。酵母繁殖期是指向5～8℃麦汁中添加酵母后8～16h的这段时间，它在酵母繁殖槽中完成。在酵母繁殖期，液面出现CO_2气泡，并逐渐形成白色、乳脂状泡沫。酵母繁殖20h左右，即应转入主发酵池，发酵进入起泡期。所谓起泡期是指发酵液进入主发酵池后4～5h，在发酵液表面出现洁白而致密的泡沫，并从池边开始向中间蔓延，逐渐形成菜花状的这个时期。它可维持1～2天，每天降糖0.6%～1.0%，每天自然升温1℃左右，pH下降至4.7～4.9。起泡期过后，泡沫层呈卷曲状隆起，有时可高达30cm，轻轻吹开泡沫层，能够看到有大量的CO_2气泡往上冒，这一时期称为高泡期。在高泡期由于麦汁中酒花树脂和蛋白质-单宁复合物不断析出，因此泡沫层逐渐变为棕黄色。高泡期一般持续2～3天，每天降糖1.2%～2.0%，需要人工冷却保持温度（低温发酵控制发酵温度不超过9℃，高温发酵不超过12℃），高泡期酸度达到最大，pH下降至

4.4～4.6。高泡期过后，酵母增殖停止，降糖速度变慢，泡沫逐渐减退并且颜色加深为棕褐色，此阶段为落泡期。它约为2天，每天控制降温0.4～0.9℃，耗糖0.5%～0.8%，pH保持恒定或略微回升。发酵7～8天，酵母大部分沉淀，泡沫回缩，形成一层褐色苦味的泡盖，集中在液面，此时期称为泡盖形成期。此时期每日耗糖0.2%～0.5%，控制降温0.6℃/天，下酒品温应在4.0～5.5℃。

主发酵结束后，通过下酒将嫩啤酒转入贮酒罐，后发酵开始。为了防止下酒过程中产生泡沫，一般采用下面下酒法，即将嫩啤酒从贮酒罐底部进入，并尽可能地避免酒液与氧的接触，防止酒液的氧化。下酒满罐后，一般敞口发酵2～3天，以排除啤酒的生青味物质，然后封罐。罐压缓慢上升，控制罐压0.05～0.08MPa。同时控制贮酒温度，开始时控制温度在3℃左右，以促进双乙酰的快速还原，而后逐步降温至-1～1℃，以促进CO_2的饱和及酒液的澄清。后发酵时间根据啤酒种类、原麦汁浓度和贮酒温度而异，淡色啤酒的贮酒时间比深色啤酒长，原麦汁浓度高的啤酒贮酒期长，低温贮酒的时间较高温贮酒长。具体应根据实际情况，经过理化分析和感官品质而定。

（2）现代啤酒发酵　现代发酵技术主要包括大容量发酵罐发酵法、高浓度酿造稀释法和连续发酵法。所谓大容量发酵罐发酵法是指发酵罐的容积与传统发酵设备相比更大。大容量发酵罐有圆柱锥形发酵罐、朝日罐、通用罐和球形罐。关于这些罐的结构请参阅本书第四章第二节。其中，圆柱锥形发酵罐是目前世界通用的发酵罐，圆柱锥形发酵罐既适用于下面发酵，也适用于上面发酵，加工十分方便。德国工程师Nathan于1927年发明的圆柱锥形立式发酵罐，经过不断改进和发展，逐步在全世界得到推广和使用。它可以放在室外，无需建立专门的发酵室。我国自20世纪70年代中期开始采用室外圆柱体锥形底发酵罐发酵法（简称锥形罐发酵法）生产啤酒，目前国内啤酒生产几乎全部采用此方法。

① 锥形罐发酵法　锥形罐发酵法工艺分为一罐法发酵和两罐法发酵。一罐法发酵是指主发酵、后发酵和贮酒成熟的整个生产过程在一个罐内完成。两罐法发酵又可分为两种，一种是主发酵在发酵罐中完成，后发酵和贮酒成熟在贮酒罐中完成；另一种是主发酵和后发酵在发酵罐中进行，贮酒成熟在贮酒罐中完成。

根据发酵温度的不同，一罐法发酵可分为单罐低温发酵和单罐高温发酵。单罐低温发酵的典型工艺是麦汁冷却到6～8℃，接种酵母菌。由于锥形罐的容量较大，麦汁常分批送入，一般在16～24h内满罐（从第一批麦汁进罐到最后一批麦汁进罐所需时间叫满罐时间），满罐时品温控制在9℃以下。满罐后麦汁进入发酵，品温逐步上升，24h后从罐底排放一次冷凝固物和酵母死细胞。于9℃下发酵6～7天后，糖度降至4.8～5.0°Bx，让其自然升温至12℃，罐压升到0.08～0.09MPa，糖度降到3.6～3.8°Bx，双乙酰还原达到要求时，提高罐压到0.1～0.12MPa，并以0.2～0.3℃/h的速度降温到5℃，保持此温度24～28h，并从罐底再排放酵母一次。发酵将近终点时，在2～3天内继续以0.1℃/h的速度降温至-1～0℃，并保持此温度7～14天，保持罐压0.1MPa，一般整个发酵周期约20天，也有13～15天的快速发酵法，过程温度相应提高。

单罐高温发酵的典型工艺过程是在11℃的麦汁中接入酵母，入罐后保温36h，升温到12℃保持2天，开始旺盛发酵。自然升温到14℃，保持4天，罐压升到0.125MPa。大约在第7天时降温到5℃，保持1天，排出沉淀酵母。继续降温至0℃左右，保持5～7天，过滤。整个发酵期约14天。

对于主发酵在发酵罐内完成，后发酵与贮酒成熟在贮酒罐内完成的两罐法发酵，其主发酵工艺操作同单罐低温发酵法，在主发酵结束酒温降至5～6℃时，先回收酵母，再将嫩啤酒送入贮酒罐内进行后发酵和双乙酰还原，罐压缓慢上升维持0.06～0.08MPa，待双乙酰达到要求后，急剧降温至－1～0℃，进行保压贮酒，贮酒时间均为7～14天，整个发酵周期为3周左右。而对于主发酵与后发酵都在发酵罐内完成，贮酒成熟在贮酒罐内进行的两罐法发酵，具有更长的贮酒期，促使酒体更成熟、完美，稳定性更好。

与两罐法工艺相比较，一罐法工艺具有操作简单，发酵过程不用倒灌，避免了后发酵过程空气进入的危险，清洗洗涤用水量减少，省时，节能等优点。所以目前多数啤酒生产厂均采用一罐法发酵工艺，只有少数厂家采用两罐法发酵工艺。

② 高浓酿造稀释法　所谓高浓酿造稀释法是20世纪70年代，美国和加拿大等国推出的啤酒酿造方法。典型的高浓酿造稀释法是先进行高浓度糖化和发酵，当啤酒成熟后，在过滤前用饱和CO_2的无菌水稀释成传统浓度的成品啤酒。另外，也可以糖化麦汁时采用高浓度，在回旋沉淀槽中对麦汁稀释后再发酵；或者糖化与主发酵为高浓度，后发酵时稀释。

高浓酿造稀释法的最大优点是在不增加设备的基础上，可以大幅度提高产量，提高设备利用率，并且可以降低生产成本，提高啤酒的风味和非生物稳定性。但是为了制备高浓度的麦汁，糖化时加水量较少，导致原料和酒花的利用率低。

③ 连续化啤酒发酵　连续化啤酒发酵是20世纪50～60年代发展起来的啤酒发酵方法。所谓连续化啤酒发酵是在发酵装置的入口处定时或不断输入麦汁，而出口处定时或不断地排出啤酒的连续发酵技术。它包括多罐式连续发酵、APV塔式连续发酵和固定化酵母连续发酵。

多罐式连续发酵有四罐和三罐两种系统。四罐系统共有4个发酵罐，相互串联，其中罐Ⅰ、罐Ⅱ和罐Ⅲ带搅拌装置。麦汁不断地输入罐Ⅰ，并在此添加酵母，使之增殖。罐Ⅱ为一大罐，在此完成主发酵后转入罐Ⅲ，在罐Ⅲ中完成全部发酵过程，然后送入罐Ⅳ，在此啤酒得以冷却并趋向成熟。罐Ⅲ与罐Ⅳ的罐底沉积酵母返回罐Ⅰ或罐Ⅱ。三罐系统的工作过程和四罐系统的原理相同，只是少一个罐而已，其中罐Ⅲ完成相当于四罐法中罐Ⅲ与罐Ⅳ的发酵成熟过程。

APV塔式连续发酵是20世纪60年代由APV公司设计。发酵塔的主体为一个锥底的圆管柱体，顶端一段直径加大。经冷却充氧等处理的麦汁从塔底送入，嫩啤酒从塔顶端的出口流出，进入后发酵罐与贮酒罐。

固定化酵母连续发酵法是将酵母固定在固相载体上，然后将它置于发酵容器内，将麦汁发酵成啤酒，随后固定化酵母可以转移至另外的发酵罐继续发酵麦汁成啤酒。在利用固定化酵母发酵啤酒方面，芬兰、比利时和日本等国家较为领先。

连续化啤酒发酵与分批啤酒发酵相比，具有发酵效率高、操作方便、啤酒生产周期短、损失少、设备利用率高等优点。

（四）啤酒过滤、灌装与杀菌

1. 过滤目的与方法

啤酒在灌装前，必须进行过滤，啤酒过滤的目的是除去酒中的悬浮物，改善啤酒外观，使啤酒澄清透明，富有光泽；除去或减少使啤酒出现浑浊沉淀的物质，提高啤酒的胶体稳定性；除去酵母或细菌等微生物，提高啤酒的生物稳定性。

啤酒过滤澄清原理主要是通过过滤介质的阻挡作用（截留作用）、深层效应（介质空隙网罗作用）和静电吸附作用等使啤酒中存在的微生物、冷凝固物等大颗粒固形物被分离出来，而使啤酒澄清透亮。啤酒的过滤方法可分为过滤法和离心分离法。其中，过滤法又包括棉饼过滤法、硅藻土过滤法、板式过滤法和膜过滤法。最常见的是硅藻土过滤法。关于这些过滤设备的结构与工作原理请参阅本书第六章第一节。总体上讲，用于啤酒澄清的方法要求产量大，生产能力强，过滤后酒体透明度高，酒损失小，CO_2损失少，不易污染，不吸氧，不影响啤酒风味等。

2. 灌装、灭菌

过滤完毕的啤酒，可以暂时低温存放于清酒罐中，但是同一批次的酒应在24h内灌装完毕。灌装可分为瓶装、罐装和桶装。目前市场上瓶装产品所占比重最大，桶装较古老，目前主要是鲜啤酒的灌装。

关于啤酒的灭菌，熟啤酒灭菌均采用巴氏灭菌方法。基本过程分为预热、灭菌和冷却三个过程，一般以30～35℃起温，缓慢地（约25min）升到灭菌温度60～62℃，维持30min，又缓慢地冷却到30～35℃，然后经检验、贴签，最后装箱入库。

纯生啤酒的灭菌采用过滤除菌与无菌包装相结合的方法。所谓过滤除菌是采用陶瓷滤芯和微孔滤膜等孔径为0.45μm的过滤材料，对啤酒进行过滤除菌。过滤后，可除去酵母菌和啤酒厂常遇到的大部分污染菌，达到商业无菌要求。所谓无菌包装，则要求灌装机和封盖机本身需具备高度的无菌状态，还要求对包装容器进行灭菌和从滤酒到装酒、封盖等过程实行全过程无菌操作，此外CO_2、压缩空气、洗涤水等也应该无菌。

第二节 黄酒酿造

黄酒（yellow rice wine）是以特选精优质大米和优质小麦为主要原料，辅以优质水，利用多种霉菌、酵母菌及细菌等微生物为糖化发酵剂酿制而成的一种发酵酒。黄酒是我国劳动人民利用微生物进行食品生产的又一贡献，它是我国也是世界上最古老的酒精饮料之一，历史悠久。据考证，它约起源于4000多年以前。因大多数酒的颜色呈黄色或褐色，故称为黄酒。在我国，黄酒品种繁多，分布广泛，目前，中国有约700家黄酒生产企业，大致分布在浙江、江苏、上海、江西、福建、安徽、甘肃、山东、东北、华北等地，主要集中在江浙沪一带。从消费状况来看，我国的黄酒不仅满足了国内消费者的需求，有些品种，例如绍兴酒等，还打入国际市场，在国际上享有较高的声誉。

本节将从黄酒的种类、主要原辅料、主要微生物与酿造工艺等几方面，简要介绍黄酒的酿造。

一、黄酒的分类

黄酒品种繁多，目前尚缺乏统一的命名标准，有以酿酒原料命名的，也有以产地或生产方法命名的，还有以酒的颜色或风格特点命名的。目前，常以生产方法和成品酒的含糖量高低来进行分类。

（一）按生产方法分类

黄酒是我国的传统发酵食品之一，过去一直采用传统的方法进行生产，近些年我国学者在总结传统生产工艺的基础上，采用现代发酵工艺技术对黄酒进行大规模工业化生产的研究，并在实践中得到很好的应用，所以按照生产方法分，黄酒可以分为传统工艺黄酒与新工艺黄酒。

1. 传统工艺黄酒

此类黄酒又称为老工艺黄酒，它是利用传统的酿造方法生产的，其主要特点是以酒药、麦曲或米曲、红曲及淋饭酒母为糖化发酵剂，进行自然多菌种的混合发酵生产得到的黄酒。它具有发酵周期长，工艺和风味独特等特点。根据具体操作不同，传统工艺黄酒又可分为淋饭酒、摊饭酒和喂饭酒。

（1）淋饭酒（Linfan rice wine） 米饭蒸熟后，用冷水淋浇，急速冷却，然后拌入酒药搭窝后，进行糖化发酵。用此方法生产的黄酒称为淋饭酒。在传统的绍兴黄酒生产中，常用这种方法来制备淋饭酒，大多数甜型黄酒，也包括一些米酒，例如湖北的孝感米酒，也常用此法生产。

采用淋饭法生产黄酒，由于原料（米饭）冷却速度快，淋后饭粒表面光滑，饭粒与饭粒相互分离，空隙多，便于酒曲的拌匀，以及好氧微生物在饭粒表面生长繁殖，但是在淋饭过程中，米饭的有机成分流失较多。

（2）摊饭酒（Tanfan rice wine） 将蒸熟的热饭摊散在凉场上，用空气进行自然冷却，然后加曲、酒母等拌匀后，糖化发酵。以此法制成的黄酒称为摊饭酒。

摊饭酒口味醇厚、风味好，深受消费者的青睐，而且由于没有淋饭过程，所以不存在米饭有机成分的流失，也可以节约用水。但是摊饭酒的冷却时间长，占地面积大，饭粒与饭粒容易粘连在一起，拌曲困难，所以在大规模的工业化生产中较少使用。

（3）喂饭酒（Weifan rice wine） 将酿酒原料分成几批，以第一批原料旺盛发酵的酒醪为酒母（由少量酵母逐步扩大培养形成的酵母醪液），再分批添加新原料，使发酵继续进行。用此种方法酿成的黄酒称为喂饭酒。黄酒中采用喂饭法生产的较多，嘉兴黄酒就是一例，日本清酒也是用喂饭法生产的。

由于分批喂饭，使酵母在发酵过程中能不断获得新鲜营养，可以保持持续旺盛的发酵状态，也有利于发酵温度的控制，增加酒精度，减少成品酒的苦味，提高出酒率。

2. 新工艺黄酒

在黄酒传统生产的工艺基础上，以纯种发酵取代自然发酵，以大型的发酵生产设备代替小型的手工操作，简化生产过程，提高原料利用率，降低劳动强度，改善劳动条件等是新工艺黄酒生产的主要特点。以新工艺生产的黄酒统称为新工艺黄酒。由于新工艺黄酒常采用纯种发酵，所以生产的黄酒品质，特别是在风味方面与传统工艺生产的黄酒存在一定的差异，有时很难满足一些传统消费者的要求。

（二）按成品酒的含糖量分类

1980 年，原轻工业部按黄酒中含糖量（以葡萄糖计）高低对黄酒进行分类，具体如下。

干型黄酒（dry rice wine）：100mL 黄酒含糖量＜1.00g；

半干型黄酒（semi-dry rice wine）：100mL 黄酒含糖量为 1.00～3.00g；

半甜型黄酒（semi-sweet rice wine）：100mL 黄酒含糖量为 3.00～10.00g；

甜型黄酒（sweet rice wine）：100mL 黄酒含糖量为 10.00～20.00g；

浓甜黄酒（high sweet rice wine）：100mL 黄酒含糖量为＞20.00g。

二、黄酒酿造的原辅料

黄酒生产的主要原辅料包括大米、水和小麦。原料种类的不同和品质的优劣涉及酿酒工艺的调整和产品的质量。酿造者常把米、水和麦曲比喻为黄酒的“肉”、“血”、“骨”。

（一）大米

酿造黄酒的大米包括糯米、粳米和籼米，也有使用黍米、粟米和玉米的。用于黄酒酿造的大米除应符合大米的一般要求外，还需尽量选用新鲜米，陈米不宜使用。另外，应尽量选用直链淀粉比例低、支链淀粉比例高的大米来生产黄酒，因为直链淀粉含量的高低直接影响着大米的蒸煮品质，一般低直链淀粉含量和中等直链淀粉含量的大米蒸煮后米饭柔软，冷却后不成团，不变硬，有利于黄酒生产中微生物的发酵。

（二）小麦

小麦在黄酒生产中主要用来制备麦曲。小麦含有丰富的碳水化合物与蛋白质，适合于制曲时微生物的生长繁殖。同时，小麦蛋白质的氨基酸中以谷氨酸含量最多，它是黄酒鲜味的主要来源。用于制作黄酒麦曲的小麦，应尽量选用当年收获的红色软质小麦。

（三）水

黄酒中水分含量达 80%以上，是黄酒的主要成分。黄酒生产用水包括设备洗涤用水、洗米与浸米用水、黄酒发酵过程的冲缸用水等。用水量很大，每生产1t黄酒需耗水10～20t，其中洗米与浸米用水、黄酒发酵过程的冲缸用水属于酿造用水。酿造用水应基本符合我国生活饮用水的标准，某些项目还应符合酿造黄酒的专业要求，即pH值为6.8～7.2，不低于6.5，不高于7.8；总硬度2～7度，最高极限12度；硝酸态氮0～2mg/L以下，最高极限0.5mg/L以下；游离氯含量0.1mg/L，最高极限0.3mg/L；铁含量0.5mg/L以下；锰含量在0.1mg/L以下等。

三、黄酒酿造的微生物与糖化发酵剂

黄酒酿造通常以小曲、麦曲、红曲和酒母作为糖化发酵剂，它们是黄酒酿造中霉菌和酵母的载体，其质量的好坏直接关系到黄酒的品质与风味。下面将对参与黄酒酿造的主要微生物及各种糖化发酵剂的生产工艺进行简要介绍。

(一) 黄酒酿造的主要微生物

1. 霉菌

与黄酒酿造有关的霉菌主要包括黄曲霉（*Aspergillus flavus*）、米曲霉（*A. oryzea*）、黑曲霉（*A. niger*）、根霉（*Rhizopus* spp.）和红曲菌（*Monascus* spp.）。

黄曲霉和米曲霉主要用来制作麦曲，能产生丰富的液化型淀粉酶和蛋白质分解酶。液化型淀粉酶能分解淀粉产生糊精、麦芽糖和葡萄糖，但是该酶不耐酸，在黄酒发酵过程中，随着酒醪pH的下降其活性较快地丧失，并随着被作用的淀粉链的变短而使分解速度减慢。蛋白质分解酶对原料中的蛋白质进行水解形成多肽及氨基酸等含氮化合物，能赋予黄酒特有的风味并为酵母提供营养物质。非常有意思的一种现象是从黄酒麦曲与黄酒厂生产车间分离得到的黄曲霉一般都不产黄曲霉毒素，具体的原因有待于进一步的探讨。

黑曲霉主要产生糖化型淀粉酶，该酶可将淀粉水解生成葡萄糖，并耐酸，因而糖化能力的持续性强，淀粉利用率高，但是黑曲霉的孢子常会使黄酒的苦味加重。在黄酒生产中可适量添加少许黑曲霉糖化剂或食品级的糖化酶，以增强糖化效率。

根霉是黄酒小曲中的主要糖化菌。根霉糖化力强，几乎能使淀粉全部水解成葡萄糖，还能分泌乳酸、琥珀酸和延胡索酸等有机酸，降低培养基的pH，抑制产酸细菌的侵袭，并使黄酒口味鲜美丰满。

红曲菌是生产红曲的微生物，它能耐很高的湿度，并耐酸，最适pH为3.5～5.0。在pH3.5时，能旺盛地生长，从而使不耐酸的霉菌受到抑制或死亡。红曲菌能耐受的最低pH为2.5，可耐约10%的酒精，能产生淀粉酶，水解淀粉最终生成葡萄糖，并能产生柠檬酸、琥珀酸、乙醇，还分泌红色素或黄色素等色素赋予黄酒颜色。

2. 酵母菌

酵母菌是黄酒酿造中将葡萄糖等糖类转化为酒精的主要微生物。黄酒酿造中的酵母菌主要来自小曲，在黄酒酿造中采用淋饭法制备酒母（关于酒母的制作工艺将在以下的内容中进行叙述），通过扩大培养小曲中的酵母菌以形成酿造黄酒所需的酒母醪。这种酒母醪实际上包含着多种酵母菌。在新工艺黄酒的酿造中通常使用优良的纯种酵母菌，不但有很强的酒精发酵力，也能产生传统黄酒的风味。但是在选育酵母菌时，应特别注意考察其产生尿素的能力，因为在发酵过程产生的尿素可以与乙醇结合生成致癌的氨基甲酸乙酯。

3. 细菌

在黄酒酿造中，细菌通常是对黄酒酿造不利的，必须通过酿造季节的选择和工艺操作的控制来防止有害菌的大量繁殖，保证发酵的正常进行。常见的有害微生物有醋酸杆菌（*Acetobacter* spp.）、乳酸杆菌（*Lactobacillus* spp.）和枯草芽孢杆菌（*Bacillus subtilis*）等。它们可来自于酒曲、酒母，以及原料、环境与设备，尤其是乳酸杆菌能较好地适应黄酒酿造的环境，容易导致黄酒发酵醪的酸败。

（二）酒曲与酒母生产工艺

所谓曲是指微生物及其代谢产物的载体，它可以分为人工曲和自然曲两种。所谓人工曲是将黄曲霉、米曲霉、黑曲霉、根霉、红曲菌、酵母等微生物接种到谷物或者谷物皮等培养基中，培养得到的含有淀粉酶和蛋白酶等多种酶系，具有很强的淀粉与蛋白质等分解能力的微生物及其分泌代谢产物的培养物。例如，将黑曲霉接种在麸皮上可制得麸皮曲；将根霉接种在大米中可制得根霉曲；将红曲接种在米饭中可制得红曲等。而天然曲是通过对培养基成分与培养条件等的优化与控制，对自然界的微生物进行富集培养而得到的培养物。天然曲和人工曲一样也具有很强的糖化能力和蛋白质分解能力。天然曲是中国独特的，是具有中国传统文化特色的曲。天然曲，根据形态、原料、工艺和作用等的不同，可分为大曲、小曲、散曲和药小曲等。用于黄酒酿造的酒曲主要包括小曲、麦曲和红曲等。下面将对这几种曲的生产工艺进行简要的介绍。关于大曲的生产工艺将在本书的第八章进行叙述。

1. 小曲

小曲又称为酒药、酒饼和白药，主要用于生产淋饭酒母或以淋饭法酿制甜黄酒和米酒。

小曲作为黄酒生产的糖化发酵剂，它包含的主要微生物是根霉和酵母及少量的细菌和梨头霉（*Absidia* spp.）等。小曲具有制作简单、贮存使用方便、糖化发酵力强、用量少等优点。

根据在制作过程中是否添加中草药，小曲可以分为药小曲和无药小曲。药小曲又可以根据添加中草药的种类分为单一药小曲和多药小曲。按照小曲制作原料的不同，小曲可分为粮曲与糠曲，所谓粮曲是指全部用大米粉为原料，而糠曲是指全部以米糠或米糠辅以少量米粉为原料。按小曲的形状，它又可分为酒曲丸、酒曲饼及散曲，顾名思义酒曲丸是指呈粒状的酒曲，酒曲饼是指呈饼状的酒曲，而散曲则是指呈松散状的酒曲。按用途不同，小曲可分为甜酒曲与白酒曲，所谓甜酒曲主要用于米酒的生产，而白酒曲则主要用于白酒的生产。根据酒曲中微生物种类的不同，小曲可以分为传统小曲和纯种根霉小曲，简称根霉曲。

尽管小曲可以分为很多种，但是它们的制作工艺基本相同，关于药小曲的制作工艺将在本书的第八章中叙述，在这里仅就纯种根霉小曲的生产工艺及操作要点进行介绍。

（1）纯种根霉小曲的工艺流程　纯种根霉小曲是以麸皮为原料，优良的根霉为主要菌种，并接种酵母菌而制备得到的小曲。其生产工艺流程如图 7-9。

（2）纯种根霉小曲的工艺操作要点　纯种根霉小曲的工艺过程基本可以分为根霉种曲制备、通风制曲、酵母麸皮固体培养物的制备和根霉小曲的干燥四个阶段。

① 根霉种曲制备：试管斜面菌种采用米曲汁琼脂培养基制备。三角瓶种曲培养，采用麸皮或早籼米粉。麸皮加水量为 80%～90%，籼米粉加水量为 30%左右，拌匀后，装入三角瓶，灭菌，冷却，接入斜面菌种，于 28～30℃培养 20～24h 长出菌丝后，摇瓶一次。再培养 1～2 天，开始出现孢子，菌丝布满培养基表面并结成饼状，取出装入灭菌的牛皮纸袋里，置于37～40℃下干燥至含水 10%以下。帘子曲培养，麸皮加水 80%～90%，拌匀堆积 30 min，常压蒸煮灭菌，摊凉至 34℃左右时，接入 0.3%～0.5%的三角瓶种曲，拌匀，堆积保温、保湿，经 4～6h，品温开始上升后进行装帘，控制料层厚度 1.5～2.0cm，控制室温 28～30℃，相对湿度 95%～100%，经 10～16h 培养，菌丝把麸皮连接成块状，最高品温应控制在 35℃，相对湿度 85%～90%。再经 24～28h 培养，麸皮表面布满大量菌丝，可出曲干燥至水分在 10%以下。

② 通风制曲：用粗麸皮作原料，有利于通风，能提高曲的质量。麸皮加水 60%～70%，应视季节和原料粗细进行适当调整，然后常压蒸汽灭菌 2h，摊凉至 35～37℃，接入 0.3%～0.5%的帘子曲，拌匀堆积数小时，装入通风曲箱内。要求装箱疏松均匀，控制品温为 30～32℃，料层厚度 30cm，先静置培养 4～6h，促进孢子萌发，室温控制 30～31℃，相对湿度

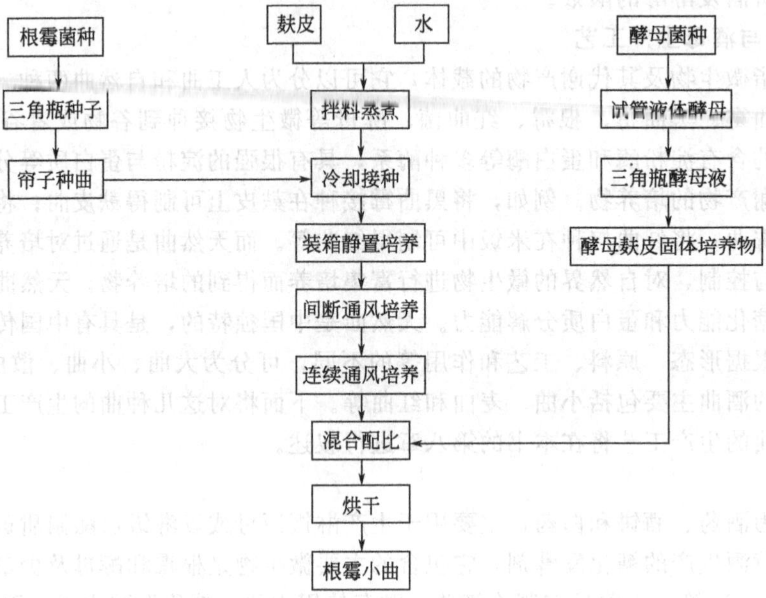

图 7-9 纯种根霉小曲的生产工艺流程图
(引自：金凤燮《酿酒工艺与设备选用手册》，2003)

90%～95%。随着菌丝生长，品温升高到 33～34℃时，开始间断性通风，保证根霉菌获得新鲜空气。当品温降低到 30℃时，停止通风。接种后 12～14h，根霉菌生长进入旺盛期，呼吸发热加剧，品温上升迅猛，曲料逐渐结块坚实，散热比较困难，此时需要进行连续通风，最高品温控制在 35～36℃。整个培养时间为 24～26h。培养完毕可通入干燥空气干燥，使水分下降到 10%左右。

③ 酵母麸皮固体培养物制备：传统酒药是根霉、酵母和其他微生物的混合物，能边糖化边发酵，为了使纯种根霉小曲具有传统酒药相同的作用，在培养纯种根霉小曲的同时，还要培养酵母，然后将它们混合在一起制备根霉小曲。以米曲汁或麦汁作为酵母菌的固体试管斜面、液体试管和液体三角瓶的培养基，在 28～30℃下逐级扩大，保温培养 24h，然后以麸皮为培养基，加入 95%～100%的水灭菌，接入 2%的三角瓶酵母培养液和 0.1% ～0.2% 的根霉小曲，拌匀后装帘培养。装帘时要求料层疏松均匀，料层厚度为 1.5～2.0cm，在品温 30℃下培养 8～10h，进行划帘（将帘上结块的培养物进行划割，以利于通气），使新鲜空气进入，CO_2 排出，同时降低品温，保持酵母均衡繁殖。继续保温培养，品温升高至 36～38℃，再次划帘。培养 24h 后，品温开始下降，待数小时后，培养结束，进行低温干燥。

④ 根霉小曲干燥：将培养成的根霉小曲和酵母麸皮固体培养物按一定比例混合成纯种根霉小曲，混合时一般以酵母细胞数 4 亿个/g 计算，加入根霉小曲中的酵母曲量为 6%时最适宜。混合后干燥即得根霉小曲成品。

2. 麦曲

麦曲（wheat koji）是指以适度破碎的小麦粒为原料，以优质陈麦曲为种子，培养制备得到的以糖化菌为主的一种酒曲。它除了具有较高糖化能力的微生物外，还含有淀粉酶和蛋白酶等水解酶系，制曲过程中形成的各种代谢产物，以及由这些代谢产物相互作用产生的色、香、味等物质，赋予黄酒独特的风格。

麦曲分为块曲和散曲。所谓块曲是指具有一定形状的酒曲，主要包括踏曲、挂曲、草包曲等。踏曲是将原料（如面粉）加入适量的水，揉匀后，填入一个模具中，用脚踏曲，使曲更为紧密，以防在抽出磨具时曲块破碎，因制曲时用脚踩踏曲料而称为踏曲。挂曲是将原料润水后填入模具中，成型后将块曲悬挂在室内以利糖化菌增殖，因制曲时曲块悬挂而称为挂曲。草包曲是在制曲的过程中，将拌水的麦粒装入无底的磨具内，其下平铺干燥和洁净的稻草，然后将装入的麦粒轻轻压平，抽出磨具，并用稻草包扎好，使其略呈圆柱形，包曲时，力求使麦粒疏松，以利于糖化菌的繁殖，制曲时曲料因用稻草包裹而得名为草包曲。

所谓散曲是指呈松散状态的酒曲，主要分为纯种生麦曲、爆麦曲、熟麦曲等。它们常采用纯种培养制成，主要的区别是原料处理不同。生麦曲是将原料直接轧碎后加水拌匀后接入种曲，进行通风扩大培养而得到的麦曲。爆麦曲是先将原料小麦在爆麦机里炒熟，趁热破碎冷却后，加水接种，通风培养制备得到的麦曲。熟麦曲是先将小麦破碎，然后加水配料，在常压下蒸熟，冷却接种曲，通风培养制备得到的麦曲。

尽管各种块曲与散曲的原料与具体工艺参数有许多不同，但是同一类曲的基本生产工艺过程是相同的，下边将以踏曲和纯种麦曲为例，分别介绍块曲与散曲的工艺流程与操作要点。

(1) 踏曲 踏曲是块曲的代表，常在农历九月间制作。其生产工艺流程如图 7-10 所示，操作要点如下。

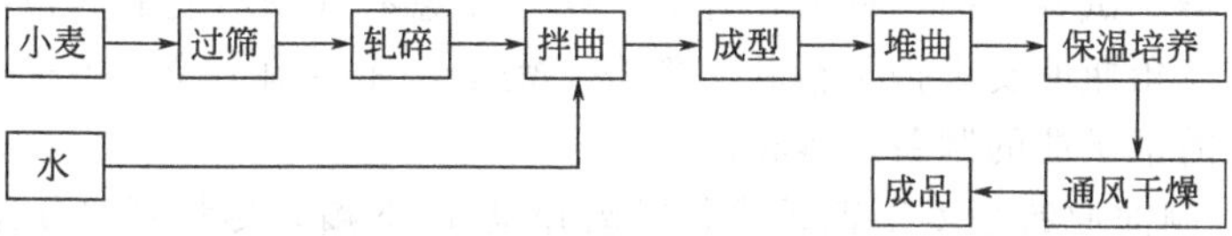

图 7-10 踏曲的生产工艺流程

（引自：金凤燮《酿酒工艺与设备选用手册》，2003）

① 轧麦：原料小麦过筛除去杂质后，以轧麦机将每粒小麦破碎成 3～5 片，呈梅花状，麦皮破裂，胚乳内含物外露，有利于微生物生长繁殖。

② 加水拌曲：将轧碎的麦粒放入拌曲箱中，按麦粒重量的 20%～22%加入清水，迅速拌匀，使之吸水，同时可加进少量的优质陈麦曲作种子，以稳定麦曲的质量，也可以不加种曲。加水量要适度，而且应搅拌均匀，使物料均匀吸水，否则可能产生黑曲或烂曲。

③ 踩曲：为了便于堆积、运输，须将曲料放在木框中踩实成一定大小或用制曲机压成一定大小的块状曲胚。曲胚不能过大，也不能过紧，以不散为度，否则不利于微生物的生长。

④ 堆曲：在预先打扫干净的曲室（用于制曲的房子）中铺上谷壳和竹簟，将曲块搬入室内，侧立成丁字形叠为两层，再在上面散铺稻草保温，促进微生物的生长繁殖。

⑤ 培养：堆曲完毕，关闭门窗，经 3～5 天后，品温上升至 50℃左右，麦粒表面菌丝繁殖旺盛，水分大量蒸发时，应做好降温工作，可以适当取掉保温覆盖物并适度开启门窗，使品温缓慢回降。约经 20 天，曲块随水分的散失而变得坚硬，可将其按井字形叠起，通风干燥后使用或入库贮存。

为了保证麦曲质量，在培菌过程中可以将最高品温控制在 50～55℃，从而有利于菌丝体内淀粉酶的积累，提高麦曲的糖化力，并对青霉等低温有害微生物起到抑制作用，避免产生黑曲或烂曲现象。同时，高温还可以加速美拉德反应，增加成品麦曲的色素和香味成分。一般成品麦曲应该具有正常的曲香味，白色菌丝均匀密布，无霉味或生腥味，无霉烂夹心，含水量为 14%～16%，糖化力高，在 30℃时，每克曲每小时能产生 700～1000mg 葡萄糖。

(2) 纯种麦曲 以单一的黄曲霉或米曲霉为菌种，制备种曲，将麦粒适度粉碎，加水拌匀，灭菌或不灭菌，加入种曲，在人工控制的条件下通风培养，得到纯种麦曲。与自然培养的麦曲相比，纯种麦曲的酶活性高，用曲量少。如前所述，不同纯种麦曲除了在制曲原料处理上有不同外，它们的基本操作过程相同，都属于深层通风制曲。图 7-11 为纯种熟麦曲的工艺流程，操作要点如下。

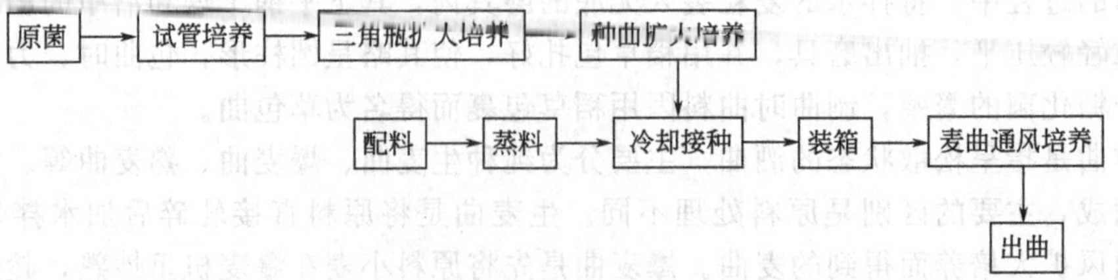

图 7-11 纯种熟麦曲的制备工艺流程

（引自：金凤燮《酿酒工艺与设备选用手册》，2003）

① 种曲扩大培养：目前我国黄酒生产常用的菌种有黄曲霉 As3.800 或黄曲霉苏 16 号等。这些菌种具有淀粉酶活力强而蛋白酶活力较弱，培养条件粗放，抵抗杂菌能力强，在小麦上能迅速生长，孢子密集健壮，能产生特有的曲香，不产生黄曲霉毒素等优点。试管菌种培养应采用米曲汁-琼脂培养基，在 30℃培养 4～5 天，连续进行多次转接活化，使菌丝健壮、整齐，孢子丰满，无杂菌污染。试管斜面菌种活化好后，接种于盛有灭菌麸皮的三角瓶中，30℃保温培养制备三角瓶曲。三角瓶曲要求孢子精壮、整齐、密集，无杂菌污染。关于帘子种曲的培养与上述纯种根霉小曲的帘子曲的制备过程相同。

② 配料蒸料：制曲原料小麦用辊式粉碎机破碎呈 3～5 瓣，尽量减少粉末的形成，根据季节、麦粒粉碎的粗细度和干燥度添加适量的水拌匀，一般加水量为原料量的 40%左右。堆积润料 1h 左右，常压蒸煮，圆气后蒸 45min，达到淀粉糊化和原料灭菌的作用。对于生麦曲则不需要蒸煮，原料粉碎并加水拌匀后直接加入种曲。对于爆麦曲则是先将原料爆炒、趁热粉碎、冷却后加水接种。

③ 冷却接种：将蒸熟的麦料迅速风冷至 36～38℃，接入原料量 0.3%～0.5%的种曲，拌匀，控制接种后品温 33～35℃。

④ 堆积装箱：接种后的曲料可先行堆积 4～5h，促进霉菌孢子的吸水膨胀发芽。也可直接把曲料装入通风培养曲箱内，要求装箱疏松均匀，品温控制 30～32℃，料层厚度为 25～30cm，可视气温进行调节。

⑤ 通风制曲：纯种麦曲通常采用深层通风制曲技术。通风培养制曲过程可分为前期、中期和后期，在各个时期要控制好培养的温度、湿度、通风量和通风时间等参数。前期为间断通风阶段。接种后 10h 左右，是霉菌孢子萌发、幼嫩菌丝生长的阶段，此时霉菌呼吸弱，发热量少，应注意曲料的保温、保湿，室温宜控制在 30～31℃，室内空气相对湿度为 90%～95%，品温控制在 30～33℃。可以用循环小风量通风或待品温升至 34℃时，进行间断通风，当品温下降到 30℃时，停止通风，如此反复进行。中期为连续通风阶段。经过前期培养，霉菌菌丝进入旺盛生长阶段，菌丝体大量形成，呼吸作用强烈，品温升高很快，并且发生菌丝相互缠绕、曲料结块、通风阻力增加的现象，此时必须全风量连续通风，品温控制在 38℃左右，不得超过 40℃，否则会发生烧曲现象，如果品温过高，可通入部分温度、湿度较低的新鲜空气。后期为产酶排湿阶段，菌丝生长旺盛期过后，呼吸逐步减弱，菌丝体开始产生分生孢子。此阶段是霉菌产酶与积累最多的时期，应通过提高室温或通入干热空气，控制品温在 37～39℃，并进行排湿，这样有利于酶的形成和成品曲的保存，当曲的酶活力达到最高时应及时出曲，大约整个培养时间为 36h 左右，再延长培养时间，反而会降低曲的酶活力，并形成大量霉菌孢子。

⑥ 质量标准：成品曲应表现为菌丝稠密粗壮，不能有明显的黄绿色孢子，有曲香，无霉

酸味，曲的糖化力在1000U以上，曲的含水量在25%上下。

3. 红曲

红曲是以大米为原料，以红曲菌为菌种的固体发酵产物。关于红曲的一般生产工艺与更多的相关信息请参阅本书的第十三章。这里仅对黄酒生产中采用的乌衣红曲的生产工艺流程与操作要点进行简要的说明。

与其他的红曲不同，乌衣红曲中除了红曲菌外，还含有黑曲霉和酵母菌等微生物，具有糖化与发酵力强、耐高温与耐酸等特点。酿制的黄酒色泽鲜红，酒味醇厚，但酒的苦涩味较重。乌衣红曲工艺流程如图7-12所示，其操作要点如下。

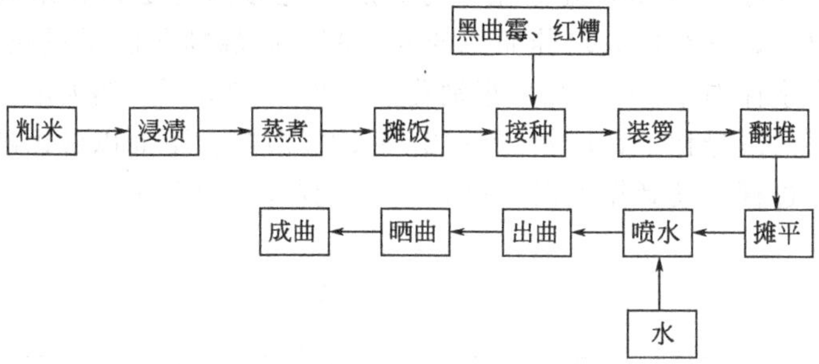

图7-12 乌衣红曲生产的工艺流程

（引自：金凤燮《酿酒工艺与设备选用手册》，2003）

① 浸渍、蒸饭：籼米（红曲生产常用早籼米，因为早籼米价格比较便宜，且蒸煮出来的米饭不黏，通气性也较好）加水浸渍，浸渍时间随温度的不同而不同，在15℃以下时，浸渍2.5h；15～20℃时，浸渍2h左右；高于20℃时，浸渍1～1.5h。浸后用清水漂洗干净，沥干后常压蒸煮，要求米饭熟而不烂，既无白心，又不开裂。

② 摊饭、接种：蒸熟的米饭分散冷却到34～39℃后，按原料的量接入0.01%黑曲霉菌种和0.01%红糟，拌匀。

红糟又名“糟娘”，是红曲菌和酵母菌的扩大培养产物，是制备乌衣红曲的种子之一。它以粳米为原料，先将粳米量的3倍清水煮沸，再将淘洗干净的粳米投入其中，继续煮沸并除去水面白沫，直至米粒裂开后，捞出米粒冷却至32℃，加粳米量45%～50%的红曲拌匀，灌入清洗杀菌的大口酒坛中，前10天敞口发酵，每天早晨及下午各搅拌一次。气温在25℃以上时，15天左右即可使用。气温低，培养时间应延长。一般要求酒精含量14%左右，有刺口与辣味为好，如有甜味则表明发酵不足。

③ 装箩、翻堆：将接种拌匀后的米饭盛入竹箩内，轻轻摊平（不能压实，以保证有足够的空隙和空气），盖上洁净的麻袋，入曲房保温，促进霉菌孢子的萌发与繁殖。当曲房温度在22℃左右，保温约24h后，箩中心的品温达到43℃左右时（当气温较低时，保温时间需延长才能达到43℃），约有1/3的米粒出现白色菌丝和少量的红色斑点，其余的尚未改变。这是由于不同微生物繁殖所需的温度不同所致，箩心温度高，适于红曲菌生长，箩心外缘温度在40℃以下，黑曲霉生长旺盛。当箩内品温升到40℃以上时，将米饭倒在曲房的水泥地上，翻拌均匀后，重新堆积。待品温上升到38℃时，再翻堆一次。以后翻拌堆积的时间间隔是当气温在22℃以上时，约2.0h左右翻一次。

④ 平摊、喷水：当饭粒70%～80%出现白色菌丝，将饭堆翻拌摊平，耙成波浪形，凹处约3.5cm，凸处约15cm。整个制曲过程需要将曲房的天窗全部打开，控制室温在28℃左右。

⑤ 出曲、晒曲：当在曲室中培养6～7天，品温已无变化时，即可出曲，摊在竹簟上，经

阳光晒干保存，也可以采用流化床等干燥设备进行干燥。

4. 酒母

所谓酒母是指由少量酵母逐渐扩大培养形成的酵母醪。黄酒发酵需要大量酵母菌与糖化作用的霉菌共同作用。在传统的绍兴黄酒发酵时，发酵醪中酵母密度高达（6～9）×10^9 个/mL，发酵后产品的酒精度可达18%以上，因而酵母的数量及质量直接影响黄酒的产率和风味。

根据培养方法，可将黄酒酒母分为两类：一是通过用小曲酿制淋饭酒醅，自然繁殖培养的酵母菌，这种酒母称为淋饭酒母，又叫"酒娘"，因米饭采用冷水淋冷的操作而得名；二是用纯种酵母菌，通过纯种逐级扩大培养，增殖到发酵所需的酒母醪量，称为纯种培养酒母。按制备方法不同，又分为速酿酒母和高温糖化酒母。所谓速酿酒母是指在米饭中加入13%麦曲，再接入纯培养的酵母菌，逐级扩大培养而成的发酵醪。高温糖化酒母是指在60℃下，向蒸熟的米饭中加入麦曲和水保温3～4h，然后把糖化液在80～90℃下加热灭菌30min，冷却至28℃左右接入预先培养好的酒母种子，培养10～12h后的发酵醪。下面以淋饭酒母的生产工艺为代表来讲述酒母的制作过程。其制作流程见图7-13，其操作要点如下。

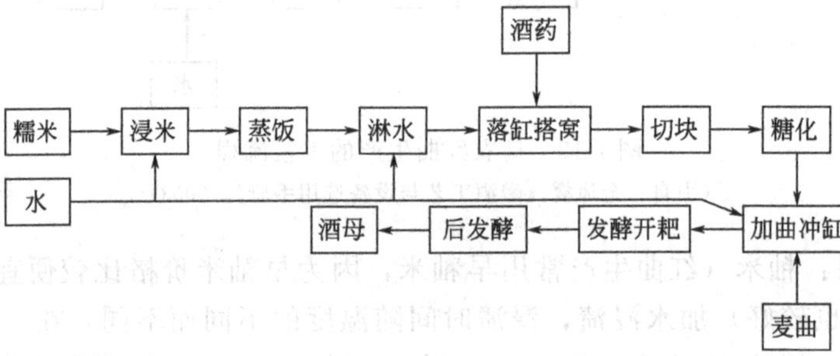

图7-13 淋饭酒母的制作流程

（引自：金凤燮《酿酒工艺与设备选用手册》，2003）

（1）原料 制备淋饭酒母的原料为大米，同时配以酒药与麦曲，它们的用量分别为大米原料的0.15%～0.2%和15%～18%。在传统的黄酒生产中，酒母的生产常以每缸投料米量为基准，根据气候的不同有100kg和125kg两种。

（2）浸米、蒸饭、淋水 在洁净的陶缸中装好清水，将米倾入，水量超过米面5～6cm为好，浸渍时间根据气温不同控制在42～48h。然后捞出冲洗，洗净浆水后，常压蒸煮，并趁热以冷水淋饭，使饭温在31℃左右。

（3）落缸搭窝 淋冷后的米饭沥去水分，放入大缸，将酒药粉末撒入并搅拌均匀后，将米饭摆放出一定形状，通常是摆放成中间低四周高的窝状，最后再在米饭上面撒一些酒药粉，这个操作称为搭窝。搭窝完成后米饭的温度一般控制在27～30℃。

（4）糖化、加曲冲缸 搭窝后应及时做好保温工作，酒药中的糖化菌、酵母菌在米饭上迅速生长繁殖和糖化，一般经过36～48h糖化以后，饭粒软化，甜液满至酿窝的4/5高度，甜酒酿浓度约35°Bx，还原糖为15%～25%，酒精含量在3%以上时，此时的高浓度、高渗透压和低pH（3.5左右）的环境下，酵母增殖较慢。这时加入适当比例的麦曲和水，冲缸，并充分搅拌，使酒醅由半固态转为液态，渗透压下降，酵母迅速繁殖，24h后，酵母细胞可升至（7～10）亿个/mL，糖化和发酵作用大大加强。

（5）发酵开耙 加曲冲缸后，由于酵母的大量繁殖并逐步开始旺盛的酒精发酵，使酒醪的温度迅速上升，8～15h后，米饭和部分曲漂浮于液面上，形成泡盖，此时应用木耙进行搅拌，这个过程俗称开耙。开耙的目的是降低发酵温度，排出发酵醪液中积聚的CO_2，使醪液品温均匀一致，同时提供新鲜空气，促进酵母繁殖，防止杂菌滋长。在第一次开耙以后，每隔3～5h就进行第二、第三和第四次开耙，使醪液品温保持在26～30℃。

(6) 后发酵　第一次开耙以后，酒精含量增长很快，冲缸约48h后酒精含量可达10%以上，糖化发酵作用仍在继续。在落缸后第7天左右，即可将发酵醪灌入酒坛，进行后发酵，俗称灌坛养醅。再经过20～30天的后发酵，酒精含量达15%以上时，即可使用。

四、黄酒酿造工艺

目前常用的传统黄酒发酵工艺有摊饭法、喂饭法和淋饭法，在此基础上又研制出了大罐发酵法。下面以摊饭法和大罐发酵法为例，对黄酒发酵工艺分别进行简要介绍。

(一) 摊饭法发酵工艺

摊饭法发酵是黄酒生产常用的一种方法，干型黄酒和半干型黄酒的典型代表——绍兴状元红酒与加饭酒等都是用摊饭法生产的。

1. 工艺流程

摊饭法酿造黄酒的工艺流程如图7-14所示。

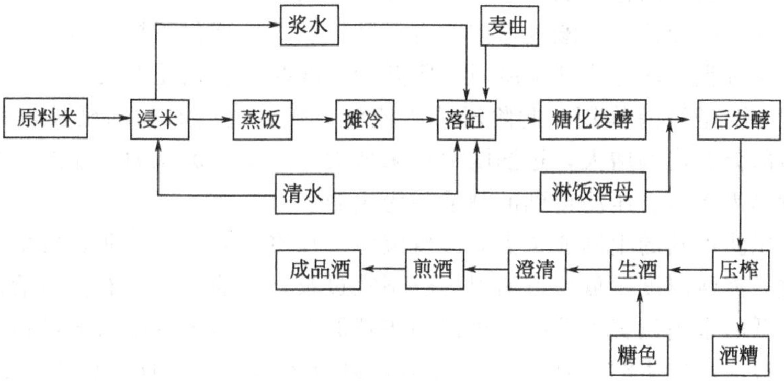

图7-14　摊饭法酿造黄酒的工艺流程

（引自：金凤燮《酿酒工艺与设备选用手册》，2003）

2. 操作要点

(1) 原料　米色洁白，颗粒饱满，大小一致，不含杂、碎米，气味良好，米质较软，以选用当年生产的大米为宜，陈米带有霉味，影响酒质，水分一般在15%以下，淀粉含量在69%以上。

(2) 浸米、蒸饭与摊凉　浸米、蒸饭方法与“淋饭酒母”中的方法相同。蒸熟后的米饭经过摊凉降温到60～65℃。

(3) 落缸　投入盛有清水的发酵缸内，打碎饭块后，依次投入麦曲、酒母和浆水（即浸泡大米后的水），搅拌均匀，使缸内物料上下温度均匀，糖化发酵剂与米饭很好地接触，控制品温为27～29℃，并做好保温工作，使糖化、发酵和酵母繁殖顺利进行。

(4) 糖化与发酵　传统的发酵是在陶缸中分散进行的，物料落缸后，便开始糖化发酵。前期主要是增殖酵母细胞，品温上升缓慢。投入的酒母，由于醪液稀释而酵母菌浓度在1×10^{7}个/mL以下，但由于加入了营养丰富的浆水，淋饭酒母中的酵母菌从高酒精含量的环境转入低酒精含量的环境后，生长繁殖能力大增，经过10多个小时后，酵母菌浓度可达5×10^{9}个/mL左右，即进入主发酵阶段，温度上升较快，当达到35～37℃时（饭面下15～20cm缸心温度），应开头耙。开头耙的温度高低直接影响成品酒的风味，高温开耙（品温升至35℃），酵母易于早衰，发酵能力不会持久，酒醅残糖含量高，酒口味较甜，俗称热作酒；低温开耙（品温升至30℃），发酵完全，酿成的酒甜味少而辣口，俗称冷作酒。开头耙后，品温一般可以下降4～

8℃，二耙的开耙时间应依据品温高低进行，头耙后3～4h，温度达到33～35℃时，开二耙。以后每隔4～5h分别开第三、四耙（前后温差1～2℃）。四耙以后，每天捣耙2～3次，直至品温接近室温。主发酵一般3～5d结束。为了防止酒精过多挥发造成损失，应及时灌坛，进行后发酵。这时酒精度一般为13%～14%。

（5）后发酵　后发酵的目的是使一部分残留的淀粉和糖分继续糖化发酵，转化为酒精，并使酒成熟增香。一般后发酵2个月左右。要用透气性好的酒坛作容器，它能适度地减少发酵醪的体积，促使热量散发，并能使酒醅保持微量的溶解氧，使酵母仍能保持活力，几十天后，酒醅中存活的酵母浓度仍可达 $(4\sim6)\times10^9$ 个/mL。

后发酵的品温常随环境温度的变化而变化，所以如果气温较低，则应在温暖的地方进行后发酵，以加快发酵的速度；如果气温较高则应堆在阴凉的地方，以防止温度过高，一般室温控制在20℃以下为宜。黄酒经过较长时间的后发酵，一般酒精含量可以再升高2%～4%，并生成多种代谢产物，使酒质更趋完美与协调。

（6）压滤　压滤以前，首先应该检测后发酵酒醅是否成熟，对于已经成熟的酒醅应及时处理。酒醅成熟的检测包括酒色、酒味、酒香和理化检测等。总体要求是酒体澄清透明，色泽黄亮，酒味较浓，爽口略带苦味，酸度适中，有正常的酒香，理化指标基本达到黄酒标准要求。

黄酒醅的压滤过程一般分为两个阶段，刚开始过滤时，进入压滤机的酒醅液体成分多，固体成分少，此时主要是过滤作用，此阶段称为流清；随着过滤时间的延长，酒液比例逐渐减少，酒糟等固体部分的比例增大，过滤阻力愈来愈大，必须外加压力，才能把酒液从酒醅中挤榨出来，此阶段称为榨酒。压滤得到的酒液称为生酒。

（7）澄清　压滤得到的生酒通常需要静置澄清。在澄清时，为了防止发生酒液再发酵出现泛浑现象及酸败，澄清温度要低，澄清时间也不宜过长，一般3天左右。澄清设备可采用地下池，或在温度较低的室内设置澄清罐，可以使用黄酒专用硅藻土等澄清剂进行澄清。

（8）煎酒　澄清后的生酒应加热85℃左右，以杀灭微生物，便于贮存，这一操作过程称为煎酒。煎酒的温度和时间与酒液的pH值和酒精度有关，如果煎酒温度高，酒液pH值低，酒精度高，则煎酒时间可缩短；反之，则延长。煎酒过程中，酒精的挥发损失0.3%～0.6%，挥发出来的酒精蒸气经收集，冷凝得到的液体，称为酒汗。酒汗的香气浓郁，可用作酒的勾兑或甜型黄酒的配料。

（9）包装、贮存　煎酒后的黄酒，应趁热灌装、入坛贮存。酒坛应具有良好的透气性，以利于黄酒的老熟。

（二）大罐发酵法

传统黄酒生产是用大缸、酒坛作发酵容器，容量小，占地面积大，质量波动大，劳动强度高。大罐发酵法是以大型发酵罐为容器，劳动强度小，产品质量稳定。

1. 工艺流程

大罐发酵法酿造黄酒的工艺流程如图7-15所示。

2. 操作要点

（1）大米浸渍、蒸煮和冷却　不同浸水温度，浸米时间不同。一般在水温为20～23℃的条件下，需浸米48～96h，其中每隔12h用压缩空气将大米充分搅拌一次，让其吸水均匀。浸泡后保证米粒完整，用手指碾时米粒呈粉状。浸泡后的大米经蒸煮熟透后进行冷却，冷却有水冷和风冷两种，冷却的米饭与曲、水、酒母混合，利用高位差，通过溜管自动流入前发酵罐。通过对米饭的冷却温度和配水温度的合理调节，使落罐温度达到24～26℃。

（2）入罐前发酵、自动开耙　前发酵又称主发酵，是酿造黄酒的关键工序。前发酵从原料落罐后36～40h，便要缓慢降温，经4～6d，酒精度达到14%（体积分数）以上，总酸在

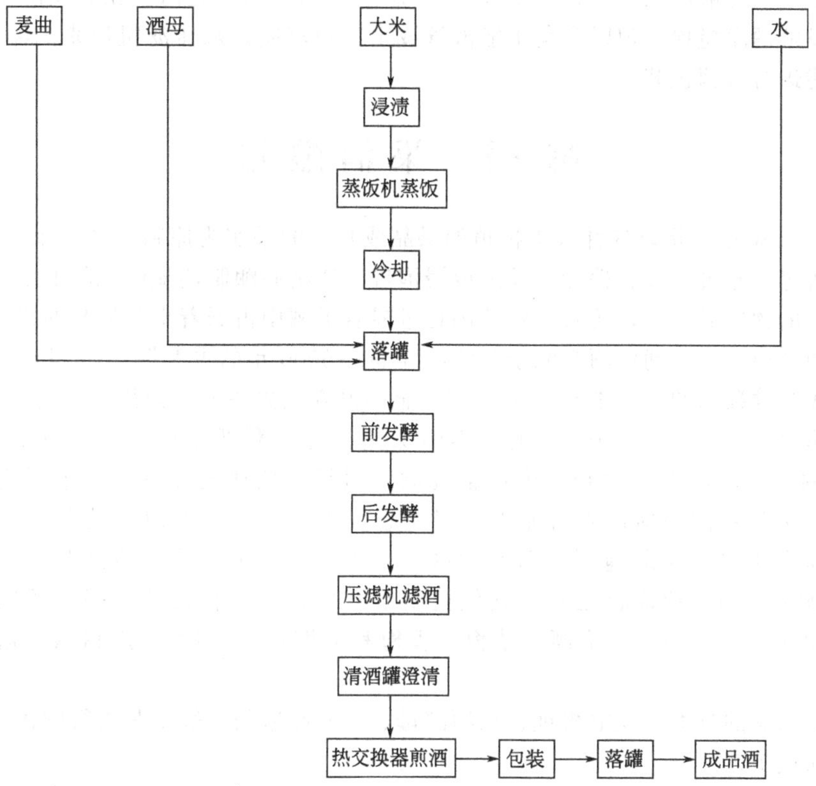

图 7-15　黄酒的大罐发酵工艺流程

（引自：金凤燮《酿酒工艺与设备选用手册》，2003）

0.4g/100mL 以下，醪液中心温度应在 15℃以下。大罐发酵与传统的大缸发酵原理完全一样，只是传统的大缸发酵靠自然温度结合开耙来调节温度，而大罐发酵则用自动开耙，即上下自动翻滚和采用人工冷却相结合的办法调节发酵温度，并辅以无菌压缩空气帮助上下翻动。新工艺中，虽然开耙不如传统工艺那样神秘，但也是比较重要的环节，特别是第一、二耙，一定要利用无菌压缩空气的力量，将醪液上下左右搅拌均匀。表 7-6 是落罐时间与开耙温度的参考值。

表 7-6　落罐时间与开耙温度的参考值

落罐时间/h	8～12	12～14	16～20	20～24	24～36
品温/℃	29～31	31～33	32	30～31	28～30
耙次	头耙	二耙	三耙	四耙	根据发酵情况适时辅助开耙

注：引自朱宝镛《中国酒经》，2000。

（3）后发酵　前发酵结束，黄酒发酵醪便进入后酵罐开始后发酵。此时应保持低温，一般品温应在 10～15℃，约需 25d。前 15 天，每天至少要进行一次开耙，通入一定的新鲜空气，保持酵母的活力，使酒体逐渐丰满协调。后 10 天应静置，以利压榨。后发酵结束，要求酒精度达到 16%（体积分数）以上，总酸控制在 0.45g/100mL 以下，糖分根据酒种不同而分别控制。

（4）黄酒的过滤、澄清、煎酒和包装　为了将成熟的酒醪分离成清酒和糟粕，必须通过压榨这一工序。传统工艺采用泥浆泵将醪液送入板框式压滤机，新工艺有采用泥浆泵的，有采用加压输送的，且以加压输送较为理想。加压输送不是直接将醪液从后发酵罐压入压滤机，而是先将后发酵罐中的醪液压入容积只有1/8～1/4后酵罐的中间贮罐内。在后发酵罐开始压料前应充分将后发酵酒醅搅拌均匀以避免出输液管或出料口堵塞。从压滤机出来的酒需经过澄清，再次过滤才能进行灭菌包装。

第三节 果酒酿造

果酒（fruit wine）是以各种人工种植的果品或野生的果实为原料，如苹果、葡萄、石榴、山楂、猕猴桃等，经过破碎、榨汁、发酵或浸泡等工艺精心酿制调配而成的低度饮料酒。果酒是世界上最早的饮料酒之一，尤其是葡萄酒在世界各类酒中占据着十分显赫的位置，其产量在世界饮料酒中列第二位。葡萄酒起源于公元前5000～6000年的古波斯，10世纪传至北欧，15世纪欧洲已成为葡萄酒的生产中心。16世纪，葡萄酒在世界各地广为传播。近20年来，全世界葡萄酒产量在2500万～3600万吨。其中法国、意大利两国的产量占全世界总产量的40%以上。两千年前，中国就开始生产葡萄酒，但是发展速度很慢，新中国成立后，尤其是改革开放以来，我国的葡萄酒行业得到了迅猛发展，现已经形成了葡萄栽培和酿造的六大区域，即华北地区、东北地区、西北地区、山东地区、黄河故道地区及南方地区。也出现了许多名优葡萄酒。葡萄酒之外的其他类型果酒也取得了较大的发展，涌现了许多优秀产品，如苹果酒、山楂酒、三梅酒（紫梅、香梅和金梅）、红橘酒、广柑酒、荔枝酒和沙棘酒等。

本节将对果酒的分类、发酵机理、果酒酵母、果酒酿造的一般工艺进行阐述，最后简要介绍葡萄酒的酿造工艺。

一、果酒的分类

果酒的种类很多，分类方法也很多，下面分别对它们进行简要介绍。

（一）按原料分

果酒按原料分类，通常依据水果名称称为××酒。例如，葡萄酒、苹果酒、山楂酒等，表示它们的生产原料分别是葡萄、苹果和山楂。

（二）按含糖量分

按产品中含糖量的多少（以葡萄糖计），果酒可以分为：干型果酒，含糖量在4 g/L以下的果酒；半干型果酒，含糖量在4～12g/L之间的果酒；半甜型果酒，含糖量在12～50 g/L之间的果酒；甜型果酒，含糖量在50g/L以上的果酒。

（三）按工艺分（以葡萄酒为例）

1. 平静葡萄酒

按20℃，250mL酒瓶中CO_2的压力计，$p_{CO_2}<0.05MPa$的葡萄酒称为平静葡萄酒。

2. 起泡葡萄酒

按20℃，250mL酒瓶中CO_2的压力计，$p_{CO_2}\geqslant 0.05MPa$的葡萄酒称为起泡葡萄酒。若按压力大小，起泡葡萄酒又分为低起泡葡萄酒（$0.05MPa\leqslant p_{CO_2}\leqslant 0.34MPa$）和高起泡葡萄酒（$p_{CO_2}\geqslant 0.35MPa$）。起泡葡萄酒中的$CO_2$或由原酒密闭自然发酵获得或者全部或部分人工充填。

3. 特种葡萄酒

（1）利口葡萄酒（也称加强葡萄酒） 在原酒中添加白兰地或食用酒精以及葡萄汁、浓缩葡萄汁或含焦糖葡萄酒等调至而成的葡萄酒。其酒精度一般为15%～22%。

（2）加香葡萄酒 以葡萄酒为酒基浸泡芳香植物（或添加芳香植物的浸出液），再经调配而成的葡萄酒。其酒精度为11%～24%。例如，味美思和添加药材制成的滋补型葡萄酒比特酒都属于加香葡萄酒。

（3）冰葡萄酒　将葡萄推迟采收，当气温低于－8℃，使葡萄在树枝上保持一定时间（6h以上），在结冰状态下采收、压碎葡萄制备果汁发酵酿制成的葡萄酒称为冰葡萄酒。属于甜型葡萄酒。

（4）贵腐葡萄酒　用成熟后期感染了灰绿葡萄孢（又称贵族霉 *Botrytis cinerea*）的葡萄酿制而成的葡萄酒称为贵腐葡萄酒。属于甜型葡萄酒。

（5）产膜葡萄酒　葡萄汁经酒精发酵，当酒体表面产生酵母膜时，加入葡萄白兰地或食用酒精，将酒精度调至大于或等于 15.0％的葡萄酒称为产膜葡萄酒。

（6）低醇葡萄酒　酒度 1.0％～7.0％的葡萄酒。

（7）无醇葡萄酒　酒度 0.5％～1.0％的葡萄酒。

二、果酒发酵机理

果酒酿造就是酵母菌利用果汁中的糖分进行酒精发酵的过程，即葡萄糖在酵母菌作用下，经一系列反应，最后生成乙醇和 CO_2 并放出热量的过程。酒精发酵是一系列复杂的生化过程，其间伴随着许多的中间产物，最终生成物中还含有少量的甘油、高级醇及醛等。主要过程为：

$$C_6H_{12}O_6 \longrightarrow 2C_2H_5OH + 2CO_2\uparrow + 117.04kJ$$

从上式中可以看出，每 180g 葡萄糖发酵后可产生 92g 乙醇，根据密度折算成体积为 115mL。但是由于中间产物较多，乙醇得率受到影响而降低。根据实际生产经验确定，每 170g 糖经发酵可生成 100mL 酒精。由于每 100mL 果汁中含有 1mL 酒精称为 1 度酒，因此可以说每 1.7g 糖经发酵可生成 1 度酒，同时产生 CO_2 和热量。这是果酒生产中调整果汁中糖含量和进行发酵管理的理论依据。

在酒精发酵的同时，产生了各种各样发酵副产物，如甘油、乙醛、醋酸、琥珀酸、乳酸、高级醇和各种酯类，这些发酵副产物对果酒的品质和香气特征有重要作用。现简要描述这些发酵副产物的产生机理及对果酒品质的影响。

（1）甘油（$CH_2OH—CHOH—CH_2OH$）　主要在发酵开始时由葡萄糖发酵而形成，在葡萄酒中，其含量为 6～10g/L。甘油具甜味，可使果酒具圆润感。

（2）乙醛（CH_2CHO）　可由丙酮酸脱羧产生，也可在发酵以外由乙醇氧化而产生，在葡萄酒中乙醛的含量为 0.02～0.06mg/L。乙醛可与 SO_2 结合形成稳定的乙醛亚硫酸，这种物质不影响酒的质量，而游离的乙醛则使酒具氧化味，可用 SO_2 处理，使这种味消失或减弱。

（3）醋酸（CH_3COOH）　是构成果酒挥发酸的主要物质。在正常发酵情况下，醋酸在酒中的含量为 0.2～0.3g/L。它由乙醛经氧化作用而形成。果酒中醋酸含量过高，会具酸味。一般规定，以醋酸计，白葡萄酒和红葡萄酒的挥发酸含量分别不得高于 0.88g/L 和 0.98g/L。

（4）琥珀酸（$COOH—CH_2—CH_2—COOH$）　在所有的果酒中都存在琥珀酸，但其含量较低，一般为 0.6～1.5g/L。

（5）乳酸（$CH_3—CHOH—COOH$）　在果酒中，其含量一般低于 1g/L，主要来源于酒精发酵和苹果酸-乳酸发酵。

（6）高级醇　在果酒中的含量很低，但它们是构成果酒二类香气的主要物质，在葡萄酒中的高级醇有异丙醇、异戊醇等，主要是由氨基酸形成的。

（7）酯类　果酒中含有有机酸和醇类，而有机酸和醇可以发生酯化反应，生成各种酯类。果酒中的酯类物质可分为两大类，第一类为生化酯类，它们是在发酵过程中形成的，其中最重要的为乙酸乙酯，是乙醇和乙酸经酯化反应形成的，即使含量很少（0.15～0.20g/L）也具有香味。第二类为化学酯类，它们是在陈酿过程中形成的，其含量可达 1g/L。化学酯类的种类很多，是构成葡萄酒三类香气的主要物质。一般可把果酒的香气分为三大类：第一类是果香，它是水果本身的香气，又叫一类香气；第二大类是发酵过程中形成的香气，为酒香（发酵香），又叫二类香气，第三大类是果酒在陈酿过程中形成的香气，为陈酒香，又叫三类香气。

三、果酒酵母及酒母制备

目前用于果酒发酵的酵母菌种主要是葡萄酒酵母（*Saccharomyces cerevisiae*）。它属于真菌门、子囊菌纲的酵母属、酿酒酵母种，但大多数学者认为葡萄酒酵母与酿酒酵母是不同的两个种，因为它们在形态、发酵能力等方面有很大的差异。

（一）葡萄酒酵母的特性

葡萄酒酵母繁殖主要是无性繁殖，以顶端出芽繁殖。在条件不利时也易形成1～4个子囊孢子。子囊孢子为圆形或椭圆形，表面光滑。葡萄酒酵母细胞常为椭圆形、卵圆形，一般为(3～10)μm×(5～15)μm，细胞丰满。在葡萄汁琼脂培养基上，25℃培养3d，形成圆形菌落，色泽呈奶黄色，表面光滑，边缘整齐，中心部位略凸出，质地为明胶状，培养基无颜色变化。葡萄酒酵母可发酵葡萄糖、果糖、蔗糖、麦芽糖、半乳糖，不发酵乳糖、蜜二糖，棉子糖发酵1/3。

考虑到葡萄酒发酵具有以下特征：①葡萄果汁中存在有多种类的野生微生物（酵母、乳酸菌、醋酸菌、霉菌等）；②葡萄果汁的pH为3.0～3.4，主要的有机酸有酒石酸和苹果酸，含酸量0.4%～0.8%（酒石酸是葡萄和葡萄酒所含有的特定有机酸，除葡萄以外，很少找得到这种酸，所以又叫葡萄酸，它是酸性最强的酸，含量太多时，会使酒液变得粗硬，在发酵过程中会变成沉淀而降低其含量）；③发酵前的葡萄果汁中，通常添加50～100mg/L的SO_2；④葡萄的收获期与当时气温有关。因此在选择葡萄酒酵母时，应遵循以下标准：①能将葡萄汁中的糖完全降解，残糖在4g/L以下，这是酿造干型葡萄酒的要求；②具有较高的SO_2耐性；③具有较高的酒精耐性；④具有较高的发酵能力，可使酒精含量达到16%以上；⑤具有较好的凝聚力和较快的沉降速度，这样便于过滤，使酒体澄清；⑥能在低温（15℃）或适宜温度下发酵，以保持果香和新鲜清爽的口味；⑦较好的耐酸性，尤其要能耐酒石酸。

（二）果酒酒母的制备

如果对水果的果浆进行适量的（不达到杀灭酵母的浓度）SO_2处理或不处理，即使不添加酵母，酒精发酵也会或快或慢地自然触发。但也可通过添加人工选择的活性强的酵母菌的方式，使酒精发酵提早触发。对于残糖含量过高的果酒的再发酵，添加酵母就更为重要了。

1. 果酒酒母的制备

根据果酒酵母的来源不同，其制备方法包括利用天然酵母制备酒母、利用人工选择酵母制备酒母和利用活性干酵母制备酒母等方法。

① 利用天然酵母制备酒母：在葡萄等水果采收前几天，选取清洁、无病的果实（约为待发酵葡萄的2.5%），经破碎除梗后，分装在A和B两个容器中（注意，这部分果实不能压榨，因酵母菌存在于表皮上）。A容器中装入1/10的果浆，使之自然发酵或略微加热以便更快地触发酒精发酵。其余的果浆（9/10）装入B容器中，并对之进行高浓度SO_2处理（300mg/L）。当A容器发酵旺盛进行时，从B容器中取适量果浆加入A容器，原则是加入的果浆量不影响A容器中果浆的正常发酵。直到所有果浆都加入到A容器，并进行旺盛发酵时，就可作为母液投入生产。

② 利用人工选择酵母制备酒母：将人工选择酵母菌试管斜面培养物转接活化后，接种于灭菌的果汁中，按以下流程逐步培养扩大：果汁→杀菌→试管培养→三角瓶培养→大玻璃瓶培养→酵母桶培养→生产用果酒酒母。

③ 利用活性干酵母制备酒母：自活性干酵母问世以来，由于其具有活细胞含量高（约为

30×10^9 个/g)、贮藏性好（在低温下可贮藏 1 年）和使用方便等特点，其使用越来越广泛。活性干酵母不能直接投入葡萄汁中进行发酵，必须先使它们复水，恢复活力，才可投入发酵使用。做法是在 35～42℃的温水（或含 5%蔗糖的水溶液，或未加 SO_2 的稀葡萄汁）中加入 10%的活性干酵母，小心混匀，静置使之复水、活化，每隔 10min 轻轻搅拌一次，经 20～30min（此活化温度下最多不超过 30min）复水活化后，可直接按比例添加到含 SO_2 的葡萄汁中进行果酒发酵。

2. 酒母的添加

酒母可以在发酵初期加入，以促进发酵的触发，也可以在葡萄酒发酵停止时添加，以继续将酒体中的残糖转化为酒精。它们在这两种情况下的作用不同，要求也不一样。

在促进发酵的触发时，为了使酒母的添加取得良好的效果，一方面要求酒母的活性达到最大，另一方面应使加入的酒母在发酵基质中产生最大的效应。因此，应该在对发酵基质进行 SO_2 处理一段时间后再加入酒母，这样可以降低 SO_2 对酵母菌的抑制作用，发挥酵母菌的触发发酵作用。在生产中，可在对发酵基质进行 SO_2 处理后 3～4h，利用倒罐的机会加入酒母。

对于发酵停止、残糖含量较高的果酒，可加入果酒酒母，以再次触发酒精发酵，将残糖转化为酒精。在这种情况下，所使用的酵母菌应为抗酒精能力强的酵母菌株。此外，酒母的添加应分几次进行，具体方法是在酒母中加入与酒母同体积的待发酵的果酒，等发酵开始后，再加入与后者同体积的待发酵果酒，直到发酵的果酒达到待处理量的一半时，再将正在发酵的液体与剩余部分混合。

四、果酒酿造的一般工艺与操作要点

（一）工艺流程

果酒酿造的一般工艺流程见图 7-16 所示。

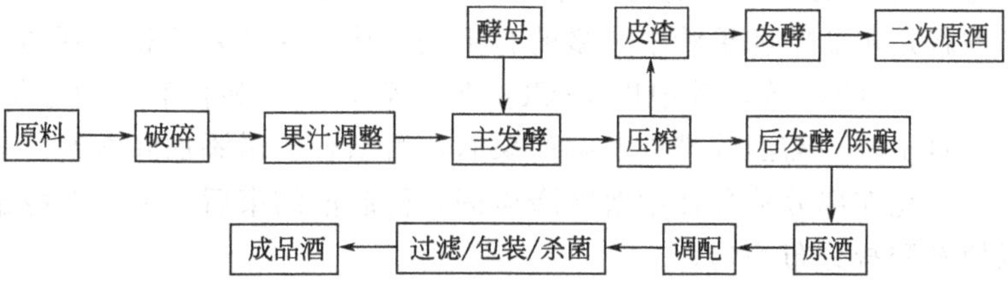

图 7-16 果酒酿造的一般工艺流程图

（引自：天英《果酒生产技术》，2004）

（二）操作要点

1. 原料破碎

通常选用含果汁较多的浆果来酿酒，如葡萄、草莓、越橘、黑加仑等，但苹果、梨等也可酿酒，山楂、大枣等浸出汁后也可酿酒。

原料破碎是将水果压破，果汁流出的过程。破碎的目的是：①利于果汁流出；②使原料的泵送成为可能；③有利于发酵过程中“帽”的形成；④使果皮和设备上的酵母菌进入发酵基质；⑤使基质通风有利于酵母菌活动，使浆果蜡质层的发酵促进物质进入发酵基质，有利于酒精发酵的顺利触发；⑥果汁与浆果固体部分充分接触，便于色素、单宁和芳香物质的溶解；⑦便于正确使用 SO_2；⑧缩短发酵时间，便于发酵结束；⑨压榨酒不像整粒发酵酒那样具甜味。

在破碎过程中，要注意以下几点：①破碎要充分，尽量使每颗葡萄果粒的果皮都能被压破；②破碎时不要压破果实的种子，以免种子中的油脂、单宁、糖苷等物质溢流到葡萄汁中而引起葡萄酒产生麻、涩、苦等异味；③避免与铜、铁容器接触，以免增加酒中的铜、铁含量，影响酒的质量，破碎机和压榨机与葡萄汁接触的部件最好用不锈钢制成；④酿制红葡萄酒时，破碎后要将果梗去除，因为果梗中含有较多的单宁、树脂等，会给酒带来过重的涩味，且果梗中的水分较多，带梗破碎会增加葡萄汁的含水量、降低含糖量，同时果梗还因吸附色素和酒精而降低果酒的色度和酒度；⑤在酿造白葡萄酒时，应避免果汁与皮渣接触时间过长，防止色素溶出太多，影响白葡萄酒的颜色。

破碎采用水果破碎机，一般葡萄等浆果类采用辊式破碎机，压破果皮即可。苹果等仁果类采用锥盘式破碎机或旋风式破碎机。需要浸提的果实如山楂等一般采用磙子压扁或压裂后再进行浸提。

2. 果浆汁调整

为统一果酒标准，创造适于酵母活动的条件，使果汁发酵达到较高的酒精度数，并适于长期贮存，发酵前需要对果汁进行糖度、酸度和 SO_2 等的调整。

(1) 糖度调整　按发酵果酒的酒精度达到12%～13%的要求，依据下式计算加糖量。

$$X=KW(1.7A-B)/100$$

式中，X 为应加糖量；K 为出汁率；W 为果重；A 为要求酒度；B 为果汁含糖量。

添加糖的时间最好在发酵刚刚开始的时候，并且一次加完。因为这时酵母菌正处于繁殖阶段，能很快将糖转化为酒精。如果加糖时间太晚，酵母菌所需的其他营养物质已被部分消耗，发酵能力降低，常常会使糖的转化不彻底。具体的加糖方法是先用少量果汁将糖溶解后再加入果汁中搅匀。加糖后必须倒罐一次，以使加入的糖均匀地分布在果汁中。

也可以通过添加浓缩果汁来调整发酵果汁中糖的含量，而且浓缩果汁中钾、钙、铁、铜等含量也较高，所以添加浓缩果汁可提高果酒中酸度和干物质的含量。

(2) 酸度调整　一般用来发酵果酒的原料的酸度较高，通常在发酵之前应将酸度调到 6g/L，pH 3.3～3.5。降酸的方法主要有化学降酸和生物降酸两种方法。

所谓化学降酸就是用盐中和果汁中过多的有机酸，从而降低果汁和果酒的酸度，常用的盐有酒石酸、$CaCO_3$、$KHCO_3$ 等，其中以 $CaCO_3$ 最有效，而且最便宜。化学降酸最好在酒精发酵结束时进行。对于红葡萄酒等带皮发酵的果酒，可结合倒罐添加降酸剂。对于白葡萄酒等榨汁发酵的果酒，可先在部分葡萄汁中溶解降酸剂，待起泡结束后，注入发酵罐，并进行一次封闭式倒罐，以使降酸盐分布均匀。

所谓生物降酸主要利用苹果酸-乳酸发酵和苹果酸-酒精发酵降低酸度的方法。前者是在乳酸菌的作用下，将苹果酸转化为乳酸和 CO_2，从而降低酒酸度；后者是在粟酒裂殖酵母(*Schizosaccharomyces pombe*)作用下将苹果酸转化为酒精从而实现降酸的方法。应该注意的是如果苹果酸-乳酸发酵在含有残糖的葡萄酒中发生，会导致糖的乳酸发酵，发生乳酸性酸败，影响葡萄酒的质量，因此必须在酒精发酵结束后方可进行。而苹果酸-酒精发酵则可以在发酵前或发酵过程中进行。

对于酸度过低的原料，可直接增酸。但是国际葡萄与葡萄酒协会规定，对葡萄汁的直接增酸只能用酒石酸，其用量最多不能超过 1.50g/L。其他果酒酿造过程中可以加柠檬酸。直接增酸必须在酒精发酵开始时进行（因为葡萄酒酸度过低，pH 就高，则游离二氧化硫的比例较低，葡萄易受细菌侵害和被氧化，为了保证酒精发酵顺利进行，应在之前增酸），先用少量葡萄汁将酸溶解，然后加进发酵汁中，并充分搅拌均匀。值得注意的是酸溶解时应在木质、玻璃或瓷器中进行，不要在金属容器中进行，以免带入金属离子影响果酒的质量。

(3) SO_2浓度调整　在加酵母前，应先对果浆汁进行杀菌处理，具体方法有三种。一是加热至60～70℃，保持20min，可结合榨汁进行，由于多数采用传统发酵的果酒厂没有加热杀菌设备，所以多不采用该方法。二是熏硫，将硫黄吊于容器内点燃，当烟雾充满容器放入果浆汁，利用燃烧产生的SO_2进行杀菌，此法操作简便。但是由于硫黄燃烧有损失，已经较少采用。三是加入亚硫酸、偏重亚硫酸钾或焦亚硫酸钠，利用它们分解产生的SO_2进行杀菌。此方法操作简便，计量准确，被广泛采用。果汁中加入的SO_2除了具有杀菌作用外，还有护色、澄清、抗氧化、增酸的作用。

果浆汁中的SO_2含量应控制在50～100 mg/L，若用硫黄熏蒸每100L果汁用10～20g，若用亚硫酸（含SO_2 6%）则为0.2%以下，若用偏重亚硫酸钾或焦亚硫酸钠等一般为0.02%以下。

SO_2的加入时间多在破碎后发酵前，在果酒陈酿时也可适当补加。加入到果汁的SO_2，一般其中2/3以游离态存在，而1/3以结合态存在。

3. 主发酵

所谓的主发酵期就是从酵母接种入果汁到大部分糖被转化为酒精的过程。酵母接种量一般为4%～5%酵母培养液，或0.03%～0.05%的活性干酵母。我国传统的发酵方式主要有开放式和密闭式，以开放式为多，可在木桶、水泥池中进行；密闭式多在罐中进行。为了保证发酵的顺利进行，主发酵过程中应严格进行管理，具体要求如下。

（1）温度控制　对于体积较小的发酵容器，升温的平均速度为每生成1度酒精温度升高1.3℃左右。在发酵过程中，如果温度过高，多数酵母的活动将受到影响，从而引起发酵的停止，引起其他发酵的进行，使果酒具醋味、挥发酸含量升高、降低芳香味物质浓度、破坏酒香、具苦涩味或草味等。如果温度过低，则酵母发酵速度减慢。因此果酒发酵过程中温度的控制具有很重要的意义。一般红葡萄酒发酵温度控制在25～30℃，白葡萄酒发酵温度控制在18～22℃。

在发酵过程中测定温度时，最好用固定在一长柄上的温度计，以测定“帽”基部的温度，而应避免在取样量筒中测定温度，发酵容器的上下部之间的温度可相差4～5℃。如果可能，最好在每天的早晨、中午和傍晚各测一次温度，以及时进行温度的控制。

（2）密度或酒精度的测定　在发酵过程中，随着基质中的糖转化为酒精，密度逐渐下降，最后相对密度降至0.992～0.996。而酒精度则逐渐上升。通过检测密度与酒精度可以了解发酵的进展情况。

（3）倒罐或倒池　倒罐是指将发酵罐底部的果浆汁送至发酵罐上部的过程。其作用是使发酵基质混合均匀；压酒帽，防止上浮至发酵液表面的皮渣干燥，促进液相和固相之间的物质交换；为发酵液提供氧，有利于酵母菌的繁殖并可避免SO_2还原为H_2S。

一般情况下，密闭式发酵在发酵过程中需进行2～4次倒罐。第一次为封闭式倒罐，在SO_2处理后马上进行，倒罐量可为1/5，以使发酵基质充分混合；第二次开放式，在添加酵母时进行，倒罐量可为1/20；在发酵顺利触发以后，再进行一次开放式倒罐，倒罐量可为1/5，以使酵母菌均匀分布在整个发酵罐内；最后，可根据发酵的进展情况，进行一次倒罐，例如，如果发酵进行缓慢，可进行一次开放式倒罐，以加速发酵。

开放式发酵的倒罐可采用人工方法，用不锈钢铲等将酒帽捣碎，压于汁中搅拌均匀，压酒帽每天至少应早晚各进行一次。也可以采用机械法，即用酒泵，将发酵汁液从下部抽出，从上部浇下，使酒帽溶于汁中。

（4）发酵终点的判定　主发酵的时间由果汁的温度、糖度、酵母含量三个因素决定，一般7～10天完成发酵，慢时12～15天。一般在温度回落到发酵前温度，糖度降至1%以下，酒度达到要求的酒度（通常为11%以上），或相对密度接近于1.0即可确定为发酵终点。如无测定手段，则在温度回落，无吱吱声，液面平静，酒帽下落，汁液酒味浓郁，不甜而酸涩时判定为发酵终点。

4. 压榨

压榨就是将存在于皮渣中的果汁或葡萄酒通过机械压力而压出来的过程。主发酵结束后，将酒液与果渣分离，如果发酵池（罐）有假底，可将下阀门打开，使酒液流出，此过程称为“淋酒”，所淋出的酒称为自流酒。自流酒一般单独存放。当自流酒流完后，将果渣入榨汁机压榨出内含的果酒，这种酒称为压榨酒。压榨过程应较为缓慢，压力逐渐增大。为了增加出汁率，在压榨时一般采用多次压榨，即当第一次压榨后，将残渣疏松，再做第二次压榨。果酒的压榨酒一般占15%～25%，与自流酒相比，压榨酒的酒精含量低，其他物质的含量均较高。自流酒与压榨酒均属于原酒，也称一次酒，有的品种可将它们混合在一起入贮罐进行后发酵，但常常单独存放，分别进行后发酵。

向压榨后的残渣中加入渣重30%的水和10%的糖继续发酵（二次发酵），3～5天后压榨出的酒称为二次原酒。视发酵程度和果渣色香味等条件，有些颜色较深、酸度较大的品种如笃斯越橘（蓝莓）、山葡萄等还可进行三次发酵，得三次原酒。二、三次原酒酒度在8～10度，应单独存放，而剩下的果渣多用来制蒸馏酒。二、三次原酒也可用作蒸馏酒的原料，也可用作制果醋的原料。

5. 后发酵/陈酿

原酒内还有少量的糖分，倒桶后酵母利用其继续发酵的过程，称为后发酵。后发酵时，原酒应装至桶的95%，密封或不密封均可，若密封则加发酵栓，以便产生的CO_2溢出。后发酵温度为20～22℃，时间20～30天。

后发酵结束后，果酒进入陈酿期，此阶段发生一系列反应，酒香生成，酸涩味减轻，果酒香气逐渐和谐，外观清澈透明。陈酿一般在地下贮酒室进行，时间2～3年，温度10～20℃，时间愈长，酒香愈浓。

陈酿过程的主要工作有四项，即倒罐（转桶或换桶）(wine shifting)、添罐（添桶）(wine filling)、下胶（clarification with colloid)、过滤（filtration)。

(1) 倒罐　陈酿期的倒罐是指将酒从一个贮藏容器转到另一个贮藏容器，同时将酒与其沉淀物分开。倒罐是果酒在陈酿过程中的第一项管理措施，也是最重要的一项。倒罐的作用：将酒与酒脚分开，从而避免腐败味、还原味及H_2S味等；使酒与空气接触，溶解部分氧（2～3cm^3/L)；有利于CO_2和其他一些挥发性物质的释出；使贮藏容器中的酒均质化；调整酒中游离SO_2的浓度；去除贮藏罐的酒石并对橡木桶进行检查、清洗等。

倒罐的时间和次数没有严格的规定。首先，贮藏容器不同，倒罐的频率亦不相同，在大容量的贮藏罐中贮藏的果酒需倒罐的次数就比在小容量的橡木桶中的多。例如在贮藏的第一年中，前者一般每两个月倒罐一次，而后者则只倒罐4次；其次，果酒的种类不同，其倒罐频率也有所变化，一些果香味浓、清爽的果酒倒罐次数很少。

(2) 添罐　在果酒贮藏过程中，由于品温降低、CO_2不断地缓慢逸出、果酒通过容器壁和开口蒸发，贮藏容器内果酒液面下降，从而造成空隙，在空隙中充满空气，果酒容易被氧化、败坏。添罐就是用同样的果酒将这部分空隙填满，以尽量减少酒与空气接触的机会。

每次添罐的间隔时间的长短决定于空隙形成的速度，而后者又决定于温度、容器的材料和大小以及密封性等。一般情况下，橡木桶贮藏的酒每周添两次，金属罐贮藏的酒则每周添一次。在生产中，常常有些果酒的贮藏容器因生产组织不当或容器结构不合理而不能完全添满，为了避免这个缺点，有的酒厂使用浮盖防止空气进入果酒。浮盖始终漂浮在酒的液面，并与容器内壁相嵌合，或者采用满酒器（上部可密封的高脚杯状透明容器，下部插入桶中与酒相连）也可以达到添满的目的。但是最好的方法是通入氮气以填补空隙，氮气对果酒的品质没有任何影响，而且溶解度很低（0.02g/L)。由于CO_2具有较强的溶解性，且如果酒中CO_2的含量接近0.7g/L，就会影响其感官质量，所以CO_2不能用于充气贮藏。

（3）下胶　下胶是在果酒中加入亲水胶体，使之与酒的胶体物质如单宁、蛋白质以及金属复合物、某些色素、果胶质等发生絮凝反应并将这些物质除去，使果酒澄清、稳定。常用的下胶剂包括膨润土、明胶、单宁、琼脂和鱼胶等。膨润土的使用浓度一般为400～1000mg/L。在使用时应先用少量热水（50℃）使膨润土膨胀，在这一过程中，应逐渐将膨润土加入水中并搅拌，使之呈奶状，然后再加入果酒中。最好利用倒罐或转罐机会进行膨润土处理，以使膨润土与果酒充分混合，处理后应静置一段时间，然后分离、过滤。明胶可吸附果酒中的单宁、色素，能减少果酒的粗糙感，因此不仅可用于果酒的下胶，还可用于果酒的脱色。明胶的用量为50～150mg/L。使用时先用少量冷水浸泡6～8h，再去除冷水，加水加热溶解，倒入果酒中并搅拌均匀。

（4）过滤　果酒是不稳定的胶体溶液，其在陈酿与贮存过程中会发生微生物、物理、化学及生物学特征的变化，会出现浑浊及沉淀等现象。为了使成品酒外观品质澄清透明，在相当长时间内保持稳定，应对酒体进行过滤处理。这样，使杂质尽量降到最低含量，避免杂质给酒体带来异杂味。常用的过滤设备有板框过滤机、棉饼过滤机、硅藻土过滤机和膜过滤等。为了达到理想的过滤效果，得到清澈透明的葡萄酒，一般需要多次过滤。经澄清后的酒即为发酵原酒。

近年来，随着科学的发展，人们逐步摸索出一些人工加速果酒陈酿的方法，应用较广的是对酒进行冷热处理，果酒在陈酿开始进行处理，半年后即可完成后熟，达到出厂要求。冷热处理一般先热后冷，热处理是将酒在密闭条件下加热，80℃下10min或55℃左右25天均可，然后下胶并过滤；冷处理是对酒进行冷冻，冷冻温度为酒的冰点温度以上0.5～1℃，保持不冻即可，通常取−5℃。在吉林省可利用自然低温冷冻，但不易控制温度；也可人工控温冷冻，时间7～10天。冷冻后过滤即可。冷热处理也有加速澄清的作用，可与澄清结合起来进行。

6. 调配、包装和杀菌

原酒必须经过调配，使口味更协调并达到产品规定的各种指标后才能销售、饮用。产品的质量标准不同，酒的风味和调配方法也不同。主要从色、香、味三个方面来进行调整。调配好的果酒经包装、杀菌（酒精含量低于16%的果酒装瓶后需经巴氏灭菌），即得成品果酒。

五、葡萄酒酿造工艺

以上就果酒的一般酿造工艺进行了介绍。下面将对果酒中产量最大的葡萄酒的工艺进行简要介绍。生产葡萄酒都是采用专门的酿酒葡萄品种，具有含糖量高、酸度适宜、香气浓郁、色泽较深等特点。国外常用的红葡萄酒品种包括解百纳品系的赤霞珠（解百纳）、品丽珠、蛇龙珠、宝石解百纳。此外，还有佳丽酿（西班牙）、法国兰（奥地利）、晚红蜜、梅鹿辄（梅鹿汁）、神索、歌海娜等。我国常用的品种包括梅郁、梅醇、泉白等以及山葡萄种间及种内杂交种北醇、28号（公酿1号）、左山一、双庆、黑佳酿等。国内外常用的白葡萄酒品种包括白雷司令（中国又称贵人香）、巴蒂娜雷司令、白羽及白丰（前苏联品种）、黑比诺、灰比诺（李将军）、霞多丽（莎当妮或查当尼）、琼瑶浆、长相思（索味浓）、龙眼、泉白、玫瑰香等。

葡萄的成熟度决定着葡萄酒的质量和种类，是影响葡萄酒生产的主要因素之一。在大多数葡萄产区，只有用成熟度良好的葡萄果实才能生产品质优良的葡萄酒；出好酒的年份也往往是夏天的气候条件有利于果实充分成熟的年份。但在气候较为炎热的地区，由于葡萄果实成熟很快，为了获得平衡、清爽的葡萄酒，应尽量避免葡萄过熟。在有的产区，根据采收时期的早迟，既可获得可生产具有一定酸度、果香味浓的干白葡萄酒的葡萄，也可获得能生产酸度较低、醇厚饱满的葡萄酒或有一定残糖葡萄酒的葡萄。

下面将对红葡萄酒、白葡萄酒和桃红葡萄酒的酿造工艺进行简要介绍。

(一) 红葡萄酒的酿造

红葡萄酒与白葡萄酒生产工艺的主要区别在于：对于红葡萄酒，压榨在发酵以后进行；而对于白葡萄酒，压榨是在发酵以前进行。因此，在红葡萄酒的发酵过程中，发酵基质中除葡萄汁外，还包括果皮，它们富含单宁、色素、芳香物质、含氮物质以及矿物质。这些物质或多或少地溶解于葡萄汁和葡萄酒中，所以在红葡萄酒的发酵过程中，酒精发酵作用和固体物质的浸渍作用同时存在，前者将糖转化为酒精，或者将固体物质中的单宁、色素等物质溶解于葡萄酒中。

1. 工艺流程

红葡萄酒酿造的工艺流程如图 7-17。

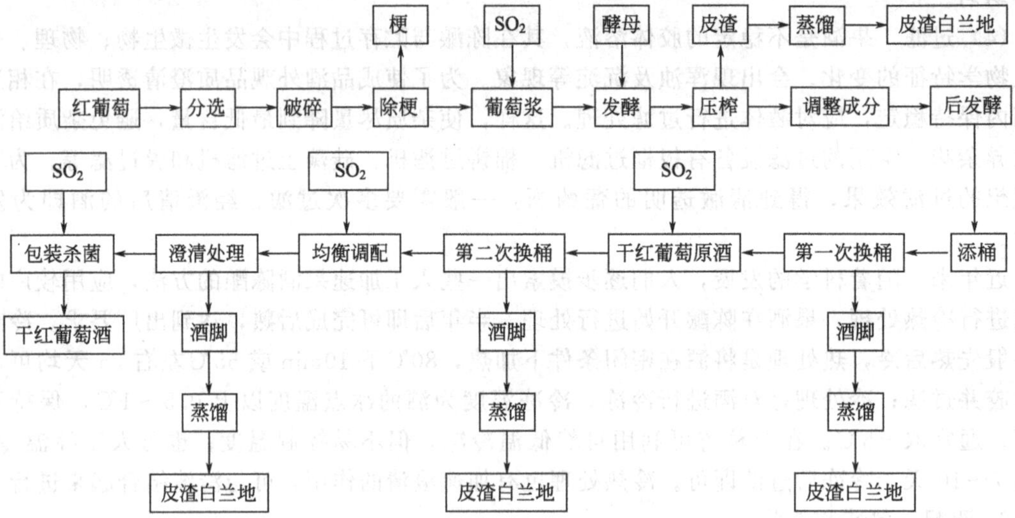

图 7-17 红葡萄酒酿造的工艺流程图

（引自：金凤燮《酿酒工艺与设备选用手册》，2003）

2. 操作要点

由图 7-17 可知，红葡萄酒酿造除了具有果酒酿造的基本工艺（破碎，除梗，SO_2 处理，添加酵母）外，还包括以下特殊的工艺过程。

(1) 浸渍 浸渍（dipping）就是将经破碎、除梗（也可不除梗）后的葡萄装入发酵罐中，使葡萄果实固体部分中的物质溶于葡萄汁中，并且有利于酒精发酵的顺利进行。

浸渍程度决定了葡萄酒的颜色、贮藏性、厚度、骨架以及酒香等，因此，正确地管理浸渍过程是很重要的。在浸渍过程中，控制温度在 25～28℃，并经常进行倒罐（几乎每天 1 次），淋洗皮渣的整个表面，同时严格遵循浸渍时间。不同的酿酒工艺，浸渍的时间不同，传统的酿酒工艺中，浸渍时间常为 10 天或更长，这样获得的葡萄酒干物质含量高，味很涩，粗糙。现在的酿酒工艺中，浸渍时间一般为 5～7 天。

(2) 出罐和压榨 通过一定时间的浸渍，酒精发酵结束以后，将自流酒放出。由于皮渣中还含有相当一部分葡萄酒，因此，皮渣将被运往压榨机进行压榨，以获得压榨酒。

① 自流酒的分离：如果生产的葡萄酒为优质葡萄酒，浸渍时间较长，发酵季节温度较低，自流酒的分离应在相对密度降至 1.000 或低于 1.000 时进行。在决定出罐以前，最好先测定葡萄酒的含糖量，如果低于 8g/L，就可出罐。如果生产的葡萄酒为普通葡萄酒，发酵季节温度较高，则应在相对密度为 1.010～1.015 时分离自流酒，以避免高温的不良影响。而且，如果浸渍时间过长，则葡萄酒的柔和性降低。为了促进苹果酸-乳酸发酵的进行，在分离时应避免

葡萄酒降温。如果自流酒的抗氧化能力好，则可不进行 SO_2 处理，将自流酒直接泵送（封闭式）进一干净的贮藏罐中。

② 皮渣的压榨：在自流酒的分离完毕以后，应将发酵容器中的皮渣取出。由于发酵容器中存在着大量 CO_2，所以等 2～3h，发酵容器中不再有 CO_2 后进行除渣。为加速 CO_2 的逸出，可用风扇对发酵容器进行通风。

从发酵容器中取出的皮渣经压榨后获得压榨酒。与自流酒比较，压榨酒中的干物质、单宁以及挥发酸含量都要高些。

（3）苹果酸-乳酸发酵　苹果酸-乳酸发酵简称苹-乳发酵，是指在乳酸菌的作用下，使葡萄酒中主要的有机酸之一苹果酸转变为乳酸和 CO_2，从而降低酸度，改善口味和香气，提高稳定性。反应式如下所示。

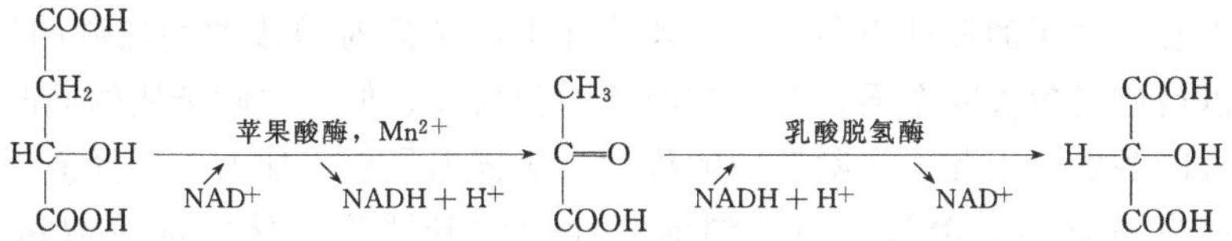

（二）白葡萄酒的酿造

白葡萄酒与红葡萄酒的区别不仅在于颜色上的差异，而且它们在成分上也存在着很大的差异。在酿造白葡萄酒时，压榨取汁是在发酵触发以前进行的。因此，不存在葡萄汁与浆果其他固体部分之间的物质交换。这样获得的葡萄酒无色或色很浅，单宁以及其他物质含量都较低。此外，白葡萄酒、桃红葡萄酒与红葡萄酒在酒精/干物质的比值上也有很大差异。这些差异并不仅仅是由于原料的不同而造成的。因为，既可以用白色葡萄品种酿造白葡萄酒，也可用有色葡萄品种酿造白葡萄酒。白葡萄酒与红葡萄酒的主要区别在于葡萄汁与固体（皮渣）之间有无浸渍现象以及浸渍时间的长短。

1. 工艺流程

白葡萄酒的酿造工艺流程如图 7-18 所示。

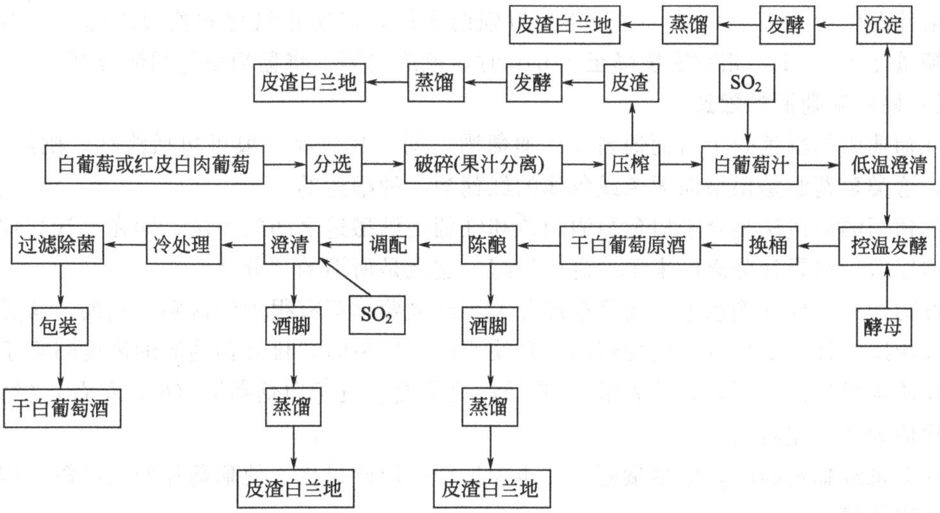

图 7-18　白葡萄酒的酿造工艺流程图

（引自：金凤燮《酿酒工艺与设备选用手册》，2003）

2. 操作要点

白葡萄酒的酿造除了具有果酒酿造的基本工艺（破碎，除梗，SO_2 处理，添加酵母）外，还包括以下特殊的工艺过程。

(1) 取汁 取汁包括两个步骤：一是分离，采收进厂的葡萄进行破碎后，应立即在无压力或压力较小的情况下使葡萄汁与皮渣分离，以避免浸渍现象、发酵的触发特别是氧化现象；二是压榨，经分离后的皮渣还含有30%～40%的葡萄汁，将它们送往压榨机进行压榨。由于皮渣中的葡萄汁含糖量高，在压榨前不要对原料进行去梗处理，以便于出汁。在压榨时，一方面需提高出汁率，压力应足够大；另一方面，所施加的压力不能过大，以避免压烂果梗、果皮、种子等而使它们所含有的物质进入葡萄汁，影响葡萄酒的质量。为了解决这一矛盾，一般采用几次连续压榨。

(2) 澄清 经分离和压榨获得的葡萄汁，因含有果胶、果皮的残渣以及蛋白质、果胶质等悬浮物，所以是浑浊的。葡萄汁中所有这些悬浮物统称杂质，其含量的大小与果实的品种、成熟度、清洁度以及所采用的取汁设备有关。葡萄汁中的杂质对酿成的葡萄酒的风味影响较大。因此，在取汁以后应迅速去除杂质，获得较澄清的葡萄汁。但在去除杂质的同时，也会去除酵母菌，影响发酵的触发。因此，去除杂质的程度，应根据是否添加人工选择酵母而定。

去除杂质的方法有静置澄清，即等到葡萄汁中的悬浮物自然沉淀后取清汁；SO_2 处理(150～200mg/L)，因 SO_2 可以防止氧化，推迟酒精发酵的触发，加速杂质的沉淀；果胶酶处理和离心处理。

在静置澄清和 SO_2 处理或两者结合使用时，一般需静置1～2天。澄清以后，应将清葡萄汁与杂质分离。在发酵以前，也可对澄清葡萄汁进行膨润土处理，以除去葡萄汁中的蛋白质，提高酿造的葡萄酒的澄清度和稳定性，从而避免对葡萄酒的热处理或蛋白水解酶处理，膨润土的用量可为400mg/L。

(3) 发酵 将澄清葡萄汁泵送至发酵容器中进行发酵，如果在澄清过程中进行了大剂量(>200mg/L) SO_2 处理，则应在发酵以前进行去硫处理，即在发酵容器进料口处装置一经涂料处理的金属板，葡萄汁在进入发酵容器时冲在该金属板上，从而对葡萄汁通风去硫。

白葡萄酒的发酵比红葡萄酒的发酵要慢得多。在发酵过程中，应将温度控制在16～22℃之间，最佳温度为18℃。此外，尽量避免过强的通风，以防止氧化和葡萄酒变质。当葡萄汁中的含糖量低于2g/L，相对密度降至1.010时，就应出酒，将葡萄酒与酒渣分开。

(三) 桃红葡萄酒的酿造

桃红葡萄酒的颜色介于白葡萄酒和红葡萄酒之间，其色泽一般可包括淡红、桃红、橘红、砖红等，这类葡萄酒是用果肉无色或色浅的红葡萄品种酿造的。

桃红葡萄酒酿造法是介于白葡萄酒酿造和红葡萄酒酿造之间的方法，即在果汁与皮渣进行轻微浸渍以后，将果汁分离出来单独进行发酵，这就是所谓的“分汁”。

桃红葡萄酒不仅在颜色上，而且在成分上与红葡萄酒都有很大的区别。相反，这类葡萄酒在成分和味感特性上更接近于白葡萄酒。在使用同一原料时，桃红葡萄酒的酒度略高于红葡萄酒；干物质含量较低。因此，其酒精/干物质的比值更接近于白葡萄酒(6.5左右)(红葡萄酒的这一比值为4.5左右)。

在酿造桃红葡萄酒时，应尽量避免在压榨过程中压碎果皮，使葡萄汁颜色过深。因此，一般采用二次压榨。

第一次压榨时，压力较小，所获得的葡萄汁与自流汁混合发酵。第二次压榨将皮渣压干，压力大。所获的葡萄汁应单独进行发酵或送往红葡萄酒的发酵容器中。

将经破碎的葡萄原料装入发酵罐，12～15h后，在发酵触发以前，分离出果汁，分离果汁的量为原料的20%～25%，然后用白葡萄酒的酿造方法进行酿造。

第四节 清酒酿造

清酒（sake），又称日本酒或日本清酒，是以大米、水为原料，经用米曲霉（*Aspergillus oryzae*）培养成的米曲与纯种酵母，在低温下边糖化边发酵，而酿成的酒精含量为14%～17%的酿造酒。

清酒是古代日本受中国“曲蘖酿酒”影响所酿制的日本民族传统酒，深受日本人民喜爱。尽管日本清酒与中国黄酒属于同类酿造酒，有许多共同点，但却有别于中国的黄酒。该酒色泽呈淡黄色或无色，清亮透明，芳香宜人，口味纯正，绵柔爽口，其酸、甜、苦、涩、辣诸味谐调，酒精含量在15%以上，含多种氨基酸、维生素，是营养丰富的饮料酒。

清酒在日本的发展历史悠久，其起源是在绳文时代末期。公元4～5世纪，中国的麦曲传入日本，改进了当时日本的酿酒技术。当时的清酒与现代清酒的酿造方法是不同的。现代清酒的原型始于14世纪中期的“僧坊酒”方法。从16～19世纪，清酒的酿造方法和技术广泛流传，清酒酿造业得到迅速发展。19世纪，在欧洲酿造技术的影响下，人们开始认识清酒的发酵过程，渐渐地建立起清酒酿造的理论。

日本清酒按生产量和产品的质量及在消费者中的影响，以下几个厂家及其产品最为有名。大仓厂的月桂冠、白鹤厂的百鹤、西宫厂的日本盛、小西厂的白雪和大关厂的大关酒。本节将对清酒的分类、发酵机理和酿造工艺进行阐述。

一、清酒的分类

1. 按日本酒税法规定的级别分类

特级清酒，品质优良，酒精含量16%以上，原浸出物浓度在30%以上；一级清酒，品质较优，酒精含量16%以上，原浸出物浓度在29%以上；二级清酒，品质一般，酒精含量15%以上，原浸出物浓度在26.5%以上。这些酒的质量参数见表7-7。

表7-7 日本清酒的级别与部分质量参数

种类	规格	热量/kcal①	蛋白质/g	糖分/g	钙/mg	磷/mg	铁/mg	酒精度/%
特级	品质优良	112	0.2	5.0	5.0	6.0	0.1	16～17
一级	品质较佳	103	0.2	4.0	5.0	6.0	0.1	15.5～16.5
二级	品质一般	99	0.2	3.0	5.0	6.0	0.1	15～16

① 1cal=4.1840J。

注：引自金凤燮《酿酒工艺与设备选用手册》，2003。

2. 按酿造方法分类

（1）纯米酿造酒　纯米酿造酒即为纯米酒，仅以米、米曲和水为原料，不外加食用酒精。

（2）普通酿造酒　属低档的大众清酒，是在原酒液中兑入较多的食用酒精，即1t原料米的醪液添加100%的酒精120L。

（3）增酿酒　是一种浓而甜的清酒，在勾兑时添加了食用酒精、糖、酸、氨基酸、盐类等原料调制而成。

（4）本酿造酒　属中档清酒，食用酒精加入量低于普通酿造酒。

（5）吟酿酒　（1）或（4）的原料米精白率为60%以下者。该酿造清酒很讲究糙米的精白程度，以精米率（精米出米率的简写，即在一定的产品质量标准前提下，产出的成品精米量与投入的原料净稻谷之间的比值，也叫成品率）来衡量精白度，精白度越高，精米率就越低。精白后的米吸水快，容易蒸熟、糊化，有利于提高酒的质量。被誉为“清酒之王”。

3. 按口味分类

（1）甜口酒　糖分较多，酸度较低。

(2) 辣口酒　糖分少，酸度较高。

(3) 浓醇酒　浸出物，糖分含量较多，口味浓厚。

(4) 淡丽酒　浸出物，糖分少，爽口。

(5) 高酸味清酒　以酸度高、酸度大为特征的清酒。

(6) 原酒　酿造制成不加水的清酒。

(7) 市贩酒　指原酒兑水装瓶出售的清酒。

4. 按贮存期分类

(1) 新酒　压滤后未过夏的清酒。

(2) 老酒　贮存一个夏季的清酒。

(3) 老陈酒　经过两个夏季或更长时间贮存的清酒。

(4) 秘藏酒　酒龄为5年以上的清酒。

二、清酒酿造的主要原料

1. 粳米

日本清酒一般要求选择大粒、软质（即吸水力强，饭粒内软外硬且有弹性，米曲霉繁殖容易，醪中溶解性良好）、蛋白质及脂肪含量少、淀粉含量高的粳米为原料，且要求精白（精白可以除去表面的杂色成分，提高清酒酒色，同时由于米皮和胚芽中铁、锰等增色成分含量较高，精白可以除去这些物质，保证清酒合格的酒色）。一般规定酒母用米的精米率为70%，发酵用米的精米率为75%。仅有少量清酒的酿造，在快速成型的发酵醪中添加部分糯米糖化液，以调整其成分。

2. 米曲

清酒全部用粳米制曲，菌种为米曲霉类。酿造用曲量较高，达20%左右。米曲的作用：①为酒母和醪提供酶源，使饭粒的淀粉、蛋白质和脂肪等溶出和分解；②在曲霉菌繁殖和产酶的同时生成葡萄糖、氨基酸、维生素成分，这是清酒酵母的营养源；③曲香及曲的其他成分有助于形成清酒独特的风味。

3. 酒母

日本清酒酿造最早只用米曲，在1897年发现清酒酵母后才用酒母。现在日本70%左右以上的清酒厂都用速酿酒母，酒母用量为原料米量的7%左右。

4. 水

生产不同清酒采用不同水质的水。如酿制辣口酒用硬水（又称强水），其中K、Cl、Na等成分较多；软水（又称弱水）用于酿制甜口酒。日本清酒呈淡黄色或无色，因此要求水中增色物质的含量低，特别注意对水中铁、锰等增色成分的去除。

三、清酒发酵机理

清酒酿造过程主要包括糖化阶段和酒精发酵阶段。糖化过程是通过制曲完成的，利用微生物分泌的淀粉酶将原料中的淀粉分解为单糖。糖化微生物为米曲霉，常用的菌株2～3株，它们常常混合使用，可以避免单一菌种的单一特征而给酒质带来的缺陷，从而改善清酒的风味和质量。在米曲制造过程中优良曲菌应具有以下的特征：菌丝不太长，繁殖速度快；淀粉酶的产量高且活力高；蛋白酶的活力不高；不产生浓厚的色素；能为清酒的生产带来良好的风味。

酒精发酵过程是在酵母的作用下完成的。在酵母菌培养过程中和发酵的初期，为了防止有害微生物的繁殖，而需要酵母菌的发酵液——酒母中含有足够的乳酸。酒母在制造初期，米饭、米曲和水带来的硝酸还原菌假单胞菌（*Pseudomonas* spp.）和消色杆菌（*Achromobacter* spp.）等得以繁殖，它们可将硝酸盐还原为亚硝酸盐。但是在发酵过程中，它们可以被肠膜明串珠球菌（*Leuconostoc mesenteroides*）和乳酸杆菌（*Lactobacillus sake*）取代，所以对产品的影响不大。

四、清酒酿造工艺

（一）工艺流程

日本清酒酿造工艺流程见图 7-19。

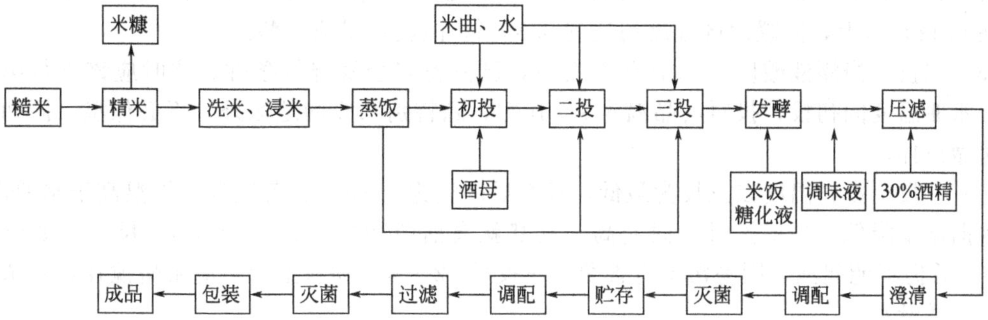

图 7-19 日本清酒酿造工艺

（引自：何国庆《食品发酵与酿造工艺学》，2005）

（二）操作要点

1. 洗米、浸米和蒸饭

粳米经洗涤以去除白米上附着的米糠粉末、尘土和杂物。洗涤后的粳米在 20℃下浸泡一昼夜左右，使浸后的白米含水量在 28%～32%，通常洗 1t 米耗水 5～10t，也有采用特殊碾米机先除糠、后浸米的不洗米的浸米法，该方法 1t 米仅耗水 1.5t 左右。浸米后，用甑筒（3t 以下原料）或蒸饭机（3t 以上原料）进行蒸饭，务使饭熟透无白心为宜，但不能使饭太糊。

2. 投料

（1）原料配比　日本清酒典型的投料方式为 3 次投料加第 4 次补料。投料配比可按 3 次投料及用水量的不同分 3 种标准投料配比类型，即酵母增殖促进型、酵母增殖缓慢型和中间型，它们各自的投料配比见表 7-8～表 7-10。

表 7-8　酵母增殖促进型标准投料配比　　单位：kg

项目＼时期	制酒母	初投	二投	三投	四投	共计
醪用米量	100	205	425	685	160	1575
曲米量	45	85	125	170	—	425
加水量/L	160	275	660	1295	160	2550

注：引自傅金泉《黄酒生产技术》，2005。

表 7-9　酵母增殖缓慢型标准投料配比　　单位：kg

项目＼时期	制酒母	初投	二投	三投	四投	共计
醪用米量	90	185	380	760	160	1575
曲米量	40	75	115	195	—	425
加水量/L	140	220	595	1255	160	2370

注：引自傅金泉《黄酒生产技术》，2005。

表 7-10　中间型标准投料配比　　单位：kg

项目＼时期	制酒母	初投	二投	三投	四投	共计
醪用米量	95	200	405	715	160	1575
曲米量	45	80	125	175	—	425
加水量/L	155	250	635	1260	160	2460

注：引自傅金泉《黄酒生产技术》，2005。

(2) 初投 在投料前1～3h按规定量将酒母、曲和水配成水曲，水曲温度以7～9℃为标准。加米饭后将物料搅拌均匀，品温为12～14℃。如果饭粒较硬，则投料温度与水曲温度要高些，以促进饭粒的溶解。投料后11～12h，为使上浮的物料与液体混合均匀，应稍加搅拌。初投后次日醪温保持11～12℃。初投后约30h出现少量气泡，波美计测定为10°Bé左右，酸度应在0.12%以上，温暖地区酸度约达到0.30%，酸度不足应补酸。

(3) 二投 当醪液酸度为0.16%左右时，已具备安全发酵的条件，这时应该进行第二次投料。水曲温度同初投，投料后品温为9～10℃，除特别寒冷的地区外，不必保温。同初投一样适时做搅拌。

(4) 三投 投料温度以三投为最低，投料后品温为7～8℃。若室温、饭温高于水曲温度，应将水曲温度降低。如果投料后温度高，发酵就会前急而短（10～14天）；反之，如温度过低，3天后仍不能起泡，则易污染有害菌。三投后12～20h物料上浮，应粗略搅拌，若浓度过高应追加适量水。

3. 发酵管理

根据发酵过程中的现象，可以将清酒的发酵分为小泡期、水泡期、岩泡期、高泡期、落泡期、玉泡期、地泡等几个时期，各个时期的管理如下。

(1) 小泡期 三投后2～3天，出现稀疏小泡，表明酵母菌已开始增殖和发酵。

(2) 水泡期 三投后3～4天，出现肥皂泡似的薄膜状白水泡，说明发酵产生二氧化碳，但发酵还较微弱。醪液略有微甜，糖分达最高值，酸度为0.05%左右。如此时醪液翻腾则属于发酵过急。

(3) 岩泡期 品温急速上升，CO_2大量产生，醪液黏稠度增加，泡沫如岩面状，岩泡期为1～2天。

(4) 高泡期 品温继续上升，泡沫呈黄色，形成无凹凸的高泡期，高泡期为5～7天。醪液具有清爽的果实样芳香和轻微的苦味、酸味及甜味。在高泡期应经常开动消泡机，使泡中的酵母溶入醪液。

(5) 落泡期 高泡后期泡大而轻，搅拌时有落泡声。这时醪液酒精含量为12%～13%，是酒精生成最快、辣味激增的阶段。一般酒精含量在15%以上而酵母发酵力弱时，可加少量水稀释醪液，以促进发酵。如果泡黏、发酵速度慢，可提前加水，加水量为3%～5%。落泡期为2～3天。

(6) 玉泡期 从落泡进入玉状泡而逐渐变小，最终泡呈白色。这时醪已具有独特的芳香，酒体已较成熟。

(7) 地泡 玉泡后酒醪表面呈地状，因酵母菌种类、物料组成及发酵条件等不同，可分为无泡、皱折状泡层、饭盖、厚盖等几种。

4. 补料与添加酒精

(1) 补料 若采用三投法，通过调节发酵温度来达到预定的日本酒度和酒质，管理操作较难，往往发酵期参差不齐，同样的发酵期其酒精含量和出糟率相差较多，因此，日本普遍在玉泡期（三投后约20天）后，酒精添加前1～2天，采用补料方式（称四段法）酿制日本酒度在0～＋4°的辣口酒及－10°的甜口酒。四段法中补料所用的物料类型较多，有米饭的酶糖化液、米曲或米糠糖化液，也有直接投入米饭、酿酒糟或成熟酒母。四段法在调整酒醪成分的同时，增加了酒醪的糖分及浓醇味。

(2) 添加酒精 为了控制清酒中酒精添加量，日本规定，在全年清酒产量中，平均每1t原料白米限用100%的酒精280L。多在落泡后数日、酒醪快要成熟时添加。因该法添加酒精量大，使1t白米的清酒产量骤增，所以不能单用酒精，而需配成加有糖、有机酸、氨基酸盐等成分的酒精调味液。

5. 压滤、澄清、过滤

清酒醪压滤工艺有水压机袋滤和自动压滤机（类似黄酒醪压榨用的气模式压滤机）两种操作法。压榨所得的酒液含有纤维素、淀粉、不溶性蛋白质及酵母菌等物质，需在低温下静置10天进行澄清，静置澄清后的上清液入过滤机过滤。一般用板框压滤机做第一次过滤，卡盘型或薄膜型过滤器进行第二次过滤，这类过滤机通常为除去助滤剂及细菌的精密过滤器。大部分一次过滤机用滤布或滤纸做滤材。二次过滤的滤材最好用各种过滤膜，其孔径为0.6～1μm。

6. 灭菌

灭菌装置有蛇管式、套管式及多管式热交换器，较复杂的为金属薄板式热交换器。灭菌温度为62～64℃，灭菌后的清酒进入贮藏的温度为61～62℃。为防止贮存中的清酒过熟，灭完菌的酒应及时冷却。

7. 贮存

将清酒贮藏在桶内，温度须控制在15～20℃。贮存期通常为半年至1年，经过一个夏季，酒味圆润者为好酒。影响贮存质量的主要因素为温度，温度提高10℃左右，清酒的着色速度将增加3～5倍。有的厂用30～35℃加热法促使生酒老熟，但成熟后的清酒色、香、味不协调，而采用低温贮存的成熟清酒较柔和可口。

8. 酒质调整

清酒出库前，应根据各种清酒的规格和标准进行最终成分的调整。成品清酒酒精度为15%～16%，刚酿成的酒，其酒精度为20%左右。为使其酒质更加圆滑柔顺，容易入口，可加水降低酒精度。此外，还可添加沉淀剂除去清酒中的白浊成分，补酸、加水和用极辣或极甜的酒进行酒体调整，最后用活性炭或超滤器做最终过滤。滤过酒进入热交换器，加热至62～63℃后灌瓶、装箱。

思考题

1. 什么是啤酒，它有哪些类型？
2. 为什么选用大麦作为啤酒发酵的主要原料？
3. 论述酒花中有利于啤酒酿造的三个主要成分及其作用。
4. 简述各种酒花制品及其特点。
5. 影响啤酒酵母发酵的主要因素有哪些？
6. 简述麦芽糖化各阶段的目的、条件。
7. 什么是煮出糖化法？什么是浸出糖化法？它们各自的特点是什么？
8. 简述麦汁煮沸的目的与作用。
9. 简述不同酒花产品的添加方法。
10. 简述传统啤酒发酵中主发酵过程。
11. 论述后发酵的主要作用。
12. 简述后发酵的工艺要求。
13. 论述摊饭法黄酒生产工艺及操作要点。
14. 论述喂饭法黄酒生产工艺及操作要点。
15. 论述果酒的酿造工艺及操作要点。
16. 简述果酒酿造中 SO_2 的作用。

第八章　蒸　馏　酒

蒸馏酒（distilled liquors，spirit liquors）是以水果、糖类、乳类、谷物等含糖类或淀粉类的物质为原料，经酵母菌发酵或霉菌与酵母菌糖化发酵后，再经蒸馏、陈酿、勾兑而制备的无色透明的酒精含量大于20%的酒精饮料。蒸馏酒是一种世界性的饮料，全世界都有，虽然生产原料各不相同，但在蒸馏酒制备过程中都有蒸馏过程，且酒精含量都较高。

蒸馏酒的起源较晚，在我国公认为起源于公元1100年前后的元朝或稍早些，有可能延至唐朝。也有一种观点认为在唐朝（公元700～800年）以前，因为周朝（公元前1000）即有文献提到了"烧酒"。到元朝时已有关于蒸馏酒的描述，《本草纲目》亦有记载，因此我国的蒸馏酒，即白酒或烧酒的流行只有500～600年的时间。

在国外，最早的蒸馏酒是由爱尔兰和苏格兰的古代居民凯尔特人在公元前发明的威士忌。威士忌一词出自凯尔特人的语言，意为"生命之水"。到公元10世纪，威士忌的酿造工艺已基本成熟。而白兰地是以葡萄为原料的蒸馏酒。公元10～13世纪阿拉伯人把白兰地的酿造技术带回了欧洲。朗姆酒又译作兰姆酒，约在1650年诞生于西印度群岛的巴巴多斯，它曾被称为"辟邪酒"（rumhullion）。伏特加（vodka）一词来自于俄语中的水（voda）。它最初流行于俄国和波兰，第二次世界大战后扩展到了美国和西欧。由于伏特加无色无味，欧美多用其代替其他烈性酒配制不带原烈性酒色味的鸡尾酒等混合饮料。伏特加最早由俄国在14世纪发明，在俄国和波兰以马铃薯为原料，其他产地多用谷物。因在加工时除去了香味成分，因此伏特加质地纯净。

本章将首先介绍蒸馏酒的分类，然后重点介绍我国白酒生产的原辅料以及大曲酒与小曲酒的生产工艺，最后简要介绍白兰地与威士忌的生产工艺以及我国白酒生产的新技术与新工艺。

第一节　蒸馏酒的分类

世界上的蒸馏酒根据原料与工艺的不同，可以分为威士忌（whisky）、金酒（gin）、朗姆酒（rum）、伏特加酒（vodka）、白兰地（brandy）和中国白酒（Chinese spirits），共六类。其中，中国白酒又可以分为很多种类。下面将对各种蒸馏酒的特点进行简要介绍。

1. 威士忌

威士忌是以麦芽或谷物为原料，经糖化、发酵、蒸馏、后熟、勾兑而成的琥珀色的蒸馏酒。一般酒度在38°～43°。在传统观念上，一般认为威士忌是以大麦为原料酿制的，但实际上却不是如此。它的原料可以是大麦，也可以是小麦、黑麦、玉米等。所有的威士忌都要在橡木桶中陈酿一定时间之后才能装瓶出售，处于新酒状态的威士忌的特性与其他中性烈酒，如伏特加、白色兰姆酒差异不大。在威士忌的蒸馏过程中应保留谷物原料的原味，以便能和纯谷物制造且经过过滤处理的伏特加等酒进行区别，这是威士忌较为明确的要求。在不同产地，由于原料、酿造方法、蒸馏方法和水质的不同，威士忌的味道和颜色都有些不同。

2. 金酒

金酒又称毡酒、琴酒、杜松子酒、锦酒，是由荷兰首创的。1689年流亡荷兰的威廉三世回到英国继承王位，于是杜松子酒传入英国，受到欢迎并得到推广。金酒是将杜松子包于纱布中，挂在蒸馏器出口部位，蒸酒时，其味串于酒中；或者将杜松子浸于酒精中一周后，回流复蒸，将其味蒸于酒中；或将杜松子压碎成小片状，加入酿酒原料中，进行糖化、发酵、蒸馏，以得其味。也有的酒厂配合使用荽子、豆蔻、甘草、橙皮等香料来酿制金酒。金酒一般不需要陈酿，但也有的厂家将原酒放到橡木桶中陈酿，从而使酒液略带金黄色。金酒的酒度一般在35°～55°，酒度越高，其质量就越好。不同类型的金酒，风味有较大区别。

3. 朗姆酒

朗姆酒，也称为劳姆酒和兰姆酒。它是以甘蔗汁为原料，经过发酵、蒸馏，并在橡木桶中贮存3年以上得到的一种蒸馏酒。根据风味特征，朗姆酒可分为浓香型、清香型。浓香型朗姆酒是在酿造时，将甘蔗汁澄清后，接入酵母菌与能产丁酸的细菌共同发酵10天以上，间歇性蒸馏得到86%左右的无色原朗姆酒，然后在木桶中贮存后勾兑成的金黄色或淡棕色的朗姆酒。所谓清香型朗姆酒在酿造时只加酵母菌，发酵期也较短，发酵结束后采用塔式连续蒸馏得到95%左右的原酒后，再贮存勾兑而成的浅黄色到金黄色的朗姆酒。

4. 伏特加

伏特加是以马铃薯、玉米等为原料，经蒸煮、糖化、发酵、重复蒸馏，再采用活性炭过滤的材料精炼过滤，除去酒精中杂质与异物后得到的一种纯净的高酒精浓度饮料酒。它无色透明，口感纯净，可以以任何浓度与其他饮料混合饮用，所以经常用于做鸡尾酒的基酒，酒度一般在40°～50°。

5. 白兰地

白兰地是果酒的蒸馏酒陈放于内部烧焦的橡木桶内陈酿4～15年的一种琥珀色的蒸馏酒。酒度一般为38°～43°。以葡萄酒为原料的白兰地称为葡萄白兰地，通常所说的白兰地都是指葡萄白兰地。以其他水果原料酿成的白兰地，应加上水果的名称，苹果白兰地、樱桃白兰地等，但是它们的知名度远不如葡萄白兰地。白兰地虽属烈性酒，但由于经过长时间的陈酿，其口感柔和，香味纯正，饮用后给人以高雅、舒畅的享受。

6. 中国白酒

中国白酒是我国对蒸馏酒的一种称谓。它是以谷物等为原料，以曲作为糖化发酵剂，一般采用固态发酵工艺，以边糖化边发酵的方式进行糖化发酵后，蒸馏、陈酿、勾兑而成的无色、透明的液体。其酒精浓度通常在40%以上。

我国白酒种类繁多，地方性强，产品各具特色，工艺各有特点，目前尚无统一的分类方法。现介绍几种从原料、工艺、曲的种类、成品酒香型和酒度等方面进行分类的方法。

(1) 根据原料分　根据酿酒所用原料的不同，白酒可以分为以高粱、玉米、大米等为原料生产的粮食酒；以鲜薯、薯干或木薯为原料生产的薯类酒；以高粱糠、米糠、粉渣、野生植物如橡子等为原料生产的代用原料酒。目前市场销售的白酒主要是粮食酒，所以存在与人畜争口粮和饲料的问题。

(2) 按工艺分　根据酿造工艺的不同，白酒可分为固态法白酒（solid fermentation liquor)、液态法白酒（liquid fermentation liquor)、半固态法白酒（semi-solid fermentation liquor)。

所谓固态法白酒是采用固态发酵工艺，以边糖化边发酵的方式酿制的白酒。采用固态发酵工艺是我国白酒的传统工艺，目前全国和地方名优白酒多采用此工艺。该工艺特点如下。①在低温（28～30℃）条件下，边糖化边发酵长达1～3个月。②水分包含于原料颗粒之间，颗粒紧密，发酵蒸馏后常需要进一步发酵，以利用原料残余的淀粉和糖类等物质，提高原料利用率，并提高酒的香气成分含量，也可以将新鲜的原料添加到发酵蒸馏后的料渣中，这一过程称为续渣或续粮工艺。③在固态发酵中，物料中存在气、液、固三种状态，这有利于微生物的生长、繁殖与发酵，故白酒的香气好。④采用甑桶蒸馏，酒醅既是蒸馏物又是填充物，可分段摘（取）酒，不同沸点的成分都能蒸出来，白酒中可溶性固形物含量高。⑤敞口操作，除来自酒曲中的微生物外，水、空气、生产场地与工具上的大量微生物都可以进入料醅中，从而实现多菌种混合发酵，所以产品的风味好。但是固态发酵工艺存在原料利用率低，发酵时间长，发酵过程比较难控制，产品质量不稳定，劳动强度大，较难实现机械化生产等不足。

液态法白酒是采用液态发酵工艺，即发酵过程在液态下进行的方法生产的白酒。液态法白酒工艺特点如下。①液态发酵时间短，3～5天，难以生成复杂的香味物质。②糖化剂和酒母为纯菌种培育，制酒过程中杂菌少，容易实现机械化生产，劳动强度较低，但是微生物单一，产品的香气较淡。③原料大多经高压蒸煮，淀粉的利用率高，但是蛋白质与纤维素等易分解，产生怪味。④液态发酵用塔板蒸馏器进行白酒蒸馏，不能掐头去尾，酒体香味单一，不丰满。目前市场上很少有液态发酵生产的白酒销售，液态法生产的白酒常常作为基酒之一，用于白酒的勾兑。

半固态法白酒：采用固态与液态发酵工艺相结合的方法生产的白酒。这种工艺将液态与固态发酵进行了较好的结合，例如可以采用液态工艺对原料进行彻底糖化，提高原料的利用率，同时采用固态工艺进行酒精发酵，以提高产品的风味，所以半固态法白酒具有固态法和液态法白酒的共同特点，总体上讲，它的风味比固态法的略差，但是比液态好。

(3) 按曲的种类分　按发酵时所用曲的种类不同可以分为大曲、小曲和麸曲白酒。所谓大曲酒是以大曲为糖化发酵剂生产的白酒。我国的名、优、特酒大多属于大曲酒。大曲酒的产品品质好，贮存期长，但是大曲用量大，生产周期长，出酒率较低，生产成本较高。小曲酒是以小曲为糖化发酵剂生产的白酒。与大曲酒相比，小曲酒的酒曲量小，发酵期短，出酒率高，生产成本低，但是酒的品质常常不如大曲酒的好。我国南方有很多生产小曲酒的中小型酒厂。麸曲白酒是以麸曲为糖化剂，以纯种酵母培养制成酒母作为发酵剂生产的白酒。麸曲白酒具有发酵期短、出酒率高、生产成本低等优点，但是与小曲酒一样，其品质不如大曲酒好。我国北方有很多生产麸曲酒的中小型酒厂。

(4) 按香型分　白酒按香型分类是20世纪60年代由原轻工部组织的在茅台试点后逐渐形成和统一起来的分类办法，从1979年第三届全国评酒会议起正式按香型评酒，按香型制定标准。以后经过1984年第四届全国评酒会议和1989年第五届评酒会议推动，到20世纪90年代，已经确立了浓、酱、清、米、凤香5大香型。

① 浓香型白酒 (strong flavor Chinese spirit)：以四川泸州老窖特曲、五粮液为代表，也称泸香型。主体香气成分为己酸乙酯，最高含量以不超过250mg/100mL。感官特点是窖香浓郁，绵甜甘冽，香味协调，尾净余长，以香浓、味净为佳品，目前我国的名优特酒多数属于这种香型。

② 酱香型白酒 (sauce flavor Chinese spirit)：以贵州茅台酒为代表，也称茅香型。茅台酒与苏格兰威士忌和法国白兰地齐名，被誉为全球三大名酒。主体香气比较复杂，至今尚在研究、探讨中。感官特点是酱香突出，幽雅细腻，酒体醇厚，回味悠长，以“香而不艳，低而不淡，空杯留香持久”而著称。

③ 清香型白酒 (mild flavor Chinese spirits)：以山西杏花村汾酒为代表，也称汾香型。主体香气成分为乙酸乙酯和乳酸乙酯。感官特点是清香纯正，诸味协调，醇甜柔和，余味爽净，是我国北方的传统白酒。

④ 米香型白酒 (rice flavor Chinese spirit)：以广西桂林三花酒为代表，也称蜜香型，主体香气成分为β-苯乙醇、乙酸乙酯和乳酸乙酯。感官特点是蜜香清雅，入口柔绵，落口爽净，回味怡畅。适合南方人口味。

⑤ 凤香型白酒 (feng-flavor Chinese spirit)：以陕西西凤酒为代表。香气成分以乙酸乙酯为主，己酸乙酯为辅。感官特点是醇香秀雅，甘润挺爽，诸味谐调，尾净悠长。

(5) 按酒度分　按酒精度数分，可以分为高度、中度和低度白酒。酒精度为50%～65%(体积分数)及以上的白酒，称为高度白酒；酒精度为40%～49%的白酒，称为中度白酒；酒精度在40%以下，但是一般不低于20%的白酒，称为低度白酒。

第二节 白酒酿造的原辅料

酿造白酒的原辅料主要包括谷类、薯类、糖蜜等原料以及麸皮（wheat bran）和谷壳（rice husk）等辅料。

一、谷类原料

白酒酿造中常用的谷物类原料包括高粱（sorghum）、玉米（maize）、大米（rice）、小麦（wheat）和大麦（barley）等。

1. 高粱

高粱又名红粱及红秫。按黏度不同分为粳、糯两类，北方多产粳高粱，南方多产糯高粱。糯高粱含有很高的支链淀粉，结构较疏松，适合根霉生长，以小曲制高粱酒时，淀粉出酒率较高；粳高粱的直链淀粉含量较高，结构较紧密，蛋白质含量也高于糯高粱。

高粱除含75%淀粉外（以干重计），高粱还含有蛋白质、脂肪、无机盐、纤维素、半纤维素、色素、原花青素等物质，色素和原花青素等的衍生物可赋予白酒独特的芳香。

2. 玉米

玉米学名玉蜀，又称苞米。淀粉主要存在于胚乳中。玉米的半纤维素含量高于高粱，出酒率不及高粱，蒸煮后不黏不糊，但因其淀粉结构紧密，质地坚硬，故难以蒸煮。玉米富含植酸，在发酵中可水解为环已六醇及磷酸，前者呈甜味，后者可以促进甘油的生成，因而玉米酒较醇甜。

3. 大米

大米有粳米、籼米和糯米之分，相对来说糯米的淀粉、脂肪含量高，蛋白质含量低些。大米的淀粉含量高，蛋白质及脂肪含量较少，有利于低温缓慢发酵，成品酒酒质纯净，并带有特殊的大米香。若蒸煮过程中水分过多会太黏，使物料的通气性差，发酵不易控制。

4. 小麦

小麦是世界上分布最广、栽培面积最大的粮食作物之一。含淀粉量高，富含麦胶蛋白质和麦谷蛋白质，黏着力强。

5. 大麦

大麦中的淀粉主要集中在糊粉层内，为麦粒干重的58%～65%，其中直链淀粉占大麦淀粉的17%～24%。大麦的黏结性能差，皮壳较多。大麦常用于制曲，但是若单独制曲，常会导致品温速升骤降，所以常与豌豆混合制曲。

二、谷类替代原料

应该说谷类原料是白酒酿造的主要原料，但是谷类原料也是人畜的口粮与饲料，所以常存在着人畜争粮的问题，所以我国也常用薯类与糖蜜等替代谷类作为酿酒原料。

1. 薯类原料

(1) 甘薯　甘薯（sweet potato），别名白薯、地瓜、山芋、薯、番薯等。它的淀粉含量高，含脂肪与蛋白质含量较少，淀粉颗粒较大，组织不紧密，吸水能力强，易糊化。发酵中升酸幅度小，淀粉出酒率高于其他原料。但是含果胶质较多，从而使成品酒甲醇含量较高，并具有薯干味。

(2) 木薯　木薯（cassava）淀粉含量高，但是含有氢氰酸配糖体，可以被带入酒内，有时含量高达25～30mg/L，氢氰酸配糖体可以产生氢氰酸，使人体呼吸酶失去作用，刺激中枢并引起呕吐，甚至死亡。同时，木薯的果胶质含量也较多，所以成品酒甲醇含量较高。

因此，木薯需要经切片烘晒，并用大量水浸泡和清蒸，以去除氢氰酸配糖体后方可用作白酒原料。

2. 糖蜜原料

糖蜜是制糖工业副产物，分为甘蔗糖蜜和甜菜糖蜜，总糖含量50%左右。它价格低廉，又不需要进行蒸煮与糖化，只要稀释处理，因此，生产工艺及设备均简单，生产周期短。甘蔗糖蜜微酸，甜菜糖蜜微碱，甘蔗糖蜜含氮少（大约0.5%），甜菜糖蜜含氮2%左右，但只有15%左右的氮可被利用，所以在生产中应适当添加氮源。

三、辅助原料

白酒酿造的辅料主要包括麸皮（wheat bran）、稻壳（rice husk）、小米糠（谷糠）、高粱壳（sorghum shell）和水（water）。除了水与麸皮外，其他辅料主要作为填充料使用，既可以对物料的淀粉浓度进行“稀释”，也可增加物料的通气性，有利于微生物的糖化发酵，同时也可以给白酒带来一些香气成分。

1. 麸皮

麸皮是小麦加工面粉过程中的副产物。它具有吸水性强、表面积和疏松度大的优点，本身有一定的糖化能力且是酶的良好载体，因此，麸皮既是制酒的辅料，又可作制曲的原料。麸皮的淀粉含量为15%～20%，比其他谷物原料少，当曲霉和根霉菌繁殖时可以迅速地消耗麸皮中的糖类，而不形成有机酸或其他中间产物。

2. 稻壳

稻壳质地坚硬，吸水性差，但粉碎后吸水能力增强，主要成分是纤维素，微生物可以直接利用的糖和蛋白质含量很少。它价格低廉易得，被广泛用作发酵和蒸馏过程的填充料，使用时一般需预先清蒸30min，以去除异味，减少微生物的含量。

3. 小米糠

小米糠是指小米或黍米的外壳，不是碾米后的细糠。其疏松度高，表面积大，可以单独使用，也可与稻壳混合使用。清蒸的小米糠可以赋予白酒特有的醇香和糟香。

4. 高粱壳

高粱壳含单宁较高，但对酒质无明显影响，与稻壳一样，主要作为填充料。

5. 水

酿酒用水只要达到生活饮用水标准即可。江河湖水、地下水和自来水都可以，以地下水最好。对于江河湖水和井水，与饮料用水一样需要经过沉淀、过滤和软化后方可使用。

第三节 大曲酒的生产工艺与特点

如前所述，大曲酒是以大曲为糖化发酵剂生产的白酒。大曲酒的品质好，我国的名、优、特酒大多属于大曲酒。尽管大曲酒的基本生产过程相同，但是我国大曲酒的种类繁多，而且各具特色，这除了与原料和酿造工艺相关外，也和糖化发酵剂即大曲的种类有关，所以在本节中，将首先介绍大曲的种类与生产工艺，然后再介绍大曲酒的酿造工艺。

一、大曲生产工艺

（一）大曲的特点

大曲是中国白酒特有的糖化发酵剂。它通常为砖形，每块2～3kg。它的原料各不相同，酱香和浓香型的常以小麦为原料，而清香型的常以大麦加豌豆为原料，这有利于选择性富集微生物。大曲含有丰富的微生物，是多种微生物混合体系，同时，由于微生物在曲块上的生长、繁殖，积累了大量的酶类，从而使大曲具有较强的液化、糖化和蛋白质分解能力以及发酵能力，因此，大曲也可称为粗酶制剂。此外，大曲还具有以下特点。

1. 生料制曲

用于制备大曲的原料除进行适当的粉碎与按比例加入一定的水外，一般无需进行加热灭菌等处理，而是直接用生料进行制曲。用生料制曲有利于保存原料中的水解酶类，使它们在酿造过程中仍能发挥一定的作用，而且可以使那些存在于生料上，可直接利用生料的微生物得以富集。

2. 自然接种

在大曲的制备过程中，一般不人工接入微生物菌种，微生物主要来自原料、制曲工具、大气和制曲的环境等，所以大曲属于自然接种发酵产品。制备大曲的季节不同，各种微生物的比例也不同。一般来说，春秋季酵母比例大，夏季霉菌比例大，冬季细菌比例大，所以通常大曲选在春末或夏初直至中秋前后进行生产，但是最佳的生产季节应该是春末夏初，因为此时为微生物生长提供了良好的温度和湿度，有利于控制曲室的条件。目前，大多数酒厂，特别是一些大酒厂由于大曲的用量很大，所以常采用人工控温控湿的方法，一年四季都进行大曲的生产，而且特别注意选择与保护大曲生产的生态环境，很多酒厂都将大曲生产厂（车间）建在植被好、远离市区的地方。自然接种不仅为大曲提供了丰富的微生物类群，而且由于各地的自然环境的差异，导致大曲中微生物的差异，从而形成了大曲与大曲酒的多样性。

3. 作为原料

通常情况下，在大曲酒的酿造中，大曲的用量是很大的，如浓香型大曲酒的用曲量为投料量的18%～22%，清香型大曲酒的用曲量为投料量的9%～10%，酱香型的大曲酒（如茅台）的用曲量为投料量的90%。所以，大曲除了提供微生物和各种酶对原料进行糖化发酵外，同时也是酿造原料的重要组成部分，在制曲过程中，微生物分解原料所产生的代谢产物，例如阿魏酸、氨基酸等是形成大曲酒特有香味的前体物质，与糖化发酵过程中形成的代谢产物一起，构成了各种大曲酒的特有香气和香味成分。

4. 使用陈曲

大曲在使用前一般需要在通风良好的曲库中贮藏3个月以上，这样既可以使大曲中大量的产酸细菌失活或死亡，避免发酵过程中过多产酸，同时，也可以使酵母菌数量减少，使大曲的活性适当钝化，避免在发酵的前期发酵过快，产酸过量。

（二）大曲的种类及其生产工艺

大曲的种类繁多，分类也比较复杂，目前常根据生产过程中曲胚的最高温度不同，将大曲分为高温大曲（制曲温度60～65℃，一般超过60℃）、中高温大曲（制曲温度50～60℃，一般不高于60℃）和中温大曲（制曲温度45～50℃，一般不高于50℃）。通常酱香型白酒多用高温大曲；浓香型白酒多用中高温大曲，也有用高温大曲的，或将中高温大曲与高温大曲按比例配合使用；清香型白酒多用中温大曲。下面将对这三类大曲的生产工艺进行简略的叙述。

1. 高温大曲生产工艺及操作要点

（1）工艺流程　高温大曲的生产工艺流程如图8-1所示。

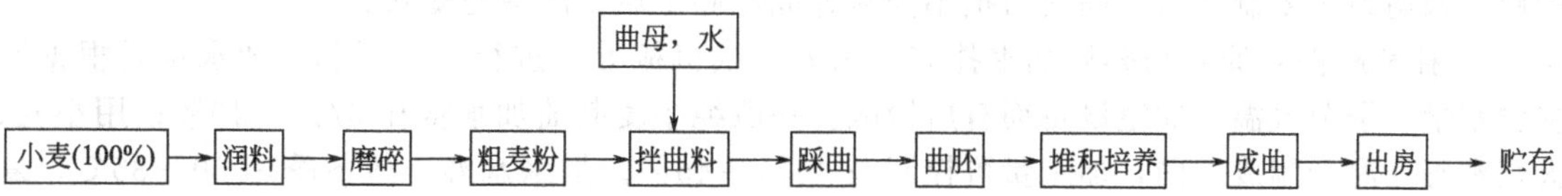

图8-1　高温大曲的生产工艺流程

（引自：何国庆《食品发酵与酿造工艺学》，2005）

(2) 操作要点

① 润料：加原料重10%的80℃热水，拌匀，堆积3～4h。

② 磨碎：将润湿后的原料压成薄片，呈烂心不烂皮的“梅花瓣”，以保证麦皮在曲料中的疏松作用。麦粒磨碎后，要求通过和未通过20目筛的细粉与粗粉各占50%左右。

③ 拌曲料：按原料量的35%～40%加水，并添加前一年生产的含菌种类和数量较多的曲母后搅拌均匀。曲母的用量通常夏季为麦粉的4%～5%，冬季为5%～8%，也可以不加曲母。

④ 踩曲：踩曲就是将加水湿润后的曲料压制（人工踩踏或机器压实）成砖块状曲胚的过程。这样便于曲胚的堆积、培养和微生物的生长繁殖。曲胚要求紧密度与重量基本一致，内外水分含量一致，曲胚的四角齐整，表面光滑，具有一定的硬度。

⑤ 堆积培养：堆积培养是大曲制备过程的重要环节，包括堆曲、翻曲、拆曲等环节。

所谓堆曲就是将曲胚堆积于曲房中的过程。首先在曲房的地面撒一层稻壳，墙边铺厚约15cm稻草，然后将曲胚三横三竖相间排列，曲块间距2～3cm，楞起，摆两层，铺厚约7cm的稻草，摆第二层时，胚的横竖排列应与第一层错开，以便空气流通。就这样一直排到4～5层为止；再排第二行，行间距应能走人，以便后期的管理。堆完后用草覆盖于曲块表面，并洒水保温，通常每100块曲洒水7kg左右，冬季比夏季少些，以洒水不流入曲堆为标准。盖草洒水后应立即关闭门窗，保温保湿培养。

所谓翻曲是在制曲过程中为了调节温湿度，促进微生物均匀生长，促使曲胚均匀成熟而将曲胚位置进行调换的过程。通常在堆曲一周左右，当曲胚堆内温度达到63℃左右，曲胚表面长出霉衣时，即可进行第一次翻曲。再过一周，第二次翻曲。翻曲方法是底翻面，面翻底，周围到中间，中间到周围，上到下，下到上。

所谓拆曲是指当曲块成熟，水分含量在15%以下时，将曲块搬出曲房，入曲库的过程。通常在第2次翻曲后15天左右，即可开窗透气，调节温湿度，再过40天（冬季要50天）左右，当曲温降至室温时就可进行拆曲。

⑥ 贮存：曲块从曲房拆出后，于曲库中贮存3～4个月成为陈曲后方可使用。成品高温曲分黄、白、黑三种颜色。习惯上以红心金黄色大曲最好，它的酱香气味好。

2. 中高温大曲的生产工艺及操作要点

(1) 工艺流程　浓香型中高温大曲通常不加曲母，有的要加5%左右的曲母，因厂而异。其工艺流程如图8-2所示。

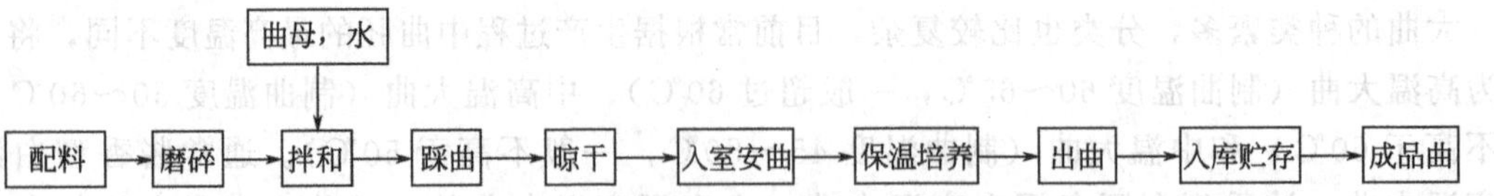

图8-2　中高温大曲的生产工艺流程
（引自：何国庆《食品发酵与酿造工艺学》，2005）

(2) 操作要点

① 配料及粉碎：浓香型中高温曲所用原料有小麦、大麦、豌豆等。将原料按比例混合后粉碎。采用纯小麦制曲时，润料后把小麦粉碎成烂心不烂皮的梅花瓣状。

② 拌和踩曲：原料粉碎后加水拌和，用人工或机械方法进行曲胚压制。加水量是根据原料含水量、季节气温及曲室设备而有所增减。一般纯小麦制曲加水量在37%～40%；用小麦、大麦和豌豆混合制成大曲，加水量可控制在40%～45%。加水水温一般冬季用30～35℃，夏季用14～16℃水。

③ 入室安曲、保温培养：浓香型中高温大曲着重于“堆”，覆盖严密，以保潮为主。在曲

室地面上撒新鲜稻壳一层，厚薄以不现地面为度，将曲胚楞起，每四块为一斗，曲与曲间相距3～4cm。从里到外，一斗一斗地纵横拉开，挨次排列，在曲与四壁的空隙处塞以稻草，在曲胚上面加盖草席，再在草席上盖以15～30cm厚的稻草保温。最后约百块曲胚洒水7kg，在冬季要洒90℃左右的热水，夏季洒16～20℃的凉水，洒毕关闭门窗，保持室内的温度、湿度。

培养过程中，曲胚升温的快慢视季节与室温的高低而不同。在品温上升到40℃左右，曲胚表面已遍布白斑及菌丝时，应勤检查。如表面水分已蒸发到一定程度且已变硬，即翻第一次曲。品温不超过55～60℃，随时用减薄盖草和开启门窗调节温度。以后每隔1～2天翻一次曲，翻法如第一次，并可视曲胚的变硬程度而逐渐叠高。如发现曲心水分已大部分蒸发，当品温下降时，可进行最后一次翻曲，即所谓打拢（收堆、堆积）。翻法如前，只是将曲胚靠拢，不留间隔，并可叠至6～7层。

④ 出曲贮存：曲胚从入室到成熟（干透）约需30多天，成熟后即可出曲，贮于干燥通风的曲房。成曲应有曲香，无霉酸气味，表面越薄越好，表面和断面应布满白色菌丝，断面有黄色或红色斑点为好。成曲贮存3个月后即成为陈曲。

3. 中温大曲的生产工艺及操作要点

（1）工艺流程　清香型中温大曲的生产工艺流程如图8-3。

60%大麦+40%豌豆 → 混合粉碎 → 加水搅拌 → 踩曲 → 曲胚 → 入曲房培养 → 出曲房 → 贮存 → 成品曲

图8-3　中温大曲的生产工艺

（引自：何国庆《食品发酵与酿造工艺学》，2005）

（2）操作要点

① 配料及粉碎：原料均匀混合粉碎为通过20目筛的细粉及未通过20目筛的粗粉，其中冬季使用时的细、粗粉之比为1∶4，夏季使用时的细、粗粉之比为3∶7。

② 拌和踩曲：曲料压制成曲胚，曲胚要求含水分36%～39%，曲胚重3.2～3.5kg。

③ 入室培养：清香型中温大曲的培养着重于排列，各工艺阶段明显且较有规律，培养共分为7个阶段。

第1个阶段为排列阶段，曲胚入室时，曲室温度在15～20℃，夏季应更低，曲室地面铺撒稻壳或谷糠，曲胚侧放稻壳之上，排列成行，行距3～4cm，曲胚间距2～3cm，夏季排列空隙应大些。每层曲胚上放置苇秆或竹竿，上面再放一层曲胚，如此3层，形成“品”字排列。

第2个阶段为长霉阶段，曲胚入室稍加风干后，即在曲胚表面盖席子或麻袋保温，夏季可在覆盖物上喷洒凉水，防止水分蒸发，然后关闭门窗，使温度上升。一般24h后，曲胚便开始长霉，即曲胚表面有白色霉菌丝斑点出现。夏、冬季各经36h和72h后，曲胚品温上升至38～39℃。

第3个阶段为晾霉阶段，曲胚温度上升到38～39℃，需打开门窗通风换气，排湿降温，并把曲胚上覆盖物揭开，将上、下层曲胚对调，拉开曲胚排列间的距离以降低曲胚的水分和温度，以使其曲面干燥，曲块形状固定，这在制曲操作上称之“晾霉”。晾霉终温28～32℃，一般需要2～3天，每天翻一次，翻时曲胚层数应依次增到4～5层。

第4个阶段为起潮火阶段，晾霉2～3天后，曲胚表面不黏手时应关闭门窗，进入潮火阶段。品温上升到36～38℃后，进行翻曲，抽去苇秆，曲胚由5层增到6层，曲胚排列成“人”字形，每1～2天翻曲一次，昼夜窗户两关两启，迫使曲胚品温两升两降，然后曲胚品温升至46℃左右后即进入大火，此时，曲胚增至第7层，此阶段时间需4～5天。

第5个阶段为大火阶段，此阶段应通过开闭门窗来进行调温，使曲胚品温在48℃以下、30℃以上，45℃左右最适宜。此阶段需7～8天，并要求每天翻曲一次。此阶段结束时应有

50%～70%的曲块已成熟，此时微生物生长仍然处于旺盛期，菌丝由表及里在曲胚中生长，水分及热量由里及表向曲胚外散出，微生物在曲胚中处于良好条件下生长繁殖。

第 6 个阶段为后火阶段，此阶段品温逐渐下降到 32～33℃，直至曲块不热并日趋干燥，最理想时间需用 3～5 天，使曲心水分不断蒸发而干燥。

第 7 个阶段为养曲阶段，此阶段也可讲“养心”，依靠室温 32℃的恒温，使曲胚品温保持在 28～30℃，使曲胚中心部位的水分逐渐蒸发而干燥。

曲胚入室培养 26～28 天后，出曲室并叠放成堆，使曲块间距 1cm 左右，贮存备用。

清香型中温大曲的三种不同品种：清茬曲、红心曲和后火曲，在酿酒时可按比例混合使用。三者的主要区别在于品温控制上有所区别。清茬曲需小热大晾，即热曲品温最高达 44～46℃，晾曲时降温至 28～30℃。红心曲需中热小晾，即入曲室培养时采用边晾霉，边关窗起潮火，无明显晾霉阶段，升温较快，升至 38℃，并依靠调节窗户大小控制品温，由起潮火至大火阶段，最高曲温为 45～47℃，晾曲降温至 34～38℃。要求断面周边青白，红心，常呈酱香或炒豌豆香。后火曲需大热中晾，即由起火到大火阶段品温高达 47～48℃，并维持 5～7 天，晾曲降温至 30～32℃。曲的气味清香，出现棕黄色的一个圈点或两个圈点（即俗称单耳、双耳），黄金一条线为好曲。要求断面青黄或有单耳、双耳、火红心、金黄一条线等。

二、大曲酒生产工艺

大曲酒是我国特有的蒸馏酒，1989 年在我国举行的第五届评酒会评出的 17 种中国名酒中绝大多数都是大曲酒。根据生产过程中是否续渣，大曲酒的生产方法可以分为清渣和续渣方法。清香型酒大多采用清渣法，而浓香型酒、酱香型酒则采用续渣法。根据生产中原料蒸煮和酒醅蒸馏时的配料不同，大曲酒的生产方法又可分为清蒸清渣、清蒸续渣、混蒸续渣等工艺。以下将简要介绍续渣法和清渣法大曲酒的生产工艺。

（一）基本概念

尽管大曲酒流行的历史只有几百年，但是由于我国幅员辽阔，大曲酒的生产原料、曲、工艺以及环境条件的差异较大，所以大曲酒的种类很多，大曲酒酿造过程中的一些称谓与术语也不一样，常常同一个操作或同一种东西有不同的名称。为了便于随后对工艺的叙述，先将它们罗列于下，并作适当的解析与说明。

1. 原料与中间产物等的名称

① 在汾酒厂将粉碎的原料粮食称为馇、渣或糁，而在茅台酒厂则称为沙。②在大曲酒酿造中，发酵后未蒸酒的固体料称为醅、母糟或香醅，蒸馏完酒的固体料称为糟或酒糟，而将发酵后未蒸酒的液体料（液态法白酒、葡萄酒等）称为醪。③小馇是指立馇（原料第一次破碎、蒸煮、加曲后发酵称为立馇）发酵后，蒸酒前取出部分醅加少量新料（一般是 80%醅＋20%馇）配成的混合物料，又称红糟。④大馇 1 或大馇 2 是指立馇发酵后蒸酒前，除小馇外，取部分醅加入较大比例的新料混合而成的物料（120%醅＋80%馇），也称粮糟。⑤ 回糟是指小馇入窖发酵蒸酒后的糟不再加入新料，只加曲下窖发酵的混合物，又称为面糟或盖糟。⑥扔糟是指回糟发酵后蒸酒的酒糟，它不再发酵，直接丢弃。⑦黄水是窖内酒醅向下层渗漏的黄颜色的浆水。它一般含 4.5%～4.7%的酒精以及醋酸、腐殖质和酵母菌体自溶物等，还含有一些经过驯化的己酸菌等，以及多种白酒香味的前体物质。⑧同时下窖同时开始蒸酒的窖称为一排，即一次或一批的意思。

2. 操作过程的相关术语

①混蒸混烧是指馇子和酒醅共同放入甑桶内，蒸粮与蒸酒同时进行的操作。②立馇指原料第一次破碎、蒸煮、加曲后发酵的过程。③圆排是指立馇后，小馇、大馇 1、大馇 2、回糟、扔糟等操作都完成后的新一批次的发酵，通常是第四排。

（二）大曲酒生产

1. 续渣大曲酒的生产工艺

续渣法是将渣子蒸料后，加曲，入窖（即发酵池）发酵，取出酒醅蒸酒，在蒸完酒的醅中再加入清蒸后的渣子，或者将渣子和酒醅混合后混蒸，然后加曲继续发酵，如此反复进行。这种不断加入新料与曲，持续发酵与蒸酒的大曲酒生产方法就称为续渣发酵法，得到的大曲酒就称为续渣大曲酒。续渣发酵法的优点：①原料经过多次发酵，淀粉利用率可大大提高，酒糟残余淀粉低；②原料经过多次发酵，有利于积累酒香味的前体物质，特别容易形成己酸乙酯为主体的窖底香，有利于浓香型大曲酒香气成分的形成；③采用混蒸操作，新料和发酵酒醅一起蒸馏、蒸煮，对热能利用比较经济，劳动生产率比较高。

采用续渣法生产浓香型大曲酒的方法又包括老五甑操作法和万年糟续渣法。

（1）老五甑法　所谓的五甑是指每个生产班将窖中的酒醅分五次蒸馏的一种操作。老五甑法正常操作时，窖内有四甑材料（第一次蒸煮的物料称为第一甑，第二次蒸煮的称为第二甑，以此类推），即大渣 1、大渣 2、小渣和回糟。出窖后，加入新材料做成五甑材料，即大渣 1、大渣 2、小渣、回糟和扔糟。老五甑法包括五次蒸馏（料），其中四甑下窖发酵，一甑扔糟。图 8-4 是老五甑法的工艺流程和各甑物料的之间的关系。具体操作要点如下。

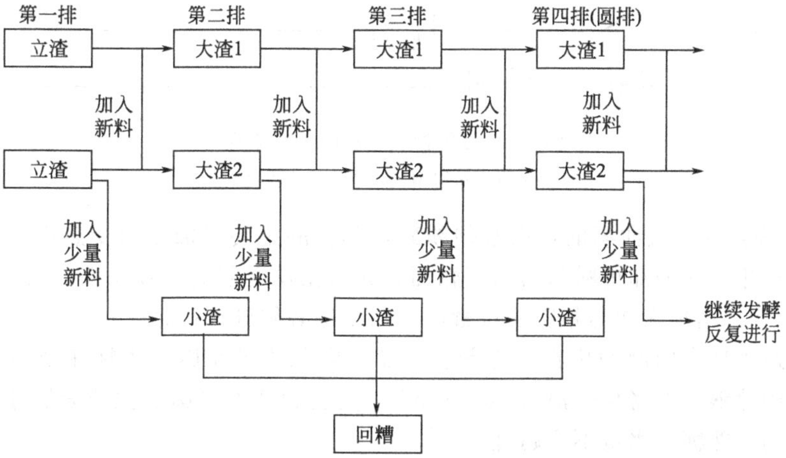

图 8-4　老五甑法的工艺流程和各甑物料之间的关系

（引自：葛向阳《酿造学》，2005）

第一排：根据甑桶大小，考虑每班投入新原料（高粱粉）的数量，加入约为投料量30%～40%的谷壳等填充料，配入 2～3 倍于投料量的酒糟，进行蒸料冷却后加曲入窖发酵，立两渣料。

第二排：将第一排的两甑酒醅，取出一部分，加入占原料总数的 20%左右的新原料，配成一甑作为小渣，其余大部分酒醅加入占用料总数 80%左右的原料，配成两甑大渣，进行混蒸（蒸酒和蒸料），两甑大渣和一甑小渣分别冷却，加曲后，分层入一个窖内进行发酵。

第三排：将第二排小渣不加新料蒸酒后冷却，加曲，即做成回糟入窖发酵。两甑大渣按第二排操作，配成两甑大渣和一甑小渣。这样入窖发酵有四甑料，它们是两甑大渣，一甑小渣和一甑回糟，分层在窖内发酵。

第四排（圆排）：将上排的回糟酒醅，进行蒸酒后，作为扔糟，两甑大渣和一甑小渣，按第三排操作配成四甑。

从第四排起已经做到圆排了，以后可按此方式循环操作，每天出窖加入新材料后投入甑中为五甑料，其中四甑入窖发酵，一甑为扔糟。

(2) 万年糟续渣法　其工艺流程见图 8-5 所示。具体的操作要点如下。

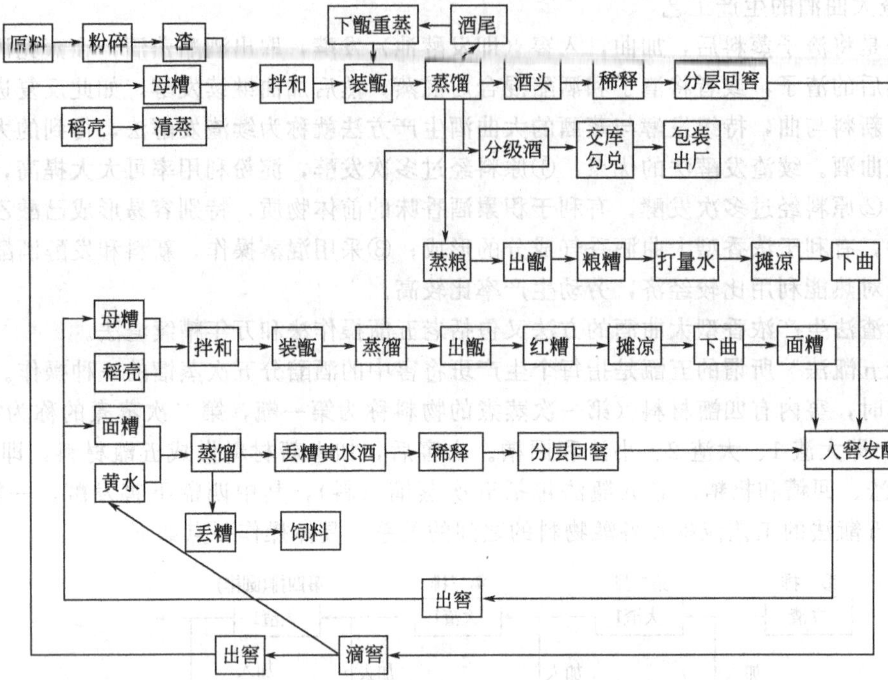

图 8-5　万年糟续渣法的工艺流程

（引自：葛向阳《酿造学》，2005）

① 原料处理：酿制大曲酒的原料必须粉碎，其目的是要增加原料受热面，有利于淀粉颗粒吸水膨胀、糊化，并增加粮粉与酶的接触面，为糖化发酵创造良好条件。大部分（约 72%）通过 20 目筛。为了增加大曲与粮粉的接触面，曲子也必须进行粉碎。

稻壳是酿造优良大曲酒的优良填充剂。为了去除稻壳的霉味、生糠味及减少其他有害物质，各厂都使用熟糠，即将稻壳清蒸 20～30min，待蒸汽中有怪味、生糠味后才可出甑。蒸后摊开、晾干备用。熟糠含水量不应超过 13%。

② 出窖取醅：将盖窖的塑料薄膜揭开（传统使用稻壳盖在窖皮泥上），用刀或铲将窖皮泥划成方块，剥开，将泥上附着的面糟尽量刮净。窖皮泥堆放在踩泥池中。将面糟取出，运到堆糟坝上堆成圆锥，拍紧，撒上一层稻壳，以减少酒精蒸发，单独蒸酒做丢糟处理。起完面糟后，在起母糟前，根据红糟甑口，将窖中的母糟起到堆坝一角，踩紧拍实，撒上一层稻壳，此糟作为蒸红糟用。其余母糟同样起到堆坝，当起到出现黄浆水即停止，同样将堆糟刮平、踩紧、拍光，并撒上稻壳一层。所用稻壳都是熟糠，并在配料时扣除。在停止起母糟时，即在窖内剩余母糟中央或一侧挖一黄浆水坑滴窖。坑长、宽 70～100cm，深至窖底，随即将坑内黄浆水舀净，以后则滴出多少舀多少，每窖最少舀 4～6 次，即要做到“滴窖勤舀”。自开始滴窖到起完母糟为止，要求达 20h 以上。

③ 配料和拌料：为了便于掌握生产，做到“稳、准、细、净”，宜采用以甑为单位来计算用粮、用曲、用水、用稻壳的数量，并规定每日蒸几甑。通常“配料蒸粮”的配料比规定为：每甑投高粱粉 120～130kg，母糟 500kg，稻壳夏季为粮食的 20%～22%，冬季为 22%～25%。原料（粉）加酒醅拌匀，再加稻壳拌匀，放 30 min，稻壳事先清蒸半小时除杂味。浓香型大曲酒的母糟是经过长年累月培养出来的，俗称“万年糟”。它能给予成品酒以特殊的香味，提供发酵成香的前体物质。同时母糟还可以调节酸度和淀粉含量。

在蒸粮前50～60min，用耙子在堆坝挖出约够一甑的母糟，刮平，倒入粮粉，随即拌和两次，拌匀后撒上熟糠，将糟盖上，此一堆积过程称为“润料”。上甑前10～15min进行第二次拌和。配料时切忌将粮粉和稻壳同时倒入，以免粮粉装入稻壳内，拌和均匀，不易糊化。拌和时要低翻快拌，次数不可过多，时间避免过长，以减少酒精的挥发。

④ 蒸粮蒸酒：缓慢加热，装甑，见潮（气）就撒（料），做到轻、松、匀，不压气，不跑气，边高中低，装40～45min。流酒时取酒头0.5kg（单放），接酒45min左右，摘酒尾单放，回窖或重蒸均可。蒸完酒，继续蒸1h，蒸粮（新料），总耗时110～120min。

⑤ 打量水（泼浆）：出甑将料拉平，泼80℃热水使粮醅能充分地吸水保浆，数量是原料量的80%～90%（冬天取低限），泼60%时翻一遍再泼匀至要求水分，入窖水分冬季控制在53%～55%，夏季控制在57%～58%。红糟蒸后不加水，只加曲，直接入窖发酵。

⑥ 摊凉下曲（扬冷）：用凉糟机或扬凉机使出甑的粮糟迅速均匀地冷至入窖温度时可下曲。粮糟的入窖温度为18～20℃，回糟为20～21℃。夏季应该比此温度低1～2℃。粮糟为高粮粉时下曲量为原料量的18%～22%，回糟加曲量为粮糟的一半，因为回糟中不再加入新料，小馇曲量是大馇的一半，拌匀入窖。

⑦ 入窖发酵：浓香型白酒（泸州老窖）多用泥窖。其容积为8～12m^3。泸州老窖的经验的突出点就是“千年老窖万年糟”。意思是泥窖的窖龄越老越好，这主要是因为窖龄越老，窖泥中微生物的代谢产物的种类就越多，酒的香味就越来越浓。泥窖用黄土建成，约10m^3(3.5m×1.0m×1.5m)，内壁上钉竹钉，30cm长，3cm宽，钉入20cm，间距20cm，上下行要串空钉，竹节向上，竹头缠苎麻丝，用黄水加入细腻、绵软、无加沙的黄土里，踩揉后涂布在窖壁，厚约10cm。窖底用黄土夯实，厚约30cm。新建的发酵窖经过七八次发酵后，内壁黄泥变黑，再过一年半后由黑变乌白色，20年后乌白变乌黑，泥变脆、变软，有红绿等色彩，产生一种浓郁的香味，此为老窖。产品酒的质量也越来越高。此后年复一年，产品质量越来越高。

发酵材料入窖时，先在窖底撒曲粉1～1.5kg，入窖的第一批粮糟比入窖品温高3～4℃，每入一甑即扒平踩紧。装完粮糟再扒平、踩窖。粮糟平地面后，在面上放隔箅两块或稻壳一层，以区分面糟。装完面糟后用黄泥封窖，泥厚8～10cm，盖塑料布发酵20～90天不等。入窖温度、水分、酸度、淀粉浓度和出酒率有直接关系，可摸索出最佳组合。

实践发现，从老窖不同位置取出酒醅蒸酒其质量不同，一般是下层优于中层，中层优于上层，窖边的优于中心的。说明了香气和窖泥的关系。

为提高产品质量，泸型曲酒厂推广“双轮底”发酵技术。所谓“双轮底”就是窖内已发酵的靠窖底的酒醅加入适量大曲拌匀，再投入窖内踩平，再发酵一个周期，经过双轮发酵的酒醅蒸馏得到的酒就是双轮底酒（调香用），该酒香味浓郁，质量比较好，供勾兑酒时做精华酒使用。

人工老窖：将窖泥中的大量细菌，接种到窖外泥中培养，微生物在新泥中短时间达到一定数量和种类。这种香泥涂在新建窖的壁上、底上，再通过几轮发酵，酒香就相当于十几年老窖产的酒。

⑧ 贮存、勾兑：贮存又叫“老熟”或“陈酿”。名酒贮存期一般规定为3年，一般酒也要半年以上。成品酒在出厂前必须经过勾兑操作，这样才能使名酒的质量统一和提高。

2. 清渣法大曲酒的生产工艺

采用清渣法工艺生产大曲酒的数量较少，主要是用于清香型酒的生产。汾酒采用传统的“清蒸二次清”，地缸、固态、分离发酵法，所用高粱和辅料都经过清蒸处理，将经蒸煮后的高粱拌曲放入埋在土中的陶瓷缸，发酵28天，取出蒸馏。蒸馏后的醅不再配入新料，只加曲进行第二次发酵，仍发酵 28 天后蒸馏，糟直接丢弃。将两次蒸馏得到酒陈酿勾兑后即为汾酒。由此可见，原料和酒醅都是单独蒸，酒醅不再加入新料。

(1) 工艺过程 汾酒清渣发酵工艺流程如图 8-6 所示。

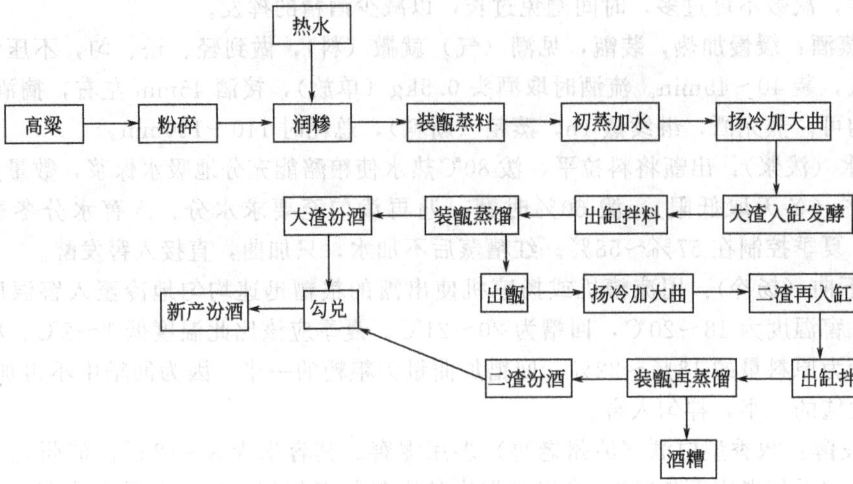

图 8-6 汾酒清渣发酵工艺流程
(引自：葛向阳《酿造学》，2005)

(2) 操作要点

① 原料：高粱粉碎，细粉占 20%，称为红糁。细粉有利于蒸煮糊化，也有利于微生物和酶的接触。但不能过细，过细会造成升温快，醅子发黏，容易污染杂菌。第一次发酵用大曲，要求粉碎成大者如豌豆，小者如绿豆，能通过 1.2mm 筛孔的细粉不超过 55%；第二次发酵用大曲，要求大者如绿豆，小者如小米粒，能通过 1.2mm 筛孔的细粉不超过 70%～75%。

② 润糁：加原料量 55%～62%的热水（75～90℃，夏季用 75～80℃，冬季用 80～90℃），拌匀润 18～20h。堆料上应加覆盖物，堆料品温上升，冬季能达 42～45℃，夏季达 47～52℃，中间翻 2～3 次。润糁的质量要求是润透，不淋浆，无异味，无疙瘩，手搓成面。

③ 蒸料：红糁均匀撒入后，蒸汽上来时，泼原料量 25%的 60℃热水促进糊化，称加闷头量。蒸料温度 100～105℃，整个蒸料时间从装完甑算起需要蒸足 80min。红糁蒸后要求“热而不黏，内无生心，有高粱糁香味，无异味”。

④ 扬凉、加曲：加原料量 30%的 18～20℃的冷水，翻拌，晾到 20～30℃以下（春季20～30℃，夏季 20～25℃，秋季 23～25℃，冬季 25～30℃），加入 9%～10%的磨细的大曲粉，并拌匀。

⑤ 发酵：多用缸作为发酵容器，埋入地下，口与地平，且用石板盖好。只要掌握发酵温度前期缓升，中期能保持一定高温，后期缓落的所谓“前缓、中挺、后缓落”的发酵规律，就能实现生产的高产、低消耗。传统发酵为 21 天，现代发酵则为 28 天。其中，前发酵 7～8 天，使品温缓慢上升到 20～30℃，主发酵（或发酵中期）10 天，后发酵 10 天。

⑥ 蒸馏：出缸后加入原料含量 22%～25%的辅料（稻壳：小米壳=3：1），拌匀后装甑蒸馏，截酒头 1kg（酒度 75°以上），截酒尾（酒度 30°以下）。所得的酒称为大馇酒。

⑦ 入缸再发酵（二馇酒发酵与蒸馏）。

为了提高淀粉利用率，进行二馇发酵。蒸完酒的醅子视干湿情况按每甑料泼 25～30kg 40℃的温水，出甑并扬凉 30℃以上，加入大馇投料量 9%的大曲粉，拌匀，二馇入缸温度，春、秋、冬三季为 22～28℃，夏季为 18～23℃，二馇入缸水分控制在 59%～61%。醅子压紧，发酵 28 天后，蒸馏。蒸馏所得的酒称为二馇酒。

⑧ 贮存、勾兑：将大馇和二馇酒贴签入库，贮存 3 年以上，再将两种酒根据不同的质量要求勾兑成成品酒。

三、大曲酒的特点

根据大曲酒的生产工艺，可以总结得到大曲酒生产的如下特点：①原料常压蒸煮，粉碎后的生原料直接装入甑桶中蒸熟（清蒸），或与酒醅混合后混蒸，有利于提高能源的利用率，并增加酒的风味；②生产是间歇式和开放式的，属于多菌种混合发酵，产品风味好；③以配糟调节淀粉浓度与酸度，以利于控制发酵过程与速度，提高原料的利用率，增加产品的风味；④采用传统的甑桶蒸馏，设备简单。但是通常为手工操作，劳动强度大，且生产周期长。

第四节 小曲酒的生产工艺与特点

小曲酒是以小曲为糖化发酵剂生产的白酒。尽管很多消费者认为，小曲酒的质量不如大曲酒，但是因为其酒曲用量少，发酵期短，出酒率高，生产成本低，价格便宜，所以在我国广大的农村，特别是我国南方的农村有非常大的市场。

本节将首先介绍小曲的生产工艺，然后再介绍小曲酒的生产工艺。

一、小曲生产工艺

（一）小曲的特点

与大曲一样，以小曲的形式保藏与优化微生物菌种也是我国劳动人民长期生产实践智慧的结晶。小曲常用米粉、米糠及少量的草药为原料，采用自然培菌（现在也有纯种培养的），在 25～30℃的温度下培养 7～15 天即可。具有制曲周期短、品种多、用量少、生产工艺简单等优点。小曲的外形尺寸比大曲小得多，通常有圆球形、圆饼形和长方形。

（二）小曲的种类及其生产工艺

关于小曲的种类与纯种根霉小曲的生产工艺请参阅第七章。在这里仅以单一药小曲和广东酒曲饼为例，介绍小曲的生产工艺及操作要点。

1. 单一药小曲

（1）工艺流程　单一药小曲是用生米为原料，只添加一种香药草粉，接种曲母培养制成的一种小曲。桂林酒曲丸就是一种单一药小曲，图 8-7 是其生产工艺流程。

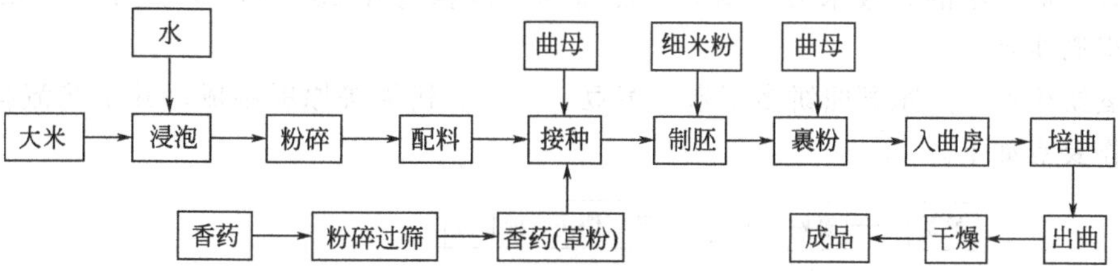

图 8-7　单一药小曲工艺流程

（引自：葛向阳《酿造学》，2005）

（2）操作要点

① 浸米：米加水浸泡，夏天 2～3h，冬天 6h 左右。

② 粉碎：沥干后粉碎成粉状，用 80 目筛筛出 5kg 细粉作裹粉。

③ 制胚：按 15kg 曲胚、5kg 细粉、2.5kg 草药粉、0.4kg 曲母、15kg 水的比例，混合均匀后，制成饼团，放在饼架上压平，用刀切成 2cm 见方的粒状，用竹筛筛成圆形的药胚。

④ 裹粉：将细米粉和曲母粉混合均匀作为裹粉。先撒小部分于簸箕中，并洒第一次水于

酒药胚上后倒入簸箕中，用振动筛筛圆、裹粉成型，再洒水、裹粉，直到裹粉全部裹光。洒水量共约0.5kg。然后将药胚分装于小竹筛中摊平，入曲房培养。入曲房前酒药胚含水量控制在46%左右。

⑤ 培曲：根据小曲中微生物生长过程，分为前期、中期和后期3个阶段。酒药胚入房后，经24h左右，室温保持在28～31℃，品温为33～34℃，最高不得超过37℃。当霉菌繁殖旺盛，有菌丝倒下，胚表面起白泡时，将药胚上盖的覆盖物掀开，此阶段为培养前期。培养24h后，酵母开始大量繁殖，室温控制在28～30℃，品温不超过35℃，保持24h。这个阶段称为中期。培养48h后，品温逐渐下降，曲子成熟，即可出曲。这个阶段称为后期。

⑥ 出曲：指将成品曲出房后于40～50℃的烘房内烘干或晒干，贮存备用的过程。从入房培养至成品烘干共需5天左右。

2. 广东酒曲饼

小曲在广东又称酒饼，是以米、饼叶（即串珠叶或山橘叶）或饼草（黄花蒿）、药材（如桂皮）、酒饼种、酒泥（酸性白土）等原料制成的，最大的特点是在酒饼中加有白泥。酒曲饼是用酒饼种（种曲）来发酵制成的。

（1）酒饼种制备　酒饼种的生产工艺流程如图8-8所示。操作要点如下。

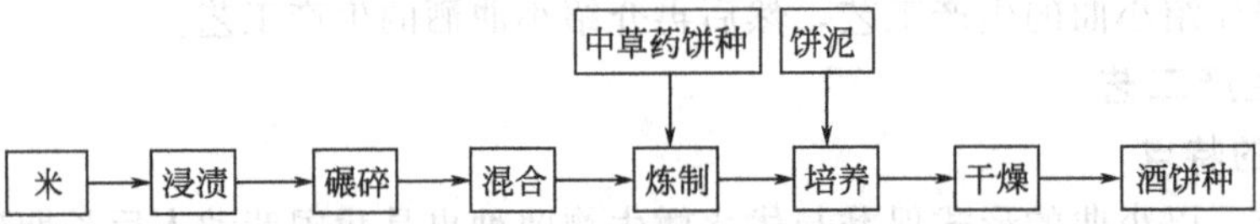

图8-8　广东酒曲饼酒饼种的制备工艺

（引自：肖东光《白酒生产技术》，2010）

① 原料配比：通常为米50kg，饼叶5～7.5kg，饼草1～1.5kg，饼种2～3kg，药材1.5～3kg。也可以因地而异。

② 原料的处理：将大米在水缸中浸泡30min左右，捞起用清水冲洗干净、沥干，然后用粉碎机粉碎；酒饼草与酒饼叶，太阳下晒干，粉碎后筛去粗粉；中药材粉碎过筛备用；酸性白土按1：4的比例加入清水，去脚渣并倾去上清液，干燥备用。

③ 制曲种：将处理好的原料倒入拌料盒中，加入粉碎的中草药酒饼种和40%～50%水，拌匀。再将其倒入木板的方格中，压成饼。然后用刀切成小方块，在滚角筛中筛成圆形，放在竹匾中，置于曲室中的竹或木架上培养。曲室的温度保持在25～30℃，经48～50h，取出晒干，即制得酒饼种。

（2）酒饼生产　广东酒曲饼多用米、黄豆、饼叶、饼泥等原料制成，其工艺流程如图8-9所示，操作要点如下。

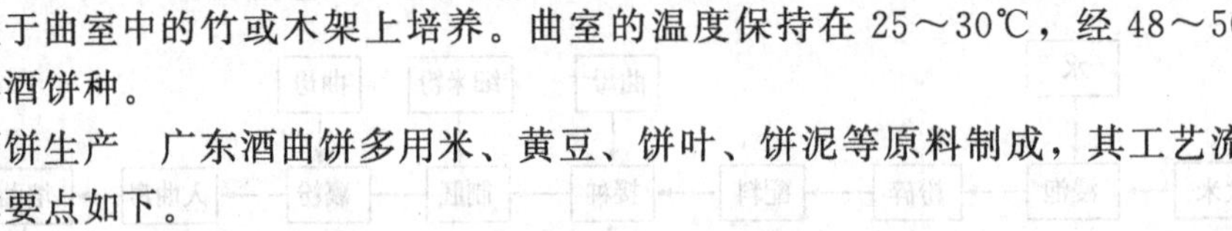

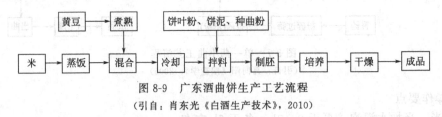

图8-9　广东酒曲饼生产工艺流程

（引自：肖东光《白酒生产技术》，2010）

① 原料配比：常用比例为大米48kg，黄豆9kg，饼叶3.6kg，饼泥9kg。但是常因地而异。

② 原料处理：米浸泡3～4h后冲洗、沥干，置甑中蒸熟；黄豆加水蒸熟，取出后与米饭混合，冷却备用；其他原料处理参见酒饼种。

③ 制胚与接种：将冷却后的米饭和黄豆置于拌料盆中，加入饼叶粉、饼种粉混合后，搓揉均匀。然后倒入成型盒中，踏实，用刀切成四方形的曲块。再在竹筛中筛圆，置于曲室培养。

④ 培养：培养室的温度保持在25～30℃，在培养期间应注意品温变化，并加以控制，经6～8h即可成熟，然后置于太阳底下晒干备用。

二、小曲酒生产工艺

根据所用原料和生产工艺的不同，小曲酒的生产工艺包括固态法小曲酒和半固态法小曲酒生产工艺。其中，前者在川、黔、滇、鄂等省普遍采用，它是以高粱、玉米、小麦等为原料，经箱式固态培菌，配醅发酵，固态蒸馏而成的小曲酒；后者在桂、粤、闽等省较为普遍，它是以大米为原料，采用小曲固态培菌糖化，半固态发酵，液态蒸馏而成的小曲酒。下面将分别对这两种小曲酒的生产工艺进行介绍。

（一）固态法小曲酒

1. 工艺流程

固态法小曲酒生产的工艺流程如图8-10所示。

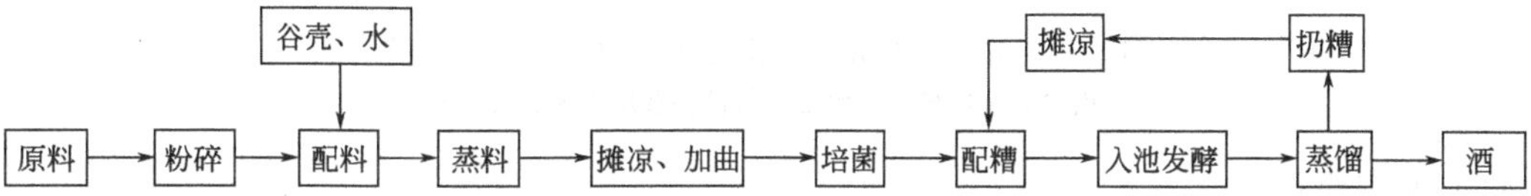

图8-10 固态法小曲酒生产工艺流程

（引自：肖冬光《白酒生产技术》，2010）

2. 操作要点

（1）泡粮 高粱以沸水浸泡，玉米以放出的焖粮水浸泡8～10h，小麦以冷凝器中放出的40～60℃的热水浸泡4～6h，浸泡时，水位淹过粮面30～50cm，浸泡过程中不可搅动以免产酸。粮食泡好后，放水使其沥干，检查100kg粮食的增重，通常为145～148kg，剖开粮粒检查，透心率约为95%以上为合适。

（2）初蒸 又名干蒸，待甑底锅水烧开后，将泡好的粮食装甑，装甑时要求轻倒匀撒，逐层装甑以利蒸汽穿过，装完后扒平，盖上盖，开大汽蒸料，要求火力大而均匀，使粮食骤然膨胀，利于淀粉糊化。一般从圆气到加焖水止的初蒸时间，粳高粱为16～18min，糯高粱、小麦为14～18min，玉米至圆气不超过50min，初蒸17～18min（贵州为2～2.5h）。

（3）焖粮 干蒸完毕，去盖，将冷凝器中的热水放进焖水桶，水淹过粮面30～50cm，糯高粱、小麦敞盖焖水20～40min，粳高粱敞盖焖水50～55min，待粮粒用手轻压即破，不顶手，待熟粮裂口率达90%以上，即可把水放出（作下次泡粮水），在甑内"冷吊"；玉米焖粮用95℃热水密闭焖120～140min，待熟粮裂口率达95%以上，大翻花少时，在粮面撒谷壳3kg，以保持粮面水分和温度，随机放出焖水，在甑内"冷吊"。

（4）复蒸 粮食煮好之后，稍停几小时，再盖盖，开小汽，当蒸汽穿过物料时，再开大汽蒸料，最后快出甑时，用大汽蒸料排水。高粱、小麦的复蒸时间为60～70min，玉米复蒸100～120min，以原粮100kg经复蒸，出甑时为215～227kg较适宜。

（5）出甑、摊凉、下曲 熟料出甑置于凉席上摊凉，并分2次撒曲拌匀，这一过程也称为下曲。下曲的温度要求，因地区气候而异。一般第一次下曲：春、冬38～40℃；夏、秋27～28℃。第二次下曲：春、冬34～35℃；夏、秋25～26℃。使用纯种根霉小曲时的用曲量：春、冬为0.35%～0.4%，夏、秋为0.3%～0.33%。

（6）发酵 熟粮下曲后，保温培菌糖化22～26h后，即可吹冷配糟入池发酵，配糟比例一般在冬天3.5～4倍，夏季4～5倍。发酵过程中正常的温度变化规律为入箱温度25℃，入箱

24h后箱温上升2～4℃；48h后，箱温上升5～6℃；72h又升温2～4℃；发酵96h后，发酵温度趋于稳定；发酵120h后，温度下降1～2℃；发酵144h后，降温3℃。

(7) 蒸馏 蒸馏前，发酵醅要沥下黄水后拌入一定量的稻壳，边穿汽边装甑，并将黄水从甑边倒入锅内，盖盖蒸馏。蒸馏时，先小汽，再中汽，后大汽追尾，采用掐头去尾的方法摘酒，酒头经长期贮藏后可用于勾兑酒，摘酒尾单放，回窖或重蒸均可。盖糟及底糟蒸馏后即可作为丢糟丢弃，其余发酵醅蒸馏后作为配糟使用。

(二) 半固态法小曲酒

半固态法小曲酒的生产工艺可分为先培菌糖化后发酵和边糖化边发酵两种。

1. 先培菌糖化后发酵工艺

(1) 工艺流程 先培菌糖化后发酵的小曲酒生产工艺流程如图8-11所示。

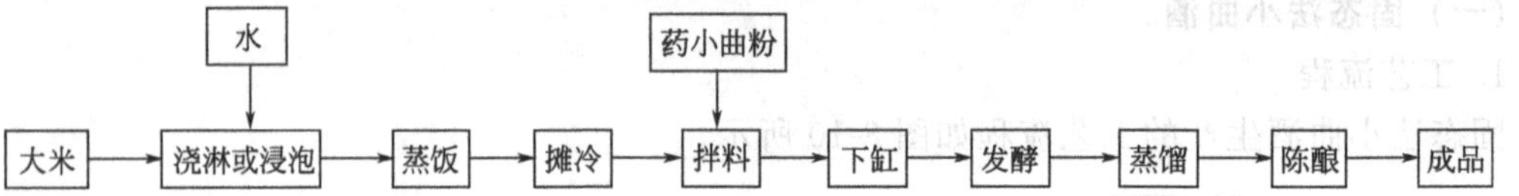

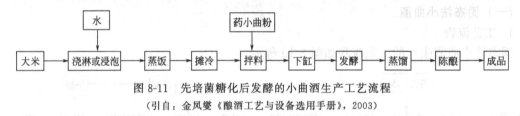

图8-11 先培菌糖化后发酵的小曲酒生产工艺流程

(引自：金凤燮《酿酒工艺与设备选用手册》，2003)

(2) 操作要点

① 浇淋或浸泡、蒸饭：原料大米用热水浇淋或用50～60℃温水浸泡约1h，使大米吸水后蒸熟成饭，此时米饭的饭粒饱满，含水62%～63%。

② 摊凉、拌料：将饭摊凉至36～37℃，加入原料量的0.8%～1.0%的小曲粉拌匀。

③ 下缸、发酵：拌匀的饭料立即入缸，每缸15～20kg大米饭，饭层厚度10～13cm，中央挖成锅底状，以便培菌糖化时有足够的空气。待品温降至30～34℃时，将缸口盖严，约20～22h后，品温升至37～39℃为宜，最高品温不超过42℃，糖化总时间为20～24h，糖化率达到80%～90%时，加入原料量的120%～125%的水拌匀，水温根据品温和室温决定，使拌水后品温控制在34～37℃，夏天低冬天高。加水后醅料含糖量应控制在9%～10%，总酸＜0.7g/L，酒精含量为2%～3%（体积分数）。将加水拌匀的醅料转入发酵缸，在36℃左右发酵6～7天，当酒醅残糖接近于零，酒度为11%～12%（体积分数），总酸0.8～1.2g/L时，发酵成熟可以进行蒸馏。

④ 蒸馏：传统方法用土灶蒸馏锅直火蒸馏，目前采用立式蒸馏釜间接蒸汽蒸馏，掐头去尾。蒸馏初期压力0.4MPa，流酒时压力0.05～0.15MPa，流酒温度30℃以下，掐酒头量5～10kg，当流出黄色或焦味的酒液时即停止接酒。酒尾转入下一釜蒸馏，中段馏分为成品基酒。

⑤ 陈酿、勾兑：蒸馏出来的酒外观和理化指标合格后入库，陈酿半年至一年半以上，再进行检查化验，勾兑装瓶得成品酒。

2. 边糖化边发酵工艺

(1) 工艺流程 边糖化边发酵小曲酒生产工艺流程如图8-12。

(2) 操作要点

① 大米清洗、蒸煮、摊凉：将大米洗净、蒸熟并摊凉至35℃（夏天）或40℃（冬季）。按原料量18%～22%的酒曲饼粉，拌匀后入埕（酒翁）发酵。

② 入埕发酵：装埕时先给每只埕加清水6.5～7.0kg，再加5kg大米饭，封口后入发酵房。室温控制在26～30℃，品温控制在30℃以下。发酵期夏季为15天，冬季为20天。

③ 肉埕陈酿：蒸酒时截去酒头酒尾，所得之酒装入坛内，每坛20kg，并加肥猪肉2kg，浸泡陈酿3个月，使脂肪缓慢地溶解，吸附杂质，并起酯化作用，提高老熟度，使酒香醇可

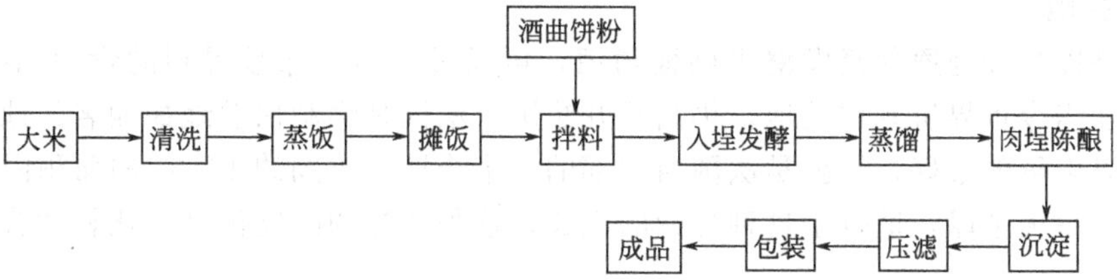

图 8-12 边糖化边发酵小曲酒生产工艺流程

（引自：金凤燮《酿酒工艺与设备选用手册》，2003）

口，同时具有独特的豉味。

④ 压滤包装：陈酿后，将酒倒入大池或大缸中（酒中肥猪肉仍在埕中，再放新酒浸泡陈酿），让其自然沉淀 20 天以上，待酒澄清，取出酒样，经鉴定，勾兑合格后，除去池面油脂及池底沉淀物，用泵将池中间澄清的酒液送入压滤机压滤，最后经装瓶包装，即为成品。

（三）大小曲混用的小曲酒

大小曲混用工艺，又称混合曲法。它是利用小曲糖化好，出酒度高，大曲生香好等特点，采用整粒粮食为原料，以小曲培菌糖化，加大曲入窖发酵，固态蒸馏取酒的生产工艺。目前，该工艺已经在贵州、四川和湖南等省得到了较好的应用。该法常以高粱为原料，也可掺入大米，原料出酒率可达 40%～45%，产品风格独特。该工艺基本过程如下。

1. 小曲糖化

从原料到蒸料再到加小曲增菌的操作与固态小曲酒生产工艺相同。

2. 配糟拌大曲

培菌后的酒醅出箱后，根据气温的不同，按粮糟比为 1∶(3.5～4.5) 的比例拌入吹冷的配糟，并加入 15%～20%的大曲粉，有时加入 0.5%的香药，拌匀后即可入窖发酵，入窖温度一般为 20～25℃。

3. 入窖发酵

入窖前窖底平铺 17cm 左右底糟，再撒一层谷壳后装入窖醅，装完后撒少许谷壳，再加入盖糟，盖上篾席，涂抹封窖后，发酵 30～45 天。

4. 蒸馏与陈酿

蒸馏与固态小曲酒的蒸馏法相同。蒸馏得到的酒再经 0.5～1 年贮存期，即可勾兑成产品。

三、小曲酒的特点

小曲酒生产具有以下主要特点。①适用的原料范围广，大米、高粱、玉米、稻谷、小麦、青稞、薯类等原料都能用来酿酒，有利于各地粮食资源的深度加工，以及农副产品加工、非粮食的淀粉质原料等的综合利用。②采用根霉为主的小曲为糖化发酵剂，用曲量少，一般为原料的 0.3%～1%，发酵期短，一般为 1～2 周，出酒率高，可达 60%～68%。③生产操作简便，原料可不用粉碎，适于中小酒厂生产。④小曲酒的酒质柔和，质地纯净、清爽，目前已经形成了米香、药香、豉香、小曲清香等不同香型风格的小曲酒，已被国内外消费者普遍接受。⑤成品酒口味较为纯净、清爽、柔和，是生产药酒、保健酒的优良酒基。⑥小曲酒生产需要较高气温，所以在我国南方和西南地区较为普遍，又因为其价格不高，所以深受广大消费者的欢迎。

第五节 白兰地与威士忌的生产工艺

白兰地与威士忌是世界知名的两种蒸馏酒，它们在欧洲和北美均有非常大的消费群体。我国尽管也能生产白兰地与威士忌，但是产量不大。本节将简单介绍这两种酒的生产工艺。

一、白兰地

白兰地是以葡萄为原料经发酵得到葡萄酒，再经过蒸馏、陈酿得到的含酒精为30%以上的蒸馏酒。在当今世界讲到白兰地，仍离不开法国，法国是酿制白兰地最闻名的地方。而法国白兰地，又以干邑的最好。干邑是法国西南部的一个小镇，周围约 10^5ha 的面积内，无论天气还是土壤，都得天独厚，适合于良种葡萄的生长，这种葡萄的酸度偏高，比较适合用于酿制优质的白兰地。

1. 工艺流程

白兰地的工艺流程如图 8-13 所示。

原料葡萄 → 发酵 → 蒸馏 → 贮存 → 勾兑 → 成品

图 8-13　白兰地的工艺流程

2. 操作要点

(1) 原料　用于白兰地酿制的葡萄应该具备以下特点。①酸度较高，酸的含量与蒸馏时酯香形成密切相关，一般酸含量高时，有利于酯香的形成，而这种香是形成白兰地香味的主要成分。②含糖量较低，产酒度就低，用这样的葡萄酒作为蒸馏白兰地的原酒，所需的葡萄酒的量也就较多。因此，有可能将葡萄原料中较多的芳香成分，转入白兰地原酒中，最终赋予成品酒特有的典型性。一般原料葡萄酒的酒精含量，最高不超过 9.38%，最低可不小于 6.74%。③葡萄品种的香气不宜太突出，应为弱香或中香的葡萄品种，凡具有特殊芳香的葡萄品种一般均不宜生产优质白兰地。④以高产抗病的白葡萄为好，在法国常用的品种有白玉霓（Ugni blanc）、鸽笼白（Colombard）、白福儿（Folle Blanche）。我国适合酿造白兰地的葡萄品种有红玫瑰（Red Rose）、白羽（Rkatsiteli）、白雅（Bayan）、龙眼（Longyan）、佳丽酿（Carignane）等。

(2) 发酵　白兰地用葡萄酒的酿造工艺基本上同白葡萄酒的酿造，但是必须注意以下4点。

① 不允许使用 SO_2：由于 SO_2 在发酵时能与醛类结合，有损白兰地的风味。如果原料酒中含 SO_2，会在蒸馏过程中进入白兰地原酒中，产生刺鼻味，并带有 H_2S 臭味。SO_2 还腐蚀铜质蒸馏器和冷却管路，且将铜绿带至白兰地原酒中。另外，SO_2 在发酵和蒸馏过程中形成硫醇类（RSH），具有令人作呕的恶劣气味。SO_2 溶于水成亚硫酸，还可以使白兰地原酒的 pH 值呈现异常的下降。因此，以优质葡萄为原料酿制白兰地用葡萄酒时不必添加 SO_2。若葡萄质量不大理想，可以添加适量的 SO_2，但用量应控制在 50～75μg/kg。这样，可以保证醛类含量不会增加。

② 采用自流汁发酵：为了防止较多高级醇的产生，采用自流汁（不加压力或者稍加压力便自行流出的葡萄汁）而不取压榨汁（施加压力榨出的葡萄汁）发酵。

③ 葡萄原酒的质量：葡萄原酒要求有较高的滴定酸，以保证发酵过程顺利进行，抑制杂菌生长，同时也利于原酒的保存。另外，酒度也应该较低。据法国几十年的资料记载，法国历史上最优质的可涅克白兰地（Cognac brandy），是用 7.5°的葡萄原酒蒸馏得到的。当发酵完全停止，葡萄原酒的残糖在 0.3%以下，挥发酸在 0.05%以下时，即可进行蒸馏。若采用澄清液蒸馏，需经一定时间贮存，待酵母等沉淀后，将清液与酒脚分离，即可蒸馏清液，这样可以得到质量很好的白兰地原酒。

④ 葡萄原酒保存：蒸馏白兰地的葡萄原酒，通常要保存 5～6 个月。必须满罐贮存，以免葡萄酒与空气中的氧作用生成一部分醛，并防止有害微生物的侵入。

(3) 蒸馏　当年发酵原料葡萄酒，应该在自年底至次年 3 月底蒸馏完毕。法国可涅克白兰地常采用两次间歇蒸馏的方法进行蒸馏。

① 第一次蒸馏：蒸取粗馏原白兰地。在容量为600～1000L的蒸馏锅中，加入200～330L已预热至70℃左右的酒度为7.5°～8.5°的葡萄原酒，用文火蒸馏约8h，馏出液的平均酒度为25°～30°，其容量约为原料葡萄酒的1/3左右。

蒸馏粗馏原白兰地时，须截取小量的酒头，可将其回入下一锅原料葡萄酒中，蒸入下一次粗馏原白兰地中。这是因为酒头最先通过冷却盘管，实际上是对盘管进行了一次洗涤，且将上次蒸馏时残存于盘管中的酒尾也洗了出来。另外，酒头经过复蒸而加热，发生一系列成分变化，有利于改善白兰地的酒质。

在第一次蒸馏的末期，还须截取酒尾，酒尾的处理方法同酒头。酒尾中含有较多的高沸点成分，采取回酒复蒸的方法，能起到纯化作用。截取酒尾的时机，与原料葡萄酒的酒度有关。例如，如果原料酒为7°，从馏出液7°时截酒尾；如果是9°的原料酒，则从馏出液4°时开始截酒尾；原料为11°时，则馏出液为2°时才开始截酒尾。即原料酒的酒度越高，截取酒尾的酒度就越低，这样才能保证粗馏原白兰地的酒度大体上在25°～30°之间。若粗馏原白兰地在30°以上，则在第二次蒸馏时，应加水稀释至30°以下。

② 第二次蒸馏：将粗馏原白兰地装入蒸馏锅中，进行第二次蒸馏。第二次蒸馏的时间为12～14h，蒸馏过程中也要进行截头去尾。

通常根据原料葡萄酒的质量来确定截取酒头的数量，若原料葡萄酒质量好，截取酒头的量为粗馏原白兰地的1%。原料葡萄酒质量较差时，截取酒头量为2%。也可按纯酒精计算来截取酒头，即截取总酒分的0.5%～1.5%为酒头。截头并非越多越好，若截头过多，也会影响成品酒的香气和质量。酒头通常呈乳白色或其他颜色。截去酒头以后的酒为“中馏酒”，又称为酒心。酒心的度数是随蒸馏过程而变化的，将不同度数的酒心混在一起，使度数在70°左右时最好，此种酒心又称为原白兰地（original brandy）。法国人称去酒尾的操作为“切酒”，有经验者，可通过看酒和品尝来确定切酒时间，现多用酒度计测量酒度。通常认为从58°切酒较为适宜，但要视具体情况灵活掌握。例如，若在60°～61°已经呈现酒稍子味，就应该马上切酒，以免原白兰地被酒稍子味污染。酒头可以加入到粗馏原白兰地或原料葡萄酒中再蒸馏，酒尾回到原料葡萄酒中蒸馏。

在原白兰地蒸馏过程中要严格控制蒸馏温度，尽可能地不要耙动炉堂煤火，而应通过调整烟道抽风，以控制火力大小。尤其在切酒前的片刻，更要减弱火力。据说如此缓慢蒸馏的目的，是为了减少芳香成分的损失。所以法国人又称原白兰地为文火酒（simmer wine）。

(4) 贮存　新蒸出的原白兰地，口味辛辣，必须贮存。法国多用250～350L的鼓形橡木桶贮存。新桶先用水浸泡，以去除水溶性单宁。再用65°～75°的精馏酒精浸泡15～20d，去除醇溶性单宁。第一年，白兰地在新桶中贮存，然后再转入旧桶，以免白兰地吸收过多的单宁。

贮存过程中，由于空气对木桶的渗透，使白兰地进行缓慢的氧化作用，形成陈酿香味。同时，酒液从橡木溶出色泽及木香等成分。另外，酒精与橡木中的木质素等作用生成香草醛与丁香醛等芳香化合物，赋予白兰地柔和的香味。这种香味也因不同地区的橡木种类而异。

贮桶内的白兰地不宜装得太满，应留出1%～1.5%的空隙，这样可避免因温度变化而使酒液外溢，同时也有利于酒的氧化过程。每年白兰地的挥发量为5%～6%，因此，在贮存期间，一般一年须添桶1～2次。

白兰地的贮存最适温度为15～25℃，相对湿度为75%～85%。

(5) 勾调　各年度生产的白兰地，风味往往不尽相同。为保持本厂的名牌特色，各厂均有自己的标准样品，作为勾调的依据。先进行不同品种的原白兰地、不同桶贮存原白兰地、不同酒龄原白兰地的勾兑，经调配后的白兰地还需再贮存几个月。在装瓶前，还须再次勾调，尽量不失本厂产品的固有特点，保持质量相对稳定，以取得消费者的信任。

二、威士忌

现今世界上已发展五个主要的威士忌生产区域，即苏格兰威士忌（Scotch whisky）、爱尔兰威士忌（Irish whisky）、美国威士忌（American whisky）、加拿大威士忌（Canadian whisky）、日本威士忌（Japanese whisky）。其中，以苏格兰威士忌最为著名。苏格兰威士忌又分为纯麦芽威士忌（pure malt whiskey）、谷物威士忌（grain whisky）与兑和威士忌（blended whisky）。纯麦芽威士忌是以纯大麦芽为原料酿制的。谷物威士忌是以燕麦、小麦、黑麦、玉米等谷物为主料制成的，大麦只占 20%，主要用来制麦芽，作为糖化剂使用。谷物威士忌的口味很平淡，几乎和食用酒精相同，属清淡型烈酒，多用于勾兑其他威士忌酒，很少零售。兑和威士忌是用纯麦芽威士忌、谷物威士忌或食用酒精勾兑而成的混合威士忌。高级威士忌兑和后要在橡木桶中贮存 12 年以上，而普通威士忌在兑和后贮存 8 年左右即可出售。一般来说，纯麦芽威士忌用量在 50%～80%之间的为高级兑和威士忌。下边以苏格兰威士忌为例，简单介绍纯麦芽威士忌的生产工艺及其操作要点。

1. 工艺流程

纯麦芽威士忌的工艺流程如图 8-14 所示。

麦芽 → 粉碎 → 糖化 → 发酵 → 一次蒸馏 → 二次蒸馏 → 陈酿 → 勾调

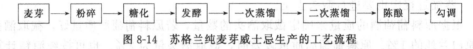

图 8-14　苏格兰纯麦芽威士忌生产的工艺流程

2. 操作要点

（1）制麦芽　威士忌麦芽制造和啤酒麦芽十分相近，都需要精选除杂、浸泡、发芽、翻麦等。经 8～12 天发芽，大麦已长出根芽。为了保证麦芽有一定的糖化力，根芽长度为麦粒的 1.5～2 倍，叶芽长度为麦粒的 2/3～3/4。绿麦芽送入麦芽干燥炉进行干燥。麦层厚度一般为 20～30cm，也有厚至 70～80 cm 的。开始时干燥温度为 50℃，待绿麦芽水分降低后，再逐渐升温至 70～80℃。将麦芽干燥至水分为 8%左右，即可从炉中取出，去除麦根后，作为威士忌原料麦芽。

（2）糖化　大麦芽或经泥炭熏过的大麦芽，用粉碎机粉碎成碎片，加入 57～63℃热水混匀。再倾入糖化锅中糖化后滤出第一次麦汁后，加入热水，使品温为 66～68℃，进行第二次糖化，滤得第二次麦汁。第一、二次麦汁混合后作发酵用。向残存的麦糟中加 74～77℃热水，进行第三次糖化后，麦汁从锅底流出，第三次麦汁因糖度较低作为下次糖化的第一次用水。锅中的麦糟取出作为饲料。

（3）发酵　麦汁经冷却器冷却至 20～21℃，送入发酵桶，加入 8%～10%的酵母培养液。通入无菌空气 5～10min 后进行发酵。发酵期间，应用冷却管控制发酵品温，使最高温度不超过 32℃。发酵时间为 64～80h。

（4）蒸馏　威士忌的蒸馏采用直接加热，两次蒸馏的方法。

① 第一次蒸馏：将发酵液经预热器加热到 50～60℃，再进入蒸馏锅蒸馏，得到的蒸馏酒称为低度酒或粗馏酒。其酒度较低，含杂质也较多。

② 第二次蒸馏：将粗馏酒泵入较小的壶式蒸馏锅（或称酒精蒸馏锅），再次蒸馏。馏出液分三段，其中，中段酒称为纯净的或新的威士忌，其余两段为酒头和酒尾，可混合起来，一并加入下次要蒸馏的粗馏酒中。将中段酒（酒度 63°～71°）从蒸酒器泵入酒精混合罐中，加水稀释至 42°～44°后，转入橡木桶贮存。

（5）陈酿与老熟　新蒸出来的酒无色，口味较粗糙。一般至少要贮存 3 年，通常 4～6 年，甚至有 10 年以上的。威士忌的贮存期，取决于原酒的成分，谷物威士忌比纯麦芽威士忌口味轻，所以成熟期较短。

对于威士忌的陈酿老熟，有人认为是氧化作用，有人则认为除去酒的不快味是靠还原作用，而促进香味协调才是氧化作用，且还原速度大于氧化速度。为了缩短威士忌的贮存期，进行了种种人工老熟方法的研究，但生产中实际应用的还较少，原因是认为自然老熟的威士忌质量较好。

① 机械老熟法：有人发现威士忌在装船运送后，其成熟度明显增加，于是想到采用振荡设备加速老熟。在43℃温度下振荡数月，促使橡木中的物质溶出，且加速醇与酸的成酯作用，这是最好的搅拌老熟法，曾获英国专利。

② 物理老熟法：将新酒在45～65℃用紫外线照射48～170h；或照射法与氧化法相结合，即加入少量的过氧化氢、苯甲酰的过氧化物或臭氧化合物，然后用紫外线照射，或在酒液中有氧的情况下，用氖灯光照射；也可以在发酵液蒸馏前加入活性炭，以去除不快气味；或在盛有威士忌的密闭容器中，加入活性炭，在空气的存在下，经10h后，再在35～38℃搅拌30天。

③ 还原法：将威士忌以气相与氢混合，通过镍作接触剂，进行氢化。大约每6000L新酒需用1.5kg镍，即可使新酒变得较醇厚。氢化在液相中进行，即以铂为催化剂，氢在酒液中吹泡，以除去不愉快气味。将白橡木放入马弗炉，从外部加热至700℃保持1～2min使成木炭，此木炭层中含有酒精的可溶物。将此木炭与已除去不快气味的新酒加温至60℃。

④ 氧化法：是人工老熟的主要方法，在工业上较有实用价值。首先利用耐几个大气压的桶，将待处理的酒流入桶内，压缩空气从桶底进入，处理时间按具体要求而定，然后将橡木片用氧或臭氧处理后泡入酒中，可提高酒的酯含量，降低醛类含量，再使用受过高压电弧的空气处理新酒，这种空气中含有四氧化氮，最后将酒的蒸气在150～180℃下通过很细且分散的铜、镍等氧化物。

(6) 勾调与后处理　将多种不同的威士忌按一定比例加以混合，称为勾兑。通过勾兑，使每年生产的威士忌，质量相对稳定。威士忌的勾兑与白酒的勾兑不同，它以贮存期最短的威士忌酒来计算酒龄。威士忌的色泽，可直接来自橡木桶，也可用糖色调整色度。威士忌的品尝有特殊要求，威士忌的勾调者，绝不用口品尝样品，而是用鼻来品评。其检验方法是在试管中放入少量威士忌，再放入等量的水，以利于用鼻品评从威士忌中挥发的香气。通过此法，将各桶威士忌加以分类，再把不同的威士忌按准确比例混匀于橡木桶中，贮存6个月以上。

威士忌在装瓶前，须经石棉层或纤维素层过滤，有时还用活性炭处理。为了防止产品的浑浊，冷过滤的方法也常作为瓶装前的最后一道过滤工序。

第六节　白酒酿造的新技术与新概念

白酒作为具有中国特色的蒸馏酒，是我国的传统发酵食品之一。有很多学者一直致力于我国白酒等传统发酵食品的研究，其中我国著名的微生物学家、中国科学院院士方心芳先生就是其中杰出的代表。方先生从20世纪30年代初开始从事白酒酿造技术研究与改良，他1931年大学毕业后的第一项研究工作就是改良高粱酒的酿造方法。他通过选育糖化力强的米曲霉(*Aspergillus oryzea*)和发酵力强的酵母菌，并添加于白酒酿造中，提高了白酒的出酒率。他通过对山西汾酒厂的考察，写出了关于我国制曲酿酒的第一批科学论文，这些成果至今仍对我国的酿酒行业有重要参考意义。他在大曲中接种曲霉、根霉和酵母菌，提高了大曲的糖化和发酵效率。同时，对制曲的场所曲房进行了改造，实现了一年四季均可生产大曲。中华人民共和国成立后，他继续从事白酒酿造方法的研究，1960年，在原轻工业部的组织与领导下，他到茅台酒厂实地调查，派人常住酒厂进行大曲和酒醅中微生物的分离，并开展了相关的鉴定工作，提出了茅台酒酿制过程中特有风味成分主要来自耐高温细菌的理论。他曾对我国 20 世纪 50 年代至 80 年代间的酿酒技术的发展做了如下的概括："50 年代主要是提高淀粉利用率，60 年代是提高白酒质量，70 年代是试验和推广浓香型白酒的酿造方法，80 年代将是试验和推广茅台酒曲型特高温酒曲，在各地生产茅台酒型白酒的时期。"

进入 20 世纪 80 年代以后，随着我国改革开放力度的不断加大，我国经济逐渐从计划经济向市场经济过渡，白酒市场的竞争日趋激烈，各种新技术、新概念不断在白酒酿造行业出现并成功应用于白酒酿造中。

在酿酒微生物研究方面，20 世纪 80 年代后，对大曲微生物中提出了曲药微生物代谢指纹理论，以对曲药中的微生物区系进行系统研究。所谓微生物代谢指纹是根据细菌对碳源（或氮源）利用的差异来对细菌进行区别与分类。不同的细菌可以利用不同的碳源或氮源进行新陈代谢，而对其他一些碳源或氮源则无法利用，从而可以将每种细菌能利用和不能利用的一系列碳源或氮源进行排列组合，这就构成了该种细菌特定的代谢指纹。由于细菌在利用碳源进行呼吸时，会发生一系列的氧化还原反应，产生电子，TTC（四唑紫，2,3,5-triphenyl tetrazolium chloride）在吸收电子后，会由无色的氧化型转变为紫色的还原型，通过肉眼观察或计算机控制的读数仪，将结果同数据库中的指纹进行比对，从而可以得到细菌的分类结果。

对窖泥微生物的研究促成了人工窖泥的成功培养。所谓的人工窖泥是首先将来自窖泥的单一或多种微生物，经液态扩大培养后，用于发酵窖泥，然后将发酵好的窖泥涂于泥窖表层15～30cm，并及时将糟醅入窖发酵。这种人工老窖的产酒质量相当于几十年自然老窖的产酒水平。

在白酒发酵剂研究方面，20 世纪 90 年代末，以黑曲霉（*Aspergillus niger*）为菌种的固体麸曲已逐渐被商品糖化酶和活性干酵母所代替；采用了液固结合培养和低温气流快速干燥等新技术，生产产酯活性干酵母，从而使白酒产酯酵母实现了商品化。

在白酒生产工艺方面，也出现了许多新的技术和方法。堆积发酵、双轮底发酵和回窖发酵等新技术与方法在白酒生产中得到应用。所谓堆积发酵是指原料与母糟混匀、蒸煮、摊凉后，加尾酒和曲粉，混匀后堆积进行发酵的过程。这种堆积可以富集来自空气、地面和工具等环境中的微生物，特别是酵母菌，所以被称为二次制曲。双轮底发酵指将上一轮发酵好的窖底香糟留下一甑不出窖，沥尽黄水后，加入少许大曲粉翻拌后再发酵一个周期，然后单独出窖蒸馏的工艺。这可以提高酒中酯类的含量，又能提高香糟的质量，所以被多数浓香型白酒厂所采用。所谓的回窖发酵就是将发酵后成品酒、窖泥、糟醅等原料按一定比例回入粮糟中，再次进行发酵的过程。根据回窖材料的不同可以分为回酒发酵、回糟发酵、回泥发酵、回已酸菌发酵液发酵。回窖发酵可以大幅度提高产品的质量。

在酒类添加剂的开发方面，在打破了传统固态白酒中不得使用非自身发酵产生的呈香呈味物质的规定，GB 2760—2007 中允许在液态法和固液法白酒中使用一些食品添加剂，例如甜味剂和食用香料等。另外，利用超临界 CO_2 萃取技术从酿酒副产物中提取酒用呈香呈味添加剂已成为酿酒行业发展的一个新方向。

在新型白酒方面，成功解决了低度白酒（酒度体积分数在 40%以下的白酒，一般用高度白酒加水稀释而成）降度后的浑浊、口味与香气平淡等问题。以优质食用酒精为基础酒，经调配而成各种新型白酒，由于具有机械化程度高、劳动生产率高、淀粉出酒率高等优点，已占全国白酒总产量的 50%以上。

在白酒香型研究方面，应用先进的仪器设备，进一步剖析阐明了白酒组分的大同小异以及量比关系的重要作用。通过对有些香型酒的特征成分的分析，为白酒的勾兑提供了科学依据，并且可以基于仪器分析结果，采用计算机进行白酒勾兑配方的设计。

在循环经济与酿酒生态园建设方面，很多白酒发酵过程产生大的副产物得到了综合利用。

例如，可以将酒糟发酵增香，通过窜蒸来提高酒的质量，或用来加工成饲料，或用来制曲以降低成本；也可以用黄水兑酒，增加酒的香气成分，或用来发酵窖泥，保养窖泥等；酒头酒尾可用来做调味酒或生产低度白酒。同时，通过研究总结出气候条件对酿制白酒的影响。例如，高温、多雨、潮湿的气候条件比较适合酱香型大曲酒的酿造和多轮次发酵工艺。通过保护与建设适宜酿酒微生物生长、繁殖的生态环境，有利于优质白酒的酿制。

以下将仅对糖化酶、活性干酵母在白酒酿造中的应用以及生态酿酒进行较为详细的叙述。更多关于白酒酿造的新技术与新概念，请参阅其他相关书籍。

一、糖化酶和活性干酵母的特性及其在白酒酿造中的应用

(一) 糖化酶与活性干酵母的特性

1. 糖化酶的特性

糖化酶 (glucoamylase) 又称葡萄糖淀粉酶 (EC 3.2.1.3)，它能从淀粉从非还原性未端水解 α-1.4-葡萄糖苷键产生葡萄糖，也能缓慢水解 α-1.6-葡萄糖苷键。不同国家糖化酶的生产菌株不同，美国主要采用臭曲霉 (*Aspergillus fortidus*)，丹麦主要采用黑曲霉 (*Aspergillus niger*)，日本主要采用拟内孢霉 (*Endomycopsis* spp.) 和根霉 (*Rhizopus* spp.)，前苏联则主要偏向于研究拟内孢霉，我国主要采用黑曲霉为生产菌株。

我国自 20 世纪 60 年代开始生产糖化酶制剂，70 年代日趋成熟，成为我国发酵工业的新行业之一。酶制剂工业的发展，大大改变了我国白酒厂和酒精厂的生产工艺，在我国白酒与酒精行业，使用糖化酶的企业越来越多，使用的范围越来越广，产生的效果也越来越好。

目前，在我国白酒行业使用的糖化酶具有如下特性：①不但能水解直链淀粉，还能水解支链淀粉，而且糖化的速度较快；②最适反应温度 60℃左右，但在 30～40℃时也具有较高活性，且稳定性比 60℃要好，白酒酿造是一个边糖化边发酵的过程，要求其所加糖化酶的作用时间较长，因此没有必要强调在 60℃下使用；③适宜的 pH 值范围为 3.0～5.5，最适合 pH 值为 4.5，在 pH 值 2.5 时仍具有较高活性，因而比较适合白酒生产的酸性环境。

2. 活性干酵母的特性

活性干酵母 (active dry yeast) 是指鲜酵母菌经干燥脱水后仍保持发酵能力的干燥制品。产品含水量一般为 8%左右。

我国 20 世纪 80 年代末期开始活性干酵母的生产，至 90 年代中期，其品种、数量、性能均有很大提高，发展成为又一个发酵新兴行业。酒用活性干酵母也是在 80 年代末，在我国兴起并迅猛发展的，到 90 年代中期，活性干酵母应用范围越来越广泛，并在酒精、白酒、黄酒和果酒上应用的效果都十分明显。目前，各种酿酒用的活性干酵母产品不断问世。①按照酿酒种类分类，包括啤酒用、葡萄酒用、黄酒用、白酒用和酒精用活性干酵母。②按酵母的数量分类，包括低活性（每克干粉含酵母数小于 50 亿个）、中活性（每克干粉含酵母数 50 亿～200 亿个）、高活性干酵母（每克干粉含酵母数大于 200 亿个）。③按酵母的耐温度高低分类，包括中温活性干酵母（适宜发酵温度为 20～30℃）和耐高温活性干酵母（适宜发酵温度为 39～42℃）。④ 按酵母代谢的副产物分类，包括产酯活性干酵母、产酸活性干酵母、产高级醇活性干酵母等。

酒用活性干酵母具有如下特性：① 对于酒用中温活性干酵母，酵母复水后可立即恢复成正常细胞状态，具有适应主发酵温度为 20～30℃、pH 值 2.0～9.0、耐酒精浓度 11%、耐蔗糖浓度 60%的特性，且具有生酸少，出酒高的特点；②对于耐高温活性干酵母，其适宜的主发酵温度为 39～42℃、pH 值 2.5～9.0、耐酒精浓度 13%、耐蔗糖浓度 60%，这种酵母适于各种原料的酿酒工艺，具有生酸少、发酵周期短、出酒率高的特点；③对于生香活性干酵母，其最适产酯温度为 25～30℃，超过 37℃，产酯量急剧下降。

(二) 糖化酶和活性干酵母在白酒酿造中的应用

目前糖化酶和活性干酵母在白酒工业上的应用范围越来越广泛，可用于液态法白酒、普通白酒、优质白酒等的生产，如用法得当，效果均很明显。下边简要介绍糖化酶和活性干酵母在液态法白酒、普通白酒和优质白酒生产上的应用。

1. 糖化酶在液态法白酒生产上的应用

在我国，糖化酶制剂已经普遍用于液态白酒与酒精工业中，其操作要点如下。

(1) 糖化酶与淀粉酶配合使用　后者在调浆时加入，作用是降低醪液黏度；前者在糖化时加入，主要起糖化作用。

(2) 液化、蒸煮和糖化　原料与水的配比为1∶4左右，在原料调浆时加入0.05%左右的α-淀粉酶拌匀后，升温45～50℃，液化5min，然后蒸煮糊化，将糊化好的醪液降至62℃，用硫酸调pH 4.2～4.8，随后加入糖化酶，1g原料加酶量为80～100酶活单位，糖化温度58～60℃，时间30min，间歇搅拌。

(3) 发酵　酶法糖化醪的还原糖比用曲糖化时高，因此应控制发酵温度不超过34℃。另外，酶法糖化醪入发酵罐的酸度应比曲法低，把醪液pH值控制在3.5～4.0较为理想。

2. 糖化酶制剂与活性干酵母在普通白酒生产中的应用

活性干酵母用量为原料的0.5%～0.7%，糖化酶用量为1g原料180酶活单位，在小桶中先加入糖化酶，再加40℃的自来水，搅匀，静置25min，然后加入活性干酵母，搅匀，静置30min，即可入窖发酵。经测算，使用糖化酶和活性干酵母代替麸曲生产普通白酒，每吨酒的成本可下降50元以上，而且有出酒率稳定、班次差距小等优点，而且为工厂节省了能源，减少了半成品车间厂房及设备。因此，全国普通白酒的生产基本上采用了糖化酶代替麸曲和小曲的新工艺。

3. 糖化酶和活性干酵母在优质白酒生产中的应用

(1) 清香型优质白酒　加耐高温活性干酵母1.2%，糖化酶1.2%，大曲用量减少25%，按正常工艺发酵，出酒率提高10%，酒质基本相当于原工艺酒的质量水平。

(2) 浓香型大曲酒　在正常用曲量前提下，增加0.3%耐高温活性干酵母和每1g原料用50酶活单位的糖化酶，夏季入窖温度为32℃以上，出酒率可提高9%。

(3) 兼香型丢糟酒　取3次投料，9轮发酵后的丢糟3000kg左右，出甑降温至31℃，加固体糖化酶1.0kg，加耐高温活性干酵母1.0kg，另外加中温大曲105kg，25℃入窖发酵15天，第5天后品温升至最高温度，第9天后，品温开始下降，出酒率平均为3.41%，比用曲对照工艺高出3%左右。该酒具备正常用曲工艺所产酒的基本特征。

(4) 小曲酒　添加耐高温活性干酵母1%与少量糖化酶，小曲用量减少至0.3%～0.4%，仍采用先培菌后糖化发酵工艺，其出酒率可提高5%～8%，酒质风味不变。

二、生态酿酒

根据GB/T 15109—2008白酒工业术语的定义，所谓生态酿酒（brewing ecologically）是指通过保护与建设适宜酿酒微生物生长/繁殖的生态环境，以安全、优质、高产、低耗为目标，最终实现资源的最大利用和循环使用。

(一) 生态环境与酿酒

人们通过对世界主要酿酒产地的分析发现，世界很多名酒的产地，法国波尔多与白兰地故乡可涅克，都出现在北纬30°的纬度带上。由我国泸州、宜宾、江油和贵州习水等形成的所谓中国白酒最佳品质的金三角，也在这一纬度带上。这一纬度带属亚热带季风性湿润气候，年平均降雨量900mm左右，平均气温16～18℃，气候温和，四季分明，雨量充沛无霜期长，植被面宽广，地下水丰富，土壤中含有丰富的有益于酿酒和人体健康的微量元素成分。这一纬度带的气候与地理特征，为酿酒提供了优质的原料与良好的微生物群系。

进一步研究发现，酿酒的小环境对白酒的质量也有较大影响，因为我国白酒属敞开式自然发酵，良好的生态环境有利于有益微生物的富集。为此中国学者在 10 多年前就提出了生态酿酒概念，很多大型酿酒企业也投入大量资金进行酿酒生态园的建设，并取得了很好的成果。例如，四川沱牌集团早在 1998 年就创建了酿酒工业生态园，在占地 5.6km^2 酿酒区域内，种植了柳树、桃树、楠木、香樟、银杏等 160 多万株，鲜花 40 多万盆，绿化覆盖率 47.4%。另外，五粮液集团等白酒企业也都非常重视厂区生态环境的建设，纷纷将酒厂建设成花园式、园林式和森林式的生态工厂。

（二）微生物群落与酿酒

我国白酒是自然多菌种固态发酵的产物，微生物所积累的代谢产物，特别是除酒精以外的微量代谢成分，通过蒸馏后进入酒中，从而赋予了白酒与酒精本质区别。对于酿酒微生物的认识大致经历了菌种、种群和群落三个阶段。过去主要是找出关键性的菌种，并加以改良和强化，后来发展为微生物种群的研究和运用，现在群落的概念逐渐清晰。最近的微生物生态学（研究微生物群体与其周围生物和非生物环境条件间相互作用的规律）研究发现，酿酒微生物主要包括两大类，一类是可以分离并可纯种培养的微生物，一类是目前难以分离且不能纯种培养的微生物，因为它离开了原有的生态条件（窖泥、酒糟、曲块等）就难以生存，而且第二类微生物所占的比例，至少为微生物总数的 90%以上。这些微生物构成的酿酒微生物群落，并非单一的菌种或种群，而是在特定的生态条件下种群的集合，它们之间存在相互依存和制约的关系，并且随着发酵过程的进行具有动态的变化。微生物群落，正是在一定的生态环境条件下，种群与种群之间相互依存、相互作用的结果。

白酒酿造的微生物生态学的研究结果，打破了过去单一菌种在酿造过程中起重要作用的认识局限，认为白酒发酵是微生物群落在发挥作用，种群与种群之间相互依存、相互作用的结果。同时还发现，微生物群落依赖于酿酒的环境，例如，酒醅微生物就要依靠酒醅，窖泥微生物就要依靠窖泥，曲药微生物就要依靠曲，这为今后白酒酿造微生物的研究指明了方向。

（三）循环经济与生态酿酒

循环经济是一种生态经济，它要求运用生态学规律来指导人类社会的经济活动。与传统经济相比，循环经济的不同之处在于：传统经济是一种“资源-产品-污染排放”单向流动的线性经济，其特征是高能耗、低利用、高排放。在这种经济中，人们高强度地把地球上的物质和能源提取出来，然后又把污物和废物大量地排到水系、空气和土壤中，对资源的利用是粗放的和一次性的，通过把资源持续不断地变成废物来实现经济的数量增长；循环经济倡导的是一种与环境和谐的经济发展模式，它要求把经济活动组织成一个“资源—产品—再生资源”的反馈流程，其特征是低能耗、高利用、低排放。

生态酿酒是实现循环经济的一种具体体现。中国酿酒的经营模式经历了传统酿酒、工业规模化酿酒、生态酿酒三种模式。表 8-1 是这几种白酒酿造模式的比较。应该说，生态酿酒是我国白酒行业长期研究与实践的总结，符合当今循环经济与低碳经济的发展理念，代表了白酒行业今后的发展方向。

表 8-1 我国白酒酿造模式的比较

酿酒模式	定　义	特　点	生产管理的重点
传统酿酒	利用传统工艺技术，以家庭、作坊为单位的手工为主、机械为辅的生产经营、管理的小规模生产方式	劳动强度大，资源耗用高，环境污染大，不可控因素多，质量安全风险大，产量小	生产工艺和产品质量的符合性控制和管理，更关注产品是否达标

续表

酿酒模式	定 义	特 点	生产管理的重点
工业规模化酿酒	将规范化种植、良好作业规范与传统酿酒的原辅料种植、酿酒操作工艺规范有机结合，规范化、科学化、精细化地组织生产，是一种机械操作为主、手工为辅，且特别注重酿造过程质量，提高产品卫生安全性的生产方式	在吸收了传统酿酒精华的基础上，使感性认识上升到了理性认识，在规范化、科学化、精细化上下工夫，操作更加细化，克服了传统酿酒过于依赖个别技师经验以及简单规模化生产导致工艺粗放、产品风格变型的缺陷	强化、细化了厂区环境、厂房和设施、设备与工器具、人员管理与培训、物料控制与管理、加工过程控制、质量管理、卫生管理、安全管理、成品贮存和运输、文件和记录以及投诉处理和产品召回等方面的基本要求，特别注重制造过程中产品质量与卫生安全的自主性管理
生态酿酒	保护与建设适宜酿酒微生物生长、繁殖的生态环境，以安全、优质、高产、低耗为目标，最终实现资源的最大利用和循环使用	生态酿酒是利用生态学技术，使酿酒产业完成了从依赖自然环境到理性建设与保护环境的升华，利用产前、产中、产后所涉及的资源，进行闭路循环生产，形成低投入、低耗能、高产出，无污染的良性循环生产链，更深层次地使酿酒产业与生态环境持续、协调、健康发展，为酿酒业的发展拓展了新的产业链	在工业化酿酒的基础上，以多重生态圈为依托，立足于产业链的资源循环利用，从产前开始延伸，采取“公司＋农户”，生产绿色原料；产中通过建立系统内“生产者—消费者—还原者”工业生态链，生产生态型白酒，实现生产的低消耗、低(无)污染、工业发展与生态环境协调发展的良性循环；产后延伸到消费领域、企业文化及其品牌培育，倡导生态营销和生态消费，向消费者传播生态理念，达到人与自然和谐相融的目的

注：引自李家民《食品与发酵科技》，2009。

(四) 酿酒生态园建设

根据工业生态学的基本原理，生态园的建设要满足闭路循环、减少污染物的发散、非物质化、非炭化等基本要求，具体到酿酒生态产业，可以理解为以下几个方面的内容：①现代科技与传统酿酒工艺的紧密结合，减少粮食等原辅料的耗用；②生产工艺的优化和生产过程的人性化，减轻工人的劳动强度及生产过程能量的消耗；③有效利用生产副产物，实现全部物质的无废化和资源化；④营造园区布局合理的自然生态环境，促进园区内有益于健康和酿酒微生物曲系的富集和繁殖；⑤酿酒原料的生态化和基地化生产等。

生态酿酒的最终目的是实现资源的最大和循环使用，强调产前、产中和产后相结合。产前应从原材料抓起，保证原材料在种植、运输、贮存过程中无有害物质的污染，且是有机的、绿色的；产中建立起生态型酿酒工业体系，确保酿酒环节不受污染；产后对资源型废物进行利用，确保“生态酒”的生产对环境不造成或少造成负面影响，从而实现酿酒企业的全程生态化和对酿酒副产物最大程度的综合利用。

思 考 题

1. 大曲的特点有哪些？
2. 简述续渣法大曲酒及其特点。
3. 论述续渣法大曲酒生产工艺及操作要点。
4. 简述清渣法大曲酒及其特点。
5. 论述清渣法大曲酒生产工艺及操作要点。
6. 论述单一药小曲的生产工艺及操作要点。
7. 论述固态法小曲白酒的生产工艺及操作要点。
8. 论述半固态法小曲白酒的生产工艺及操作要点。
9. 论述白兰地的生产工艺及操作要点。
10. 论述威士忌的生产工艺及操作要点。

第九章　发酵调味品

调味品，也称调料或佐料，是指能增加菜肴的色、香、味，促进食欲，有益于人体健康的辅助食品。它的主要功能是增进菜品质量，满足消费者的感官需要，从而刺激食欲，增进人体健康。调味品的种类繁多，通常可分为发酵调味品（由谷类和豆类经微生物发酵而成）、酱腌菜类（经酱、糖、糖醋、糟、盐等腌渍的产品）、香辛料类（辣椒、胡椒、茴香、八角、香菜、葱、姜、蒜等）、复合调味品类（包括开胃、增加风味、增鲜等）、其他调味品（盐、糖、调味油等）和一些具有调味作用的食品添加剂等。其中，发酵调味品与酱腌菜类是与发酵密切相关的，其他与发酵没有关系或没有直接关系。尽管在复合调味品的生产过程中也可能用到一些发酵调味品，但是也仅仅是作为原料而已。酱腌菜类将在本书的第十二章进行介绍，本章将仅仅对发酵调味品进行介绍。

很多发酵调味品都属于传统发酵食品，例如，我国的食醋（vinegar）、酱油（soy sauce）、腐乳（fermented soybean curd）、酱（sauce）、豆豉（fermented soybean）等，意大利的葡萄醋（grape vinegar）和日本的纳豆（natto）等，它们都是发酵调味品。本章将对我国的几种主要的发酵调味品——食醋、酱油、腐乳、酱等发酵工艺进行介绍，同时对意大利的香醋与日本纳豆的生产工艺进行简要叙述。

第一节　食醋酿造

食醋（vinegar）是一种世界性的酸性调味品。一般西方国家的食醋是以葡萄等水果或麦汁为原料，通过酒精和醋酸发酵得到的一种酸性调味品。因为一般以水果为原料，所以又称为果醋（fruit vinegar）或西洋醋。中国与日本等东方国家的食醋通常是以大米、高粱、小麦等谷物为原料，经过淀粉糖化、酒精发酵、醋酸发酵、后熟与陈酿而成的一种酸、甜、咸、鲜诸味协调的酸性调味品。因为以谷物为原料，所以又称为谷物醋（grain vinegar）或东洋醋。西洋醋的特点是以果实（果汁）或麦汁为原料，采用液态发酵工艺，以酵母菌与醋酸菌为发酵微生物，属单一菌种或多菌种的纯种发酵，产品风味比较纯净和单一。东洋醋的特点是以谷物为原料，采用固态发酵或液态与固态相结合的工艺，以曲为糖化发酵剂，属于多菌种混合发酵，产品风味独特且复杂。

关于醋的起源，据资料显示，西洋醋诞生于公元前5000年，在巴比诺利亚（Babylonia），人们发现葡萄酒暴露于空气中放置一段时间后，就变酸成了醋。醋的英文名称vinegar，来源于法文vinaigre，意思是酒（vin）发酸（aigre）了。由此可以看出，醋来源于酒的酸败。根据原料的不同，西洋醋主要包括葡萄醋（grape vinegar）、苹果醋（cider vinegar）和麦芽醋（malt vinegar）等。其中，葡萄醋包括西班牙的雪利醋（Sherry vinegar）、法国的香槟醋（Champagne vinegar）、意大利的香醋（balsamic vinegar）和传统香醋（traditional balsamic vinegar）等世界名醋。意大利传统香醋是世界最知名的香醋之一，享有高贵的醋、侯爵醋、万能的调味液和醋中皇后等美誉。

东洋醋起源于中国，至今已有3000多年的历史，古人称醋为苦酒，说明了醋起源于酒。历史上称醋和其他各种酸性调味品为醯，《周礼·天官》中即有“醯人主作醯”的记载。西晋时期酿醋技术开始传入日本。目前，在我国市场上食醋的品种多达20多种，它们大多是以大米、高粱、玉米、大麦、小麦等淀粉质原料酿造的，但是也有极少数是以薯类、水果、酒和糖蜜等为原料生产的食醋。在东洋醋中，以日本的黑醋（black vinegar）、中国的山西老陈醋

(Shanxi aged vinegar)、镇江香醋（Zhenjiang aromatic vinegar)、四川保宁麸皮醋（Sichun bran vinegar）和福建永春红曲醋（Fujian monascus vinegar)、浙江玫瑰醋（Zhejiang rose vinegar）和上海米醋（Shanghai rice vinegar）等比较著名。其中，山西老陈醋、镇江香醋、保宁麸皮醋和福建永春红曲醋被称为中国的四大名醋。

本节将首先介绍谷物醋的酿造工艺，并将简要介绍中国四大名醋的酿造工艺与产品特点，然后再对意大利传统香醋生产工艺进行介绍。

一、谷物醋的酿造

(一) 主要原辅料

谷物醋的原辅料包括谷物等淀粉质主料，麸皮与米糠等辅料，稻壳与高粱壳填充料，以及水与食盐、酱色和苯甲酸钠等调味、调色与防腐剂。下面将分别对它们进行简要介绍。

1. 主料

谷物醋的主料除了谷物外，还可以是薯类与含糖量较高的果蔬等。目前，我国用于酿醋的主料如下。①谷物类：大米、高粱、玉米、糯米、小米、小麦、大麦、青稞等；粮食加工下脚料碎米、麸皮、脱脂米糠、细谷糠、高粱糠等。②薯类：甘薯、马铃薯、薯干等。③果蔬类：柿子、梨、枣、葡萄等。④糖类：饴糖、废糖蜜等。⑤酒类：白酒、酒精、黄酒、果酒等。⑥野生植物：橡子等。其中，谷物类和薯类原料比较常用，其他原料常作为它们的代用品。表9-1和表9-2分别是它们主要成分的含量。

表 9-1 酿醋主料的主要成分 单位：%

原料名称	水分	蛋白质	脂肪	碳水化合物	纤维素	灰分
甘薯干	14	2.29	0.63	68	6.70	2.15
马铃薯干	12.86	3.78	—	63.48	2.33	2.9
玉米	14.30	9.50	5.00	66.50	1.30	1.30
高粱	13.00	8.28	5.02	58.11	8.56	3.00
大麦	14.30	10.00	2.50	63.90	7.10	2.20
小麦	14.40	13.00	1.50	66.40	3.00	1.70
燕麦	9.70	15.60	3.20	66.70	—	1.70
黑麦	13.60	6.40	1.20	77.50	—	0.90
豌豆	10.00	24.60	1.00	57.00	4.50	2.90
青稞	12.60	10.10	1.80	70.30	1.80	3.40
糯米	14.30	8.50	3.20	72.10	1.00	0.90
粳米	13.30	8.80	2.20	73.40	1.00	1.30
籼米	10.93	8.20	2.31	73.50	1.08	1.33

注：引自黄仲华《食醋生产》，1988。

表 9-2 酿醋主料代用品的淀粉或糖含量 单位：%

代用料名称	水分	粗淀粉或糖分	代用料名称	水分	粗淀粉或糖分
麸皮	9.4～16.9	40～50	细谷糠	10～16	20～30
脱脂米糠	10～15	27～29	高粱糠	14.3	43.5
糖糟	60.75	19.36	干淀粉糖	12～16	60～70
废糖蜜		48～56	橡子	12～16	30～60
梨	82～87	8.5～10	菊芋	79～82	12.5～16
柿	80	12～14	红枣	22～64	47.9
黑枣		48.0			

注：引自黄仲华《食醋生产》，1988。

2. 辅料

酿醋过程中常需要使用大量的辅料，以提供微生物活动所需要的营养物质及生长繁殖条件，并增加食醋质量和风味物质。这些辅料包括麸皮、玉米皮、米糠等。

3. 填充料

谷物醋的醋酸发酵常常需要使用填充料，用于疏松醋醅，调节空气，增加吸水量，以利醋酸发酵。常用的填充料有稻壳、高粱壳、玉米芯、玉米秸、谷糠、高粱糠等。

4. 水

凡可饮用的水均可酿醋，但最好用硬度较小的软水，而不用含 $MgSO_4$ 和 $MgCl_2$ 较高的苦水，或含 NaCl 和 $CaCl_2$ 较高的咸水。

5. 添加剂

为了提高食醋的质量风味，增加产品种类，改善食醋的色泽和体态，在食醋的酿造中常使用一些添加剂。常用的添加剂如下。①食盐：抑制醋酸菌活动，防止醋酸过度氧化，调和食醋风味。②食糖：增加甜味，调和风味。③味精与呈味核苷酸：增加鲜味，调和风味。④炒米色：增加色泽和风味，镇江香醋中使用。⑤酱色：增加色泽，改善体态。⑥香辛料：花椒、大料、生姜、蒜、茴香、芝麻等，增加醋的特殊风味。⑦苯甲酸钠与苯甲酸钾：防止食醋霉变。

（二）主要微生物与生化过程

1. 主要微生物

谷物醋酿造的淀粉糖化以及酒精与醋酸发酵均是在微生物的作用下完成的。这些微生物主要包括曲霉（*Aspergillus* spp.）、酵母菌（yeast）、醋酸菌（acetic acid bacteria）与乳酸菌（lactic acid bacteria）等。下面对这些微生物分别进行简要的介绍。

（1）曲霉 曲霉菌种类很多，在谷物醋酿造中常见的曲霉包括黑曲霉（*Aspergillus niger*）、米曲霉（*Aspergillus oryzae*）和黄曲霉（*Aspergillus flavus*）等，它们在食醋生产中主要是起糖化作用。其中，黑曲霉应用最广，糖化能力也较强。

（2）酵母菌 酵母菌在食醋酿造中的作用主要是将葡萄糖分解为酒精与 CO_2，为醋酸发酵创造条件。因此要求酵母菌有强的酒化酶系，耐酒精能力强，耐酸，耐高温，繁殖速度快，具有较强的繁殖能力，生产性能稳定，变异性小，抗杂菌能力强，并能产生一定香气。目前我国食醋工业上常用的酵母菌与酒精、白酒、黄酒生产所用的酵母菌种类基本相同，但不同酵母菌种的发酵能力和产生的风味物质不尽相同，使用范围也有所区别。例如，来自德国的拉斯 2 号（Rasse Ⅱ）和拉斯 12 号（Rasse Ⅻ）酵母适用于以淀粉质为原料酿制食醋的酒精发酵；从日本引进的 K 字酵母适用于高粱、大米、薯干等淀粉原料生产酒精；酵母菌 As2.1189 和 As2.1190 适用于以糖蜜为原料酿制食醋的酒精发酵；异常汉逊氏酵母 As2.300 能产生乙酸乙酯等呈香物质，属于增香酵母。

（3）醋酸菌 醋酸菌是能把酒精氧化为醋酸的一类细菌的总称。一般食醋酿造中所用的醋酸菌要求耐酒精与耐酸性好，繁殖快，氧化酒精能力强，生酸速度快，能在较高温度下进行繁殖和发酵，抵抗杂菌能力强，并能产生食醋特有的香气和风味，且分解醋酸和其他有机酸的能力弱。食醋酿造中的优良菌株多属于醋酸杆菌（*Acetobacter* spp.）和葡萄糖杆菌（*Gluconobacter* spp.）。常用的菌株如下。①恶臭醋酸杆菌（Asl.41）（*A. rancens*），其最适培养温度为 28～33℃，最适 pH 值为 3.5～6.0，能耐酒精 8%以下，最高产酸 7%～9%，能氧化醋酸为 CO_2 和 H_2O，耐食盐浓度为 1%～1.5%。②奥尔兰醋酸杆菌（*A. orleanense*），它是法国奥尔兰地区由葡萄酒生产醋酸的主要菌株，能产生少量酯，有较强的耐酸能力，最适生长温度 30℃，最高温度 39℃，最低 7～8℃。③许氏醋酸杆菌（*A. schutzenbachii*），是德国有名的速酿醋酸菌株，产酸最高可达 11.5%，但耐酸能力较弱，最适生长温度为 25～27℃，在 37℃即不再形成醋酸，对醋酸不能进一步氧化。④沪酿 1.01 醋酸杆菌，产酸较快，能产酸 9%左右，并能分解醋酸生成 CO_2 和 H_2O，产酸最适温度为 30℃，发酵温度为 32～35℃。⑤纹膜醋酸杆菌（*A. aceti*），日本酿醋的主要菌株，在高浓度酒精（14%～15%）中能缓慢地进行发酵，能耐40%～50%的葡萄糖，产醋酸最大量可达8.75%，能分解醋酸成CO_2和水。

(4) 其他微生物

① 乳酸菌：在发酵调味品中能起到增进风味的作用，但也往往是引起发酵调味品酸败的原因之一。食醋生产中常见的乳酸菌是德氏乳杆菌（*Lactobacillus delbrueckii*）、嗜盐片球菌（*Pediococcus halophilus*）等。

② 芽孢杆菌：在酿醋中应用的芽孢杆菌主要是BF7658枯草芽孢杆菌，它能产生活性很强的α-淀粉酶，有利于淀粉质原料的液化与糖化。

③ 红曲菌：能产生淀粉酶、麦芽糖酶、蛋白酶、柠檬酸等，用于酿醋中并提高糖化能力，同时红曲菌生产的红色色素可以提高食醋的色泽。

2. 生化过程

谷物醋酿造中的主要生化过程包括糖化作用（saccharification）、酒精发酵（alcohol fermentation）和醋酸发酵（acetic acid fermentation）。

(1) 糖化作用　用淀粉质原料酿造食醋，首先要将淀粉水解为糖，水解过程分两步进行。第一步是原料经蒸煮变成淀粉糊后，在液化型淀粉酶的作用下，迅速降解成相对分子质量较小的能溶于水的糊精，黏度急速降低，流动性增大，这一过程称为液化（liquefaction）。第二步是糊精在糖化型淀粉酶作用下水解为可发酵性糖类（麦芽糖、葡萄糖），这一过程称为糖化。在实际生产中，淀粉不可能全部水解为葡萄糖，而存在大量的中间产物糊精。

与糖化相关的酶包括淀粉酶（amylase）、转移葡萄糖苷酶（transglucosidase）、纤维素酶（cellulase）、半纤维素酶（hemicellulase）和果胶酶（pectinase）等。其中，淀粉酶的作用是水解淀粉分子的葡萄糖苷键，形成糊精和葡萄糖。转移葡萄糖苷酶能将葡萄糖与麦芽糖或葡萄糖进行α-1,6结合，而产生异麦芽糖和潘糖等寡糖，称为非发酵性糖，不利于糖化。纤维素酶、半纤维素酶和果胶酶的作用是将食醋主料、辅料及填充料的纤维素、半纤维素和果胶降解成可发酵的糖，提高原料的利用率与食醋产量。同时，通过对这些物质的分解有利于淀粉与蛋白质等物质的释放，有利于糖化与蛋白质水解。

(2) 酒精发酵　酒精发酵是酵母菌把可发酵性糖经过细胞内一系列酶的作用，生成酒精与CO_2，然后通过细胞膜，把这些产物排出体外的过程。与酒精发酵关系密切的酶主要是酒化酶，它是参与酒精发酵的各种酶及辅酶的总称。淀粉水解后生成的葡萄糖被酵母菌细胞吸收后转化成丙酮酸，丙酮酸经脱羧后形成CO_2和乙醛，乙醛加氢还原而成酒精。其中，大部分酒精由醋酸菌氧化为醋酸，一部分与有机酸结合为酯类，这些产物为食醋的香味来源之一。

(3) 醋酸发酵　酒精在醋酸菌所分泌的酶作用下，氧化生成乙酸的过程，即为醋酸发酵。首先在乙醇脱氢酶的催化下氧化生成乙醛，接着，乙醛在醛脱氢酶的作用下，氧化生成乙酸。发酵时一分子酒精能生成一分子醋酸，故其收得量理论上应是46g酒精生成60g醋酸，而实际上则是1∶1的产量。主要是一部分醋酸在生产过程中挥发掉；一部分醋酸因受再氧化而变成CO_2和水；一部分醋酸则被醋酸菌作为碳源合成菌体所消耗；还有一部分醋酸则与醇合成酯类。

(三) 工艺流程与操作要点

根据谷物醋的定义，其酿造过程主要包括淀粉糖化、酒精发酵和醋酸发酵三个阶段，以及淋醋、陈酿、成熟、灌装等过程。下面将首先介绍淀粉糖化、酒精发酵、醋酸发酵三个阶段的工艺流程与操作要点，而对于淋醋、陈酿、成熟、灌装等过程将结合具体的食醋种类在随后的内容中进行介绍。

1. 淀粉糖化

酿制谷物醋的第一个工艺过程是淀粉糖化，即将淀粉转变成可发酵性糖。糖化所用的催化剂称为糖化剂（saccchariferous agents）。食醋生产常用的糖化剂有两大类型：一类是采用固态方法培养得到的大曲、小曲、麸曲、红曲、麦曲等为糖化剂；另一类是采用液体培养方法得到的曲霉等具有较强糖化能力的微生物的液体培养物，即所谓的液体曲，作为糖化剂。关于大曲、小曲和麦曲的制备已经在本书的第七章与第八章已进行了叙述，而关于红曲的制备将在本书的第十三章进行讲述，这里仅对麸曲（bran koji）与液体曲（liquid koji）的制备工艺进行简要介绍。

（1）麸曲　麸曲是以麸皮为原料，加水拌料后灭菌，人工接种产淀粉酶和糖化酶活力强的曲霉菌，固态培养而成的产物。麸曲生产工艺流程如图 9-1 所示，以黑曲霉为菌种的麸曲操作要点如下。

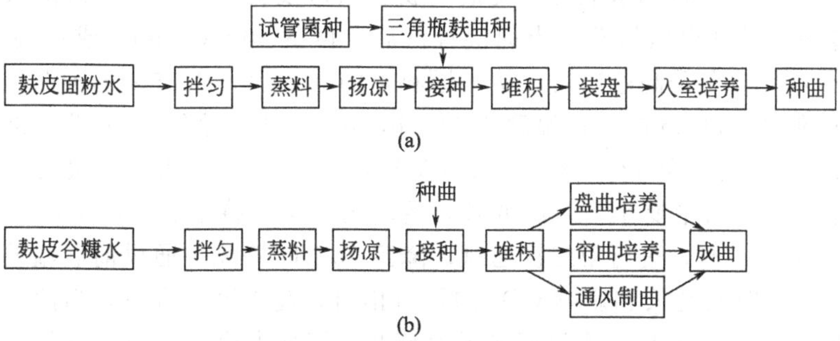

图 9-1　麸曲生产的工艺流程

(a) 种曲的制备；(b) 麸曲的制备

（引自：宋安东《调味品发酵工艺学》，2009）

① 试管菌种制作：培养基为 6°Bé 左右的饴糖液 100mL、蛋白胨 0.5g 和琼脂 2.5g，溶解混匀后分装于试管，0.1MPa 灭菌 30min，摆斜面冷却后接种，于 30～32℃培养 3～5 天，孢子老熟后即可使用。黑曲霉试管原菌种每月移接一次，使用 5～6 代后，必须进行复壮，防止衰退。

② 三角瓶菌种制作：麸皮 80g、面粉 20g、水 100mL 拌匀后，过筛使物料疏松，分装三角瓶，每个 250mL 三角瓶装 20g，0.1MPa 灭菌 45min 后，趁热摇瓶使培养基疏松。冷却后接种黑曲霉斜面菌种，于 30～32℃培养，18～20h 后菌丝生长，温度上升，开始结块时，摇瓶一次，在第 3 天左右，当菌丝生长旺盛时即可扣瓶，待孢子由黄色变成黑褐色就可应用。若需放置较长时间，则应将三角瓶菌种放在 4℃冰箱内。

③ 种曲制作：各生产厂家制造种曲所用的原料及其配比都不一样，有的厂全用麸皮，有的厂用 90%麸皮和 10%面粉，有的厂则用麸皮、稻皮和豆饼。加水量一般为原料量的 100%～120%，即用手轻轻地揉捏，使原料成团，再用手指一弹，即能散开为宜。加水拌匀润湿后的原料堆积 1h 后，常压蒸煮 1h，焖 30min，出锅过筛，翻拌，使之快速冷却至 40℃后，接入三角瓶菌种，接种量为 0.5%～1%。接种完毕放入曲盘内，轻轻摊平，厚度 1.5～2cm。然后移入曲室内培养，保持室温 28～30℃。培养前期，孢子膨胀发芽，并不发热，需要用室温来维持品温，当培养至 16h 左右后，曲料上呈现出白色菌丝并有结块现象，同时产生一股曲香味，品温也升高到 38℃左右时，即可翻曲，翻曲是用手将曲块捏碎。必要时可用喷雾器往曲面上喷洒 40℃经煮沸的水以补充曲料因发热而蒸发损失的水分。喷水完毕，在曲盘上盖一层湿纱布，以保持曲料能够保持足够的湿度。为了使品温均匀也可采取上下调换曲盘的措施。翻曲后，曲室温度维持在 26～28℃，此时菌丝大量发育生长，4～6h 后，肉眼可见到曲面上呈现出白色菌丝体。这一阶段必须严格注意曲料品温的变化，使

品温不得超过38℃，并经常保持纱布的潮湿。如温度高，开启门窗及开动排气扇；温度过低，则用蒸汽进行保温。再经10h左右，曲料呈现淡黄绿色，霉菌生长变得缓慢，品温渐渐下降到32～35℃，再维持一定室温至70h左右，孢子大量繁殖呈黄绿色，外观呈块状，内部松散，用手指一触，孢子即能飞扬出来，此时，即可作为曲种。成熟种曲出房后，放置阴凉、空气流通处备用，勿使受潮。

④ 机械通风制曲：是在通风制曲池内完成的，将曲料置于曲池内，厚度为30cm左右，利用通风机供给空气及调节温度与湿度，促进曲霉迅速生长与繁殖。通风制曲的曲料与种曲相同，但由于曲料的厚度为种曲的10～15倍，因此要求通风均匀，料层疏松，阻力小，故需要在配料中加入10%～15%的谷壳，加水量为原料的68%～70%，一般春秋季多加水，以控制曲料水分50%左右为宜。将加水润湿拌匀后的物料以边投料边进汽的方式加入蒸煮锅中，均匀加热，常压蒸料，防止蒸汽短路。当面层冒汽后，再蒸40～60min，或再焖1h。蒸熟物料出锅冷却至35～40℃（冬季高些）后，接入原料量的0.25%～0.35%的种曲，拌匀后，将曲料接入制曲池并堆积至50cm高，保温静置4～5h，使孢子吸水膨胀、发芽。然后将料层厚度减为25～30cm，保持室温为32～33℃。当品温接近34℃时，开始第一次通风，当品温降至30℃时停风。通风时，风量要小，时间要长，要均匀吹透，待上、中、下品温均匀一致再停风。当品温再升到34℃时，进行第二次通风，降到30℃时停风。通风前后温差不可太大，以防品温过低，使培养时间延长和影响CO_2的及时排出，造成窒息现象。当菌丝大量形成，曲料结块，品温超过40℃，必要时把门窗或天窗打开，用最大风量通风。此外，还可采用喷雾降低室温、增加稻皮用量、适量减少接种量、降低曲层厚度等措施来控制品温在35℃左右。当菌丝生长开始衰退，呼吸已不旺盛时，应降低湿度，提高室温，把品温提高到37～39℃，以利水分蒸发。这是制曲很重要的排湿阶段，对酶的形成和成品曲的保存都很重要。成曲的水分最好控制在25%以下。通风制曲的整个时间，黑曲霉As3.325为22～24h，时间太长则孢子丛生，影响糖化力；而东酒1号黑曲霉与黑曲霉As3.4309（UV-11）菌种生长缓慢，制曲时间均需32h以上。

（2）液体曲　液体曲是将曲霉培养在液体基质中，通入无菌空气，使它生长繁殖和产酶，这种含有曲霉菌体和酶的培养液称为液体曲。这种培养方法又称为深层通风培养。其工艺流程如图9-2所示，以黑曲霉As3.4309（UV-11）为菌种的工艺操作要点如下。

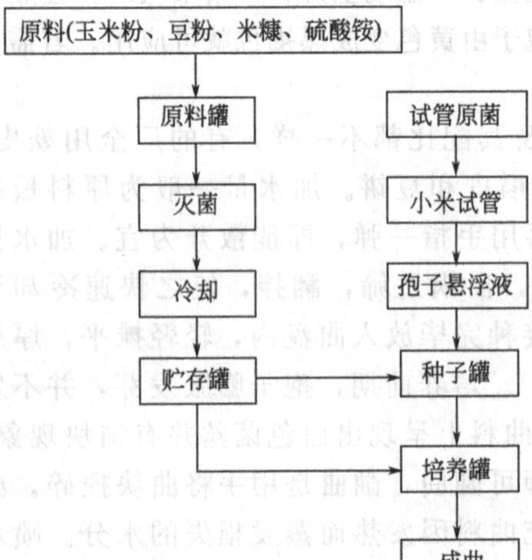

图9-2　液体曲制备的工艺流程

（引自：葛向阳《酿造学》，2005）

① 孢子悬浮液制备：液体菌种要求孢子多，宜采用营养丰富的小米或米曲汁为培养基，制成斜面培养基，接种培养，当孢子布满整个斜面时，用无菌水把培养的斜面菌种的孢子洗下，做成孢子悬浮液，置于冰箱中备用。

② 种子培养：种子培养基与液体曲培养基的配方原则上应有区别，但生产上为了管理方便，不单独配制种子培养基，而是采用液体曲培养基。其配方是薯干粉5.2%、米糠2%、豆饼粉1.2%、$(NH_4)_2SO_4$ 0.16%。将培养基灭菌冷却后，无菌操作输入已空罐灭菌的种子罐，并按5%～10%的接种量，接入孢子悬浮液，30～32℃保温通风培养36～40h。

③ 成品曲制备：提高种子罐压力，同时适当降低培养罐压力，造成压力差，将种子液从种子罐压

入装有灭菌冷却的培养基的培养罐，接种量为10%左右，30～32℃保温通风培养。培养40h后每隔2h取样测定酶活力和pH值，直至酶活力达到最大，即可放罐，一般需3天左右。液体曲成熟后暂不使用时，可在26～27℃、保压条件下贮存一周之久。在贮存期间虽会由于菌体自溶而使液体变稀，但酶活力仍保持不变。

(3) 糖化　糖化是将淀粉水解成能被微生物直接利用的小分子糖类的过程。谷物醋酿制的糖化剂除了上述的各种固体曲与液体曲外，也可以直接采用商品化的酶制剂，或将糖化曲与酶制剂结合起来使用。常用的糖化方法包括传统糖化法（traditional saccharification)、高温糖化法（high-temperature saccharification）和生料糖化法（raw material saccharification）等。

① 传统糖化法：传统糖化法是在谷物醋的酿造过程中，以固体曲为糖化发酵剂，利用微生物培养过程中产生的淀粉酶、糖化酶、酒化酶、醋化酶等酶系，边糖化、边酒化、边醋化的过程。它具有以下特点：不需要专门制备糖化剂，而是依靠曲中微生物进行糖化，酶系复杂，糖化产物繁多，为谷物醋提供独特风味；糖化过程中液化和糖化两个阶段并无明显区分；糖化和酒精发酵，甚至醋酸发酵同时进行。但是这种糖化方法在糖化过程中产酸较多，原料利用率低，糖化时间长，一般为5～7天，而且产品品质也不易控制。所以，目前各地对传统工艺都有所改进，常以纯种培养的黑曲霉制备的固态麸曲或液体曲进行糖化，以提高糖化率与原料利用率。

② 高温糖化法：也叫酶法液化法（enzymatic liquefaction)，是以α-淀粉酶制剂对原料进行液化，再用液体曲或固体曲进行糖化的方法。由于液化和糖化都在高温下进行，所以叫高温糖化法（high-temperature saccharification)。这种方法具有糖化速度快、淀粉利用率高等优点，广泛用于液体深层制醋中。

③ 生料糖化法：是我国在20世纪70年代发展起来的一种新型糖化工艺。它是生淀粉原料不经过蒸煮而直接进行糖化的一种方法。与传统糖化法相比，具有简化工艺、降低劳动强度、节约能源等优点，从而降低了酿醋的生产成本。此法陆续在山西、北京、天津等地推广。在生产过程中，为了克服生淀粉糖化困难问题，糖化剂麸曲的用量大，应占主料的40%～50%，但糖化时间仍比熟料长。另外，由于生料未经蒸煮，易污染杂菌，降低原料利用率及影响风味，所以目前这一工艺仍在不断发展和完善中。

2. 酒精发酵

食醋生产过程中的酒精发酵方法包括液态法、固态法和小曲法。

(1) 液态法　将糖化醪冷却到27～30℃后，接入10%酒母（按糖化醪的量计。酒母的制备方法参见本书的第七章）混合均匀后，控制品温30～33℃，经60～70h发酵，即可成熟。有的厂采用分次添加法，操作时，先打入发酵缸容积1/3左右的糖化醪，接入10%酒母进行发酵，隔2～3h后，加入第二次糖化醪，再隔2～3h后加第三次糖化醪。如此，直至加到发酵罐容积的90%为止。但是整个加料时间最好不超过8h，否则会因为时间太长而降低产酒率。酒精发酵醪成熟指标为：酒精含量6%左右（当主料加水比为1∶6时）；外观糖度0.5°Bx以下；残糖含量0.3%以下；总酸含量0.6%以下。

(2) 固态法　固态法酒精发酵是山西老陈醋的酒精发酵工艺。将高粱粒粉碎为6～8瓣，要求无完整粒存在，且细粉不超过1/4，然后加水润胀，加水量为高粱量的0.55～0.6，拌匀堆放，使高粱粒充分吸水。润料时间依据气温、水温条件而定，冷水一般润水12h以上，若为30～40℃的温水润水，则一般为4～6h。将润水后的料打散蒸料，上汽后蒸1.5～2h，停蒸后焖料15min以上。要求蒸熟、蒸透、无夹生心、不粘手为宜。将熟料取出放入冷散池，用70～80℃热水浸焖，加水量为生料量的0.5，浸焖至呈稀粥状。向冷却至35℃以下的稀粥状物料中均匀撒入生原料量0.4～0.6的大曲粉，翻拌均匀后，再加入生原料量0.5～0.6倍量的水，制成稀态酒醪，要求品温25℃以下。每天搅拌2次，发酵时间约3天。品温升至28～30℃时，前发酵完成。然后密封酒醪进行后发酵，酒醪品温下降，在品温不高于24℃的条件下发酵12～15天。成熟酒醪应呈黄色，醪汁澄清，酒精含量（以容量计）5%以上，总酸（以醋酸计）含量不超过2g/100mL。

固态法酒精发酵的特点是采用比较低的温度，让糖化作用和酒精发酵作用同时进行，属于边糖化边酒精发酵工艺。由于高粱组织紧密，糖化较为困难，所以残余淀粉较多，出酒率比液态法低。但是该方法的最大优点是具有较多的气固与液固界面，所以酯类含量较高，产品风味较好。

(3) 小曲法 小曲法是镇江香醋的酒精发酵工艺。用水将主料大米浸泡15～24h（冬长夏短），使米粒膨胀，内无硬心，用清水冲至水不浑浊，沥干，置于蒸饭锅内蒸煮至饭粒松软，内无生心，不成糊状。用凉水迅速浇淋刚蒸熟的米饭，冬季降至30℃，夏季降至25℃，这一过程称为淋饭。将冷却的米饭中余水沥尽，按小曲：主料为0.4：100的比例均匀拌上粉碎的小曲后，放入发酵容器，使物料中心成V形，再将容器口盖好发酵，控制品温28～30℃。一般3天后有汁液渗出，饭粒浮起，并产生气泡，此过程称作前发酵。随后按水：麦曲：主料＝140：6：100的比例，加水、加麦曲，促进糖化和酒精发酵，这时物料由固态变为液态。从24h开始每天搅拌1～2次，控制品温不超过30℃。从第四天起静置发酵，品温开始下降，10天左右发酵结束，即得酒醪。要求酒醪酒精含量（以容量计）10%～14%；总酸（以醋酸计）0.4g/100mL以下。

小曲法酿酒包括两个阶段，第一阶段为培菌糖化，即根霉通过无性繁殖大量生长，产生丰富的酶系，其中糖化型淀粉酶活性较高；第二阶段是加水发酵，即使酒醅从固态转为液态，这样提高发酵基质与酶的扩散速率，从而可以获得较高的酒精浓度，而且残糖也较低，提高原料的利用率。小曲法酿酒的用曲量少，糖化效率高，很好地保持了“先培菌糖化后发酵”与“边糖化边发酵”等传统工艺的特点。

3. 醋母的制备与醋酸发酵

(1) 醋母的制备 所谓醋母（acetic acid fermentation starter）是指含有大量醋酸菌的培养液，即醋酸发酵的种子液或醋酸菌的扩大培养物。其制备过程如下。

① 斜面试管菌种培养：斜面试管培养基的配方通常为水100mL、食用酒精2～4mL、葡萄糖0.3g、酵母膏1g、$CaCO_3$ 1g、琼脂2～2.5g。其中，$CaCO_3$与酒精应单独加入。将除$CaCO_3$与酒精以外的其他成分溶解灭菌后，在无菌条件下加入食用酒精与在165℃干热灭菌30min的$CaCO_3$，混匀后，装试管，摆斜面，凝固后，将醋酸菌接入无菌斜面试管中，保温30℃培养2天，转接3～4代后，置于0～4℃冰箱中保存备用。

② 一级菌种培养：一级菌种培养基配方一般是水100mL，食用酒精3～4mL，葡萄糖1g，酵母膏0.5g。将除酒精以外的培养基成分，溶解配制后分装于三角瓶中，装量为20%左右，灭菌冷却后，在无菌条件下加入食用酒精。然后将活化后的醋酸菌斜面接入锥形瓶后，30～32℃保温振荡培养24h。

③ 二级菌种培养：培养基的配制与一级菌种培养基的配制相同。按10%的接种量将一级种子接入二级种子培养基中保温振荡培养。培养条件同一级菌种。

④ 三级菌种培养：培养基采用酒精含量（以容量计）为3%～5%的酒精发酵醪，调整品温至30℃左右，接种量为10%，每分钟通风量与培养液体积比为0.1：1，30～33℃培养2h左右。

⑤ 四级菌种培养：同三级菌种培养。

醋母三、四级菌种的质量指标见表9-3。

表 9-3 醋母三、四级菌种的质量指标

项 目	指 标
性 状	镜检菌体形态正常，无异味、臭味
总酸（以醋酸计）/(g/100mL)	1.5～1.8

注：引自何国庆《食品发酵与酿造工艺学》，2005。

（2）醋酸发酵 我国谷物醋的醋酸发酵包括固态法和液态法。其中，固态法属于我国食醋的传统发酵方法。其基本过程是将酒精发酵醪加麸皮、谷糠和谷壳等填充物料搅拌均匀，使含水量为60%～65%，酒精含量4～5mL/100g，按5%～10%的接种量接入三级或四级醋母，通气、控温发酵。液态法的基本过程中是将醋母接入通过液态法制备得到的酒精发酵醪中，保温通风发酵。固态酿醋工艺与液态酿醋工艺相比，辅料用量大，参与发酵的营养物质丰富，微生物种类多，有强大的界面效应，发酵周期长，产品的酸度高，色香味好，许多名优醋即是采用这种方法生产的。但是固态发酵也存在机械化程度低、劳动强度大、发酵周期长、原料利用率低、劳动生产率低的不足。而液态发酵的机械化程度高，但风味较差。关于不同食醋的发酵工艺将在以下的四大名醋与新型制醋工艺中介绍。

二、中国四大名醋与新型制醋工艺

山西老陈醋、镇江香醋、保宁麸皮醋和福建永春红曲醋属于中国四大名醋，它们在原料、酿造工艺、产品特点等方面各具特色，下面将分别进行介绍。另外，随着制醋工业的发展，在继承传统食醋生产的基础上，经过不断的改造，新型制醋工艺不断涌现，这些新型的酿制方法，使酿醋生产周期大大缩短，原料利用率、设备周转率和产品产量等得到较大提高。

1. 山西老陈醋

山西老陈醋是以高粱为主要原料，以大曲为发酵剂，采用固态醋酸发酵，经陈酿后得到的一种陈醋。

（1）工艺流程与操作要点 山西老陈醋的工艺流程如图9-3所示，操作要点如下。

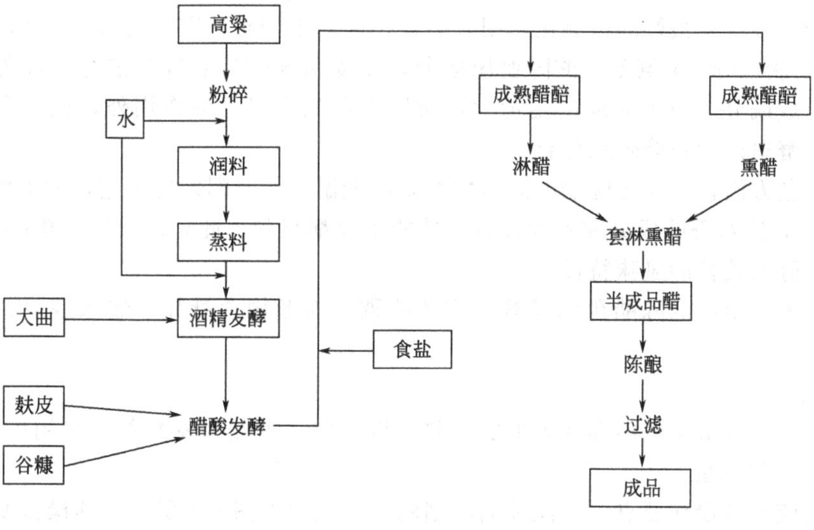

图 9-3 山西老陈醋酿制的工艺流程

（引自：宋安东《调味品发酵工艺学》，2009）

① 原料处理与酒精发酵的方法同前述“酒母制备及酒精发酵”中的固态法酒精发酵工艺。

② 醋酸发酵：将成熟酒醪搅拌均匀后，以生原料计拌入麸皮、谷糠，三者比例为1∶(0.5～0.7)∶(0.8～1)，要求醋醅的含水量为60%～65%，酒精含量4～5mL/100g。然后取上批经醋

酸发酵 3～4 天，且发酵旺盛的优良醋醅为种醅，按 5%～10%的接种量接入醋醅中。具体接法是一般将种醅埋放于醋醅的中上部，接种后经 24h，醅的上层品温达 38℃以上时，开始翻醅，以后每天翻醅一次。一般发酵 3～4 天后，上层品温可达到 43℃左右（可作下批醋种），6～7 天后品温逐渐下降。当醋汁总酸不再上升时，加入食盐，加盐量为生原料的 4%～5%。醋酸发酵的总时间 8～9 天。

③ 熏醋和淋醋：取约一半的成熟醋醅，装入熏醅缸内，用间接火加热，每天倒缸一次，品温掌握在 70～80℃，熏制 4～5 天后，取剩下的约一半醋醅，先加入上一次淋醋产生的二淋或三淋淡醋，再补足冷水至醋醅质量的 2 倍，浸泡 12h 后得到的浸泡液称为一淋醋。用煮沸的一淋醋浸泡熏醅约 10h 后，得到的浸泡液为半成品醋，也称为原醋。半成品醋要求总酸（以醋酸计）含量不低于 5.5g/100mL，浓度为 7°Bé 以上。剩下的醋渣以水浸泡两次分别得到二次和三次浸泡液，即二淋和三淋醋。

④ 陈酿：半成品醋输入陶瓷缸后，按"夏日晒、冬捞冰"的要求，置于室外晒露 9 个月以上。过滤除去杂质后，即可按不同的产品质量要求配兑为产品。

（2）特点　山西老陈醋被认为是我国食醋的鼻祖，无论原料、工艺还是产品特点都具有其他醋无法比拟的显著特点。

在原料方面，以高粱为主要原料，以大曲为糖化发酵剂。每 100kg 原料用 62.5kg 大曲，大曲用量大，在老陈醋酿造中发挥着重要作用。首先大曲是为糖化发酵剂，通过控制制曲过程中的原料配比、温度与湿度以及贮藏条件，可以选择性地富集各种有益微生物，它们在食醋酿造的糖化与酒化过程中发挥着重要作用。同时，微生物产生的各种酶系对早期的糖化与酒化也发挥着重要作用，所以大曲也称为粗酶制剂。其次，大曲为食醋风味的形成提供前体物质，在大曲的制备过程中，微生物分解原料成分产生的脂肪酸与氨基酸等代谢产物是食醋风味成分的前体，它们与糖化、酒化和醋化过程中形成的其他代谢产物一起，形成了食醋中酯、醛、酚等各种香气和香味物质。另外，大曲是食醋功能性成分的来源，大曲制备过程中，微生物可以分解原花青素（procyanidins）等多酚类物质，产生各种功能性成分。研究表明，老陈醋中的阿魏酸与二氢阿魏酸具有很好的抗氧化作用。另外，大曲中的红曲菌还可以产生莫哪呵啉（monacolins）降血脂成分、γ-氨基丁酸降血压成分以及麦角固醇等功能性成分。此外，大曲还是食醋原料的组成成分，由于大曲的用量大，所以大曲除了以上的作用外，也是食醋的原料之一，为食醋发酵提供淀粉等碳水化合物。

在发酵工艺方面，山西老陈醋的酒精发酵采用低温，长时间发酵工艺，而醋酸发酵的醅温高达 43～45℃，这对香味成分和不挥发有机酸的生成都有利。此外，独特的熏醅与陈酿工艺，赋予了山西老陈醋独特的风味特征。

在产品方面，山西老陈醋色泽黑紫，质地浓稠，固形物含量高，酸味醇厚，有特殊的熏香味。

2. 镇江香醋

镇江香醋是以籼糯米或粳糯米为主要原料，以小曲、麦曲为发酵剂，采用固态发酵工艺，经陈酿而成的一种香醋。

（1）工艺流程及操作要点　镇江香醋酿制的工艺流程如图 9-4 所示，其操作要点如下。

① 原料处理和酒精发酵同前述"酒母制备及酒精发酵"中的小曲法酒精发酵工艺。

② 醋酸发酵：以主料大米为 100kg 计，添加麸皮 165kg，发酵活力旺盛醋醅 2kg，稻壳 80kg，水 100kg 左右，拌和均匀后堆置于发酵容器内，保温发酵。要求醅体疏松，控制品温 36℃左右。3～5 天后，当上层品温达 36℃左右时，即可进行第一次翻醅。采用分层翻醅工艺，实现分层发酵，即每隔 24h 向下翻一层醅，使底层醋醅置于顶层，翻醅时适当添加稻壳和水，

5～10 次后，翻至容器底部。这样，翻醅时不断供给含酒精的料醅和充足的空气，为醋酸发酵创造了有利的条件，使醋酸菌不断增殖，但要控制品温不超过 45℃（若品温过高，可以采用将上部醅拍实压紧的方法来控制），7 天后品温逐步下降，醋酸发酵结束。

③ 醋醅陈酿：将成熟醋醅转入已洗净擦干的陈酿容器中拍实压紧，密封，7 天后将密封处小心打开，并将醋醅移至另一个容器，再重新密封，这个过程称为醋醅陈酿。一般要求陈酿 30 天以上，在此期间，要保证封顶不漏气，在倒醅时不得出现内热外霉的团块，不出现醋酸被氧化的现象，无不良气味。

④ 淋醋：将陈酿好的醋醅置于有假底的淋醋容器内，加食盐和炒米色（用量可根据要求而定），用上批二醋浸泡 24h，放出头醋；再用三醋浸泡，得二醋；最后用水浸泡，得三醋。最后醋渣的总酸（以醋酸计）含量应小于 0.5%。

⑤ 配兑、澄清、灭菌与包装：将头醋加入食糖或其他调味料配兑、澄清后，取澄清液加热、煮沸，除去悬浮物，趁热密封贮存于容器内，经化验合格后即可包装出售。

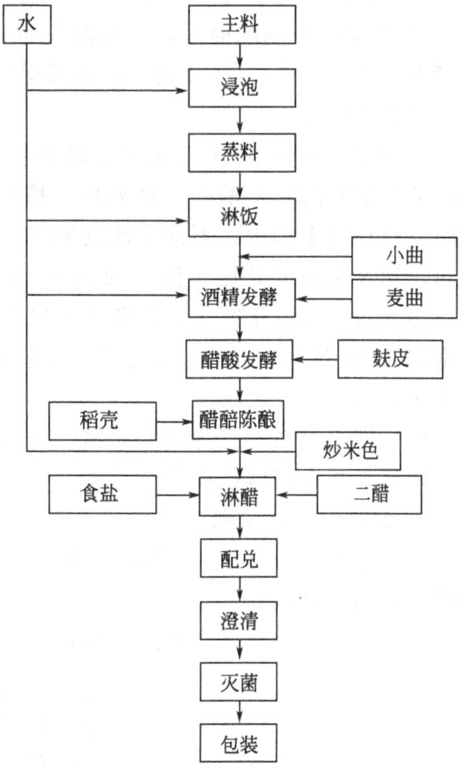

图 9-4 镇江香醋的工艺流程
（引自：宋安东《调味品发酵工艺学》，2009）

（2）特点 在原料方面，以优质糯米为原料，采用酒药、麦曲为糖化发酵剂。在工艺方面，采用“先培菌糖化后发酵”与“边糖化边发酵”的工艺，曲药用量少，醋酸发酵阶段采用固态分层发酵法工艺，有利于醋酸菌的生长与繁殖，采用醋醅陈酿的工艺，有利于风味物质的形成。在产品方面，酸而不涩，香而微甜，有独特的炒米香。其中，炒米香来自炒米色，其制作工艺是将粳米放入铁锅中加热，不停地炒拌，当米由白色逐渐变黄，再转黑，触之发黏，成团块时，迅速倒入沸水中（水量为米的 2 倍），煮沸，搅拌 20min，冷却，即成炒米色。

3. 保宁麸皮醋

四川很多地方用麸皮酿醋，以保宁所产的麸皮醋最为有名，是中国四大名醋之一。这种麸皮醋是以麸皮、小麦、大米为主要原料，并以陈皮、甘草、花椒、仓术、川芎等多种中药材制得的药曲为发酵剂，所以保宁麸皮醋也称为药醋。

（1）工艺流程及操作要点 保宁麸皮醋的工艺流程如图 9-5 所示，其工艺操作要点如下。

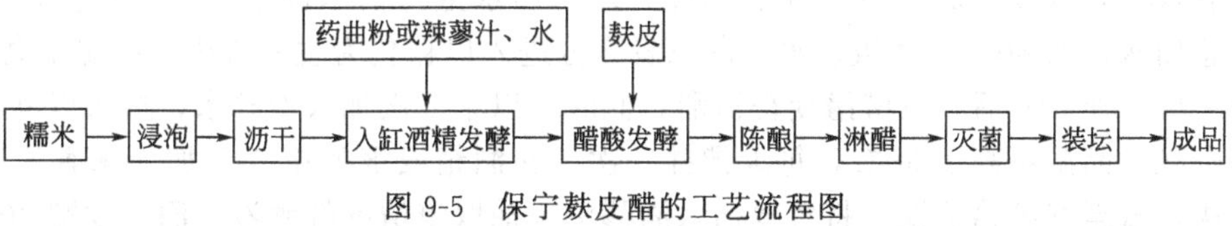

图 9-5 保宁麸皮醋的工艺流程图
（引自：宋安东《调味品发酵工艺学》，2009）

① 制药曲：取陈皮、甘草、花椒、仓术、川芎等药材晒干，磨成粉末与麦粉混合，加水调匀，压成饼形，每块约重 2kg，放置曲室内制曲，6～7 天后，当曲饼温度降低时，置通风处干燥一个月后磨粉即为药曲粉。

② 制辣蓼汁：取野生辣蓼草晒干后置于罐或坛中，加水浸泡露天放置，1 个月即可使用。

③ 制醋母：制醋前 1 周，取糯米 30kg，浸泡，蒸饭，入缸加水 100kg，加药曲粉 0.3kg，加辣蓼汁 1～1.5kg，拌和均匀，加盖保温发酵 1 周， 天搅拌 1～2 次。当泡沫停止时，上部澄清液即为醋母。

④ 醋酸发酵：取麸皮 650kg 盛于长 2.4m、宽 1.25m、深 70cm、上口稍大、下底较窄、倾斜放置的发酵杉木槽中。将麸皮在槽中摊开，加入上述醋母，再加水 40kg，充分拌和，使醋醅蓬松地置于槽内，不加盖使其发酵，每天翻拌一次。一般在第 3 天上层发热，第 5 天全部发热，第 8 天温度开始下降，14 天后即可移入坛中贮藏。压紧后上面撒一层盐，厚约 3cm，坛口盖木盖，放置于露天，陈酿 1 年以上。一般时间越长，风味越好。陈酿结束后即可淋醋。通常每 30kg 糯米、650kg 麸皮可出总酸 7.0g/100mL、固形物 20g/100mL、相对密度 1.12 的食醋 1200kg。

(2) 特点　以麸皮为主要原料，加入药曲和辣蓼汁，醋醅陈酿 1 年以上，食醋色泽黑褐，酸味浓厚，并有特殊麸皮香与药香，还有较好的保健功能。

4. 福建永春红曲醋

福建永春红曲醋是用糯米、红曲、芝麻等为原料，采用分次添加，液体发酵，并经多年陈酿后而成的一种食醋。

(1) 工艺流程及操作要点　福建永春红曲醋的工艺流程如图 9-6 所示，其操作要点如下。

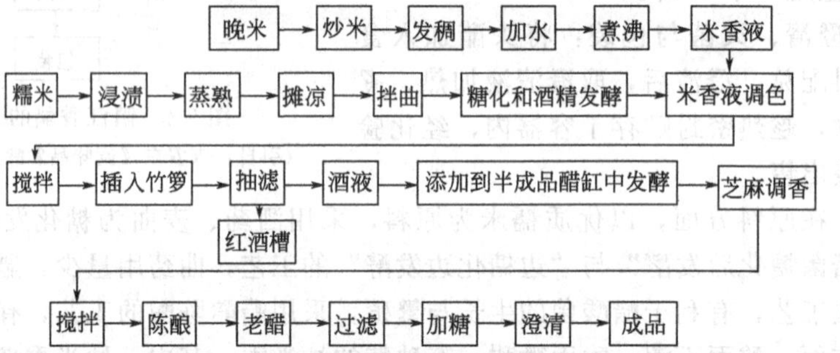

图 9-6　福建永春红曲醋的工艺流程图

（引自：宋安东《调味品发酵工艺学》，2009）

① 原料配比：通常的原料配比为糯米 270kg、古田红曲 70kg、米香液 100kg、炒芝麻 40kg、白糖 5kg、冷开水 1000kg。

② 原料处理：将糯米加水浸泡 6～12h，要求米粒浸透、不生酸，将米捞起，用清水洗去白浆，沥干，蒸料，当面层冒汽后盖上木盖，继续蒸 20～30min，要求充分熟透。

③ 酒精发酵：趁热将糯米饭取出并置于饭盘上冷却至 35～38℃，拌入米量 25％的古田红曲，拌匀后入缸，分 2 次加入 30℃左右的冷开水，加水量为糯米饭重量的 2 倍。入缸后第一次加水为总加水量的 60％，使饭、水、曲三者充分进入以糖化为主的阶段，品温不高于 38℃，每天搅拌一次。经 24h 后，发酵醪变得清甜，此时可以第二次加入冷开水，进入以酒精发酵为主的发酵阶段，品温不高于 38℃，每天搅拌一次。在酒精发酵的第 5 天加入米香液，每隔一天搅拌一次，直至红酒糟沉淀。将竹箩插入酒醪中，抽取澄清的红酒液。酒精发酵 70 天左右，酒精含量可达 10％左右。

④ 醋酸发酵与陈酿：从发酵贮存 3 年已成熟的老醋缸中抽出 50％醋液入成品缸，从贮存 2 年的醋缸中抽取 50％醋液补足 3 年存的醋缸，再从贮存 1 年的醋缸中抽取 50％醋液入 2 年存的醋缸中，将红酒液抽入 1 年存的醋缸中补足体积。如此循环进行醋酸发酵。在 1 年存的醋缸

中要加入醋液量4%的炒熟芝麻用来调味。在醋酸发酵期间，每周搅拌醋液一次，品温最好控制在25℃左右，在醋液表面会有菌膜形成。

⑤ 成品配制：将贮存3年已陈酿成熟、酸度在8g/100mL以上的老醋抽出过滤，加入2%白糖，搅匀，任其自然沉淀，上清液即为成品红曲老醋。一般每100kg糯米可生产福建永春红曲醋100kg。

(2) 特点　福建永春红曲醋以优质糯米、红曲、芝麻为原料，采用分次添加的方式进行液体发酵，并经多年陈酿，产品色泽棕黑，酸而不涩，香中有甜，风味独特。

5. 新型制醋工艺

新型制醋工艺是在传统工艺的基础上，结合现代酶学与发酵技术，以提高原料利用率、缩短生产周期、提高设备周转率以及改善产品质量为目的的食醋酿造工艺。新型制醋工艺的种类很多，下面仅对食醋的液态深层发酵工艺、酶法液化通风回流工艺和醋塔发酵工艺进行简要的介绍。

(1) 液态深层发酵工艺　液态深层发酵工艺是利用发酵罐液态深层发酵生产食醋的方法，将淀粉质原料经液化、糖化后先制成酒醪或酒液，然后在发酵罐中完成醋酸发酵。其工艺流程如图9-7，操作要点如下。

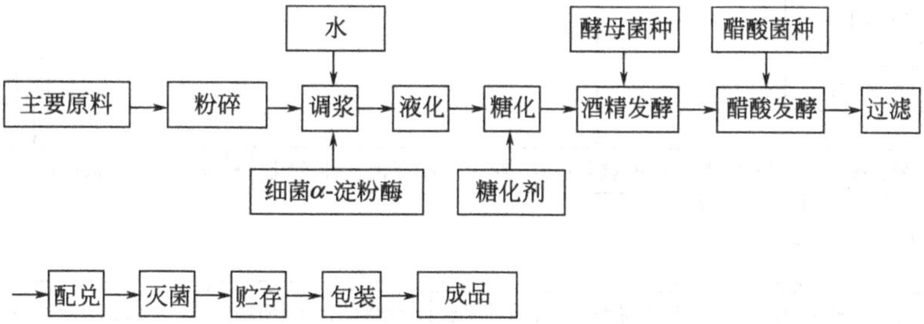

图9-7　液态深层发酵工艺流程图

（引自：葛向阳《酿造学》，2005）

① 主要原料高粱、大米、小米、玉米、甘薯干、马铃薯等应符合GB 2715—2005《粮食卫生标准》的规定。其他原料水应符合GB 5749—2006《生活饮用水卫生标准》的规定。$CaCO_3$、$CaCl_2$应符合GB 2760—2011《食品添加剂使用卫生标准》的规定。

② 原料处理、液化、糖化和酒精发酵方法见前述“高温糖化工艺”和“液态法酒精发酵工艺”。

③ 醋酸发酵：包括一次性发酵法和分割取醋发酵法两种，前者是指酒精发酵醪经醋酸发酵成熟后全部取出的方法；后者是指在一次性发酵成熟时取出发酵醪总体积的1/3～1/2，再加入同体积的酒精发酵醪继续进行发酵，并反复进行多次的方法。将酒精发酵醪输入醋酸发酵罐（常用自吸式发酵罐，这样不用空气压缩机等设备），并于30℃左右按酒精发酵醪体积的10%接入醋酸菌种，装料系数为80%。在发酵前期24h内，通风量控制在每分钟通入空气体积与发酵醪体积之比为0.07∶1，24h后至发酵结束升至每分钟0.1∶1。发酵液温度控制在30～33℃。当发酵醪中的酒精含量（以容量计）降至0.3%左右或总酸不再上升即为发酵成熟。这时可采用一次性发酵法取出全部醋酸发酵醪；也可采用分割取醋发酵法，取出部分醋酸发酵醪，并立即加入同体积的酒精发酵醪继续发酵。一次性发酵法的发酵时间约为60h，分割取醋发酵法每隔20～30h可取醋一次。但后者在菌种老化、生酸速度缓慢时，应及时更换新鲜菌种。成熟的醋酸发酵醪总酸（以醋酸计）含量在6g/100mL以上，酒精含量（以容量计）在0.3%左右。

④ 过滤：用压缩空气或耐腐蚀泵将醋酸发酵醪压入板框压滤机过滤，收集滤出的清液于贮池中备用。

⑤ 配兑、火菌、陈酿与包装：测定滤液成分，按产品质量标准要求进行配兑。配兑后的产品用列管式热交换器加热灭菌，出口温度应达到70℃以上。也可采用其他灭菌方法。灭菌后的产品经沉淀后，清液转入贮存罐陈酿贮存1个月以上。经检验合格后可包装出售。

食醋的液态深层发酵工艺具有机械化程度高、卫生条件好、原料利用率高（可达65%～70%）、生产周期短（只需7天左右）、产品质量稳定等优点，但是产品风味较差。

（2）酶法液化通风回流工艺 采用传统的固态发酵方法酿醋时，在醋酸发酵阶段，自入缸后，需要及时进行多次倒醅，其目的是通气和散热，以利于醋酸菌生长和发酵。这种人工倒醅方式劳动强度大，工作效率低。酶法液化通风回流工艺是采用加酶的方式加快原料的液化与糖化，提高原料的利用率，同时利用自然通风和醋汁回流代替倒醅，降低了劳动强度。其工艺流程如图9-8，操作要点如下。

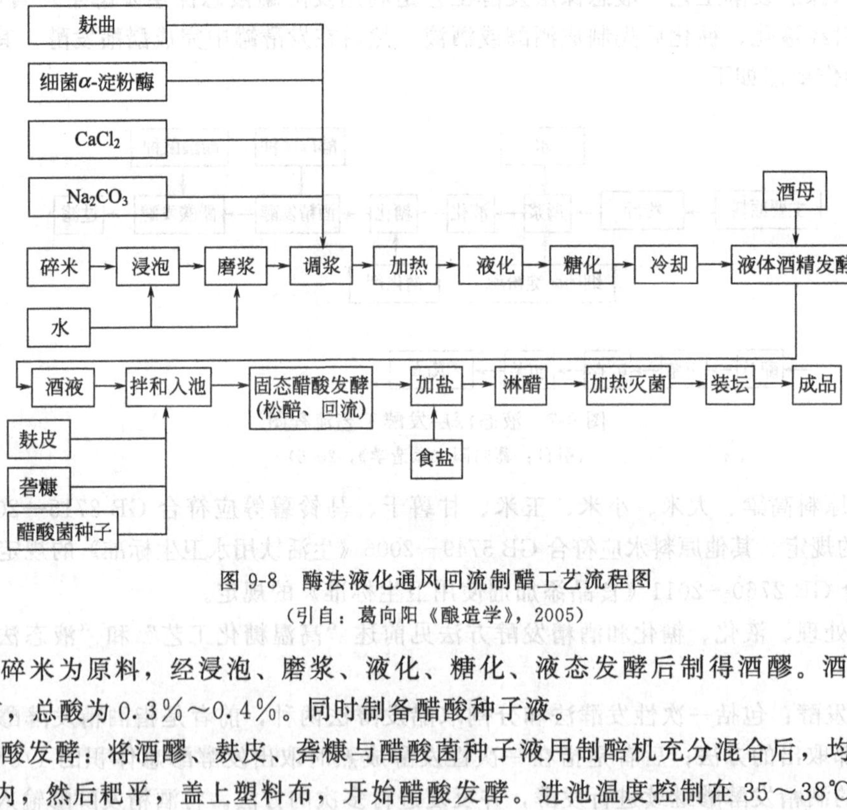

图9-8 酶法液化通风回流制醋工艺流程图

（引自：葛向阳《酿造学》，2005）

① 以碎米为原料，经浸泡、磨浆、液化、糖化、液态发酵后制得酒醪。酒精度控制在8.5%左右，总酸为0.3%～0.4%。同时制备醋酸种子液。

② 醋酸发酵：将酒醪、麸皮、砻糠与醋酸菌种子液用制醅机充分混合后，均匀地送入醋酸发酵池内，然后耙平，盖上塑料布，开始醋酸发酵。进池温度控制在35～38℃为宜。醋醅表层由于氧气充足，所以生长繁殖快，升温快，24h左右温度可升到40℃以上，而中层醅温低，所以要进行一次松醅，将面层和中层醋醅尽可能疏松均匀，使温度一致。当醋醅温达到40℃即可回流，使醅温降至36～38℃。醋醅发酵温度前期要求42～44℃，后期为36～38℃。如果温度升高过快，可将通风洞全部堵塞或部分堵塞，进行控制和调节。回流每天进行6次，每次放出醋汁100～200kg回流，一般回流120～130次后醋醅即可成熟。此时测定醋醅中酒精含量较低且不再降低，酸度也不再上升。一般醋酸发酵时间为20～25天，夏季需30～40天。

③ 加盐：醋酸发酵结束时，成熟醋醅的醋汁总酸可达6.5～7g/100mL，为了避免醋酸继续氧化分解成CO_2和H_2O，应加食盐抑制氧化作用。将食盐置于醋醅表层，通过醋汁回流，使其溶解分布均匀。加盐后，由于大池不能封池，久放容易发热，影响产量，所以应立即

淋醋。

④ 淋醋：淋醋在醋酸发酵池内进行。打开醋汁管阀门，把二醋汁分次浇淋于表层，由醋汁管收集头醋，收集多少头醋，则加入多少二醋汁。当头醋的醋酸含量降到5g/100mL时停止浇淋。头醋一般可直接配制成品，平均每千克大米一般可出醋8kg。头醋收集完毕，在醋渣中浇入三醋，流出液即为二醋。再加水洗涤醋渣，洗出液即为三醋。

⑤ 灭菌、灌装、成品：头醋一般需要在澄清池内沉淀，调整质量标准，并加入适当数量的苯甲酸钠防腐剂后，过滤，以热交换器灭菌，灭菌温度80℃以上，然后定量灌装即为成品。

酶法液化通风回流制醋工艺，以碎米为原料，采用α-淀粉酶制剂和麸曲进行液化糖化，速度快，原料利用率高；利用醋酸发酵池的通风洞自然通风，采用回流喷淋方法调节醋醅温度，劳动强度，生产效率，产品质量稳定。

(3) 醋塔发酵工艺　醋塔发酵法也称速酿法，将含有稀酒精的醋液喷入填充有着生大量醋酸菌的木炭、榉木刨花、芦苇秆、玉米芯等填充料的速酿塔（一般高2～5m，直径1～1.3m，圆柱形，塔顶封盖，有排气孔，内有假底，塔内置一层处理过的填充料，上面再铺一层厚约15cm粗谷糠）内。当稀酒精的醋液自上而下流下时，空气则自下而上地流通，从而使酒精很快氧化为醋酸。其工艺流程见图9-9，操作要点如下。

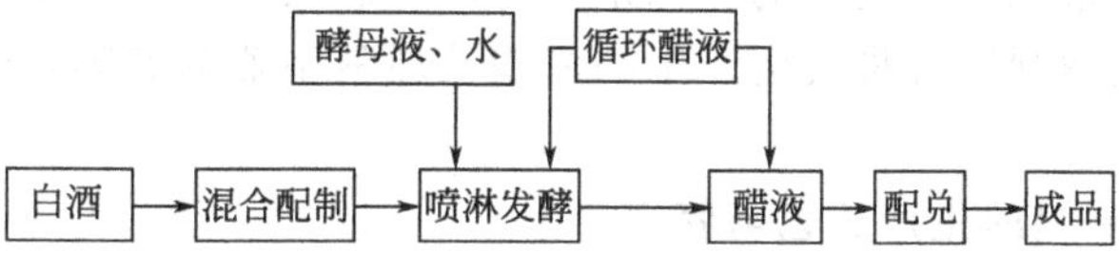

图9-9　醋塔发酵工艺流程图

（引自：宋安东《调味品发酵工艺学》，2009）

① 混合液配制：将贮缸中的醋液（总酸9.0%～9.5%）和一定量的50°大曲酒、酵母浸出汁及温水混合，使之温度为32～34℃，醋酸含量7%～7.2%，酒精含量2.2%～2.5%，酵母浸汁1%。

② 喷淋及其操作：将混合液自醋塔顶部向下喷洒，然后定时、定温循环回淋，约每隔90min回淋一次，品温控制在35～42℃之间。根据品温变化情况控制回淋次数及空气入口大小。经约50h的回流，当酒精耗尽，淋出液酸度不再上升，即为结束发酵。此时淋出液含酸量为9.0%～9.5%，除一部分泵入贮缸供循环使用，其余抽入成品缸内，调到规定酸度，化验合格后，即可杀菌包装出厂。

醋塔发酵法取消了固态法的拌糠工序，填充料可以连续使用，可节约大量麸皮和谷糠，醋酸发酵完毕后不用出渣，提高了劳动生产率，减轻了劳动强度；从原料到成品，可实现机械化与管道化操作，占用厂房面积小，卫生条件较好；由于循环发酵液酸度可达7%～7.2%，所以不易污染杂菌。但是产品的风味较单纯，填充料要求接触面积大且具有适当硬度和惰性的材料。

三、西洋醋的酿造

西洋醋是以果汁或果酒为原料酿制而成的水果醋。尽管许多种水果都可以经发酵而酿造果醋，但世界上最为普及的还是葡萄醋和苹果醋，其中，葡萄醋又以传统意大利香醋和西班牙的雪利醋等较著名。下边将简要介绍西洋醋酿造的主要原料、微生物和生化过程，并重点介绍传统意大利香醋的生产工艺及产品特点。

(一) 主要原料

西方最早的食醋是由棕榈果酿制而来，此后葡萄、苹果、菠萝、椰果都成为酿醋原料。许多欧洲国家习惯以葡萄为原料制醋，而美国和加拿大多以苹果为原料。

（二）主要微生物与生化过程

1. 主要微生物

参与果醋酿制的微生物主要是酵母菌和醋酸菌。

（1）酵母菌　参与果醋发酵的酵母菌主要有汉森酵母（*Saccharomyces hansenii*）、酿酒酵母（*Saccharomyces cerevisiae*）、鲁氏酵母（*Zygosaccharomyces rouxii*）和假丝酵母（*Candida* spp.）。不同种类的果醋因发酵原料及工艺的不同，参与发酵的酵母也有较大差异。例如，传统意大利香醋生产过程中，耐高渗、嗜果糖的鲁氏酵母是优势发酵菌种，而汉森酵母及酿酒酵母则在苹果醋的酒精发酵过程中起主导作用。

（2）醋酸菌　食醋酿造过程中的醋酸菌主要来自醋酸菌属（*Acetobacter* spp.）、葡糖氧化杆菌属（*Glucnobacter* spp.）和葡糖醋化杆菌属（*Gluconacetobacter*，spp.）。其中，醋化醋杆菌（*A. aceti*）、*A. malorum*、巴氏醋杆菌（*A. pasteurianus*）、葡糖氧化杆菌（*G. oxydans*）、欧氏葡糖醋杆菌（*Ga. europaeus*）、汉逊葡糖醋杆菌（*Ga. hansenii*）、中间葡糖醋杆菌（*Ga. intermedius*）和木质葡糖醋杆菌（*Ga. xylinus*）是果醋发酵过程中常见菌种。

2. 生化过程

果醋发酵过程主要包括酒精发酵和醋酸发酵两个生化过程。酒精发酵过程中，酵母菌在无氧条件下分解来自于水果原料中的葡萄糖和果糖等产生酒精和 CO_2 等，同时释放出少量能量。醋酸发酵过程中，醋酸菌利用酵母代谢产生的酒精及原料中葡萄糖等，生成乙酸及葡萄糖酸及其他有机酸。

（三）传统意大利香醋的生产工艺与特点

传统意大利香醋产自意大利北部摩德纳和雷焦·艾米利亚地区。它以盛产于当地的葡萄为原料，经煮沸浓缩后，按照传统工艺在 5～7 个体积依次递减、木材种类各异的木桶中依次完成发酵过程，经 12 年以上陈酿后，获得的一种食醋产品。其工艺流程如图 9-10 所示，操作要点如下。

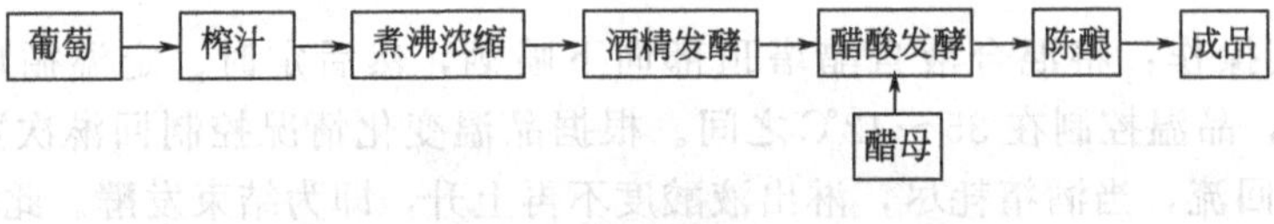

图 9-10　传统意大利香醋生产工艺流程

（引自：Lisa Solieri，Paolo Giudici. *Vinegars of the world*，2009）

（1）葡萄汁的煮沸浓缩　将压榨好的新鲜葡萄汁转入敞口容器中，加热至沸腾，撇去变性蛋白质等不溶物后，调节加热温度为 80～90℃，持续加热数小时直至可溶性固形物含量达到 35～60°Bx。

（2）酒精发酵　传统香醋从发酵到陈酿的过程都在 5～7 个以上的体积依次递减的木桶中进行，木桶放置在通风并有良好光照的阁楼上。浓缩冷却后的葡萄汁转至体积最大的木桶（图 9-11）开始自然酒精发酵，在此期间酵母菌迅速繁殖，通常可达 10^2～10^6cfu/g，酒精发酵通常需要数周完成。由于浓缩葡萄汁含有丰富的果糖和较低的 pH，所以一些能够耐受一定渗透压，对果糖有偏好的酵母，例如鲁氏酵母，能够在其中迅速繁殖，利用浓缩葡萄汁中的果糖，而葡萄糖将被保留。酒精发酵结束后，酒精浓度可达 4%～10%。

（3）醋酸发酵　醋酸发酵与酒精发酵在同一个木桶中进行，酒精发酵结束后，向木桶中接入新鲜的、含有大量醋酸菌的“醋母”（新鲜的葡萄醋液）。醋酸菌迅速繁殖并在液体表面形成一薄层生物膜，属于典型的液体静置表面发酵。醋酸发酵最短的周期为 6 个月，这一过程中酸度应维持在 3%以上，否则因为酵母菌的大量繁殖而导致醋酸发酵失败。一般传统意大利香醋

图 9-11 酿制传统意大利香醋的木桶（从左至右体积逐渐缩小）

（引自：Lisa Solieri，Paolo Giudici. *Vinegars of the world*，2009）

的醋酸发酵阶段恰好是当地时间的 9～10 月份，期间当地日照充分，阁楼中的温度维持在26～28℃，利于醋酸菌的生长繁殖。

（4）陈酿 陈酿的过程也被称作“倒桶”过程。每年从最小的桶中取出少量的醋液作为成品，然后由较大的木桶中向较小的木桶中转入一定量的醋液进行补充，依次进行。最后向最大的桶中添入新鲜的浓缩葡萄汁。这种倒桶过程每年进行一次，陈酿最短的周期为 12 年（图 9-12）。

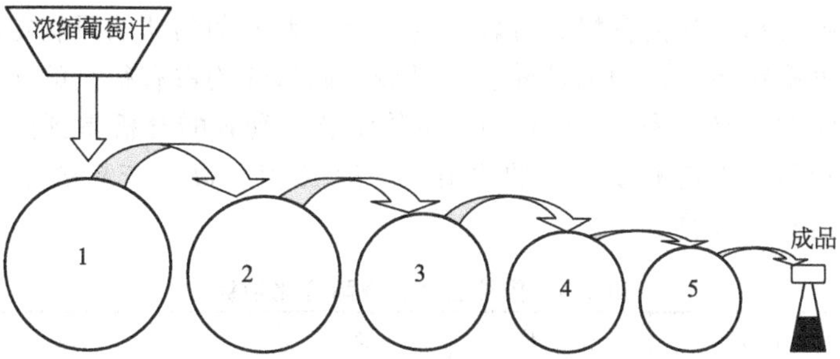

图 9-12 传统意大利香醋的倒桶示意图

（引自：Lisa Solieri，Paolo Giudici. *Vinegars of the world*，2009）

由于木桶堆置存放的阁楼一般通风良好，阳光充足，温度也随季节而变化，有利于水分的蒸发和风味物质的形成，所以陈酿过程中，大量的水分被蒸发，可溶性固形物含量逐渐增加，酶学和化学反应不断发生，改善着不同的香气成分之间的关系，最终可获得口感和香气醇厚的黏稠、深棕色醋液。

（5）成品 传统香醋按照陈酿时间的长短进行分类。摩德纳分别标以红色标签、银色标签和金色标签，陈酿 12 年以上的用红色标签，18 年以上的用银色标签，25 年以上的用金色标签。而在雷焦·艾米利亚地区，至少陈酿 12 年的陈醋用白色标签，25 年以上的则用金色标签。

意大利传统香醋作为世界名醋之一，在原料选择、工艺条件控制与产品风味等方面都有其独特性。

意大利传统香醋只选用摩德纳和雷焦·艾米利亚地区的特莱比亚诺（Trebbiano）、朗布鲁斯科（Lambrusco）、波赞米诺（Berzemino）、斯博格拉（Spergola）和奥琪迪格塔（Occhio di Gatta）葡萄种类，这些晚熟葡萄品种具有较高的含糖量。

在葡萄汁煮沸的过程中，大量水分被蒸发，同时在高温作用下发生焦糖化反应、美拉德反应等一系列非酶褐变反应，生成焦糖色素、挥发性醛和酮类等风味物质，并促进了 5-羟甲基-

2-糠醛及蛋白黑素的大量生成，从而赋予食醋颜色。

在酒精发酵过程中，由于受到高浓度糖和低 pH 的影响，传统香醋酒精发酵的酵母菌主要包括拜耳接合酵母（*Zygosaccharomyces bailii*）、鲁氏酵母（*Zygosaccharomyces rouxii*）、假鲁氏接合酵母（*Zygosaccharomyces pseudorouxii*）、蜂蜜酵母（*Zygosaccharomyces mellis*）、法尔皮有孢汉生酵母（*Hanseniaspora valbyensis*）、耐高渗汉生酵母（*Hanseniaspora osmophila*）、*Candida lactis-condensi* 和星形假丝酵母（*Candida stellata*）等。这些酵母耐高渗、嗜果糖，发酵结束后，大部分葡萄糖被保留给了醋酸发酵阶段的醋酸菌。同时，浓缩葡萄汁较高的糖浓度对参与发酵的醋酸菌具有很高的选择性。木质醋杆菌（*Gluconacetobacter xylinus*）、巴氏醋杆菌（*Acetobacter pasteurianus*）、醋化醋杆菌（*Acetobacter aceti*）、欧氏醋杆菌（*Gluconacetobacter europaerus*）、汉森醋杆菌（*Gluconacetobacter hansenii*）是参与传统香醋醋酸发酵的主要醋酸菌菌种。

传统香醋的发酵与陈酿过程是在橡木、栗子木、杜松子木、白蜡木、榛木、樱桃木等不同材质的木桶中进行的。由于不同木质其分子间隙不同，因此对氧气、水蒸气小分子的通透性也有较大差异，因此在其发酵陈酿期间发生的理化变化也不同。

意大利传统香醋外观为滑润光泽的深褐色，具有顺滑流畅的口感，蕴含复杂而清晰的香气，同时具有平衡的酸度，风味酸甜，和谐、浓郁，体态稠厚似糖浆。糖和酸是其主体成分，其可溶性固形物平均含量为 73.86°Bx，而果糖和葡萄糖则是可溶性固形物的主要组成部分，两者比例接近于 1∶1。意大利传统香醋的可滴定酸度为 6.67g/100g，与其他葡萄酿制的食醋接近，但其有机酸组成却与其他食醋有着较大的差异。普通葡萄醋的可滴定酸以醋酸为主，而传统意大利香醋的可滴定酸中，葡萄糖酸、苹果酸、酒石酸均占有很高的比例，其中，葡萄糖酸的含量接近于醋酸的含量。表 9-4 是对 104 份传统意大利香醋分析得到的主要成分。表中 *R* 值是指可溶性固形物与可滴定酸度两者的比值。一般 *R* 值越高，产品的甜味越重而刺激性酸味越轻，越容易被消费者接受。

表 9-4　传统意大利香醋理化指标　　g/100g

参　数	平均值	(±*SD*)	参　数	平均值	(±*SD*)
可溶性固形物	73.86	(±1.73)	琥珀酸	0.50	(±0.70)
可滴定酸度	6.67	(±0.88)	醋酸	1.88	(±0.45)
R 值	11.27	(±1.53)	苹果酸	1.04	(±0.32)
葡萄糖	23.60	(±3.45)	葡萄糖酸	1.87	(±1.27)
果糖	21.24	(±3.37)	乳酸	0.12	(±1.074)
酒石酸	0.78	(±0.25)			

注：引自 Lisa Solieri，Paolo Giudici. *Vinegars of the world*，2009。

意大利香醋年产量仅限为 1 万吨左右，其中 70%出口，在国际市场上因其不菲的售价和独到品质被誉为“醋中皇后”。在意大利，传统香醋的生产受到香醋生产商会的严格监督，其成品只有被多位鉴定师鉴定合格后方可称作意大利传统香醋。

第二节　酱油酿造

酱油（soyce sauce）是具有中方特色的传统发酵调味品，它主产于中国与日本等亚洲国家。根据国标规定，我国酱油分为酿造酱油（brewing say sauce）、化学酱油（chemical soy sauce）和配制酱油（blended soy sauce）。所谓酿造酱油是以蛋白质原料和淀粉质原料为主料，经微生物发酵酿造而成的色、香、味、体齐备，甜、酸、鲜、咸、苦五味调和的一种调味品。化学酱油又称复合氨基酸调味品，或蛋白水解酱油，或植物水解蛋白，是利用廉价的蛋白质资源，经盐酸水解，碱中和制成的液体调味品。配制酱油是以酿造酱油为主体（>50%），与化学酱油、食品添加剂等配制而成的液体调味品。本书所讲述的酱油是指酿造酱油。

中国历史上最早使用“酱油”名称是在宋朝，林洪著《山家清供》中有“韭叶嫩者，用姜丝、酱油、滴醋拌食”的记述。此外，古代酱油还有其他名称，如清酱、豆酱清、酱汁、酱料、豉油、豉汁、淋油、柚油、晒油、座油、伏油、秋油、母油、套油、双套油等。公元755年后，酱油生产技术随鉴真大师传至日本。后又相继传入朝鲜、越南、泰国、马来西亚、菲律宾等国。

本节将从主要原辅料、主要微生物、酿造工艺和酱油色、香、味、体的形成机理等几个方面对酿造酱油进行介绍。

一、主要原辅料

过去酱油的生产原料，一直以大豆和小麦为主。随着科学技术的不断发展，人们发现大豆里的脂肪对酿造酱油作用不明显。为了合理利用资源，目前我国大部分酿造厂普遍采用大豆脱脂后的豆粕或豆饼作为主要的蛋白质原料，以麸皮、小麦或面粉等食用粮作为淀粉质原料，再加食盐和水来生产酱油。

（一）蛋白质原料

大豆、豆饼和豆粕是目前我国酿造酱油的主要蛋白质原料，此外，也有使用花生粕、菜籽粕、芝麻粕，甚至棉籽粕为蛋白质原料。但是最主要的蛋白质原料还是豆粕与豆饼。

1. 大豆

大豆为黄豆、青豆及黑豆的统称，我国各地均有栽培，生产区在东北松辽平原、山东、陕西、四川盆地及长江下游的广大区域，以东北大豆质量最优，平均千粒重约为165g，最大者千粒重在200g以上。大豆含有丰富的蛋白质与碳水化合物等，大豆的主要成分见表9-5。

表9-5　大豆的主要成分

名称	水分	粗蛋白	粗脂肪	糖类	纤维素	灰分
含量/%	7～12	35～40	12～20	21～31	4.3～5.2	4.4～5.4

注：引自葛向阳等《酿造学》，2005。

2. 豆粕

豆粕是大豆先经适当的热处理（一般低于100℃），调节其水分到8%～9%，轧扁，然后加入有机溶剂浸泡或喷淋，使其中油脂被提取，然后去豆粕中溶剂（或用烘干法）得到产物。它一般呈片状颗粒，有时有小部分结成团块，其蛋白质含量高，含脂肪低，其他成分与大豆相似。豆粕的主要组成成分见表9-6。

表9-6　豆粕的主要组成成分

名　称	水　分	粗蛋白质	粗脂肪	碳水化合物	灰　分
含量/%	7～10	46～51	0.5～1.5	19～22	5左右

注：引自何国庆《食品发酵与酿造工艺学》，2005。

实践证明，以豆粕为原料酿制的酱油与大豆酿制的酱油在品质方面没有明显区别。使用豆粕酿酱油，可以提高全氮利用率，缩短发酵期，因为在脱脂前，将大豆压扁，破坏了大豆的细胞膜，组织结构有显著改变，从而使豆粕更容易吸水，酶也更容易渗透进去，因此酶作用的速度大大快于大豆，原料成分的溶解也比大豆快。另外，豆粕粒子比大豆细，较易蒸煮，并为曲霉等微生物的生长提供了更大的表面积，因而菌体量较多，各种酶的积累也较多，蛋白质水解较彻底。总之，豆粕是制作酱油的理想原料。

3. 豆饼

豆饼是大豆用压榨法提取油脂后的产物，习惯上统称为豆饼。由于压榨工艺条件不同，豆饼有几种不同的名称。根据压榨前是否需要进行高温处理以及压榨机的形式与压力等不同，豆饼分为不同的种类。

(1) 按是否加热分类

① 冷榨豆饼：即压榨前未经高温处理，将未经任何处理的大豆送入压榨机压油后出来的豆饼，此法压榨出油率低，但其中蛋白质基本没有变性，可用于做豆制品。

② 热榨豆饼：经较高温度处理后（即炒熟）再经压榨出来的豆饼。此饼含水分较少，蛋白质较高，质地较松，易于破碎，比较适合于酿制酱油。

③ 半冷榨豆饼：其处理温度介于冷、热榨之间，适合酿制酱油。

(2) 根据压榨机的形式与压力分类

① 圆车饼：先将大豆加热再压榨成扁平形，并入蒸锅蒸煮后，用油草包好，初压成型后再入压榨机压榨，压力为10～14MPa，经3～5h后压完，属热榨豆饼。

② 方车饼：用板式及盒式压榨机从低油压（表压3.5MPa）至高油压（表压28MPa），顶压时间30～50min，得到89cm×36cm的长方形饼板。

③ 红车饼：此饼是用动力连续作用的螺旋榨油机所榨出的油饼。压前经过一定温度的热炒，对料胚压榨的压强最高可达70MPa，压榨时间只需2min，压榨过程中温度在125～140℃。几种豆饼的主要成分见表9-7。

表9-7 几种豆饼的主要成分 单位：%

项 目	水 分	粗蛋白质	粗脂肪	碳水化合物	粗纤维素	灰 分
冷榨豆饼	12	44～47	6～7	18～21	—	5～6
热榨豆饼	11	45～48	3～4.6	18～21	—	5.5～6.5
红车饼	3.38～4.55	46.25～47.94	3.14～3.06	22.84～28.92	5.50	5.9～6.31
方车饼	10.77	42.06	5.51	31.6	4.99	5.37

注：引自何国庆《食品发酵与酿造工艺学》，2005。

与豆粕一样，豆饼也是酿制酱油的理想原料，与大豆原料相比，它们不但不增加生产工序，而且改进了工艺，提高了原料的利用率，降低了生产成本。

（二）淀粉质原料

酿造酱油的淀粉质原料，传统上以面粉和小麦为主。研究表明，小麦和麸皮等也是比较理想的淀粉质原料。

1. 小麦

小麦是世界上分布最广、栽培面积最大的主要粮食作物之一，因品种、产地等不同而外形及成分各有差异。我国几个地区小麦的成分见表9-8。

表9-8 我国几个地区小麦的成分 %

产地	水分	粗蛋白质	粗脂肪	无氮浸出物	粗纤维素	灰分
福州	10.10	12.40	2.00	71.50	2.10	1.90
昆明	14.20	13.10	1.90	67.50	2.30	1.90
南京	12.20	9.80	2.00	72.50	1.60	1.90
武汉	15.30	11.80	2.00	67.50	1.90	1.50
杭州	11.40	12.90	2.00	69.70	2.10	1.90

注：引自何国庆《食品发酵与酿造工艺学》，2005。

小麦的无氮浸出物除了65%左右的淀粉外，还含有2%～3%的糊精和2%～4%的蔗糖、葡萄糖和其他糖。此外，小麦含10%～14%的蛋白质，其麸胶蛋白质和谷蛋白质丰富，麸胶蛋白质中的氨基酸以谷氨酸最多，它是产生酱油鲜味的主要因素之一。

2. 麸皮

麸皮又称麦皮，是小麦制面粉的副产品。麸皮的成分因小麦品种、产地及加工时出粉率的不同而异。我国几个地区麸皮的成分见表 9-9。

表 9-9 我国几个地区麸皮的成分 单位：%

产地	水分	粗蛋白质	粗脂肪	粗纤维素	灰分
甘肃	11.20	13.10	4.80	7.20	5.70
广东	16.90	14.50	2.70	7.60	5 60
东北	14.60	15 20	1.70	6.40	7.40
北京	10 60	16.60	3.50	8.30	4.80
河南	12.00	14.90	5.60	10.10	6.30
山东	9.40	14.00	3.60	6.30	5.60
青海	11.80	15.10	4.90	9.90	5.50
云南	11.40	9.40	4.50	9.90	4.80
武汉	12.80	11.40	4.80	8.80	6.00

注：引自何国庆《食品发酵与酿造工艺学》，2005。

麸皮质地疏松，容重小，表面积大，既有利于制曲，又有利于淋油，能提高酱油的原料利用率和出品率。麸皮中除表 9-9 中的主要成分外，还含有多种维生素，钙、铁等无机盐。这些成分可以促进酿造用的米曲霉的生长和产酶。此外，麸皮粗淀粉中多缩戊糖含量高达 20%～24%，它与氨基酸相结合后，可以产生酱色。另外，麸皮本身还含有 α-淀粉酶和 β-淀粉酶。据测定，每克麸皮含 α-淀粉酶 10～20U，含 β-淀粉酶 2400～2900U。

由于麸皮资源丰富、价格低廉、使用方便，又有上述多种优点，因此，目前国内酱油厂多以麸皮作为生产酱油的主要淀粉质原料，但是由于麸皮的淀粉含量较低，一般含 15%左右，所以为了提高酱油质量与风味，宜适当补充些含淀粉较多的原料。

3. 米糠和米糠饼

米糠是碾米后的副产品；米糠饼则是米糠榨油后的饼渣。两者均含有丰富的粗淀粉，尤其米糠饼更甚。它们均可作为生产酱油的淀粉质原料。

4. 其他淀粉质原料

凡是含有淀粉而又无毒、无怪味的谷物，如玉米、甘薯、碎米、小米等均可作为生产酱油的淀粉质原料。

(三) 食盐

食盐是生产酱油的重要原料之一，它使酱油具有适当的咸味，并且与谷氨酸等氨基酸共同呈鲜味，增加酱油的风味。食盐还有杀菌防腐作用，在一定程度上减少发酵过程中的杂菌污染，防止成品腐败。

食盐的主要成分为 NaCl，其含量愈多，食盐的质量越好。生产酱油的食盐宜选用 NaCl 含量高、颜色白、水分及夹杂物少、卤汁（KCl、$MgCl_2$、$CaSO_4$、$MgSO_4$、Na_2SO_4 等的混合物）少的。含卤汁过多的食盐会给酱油带来苦味，使品质下降。最简单的去除卤汁的方法是将食盐放于盐库中，让卤汁自然吸收空气中的水分进行潮解而脱苦。

(四) 水

水也是酿造酱油的原料，一般生产 1t 酱油需用水 6～7t。凡是符合卫生标准能供饮用的水，例如自来水、深井水等均可使用。

酿造酱油用水量很大，包括蒸料用水、制曲用水、发酵用水、淋油用水、设备容器洗刷用水、锅炉用水以及卫生用水等。仅产品而言，水的消耗量也是很大的，酱油成分中水分占 70%左右，发酵生成的全部调味成分都要溶于水才能成为酱油。

二、主要微生物

与酿造酱油的发酵速度、成品颜色及味道等有直接关系的微生物是米曲霉（*Aspergillus oryzae*）和酱油曲霉（*Aspergillus sojae*），而对酱油风味有直接关系的微生物是酵母菌和乳酸菌。

（一）米曲霉和酱油曲霉

米曲霉的最适培养温度为30℃左右，最适 pH 值为6.0左右。我国酱油厂制曲大都使用米曲霉。酱油曲霉是20世纪30年代日本学者坂口从酱曲中分离出来的，并应用于酱油生产中，它与米曲霉的产酶能力和酿造特性基本上相似。

米曲霉有复杂的酶系统，主要包括蛋白酶、谷氨酰胺酶和淀粉酶等。其中，蛋白酶可以分解原料中的蛋白质产生氨基酸；谷氨酰胺酶使大豆蛋白质游离出的谷氨酰胺直接分解生成谷氨酸，增加酱油的鲜味；淀粉酶分解原料中的淀粉生成糊精和葡萄糖。此外，米曲霉还分泌果胶酶、半纤维素酶和酯酶等。米曲霉酶系的强弱，决定着原料的利用率、酱醪发酵成熟的时间以及成品的味道和色泽。

（二）酵母菌

从酱醪中分离出的酵母有7个属23个种，它们的基本形态是圆形、卵圆形、椭圆形。一般酵母菌的最适培养温度为30℃左右，最适 pH 值为4.5～5.6。

酵母菌在酱油酿造中，与酒精发酵作用、酸类发酵作用及酯化作用等有直接或间接的关系，对酱油的香气影响最大。

与酱油质量关系最密切的是鲁氏酵母，占酵母总数的45%，是常见的嗜盐酵母菌，能在含18%食盐的基质中繁殖。它出现在主发酵期，是发酵型酵母。其主要的作用是发酵葡萄糖生成乙醇、甘油等。乙醇是酯类的前体物质，是构成酱油香气的重要组分。随着发酵温度的增高，发酵型酵母自溶，而促进了易变球拟酵母、埃契氏球拟酵母的生长。这些酵母是酯香型酵母，出现在后发酵期，主要作用是参与酱醪的成熟，生成烷基苯酚类的香味物质，如4-乙基愈创木酚、4-乙基苯酚等。为了提高酱油的风味，有些工厂人工添加鲁氏酵母和球拟酵母，收到良好的效果。

（三）乳酸菌

从酱醪中分离出的细菌有6个属18个种，有的对酱油酿造是有益的，有的则是有害的。和酱油发酵关系最密切的细菌是乳酸菌，其中酱油四联球菌（*Tetrecoccus soyae*）和嗜盐球菌（*Pediococcus halophilus*）是形成酱油良好风味的因素。它们的形态多为球形，微好氧到厌氧，在 pH 值5.5的条件下生长良好。在酱醪发酵过程中，前期嗜盐球菌多，后期酱油四联球菌多些。例如，发酵1个月，每克酱醪中乳酸菌的最大含量约为10^8个，其中90%是嗜盐球菌，10%为酱油四联球菌。酱油四联球菌能耐18%～20%的食盐，嗜盐球菌能耐24%～26%的食盐。

乳酸菌的作用是利用糖产生乳酸，乳酸和乙醇生成香气成分——乳酸乙酯。另外，随着乳酸的产生，pH 值降低，当发酵酱醪 pH 值降至5左右时，可促进鲁氏酵母的繁殖，它和酵母菌联合作用，可赋予酱油特殊的香味。根据一般经验，酱油中乳酸含量为1.5mg/mL，则酱油质量较好；乳酸含量在0.5mg/mL时，则酱油质量较差。但乳酸菌若在酱醪发酵的早期大量繁殖、产酸，则对发酵过程有不利影响，因为 pH 值过早降低，破坏了蛋白酶的活性，影响蛋白质的利用率。

三、酱油的酿造工艺

目前我国酱油的酿造工艺包括低盐固态发酵工艺、高盐稀醪发酵工艺、固稀发酵工艺、低盐稀醪保温工艺等。这些方法各有优缺点，在这里将详细介绍目前我国酱油生产使用较多的低盐固态发酵法，并简略地介绍其他几种方法。

(一) 低盐固态发酵工艺

低盐固态发酵工艺是将酱醅中的食盐浓度控制在10%以下的固态发酵工艺。此浓度的食盐对蛋白酶等酶活力抑制作用不大，不影响酱油的发酵速度，而对有害微生物具有较好的抑制作用，可以防止有害微生物的危害。低盐固态发酵工艺流程如图9-13所示。下面将对其操作要点进行介绍。

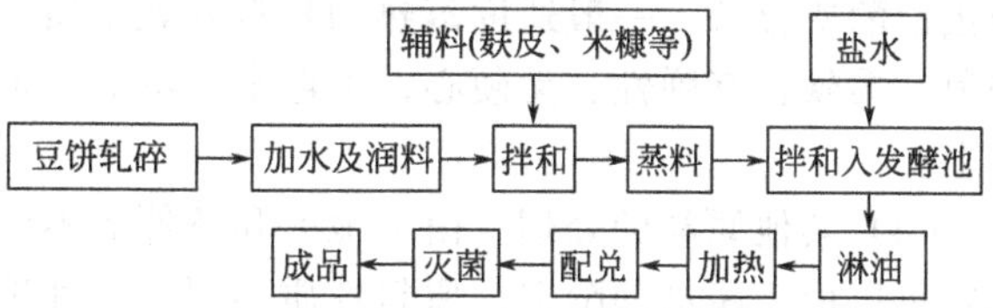

图9-13 酱油低盐固态发酵工艺流程

(引自：何国庆《食品发酵设备与工艺学》，2005)

1. 原料处理

原料处理目的包括两个方面：一是通过机械作用将原料粉碎成为小颗粒或粉末状；二是经过充分润水和蒸煮，使蛋白质原料达到适度变性，使结构松弛，并使淀粉充分糊化，从而有利于米曲霉的生长繁殖和相关酶类的分解作用。同时，通过加热也可以杀灭附着在原料上的杂菌，以降低它们对米曲霉生长的干扰。

(1) 豆饼与豆粕的轧碎　豆饼坚硬而块大，必须予以轧碎。豆粕颗粒虽不太大，但也不符合要求，一般也需要适当破碎。轧碎的目的是为原料润水、蒸熟创造条件，使原料充分地润水、蒸熟，增加米曲霉生长繁殖及分泌酶的表面积，提高酶的活力。豆饼与豆粕破碎程度应当均匀适当。一般原料粉碎越细，表面积越大，米曲霉的繁殖面积越大，但是如果粉碎过细，麸皮比例又少的话，则润水时容易结块，蒸煮后难免产生夹心，制曲时通风不畅，发酵时酱醅发黏，给淋油带来困难，反而会影响酱油质量和原料利用率。另外，破碎程度应当均匀，颗粒大小尽可能一致，因为原料形状大小不同，吸水度就不相同。颗粒小，吸水快，含水量多；颗粒大，吸水慢，含水量就少。这样就可能导致在原料蒸煮时，导致颗粒小的蒸煮过度，蛋白质过度变性，而颗粒大的原料蒸煮不足。这两种情况都将影响原料的利用率。所以，豆饼与豆粕的颗粒大小一般要求为2～3mm，且粉末量不超过20%。

(2) 豆饼与豆粕的润水　豆粕或豆饼由于其原形已被破坏，如果加水浸泡就会将其中的成分浸出而损失，因此，必须采用润水工序，即将水均匀地洒在物料上拌匀，使水分充分而均匀地吸入原料内部而不外溢，从而有利于蛋白质的适度变性与淀粉的糊化，为米曲霉的生长繁殖提供所需的水分。

原料含适量水分可以加速米曲霉孢子发芽，使米曲霉迅速生长与繁殖，抑制其他杂菌的生长。原料含水量的多少与米曲霉产酶的多少也有密切关系，在一般情况下，含水量大，成曲的酶活性强，有利于提高原料利用率，反之亦然。另外，在一定范围内，含水量越大，全氮利用率越高，氨基酸生成率也高。但过多的原料含水过高容易导致杂菌污染，使制曲控制困难，同时也将消耗大量的淀粉质原料，部分蛋白质也可能被分解成氨，从而降低酱油的质量。所以原料的润水量既不能过多也不能过少。生产实践证明，以豆粕量计算，加水量应为原料量的80%～100%，并将曲料中水分含量控制在冬天47%～48%，春天、秋天48%～49%，夏天49%～51%。

关于加水与浸润方法，目前最普及的方法是在旋转蒸料锅中进行。它的主要特点是把豆粕和麸皮送入锅内混合后，将加水浸润、蒸煮、冷却等许多操作集中在一个容器内进行。也可以将应加的水全部洒在豆粕上转动浸润后，再将辅料麸皮送入混合后蒸煮，这样的加水浸润蒸熟的效果将更符合工艺要求。豆粕与麸皮加水浸润时间通常为40～60min。如果将豆粕加水浸润后，加入麸皮混合旋转5～10min，再蒸煮则效果更佳。

(3) 蒸料　蒸煮在酱油酿造过程中是非常重要的工序，对酱油生产来讲，可以说是原料处理的核心，蒸煮是否适度，对酱油质量和原料利用率影响极为明显。如果原料蒸煮不透，则未变性的蛋白质虽然可以溶于盐水中，但不能被米曲霉中的酶系所分解，这样酱油经稀释或加热后会产生浑浊物质；如果蒸煮过度，蛋白质色泽增深，蛋白质中氨基酸与糖结合，形成褐变，蛋白酶无法分解它们，使原料的利用率降低。总之，只有适度变性的蛋白质才能为米曲霉分泌的蛋白酶所分解。一般适度蒸熟的物料外观呈黄褐色，具有豆香味，无煳味及其他不良气味，松散、柔软、有弹性、无硬心、无浮水、不黏，同时水分在45%～50%，蛋白消化率在80%以上。

(4) 其他原料的处理 由于地区和条件的不同，除了豆饼、豆粕与麸皮外，还有其他很多原料可以用于酱油的酿造。原料性质不同，其处理方法也各不相同。

① 用小麦、大麦或高粱作原料时一般要先经过焙炒，使淀粉糊化，增加色泽与香气，同时杀灭附着在原料上的微生物。焙炒后含水量显著减少，便于粉碎，能增加吸水能力，有利于制曲时调节水分。要求焙炒后的小麦或大麦呈金黄色，其中焦煳粒不超过5%～20%，每汤匙熟麦投水试验的下沉生粒不超过4～5粒，大麦爆花率为90%以上，小麦裂嘴率为90%以上。为了节约用煤，减轻焙炒劳动强度和改善劳动条件，也可直接将小麦或大麦原料轧碎后，与豆饼、豆粕原料混合拌匀（或分先后润水）后，直接进行蒸煮。

② 以其他油料作物的饼粕，例如花生粕、油菜粕等作为代用原料时，处理方法基本上与豆饼相同。

③ 米糠的使用方法与麸皮相同，若用榨油后的米糠饼，要先经过粉碎。

④ 以面粉或麦粉为原料时，除可以直接将生粉拌入制曲外，还可以采用酶法液化糖化后，再拌入成曲中发酵，不需经过蒸料、制曲工艺操作。

2. 制曲

制曲是酿造酱油的主要工序，其实质是创造米曲霉生长的适宜条件，保证米曲霉菌等有益微生物充分繁殖（同时尽可能减少有害微生物的繁殖），分泌酿造酱油需要的各种酶类。所以曲的质量直接影响到原料利用率、酱油质量以及淋油效果。要制得高质量的曲，就要根据米曲霉的生理特性和生长规律，创造适合其生长的条件，其中关键是掌握好温湿度。

长期以来，我国传统的酱油制曲是采用帘子、竹匾、木盘等简单设备进行，操作繁重，成曲质量不稳定，劳动效率低。随着科学技术的发展，目前大规模的酱油制曲都采用厚层（深层）通风制曲工艺，从而使制曲时间由原来的2～3天缩短为24～28h。厚层通风制曲工艺流程如图9-14所示，操作要点如下。

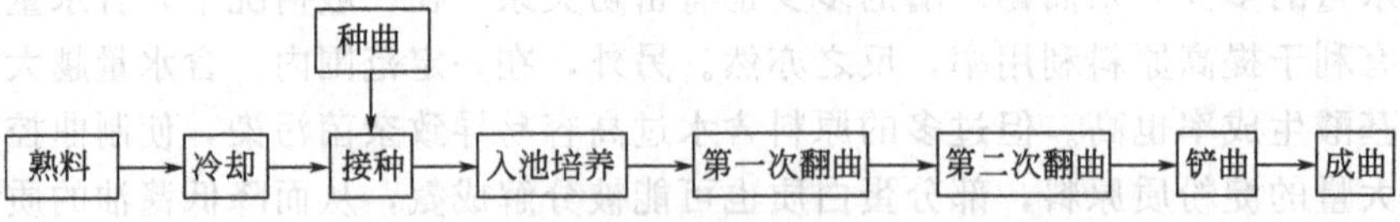

图9-14 酱油厚层通风制曲的工艺流程

（引自：葛向阳《酿造学》，2005）

(1) 熟料的冷却、接种和入池 原料蒸熟出锅后应迅速冷却，并把原料结块的部分打碎，使料冷却到35℃左右接种，接种量为0.1%～0.3%。种曲要先用少量麸皮拌匀后再掺入熟料中以增加其均匀性。冷却接种后的曲料即可入池培养，铺料入池时应尽量保持料层松、匀、平，防止脚踩或压实，否则通风不一致，湿度和温度也难一致，影响制曲质量。

(2) 厚层通风制曲的管理 厚层通风制曲过程一般分为孢子发芽期、菌丝生长期、菌丝繁殖期和孢子着生期四个阶段。制曲过程中的营养、水分、温度、空气、pH值及时间等对米曲霉生长繁殖和累积代谢产物影响较大，其中，影响最大的因素是温度、空气和湿度。

① 孢子发芽期：培养温度控制在30～32℃（不超过35℃，不低于25℃），静置培养8～

10h（最短5～6h，最长10～12h）。为了使孢子发芽良好，生长全面健壮，最好在静置培养时，在温度允许范围内每小时以小风量通风一次，每次通风3min。同时保持曲箱相对湿度在90%左右，这样不仅对孢子发芽有利，而且成曲产酶多、酶活性强。在正常生产中，曲料的自然pH值接近6～7。

② 菌丝生长期：培养曲温控制在33～35℃（不高于35℃，不低于30℃），连续通风培养10～12h，经过孢子发芽期，有发芽能力的孢子在环境适宜的条件下，开始生长菌丝，并渐渐旺盛起来，这一时期是孢子发芽的继续。当曲料中已明显见到白色菌丝伸展，曲料结成块状，通风阻力加大，出现底层品温偏低，表层品温稍高，温差逐渐加大的现象，且表层品温有越过35℃的趋势时，应进行第一次翻曲，使曲料疏松，减少通风阻力，保持正常品温在34～35℃。一般如果入箱时曲料水分含量为50%，到第一次翻曲时可能降低到43.4%，水分减少6.6%。如果这一时期水分损耗已在10%以上，就是制曲不良的先兆，应设法加以补救。一般24h制曲周期中，这一时期水分损耗最好掌握在水分总损耗量的15%左右，以保证米曲霉新陈代谢活动的正常进行。由于米曲霉生长活动和新陈代谢时必然要消耗一定的养料，第一次翻曲时一般淀粉损耗19.92%，蛋白质损耗1.17%（豆粕加水量以100%计算）。如果此期间米曲霉正常生长时，pH值变化不大，总保持在6左右。

③ 菌丝繁殖期：控制培养温度在35℃左右（不超过37℃，不低于32℃），连续通风培养至14～20h。进入菌丝繁殖高峰，到曲料全发白，结成块状，并开始产生裂缝、漏气现象时，进行第二次翻曲，以填平缝隙，散发热量和水分，降低品温，促使米曲霉更好地生长与繁殖，促使新陈代谢较好地进行。在正常情况下，第一次翻曲曲料含水分43.4%，到第二次翻曲水分降低到41.30%，降低2.1%。如果制曲正常，曲料的pH值变化不大，还保持在6左右。

④ 孢子着生期 经过第二次翻曲，曲料热量和水分大量散发后，曲料品温开始下降，菌丝上逐渐长出分生孢子梗并生出孢子，形成嫩黄色。这一时期是产酶最旺盛时期，需要加大风量、降低品温、散发水分，防止漏风和逃风，使曲料收缩，酶活力达到最高峰时及时出曲。此时应控制品温在28～30℃（不高于35℃，不低于25℃，低温利于产酶），连续鼓大风培养至28h（最快25h，最迟32h）即可出曲。在此期间，如果曲料出现裂纹收缩，再次产生裂缝，风从裂缝漏掉，尚可采用压曲或铲曲的方法使裂缝消除。在正常情况下，第二次翻曲时水分41.3%，到出曲时水分降低到32%，降低9.3%。如果制曲正常，曲料的pH值仍为6左右。

（3）成曲的质量标准 成曲的质量标准可以从外观和理化两个方面来评判。①外观，曲成块，手感疏松、富有弹性，有大量嫩黄绿色孢子，有浓厚的曲香，不带酸、臭和其他异味。②理化指标，水分要求1天的曲为32%～35%，2d的曲为26%～30%，中性蛋白酶在1000U/g（干基）以上，细菌总数$<5\times10^{9}$ cfu/g。

3. 发酵、淋油

低盐固态法制酱油的发酵周期较短，因而在发酵过程中，严格控制其最合适的工艺条件，例如加水量、盐水浓度、拌水均匀程度及发酵温度等，以提高原料全氮利用率，改善产品风味和品质。制定最佳发酵工艺条件时，应考虑以下几个方面。①应有利于酶系的稳定，在发酵过程中尽量保持较高的酶活力，并尽量延长酶的作用时间。②为成曲中各种酶系对基质（原料）的作用提供最合适（相对而言）的酶解条件，使基质中各物质间酱油成分的转变既迅速又彻底。当然由于米曲霉分泌酶系种类较多，各种酶系最适作用条件的差异也较大，又由于低盐固态发酵工艺的局限，在发酵过程中，对各类酶系的最适条件不可能都顾及到，但就提高原料全氮利用率来说，主要应创造蛋白质水解酶系及谷氨酰胺酶作用的最适环境。③发酵过程中各工艺参数的制定还必须考虑有利于下道工序（淋油）的正常进行。

低盐固态发酵工艺在我国得到了较好的推广，现已有低盐固态发酵移池浸出法、低盐固态发酵原池浸出法和低盐固态淋浇发酵浸出法三种类型。现分述如下。

(1) 低盐固态发酵移池浸出法　低盐固态发酵移池浸出法是将发酵后成熟酱醅移入浸出池（俗称淋油池）淋油的发酵方法。其工艺流程如图 9-15 所示，操作要点如下。

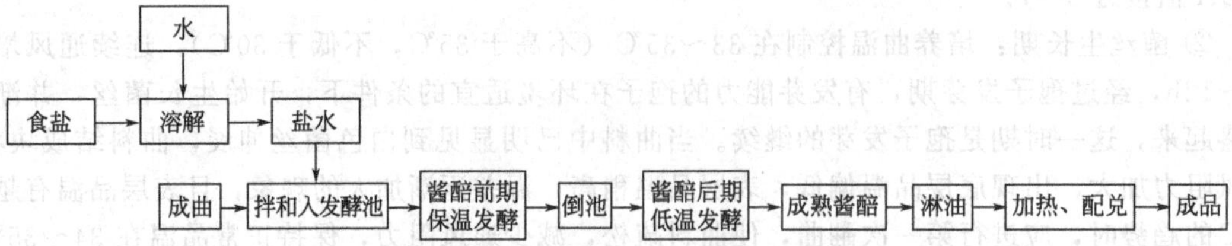

图 9-15　低盐固态发酵移池浸出法的工艺流程

（引自：葛向阳《酿造学》，2005）

① 盐水调制　食盐溶解后，以波美表测定其浓度，并根据当时的温度调整到规定的浓度。波美表一般以 20℃（或 15℃）为标准，但实际中并不都是 20℃或 15℃，往往需要修正。当温度 $T>20℃$，修正值 $B=A+0.05(T-20)$；$T<20℃$时，则 $B=A-0.05(20-T)$。A 为实测值，T 为盐水的温度。

盐水的浓度一般要求在 11～13°Bé，盐水的浓度过高，会抑制酶的作用，影响发酵速度；盐水浓度过低，则可能由于杂菌的大量繁殖，酱醅 pH 值迅速下降，抑制了中性、碱性蛋白酶的作用，甚至引起酱醅的酸败，影响发酵的正常进行。由于盐水质量直接影响酱醅的质量，因此，要求盐水应当清澈无浊、不含杂物、无异味、pH 值在 7 左右。

有些厂为了增加酱油中的糖分，节约淀粉原料，将淀粉质原料经液化、糖化后与盐水混合制成糖浆盐水，拌曲入池。

有些厂使用二淋油（用盐水或三淋油第二次浸泡酱醅后而取出的酱油）、三淋油（用盐水或四淋油第三次浸泡酱醅后而取出的酱油）当成盐水拌曲，这时要特别注意 pH 值，如果 pH 值过低，不宜用作拌曲盐水，因为蛋白酶的最适 pH 值范围，酸性者在 3 左右，中性者在 7.0 左右，碱性者在 10 左右；谷氨酰胺酶 pH 值在 6.4。米曲霉在制曲过程中分泌的蛋白酶又以中性、碱性为主。如果拌曲盐水 pH 值偏低，就会抑制酱醅中碱性蛋白酶的作用，从而使全氮和产品质量受到影响。另外，pH 值过低的原因往往是由于杂菌污染和大量繁殖所致，这样的混合盐水不宜使用。

拌曲盐水的温度应根据入发酵池后对发酵温度的要求、发酵池的冷热、成曲的温度、气候的冷暖、设备条件等来决定。一般来说，夏季盐水温度宜掌握在 45～50℃，冬季在 50～55℃，入池后，酱醅品温控制在 40～45℃。若盐水的温度过高，则使成曲酶活性钝化以致失活。但若成曲质量较差时，拌曲水温应当适当提高，以免引起酸败。为了使酱醅能较快地达到品温要求，要注意车间保暖而不应采取提高盐水温度及成曲堆积升温的办法来提高品温。大曲培养成熟，其生理作用并没有停止，呼吸作用仍很旺盛，因此拌盐水入池后，应防止堆积引起升温过度，使酶活性显著下降，造成损失。

一般要求将拌盐水量控制在制曲原料总重量的 65%左右，连同成曲含水相当于原料重的 95%左右，此时酱醅水分在 50%～53%。拌曲时首先将成曲由绞龙推进，在推进的过程中打开盐水阀门使成曲与盐水充分拌匀，直到每一个颗粒都能和盐水充分接触，不能出现过湿和过干现象。开始拌成曲用盐水可略少些，使醅疏松，然后慢慢增加，以免曲池底部水分过大，不利于后期的淋油。上层盐水稍多时，表面可以充分吸收，而且还有少量挥发，这是保证醅层水分合理的一个措施。

总之，水在发酵过程中的作用极为重要。成曲中拌入盐水后，可使各种酶类脱离菌体的束缚，游离出来，并使在制曲过程中由于失水而紧缩了的原料颗粒重新溶胀，水分子进入料粒内部，才能有利于蛋白质分子的溶出，从而使酶在料粒内外发挥作用成为可能。水既是酶分子的“交通工具”，又是其作用的重要场地，水还是酶解过程和许多生化反应的直接参加者，由此可见没有水发酵过程根本就不能进行。

发酵过程中，在一定幅度内，酱醪含水量大，则有利于蛋白酶的水解作用，全氮溶出量越多，全氮利用率也越高。因此，在酱醅发酵过程中，可合理提高含水量。但是对移池浸出法来说，水分过大，醅粒质软（也有分解充分的原因），在移池操作中醅粒结构破坏过度，易造成淋油困难，虽然全氮溶出量很高，但不能全部滤出，反而会造成全氮利用率下降。如果仅为淋油方便，使成曲拌入盐水过少，则非但不利于酶的作用，而且还可能使酱醅焦化而生色过度，产品苦、涩，风味低劣。由于原料分解不充分，全氮溶出较少，全氮利用率也就不可能提高。因此，拌水量必须恰当。

制醅用盐水的用量可按下面的公式计算。

$$\text{酱醅要求水分}=\frac{(\text{曲重}\times\text{曲的水分})+\text{盐水量}\times(1-\text{NaCl 含量})}{\text{曲重}+\text{盐水重}}\times 100\%$$

根据上式导出：

$$\text{盐水量}=\frac{\text{曲重}\times(\text{酱醅要求水分}-\text{曲的水分})}{(1-\text{NaCl 含量})-\text{酱醅要求水分}}$$

在实际生产过程中，投料数是已知的，而成曲数量及其含水量往往是未知的。但根据生产实践，成曲和总料之比一般为 1.15∶1，成曲水分含量一般在 30%左右（28%～33%），所以：

$$\text{盐水量}=\frac{\text{总料}\times 1.15(\text{酱醅要求水分}-\text{成曲水分含量})}{(1-\text{NaCl 含量})-\text{酱醅要求水分}}$$

② 保温发酵和管理　在发酵过程中，酱醅内部客观上存在着一系列的错综复杂的、主要由各种酶系参与的生化反应，这些反应的速率与温度有密切的关系。在一定范围内，温度上升，反应速率增加；温度下降，反应速率减小。为了提高反应速率，可以适当提高酱醅的温度，但温度过高，酶本身容易变性。当温度升高至最适温度时，酶的活力最强，作用速度就增大，水解所需时间就可以缩短。因此温度对酶的作用的规律应当成为制定最适发酵温度的依据。

在发酵过程中，不同发酵时期的目的不同，发酵温度的控制也因此而异。由于发酵前期，目的是使原料中的蛋白质依靠蛋白水解酶的催化作用水解成氨基酸，因此发酵前期应当控制的最合适的发酵温度是能最大限度地发挥蛋白水解酶作用的温度。这样在发酵过程中就可以得到较高的蛋白质水解率和氨基酸生成率。在一般条件下，蛋白酶的最适温度是 40～45℃，若超过 45℃，则随着温度的上升，蛋白酶失活程度也愈甚。因此在发酵前期，应当尽量控制在 40～45℃的发酵温度，一般维持 15 天左右，水解过程基本结束。后期如能补盐，使酱醅含盐量达到 15%以上（浇淋工艺可以做到），后期发酵温度可以控制在 33℃左右的低温，为酵母菌和乳酸菌的繁殖创造条件，酱油风味会得以提高。整个发酵周期应在 25～30 天。

目前国内多数工厂由于设备条件的限制，发酵周期多在 20 天左右，为了在较短的周期内使发酵结束，不得不提高酱醅的温度。在低盐固态发酵过程中，由于发酵基质浓度较大，蛋白酶在较浓基质情况下，虽然对温度的耐受性会有所提高，但发酵温度仍以不超过 50℃为好。否则温度超过 50℃越多，对蛋白酶的破坏越甚，尤其是对酱油酿造有重要作用的肽酶和谷氨酰胺酶将很快失活，另外为了保持较高的品温，必须提高水浴的温度，使接触池底、池壁的酱醅中的酶类破坏得更多，以致影响醅料分解。由于酱醅温度的提高，发酵初期水解速度可能较高，但从发酵总过程看，蛋白质水解率却较低，反而得不偿失。因此发酵温度前期以 44～50℃为宜，在此温度下维持十余天，水解即可完成；后期酱醅品温可控制在 40～43℃，在这样的温度下，某些耐高温的有益微生物仍可繁殖，经过十余天的后期发酵，酱油风味可有所改善。

在酱醅发酵过程中，应注意防止表层过度氧化。在低盐固态发酵过程中，由于酱醅表层与空气直接接触，水分的大量蒸发与下渗，使表层酱醅含水量下降，为氧化层的形成创造了条件。氧化层的形成会使酱醅中氨基酸含量减少，同时又产生出大量的不利于酵母菌增殖的糠醛等物质，导致酱油风味和全氮利用率下降，因此必须设法防止。为防止氧化层的形成，目前多数厂采取加盖面盐的办法，用食盐将醅层和空气隔绝，这样既防止空气中杂菌的侵入，又避免氧化层的大量产生，对酱醅表层还具有保温、保水作用。这种方法只有在进行极严格操作的条件下才能有效，仍不能完全避免水分蒸发和氧化层的形成。同时由于盖面盐不可避免的溶化，又使表层相当深度的酱醅含盐量偏高，从而影响到酶的作用和全氮利用率的提高。为了克服上述缺陷，国内有的企业采用塑料薄膜代替盖面盐来封盖酱醅表面的方法，既隔绝了空气，防止了酱醅表层的过度氧化，又有效地保存了表层水分，同时也克服了食盐抑制酶活性的缺陷，取得了较好的效果。

③ 倒池　倒池是将酱醅从一个发酵池移入另一个发酵池的操作。倒池可以使酱醅各部分的温度、盐分、水分以及酶的浓度趋向均匀，倒池还可以排除酱醅内部因生物化学反应而产生的有害气体和挥发性物质，增加酱醅的氧含量，防止厌氧菌生长以促进有益微生物繁殖和色素生成等作用。

倒池的次数，常依具体发酵情况而定。一般发酵周期为 20 天左右时，只需在第 9～10 天倒池一次。如发酵周期在 25～30 天可倒池两次。适当的倒池次数可以提高酱油质量和全氮利用率。过多的倒池，既增加了工作量，又不利于保温，而且还会造成淋油困难。

④ 淋油　所谓淋油就是将发酵后的酱醅中所含有的可溶性物质溶解到浸出液中，形成酱油的半成品。在浸出过程中涉及溶解、萃取、过滤、重力沉降等物理现象。移池浸出法工艺流程如图 9-16 所示，其操作要点如下。首先，将成熟酱醅移到洗刷干净的带有假底的淋油池中，做到醅料内松散以扩大醅与浸提液的接触面积，醅面平整以使酱醅浸泡一致，防止短路，醅层厚度在 40～50cm。然后将浸提液（淋头油的浸泡液，一般用二淋油）加热至 80～90℃以上以保证浸泡温度达到 65℃左右，并调整盐度在 13～16°Bé。再将加热的二淋油均匀地散入酱醅中，浸泡 6h，淋出酱油，此时的酱油为头油，这时一些大分子物质，特别是含氮大分子物质的溶胀过程已经完成，所以淋完头油后的浸泡时间可相继递减。待头油即将放完，醅面尚有薄层浸提液时加入 80～90℃三淋油，浸泡 2h 后淋出酱油，这时的酱油是二淋油。二淋油即将放完，醅面尚有薄层浸提液时加入 80～90℃的热水，浸泡 2h 后放出酱油，这时的酱油是三淋油。剩余的酱醅成为残渣。

(2) 低盐固态发酵原池浸出法　此法的盐水调制、发酵管理等过程与低盐固态发酵移池浸出法相同，不同之处是此法不用另建淋油池，在发酵池下设有假底并留有阀门，等发酵完毕，打入冲淋盐水浸泡后，打开阀门即可淋油。原池淋油与移池淋油操作基本相同，只是原池淋油不必顾及移池操作对淋油工序的影响，酱醅含水量可增大到 57%左右。含水量大有利于蛋白酶的水解作用，因此全氮利用率得到提高。同时，酱醅不易焦化，不产生焦煳气味，因而有利于酱油质量的提高。

(3) 低盐固态淋浇发酵浸出法　低盐固态淋浇发酵浸出法是将积累在发酵池底下的酱汁，用泵抽回浇于酱醅表面，使酱汁布满整个表面均匀下渗，从而使酱醅的水分和温度均匀一致，也为培养酵母和乳酸菌创造了生态环境，延长了后发酵期。其工艺流程如图 9-17 所示，操作要点如下。

① 食盐水的配制要求为 15～16°Bé，温度为 30～35℃，成曲入池后应均匀加入食盐水，

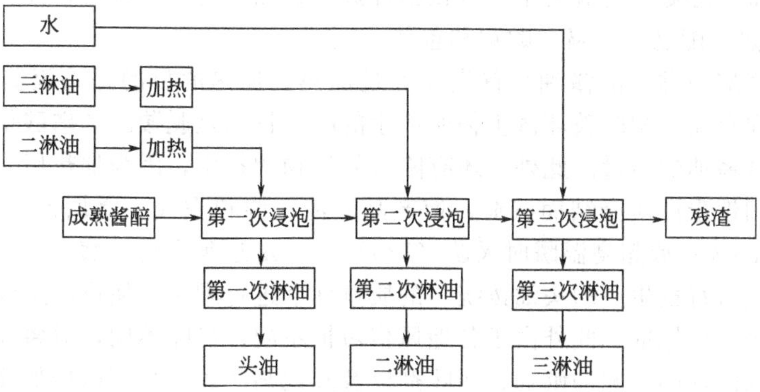

图 9-16 移池浸出法工艺流程

（引自：葛向阳《酿造学》，2005）

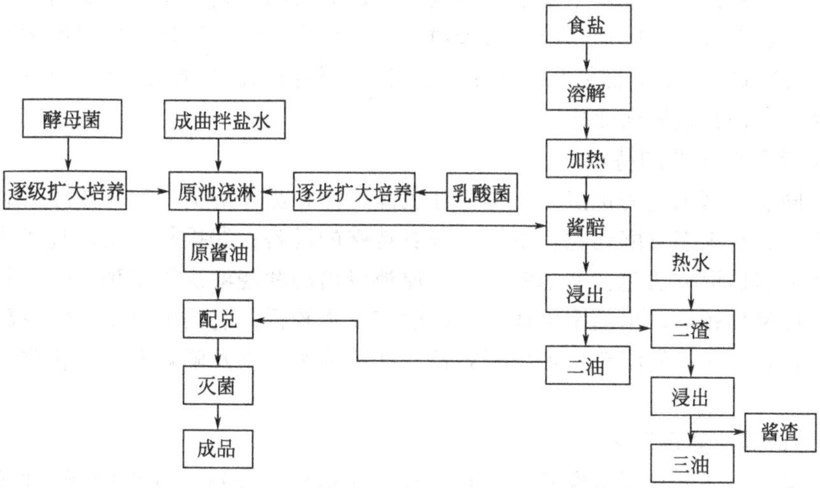

图 9-17 低盐固态淋浇发酵浸出法的工艺流程

拌盐水量为投料量的 150%。

② 制醅入池（方法同移池淋油发酵），表面不加封面盐。

③ 原池淋浇发酵：我国南方厂多采用此方法。把带有假底的发酵池改进，安装浇淋设备。一种是在发酵池的底部另建汁液的聚集池，然后通过池边的水泵抽吸聚集在池内的汁液，输送入发酵池进行浇淋；另一种是在发酵池的放油管上增加一只三通，三通中间通道向上，再装一只特制的管道，高度略高于发酵池酱汁表面，管口上安装一台三相电泵，电泵的出液管通入发酵池面，形成一个密闭回路，当发酵酱醅需要浇淋时，启动电泵，即可循环浇淋。发酵周期 35 天左右，分前、后两个阶段进行温度管理。前 10 天为前期发酵阶段；10 天后添加酵母菌、乳酸菌，为后期发酵阶段。前期品温要求控制在 38～43℃，使用水浴保温发酵，此期间内每日需浇淋一次。后期发酵品温要求控制在 35～40℃之间，在后发酵期，第 11～25 天隔一日浇淋一次，第 26～35 天隔两日浇淋一次，发酵至 35 天，酱醪成熟即可出油。

④ 淋油：发酵完成后的酱醅即可用浸提液浸泡后抽取酱油，此为原油。原油要抽提干净，原油入贮油池，发酵池中剩余一次酱渣。原油抽取干净后（待原油即将放完，醅面尚有薄层浸提液；或以一次酱渣不出现裂缝为标准），往一次酱渣中加入盐水，浓度要求为 9～11°Bé，温度 90℃以上，浸泡 12h 以后可以抽取二油，剩余二次酱渣；往二次酱渣中加入 90℃以上的水浸泡 12h 后提取三油，三油抽净后即可出渣。使用二油、三油对原油进行配兑，化验室根据产

品质量标准以氨基酸态氮、食盐为主要考核指标进行检测，指导车间进行配兑生产。

4. 酱油的加热、配制、防腐、贮藏和包装

生酱油（从酱醅中淋出的酱油）首先要经过加热。加热的目的是杀灭酱油中残存的微生物，延长酱油的保存期，同时破坏微生物所产生的酶，特别是脱羧酶和磷酸单酯酶，避免继续分解氨基酸而降低酱油的质量。此外，还有除去悬浮物的作用，因为加热后，酱油中的悬浮物与杂质和少量凝固性蛋白质凝结而沉淀，使产品澄清；调和香气、增加色泽。加热温度 90℃ 5min，灭菌率为 85%；或超高温瞬时灭菌（135℃）3～5s 达到完全杀菌。

所谓配制就是将每批生产的头油按统一的质量标准进行配兑，使成品达到感官指标、理化指标和卫生指标的质量标准。此外由于各地风俗习惯不同、口味不同，对酱油的要求不同，因此可以在原来酱油的基础上配助鲜剂、甜味剂以及其他某些香辛料等以增加酱油的花色品种。

在加热灭菌后的酱油中加入 0.05%～0.1%山梨酸或 0.08%～0.09%的苯甲酸钠以防止酱油在贮存和销售过程中发生腐败现象。

酱油的贮存是将酱油放在一个由不锈钢或内涂环氧树脂的钢材制成的圆筒形，其底呈锥形并设有阀门，使贮存过程中因加热凝固的蛋白质沉淀集中，便于取出（取出的沉淀物被称为酱油脚子）。贮存的目的是使酱油在灭菌过程中形成的热凝固物因静置而沉淀，从而使酱油澄清。经澄清后酱油即可进行包装而成成品。

5. 低盐固态发酵工艺的特点

酱油低盐固态发酵工艺的优点是：①酱油色泽较深，滋味鲜美，后味浓厚，香气比无盐固态发酵好；②与无盐固态发酵相比，不需要添置特殊的设备；③操作简便，技术不复杂，管理也方便；④酱油的提取方法包括移池浸出法、原池浸出法和浇淋法等多种；⑤原料蛋白质利用率和氨基酸生成率均较高，出品率也稳定；⑥生产成本较低。它的缺点是：①发酵周期比无盐固态发酵周期长，比无盐发酵要增加发酵容器；②酱油香气不及晒露发酵、稀醪发酵和分酿固稀发酵。

（二）酱油的其他酿造工艺

酿造酱油除了上述低盐固态发酵工艺外，还有无盐固态发酵、天然晒露、稀醪高盐发酵、分酿固稀发酵等工艺。下面将简要地进行介绍。

1. 无盐固态发酵

无盐固态发酵是指在发酵过程中不添加食盐的固态发酵工艺，其操作要点如下。

① 成曲堆积升温：通风制曲结束后，停止通风，利用曲霉的呼吸热及代谢热，使成曲迅速升至 45～47℃，不应超过 50℃，以免影响酶的活力。

② 制醅：拌曲的水温 65℃左右，用量为成曲的 65%～100%（原料配比麸皮用量大时，取上限），也可以通过用手用力一捏，指缝间有滴水为宜的方法判断。酱醅入池后的温度以掌握在 50～53℃为宜。

③ 发酵：醅温由 50～53℃开始，逐渐升高，20h 左右，提高至 55～60℃，品温严格控制在此温度发酵。如果品温超过 60℃，容易使酶失活。如果低于 55℃，则愈往下降，就愈容易产生腐败现象。一般发酵周期 56h，酱醅即可完全成熟。

无盐固态发酵的特点是利用酶在较浓的基质中，热稳定性增强，不至于在较高的温度下很快失活的特性，无需加入食盐，完全摆脱了食盐对酶的抑制作用，并且利用酶解作用因温度升高而加快等特性，在无盐酱醅及较高发酵温度（55～60℃）下，发酵周期仅需 56h，原料水解即可完成。所以发酵周期大大缩短，原料利用率高，设备周转快，产量大。但是由于发酵温度高，虽能起到抑制杂菌、防止腐败的作用，同时也抑制了有益微生物的发酵作用，谷氨酰胺酶失去活性，所以酱油风味不足，缺乏香气。目前只有一些发酵设备严重不足的厂家采用。

2. 天然晒露

天然晒露是我国传统的酱油生产工艺。制曲原料为大豆和面粉，属于固态高盐自然发酵，在发酵过程中按豆粕量的2.5倍加20°Bé盐水，自然晒露（雨天加盖）。一般春夏制醅，伏天晒露，每周翻酱2～3次，发酵周期为6个月左右。经过长周期的日晒夜露自然发酵，酱醅成熟，以压榨法制油。酿出的酱油体态浓厚，酱香浓郁，味醇鲜美，久贮不霉。但是发酵周期长，原料利用率低，生产规模不易扩大，劳动强度大。

3. 稀醪高盐发酵

稀醪高盐发酵工艺是指成曲拌入较多的高浓度盐水，制成流动状态的酱醪，保温或不保温长周期发酵。一般1kg曲加1.8L 18～20°Bé的盐水制成酱醪。由于酱醪中含水量大，原料组分溶解性好，酶活性强，有益微生物的发酵作用以及后熟作用进行得比较充分，所以原料利用率和酱油风味均优于固态发酵。另外酱醪稀薄保温输送方便，适于大规模机械化生产。但是由于发酵时间较长，需要较多的发酵设备，以及输送、搅拌和压榨取油设备，酿造出的酱油色泽较淡。根据发酵过程中温度的控制情况，稀醪高盐发酵可分为稀醪常温发酵工艺（自然晒露）、稀醪保温发酵工艺（一般在40～42℃发酵2个月，定期用压缩空气搅拌）和稀醪低温发酵工艺。其中，稀醪低温发酵工艺是20世纪70年代后期发展起来的新工艺，被国内外不少厂家采用，以酿制高级酱油，其操作管理方法如下。

酱醪开始发酵20～30天内，控制品温10～15℃。保持低温，可抑制乳酸菌生长，酱醪pH值能较长期稳定在7.0左右，使碱性（中性）蛋白酶和谷氨酰胺酶能充分发挥作用，有利于谷氨酸生成和提高蛋白质利用率。同时，其他酶系不失活，能缓慢地共同起作用，而不发生相互干扰。30天后，保持发酵温度20～25℃，此为主发酵期（或中期）。在此期间，耐盐性乳酸菌开始繁殖，pH值下降至5.5，酸性蛋白酶又充分发挥作用，鲁氏酵母活跃，进行酒精发酵。酯化反应加速，对于提高酱油风味与进一步提高蛋白质、淀粉质利用率均有利。3～4个月后，又降温至20℃左右，并保持1个月左右，此为发酵后期，或生香时期。在此期间，球拟酵母大量繁殖，分解五碳糖形成4-乙基愈创木酚等，使酱油具有特殊的酱香。整个发酵期约为6个月。

4. 分酿固稀发酵

分酿固稀发酵是继稀醪发酵之后改进的一种速酿发酵工艺。先将淀粉质原料和蛋白质原料分别制曲，再分别进行固态发酵和稀醪发酵，然后将两种稀醪按比例混合后进行发酵。发酵温度采用先中温后低温，发酵周期30天。分酿发酵控制了糖分对蛋白酶活性的影响，中低温发酵，既能充分发挥酶解作用，又能发挥有益微生物的作用。所以发酵周期缩短，原料利用率高，酱油香气好。但是生产工艺复杂，手续繁杂，劳动强度大，该方法很少被生产上采用。

四、酿造酱油色、香、味、体的形成机理

经现代先进的理化分析手段检测发现，酱油含有数百种化学物质，这些物质的整合，赋予了酱油特有的色、香、味、体。

酱油的色泽呈红褐色或棕褐色，其色素成分主要是黑色素（棕色）、类黑色素（棕红色）和焦糖色（黑褐色）三种。其中黑色素是酱油发酵过程中酶促褐变反应生成的；类黑色素和焦糖色在酿造行业中被称为酱色。类黑色素是发酵过程中非酶促褐变形成的，也可来自另外的酱色，而焦糖几乎全部来自所添加的酱色。

酱油具有特殊的香味，这与香味成分有关。酱油中香味成分含量一般较少，但其组成极为复杂，几乎包含了所有的有机化学物种类，如醇、酸、酯、醛、酮、烃等化合物。这些物质分别具有焙炒香、醇香、酯香和酱香等多种香味，从而赋予酱油以复杂的调和香味。

酱油具有鲜、咸、甜、酸、苦五味。其中的鲜味来自谷氨酸钠、鸟苷酸、肌苷酸的钠盐。

咸味主要来自食盐，其含量一般为18%左右。甜味主要来源于糖类，常见的有葡萄糖、果糖和麦芽糖等，另外还有丝氨酸、丙氨酸和脯氨酸等也呈甜味。酸味主要来自于乳酸、琥珀酸为代表的有机酸。苦味主要来自于酪氨酸等。

酱油的体态一般指的是酱油的浓稠度、澄清度、有无沉淀物，多以折光度和波美度表示。组成酱油的体态有各种可溶性物质，无机物中以食盐为主要成分，有机物中以可溶性蛋白质、氨基酸、糊精、糖分和有机酸等为主要成分。一般酱油的质量越高，除食盐以外的有机固形物浓度越大。在我国的优质酱油中，有机固形物（无盐固形物）要占总固形物的50%以上。

第三节 腐乳生产

腐乳（sufu，fermented soybean curd，Chinese cheese）又称乳腐、乳豆腐、霉豆腐、酱豆腐或豆腐乳，是我国著名的传统酿造调味品之一。它是以豆腐为原料，经微生物发酵后的产品，具有较高的蛋白质、多肽与氨基酸含量，是一种口味鲜美、风味独特、质地细腻、营养丰富、深受我国广大人民喜爱的佐餐食品和调味品。

腐乳在我国有上千年的酿造历史，在很多古籍中都有记载，在明朝李日华的《蓬栊夜话》中比较详细地介绍了腐乳的制作方法。另外，在清朝李化楠的《醒园录》也有关于酿制腐乳的详细记述。

我国腐乳的种类很多，大体上可分为红腐乳、白腐乳、青腐乳、酱腐乳及各种花色腐乳。所谓红腐乳主要是在发酵后期的汤料中，配以着色剂红曲酿造而成的腐乳。其主要特点是表面呈红色，在南方又叫红方或南乳，在北方称为红酱豆腐。白腐乳又名白方，其中包括油腐乳、糟腐乳、油辣、霉香、碎腐乳及豆粒腐乳，是腐乳的一大类产品。此产品呈淡黄色或乳黄色，表里基本一致，其特色是酒香浓郁、鲜味突出、质地细腻。青腐乳又名青方，是腐乳的一大类产品。其风味特点与众不同，酿制成的青腐乳具有刺激性的臭味，但臭里透香，所以有“闻着臭，吃着香”的美誉。它是在后期发酵过程中，以低度盐水为汤料酿制而成的腐乳。因具有特殊气味，表面颜色呈青色或豆青色，而得名青腐乳。酱腐乳又称酱方。酱腐乳具有自然生成的红褐色或棕褐色（糖与氨基酸反应生成的），油润有光泽，外部颜色略深于内部的颜色。

尽管上述腐乳品种在表面颜色、原材料配方与产品风味方面存在很大的区别，但是它们的生产工艺流程基本相同，下面将从主要原辅料、主要微生物、工艺流程与操作要点等几个方面对腐乳的生产工艺进行叙述。

一、主要原辅料

腐乳是以大豆为原料制作豆腐，再经微生物发酵、调味后的发酵调味品，所以其主要原料自然是大豆以及大豆加工产品豆粕等。而辅料则包括凝固剂、食盐、水以及各种调味料。

（一）大豆与豆粕

酿制腐乳最好的原料是大豆。因大豆未经提油处理，所以制成的腐乳柔、糯、细，口感好。另外冷榨豆片和豆粕也可以作为腐乳的酿制原料。冷榨豆片作为制作腐乳的原料时，由于在榨油过程中受到温度等理化因素的影响，其中蛋白质已部分变性。因此，用冷榨豆片制造的豆腐乳在质量和产量上都受到一定的影响。用作豆腐乳的豆粕要求采用80℃以下的低温真空脱除溶剂的方法生产，使豆粕中保留较高比例的水溶性蛋白质，提高原料的利用率和品质。目前，我国的腐乳主要还是用大豆为原料生产的。

（二）水

制腐乳的水一是要符合饮用水的质量标准；二是水的硬度愈小愈好。因为硬度大的水会使蛋白质沉降，影响豆腐的得率。

（三）凝固剂

凝固剂是能使大豆蛋白质凝聚的物质。在腐乳生产过程中，凝固剂是必不可少的添加剂。大豆凝固剂种类很多，基本上可以分为两大类，即钙盐和酸类，这些凝固剂主要是钙、镁的二价盐，如氯化镁、氯化钙、碳酸钙、硫酸钙、醋酸钙、乳酸钙和葡萄糖酸内酯等。这些二价盐与蛋白质之间相互作用，形成桥联作用而使蛋白质凝固。目前国内豆制品行业的凝固剂有氯化镁及硫酸钙。日本从 20 世纪 60 年代起用葡萄糖酸内酯作凝固剂，它的凝固原理是葡萄糖酸内酯溶于豆浆中会慢慢转变为葡萄糖酸，使蛋白质呈酸凝固。它主要用于袋装豆腐及有利于机械化生产，国内也有用该凝固剂生产嫩豆腐。在制备豆腐乳的（中间）原料豆腐时常用的凝固剂是盐卤和石膏。

1. 盐卤

盐卤主要成分为 $MgCl_2$，约占 29%，其次是 NaCl、$MgSO_4$、KBr 等物质，有苦味。盐卤是海水制盐后的下脚料，通常为 25～27°Bé（也有冻块状），加入豆浆中作凝固剂时需稀释至 16°Bé 较好。盐卤的使用量为大豆的 5%～7%。一般认为用盐卤做的豆腐香气和口味较好，但不适于做嫩豆腐，用量过头时豆腐有苦味。

2. 石膏

石膏是一种矿产品，主要成分是 $CaSO_4$。根据结晶水含量不同，可以分为生石膏（$CaSO_4 \cdot 2H_2O$）、半熟石膏（$CaSO_4 \cdot H_2O$）、熟石膏（$CaSO_4 \cdot 1/2H_2O$）及过熟石膏（$CaSO_4$）。对豆浆的凝固作用以生石膏为快，熟石膏慢，而过熟石膏则几乎不起作用。用石膏作凝固剂，须先将石膏炒熔，再磨成细粉，粒度越细凝固效果越好。在使用时，还要将石膏粉加水制成悬浮液，使用量为原料量的 2.5%。

（四）食盐

食盐在腐乳中有多种作用，主要是使产品具有咸味，与氨基酸结合增加鲜味，抑制有害微生物的生长，防止豆腐乳变质等。对食盐的质量要求是干燥且含杂质少，必须采用食品级的食盐，不得采用工业食盐。

（五）调味料

调味料的主要作用是改变豆腐乳的风味，增加花色品种。常用的调味料有如下几种。①黄酒：在豆腐乳酿造过程中加入适量的黄酒，可增加香气成分和特殊风味，提高豆腐乳的档次。②红曲：添加红曲或红曲色素可使腐乳染成红色，同时还可增加腐乳的风味，提高腐乳的品质，红腐乳一般都要添加红曲。③面曲：面曲是制面酱的半成品，添加面曲可以为腐乳的后期发酵增加酶源和糖分含量，改善腐乳风味，提高腐乳品质。④糟米：糟米也称酒酿糟，是制糟方的主要辅料，添加糟米后制得的糟方腐乳，外形美观、饱满，风味别致，糟香扑鼻，可促进食欲。此外，花椒、红辣椒、茴香、陈皮、大蒜、葱、姜等都是腐乳常用的调味料。

二、主要微生物

腐乳的发酵过程是微生物中的各种酶类将豆腐中的蛋白质、淀粉及其他有机物质水解成为氨基酸、多肽、麦芽糖、糊精等小分子物质，从而赋予腐乳滑腻的口感和鲜味的过程。微生物在腐乳发酵中起着至关重要的作用，没有微生物的参与，也就没有腐乳发酵，当然也就无法制得腐乳。

过去，腐乳的酿制是纯天然发酵，不接种任何微生物，目前，除了家庭自制腐乳外，工业化生产的腐乳一般都需要人工接种毛霉、根霉、米曲霉、红曲霉或酵母菌等，以加速腐乳的发酵进程，提高产品的安全性与质量，保证产品风味的一致性。优良的腐乳生产菌种应该具备以下条件：第一，不产生毒素，菌丝壁细软，棉絮状、色白或淡黄，以保证腐乳的安全、色泽与腐乳块的完整性；第二，生长繁殖快，抗杂菌能力强，以保证在腐乳的酿制过程中不受杂菌污染；第三，生产的温度范围大，不受季节限制，以实现腐乳的全年生产；第四，能分泌蛋白酶、脂肪酶、肽酶及有益于腐乳质量的酶系；第五，能使产品质地细腻柔糯，味道正常良好。

但是由于腐乳前期的培菌过程是开放式，而且配料一般也无需进行灭菌处理，所以即使是人工接种酿制的腐乳，也混入许多种非人工培养的微生物，因此腐乳发酵实际上是以人工接种菌种为主的多菌种混合发酵过程。表 9-10 是从豆腐乳中分离得到的部分微生物。

表 9-10 豆腐乳中分离的部分微生物

菌　种	腐乳产地
腐乳毛霉(*Mucor sufu*)	浙江绍兴、江苏苏州、镇江
鲁氏毛霉(*M. rouvanus*)	江苏
五通桥毛霉(*M. wutung kiao*)	四川五通桥
毛霉(*M.* spp.)	台湾、广东中山县、桂林、杭州
总状毛霉(*M. racemosus*)	台湾、四川牛华溪
雅致放射毛霉(*Actinomucor elegaus*)	北京、台北、香港
冻土毛霉(*M. hiemalis*)	台北
黄色毛霉(*M. feavus*)	四川五通桥
紫红曲霉(*Monascus surpureus*)	—
溶胶根霉(*Rhizopus liguefaciems*)	江苏
米曲霉(*Aspergillus oryzae*)	江苏、四川五通桥
青霉(*Penicillium* spp.)	江苏
交链孢霉(*Alternaria* spp.)	江苏
枝孢霉(*Cladosporiem* spp.)	江苏
芽孢杆菌(*Bacillus* spp.)	武汉
藤黄微球菌(*Micrococcus luteus*)	黑龙江克东
酵母菌(*Saccharomyces* spp.)	江苏、四川五通桥
杆菌(*bacterium*)	克东腐乳
链球菌(*Streptococcus* spp.)	克东腐乳

由表 9-10 可知，在腐乳发酵过程中，虽然有很多微生物参与，但毛霉占主要地位，而且也只有毛霉，其细长的菌丝，才能将豆腐坯完好地包围住，以保持腐乳成品整齐的外部形态。目前，我国常用的酿制腐乳的霉菌主要包括雅致放射毛霉（As3.2778）、五通桥毛霉（As3.25）、腐乳毛霉、总状毛霉、根霉、红曲菌、米曲霉、酵母菌。其中，毛霉或根霉是人工接入的在豆腐坯上生长与繁殖的微生物，而红曲菌、米曲霉和酵母菌等常常是随配料加入的。它们共同作用，促使蛋白质水解成可溶性的低分子含氮化合物氨基酸，淀粉糖化，糖分发酵成乙醇和其他醇类及形成有机酸，同时辅料中的酒类及添加的各种香辛料等也共同参与作用合成复杂的酯类，最后形成豆腐乳所特有的色、香、味、体等成分，使成品细腻、柔糯而可口。

三、工艺流程与操作要点

（一）工艺流程

豆腐乳的一般生产工艺流程如图 9-18 所示。

（二）操作要点

1. 浸泡

（1）大豆浸泡　大豆 100kg 加水 200～250kg，一般冬季水温在 5℃时，浸泡 24h；春秋季节水温在 10～20℃，浸泡 12～18h；夏季水温在 30℃，浸泡 6h 即可。要求浸泡到用手轻捏大豆，能很容易将豆皮去除，并将豆瓣分成两瓣。有时大豆在浸泡之前应先将大豆压成数瓣，并去除豆皮后再浸泡。

（2）豆饼浸泡　应用冷榨豆片时用稀碱液浸泡，每 100kg 豆片配制 400kg pH 值达 9～10 的溶液。在稀碱液中加入豆片充分翻拌均匀，每隔半小时搅拌一次，直至浸泡结束。浸泡纯碱用量以豆片质量优劣而稍有不同。浸泡结束时 pH 值一般在 7.0 左右。浸泡时间根据气温高低

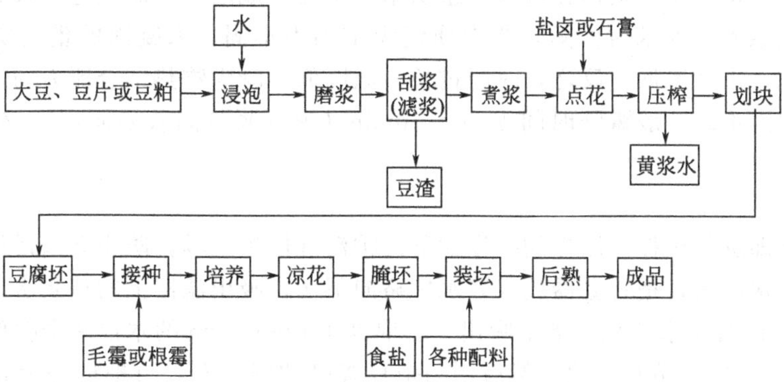

图 9-18　豆腐乳生产工艺流程

(引自：葛向阳《酿造学》，2005)

而定，以浸泡到豆片柔软为度。

2. 磨浆

磨浆可采用砂轮磨、钢磨等。砂轮磨是平磨，大豆进入后先进入粗碎区，再进入细碎区，磨毕自然流出，所以磨的细度比较均匀。但砂轮磨齿较平而粗糙，通过磨片摩擦，对大豆的撕裂作用较大，因而有利于豆浆和豆渣的分离。钢磨的磨齿坚硬，转速快，单机产量比砂轮磨的高。但钢磨磨出的豆粉颗粒呈圆颗粒状，容易堵住筛眼，过筛较困难。有的豆粉因磨得过细会穿过筛孔混入豆浆，从而影响豆腐质量。如果进料控制恰当，可获得较好效果。在磨浆过程中，均匀地向磨内不断加水，一般 1kg 浸泡的大豆需要添加 2.8kg 左右的水。

3. 滤浆

滤浆是利用离心机或滤浆机将豆浆与豆渣分离的过程。一般每 100kg 大豆可得头浆（第一次分离出来的豆浆）475kg 左右，以后分四次洗涤豆渣，第一次加水 80kg 左右（水温 80～90℃），稀释过滤，随后三次，每次加水 80kg 左右（水温 60～70℃）稀释过滤，合并滤液。腐乳生产用的豆浆浓度应掌握在 6～8 度（以乳汁表测定）或 5°Bé 左右。

4. 煮浆

煮浆又称为冲浆，是使豆浆中的蛋白质适度变性，达到凝固效果。一般是将豆浆经 100 目筛孔过筛后加热到 100℃并保温 5min。

5. 点浆

点浆也称点花。点浆不宜太快，也不宜太慢，需掌握如下三个环节（以盐卤为例）。①点浆温度控制在 82℃左右最为适宜，当煮沸过筛的豆浆冷却到 85℃时即开始下卤（点花）。②点浆时豆浆的 pH 值应调节到 6.8～7.0，如果 pH 较低，加凝固剂后蛋白质凝固快，豆腐脑组织收缩多，质地粗糙。若豆浆的 pH 大，偏于碱性，蛋白质凝固较为缓慢，形成的豆腐脑就会过于柔软，持水较多，不易成型，有时没有完全凝固，还会出现白浆。③盐卤可加水冲淡成15～16°Bé 使用（100kg 大豆制成的豆浆需要 28°Bé 浓盐卤 10kg）。

点浆的方法是将盐卤以细流缓缓滴入热浆中，一边滴一边缓缓搅动豆浆，使容器内豆浆上下翻动旋转。加入盐卤溶液的速度应均匀一致，并注意观察豆花凝聚状态。在即将成豆腐脑时搅动适度减慢，至全部形成凝胶状态时，方可停止。然后再把淡卤轻轻地甩在豆腐脑面上，使豆腐脑表面凝固得更好。从点脑至全部凝固成型，一般应掌握在 5min 左右完成。

6. 蹲脑

豆浆点花结束后需静置一段时间，俗称蹲脑，又称为涨浆或养花。蹲脑是使蛋白质充分凝聚，并在分子间形成网状结构。蹲脑时间的长短与豆腐品质和出品率有十分密切关系。因点浆凝固操作结束后，蛋白质联结仍在进行，组织结构也在形成之中，需经过一段时间，凝固才能完全，结构才能稳固。蹲脑时间短，蛋白质组织结构不牢固，未凝固的蛋白质会随黄浆水流失，豆腐弹性差，出品率低。反之，时间过长，温度低，凝固物热结合能力弱，黄浆水不易析出，使压榨成型困难。一般蹲脑时间为 20～30min（视豆浆凝固效果而定）。在此期间，尚需注意保温。

7. 压榨

蹲脑结束立即进行压榨。压榨的操作如下。①清洗压榨工具，防止杂菌污染。②蹲脑后豆腐脑下沉，黄浆水澄清，把竹滤器放入浆水中略向下压，吸出滤器上的黄浆水，再用重物压竹滤器内，使 60%的黄浆水能从滤器上吸出。③取高 1.6～1.8cm 的木框两个叠放于榨板上（可多组同时进行），框内铺疏布一块，然后用勺把豆腐脑加满一框，再把框外余布向内折叠覆盖于豆腐脑上，待黄浆水沥出，豆腐脑高度下降，可取去一个木框，于豆腐脑上加榨板一块，并用压榨机压榨，进一步使豆腐脑中的余水排出。压榨时，开始可较猛，随后减缓。压榨去水的程度可根据豆腐坯所需要的水分含量来确定。豆腐坯水分一般春秋季节为 72%，冬季为 73%，夏季为 70%。但品种不同其水分含量各异，如小白方一般为 82%左右，青方一般在 75%～76%。④压榨完毕的豆腐坯品温一般在 60～70℃之间，这样可以防止微生物污染，要求杂菌数在 500 个/g 以下。

8. 划块

划块也称划胚，是压榨成型的最后工具。它是将压榨好的豆腐坯迅速取下，用切块机，按品种规格要求切成小块。品种规格各地区不同。例如，上海地区生产的红方、油方、糟方及醉方豆腐乳市销规格有两种：一种是 4.8cm×4.8cm×1.8cm，称为大红方、大油方、大糟方及大醉方；另一种是 4.1cm×4.1cm×1.6cm，称为小红方、小油方、小糟方及小醉方。又如江苏南京地区生产的红方、油方、糟方及醉方豆腐乳市销规格也有两种：一种是 3.5cm×3.5cm×1.5cm，称为小红方、小油方、小糟方及小醉方；另一种是 4.5cm×4.5cm×2cm，称为大红方、大油方、大糟方及大醉方。王致和豆酱豆腐和臭豆腐的规格以 3.2cm×3.2cm×1.6cm 为主，北京门丁腐乳规格为 5cm×5cm×1.8cm，甜辣腐乳的规格为 4.5cm×4.5cm×1.5cm 为主。

划块有热划、冷划两种。压榨出来的整板豆腐坯品温在 60～70℃之间，如果趁热划块，则划时要适当放大，这样才能使划成的豆腐坯冷却后的大小符合规格。冷划是待豆腐坯冷却、水分散发、体积已缩小后，再按原定的规格大小划块。

9. 接种和培养

腐乳发酵包括前期培菌（也称前发酵）和后期发酵两个阶段。前期培菌阶段在豆腐醅上接入毛霉或根霉菌，使其充分繁殖，在豆腐醅表面形成一层韧而细致的白色皮膜。由于菌丝生长旺盛，便会积累大量的酶类，如蛋白酶、淀粉酶和脂肪酶等，以便在后期发酵中使蛋白质等物质进行水解。腐乳前期培菌阶段已有部分蛋白质被水解为水溶性蛋白质。后期发酵是一个厌氧发酵过程，也是腐乳的成熟过程。在这个时期，由于霉菌、酵母菌、细菌等多种微生物的共同作用，并有人工添加的各种辅料的配合，使蛋白质水解、淀粉糖化、有机酸发酵、酯类生成等生化反应同时进行，交互反应，从而形成了豆腐所特有的色、香、味、体以及成品腐乳细腻的质地和柔糯滑爽的口感。

(1) 菌种制备（以毛霉型腐乳生产为例）

① 菌种悬浮液制备　将已选好的毛霉菌种培养瓶，用 75%的酒精溶液擦拭消毒，然后向瓶内加入消毒过的冷水 400mL，用无菌竹筷子捣碎毛霉菌丝体，倒在预先准备好的滤布中，将菌液滤在容器中，滤布内的培养基需做两次洗涤，洗涤菌液并入滤液中，配制成菌种悬浮液 1000mL。按每 100kg 大豆使用两瓶克氏瓶（1000mL，长方形）孢子的比例（夏天加倍）。孢

子悬浮液的存放时间不宜太长，使用时摇匀。

② 菌种固体粉质制备 选择无杂菌、优良的麸曲毛霉菌 100g 加炒米粉 200g 混合粉碎供生产专用。菌种固体粉质量要求：水分含量<12%，细度 60 目，有效期为 2 周。使用量以豆腐坯计为 0.3%～0.5%。

(2) 接种 豆腐坯制成后，立即接种与培养。将豆腐坯摆入笼格或框内，侧面竖立放置，均匀排列，其竖立两块之间需留有一块大的空隙。用喷枪或喷筒把孢子悬液喷雾到豆腐坯上，使豆腐坯的前、后、左、右、上五面喷洒均匀。

(3) 培养 培养又称为发花。豆腐坯接种后，将笼格或框置于培养室内（套合）堆高，上层加盖。夏天豆腐坯接种后先平铺于地上，使其冷透并挥发掉水分，以免细菌迅速繁殖。

培养的室温要求保持在 26℃，在 20h 后可见菌丝生长，可进行一次翻笼（上下笼格调换）以调节上下温度差，使生长速度一致；28h 后菌丝已大部分生长成熟，需要第二次翻笼格；44h 后进行第三次翻笼，此时菌丝生长较快、较浓；52h 后菌丝基本上长好，开始适当降温；68h 后散开笼格冷却。

夏天气温较高，如无降温设备，豆腐坯接菌种后，表面水分要吹干才可进入培养室。入室后须使水分再度挥发才能盖布。10h 后已见菌丝生长；13h 后进行第一次翻笼格；20h 后菌丝已全面生长，进行第二次翻笼；25h 后菌丝已较长，进行第三次翻笼；28h 后菌丝已基本长好；32h 后散开笼格降温，前期发酵即可结束。降温时间应掌握在菌种全面长好的情况下进行，过早降温将影响菌丝的生长繁殖，过晚则因温度升高而影响质量。降温一方面使菌丝成熟，增强酶的活性；另一方面可迅速冷却，延长产酶期。

10. 凉花

凉花时将培养室门窗打开，使其通风降温，促使毛霉散热和水分散发。凉花时必须让毛霉长足，菌体趋向老化，毛霉呈浅黄色。凉花时间一般为 48h。

11. 搓毛

凉霉后即可进行搓毛。搓毛是将长在豆腐醅表面的菌丝用手搓倒，使棉絮状菌丝将豆腐醅包住，有利于保持产品的外形，同时将块与块之间的菌丝搓断，把连接的豆腐块分开。

12. 腌坯

前期发酵结束即可进行腌坯。腌坯的操作在陶缸内进行，在离缸底 18～20cm 处铺放圆形木板一块，中心有直径约 15cm 的孔，把豆腐毛坯放在木板上沿缸壁外周逐渐排至中心，每圈相互排紧。在排列时，未长菌丝的一面（在格内培养时靠笼格一面，称为切口）应朝缸边，勿朝下或朝上，防止成品变形。

在排毛坯的过程中，先在底部木板上撒薄层食盐，再按分层加盐的办法将盐撒到坯上，并逐层增加，最后在最上面层的豆腐坯表面撒上较厚的盐层。食盐的用量是按每万块（4.1cm×4.1cm×1.6cm）春秋季节为 60kg，冬季为 57.5kg，夏季为 62.5～65kg。腌坯 3～4 天后要压坯，即向缸内加入食盐水至超过腌坯面。腌坯时间冬季为 13 天，春秋季节为 11 天，夏季为 8 天。腌坯结束，抽出盐水，放置过夜，使豆腐乳坯干燥收缩。

13. 装坛（瓶）

配料与装坛是豆腐乳后熟的关键。豆腐乳的品种很多，各地区主要是依据豆腐坯的厚薄以及配料的不同，而制成不同的品种。

配料前先把缸内腌坯取出，使块块搓开，即相互分开，点块计数，装入洗净的干燥坛（瓶）内，并根据不同品种给予不同配料。现以小红方、小油方、小糟方、小醉方、青方及小白方为例，说明它们的配料与装坛方法。

① 小红方：每万块腐乳坯（4.1cm×4.1cm×1.6cm）用酒总量为 100kg，酒精体积分数

为15%～16%，面曲2.8kg，红曲4.5kg，糖精15g。一般每坛为280块，每万块可盛36坛。将这些原料分别按比例配成染坯红曲卤（红曲1.5kg，面曲0.6kg，黄酒6.25kg，浸泡2～3天，磨碎至细腻成浆后再加入黄酒18kg，搅匀）和装坛红曲卤（红曲3kg，面曲1.2kg，黄酒12.5kg，浸泡2～3天，磨碎至细腻成浆后再加入黄酒57.8kg，糖精15g，糖精热开水溶化后加入并搅匀）。红方装坛方法是腌坯事先在染坯红曲卤中染红，块块搓开，要求六面染到，不留白点。染好后装入坛内，装满后将装坛红曲卤灌入，至液面超出腐乳约1cm。每坛再按顺序加入面曲150g，荷叶1～2张，封面食盐150g，最后加封面土烧酒（土法酿制的酒精度为50°左右的白酒）150g。

② 小油方：每万块腐乳胚（4.1cm×4.1cm×1.6cm）用16%左右酒精度的酒100kg（添加50g以热开水溶化的糖精），腌坯装坛后灌酒卤超过腐乳1cm，然后每坛面上加砂糖250g，顺序加荷叶1～2张，封面食盐150g，封面再加土烧酒150g。

③ 小糟方：每万块腐乳胚（4.1cm×4.1cm×1.6cm）用酒精浓度14%左右的酒95kg（包括通过糟米加入的酒），用糟米折合糯米为20kg。糟方的装坛方法是装一层腌坯加一小碗糟酒，每坛面上封面食盐150g，但不加封面酒。

④ 小醉方：每万块腐乳胚（4.1cm×4.1cm×1.6cm）用黄酒105kg，腌坯装块后，先加花椒一小撮（约10多粒），全部用黄酒灌卤，灌至超出腐乳面1cm，顺序加荷叶1～2张，封面食盐150g，封面土烧酒150g。

⑤ 青方：青方（4.2cm×4.3cm×1.8cm）是一种季节性销售商品，一般在春夏季节生产。青方腐乳要求水分为75%～76%，腌坯后含氯化物在14%以下。装坛时使用8～8.5°Bé卤液，它由冷开水450kg（每万块）、黄浆水（蛋白质凝固后析出的水）、75kg毛花卤（腌醅过程中从豆醅中析出的黄浆水与盐融合一体形成的）及盐水配制而成。青方卤要当天配料当天应用，灌卤至封口为止，每坛加封面土烧酒50g。

⑥ 小白方：小白方（3.1cm×3.1cm×1.8cm）也是一种季节性销售商品，一般在秋天和冬天生产，冬天供应。豆腐坯要求水分约为82%。毛坯（培菌后的豆腐胚）直接在坛内腌坯4天，每坛装350块，腌坯用盐0.6kg，然后灌卤盐水和新鲜毛花卤加冷开水配成8～8.5°Bé的卤液至坛口为宜。每坛加封面黄酒0.25kg。

14. 包装与贮藏

豆腐乳按品种配料装入坛内后，擦净坛口，加盖，再用水泥或猪血封口；也可用猪血拌和石灰粉末，搅拌成糊状物，刷纸盖一层，十分牢固。最后在上面用竹壳封口包扎。

豆腐乳的后期发酵主要是在贮藏期间进行。由于豆腐坯上生长的微生物与配料带入的微生物的共同作用，在贮藏期内引起复杂的生化作用，从而促使豆腐乳成熟。

豆腐乳的成熟期因品种和配料不同，有快慢，在常温情况下，一般6个月就可以成熟。糟方与油方因糖分高，宜于冬天生产，以防变质。青方与白方因含水量大、氯化物低、酒精度少，所以成熟快，但保质期短，青方1～2个月成熟，小白方30～45天成熟，不宜久藏。

15. 成品

豆腐乳贮藏到一定时间，当感官鉴定舌觉细腻而柔糯，理化检验符合标准要求时，即为成熟产品。

第四节 酱品的酿造

在中国，酱（sauce）是指以谷物等淀粉质原料与豆类等蛋白质原料为原料，以米曲霉等微生物为菌种，经发酵制成的一种半流动状态的浓稠调味品。在我国，酱主要包括大豆酱、面酱、蚕豆酱、豆瓣辣酱及以它们作为原料，再加上各种辅料而制成的各种花色酱。酱既可作为调味品，又可作为佐餐品，不但营养丰富，而且易被人体消化吸收。

我国的制酱技术起源甚早，远在周朝时《周礼·天官·膳夫》篇中就有“凡王之馈，酱用百有二十瓮”的记载。古代制酱，最早是用兽肉和鱼虾等动物性蛋白质为原料，以后改用植物性蛋白质。西汉史游为元帝时代人，他在当时就能以明确的语言描述豆酱的生产面貌，可见我国豆酱生产历史之悠久。根据考证，酱油是从豆酱演变来的。可是长期以来，我国制酱工艺全凭经验。最近几十年来，我国酱的生产也得到了很大的发展。由原来只能利用野生霉菌培菌制曲改为纯培养的培菌制曲；培菌制曲方法由用簸箕与曲盘培菌制曲改为通风培菌制曲；发酵过程由原来的日晒夜露制酱，改为人工保温发酵制酱，生产不再受季节限制，酱的产量大大提高；生产上严格执行卫生操作制度，保证了产品的卫生与安全；在设备方面，我国规模化的酱品生产基本上实现机械化，大大改善了劳动条件，降低了劳动强度和提高了劳动生产率。

尽管各种酱的原料不同，产品的风味也存在很大区别，但是酱的基本生产过程与工艺是一致的，下面将从主要原辅料、主要微生物、工艺流程与操作要点等几个方面进行简要的介绍。

一、主要原辅料

酱的种类不同，所用的原料也不同，大豆酱的原料是大豆、面粉、食盐和水；蚕豆酱的原料是蚕豆、面粉、食盐和水；面酱的原料是面粉、食盐和水。同时，还需要辣椒、芝麻油、甜酒酿和红曲等辅料。关于这些原料的要求，同酱油与腐乳酿造中对原料的要求，所以在此不再重复。

二、主要微生物

参与酱酿造的微生物主要是米曲霉（*Aspergillus oryzae*）。它的作用同其在酱油酿造中的作用，主要是通过其在蒸熟冷却的原料上生长繁殖，分泌的蛋白酶、淀粉酶等酶系，降解原料中的蛋白质与淀粉等成为小分子的氨基酸、多肽、麦芽糖、糊精等，以使产品便于消化、吸收，并形成独特的风味。

三、工艺流程与操作要点

（一）工艺流程

酱类的生产工艺可以分为原料处理、制曲、发酵等工序。其中的制曲由自然接种发展为纯种接种，由浅盘培养制曲发展为厚层通风制曲，并进一步发展为液体曲和应用酶制剂制酱。发酵工艺由传统的天然晒露发展为保温速酿、无盐固态发酵和低盐固态发酵等新工艺。发酵设备也由发酵缸发展为保温发酵缸、水浴发酵罐、保温发酵池等新设备，人工制酱逐渐改为机械操作等。曲法制酱的劳动强度大、过程环境污染严重、生产周期长、设备利用率低、制造成本高，但产品风味较好。酶法制酱是利用蛋白酶及淀粉酶分解原料中的蛋白质及淀粉而进行快速制酱。酶法制酱具有生产周期短、劳动强度低、劳动生产率高等优点，但是其产品的风味，往往不如曲法制酱的好，所以目前主要采用的还是曲法制酱。在这里仅就曲法制酱的工艺流程与操作要点进行介绍。

1. 豆酱

豆酱可以用大豆做原料，也可以用冷榨豆片和蚕豆作为原料。

（1）以大豆为原料　以大豆为原料的豆酱生产工艺流程如图 9-19 所示。

（2）以豆片为原料　以豆片（是大豆的轧片，便于吸水与蒸料）为原料的豆酱生产工艺流程如图 9-20 所示。

（3）蚕豆酱的生产工艺流程　蚕豆酱的生产工艺流程同大豆为原料的豆酱，只是蚕豆要先去皮，粉碎成豆瓣后再浸泡。

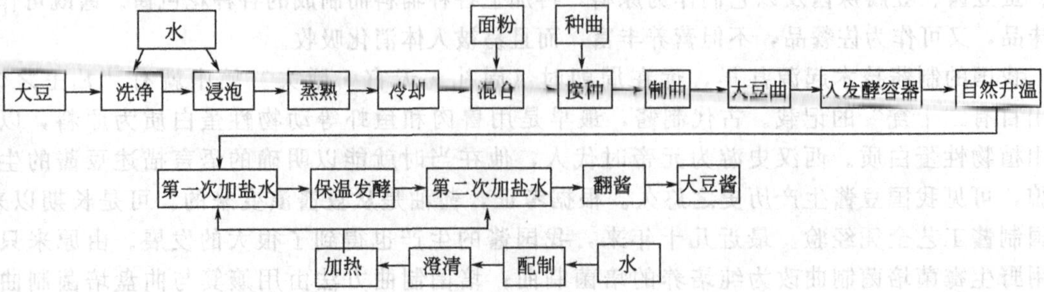

图 9-19 以大豆为原料的豆酱生产工艺流程

（引自：葛向阳《酿造学》，2005）

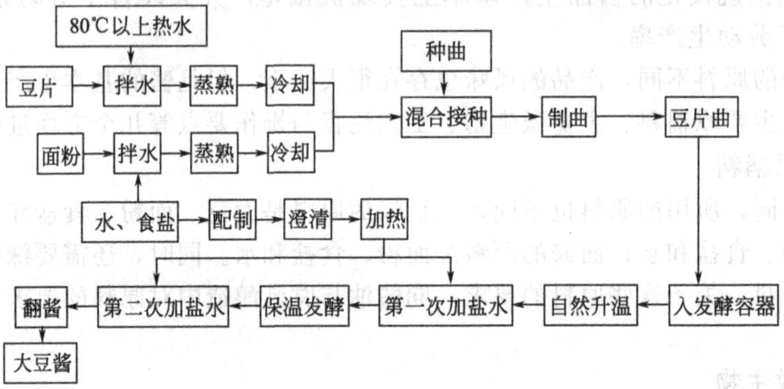

图 9-20 以冷榨豆片为原料的豆酱生产工艺流程

（引自：葛向阳《酿造学》，2005）

2. 面酱

面酱是以面粉为原料发酵酿制的酱。其酿制工艺流程如图 9-21 所示。

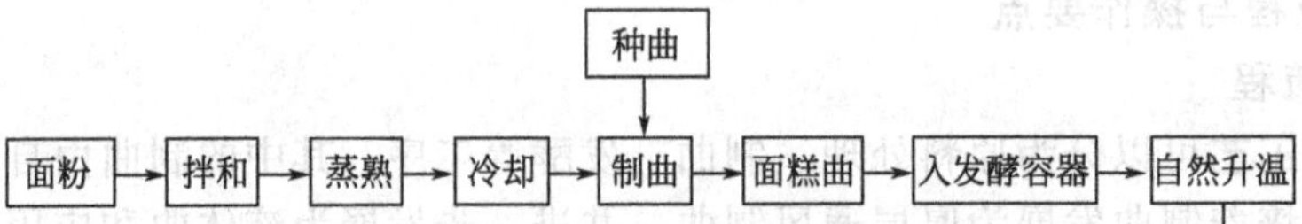

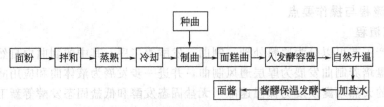

图 9-21 面酱酿制的工艺流程

（引自：宋安东《调味品酿造工艺学》，2009）

3. 豆瓣辣酱

豆瓣辣酱是以大豆、豆片或蚕豆曲为原料，添加一定量的辣椒酱发酵后制备得到的产品。也可以将豆酱与辣酱直接按比例混合后制备得到。图 9-22 是以低盐固态加辣椒发酵制备豆瓣辣酱的工艺流程。

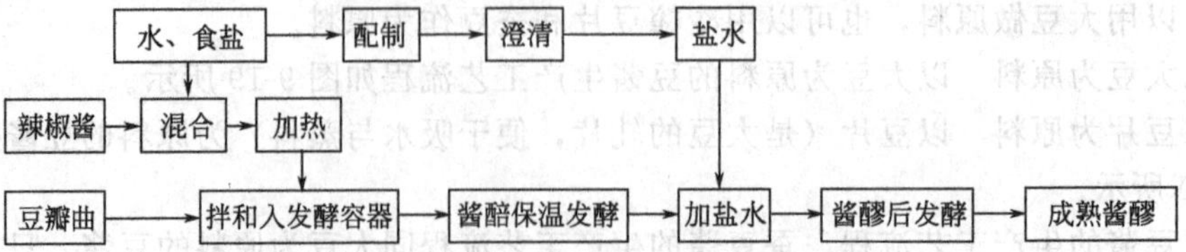

图 9-22 豆瓣辣酱的生产工艺流程

（二）操作要点

1. 原料处理

（1）大豆处理　大豆洗净、浸泡与蒸熟方法与酱油生产中的操作完全相同。但是采用豆片时，其处理过程如下。①轧片：将大豆清除杂质后加温到 60～70℃，使其软化，然后加压呈碎而不烂的片状。②蒸熟：将豆片送入旋转式蒸煮锅内，先通入蒸汽干蒸，至 0.05～0.75MPa 时，停止，排汽完毕，每 100kg 豆片加热水 60～70kg，边旋转边润水 20min，然后加压蒸煮，加压至 0.1MPa，维持 5min。也可以不经干蒸而直接在 100kg 豆片中加 80℃左右的热水 50kg，拌匀，置于蒸锅内加压蒸煮，蒸煮压力为 0.15MPa，时间为 30min。出锅后冷却，豆片呈棕黄色。

（2）蚕豆处理

① 去壳：蚕豆去壳有湿法和干法两种方法。湿法去壳是将蚕豆除去杂质及瘪豆后，投入清水中浸泡，使之渐渐吸水至豆粒无皱皮，断面无白心，并呈发芽状态时，以人工或机械脱去皮壳。干法去壳法是蚕豆不经过浸泡而直接用人工或机械脱去皮壳。与湿法相比，干法较简便，生产率高，豆瓣易贮存。

② 浸泡：干法去壳所得的豆瓣，在蒸豆以前，需加水进行浸泡，将干豆瓣按颗粒大小分别倒在浸泡容器中，以不同水量进行浸泡，使豆瓣逐渐吸收水分后，重量和容量增加至重量的 1.8～2 倍和体积的 2～2.5 倍。浸泡时间和水温有很大关系，水温越高，时间越短。浸泡时，可溶性成分可部分溶出，水温越高，溶出物越多。因此目前已改用旋转式蒸锅直接将豆瓣浸泡，加水 70%，然后一面旋转蒸锅，一面让水分全部而均匀地吸进豆瓣内，从而解决浸泡中的浪费问题。

③ 蒸熟：凡产品要求豆瓣软而且能保持其形状者，一般采用常压小锅蒸熟的方法。经水浸泡的豆瓣极易酥烂，因此既不能用大锅又不宜加压，只宜用小锅分批蒸熟。凡产品不需要保持原来豆瓣形状者，可采用大锅或加压蒸煮的方法，尤其是利用旋转式蒸锅效果更佳。操作方法是待旋转式蒸锅内的豆瓣吸水完毕，开启进汽阀，并排尽冷空气，以 0.1MPa 的压力蒸 10min 即可排汽出锅。

（3）面粉处理　酿制大豆酱、蚕豆酱及豆瓣酱时，面粉可采用干蒸或加少量水后蒸熟，也有不进行处理直接用干粉。

酿制面酱的面粉需要蒸熟。常采用的方法分为两种。一种是用拌和机将面粉与水充分拌匀（每 100kg 面粉加水 28～30kg），使成条形或颗粒状，然后及时送入常压蒸锅内蒸。蒸熟的标准是面糕呈玉白色，嘴嚼不粘牙齿，稍甜，口味适度。另一种方法是用拌和机将面粉和水充分拌匀，使成碎面块（成颗粒状），立即进入连续蒸料机内蒸熟。也可采用旋转式蒸料罐蒸料，效果都很好。

（4）辣椒处理　将红辣椒洗净沥干，除去蒂柄，按鲜红辣椒 100kg 加盐 22～24kg，将盐撒匀压实，并加少量盖面盐，食盐上面铺竹席，上压重石，使卤汁压出，以杜绝辣椒与空气接触，可防变质。辣椒腌在盐水中，还原力强，色泽逐渐变为更好看的鲜红色。腌制 3 个月后即成熟，可以开始应用。若能隔年使用质量则更好。使用前用钢磨磨细，含水量约 60%。四川豆瓣辣酱在磨腌椒时还加入 20%甜酒酿汁，安庆豆瓣辣酱加入 2.5%～3.0%的红曲。

2. 制曲

（1）豆酱曲

① 种曲制备：菌种的选择、试管菌种、三角瓶菌种的培养及种曲制备方法和要求与酱油完全相同。使用的菌种也为米曲霉沪酿 3.042。

② 制曲：原料配比为大豆 100，标准粉 40～60；或豆片 100，标准粉 40。大豆蒸熟出锅后，趁

热加入面粉与大豆拌和均匀，品温降至40℃左右时接种，种曲用量为原料总量的0.3%～0.5%，种曲可以先用面粉拌和均匀后再使用。接种后曲料品温控制在32～35℃为宜，制曲操作与酱油曲相同。但由于原料粒形较大，水分不易散发，制曲时间需适当延长。一般在36h左右。

(2) 面糕曲

① 种曲制备：与豆酱种曲制备相同。

② 制曲：将熟面糕冷却到40℃左右，接入0.3%的种曲拌和均匀。由于面酱质量中要求口感细腻而无渣，所以接种的种曲应先将孢子分离后再使用，否则可能带入种曲中的麸皮，也可以直接购买曲精（米曲霉的孢子粉）。面糕曲要求米曲霉分泌糖化型淀粉酶活力强，因此培养温度可适当提高，品温可以控制在36～40℃，室温28～30℃，如果采用竹匾制曲，就不需要翻曲。通风制曲在制曲的过程中可翻曲一次。当菌丝发育旺盛，肉眼能见到曲料全部发白略有黄色，孢子尚未大量生成时即可出曲。

3. 发酵

(1) 豆酱

① 原料配比：大豆曲100kg，14.5°Bé盐水90kg。低盐固态发酵酱醅成熟后，再加入24°Bé盐水40kg及食盐10kg。

② 制酱操作：目前一般采用低盐固态发酵法制酱。先将成曲倒入发酵容器内，表面扒平，稍加压实，使之升温至40℃左右时，再将准备好的14.5°Bé的热盐水（加热至60～65℃）加至面层，待盐水逐渐全部渗入曲内后，再加盖面盐，并加盖盖好。大豆曲加入热盐水后，醅温能达到45℃左右，维持此温度10d，酱醅即成熟。再补加24°Bé盐水及所需食盐（包括封面盐），用压缩空气或翻酱机充分翻匀，使食盐全部溶化，在室温下后发酵4～5天可得成品酱。

(2) 面酱

① 原料配比：面糕曲100kg，14°Bé盐水100kg。

② 制酱操作：发酵方法有两种，一种是先将面糕曲送入发酵容器内，耙平后自然升温，并随即从面层四周均匀地徐徐一次加入制好的14°Bé热盐水（盐水温度60～65℃），让它逐渐全部渗入曲内，最后将面层压实，加盖保温发酵。品温维持在53～55℃，每天搅拌一次，至4～5天面糕曲已吸足盐水而糖化。7～10天后酱醅成熟，变成浓稠带甜味的酱醪，加入苯甲酸钠（预先溶成溶液）0.1%充分翻匀即得成品。另一种方法是先将面糕曲堆积升温至45～50℃，同时将14°Bé盐水加热到65～70℃，用制醅机将面糕曲和盐水（盐水用量为面粉的50%）充分拌和均匀后，送入发酵容器，此时要求品温达到53℃以上，迅速耙平，面层加盖面盐封好后盖上盖。品温维持53～55℃，发酵时间为7天。发酵完毕，再加第二次盐水，利用压缩空气翻匀后，即得浓稠带甜味的酱醪，加入苯甲酸钠0.1%充分翻匀即得成品。

(3) 豆瓣辣酱

① 原料配比：豆瓣曲100kg，辣椒酱75kg，水40kg。

② 制酱操作：先将辣椒酱与水分别加热到60℃，再将豆瓣曲、热辣椒酱和热水利用制醅机充分拌匀，入发酵容器内，用铲压平，上盖塑料薄膜，开始发酵。发酵期间维持醅温40～50℃，8天后酱醅成熟，再加入23°Bé盐水，充分混合均匀，在室温下发酵3～4天，即得成熟豆瓣辣酱。

第五节 豆豉、纳豆的生产

豆豉（fermented soybeans）是一种传统发酵食品，是用黄大豆或黑大豆为原料，接种微生物发酵而成的。以黑豆作为原料的豆豉称为荫豉。在我国浙江、福建、四川、湖南、湖北、江苏、江西等南方省份以及广大的北方地区都有豆豉的生产与销售。此外，日本及东南亚国家也非常喜欢食用豆豉。

我国的豆豉种类很多，在隋唐时期有咸豆豉与淡豆豉之分。成品中含有食盐的叫咸豆豉；不含食盐的叫淡豆豉，主要用作中药。按豆豉中水分含量的高低又可分为干豆豉与水豆豉两种。干豆豉多产于南方，豆豉松散完整，油润光亮，如湖南豆豉、四川豆豉。水豆豉在发酵时加入水分较多，产品含水量较高，豆豉柔软粘连，多产于北方及一般家庭制作。按制曲时参与的微生物不同，豆豉又可分为曲霉型豆豉、毛霉型豆豉和细菌型豆豉三类。利用曲霉酿造豆豉是我国最早、最常用的豆豉生产方法。毛霉型豆豉在全国同类产品中产量最大，也最富有特色，主要产于四川，以三台县产的最负盛名。细菌型豆豉产量甚少，以山东水豆豉为代表，一般家庭制作的水豆豉大都属于细菌型豆豉。以上述各种豆豉为原料，只要加入不同的调味辅料即可衍生出多种各具特色的调味型豆豉。

纳豆（natto）在日本生产与食用的较多，所以又称为日本纳豆，其实纳豆是从中国的豆豉演变而来的。早在日本的奈良时代（公元 710～784），中国唐朝鉴真和尚东渡日本时，带去了制造咸豆豉的技术。当时只是在寺院中酿制，作为僧人的副食品，因而称为寺纳豆。制作纳豆的人是寺院里的纳所（庶务员），所以纳豆最初称为纳所豆，后简称为纳豆。关于纳豆的起源还有一种说法是将豆纳入于瓶或桶中发酵，因而称为纳豆。日本静岗县滨松地区的纳豆是最早商品化的纳豆，因而又称为滨纳豆。

现在日本纳豆分为两大类：一类是寺纳豆即滨纳豆，一类是系列纳豆。寺纳豆属米曲霉型豆豉，与中国豆豉的制作方法相似，即将煮熟的大豆加面粉或不加面粉，接种米曲霉种曲或不接种，于 25～30℃的曲室内发酵 3～4 天，使米曲霉在大豆上充分繁殖，制成豆豉曲。将成曲浸渍于食盐水中使其成熟。在此期间耐盐酵母及耐盐乳酸菌在醅中繁殖，经数月至一年成熟。有的还加入花椒、姜等香辛料，赋予各种风味。成熟的纳豆水分含量很大。有的将成熟的纳豆加盐晒至半干，呈黑褐色。系列纳豆属细菌型豆豉。将煮熟的大豆接种纳豆菌（*Bacillus natto*），置于曲室中，控制品温 40～45℃，发酵 16～24h，其后冷至 10℃以下。

本节首先就豆豉酿造的主要原料、微生物、工艺流程与操作要点进行简要介绍，然后再介绍日本系列纳豆的生产工艺。

一、豆豉酿制

（一）主要原辅料

豆豉生产宜选用蛋白质含量丰富，颗粒饱满新鲜的黑豆、黄豆，尤以春黑豆、春黄豆为佳。因其皮较薄，蛋白质含量高，制成的豆豉色黑，颗粒疏松，滋润化渣，且不易发生破皮烂瓣。生产豆豉的大豆必须选用当年生产的无虫蛀霉变者。此外，根据不同的产品需要，在豆豉酿造中还需要采用食盐、白酒和各种香辛料等作为辅料。

（二）主要微生物

根据前面关于豆豉分类的描述可知，根据发酵的主要菌种不同，豆豉分为曲霉型豆豉、毛霉型豆豉和细菌型豆豉等，所以参与豆豉生产的微生物主要是曲霉、毛霉和细菌等。它们在成熟的大豆上生长、繁殖，分泌蛋白酶等酶系，将大豆蛋白质分解到一定程度，产生大量的氨基酸与多肽，然后加入食盐、酒、香辛料等辅料抑制酶活力，延缓发酵过程，形成具有独特风味的发酵食品。

（三）工艺流程与操作要点

1. 工艺流程

尽管豆豉的种类很多，但是它们的基本生产工艺流程是相同的，如图 9-23 所示。

2. 操作要点

(1) 选料　选择成熟充分，颗粒饱满均匀、新鲜，含蛋白质高，无虫蚀，无霉烂变质及杂

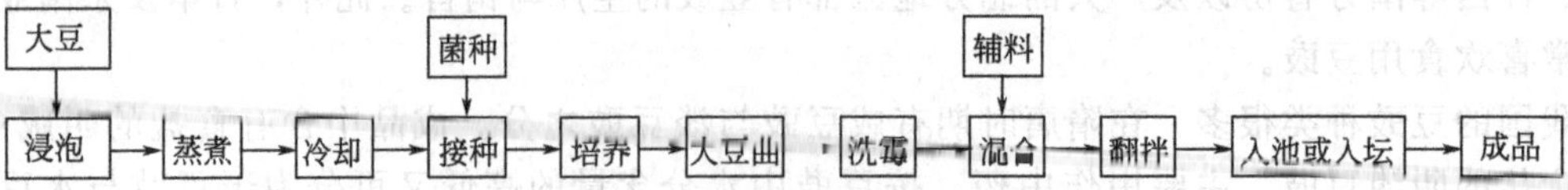

图 9-23 豆豉酿制的工艺流程
（引自：何国庆《食品发酵与酿造工艺学》，2005）

质少的大豆。黑豆、黄豆均可，以黑豆为佳。黑豆皮较厚，制出的成品色黑，颗粒松散，不易发生破皮烂瓣现象，且含有黑色素，营养价值较高。

(2) 浸泡　大豆入池，加水淹没豆子 30cm 左右，水温在 40℃以下，浸泡 2～5h。视气温情况要灵活掌握，中间要换 1 次水。以浸至豆粒 90%以上无皱纹、含水量在 45%左右为宜。

(3) 蒸煮　过去大豆都用水煮熟，这种方法对大豆中可能性物质的损失较大，所以现在除了民间小量制作豆豉仍用水煮大豆外，一般都用蒸大豆的方法。蒸豆用常压蒸煮 4h 左右，工业生产量较大都采用旋转式高压蒸煮罐在 0.1MPa 压力下蒸 1h 即可。蒸好的熟豆有豆香味，用手指捻压豆粒能成薄片且易粉碎，测定蛋白质已达到一次变性，含水量在 45%左右，即为适度。水分过低对微生物生长繁殖和产酶均不利，制出成品发硬不酥；水分过高制曲时温度控制困难，杂菌易于繁殖，豆粒容易溃烂。

(4) 制曲　过去豆豉制曲不接种，采用自然接种，利用适宜的气温、湿度等条件，促使自然存在有益豆豉酿造的微生物生长、繁殖并产生复杂的酶系，在酿造过程中产生丰富的代谢产物，使豆豉具有鲜美的滋味和独特的风味。但是天然制曲的工艺比较难控制，而且产品质量的一致性也比较难保持，而且劳动强度大，劳动生产率较低，所以现在已基本上被纯种制曲所替代。

① 曲霉制曲：大豆经煮熟出锅，冷却至 35℃，接入沪酿 3.042 种曲 0.3%，拌匀入室，装入竹簸箕中，厚 2cm 左右，保持室温 25℃，品温 25～35℃；22h 左右可见白色菌丝布满豆粒，曲料结块；品温上升至 35℃左右，进行第一次翻曲，搓散豆粒使之松散，有利于分生孢子的形成，并不时调换上下竹簸箕位置，使品温均匀一致；72h 豆粒布满菌丝和黄绿色孢子即可出曲。采用沪酿 3.042 酿制的豆豉味鲜。福建省福安酱料厂以沪酿 3.042 为出发菌株，诱变筛选出一株蛋白酶活力较弱但风味好的新菌株曲霉 3.798，用于豆豉制曲，产品颗粒松散完整，酵香浓郁，滋味鲜美，理化指标符合专业标准。

② 毛霉制曲：大豆蒸煮出锅，冷却至 30℃，接种纯种毛霉种曲 0.5%，拌匀后入室，装入已杀菌的簸箕内，厚 3～5cm，保持品温 23～27℃培养。入室 24h 左右豆粒表面有白色菌点；36h 豆粒布满菌丝略有曲香；48h 后毛霉生长旺盛，菌丝直立由白色转为浅灰色，孢子逐渐增多即可出曲。制曲周期为 3 天。

③ 细菌制曲：山东水豆豉及一般家庭制作豆豉大都采用细菌制曲。家庭小量制作时，大豆水煮，捞出沥干，趁热用麻袋包裹，保温密闭培养，3～4 天后豆粒布满黏液，可牵拉成丝，并有特殊的豆豉味即可出曲。值得注意的是在干燥荒漠地区制作细菌型豆豉，有时会伴生肉毒杆菌。新疆地区曾发生多起食用家庭制作的细菌型豆豉产生肉毒杆菌中毒的事件。

(5) 制醅发酵　豆豉制曲方法不同，产品种类繁多，制醅操作也随之而异，下面分别进行介绍。

① 曲霉型干豆豉：将成曲倒入盛有温水的池（桶）中，洗去表面的分生孢子和菌丝，然后捞出装入筐中用水冲洗至成曲表面无菌丝和孢子，且脱皮甚少。整个水洗过程控制在 10min 左右，避免因时间过长豆豉曲吸水过多而造成发酵后豆粒容易溃烂。水洗后成曲水分在33%～35%。以水洗涤去除大豆曲表面的孢子、菌丝和部分酶系，可以消除孢子给豆豉带来的苦味，

并控制原料的水解程度，保持豆豉颗粒的完整性。水洗后将豆曲沥干、堆积，并向豆曲间断洒水，调整豆曲含水量在45%左右。水分过高会使成品脱皮、溃烂，失去光泽；水分过低对发酵不利，成品发硬，不酥松。豆曲调整好水分后，加盖塑料薄膜保温。经过6～7h的堆积，品温上升至55℃，可见豆曲重新出现菌丝，具有特殊的清香气味，即可迅速拌入18%食盐，随后装入罐中至八成满。装时层层压实，盖上塑料薄膜及盖面盐，密封置室内或室外常温处发酵，4～6个月即可成熟。将发酵成熟的豆豉分装在容器中，放置阴凉通风处晾干至水分在30%以下即为成品。

② 曲霉型调味水豆豉：将成曲置阳光下晾晒，使水分减少便于扬去孢子，避免产品有苦涩味。在晾晒过程中紫外线照射可以消灭成曲中的有害微生物，有利于制醅发酵。成曲晒干后扬去孢子备用。按大豆100kg，西瓜瓤汁125kg，食盐25kg，陈皮丝、生姜、茴香适量的配比，取西瓜瓤汁与食盐、香料等混匀，加入晒干去衣的成曲拌匀，装入缸中置阳光下，待食盐溶化，酱醅稀稠适度即可装坛。豉醅装坛后密封置室外阳光下发酵40～50天即可成熟。以其他果汁或番茄汁代替西瓜瓤汁即为果汁豆豉、番茄汁豆豉。

③ 毛霉型豆豉：将成曲倒入拌料池内，打散加入定量食盐、水，拌匀后浸焖1天，然后加入白酒、酒酿、香料等拌匀。原料配比为大豆100kg，食盐18kg，白酒3kg（体积分数为50%以上），酒酿4kg，水6～10kg（调整醅含水量在45%左右）。将拌匀后的醅料装坛或浮水罐中，装时层层压实至八成满，压平盖塑料薄膜及老面盐后密封。用浮水罐装的不加老面盐，加上倒覆盖，罐缘加水，经常保持不干涸，每7～10天换1次水，以保持清洁。用浮水罐发酵的成品最佳。装罐后置常温处发酵10～12个月即可成熟。

④ 无盐发酵制醅：以上的酱醅中均加入一定量的食盐，起了防止腐败和调味的作用。由于醅中大量食盐的存在抑制了酶的活力，致使发酵缓慢，成熟周期延长。采用无盐制醅发酵摆脱了食盐对酶活力的抑制作用，发酵周期可以缩短到3～4天，同时利用豆豉曲产生的呼吸热和分解热可以达到防止发酵醅腐败的温度。包括曲霉型豆豉的无盐发酵和毛霉型豆豉的无盐发酵。曲霉型豆豉的无盐发酵的过程是，成曲用温水迅速洗去豆粒表面的菌丝和孢子，沥干入拌料池中洒入65℃左右的热水至豆曲含水量为45%左右，立即投入保温发酵罐中，上盖塑料薄膜后加盖面盐，保持品温在55～60℃，56～57h后，出醅拌入18%的食盐，拌匀装罐或其他容器内，静置数日待食盐充分溶化均匀即可。如无保温发酵容器，成曲拌入热水至含水量45%左右，并加入4%的白酒（体积分数为50%以上），加盖塑料薄膜及其他保温覆盖物，使堆积升温，56～72h后即可再拌入18%的食盐。加白酒的目的是预防自然升温产生腐败。毛霉型豆豉无盐发酵的过程是，成曲测定水分，加65℃热水至含水量45%，加入配料中的白酒、酒酿，迅速拌匀，堆积覆盖自然升温或入保温发酵容器中，保持品温55～60℃，d56～72h后，加入定量食盐即得成品。

二、纳豆生产

由前面的叙述可知，日本纳豆包括寺纳豆和系列纳豆。其中，寺纳豆属于曲霉型豆豉，所以这里仅就系列纳豆的生产工艺进行介绍。

（一）主要微生物

系列纳豆发酵的菌株是一种能产生黏质物的杆菌。1905年日本尺村（Sawamura）分离得到纯菌株，定名为纳豆芽孢杆菌（*Bacillus natto* Sawamura）。此菌最初认为是枯草杆菌的变种，在伯杰氏的细菌分类学第六版中作了叙述，但在第七版中又取消了，不把它归入枯草杆菌。纳豆菌很易培养，只要有营养源就能生长，在不利的环境下能形成耐热孢子。它在自然界分布甚广，可以从稻草、谷壳、豆豉曲中分离得到。

纳豆菌的生理特性与枯草杆菌等其他杆菌有如下不同之处。①纳豆菌生长需要生物素。如果要求生长良好，生成黏质物多，则需要生物素在 0.1μg/100g 以上。而枯草杆菌（*Bacillus sbtilis*）、马铃薯杆菌（*Bacillus mesentericus*）、巨大芽孢杆菌（*Bacillus megaterium*）等则不需要生物素。草状芽孢杆菌（*Bacillus mycoides*）、短小芽孢杆菌（*Bacillus pumilus*）、凝结芽孢杆菌（*Bacillus coagulans*）等虽然需要生物素，但在煮熟的大豆上生长，不产生黏质物。②枯草杆菌不受噬菌体作用，但纳豆菌受纳豆菌噬菌体所侵蚀。噬菌体的存在对纳豆的生产有很大威胁。③对纳豆菌营养细胞的生育及孢子发芽来说，单体氨基酸有促进作用，但 L-谷氨酸、L-精氨酸、L-天冬氨酸、L-脯氨酸对黏质物的形成没有作用，而纳豆菌对 DL-苏氨酸、DL-蛋氨酸、甘氨酸等的利用视菌株的不同而异。枯草杆菌则在 DL-丝氨酸、DL-苏氨酸、DL-蛋氨酸存在时生长良好。

（二）工艺流程与操作要点

1. 工艺流程

系列纳豆生产的工艺流程如图 9-24 所示。

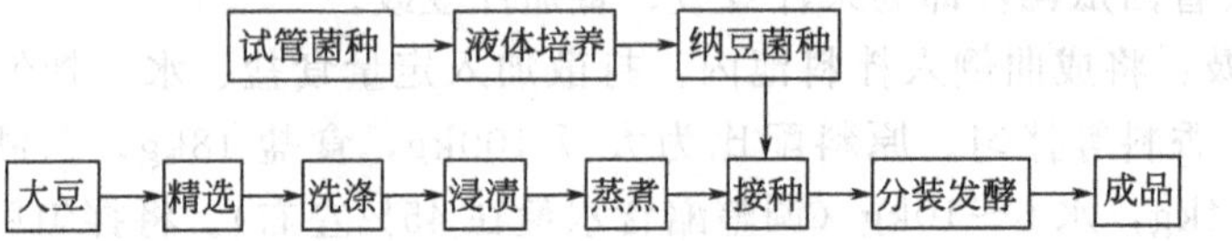

图 9-24 系列纳豆生产工艺流程

（引自：何国庆《食品发酵与酿造工艺学》，2005）

2. 操作要点

（1）大豆筛选、洗涤、浸渍和蒸煮

① 筛选：大豆粒度大小和吸水速度有关，大小混杂对生产不利。一般按如下规格用振荡筛分级：直径 7.2mm 以上的为大粒；直径 6.6～7.2mm 的为中粒；直径 6.0～6.6mm 的为小粒。大、中、小粒分别处理。有的纳豆是用破碎大豆制造的，称为碎纳豆。制造碎纳豆则先将大豆脱皮，然后破碎及过筛，取一定粒度的碎大豆进行加工。

② 洗涤：洗涤大豆以除去秸秆、豆荚、泥土、砂石。洗涤务必须干净，并拣去病豆、坏豆（破损豆、虫蚀豆、发霉豆、出芽豆等）。

③ 浸渍：以使大豆充分吸收水分，以便于蒸煮及发酵。吸水量应控制在浸渍后重量为浸渍前的 2.1～2.3 倍。所需浸渍时间与豆的新旧、品种、粒度、水温等不同而异。一般浸渍时间如表 9-11 所示。如果是破碎豆则在室温下浸渍 7h 即可。浸渍用水最好用饮用水。如果水的硬度高，或含铁在 5μg/kg 以上的水则应先经软化和除铁。

表 9-11 大豆浸渍时间 单位：h

品种	冬季(0～5℃)	夏季(18～25℃)	春秋季(10～16℃)
日本产	24～30	8～12	16～20
中国产	24～36	10～14	16～22
美国产	24～36	12～16	18～29

④ 蒸煮：大豆不需高温蒸煮，以避免因美拉德反应而损失氨基酸及糖分，以及避免成品颜色加深。一般采用 78.4532～98.0665kPa（0.8～1.0kgf/cm^2）压力蒸煮 30～40min。如果是碎豆则蒸煮 7～8min 即可。

（2）纳豆菌种的培养与接种 试管培养基配方：肉汁 1%，胨 1%，NaCl 0.5%，生物素 10μg/100g，琼脂 1.5%。用自来水配制，pH6.8，高压灭菌，接种，40℃培养。如果是用于生产上接种的液体培养基，则除不加琼脂之外，其余成分同固体培养基。高压灭菌，接种，

40℃静置培养。

如果用固体培养基接种，则先从纳豆菌固体琼脂培养基上挑取菌体，用无菌水配成菌体悬浮液。如果用液体培养接种，则可直接用培养液。将菌体悬浮液或培养液用喷雾器喷洒在煮熟的大豆上。每1kg原料大豆接种菌液1mL。由于纳豆菌耐热，为了防止杂菌污染，可在熟豆冷却到80～90℃时接种。

(3) 包装发酵　将接种后的大豆按100g/包进行分装。包装材料有纸带、薄木片盒、聚乙烯薄膜等。纸带及薄木片盒可以采用98.0665kPa（$1kgf/cm^2$）热蒸汽灭菌20min。塑料薄膜不能加热灭菌，可用离子熏蒸法，或用200μg/kg的次氯酸钠溶液处理5min后，再经无菌水清洗。

每个发酵室容纳100g袋装3000～4000个。分摊在架上，采用空调控制发酵室温度与湿度。发酵温度和湿度对以后纳豆质量有很大影响。湿度应控制在80%～85%。入室温度为35～45℃，2h后，纳豆菌孢子发芽，4h后品温上升，此时纳豆菌生长，消耗可发酵性糖，同时进行蛋白质分解。伴随着增殖，品温上升到48℃左右。8h后糖分消耗殆尽，开始分解氨基酸，产生氨。10～12h后，菌数达10^8个/g（对数期）。品温接近50℃，增殖受到抑制，超过50℃则停止繁殖，显著地产生黏质物。此时纳豆菌有10^6个/g成为孢子状态。入室后16～18h即可出室。出室后为了防止过热及再发酵，要冷却到5～10℃。

制作纳豆时，最重要的发酵管理是调节品温。纳豆菌生长的适温是40℃左右，50℃以上则生长受阻害。在55℃时孢子的发芽受阻害，50℃时发芽极慢，35～45℃时发芽极快。所以入室时的品温不要低于40℃。如果孢子发芽到品温上升的时间太长，则其他生长适温比纳豆菌低的杂菌便先行增殖，会出现发酵异常的纳豆。这是由于乳酸菌的拮抗，大豆表面上部分纳豆菌不能增殖所致。此外，在纳豆菌生长对数期要注意控制品温在50℃左右；室内相对湿度控制在80%～85%。

生产纳豆时，为了避免失败，应注意车间的清扫，洗净，包装容器的杀菌，发酵室的清洁，以防止污染杂菌（霉菌、小球菌、乳酸菌、梭状芽孢杆菌、大肠杆菌等）。经常污染纳豆的大肠杆菌为气杆菌（*Aerobacter* spp.）。

思考题

1. 简述参与食醋酿造的主要微生物及其作用。
2. 论述食醋酿造的工艺流程及操作要点。
3. 食醋酿造过程共经历了哪三个阶段，各个阶段的作用是什么？
4. 简述参与酱油酿造的主要微生物及其作用。
5. 论述低盐固态发酵工艺的特点。
6. 酱油酿造过程各个主要步骤的目的和要求是什么？
7. 腐乳发酵菌种的要求有哪些？
8. 简述曲法制豆酱的工艺操作要点。
9. 简述制备豆豉的一般工艺及操作要点。
10. 简述纳豆菌与枯草芽孢杆菌在生理特性上的不同。

第十章　发酵肉制品

发酵肉制品（fermented meat product）是指以畜禽肉类为原料，在自然或人工控制条件下进行腌制、发酵、干燥或熏制加工而成的一类具有明显发酵与成熟风味的肉制品。肉的发酵和干燥是世界上最原始、最古老的肉类食物贮藏方法之一，而且在大多数情况下，发酵和干燥同时进行。微生物发酵和干燥过程产生的酸、醇、酯和非蛋白态的含氮化合物等使发酵肉制品具有独特的风味，同时也使发酵肉制品可在常温下贮存与流通。因此，一直受到人们的青睐。

长期以来，发酵肉制品的加工通常是利用自然界的微生物，通过添加食盐等来抑制肉中腐败菌的生长，而让那些能忍受高浓度盐的有益微生物，例如乳酸菌快速地生长繁殖，从而达到延长肉制品的保质期，改变肉类风味的目的。但遗憾的是这种自然发酵过程生产周期长，产品的品质与安全性难以控制。随着现代生物技术的发展，人们逐步掌握了利用人工筛选的某些特定的微生物来发酵肉制品的技术，即添加微生物发酵剂，这样既可以缩短生产周期，形成稳定的产品品质，又提高了产品的安全性。这种添加微生物发酵剂的发酵过程被称为人工发酵过程。

我国是一个肉类生产及消费大国，全国各地都有一些名优的发酵肉制品，如浙江的金华火腿（Jinhua ham）、云南的宣威火腿（Xuanwei ham）、江苏的如皋火腿（Rugao ham）共同被誉为我国“三大名火腿”（图 10-1）。它们都是具有浓郁地方特色的发酵肉制品，深受广大消费者的青睐。但这些发酵肉制品都属于自然发酵产品，产品质量很不稳定，生产难以实现规模

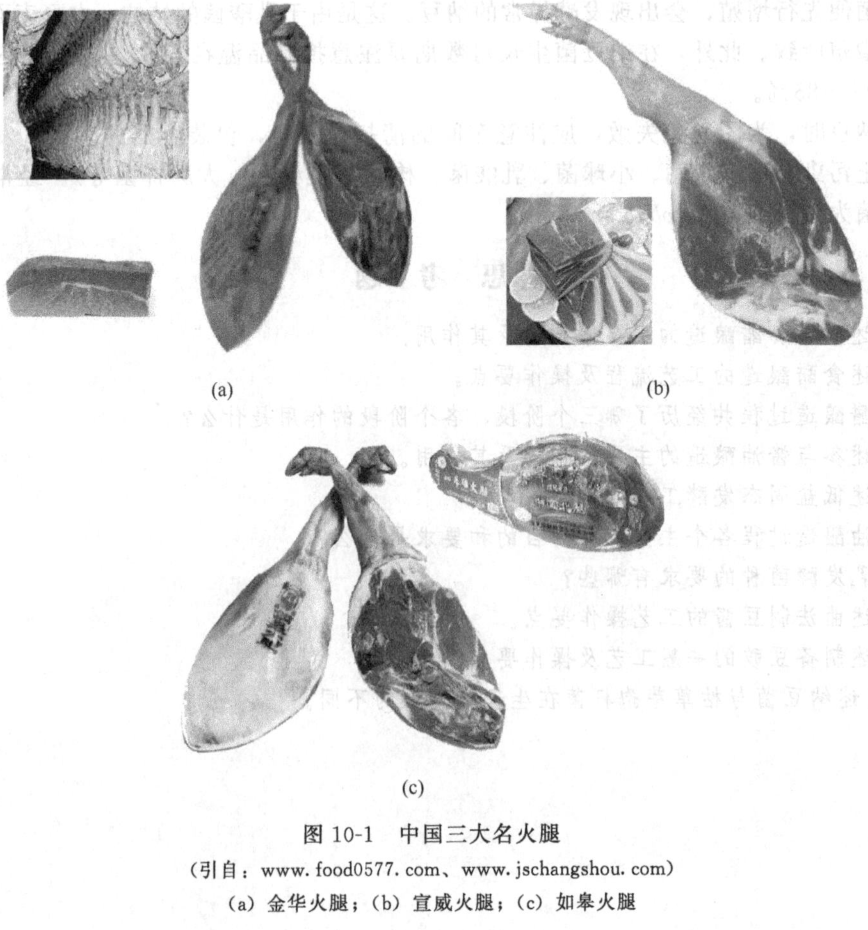

图 10-1　中国三大名火腿

（引自：www.food0577.com、www.jschangshou.com）

（a）金华火腿；（b）宣威火腿；（c）如皋火腿

化。为此，近年来我国研究人员在西式发酵香肠研究的基础上，采用现代发酵技术，结合我国传统发酵的加工技术，筛选微生物，研制发酵剂，开发具有中式风味的发酵肉制品，已取得了一些较好的研究成果，表现出良好的发展前景。

本章将重点介绍发酵肉制品的概念与种类、发酵肉制品的微生物发酵剂种类及要求以及几种世界著名发酵香肠与火腿等的加工工艺，最后对影响发酵肉制品安全性的因素进行讨论。

第一节 发酵肉制品的种类与特点

一、发酵肉制品的种类

发酵肉制品包括发酵香肠（fermented sausage）和发酵火腿（fermented ham）两大类。这两大类产品又可以进一步分为很多种类，以下对它们的分类情况进行具体阐述。

（一）发酵香肠的分类

发酵香肠（fermented sausage）是指将绞碎的肉（通常是猪肉或牛肉）、动物脂肪、盐、糖和香辛料等搅碎混匀，接种或不接种发酵剂后，灌入肠衣，经发酵、成熟干燥（或不经成熟干燥）而制成的具有稳定微生物学特性和发酵香味的肉制品。发酵香肠通常在常温下贮存、运输，由于发酵香肠在加工过程中不经过熟制处理，通常也称为生香肠。应当注意的是通常所说的火腿肠虽然与发酵香肠原料基本相同，均属于灌肠制品，但火腿肠加工不需要接种微生物进行发酵，而且需要经过高温蒸煮，与发酵香肠加工过程相去甚远，因此其不属于发酵肉制品范畴。

发酵香肠是发酵肉制品中产量最大的一类产品，世界上发酵香肠种类繁多，常根据产地名称、干燥程度、发酵程度及加工过程对其进行分类，具体分类如下。

1. 按产地名称分类

根据发酵香肠的产地名称进行分类与命名是传统的也是最常用的方法。根据这一方法，著

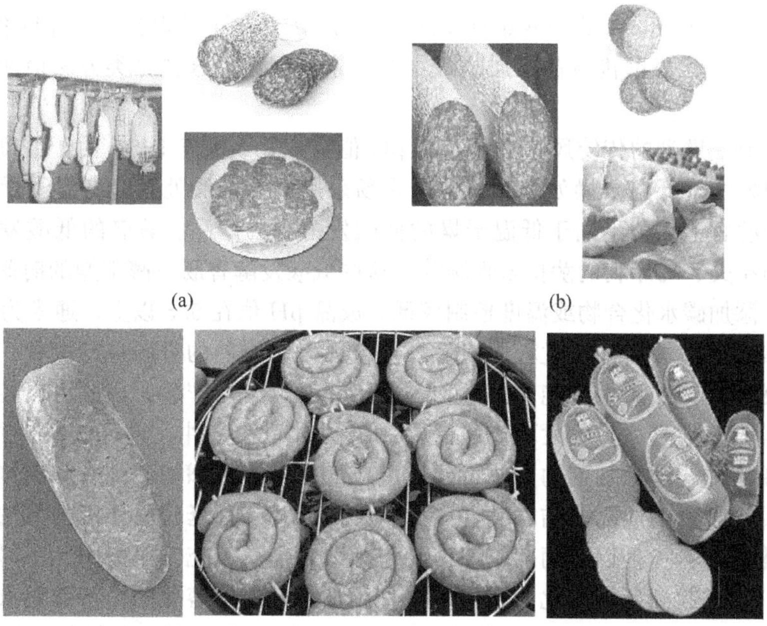

(a) (b) (c) (d) (e)

图 10-2 世界部分著名发酵香肠

（引自：entertaining. about. com，www. eatingclubvancouver. com，www. chow. com）

（a）意大利萨拉米香肠；（b）热那亚香肠；（c）塞尔维拉特香肠；（d）图林根香肠；（e）黎巴嫩大香肠

名的发酵香肠有意大利萨拉米香肠（salami）、热那亚香肠（genoa sausage）、塞尔维拉特香肠（holsteiner cervelat）、图林根香肠（thuringian sausage）和黎巴嫩大香肠（lebanese big sausage）等（图 10-2）。这些发酵香肠加工各有特点，在本章第三节将分别对它们制作工艺与特点进行介绍。

2. 按干燥程度分类

根据发酵香肠最终的干燥程度可分为干发酵香肠（dry fermented sausage）和半干发酵香肠（semi-dry fermented sausage）。干发酵香肠定义为经过微生物发酵后，产品 pH 值在 5.3 以下，再经干燥去掉 25%～50%的水分，最终使水分与蛋白质比率不超过 2.3：1 的灌肠制品。半干发酵香肠的定义是经微生物发酵后，产品 pH 值下降到 5.3 以下，在发酵和加热过程中去掉 15%水分的灌肠制品。一般来说，半干发酵香肠不需要在干燥室内进行干燥，而是在发酵和加热过程中完成干燥后立即进行包装。半干发酵香肠在发酵周期中一般都进行熏制，成品中水分与蛋白质的比率不超过 3.7：1。世界上部分著名干发酵香肠和半干发酵香肠的水分与蛋白质比率见表 10-1。

表 10-1 世界上部分著名干发酵香肠和半干发酵香肠的水分与蛋白质比率

干发酵香肠类	水分与蛋白质的比率	半干发酵香肠类	水分与蛋白质的比率
塞尔维拉特干肠	1.9：1	萨拉米软肠	(2～3.7)：1
萨拉米干肠	1.9：1	熏香肠/图林根肠	(2～3.7)：1
旧金山式干肠	1.6：1	波罗尼亚肠、黎巴嫩大香肠	(2～3.7)：1
卡毕可拉香肠	1.3：1	塞尔维拉特软肠	2.6：1
风干肉条(串肉干、牛肉干)	0.75：1		

注：引自葛长荣等《肉与肉制品工艺学》，2002。

3. 按发酵程度分类

根据发酵程度不同，发酵香肠可分为低酸发酵香肠（low-acid fermented sausage）和高酸发酵香肠（high-acid fermented sausage）两种。这种分类方法是根据成品 pH 值进行划分的。成品的发酵程度是决定发酵肉制品品质的最主要因素，因此，这类分类方法最能反映出发酵肉制品的本质。

低酸发酵香肠是欧洲的传统风味香肠，其 pH 值为 5.5 或大于 5.5。由于酸度较低，所以其通常须经过低温发酵、低温干燥处理。而中国香肠采用高温干燥处理，高温干燥导致微生物失活，使得产品在感官上完全不同于低温干燥的低酸发酵香肠产品。著名的低酸发酵香肠有意大利、法国、南斯拉夫、匈牙利的萨拉米香肠等。这些低酸发酵香肠发酵干燥的时间一般较长，加工过程中通常不添加碳水化合物或温度控制较低，成品 pH 值在 5.5 以上，通常为5.8～6.2。

绝大多数高酸发酵香肠加工过程中以发酵剂或已发酵成熟的香肠进行接种，并添加适量的碳水化合物。接种后产酸微生物能利用添加的碳水化合物发酵产酸，因此可以控制成品 pH 值在 5.4 以下。但是，通过微生物发酵产酸需要一定的时间和条件，且这些条件往往不易控制，因此有人提出用添加化学添加剂的方法替代发酵产酸，但直接添加酸到香肠肉馅中往往会导致肌肉蛋白迅速凝固，影响成品的结着性。因此，必须寻找一种延缓酸作用的方法。目前有两种较为成功的酸化方法：一是以 δ-葡萄糖酸内酯作为酸化剂，填充于肌肉中几小时后才逐渐水解产生葡萄糖酸，可以起到延缓酸化的作用；二是添加由升温即溶化的由特殊包衣包裹的“有机酸胶囊”，这样通过控制温度，也可以使酸逐渐释放，包衣采用不完全氢化的植物油，最常用的有机酸为柠檬酸和乳酸。

4. 按加工过程分类

根据产品加工过程是否添加霉菌，成熟后产品表面有无霉菌可分为霉菌成熟香肠和非霉菌成熟香肠；根据加工过程有无烟熏过程可分为烟熏香肠和非烟熏香肠。

（二）发酵火腿的分类

发酵火腿是以带皮、带骨、带脚爪的整只猪后腿或整块的后腿肉、腹肋肉、肩肉和腰肉等为原料，以食盐、亚硝酸盐、糖、维生素 C 和香辛料等为辅料或添加剂，经腌制、长期自然发酵、干燥脱水等工艺加工而成的肉制品。某些产品还要经过熏制和蒸煮过程。发酵火腿根据习惯通常可分为中式发酵火腿（chinese fermented ham）和西式发酵火腿（western fermented ham）两种。

中式发酵火腿香味浓郁，肉质红白鲜艳，外形美观，营养丰富，可长期贮藏。中式发酵火腿在我国是一种传统的发酵肉制品，它营养丰富、味道鲜美、香气浓郁，甚至具有一定的食疗价值，我国古今许多医经、药典都对火腿的保健功能进行了评价。我国著名的火腿包括金华火腿、如皋火腿、宣威火腿和恩施火腿（Enshi ham），但是目前恩施火腿已很少见了，而金华火腿、如皋火腿、宣威火腿因口味好而深受广大消费者的喜爱，享有很高的声誉，这三种火腿分别是“南腿”、“北腿”和“云腿”的代表。所谓“南腿”是指产于浙江金华地区的火腿；“北腿”是指产于江苏省北部如皋、东台、江都等地的火腿；“云腿”是指产于云南省的宣威、会泽等地和贵州省的威宁、盘县、水城等地的火腿。这三种火腿的加工方法基本相同，其中以金华火腿加工最为精细，产品质量最佳。

西式发酵火腿由于在加工过程中对原料肉的选择、处理、腌制及成品包装形式不同，又可以分为多种，例如，根据原料腿加工过程中是否去爪，可以分为带爪发酵火腿（fermentation with hoof ham）和去爪发酵火腿（fermentation without hoof ham）。伊比利亚火腿（Iberian ham）是带爪发酵火腿的代表（图 10-3），去爪发酵火腿的代表有帕尔玛火腿（Parma ham）、乡村火腿（country ham）、西发里亚火腿（Westphalian ham）等（图 10-3）。其中最为著名的是帕尔玛火腿，主产于意大利北部帕尔玛省（Parma）的南部山区，该地区平均海拔在 200m 以上，气候干爽，特别适合于火腿的发酵成熟，每年大约有 900 万只帕尔玛火腿在此加工，占意大利火腿总产量的 1/3。

二、肉类发酵过程中脂肪、蛋白质的变化与风味物质的形成

肉类在发酵过程中发生一系列复杂的生物化学变化，这些生物化学变化或由微生物产生的酶催化，或由原料肉中的内源酶引发，正是由于这些变化，才使发酵肉制品获得独特的质地与风味。以下将简要对脂肪与蛋白质的降解以及风味物质形成等生物化学变化过程进行叙述。

（一）脂肪的变化

发酵肉制品在成熟过程中脂肪会发生水解，产生游离脂肪酸和低级甘油酯，游离脂肪酸会进一步发生氧化，生成与发酵肉制品风味相关的众多化合物。对于质量良好的发酵肉制品，脂肪发生水解反应但不发生强烈的过氧化反应，因而不会发生脂肪哈败，也不会产生令人不快的感官气味。

在发酵香肠的发酵过程中添加微生物发酵剂或酶时，脂肪的水解反应尤为强烈。研究表明，用木糖葡萄球菌（*Staphylococcus xylosus*）为菌种生产发酵香肠时，在游离脂肪酸组成中，不饱和脂肪酸达 75.9%，这是因为不饱和脂肪酸比饱和脂肪酸更容易从脂肪中释放出来的原因。另外，添加了微生物发酵剂的发酵香肠中，尽管脂肪发生了强烈的水解，产生了大量的游离脂肪酸，但是其中的硫代巴比妥酸量（*thiobarbituric acid*）和过氧化物值（它们是两个衡量脂肪氧化的指标，值越大，表明氧化越严重）并没有明显增加，表明添加微生物发酵剂后，虽然发酵香肠的游离脂肪酸会明显增加，但并不会加速产品的酸败。

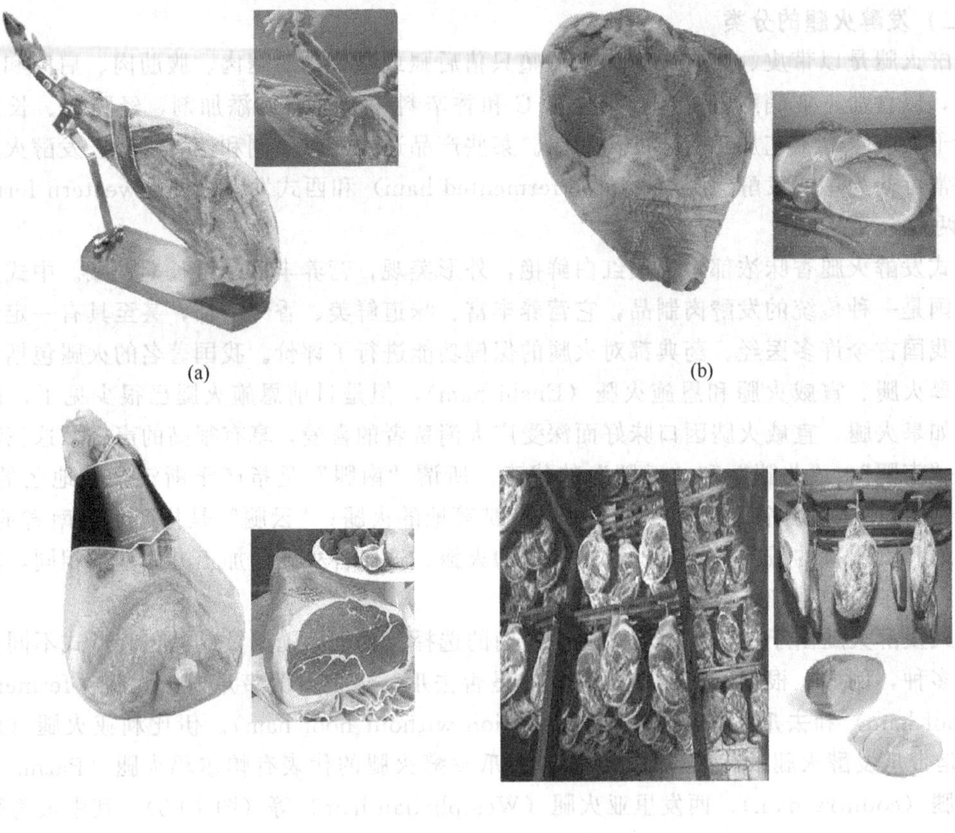

(a) (b) (c) (d)

图 10-3 世界部分著名西式发酵火腿

（引自：www.traderscity.com，portuguese.alibaba.com，www.jennyreviews.com，www.dorseymeats.com）

（a）伊比利亚火腿；（b）乡村火腿；（c）帕尔玛火腿；（d）西发里亚火腿

（二）蛋白质的变化

发酵肉制品肌肉中的蛋白质既是风味成分的主要前体，对风味形成起关键作用，也是风味物质载体。研究表明，发酵肉制品在其加工过程中，蛋白质会发生不同程度的降解，产生分子量不等的肽类和游离氨基酸，并通过游离氨基酸降解、美拉德反应等产生醛类和酮类等化合物。蛋白质水解受到诸如组织蛋白酶、肽酶、氨肽酶等内源酶活力，盐含量，发酵成熟温度，微生物繁殖等多种因素的影响。发酵肉制品较长时间的发酵成熟过程为肌肉中大量蛋白质的水解提供了足够的时间，对形成发酵肉制品的风味特征构成主要贡献。但是研究也发现，当蛋白质水解指数（即非蛋白氮占总氮的百分数）高于 30%时，会产生苦味和金属味等不愉快的滋味。

发酵香肠中的粗蛋白含量主要在成熟过程中的前 14～15 天发生变化，总含量会下降 20%～45%。有研究表明，干发酵香肠经 100 天成熟后，其中游离氨基酸、核苷酸和核苷等非蛋白氮（non-protein nitrogen，NPN）的含量可以升高大约 30%，对发酵香肠的香气起着非常重要的作用。

研究发现，发酵肉制品中蛋白质的水解主要是由肉本身固有的蛋白酶催化发生的，这些酶包括钙激活酶（calpains）和组织蛋白酶（cathepsins），在多数情况下，由微生物代谢所产生的酶类引起的蛋白质水解似乎不起主要作用。但是，也有人报道，当发酵剂中包含具有水解蛋白质活性较高的菌株如变形小球菌（*Micrococcus varians*）时，香肠中游离氨基酸的含量可以提高 10%～11%，因此，认为微生物对发酵肉制品中非蛋白氮组成以及不同种类的游离氨基酸的相对数量有重要影响。例如，有人分别研究了三株不同的发酵剂菌种在香肠中水解蛋白质的结果后发现，戊糖片球菌（*Pediococcus pentosaceus*）产生的游离氨基酸数量最多，其次是变形小球菌（*Micrococcus varians*），最后是乳酸片球菌（*Pd. acidilactici*）。它们所产生的氨基酸种类也不尽相同，反映了各自的代谢途径不同，每种菌均生成 4 种主要的氨基酸，占总游离氨基酸数量的 40%～48%。不同发酵剂发酵的香肠中主要氨基酸的组成见表 10-2。它们之间的差异可能是由于不同发酵剂菌种生长时对氨基酸的需求不同所致。

表 10-2 不同发酵剂发酵的香肠中主要氨基酸的组成

乳酸片球菌	戊糖片球菌	变形小球菌	乳酸片球菌	戊糖片球菌	变形小球菌
缬氨酸 亮氨酸	牛磺酸 亮氨酸	丙氨酸 牛磺酸	谷酰胺 牛磺酸	谷酰胺 缬氨酸	亮氨酸 谷酰胺

注：引自葛长荣等《肉与肉制品工艺学》，2002。

（三）风味物质的形成

脂肪和蛋白质的降解产生了很多游离脂肪酸和游离氨基酸。这些物质既可以促进香肠的风味形成又可以作为底物进一步产生其他风味化合物。发酵肉制品发酵过程中产生的游离脂肪酸，其中一部分经化学反应或酶反应转化成多种风味化合物。尽管这些化合物含量低，只有“mg/kg”数量级，但基本上都是发酵肉制品特征风味的重要组成成分。例如相关研究发现，不加香料的干发酵香肠中，与风味有关的化合物约 60%来自于脂肪氧化。

蛋白质水解后产生游离氨基酸和寡肽对改善产品的滋味有重要作用，它们通过与其他成分的协同作用，从而促进最终产品风味的形成。游离氨基酸进一步降解，产生小分子挥发性化合物，也是发酵肉制品风味的构成成分。

另外，相关研究发现，虽然在一些干发酵香肠加工中添加酶或微生物发酵剂会促进脂肪和蛋白质的水解，产生大量的游离氨基酸和游离脂肪酸，但在成品风味方面却只得到稍微的改善。因此，相关学者认为，让游离脂肪酸和游离氨基酸通过微生物或化学方法转化产生芳香化合物（醛、酮、酸、醇、酯等），有必要经过一定时间的成熟过程。

三、发酵肉制品特点

1. 安全性

一般认为发酵肉制品是安全的。现在的肉食安全已经成为非常突出的社会热点。发酵肉制品一方面通过乳酸菌等发酵菌株的生长，降低 pH 值，从而有效地抑制致病菌和腐败菌的生长和繁殖，某些乳酸菌产生的抗菌物质（如乳酸链球菌素，nisin）可抑制病原微生物产生毒素；另一方面，通过微生物的分解，在很大程度上降低了产品中亚硝酸盐的含量。此外，乳酸菌还能降低肉制品中致癌前体物质的量和转化前体物质生成致癌物的酶活性，因此，可以减少致癌物质污染的危害，使得发酵肉制品安全性得到有效保障。

2. 营养特性

对发酵肉制品进行营养学研究表明，发酵肉制品中大量乳酸菌的存在提升了其营养价值。含活性乳酸菌的食品会使乳酸菌定殖在人的肠道内，继续发挥作用，从而形成不利于有害微生物增殖的环境，有利于协调人体肠道内微生物菌群的平衡。在肉制品发酵过程中，肌肉蛋白质被分解为小分子的肽和游离脂肪酸，从而使消化率提高。

3. 色泽美观

作为肉类发酵微生物，葡萄球菌、微球菌具有较强的硝酸盐还原能力，能促使硝酸盐降解为亚硝酸盐，进而发生系列发色反应，最终使发酵肉制品发色充分，呈现鲜亮的玫瑰红色。

4. 风味独特

由于原料肉中蛋白质、脂肪、糖类等大分子物质在发酵过程中被微生物和内源酶所降解，产生大量的肽、游离氨基酸和挥发性的脂肪酸等小分子化合物，再加上特殊香辛料的使用，增加了肉制品的风味，并除去肉本身的腥、膻等不良风味，使消费者容易接受。

第二节 发酵肉制品的微生物发酵剂

如前所述，由于传统发酵肉制品的生产常常存在工艺复杂、生产周期长、产品质量不稳定、难以实现规模化等不足。为此，近年来国内外研究人员，以肉制品的传统发酵工艺为基础，采用现代发酵技术，通过添加微生物发酵剂来加速产品的发酵过程，控制产品的质量，以实现大规模的工业化生产。

本节将首先介绍传统发酵肉制品中常见的微生物，并对作为发酵剂的微生物应具备的基本特性及所起作用进行阐述，最后对肉类发酵剂制备工艺流程进行简要叙述。

一、传统发酵肉制品常见的微生物

传统发酵肉制品的微生物来源于特定的原料和生产中的各单元操作，这些微生物菌群主要是葡萄球菌（*Staphylococcus* spp.）、乳酸杆菌（*Lactobacillus* spp.）、微球菌（*Micrococcus* spp.）、酵母菌和霉菌等。有学者从75种不同产地的西班牙香肠（Spanish sausage）中共分离了254种乳酸杆菌，其中清酒乳杆菌（*Lactobacillus sake*）占55%，弯曲乳杆菌（*Lactobacillus curvatus*）占26%，短乳杆菌（*Lactobacillus brevis*）占11%，植物乳杆菌（*Lactobacillus plantarum*）占8%。清酒乳杆菌（*Lactobacillus sake*）和弯曲乳杆菌（*Lactobacillus curvatus*）竞争力强，能显著抑制香肠内腐败微生物的生长，把它们作为肉品发酵剂应用于发酵香肠生产，产品风味独特、质量上乘，是目前商业肉类发酵剂的主要微生物。

近年来，我国西南大学贺稚非等对我国传统发酵肉制品——金华火腿加工过程中的微生物区系进行了研究，研究结果表明，整个加工过程中，金华火腿内部细菌中占优势的是葡萄球菌，其次是乳酸杆菌。经鉴定葡萄球菌主要是马胃葡萄球菌（*Staphylococcus equorum*）和路邓葡萄球菌（*Staphylococcus lugdunensis bacteremia*）等，乳酸杆菌（*Lactobacilli*）主要由马脲片球菌（*Pediococcus urinaeequi*）和戊糖片球菌（*Pediococcus pentosaceus*）等组成。另外变异微球菌（*Micrococcus rossus*）的数量也较多。金华火腿内部酵母菌群中占优势的菌种主要有类筒假丝酵母（*Candida zeylanoides*）、汉逊德巴利酵母（*Debaryomyces hansenii*）、赛道威汉逊酵母（*Hansenula sydowiorum*）、红酵母（*Rhodotorula glutinis*）等。金华火腿表面霉菌种类繁多，火腿之间差异较大，发酵前期青霉（*Penicillium*）占优势，主要有意大利青霉（*Penicillium italicum*）、简单青霉（*Penicillium simplicissimum*）、柑橘青霉（*Penicillium citrinum*）等。发酵后期，曲霉（*Aspergillus*）占优势，主要包括萨氏曲霉（*Aspergillus sydowi*）、灰绿曲霉（*Aspergillus glaucus*）、黄柄曲霉（*Aspergillus flauipes*）等。

二、微生物用作肉类发酵剂应具备的基本特征

1. 安全性

用作发酵剂的微生物首先必须是安全的，不会产生对人体有毒副作用的物质。由于某些霉菌能产生真菌毒素，具有强烈的毒性，并可能具有致癌作用，因此，用作发酵剂的霉菌必须是经过长期试验证明不会产生真菌毒素的霉菌，同时还必须具有平衡的产蛋白酶和脂肪酶等水解酶系的能力，并且不应该产生与发酵肉制品风味不协调的异味。此外，还应该具有较强的竞争

能力，以抑制其他微生物的生长。同样，用作发酵剂的细菌等微生物，应该无致病性，且不能产生毒素，以及与产品风味不协调的代谢产物。

2. 不产黏液

在各种各样细菌中，有些细菌能够产生胞外多糖等黏液状物质，如果这些菌应用于发酵肉制品的生产中，产生的黏液不仅会影响产品的外观，而且还可能会损坏肉制品的内部组织状态（黏液会阻碍产品干燥过程，使得原料肉内部水分难以脱出），所以产黏液的细菌不能作为发酵肉制品的发酵剂。

3. 不得产生大量气体

在发酵肉制品的生产过程中，如果发酵菌种发酵产气，如异型发酵乳酸菌，则会影响到发酵肉制品，特别是产品结构致密性和外观品质，如发酵香肠。因此，乳酸菌作为发酵剂应选择同型发酵的菌株，它们既可以利用葡萄糖产生乳酸，又不产生 CO_2 等气体。另外，用作发酵剂的微生物，也不得产生 H_2S 和 NH_3 等不良气味气体，否则将严重影响产品风味与品质。

4. 具有较好的食盐耐受性

食盐在发酵肉制品生产中是必不可少的，添加量一般在 2%～3%，在有些发酵肉制品中还可能更高一些，所以筛选的优势菌株必须有良好的食盐耐受性，一般要求能够在至少 6%食盐浓度下正常生长。

5. 具有较好的硝酸盐和亚硝酸盐的耐受性与还原能力

有些发酵肉制品，例如干发酵香肠，通常以 200～600mg/kg 的比例加入硝酸盐，硝酸盐在还原细菌的作用下，还原成亚硝酸盐，随后与肉中乳酸菌产生的乳酸发生反应形成亚硝酸，亚硝酸分解产生一氧化氮，与肌红蛋白或血红蛋白结合生成亚硝基肌红蛋白或亚硝基血红蛋白，使肉具有鲜艳的玫瑰红色。因此，作为发酵剂的微生物菌株至少能在 100mg/kg 的亚硝酸盐浓度下良好生长，同时具有良好的硝酸盐还原能力。

6. 不产生大量 H_2O_2 或 H_2O_2 酶阳性

在肉制品的发酵过程中，亚硝基肌红蛋白或亚硝基血红蛋白的生成是香肠发色的主要原因，但发酵成熟过程中如果微生物产生大量的 H_2O_2，则会消耗亚硝酸盐，导致肉制品的颜色变灰发暗。因此，作为发酵剂的微生物在生产过程中不得产生大量的 H_2O_2，或者微生物是 H_2O_2 酶阳性菌株，这样可以产生 H_2O_2 还原酶，把生成的 H_2O_2 分解成 H_2O 和 O_2。通常，如果发酵剂为混合菌种，那么其中必须有 H_2O_2 酶阳性的菌株存在。

除了以上特征外，作为发酵剂的菌株应能在 26.7～43℃温度范围内生长，最适生长温度为 30℃左右，可在 57～60℃范围内灭活；不具有氨基酸脱羧能力（产生生物胺）；对有害病菌和其他有害微生物有拮抗作用。同时，所选菌株应该与其他菌类及原料组分具有较好的协同作用等。

通常情况下，要筛选得到完全满足上述条件的菌株是非常困难的，所以常常需要采用适当的措施对微生物菌株进行改良。过去常用诱变育种方法对菌株进行改良，但是这种方法既耗时，获得的菌株性状又常常不稳定。随着基因工程技术的发展，人们开始用基因工程技术，把各种特征综合在某一发酵菌株内。例如，通过将溶葡萄球菌素基因导入乳酸杆菌（*Lactobacilli*）中，可增加其抑制有害微生物的能力。

三、发酵菌剂常用的微生物及其作用

在发酵肉制品生产中，常用作发酵剂的微生物的种类见表 10-3。它们的作用各不相同，下面将分别进行简要介绍。

表 10-3 发酵肉制品发酵剂中常用的微生物种类

微生物种类		菌　种
细菌(bacteria)	乳酸菌(lactic acid bacteria)	植物乳杆菌(*Lactobacillus plantarum*) 清酒乳杆菌(*L. sake*) 弯曲乳杆菌(*L. curvatus*) 干酪乳杆菌(*L. casei*) 乳酸片球菌(*Pediococcus acidilactici*) 戊糖片球菌(*P. pentosaceus*) 乳酸片球菌(*Pediococcus lactis*)
	小球菌(*Micrococcus* spp.)	易变小球菌(*Micrococcus varians*)
	葡萄球菌(*Staphylococcus* spp.)	肉食葡萄球菌(*Staphylococi carnosus*) 木糖葡萄球菌(*S. xylosus*)
	肠细菌(*Enterobacteria*)	气单胞菌(*Aeromonas* spp.)
酵母菌(yeasts)		汉逊德巴利酵母菌(*Dabaryomyces hansenii*) 法马塔假丝酵母菌(*Candida famata*)
霉菌(fungi)		产黄青霉(*Penicillium chrysogenum*) 纳地青霉(*P. nalgiovense*)
放线菌(actinomycetes)		灰色链霉菌(*Streptomyces griseus*)

注：引自：葛长荣等《肉与肉制品工艺学》，2002。

（一）细菌

应用于发酵肉制品的细菌主要有乳酸菌（lactic acid bacteria）、微球菌（*Micrococcus*）和非致病性葡萄球菌（*Staphylococi*）（表 10-3），它们在发酵肉制品生产中的作用是不同的。

乳酸菌是最早从发酵肉制品中分离出来的微生物，在自然发酵过程中占主导地位。它们在发酵肉制品的风味、成色、营养价值等诸多方面有着重要作用，具体作用如下。

（1）抑制病原微生物的生长，提高产品安全性、稳定产品质量并延长货架期　发酵肉制品中使用乳酸菌大多可以产生多肽类抗菌物质，可有效地抑制肉制品中腐败菌和致病菌的生长，提高发酵肉制品的安全性。其主要机制是产生乳酸菌素，能抑制植物乳杆菌（*Lactobacillus plantarum*）、单增李斯特菌（*Listeria monocytogenes*）、金黄色葡萄球菌（*Staphylococcus aureus*）和很多革兰阴性菌的生长。原料肉在接种乳酸菌后，乳酸菌利用碳水化合物，如葡萄糖发酵产生乳酸，从而使肉品 pH 值降至 4.8～5.2，抑制腐败微生物的生长，从而使产品的保质期及安全性大大提高。同时，肌肉蛋白在酸性条件下变性形成胶状组织，从而增加了肉块间的结着力并提高了肉品的硬度与弹性，如发酵香肠具有可切薄片的特性就与硬度和弹性相关。由于产品的 pH 值接近于肌肉蛋白等电点（5.2），从而使肌肉蛋白的保水力减弱，可加快肉制品干燥速度，降低水分活度，提高产品的成品率。

（2）防止产品氧化变色，促进发色　肉制品在发酵过程中会产生氧化性很强的 H_2O_2，它与肉中肌红蛋白形成胆绿肌红蛋白，使肉的颜色变绿，大多数乳酸菌可通过产生超氧化物歧化酶（superoxide dismutase，SOD）和还原型谷胱甘肽（GSH）来清除 H_2O_2，防止肉色的氧化变色。同时，肉制品在成熟过程中，微球菌将 NO_3^- 还原为 NO_2^-，而乳酸菌在成熟时利用碳水化合物产生乳酸，降低了 pH 值，有利于 NO_2^- 分解为 NO，NO 与肌红蛋白结合生成亚硝基肌红蛋白，最终使肉制品呈腌制特有色泽。

（3）提高产品的营养价值，赋予产品独特的发酵风味　乳酸菌在发酵过程中能产生少量的蛋白酶，可以将肉类蛋白质分解成肽及氨基酸，并产生大量的风味物质，其消化吸收率大大提高。同时，乳酸菌发酵产生的乳酸可提高钙、磷、铁的利用率，促进铁和维生素 D 的吸收。乳酸菌在发酵中产生的乳酸、醋酸、丙酸等有机酸，赋予发酵肉制品柔和的酸味，食而不腻，可刺激人的食欲、帮助消化。乳酸还可与发酵过程中产生的醇、醛、酮等物质相互作用，形成多种新的呈味物质。此外，乳酸发酵还能消除某些原料带来的异味。

微球菌（*Micrococcus*）和非致病性葡萄球菌（non-pathogenic *Staphylococcus* spp.）在发酵中的主要作用是还原亚硝酸盐和产生过氧化氢酶，从而利于肉馅发色及分解过氧化物，改善产品色泽，延缓酸败，此外也可通过分解蛋白质和脂肪而改善产品风味。

（二）酵母菌

发酵肉制品中常用作发酵剂的酵母是汉逊德巴利酵母菌（*Dabaryomyces hansenii*），其主要作用是生长时逐渐耗尽肉制品中残存的氧，从而降低氧化还原电位，抑制酸败，提高发色物质的稳定性。同时，酵母菌也可以分解脂肪和蛋白质，生产过氧化氢酶并使产品产生酵母味。酵母菌分解碳水化合物产生的醇与乳酸菌作用产生的酸反应生成酯，使产品具有酯香味。总之，酵母菌对改善产品风味，延缓酸败有益。

法国有一种发酵香肠，将酵母接种于香肠表面生长，使产品外表披上一层“白衣”，是深受当地人喜爱的地方风味产品。根据近年的研究，金华火腿也存在酵母（10^3～10^6cfu/g），但尚未进行具体的分类研究。

（三）霉菌

我国传统的发酵食品中霉菌起着重要的作用，这主要是由于霉菌的酶系发达，代谢能力强。我国的金华火腿、国外的烟熏香肠和干香肠也都属于霉菌发酵肉制品。霉菌在发酵肉制品中的作用主要是形成独特的外观，并产生蛋白酶和脂肪酶分解蛋白质与脂肪产生特殊的风味。同时，霉菌是好氧菌，可在生长中消耗掉O_2，抑制其他好氧腐败菌的生长。

传统发酵肉制品表面的霉菌来自环境，为了适应规模化工业生产的需要，一些霉菌发酵剂被陆续开发应用于生产中。国外有学者对用于干香肠的霉菌发酵剂的制作进行了研究，将肉制品中分离出的166中霉菌进行形态学和毒理学的研究，筛选出7株产黄青霉（*Penicillium chrysogenum*）和2株纳地青霉（*P. nalgiovense*）作为发酵剂用于工业化干香肠生产中，用产黄青霉制作的发酵剂表现出较佳的抑制其他微生物的性能和较强的抗擦性能，对香肠感官质量的改善作用也较大。

我国也是发酵肉制品的传统生产与消费国，在长期的实践中，人们发现霉菌在发酵肉制品的成熟与质量评价中起着重要作用。例如，在金华火腿生产实践中，人们总结出油花（绿色霉菌）是火腿干湿与咸淡适中的标志，而水花（黄色霉菌）是晒腿不足与肉湿易腐的标志。近年来，人们越来越认识到，在金华火腿等传统发酵肉制品的生产中存在的生产周期长，质量波动大，脂肪氧化严重，外观不理想以及可能存在的真菌毒素问题。所以加强我国传统发酵肉制品中微生物包括霉菌等的研究是非常必要的。近年来我国在这方面也已经做了一些工作，例如，西南大学的贺稚非等分别对金华火腿传统加工工艺及现代加工工艺微生物区系进行研究，发现金华火腿表面的霉菌影响着内部微生物的数量，霉菌的存在可以竞争性抑制火腿内有害微生物的生长，使火腿的干燥过程更加均匀，金华火腿的风味形成过程中如果没有霉菌产生的蛋白酶和脂肪酶作用，成品腿风味略缺浓厚香气和特殊的滋香味。

（四）放线菌

灰色链霉菌（*Streptomyces griseus*）是唯一作为肉品发酵剂的放线菌，相关研究表明其可提高发酵香肠的风味。但在对天然发酵香肠进行放线菌筛选分离时，灰色链霉菌的检出数量甚少——因为它不能在肉制品发酵环境中良好生长。

四、肉类发酵剂制备

所谓肉类发酵剂是生产发酵肉制品时所用的特定微生物培养物。目前，人们使用的肉类发酵剂有片球菌属（*Pediococcus*）、乳杆菌属（*Lactobacillus*）、微球菌属（*Micrococcus*）等。在欧洲，也有用酵母和霉菌作为肉类发酵剂。它们以冷冻浓缩和冻干的形式供商业发酵肉类使用，其中冻干型的发酵剂因有活力高、使用方便、易保存等优点，是生产用发酵剂最常用的形式。

关于发酵剂的生产，首先采用稍低于最适生长的温度，在合适的培养基上，将目的微生物培养到对数生长期末期，然后离心分离菌体，与冻干保护剂混合，冻结干燥。常用的保护剂包括脱脂奶粉、谷氨酸钠、糊精、蔗糖、葡萄糖等。所得菌体浓缩物通常每毫升（克）中应含有10^9～10^{11}个细胞。为了能保证干燥后产品有一定的形状，浓缩液的干物质（包括保护剂）含量在10%～15%最佳。将菌体浓缩液与保护剂混合，分装到有一定的表面积与厚度之比的容器中（表面积要大，厚度要小，厚度不大于10mm）后，尽快用液氮或干冰进行冻结，也可在冻干机的干燥箱内进行冻结，一般冷冻到－40℃左右，然后再开始抽真空干燥，压力一般为60～100Pa。干燥结束时充入氮气等不活泼气体，再用铝箔袋包装。

第三节 发酵肉制品工艺

如前所述，发酵肉制品主要包括发酵香肠与发酵火腿，下面分别对它们的加工工艺与典型产品进行介绍。

一、发酵香肠的生产工艺

（一）工艺流程

发酵香肠的生产主要包括配料、发酵和成熟干燥三个阶段，其生产工艺流程如图10-4。

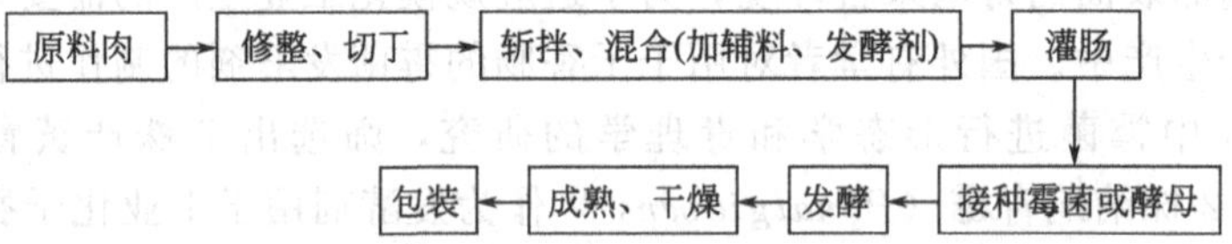

图10-4 发酵香肠的生产工艺

（二）工艺操作要点

1. 原辅料选择

制作发酵肉制品应选用优质的鲜、冻牛肉或猪肉为原料，应尽量降低原料肉中的初始菌数，以减少产品发酵过程中腐败的概率。另外，原料肉中起始微生物数量也直接或间接地影响发酵过程。如果原料肉本身的乳酸菌初始数量多，可加快发酵速度；如果某些酵母初始数量多，并产生较多的乙醇等产物，与乳酸竞争，不仅会阻止肉制品pH值下降，而且酵母菌的大量繁殖还可以导致pH值上升，并产生异味，所以最好对每批原料肉进行微生物抽检，并根据初始菌数采取相应的质量保证措施。

此外，原料的以下特点也将对微生物的生长与发酵产生影响。①肉的含水量越高，发酵的速度越快，产酸越快。例如，瘦肉占的比例越大，则水分含量越高，发酵速度快，pH值下降也快；反之，脂肪的比例越大，则发酵速度慢，pH值下降速度也慢。②冻干肉由于干耗（肉在冻结过程中，因水分蒸发或冰晶升华，造成的重量减少）和解冻时的汁液流失，减少了水分含量，可延缓初始发酵速度。③肉的初始pH值也会影响发酵时间和最终的pH值，初始pH值较高的肉则需要更长的发酵时间才能达到产品终点pH值，所以许多厂家通常采用pH较低的原料肉。通常牛肉以pH值5.8的为好，猪肉以pH值6.0为好。

2. 修整与切丁

原料肉的修整是指除去原料肉中的骨、腱、腺体和有血污的部分，剔除不合格的原料肉。

对猪背膘的修整主要是去除非脂肪部分。为了有利于斩拌的进行，还需对原料肉和脂肪进行切丁处理，即切成小块。

3. 斩拌、混合与发酵剂的加入

首先将切丁后的精肉和脂肪倒入斩拌机，稍加混合，然后将食盐、腌制剂（主要包括亚硝酸钠或硝酸钠、抗坏血酸）、发酵剂和其他辅料均匀地倒入斩拌机中混匀。香肠加工过程中，斩拌起着极为重要的作用，通过斩拌，将原料肉斩碎、乳化，使原料肉释放出最多的肉蛋白，以达到最佳的黏结性。原料肉斩拌的好坏，直接决定产品质量。

食盐能让乳酸菌的生长占优势并抑制许多有害微生物的生长。一般情况下，发酵香肠中食盐的添加量为2%～3.5%，浓度过高（5%～6%）会延长发酵时间，使pH下降的速度降低，故生产发酵香肠时，初始的配料中食盐不要添加过多。各种糖类如葡萄糖、蔗糖、玉米糖浆能影响成品的风味、组织和产品特性。同时也为乳酸菌提供了必需的发酵基质。糖的类型和数量能直接影响产品的终点pH值。对许多干香肠来说，每100kg肉添加0.50～0.75kg葡萄糖已足够，而半干香肠的添加量为0.75～1kg。玉米糖浆、糊精、面粉和淀粉等复杂的碳水化合物，根据其使用种类、数量及培养基的特性，也能被不同程度地发酵利用。肠馅中添加饴糖可以促进风干香肠中细菌总数的增加，但不影响香肠的pH值。这些碳水化合物发酵较慢，在有单糖存在时则不能被利用。添加的某些香辛料可刺激细菌产酸，一般对乳杆菌的刺激作用比片球菌强。几种香辛料联合使用的发酵时间比单独用一种香辛料的发酵时间短。液体烟熏剂和抗氧化剂可降低发酵速度，磷酸盐对发酵产酸有一定的缓冲作用，可增高初始pH值并延缓其下降的时间。

目前，在半干发酵香肠生产中普遍使用微生物发酵剂，但在干发酵香肠生产中只有德国等少数国家越来越多地使用发酵剂，而其他国家和地区则很少使用发酵剂。不过发酵剂在发酵香肠生产中的作用和价值正在得到越来越广泛的认同。发酵香肠中使用的发酵剂主要由乳酸菌组成，添加的主要目的是为了在保持产品质量稳定性的同时对发酵过程进行控制。工业上使用的发酵剂一般都是冻干型的，使用前需先使其复水复原。复原后的发酵剂还不能马上使用，通常需要将其在室温下放置18～24h使发酵剂中的微生物重现活力，然后才能添加到香肠肉馅中。接种量一般为10^6～10^7cfu/kg肉馅。

发酵剂的产酸能力与生产基质、接种前的保存方式、产品配方及加工参数有关，应当合理使用。由于发酵剂中的培养物主要是通过水作为介质分布于肉组织中，故应当注意水的质量，如发现发酵剂活性降低，应检查是否是水中氯或重金属含量超标。另外，发酵剂在接种前，决不能直接与腌制剂或其他干配料混合，否则将大大影响发酵剂的活性。在贮藏期间必须充分保持培养物的活性，可使用各种稳定剂，如甘油、脱脂奶粉、味精、胱氨酸等，在冻结介质中与培养物混合，起到保护作用。

4. 灌肠

灌肠是指将斩拌、混匀后的肉馅用灌肠机灌入肠衣中的过程。灌肠时要求充填均匀，肠坯松紧适度。整个灌制过程中肉馅的温度维持在0～1℃。为了避免气泡的混入，最好利用真空灌肠机灌制。

生产发酵香肠的肠衣可以是天然肠衣，也可以是人造肠衣（纤维素肠衣、胶原肠衣）。所用肠衣的类型会明显地影响霉菌发酵成熟的香肠质量。当使用天然肠衣制造发酵香肠时会发现，香肠表面很容易长青霉而且会向香肠内渗透，同时酵母菌的生长也很快。所以用天然肠衣加工霉菌发酵香肠时，产品的风味和香气更好且成熟更均匀。可是当生产非霉菌发酵香肠时，天然肠衣容易引起霉菌和酵母等腐败菌株的生长与繁殖。无论选用何种肠衣，都必须具有允许水分通透的能力，并在干燥过程中随肠馅的收缩而收缩。

5. 接种霉菌或酵母菌

在有的干发酵香肠的生产过程中，除了接种乳酸菌发酵剂外，还接种霉菌或酵母菌等发酵剂。霉菌和酵母菌的接种方法有两种：一是将霉菌或酵母菌的液体培养液直接喷洒在香肠表面；另一种方法是先将霉菌或酵母菌的培养物制成菌悬液，然后将香肠在其中浸一下。后一种方法是既简单又有效地接种方法，但是与菌悬液接触的所有器具和设备必须经过严格的卫生处理，以防止环境中杂菌的污染。

在香肠表面接种霉菌或酵母，能抑制其他杂菌的生长。同时，接种的霉菌或酵母在香肠表面的生长能预防光和氧对产品的不利影响，并能产生过氧化氢酶，分解乳酸菌和革兰阴性菌所产生的 H_2O_2，保证产品的品质。霉菌和酵母菌还能在代谢过程中产生一些蛋白酶和脂肪酶，对产品的风味形成起着重要作用。霉菌和酵母菌的接种一般是在灌肠后立即进行，也可以在发酵后干燥开始前进行。

6. 发酵

发酵的目的是给发酵剂中的乳酸菌等有益微生物提供合适的温度、湿度等发酵条件，以便产生乳酸及其他代谢产物，抑制腐败菌和致病菌的生长。

发酵条件应按照发酵剂的种类而定。通常对于要求 pH 值迅速降低的产品，所采用的发酵温度较高。一般认为，发酵温度每升高 5℃，乳酸生成的速率将提高 1 倍。但提高发酵温度也会带来致病菌（特别是金黄色葡萄球菌）快速繁殖生长的危险。一般情况下，涂抹型香肠（半干发酵香肠中的一类，加工时间 3～5d，产品含水量较高，质地较松软，可以涂抹在面包上食用）的发酵温度为 22～30℃，最长发酵时间为 48h；半干发酵香肠的发酵温度为 30～37℃，发酵时间为 14～72h；干发酵香肠的发酵温度为 15～27℃，发酵时间为 24～72h。

在发酵过程中，相对湿度的控制对于干燥过程中避免香肠外层硬壳的形成及预防表面霉菌和酵母菌的过度生长也是非常重要的。一般情况下，高温短时发酵时，设定空气的相对湿度为 98%左右；低温发酵时，发酵室的相对湿度应比香肠内部的平衡水分含量对应的相对湿度低 5%～10%。

7. 干燥与成熟

从广义上讲，发酵过程也属于干燥过程。但是在此处所说的成熟干燥仅指发酵结束后的相对较长的干燥成熟过程。各种类型的发酵香肠干燥程度差异很大，它是决定产品的物理化学性质和感官性状及其贮藏性能的主要因素。对于发酵香肠而言，由于产品不经过热处理，干燥还是杀灭猪旋毛虫（*Trichinellosis*，一种寄生虫）的关键控制因素。

在香肠的干燥过程中，控制香肠表面水分的蒸发速度，从而控制香肠内部的水分向表面扩散的速度是非常重要的。在半干发酵香肠中，干燥失重一般低于其湿重的 20%，干燥温度在 37～66℃之间，温度高，干燥时间短，通常仅需数小时，但在较低温度下干燥则需数天。高温干燥可以一次完成，也可以逐渐降低湿度分段完成。干香肠的干燥温度较低，一般为 12～15℃，干燥时间主要取决于香肠的直径。商业上应用的干燥程序包括以下两种模式：①16℃，相对湿度 88%～90%（24h）→24～26℃，相对湿度 75%～80%（48h）→12～15℃，相对湿度 70%～75%（17d）→成品；②25℃，相对湿度 85%（36～48h）→16～18℃，相对湿度 77%（48～72h）→9～12℃，相对湿度 75%（25～40d）→成品。

许多类型的半干发酵香肠和干发酵香肠在干燥过程中同时还进行烟熏，烟熏的目的是使酚类、低级酸等物质沉积和渗透到香肠中抑制霉菌的生长，同时提高香肠的适口性。

对于干发酵香肠，特别是接种霉菌和酵母菌的干发酵香肠，在干燥过程中会发生许多复杂的化学变化，所以干燥过程也是成熟过程。在某些情况下，干燥过程是在一个较短时间内完成的，而成熟过程则一直持续到消费为止。

8. 包装

发酵肉制品达到要求的 pH 值、水分含量或水分活度（A_w）、蛋白质比值后就可进行包装了。包装的方法很多，其中较为成功的包装方式为真空包装。干香肠采用真空包装，有时会发现包装袋内部出水，导致肠体感官质量不好，香肠表面恶化，因此干发酵香肠常采用充氮包装，在充氮气之前必须先将袋内的空气抽掉。包装材料还应有很好的气密性和避光性，因此常采用复合材料。

（三）发酵香肠的几种典型产品实例

1. 干发酵香肠

（1）萨拉米香肠

［原料配方］ 牛肩肉 40kg，白胡椒 19g，猪颊肉（修除腺体）40kg，猪修整碎肉 20kg，食盐 3.5kg，糖 1.5kg，硝酸盐 125g，大蒜粉 16g。

［生产工艺］ 原料肉→整理→绞碎→拌料→装盘→一次发酵→灌肠→二次发酵、干燥→产品

［操作要点］ ①牛肉通过 3mm 孔板绞碎，猪肉通过 6mm 孔板绞碎。②在搅拌机内将所有配料搅拌均匀。③将肠馅放在深 20～22cm 的盘内，5～8℃，贮藏 2～4d。④将肠馅充填入 5 号纤维肠衣、猪直肠肠衣或胶原肠衣内。⑤将香肠在 5℃、相对湿度 60%下晾挂 9～11d。如使用发酵剂，发酵和干燥时间将大大缩短。

［关键控制］ 在干燥室内如果香肠发霉，应调整相对湿度，香肠上的霉菌可用带油的布擦掉，干燥室内应保持卫生。用动物肠衣灌制的香肠在干燥前期，应包在布袋内，干燥后期则去掉布袋，吊挂起来干燥。

（2）热那亚香肠

［原料配方］ 猪肩部修整碎肉 40kg，标准猪修整碎肉 30kg，食盐 3.5kg，糖 2kg，布尔戈尼葡萄酒 500g，磨碎的白胡椒 187g，整粒白胡椒 62g，亚硝酸钠 31g，大蒜粉 16g。

［生产工艺］ 原料肉→修整→绞碎→拌料→装盘发酵→灌肠→干燥→发酵→产品

［操作要点］ ①将瘦肉通过绞肉机 3mm 孔板绞碎，肥猪肉通过 6mm 孔板绞碎，再与食盐、糖、调味料、葡萄酒和亚硝酸钠搅拌均匀。②将馅放在 20～25cm 深的盘内，4～5℃，放置 2～4d。如用发酵剂，放置周期可缩短几小时。③将肠馅充填到纤维素肠衣或猪直肠衣内，或合适规格的胶原肠衣内。④在温度 22℃、相对湿度 60%的干燥室内放置 2～4d，或直接到香肠变硬和表面变成红色。⑤在温度 12℃、相对湿度 60%的干燥室内贮藏 90d。好的成品，在干燥室内水分损失 24%最理想。

［关键控制］ 优质的干香肠应有好的颜色，表面上没有酵母或酸败的气味，在肠中心和边缘水分分布均匀，表面皱褶小。干燥室内空气流速的控制很重要，最好每小时更换 15～20 倍房间容积的空气量。产品经常翻动，使产品保持干燥。室内应保持黑暗，要用低弱度的灯，因为强烈的光会使香肠表面产生污点。香肠捆成束易于翻动，堆在底下的香肠要翻到上面进行干燥。脂肪含量低和直径小的产品比高脂肪和大直径的香肠干燥得快。

2. 半干发酵香肠

（1）塞尔维拉特香肠

［原料配方］ 牛修整碎肉 70kg，猪修整碎肉 20kg，猪心 10kg，食盐 3kg，糖 1kg，磨碎黑胡椒 250g，亚硝酸钠 16g，整粒黑胡椒 125g。

［生产工艺］ 原料肉→修整→绞肉→拌料→装盘、发酵→灌肠→干燥→熏制→产品

［操作要点］ ①牛修整碎肉和猪心肉通过绞肉机 6mm 孔板绞碎，将猪修整碎肉通过绞肉机 9mm 孔板绞碎。②碎肉与食盐、糖、硝酸盐一起搅拌均匀后，通过 3mm 孔板绞细，再加

整粒黑胡椒，搅拌 2min，放在 20cm 盘内，5～9℃贮藏 48～72h。③将馅倒入搅拌机重新搅拌均匀后，充填入 2 号或 2.5 号纤维素肠衣。④在 13℃干燥室内吊挂 24～48h 后，移入 27℃条件下熏制 24h，缓慢升温到 47℃后，熏制 6h 或更长的时间，直到有好的颜色。⑥冷却后，移入冷藏室保存。

［关键控制］ 选用合格的修整碎肉。在熏制期间，香肠的内部温度达到 59℃。

(2) 图林根香肠

［原料配方］ 猪修整肉（75%瘦肉）55kg，牛肉 45kg，食盐 2.5kg，葡萄糖 1kg，黑胡椒粉 250g 发酵剂培养物 125g，整粒芥末子 125g，亚硝酸盐 16g。

［生产工艺］ 原料肉→修整→绞碎→拌料→灌肠→熏制→发酵→产品

［操作要点］ ①原料肉通过绞肉机 6mm 孔板绞碎，并在绞碎机内将配料搅拌均匀，再用 3mm 孔板绞细。②将肉馅充填进纤维素肠衣，热水淋浴香肠表面 2min 左右。③室温下吊挂 2h，移到熏炉内，在 43℃下熏制 12h，再在 49℃下熏制 4h。④将香肠移到室温下晾挂 2h，再运到冷却室内。⑤成品香肠食盐含量为 3%，pH 值为 4.8～5。

［关键控制］ 猪肉应是合格的修整碎肉，在熏制期间香肠的内部温度要达到 50℃，使用发酵剂可显著缩短发酵时间。

3. 黎巴嫩大香肠

［原料配方］ 母牛肉 100kg，食盐 0.5kg，糖 1kg，芥末 500g，白胡椒 125g，肉豆蔻种衣 63g，亚硝酸钠 16g，硝酸钠 172g。

［生产工艺］ 原料肉→修整→绞碎→拌料→灌肠→熏制→发酵→成品

［操作要点］ ①牛肉用绞肉机通过 12mm 孔板绞碎，在搅拌机内与食盐、糖、调味料和亚硝酸盐一起搅匀。②混合料通过 3mm 孔板绞细，充填进 8 号纤维素肠衣。③结扎后移到烟熏炉内冷熏。一般在夏天熏制 4 天，秋季末和冬季冷熏制 7 天。④发酵。

［关键控制］ ①黎巴嫩大香肠是传统产品，不需要冷藏贮存。尽管香肠水分含量为55%～58%，但成品极稳定，成品中的食盐含量一般为 4.5%～5.5%，pH 值为 4.7～5。香肠在烟熏炉内熏制或在金属盘内烤制，烟熏炉顶部应有能开关的通风窗。②母牛肉用 2%的食盐在 1～4℃下发酵 4～10 天，如添加发酵剂，发酵周期能大大缩短。可使发酵结束后的肉 pH 值达到 5 甚至更低。

二、发酵火腿

(一) 发酵火腿的加工

中式和西式传统发酵火腿生产工艺基本相同，主要包括原料修整、腌制和长期的自然干燥三个阶段，其中重要环节是腌制工序，它决定了最终产品的品质。腌制用盐以堆放 1～2 年的陈盐为好。因为盐在堆放期间，不但能减少一部分自身吸附的水分，更重要的是盐中的 $MgCl_2$ 等可通过逐步潮解排除，有利于提高火腿的质量。传统发酵火腿一般生产工艺流程如图 10-5。现将其操作要点叙述如下。

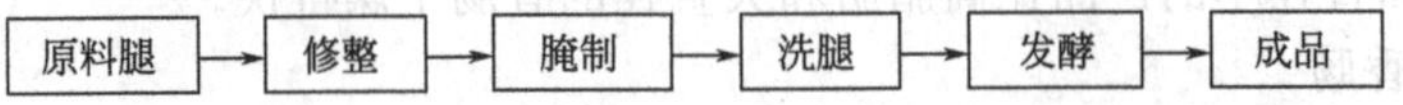

图 10-5 传统发酵火腿一般生产工艺流程图

(1) 原料选择 火腿的质量好坏与生猪品种的优劣关系很大。一般都选用当地皮薄、脚细、肉质细嫩、瘦肉较多生猪为原料。一般知名的发酵火腿都有其特定的猪品种。例如，我国金华火腿选用的是当地的优良品种“两头乌”猪，宣威火腿选用的是“乌金猪”，而国外的帕尔玛火腿选用的也是当地品种的猪。此外，对于生猪也有一些要求，生猪在宰前 12h

内停食，可饮水。这样宰时放血净、肉质好。选用的鲜腿，应除毛干净，皮薄、脚细、腿心丰满、无伤残和淤血，对于粗皮大脚（爪）、腿心偏薄、分量过轻的鲜腿，不宜选作加工原料。同时，种公猪、种母猪、病猪、伤猪的腿以及皮肉分离或腿骨有裂缝的鲜腿都不宜做加工火腿的原料。

(2) 鲜腿修整　鲜腿的修整与火腿的外形和质量都有关系，修整的目的：①使火腿有完美的外观；②对腌后火腿的质量及加速食盐的渗透都有一定的作用。鲜腿割下来后，除了刮干净残毛，去尽血污，割除油膜，挤出血管中的残血外，还应修去腿周围和表面不整齐部分，修成火腿坯形。

(3) 腌制　腌制是火腿加工的重要环节，腌制的用盐量和用盐方法对火腿的色、香、味影响很大。如果用盐过多，会抑制鲜腿中内源酶的活性，从而使成品风味不足；用盐过少，不能很好地阻止腐败菌的生长繁殖，从而使鲜腿容易腐败变质。所以应根据鲜腿大小与气候（工艺条件）情况控制食盐用量，做到“大腿不淡、小腿不咸”，这是腌制火腿的技术关键点，腌制时间一般在 30 天左右。火腿腌制通常采用干腌法，在原料腿表面擦以食盐、硝酸钠、亚硝酸钠等混合腌料，利用肉中所含 50％～80％的水分使混合腌料溶解而发挥作用。

(4) 洗腿　洗腿主要是把腌制后腿面上残留的粘浮杂物及污秽盐渣洗刷干净，以保持腿的清洁，有助于火腿的色、香、味。

(5) 发酵　将刷洗完并干燥的肉腿放在通风干燥处，随气温升高，火腿表面开始自然发酵，火腿肉面长出绿色或绿灰黄色菌落，这是发酵良好的自然现象，此时火腿开始产生特殊、甘醇清香味。发酵场地一定要干燥、清洁，有较好的通风条件，能保持一定的温度与湿度。在发酵过程中，火腿上下、左右、前后均要有一定的距离，互不相碰，以利于火腿表面菌丝的生长繁殖，一般以火腿表面长出绿色菌丝为佳。在发酵过程中，在原料本身具有的各种酶系以及微生物产生酶的共同作用下，完成一系列的生物化学变化，产生多种氨基酸、脂肪酸、醇和酯类等芳香物质，赋予产品独特的风味。

虽然传统发酵火腿加工历史悠久，产品风味独特，但其加工工艺复杂、加工时间长、受环境条件的影响大，遭遇异常气候时其风味品质难以保证。所以，早在 20 世纪 70 年代，国外学者就开始对西式发酵火腿的现代生产工艺进行研究，现在已有许多西式发酵火腿，如帕尔玛火腿的生产已采用全自动现代生产工艺。近几年，南京农业大学周光宏团队经过对金华火腿的多年研究，创造出独特的“低温腌制、中温风干、高温催熟”的金华火腿现代生产工艺，并获得成功，突破了季节性加工的限制，实现了一年四季连续腌制加工火腿，并使生产周期缩短到 3 个月左右。采用现代生产工艺加工的金华火腿，其色、香、味、形及营养成分都符合传统加工的火腿质量要求，并在卫生指标方面有所提高。

(二) 国内外著名发酵火腿的生产实例

1. 金华火腿

金华火腿历史悠久，距今已有 1200 多年的历史。源于唐代的金华府（包括现在的金华市和衢州市的 15 个县、市、区）。金华火腿加工工艺经千年的流传，形成了低温腌制、中温脱水、高温发酵等独特的生产工艺。由于金华火腿以浙江的金华火腿最为著名，而浙江金华位于长江以南，所以金华火腿也称为南腿（南腿是中国火腿中的一个大类，以金华火腿最驰名）。历史上宋高宗赐名为“金华火腿”，曾被列为贡品，故又有“贡腿”之称。金华火腿的生产工艺流程如图 10-6。其工作操作要点如下。

(1) 原料选择　选择金华“两头乌”猪的鲜后腿（皮薄爪细、腿心饱满、瘦肉多、肥膘少），腿胚重 5～7.5kg，平均 6.25kg 左右的鲜腿最为适宜。鲜猪腿质量优劣鉴别如表 10-4。

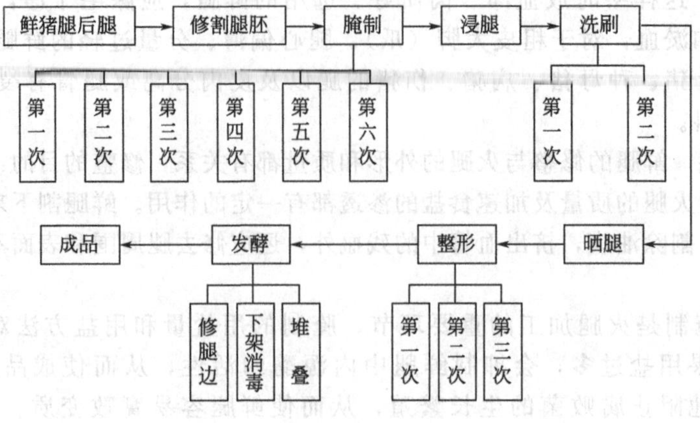

图 10-6 金华火腿的生产工艺流程

（引自：贺稚非《食品科学》，2008）

表 10-4 鲜猪腿质量优劣鉴别

优 良 鲜 腿	不 良 鲜 腿
1. 腿重 5～6.5kg	1. 过大或过小
2. 脚爪纤细，小腿细长	2. 爪粗大，小腿粗胖
3. 皮面细嫩光洁而薄（约 2mm）	3. 皮面粗厚，毛孔粗大
4. 肉色鲜红，皮质柔嫩	4. 肉色深暗，肉质过软或过红
5. 皮下脂肪层洁白	5. 皮下脂肪层发暗或发黄

注：引自周光宏《畜产品加工学》，2002。

(2) 修割腿胚　修整前，先用刮毛刀刮去皮面上的残毛和污物，使皮面光滑整洁。然后用削骨刀削平耻骨，修整坐骨，除去尾椎，斩去脊骨，使肌肉外露，再把过多的脂肪和附在肌肉上的浮油割去，将腿边修成弧形，腿面平整。再用手挤出大动脉内的淤血，最后使猪腿成为整齐的柳叶形。

(3) 腌制　修整腿胚后，即进入腌制过程。金华火腿腌制系采用干腌堆叠法，也就是多次把盐硝混合料撒在火腿上，将腿堆叠在"腿床上"，使腌料慢慢渗透。约需 30 天，一般擦盐 6 次。每次的要求也不相同。以 5kg 鲜腿为例，说明其具体加工步骤。

第 1 次上盐（俗称出血水盐）：腌制时双手平拿鲜腿，轻轻放在盐箩上。腿脚向外，腿头向内，在腿面上撒布一薄层盐。敷盐时要均匀，"三签头"部位略多一些。第一签刺在股骨和胫骨之间（俗称锯子骨或宛口）；第二签刺在股骨和髂骨之间；第三签在荐椎骨和髂骨之间。此次用盐约 100g（以次日翻堆时肉面上应有少许余盐为度），防止脱盐。在第一次上盐后若气温超过 20℃以上，表面食盐在 12h 左右就溶化时，必须立即补充擦盐。火腿三签部位及敷盐区域如图 10-7 所示。

敷盐后堆叠时，必须层层平整，上下对齐。堆的高度视气候而定。在正常气温下，以12～14 层为宜，天气越冷，堆码越高。

第 2 次上盐（又称上大盐）：鲜腿自第一次抹盐后至第 2 天须进行第二次抹盐。从腿床上（即竹制的堆叠架）将鲜腿轻放在盐板上，挤出血管中的淤血，并在三签处略用少许硝酸钾。然后把盐从腿头撒至腿心（腿的中心），在腿的下部凹陷处用指蘸盐轻抹，用盐 250g 左右。遇寒冷天气，腿皮干燥时，应在胫关节部位稍微抹上些盐。脚与皮面不必抹盐，用盐后仍按顺序轻放堆叠。

第 3 次上盐（又称复三盐）：经两次用盐后，过 6 天左右，即上第三次盐，先把盐板刮干净，将腿轻轻放在盐板上，用手轻抹腿面和三签处余盐，根据腿的大小，观察三签处的余盐情况，同时用手指触摸腿面的软硬度，以便补盐或减盐，用盐量95g。

第4次上盐（复四盐）：在3次用盐后，隔7天左右，再第4次用盐。目的是经上下翻堆后调整腿质，温度，并检查三签处上盐溶化程度，如不够再补盐，并抹去脚皮上黏附的盐，以防腿的皮色不光亮，用盐75g左右。

第5次或第6次上盐（复5盐或复6盐）：第4次用盐后一般还要复5盐，复6盐，间隙时间大致与上一次用盐相距7天左右。5次、6次复盐的目的主要是检查火腿盐分是否用得适当，盐分是否全部渗透，一般不再补盐。

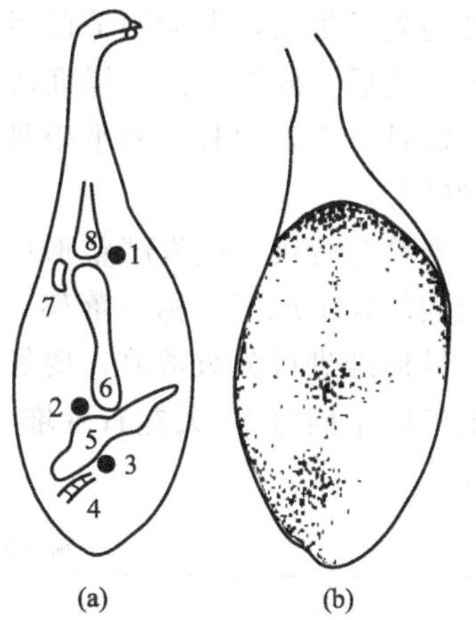

图10-7　火腿三签部位及敷盐区域
（引自：夏文水《肉制品加工原理与技术》，2003）
（a）三签头部位；（b）腿胚肉面敷盐区域
（黑色密集程度代表敷盐程度）
1—上签头；2—中签头；3—下签头；4—荐椎保留部分；5—髂骨；6—股骨；7—膑；8—胫骨

在火腿腌制过程中注意以下几点。①鲜腿的腌制应根据先后顺序，依次按顺序堆叠，并用标签注明日期，只数。便于翻堆用盐时不发生错乱，遗漏。应严防乱堆乱放。②重量在4kg以下的小只鲜腿，从开始腌制到成熟期，必须另行堆叠，不可与大、中型腿混杂，避免擦盐时多少不一，影响火腿质量。③上述翻堆，用盐次数和间隔天数，是指在0～10℃之间的一般正常气候。如遇天气变化，忽冷忽热，雷雨等应及时翻堆，并掌握盐度，气候乍热时，可把腿摊开放置，并将腿上陈盐全部刷去，重新上盐。过冷时，腿上的盐不溶化，可在工厂适当加盐（一般应保持在0℃以上）。④在腿上擦盐时要有力而均匀，腿皮上切忌擦盐，避免火腿制成后皮上无光彩。⑤每次翻堆，必须轻拿轻放，堆叠要做到上下整齐；不可随意移动，以防脱盐。

（4）洗腿　鲜腿腌制后，腿面上留的粘浮杂物及污秽盐渣，经洗腿后可保持腿的清洁，有助于火腿的色、香、味，也能使肉表面盐散失一部分，使咸淡适中。

洗腿前先用冷水浸泡，浸泡时间应根据腿的大小和咸淡来决定，一般需浸2h左右。浸腿时，肉面朝下，全部浸没，不要露出水面。洗腿时按脚爪、爪缝、爪底、皮面、肉面和腿尖下面，顺肌纤维方向依次洗刷干净，不要使瘦肉翘起，然后刮去皮上的残毛，再浸漂在水中，进行洗刷，最后用绳吊起送往晒场挂晒。

（5）晒腿　将腿挂在晒架上，用刀刮去剩余细毛和污物，约经4h，待肉面无水微干后打印商标，再经3～4h，腿皮微干时肉面尚软开始整形。

（6）整形　所谓整形就是在晒晾过程中将火腿逐渐校成一定形状。整形要求做到小腿伸直，腿爪弯曲，皮面压平，腿心丰满和外形美观，而且使肌肉经排压后更加紧缩，有利于贮藏发酵。整形晾晒适宜的火腿，腿形固定，皮呈黄色或淡黄，皮下脂肪洁白，皮面呈紫红色，腿面平整，肌肉坚实，表面不见油迹。

（7）发酵　火腿经腌制、洗晒和整形等工序后，在外形、质地、气味、颜色等方面尚没达到应有的要求，特别是没有产生火腿特有的风味，与腊肉相似。因此必须经过发酵过程，一方面使水分继续蒸发，另一方面使肌肉中蛋白质、脂肪等发酵分解，使肉色、肉味、香气更好。将腌制好的鲜腿晾挂于宽敞通风、地势高而干燥库房的木架上，彼此相距5～7cm，继续进行2～3个月发酵鲜化，肉面上逐渐长出绿、白、黑、黄色霉菌（这是火腿的正常发酵）即完成发酵，火腿逐渐产生香味和鲜味。因此，发酵好坏和火腿质量有密切关系。

火腿发酵后，水分蒸发，腿身逐渐干燥，腿骨外露，需再次休整，即发酵期休整。一般是按腿上挂的先后批次，在清明节前后即可逐批刷去腿上发酵霉菌，进入修整工序。

发酵完成后，腿部肌肉干燥而收缩，腿骨外露。为使腿形美观，要进一步修整。修整工序包括修平耻骨、修正股骨、修平坐骨，并从腿脚向上割去脚皮，达到腿正直，两旁对称均匀，腿身呈柳叶形。

(8) 堆叠与分级　经发酵整形后的火腿，视干燥程度，根据洗晒、发酵前后批次、质量、干燥度依次从架上取下，称为落架。在此期间刷去腿上的霉菌，并按表 10-5 所示的传统火腿的规格质量标准进行分级堆放，要做到只只过签。每堆高度不超过 15 只，腿肉向上，腿皮向下，根据气温不同每 10 天左右翻堆一次。翻堆时根据需要可在火腿上涂抹少量的火腿油或食用植物油。

表 10-5　金华火腿的规格质量标准

等　级	香　味	肉　质	重量/(kg/只)	外　形
特　级	三签香	瘦肉多，肥膘少，腿心丰满	2.5～5	“竹叶形”细皮，小脚，爪弯，脚直，皮色黄亮，无毛，无红疤，无损伤，无虫蛀鼠咬，油头小，无裂缝，小蹄至龙眼骨有 40cm 以上长，刀工光洁，皮面印章端正清楚
一　级	二签香 一签好	瘦肉较少，腿心饱满	2 以上	出口腿无伤疤，内销腿无大红疤，其他要求与特级同
二　级	一签香 二签好	腿心稍偏薄但不露膛骨，腿头部分稍咸	2 以上	竹叶形，爪弯，脚直，稍粗，无虫蛀鼠咬，刀工细致，无毛，皮面印章正而清楚
三　级	三签中 一签有异味 (但无臭味)	腿质较咸	2 以上	无鼠咬伤，刀工略粗，印章正而清楚

注：引自周光宏等《肉品学》，1999。

我国传统火腿加工要经过 60～70 道工序，历时 8～10 个月，在火腿行业中通常称为“一个月的床头，五六天的日头，一百二十天的钉头，二‘九’一‘八’的折头”。即是说鲜腿经腌制，堆叠在“腿床”上需要 1 个月的时间才能成熟，腌制在清水中洗刷后，在太阳下晒 5～6 天才能上楼发酵；在楼上挂架发酵时间从火腿整修阶段算起要经过 120 天左右；二“九”一“八”的折头指是两次九折，一次八折，即腌制后的腿，其质量是鲜腿的九折，晒好的腿又是腌腿的九折，发酵好的腿是晒好腿的八折。这样成品率约占鲜腿的 64%稍多一点（实际加工中成品率只有 64%左右）。

2. 帕尔玛火腿

帕尔玛火腿主要产于意大利北部的帕尔玛（Parma）省的兰吉拉诺镇（Langhirano），据称帕尔玛 200 多家火腿厂大都分布在这一带，火腿年总产量约为 900 万只，主要销往欧盟各国。这里有些厂通过对传统工艺的改进，整个生产过程能够采用全自动化控制，产品品质稳定，卫生安全性得到改善。它的制作工艺与金华火腿大致相同，当然也有差异。表现为：一是形态上，帕尔玛火腿不带爪、无滴油；二是腌制技术上，是现代化恒温、无菌操作，可以常年生产；三是没有洗、晒这两道工序。帕尔玛火腿的工艺流程如图 10-8 所示。

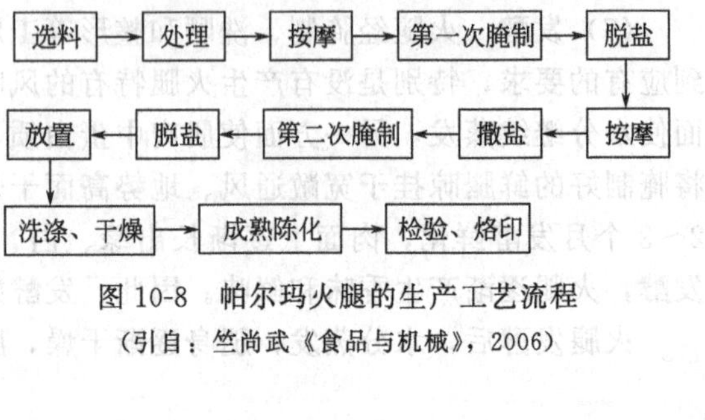

图 10-8　帕尔玛火腿的生产工艺流程
（引自：竺尚武《食品与机械》，2006）

(1) 原料选择　用作制作帕尔玛火腿的生猪应为大白猪（large white）、长白猪（landrace）和杜洛克（Duroc）等优秀品种或它们的杂交品种。原料猪必须生长 9 个月以上，重量至少为 150kg，具有充分发育的坚实的肌肉，肌肉中水分含量较少。生长期少于9个月的猪的肌肉中水分含量较高，在火腿腌制时会促进盐分的吸收，使盐的含量增高，阻碍火腿的发酵过程。另外，鲜猪腿的pH值对火腿的质量也有很大的影响，必须在屠宰前加以控制。如果屠宰前的猪经过剧烈运动或使其处于紧张、兴奋地状态，则屠宰后腿肉的pH值较高，在腌制时也会增加盐的吸收，不利于火腿的质量，所以猪在屠宰前必须处于平静的状态。体积大并具有厚脂肪层的猪腿，成熟度高、肌肉坚实、水分少，因而在腌制时吸收的盐量较少，后期发酵时形成的风味有利于生产出高品质的火腿。

(2) 原料处理　对刚宰杀后的肉体趁热切割得到鲜猪腿，系绳吊挂以利于排血，在0～3℃冷却至少24h。去除足部和绝大部分的坐骨，只留下很少一部分坐骨以避免形成内凹的形状。根据规定，陈化成熟后的帕尔玛火腿成品的重量不能低于7kg。所以，用于加工的鲜腿的重量应不低于11kg。

鲜猪腿按重量分类，放置于钢制或塑料制作的架子上24～36h，为防止猪腿发生腐败并使猪腿内外达到均一的温度，冷藏室内温度应控制在1～4℃。猪腿中心与表面的温度差别不能超过2℃。内部温度低于0.5℃的猪腿不宜腌制，因为盐分的渗透可能受到不利的影响，影响到肉中水分活度的下降。

(3) 腌制　盐是帕尔玛火腿制作时唯一的腌制剂，意大利从1993年起严格禁止在火腿腌制中使用硝酸盐或亚硝酸盐。

在冷藏室内，猪腿按规定存放足够时间后，则可进行上盐腌制。在上盐前先通过一台按摩机把腿中残留的血液和淤血挤压出来，防止这些污物引起肉制品的腐败，影响火腿的风味。腌制时所使用的是比较粗糙的海盐，盐的颗粒要适中，颗粒太大的盐不易渗入，颗粒太小的盐易于溶化。上盐可用撒盐机进行，再由技师在关键部位（股骨血管部位）投以足够的盐量。这些操作是在一条传送带上进行，将火腿装上架子送入第一阶段腌制冷库，冷库温度控制在1～4℃，湿度控制在75%～90%。

腌制一周后进行第二次上盐。在传送带上用刷子先将腿表面残留的盐清理掉，然后再重新按摩、上盐，送入第二阶段腌制冷库放置3周，温度仍为1～4℃，但相对湿度为70%～80%，低于第一阶段腌制的相对湿度。

在第二阶段腌制结束后，将腌腿表面残留的盐分去除并将腌腿整理成传统的“鸡大腿”形。虽然整形需要较长的时间和较多的劳动力，但所有的帕尔玛火腿生产厂家都必须完成这步操作，其目的是为了使成品具有较好的外形，而且整形操作有助于以后的关键部位的表面较快地干燥以避免发生腐败变质。

(4) 放置　将腌制完成的腿用线捆扎其胫骨部位送入冷库吊挂2～3个月，主要目的是达到腌腿内盐分的平衡。在这个阶段腿内的水分会继续蒸发，腿的重量减轻，水分活度降低。放置处理通常分为两个连续的阶段，分别称为第一放置阶段和第二放置阶段。这两个阶段的室温均为1～4℃。在第一放置阶段，相对湿度为50%～60%，这个阶段中腌腿发生强烈的脱水作用。第一放置阶段的时间为2周，之后进入第二放置阶段，相对湿度提高到70%～90%，其目的是为了防止腌腿过快脱水而造成外层肌肉结壳以及由此产生的腌腿内部形成空穴。

(5) 洗涤和干燥　用高压温水冲洗腌腿的表面以除去由于盐腌造成的条纹以及微生物活动产生的黏液痕迹。与传统工艺使用浸泡、刷洗相比，这个操作的主要优点是防止了跗关节部位可能感染微生物而使火腿发生腐败的现象。

洗涤后的湿火腿放入干燥室内干燥12h，温度保持在20℃，在随后的6天内，温度逐步下降至15℃。在这个阶段不能使用更高的温度，否则会造成腌腿不正常的膨胀或者发生酶的活性不可控制地增大。

(6) 成熟与陈化 随后在温和的温度下使腌腿成熟和陈化。这是一个长时间的过程。对于成品重量小于9kg的帕尔玛火腿，这个过程需要10个月；而对于成品重量大于9kg的火腿，则需要12个月。成熟阶段控制温度为15℃，相对湿度为75%。经过6～7个月的成熟阶段，腿肉表面变得又干又硬。此时，腌腿还只具有咸肉风味，尚未产生帕尔玛火腿特有的风味。这时用可涂布的辅料对腌腿表面进行涂抹。辅料由猪油、大米粉和少量的盐、胡椒制成，覆盖于腌腿表面的辅料层可以有效地防止后续过程中腌腿的过度干燥。腌腿陈化时间为4～5个月，陈化阶段的温度控制在18℃，相对湿度为65%。经过成熟与陈化，腿内发生了复杂的化学和生化反应，腌腿转化为火腿，形成了帕尔玛火腿特有风味品质。

(7) 检验烙印 火腿成熟后，经过专门检验人员检验合格后方可烙上帕尔玛火腿的“皇冠”，帕尔玛火腿的烙印如图10-9所示，才能出厂。检验时用马的腿骨削成的签检查火腿五个重要部位的气味。火腿不同的部位气味从烤肉味到花香味再到稻草味各不相同。

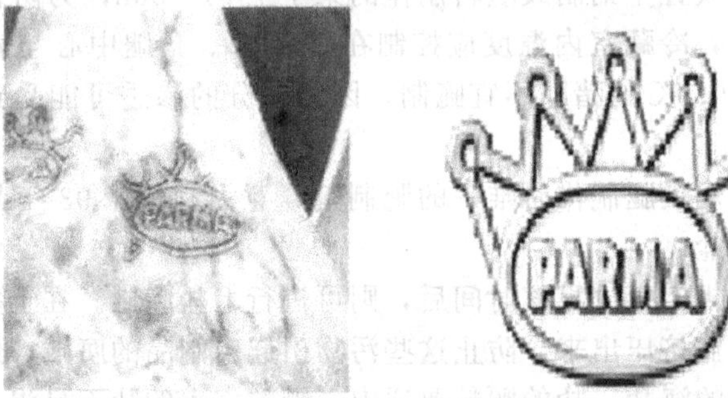

图10-9 帕尔玛火腿烙印

(引自：www.parmaham.net，夏文水《肉制品加工原理与技术》，2003)

经过14～17个月的制作过程，与原来的鲜猪腿相比，火腿的重量一般减少了25%～27%，最大减少值可达31%。火腿成品的水分活度为0.88～0.89。根据规定，帕尔玛火腿成品必须达到下列指标：水分含量低于63.5%，盐分含量低于6.7%，蛋白质分解指数低于31%。

第四节 发酵肉制品的安全性

大多数发酵肉制品在生产过程中或在消费前都没有经过加热处理，但是只要按照正确的方法进行生产，由于食盐、微生物等共同作用，与其他的肉制品相比，有着相同的或更好的安全性。尽管如此，发酵肉制品因为存在以下几个方面的潜在安全危害而令人担心：①肉中的金黄色葡萄球菌可能在发酵产酸之前或过程中生长并产生肠毒素；②产品中可能有致病性细菌如沙门菌（*Salmonella* spp.）和单增李斯特菌（*Listeria monocytogenes*）存活；③由霉菌成熟的发酵肉制品可能会有产毒素的真菌生长并残留有真菌毒素；④产品中可能存在亚硝胺和生物胺的危害；⑤产品中可能有病毒和寄生虫的存在。下面将分别对这些问题进行讨论。

一、金黄色葡萄球菌与肠毒素

金黄色葡萄球菌是鲜肉中常见的污染菌，但是由于其竞争能力较差，所以即使在较高的贮藏温度下它也不能大量生长繁殖。但是，该菌具有较高的耐受食盐和亚硝酸盐的能力，当香肠肉馅中这些组分含量较高而发酵产酸又不能迅速启动时，就会形成对金黄色葡萄球菌有利的生长条件。此时，金黄色葡萄球菌会快速生长并产生肠毒素，在随后的加工过程中该菌会逐渐死亡，但是它所产生的肠毒素却在相当长的时间内存在，并具有生物活性。为保证发酵肉制品的安全性，人们已提出了相应的微生物检查方法，例如规定金黄色葡萄球菌在刚刚发酵结束的产品中应小于 1×10^4 cfu/g。如果此时无法检测金黄色葡萄球菌，则可以采用耐热核酸酶试验方法或酶联免疫方法检测是否存在金黄色葡萄球菌产生的肠毒素。

要想对金黄色葡萄球菌的生长和产毒进行控制，必须迅速建立起乳酸发酵或添加酸化剂等以保证肉制品的 pH 得以快速下降。尽管一般认为金黄色葡萄球菌主要是在发酵的初期生长并可能带来危害，但是也可能在最终产品中由于该菌的生长和所产肠毒素而引起食物中毒。例如，如果香肠具有较高的水分活度，而食盐和其他腌制剂的浓度又较低的话，不当的贮藏温度会首先导致霉菌的生长和乳酸盐被代谢，从而引起 pH 升高，并最终导致金黄色葡萄球菌生长并产生肠毒素。

二、其他病原细菌

发酵肉制品通常是未经高温处理的肉制品，不能保证不存在病原细菌。发酵肉制品中的条件一般情况下能够抑制病原细菌生长繁殖，但它们在发酵肉制品中可以存活很长时间。据报道，在澳大利亚和意大利都发生过因食用萨拉米香肠导致的沙门菌（*Salmonella* spp.）食物中毒事件；英国也发生过食用萨拉米香肠快餐引起的食物中毒。萨拉米香肠的加工时间相对较长，这就提高了沙门菌存活的机会。不过在任何情况下，沙门菌均不能在发酵香肠中大量生长，但是少量的活沙门菌也可能引起感染，而且发酵香肠含有较多的脂肪，致使胃酸不能很好地杀死沙门菌等细菌。

关于发酵香肠的酸化方法对沙门菌存活的影响，至今没有引起人们的充分关注。有个别研究指出，对萨拉米香肠而言，用发酵剂引起的乳酸发酵比用葡萄糖酸内酯酸化来减少沙门菌的数量更为有效。事实上，在用葡萄糖酸内酯酸化过程中，由于沙门菌处在酸性条件下，导致其对酸产生了适应性而更易生长。这些研究结果提醒人们当使用葡萄糖酸内酯代替发酵剂时需要对沙门菌存活更加小心。

如今人们已从发酵香肠中分离到了单核细胞增生李斯特菌。通过流行病学调查认定，食用萨拉米香肠是导致美国李斯特菌食物中毒的主要危害因素之一，然而到目前为止，从发酵香肠中分离到单核细胞增生李斯特菌的意义还远没有得到评价。

从发酵香肠中分离到单核细胞增生李斯特菌的事实促使人们怀疑其他病原菌，如弯曲杆菌（*Campylobacter* spp.）和大肠杆菌（*Escherichia coli*），尤其是大肠杆菌 O157：H7 也可能存在于发酵香肠中并对人类健康构成危害。不过，弯曲杆菌对水分活度和 pH 值都高度敏感，因此在发酵香肠中长时间存活可能性不大。大肠杆菌 O157：H7 目前主要与食用未经充分加热的牛肉饼有关，这种病菌在牛肉中普遍存在，但目前人们也已从羊肉、猪肉和禽肉中分离到了，在发酵香肠中存活也是完全可能的，至今还未见因食用发酵香肠引起的该菌食物中毒或死亡的报道。

三、真菌毒素

人们从由霉菌成熟的发酵香肠和无霉菌污染的香肠中都分离到了产真菌毒素的霉菌菌株。不过，这些发现的意义受到了质疑，因为人们一般认为肉制品尤其是发酵肉制品不是产生真菌毒素的合适基质。这方面的研究结果有时正好相反，有些研究表明真菌毒素的产生受到低贮藏温度、低水分活度以及烟熏的抑制；而另外一些研究则显示曲霉菌株在发酵香肠上生长时能产生很高水平的曲霉毒素。关于发酵剂对产毒真菌作用的研究很少，但有人指出，在低温下无论乳杆菌还是片球菌都显示出较强的抑制曲霉毒素形成的能力。

关于霉菌是否会在发酵香肠中产生真菌毒素的争论，在一定程度下分散了人们对另外一个更重要问题的关注，这就是关于发酵香肠发酵剂中安全霉菌的筛选。如果能够筛选到或构建出不产毒素的霉菌菌株，通过向香肠表面接种该菌株，就可以生产出不含真菌毒素的香肠，产品的安全性得到保障。这样一来，关于香肠中固有的霉菌菌株能否产真菌毒素的研究和争论就变得没有多大意义了。同样道理，对无霉菌成熟的香肠来说，人们的注意力应集中在保证贮藏和运输的条件方面，这样同样能够防止霉菌的生长。

四、生物胺与亚硝胺

发酵食品中含有一定量的胺，它不仅是致癌物质亚硝胺的前体物而且也可能引起食用者偏头疼和过敏现象。据报道，1kg 发酵香肠干物质中组胺的平均含量大约是 100mg，最多时达 300mg，并且在成熟期长的或霉菌成熟的香肠中含量较高。但在有正常一元胺氧化酶的健康人体内，这样的组胺含量以及其他胺的含量（如酪胺高达 1000mg）不会引起任何中毒现象。当然采用适当的工艺条件，完全可以生产出生物胺含量极少的香肠。在发酵香肠中，生物胺与蛋白质降解的程度有关。因此，生物胺的前体物质（胨、氨基酸等）在肉的长期存放和加工过程中或在霉菌成熟的香肠中都要得到控制。利用好质量的新鲜原料、合适的发酵微生物、合理的配方和成熟工艺，在香肠成熟时，形成的生物胺可以大大减少。值得注意的是，具有氨基酸脱羧能力的乳酸菌也可能参与发酵。因此，应该筛选并利用不具有氨基酸脱羧能力的发酵微生物来生产发酵香肠。

亚硝酸盐和胺是形成致癌物质亚硝胺的前体物，特别是在高酸或加热的条件下，能加速亚硝胺的合成。在发酵香肠中已发现 *N*-亚硝基二甲胺（NDMA），有时也有亚硝基哌啶（可能是由所加胡椒中的哌啶引起的），有学者检测了 33 种发酵香肠，其中 18 个含有 NDMA，但仅有 2 个样含量超过 2μg/kg（最大值小于 5μg/kg）。根据这些数据，可以认为发酵香肠不是亚硝胺的重要来源。然而，摄入了亚硝酸盐和一定量的胺，在胃中便有可能形成亚硝胺。发酵香肠中亚硝酸盐含量低，这是因为残余的亚硝酸盐被香肠中的微生物菌群还原成胺。通常发酵香肠中 $NaNO_2$ 含量不超过 10mg/kg。如果香肠的配方中选用硝酸盐而不是亚硝酸盐，香肠中便可能会有大量的硝酸盐残留。随着各国制定肉制品中亚硝酸盐及硝酸盐的使用量标准，研究者对发酵肉制品腌制和发酵过程更深入的了解以及硝酸盐还原发酵剂培养物的使用，使硝酸盐的加入量和产品中残留硝酸盐的量明显减少。目前发酵香肠中硝酸盐的含量很少有超过 100mg/kg。

五、病毒和寄生虫

与生鲜肉制品一样，人们也注意到发酵肉制品中存在病毒。人们尤其关心的是发酵肉制品可能存在人类病原性病毒，如肠道病毒和骨髓灰质炎（Polio）病毒。不过，因食用发酵肉制品引起的病毒性疾病还没有报道过。从经济学角度讲，动物病原性病毒具有更重要的意义。因为在世界经济一体化的今天，发酵肉制品完全可能通过国际贸易将疫区的动物病毒传入未感染区或感染已得到控制的地区，其中人们尤为关心的动物病毒，包括口蹄疫（aftosa）、猪热病（swine fever）和猪霍乱病（hogcholera）等病毒。

对如何杀灭发酵香肠中可能存在的动物病毒，至今还很少有研究。一般情况下，病毒在发酵过程中或者成熟过程中被杀死。但是有关研究结果之间存在较大差异，主要是使用的病毒菌株不同或者是采用的加工工艺不同所致。

关于寄生虫，动物肉中常见的寄生虫有弓形体（*Toxoplasma* spp.）、肉孢子虫（*Sarcocystis* spp.）、旋毛虫（*Trichinella spiralis*）等。弓形虫休眠孢子在发酵香肠生产中能很快失活。肉孢子虫休眠体存在于牛肉和猪肉中，它们对冷冻敏感，所以认为它们和弓形虫一样在发酵香肠生产过程中就已死亡。线虫类寄生虫旋毛虫在人类和牲畜体都能寄生，所以，如果食用没有有效预防措施的生猪肉产品时，会产生严重的危害。可通过冷冻、腌制或干燥降低水分活度来杀死此类寄生虫。对于德式香肠成熟 6～21 天可以使 A_w 值降到 0.93～0.95；南斯拉夫型的干香肠限制 A_w 值在 0.91～0.94；发酵香肠的低 pH 值等都有助于杀死旋毛虫。因此，较干的香肠（A_w＜0.90）即使利用污染的猪肉来加工也不可能有活旋毛虫。但是为了安全起见，如果在原料肉的检验中不能排除旋毛虫存在，那么生产半干和非干香肠的猪肉必须采用冷冻保藏或加热至 58.3℃的方法进行处理。

思 考 题

1. 试述发酵肉制品的种类及其特点。
2. 发酵肉制品中常见的微生物有哪几类？它们各自的作用是什么？
3. 论述发酵肉制品在发酵过程中营养成分的变化。
4. 简述发酵香肠的分类。
5. 发酵香肠加工的关键技术是什么？
6. 中式发酵火腿加工中存在的主要缺点？怎样改进？简述中式发酵火腿的发展趋势。
7. 简述西式发酵火腿的种类及加工特点。
8. 试举一例说明发酵肉制品的加工工艺及操作要点。

第十一章　发酵乳制品

乳（milk）是从动物乳腺分泌出来的白色或稍带黄色的、具有生理作用与胶体特性的液体，其主要成分包括水分、脂肪、蛋白质、乳糖、盐类、维生素、酶类、气体等。发酵乳制品是指以牛或其他牲畜的原乳、浓缩乳、乳粉和食品添加剂为原料，加入特定的乳酸菌（lactic acid bacteria）、酵母菌（yeast）或其他发酵剂，经发酵后制成的乳制品。目前全世界发酵食品总产值的约20%属于发酵乳制品。

对于发酵乳制品的分类目前没有统一的标准，按照产品的组分、形态及生产方法，一般可分为酸奶（yoghurt）、干酪（cheese）、奶酒（milk wine）、发酵酪乳（fermented buttermilk）和酸性奶油（sour cream）等。

本章将首先简要介绍生产发酵乳制品的原材料（乳与发酵剂），然后再分别叙述酸奶、干酪和奶酒等的生产工艺。

第一节　发酵乳制品生产的原材料

发酵乳制品的主要生产原材料包括乳和发酵剂。本节将首先以牛乳为例介绍其基本成分、前处理方法和乳制品的种类等，然后再叙述发酵剂的种类、作用与制备方法。

一、原料乳及乳制品

（一）鲜牛乳的组成与性质

1. 牛乳的组成

原料乳（raw milk）经加工处理，可分离成不同的部分，各部分的名称如图11-1所示。

- 牛乳（全脂乳）
  - （离心）
    - 稀奶油（搅拌）
      - 奶油（主要为乳脂肪和脂溶性维生素）
      - 酪乳（类似脱脂乳，但含较多磷脂）
    - 脱脂乳（加热）
      - 凝块（主要为酪蛋白）
      - 乳清（加热）
        - 凝固物（主要为乳白蛋白和乳球蛋白）
        - 滤液（主要为乳糖、水溶性盐类及维生素）
  - （酸、凝乳酶）
    - 凝块（主要为乳脂肪和酪蛋白）
    - 乳清（含乳白蛋白、乳球蛋白、乳糖、水溶性盐类及维生素）

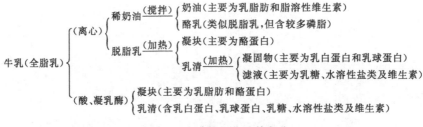

图11-1　牛乳的组分及其名称

（引自：无锡轻工业学院等《食品工艺学》，1984）

2. 牛乳的化学成分

图11-1是牛乳的基本组成成分，其实牛乳的来源不同，各成分的含量各不相同，特别是乳中脂肪的含量变化比较大，乳中固形物的含量随之改变。因此，在实际加工中常用非脂乳的固形物含量作为营养指标。牛乳主要化学成分及含量见表11-1。

表11-1　牛乳主要化学成分及含量　　单位：%

项目	成分				
	水分	脂肪	蛋白质	乳糖	矿物质
含量范围	85～89.5	2.5～5.5	2.9～4.5	3.6～5.5	0.6～0.9
平均含量	87.5	3.8	3.4	4.6	0.7
总乳固体平均含量	12.5(100－水分实测值%)				
非脂乳固体平均含量	8.7(100－水分实测值%－脂肪实测值%)				

注：引自郭本恒等《液态奶》，2004。

牛乳中各种化学成分，如脂肪、蛋白质、乳糖和无机盐等以分散的形式存在于水中，形成一种复杂的具有胶体特性的分散体系。

我国 GB/T 6914—86《生鲜牛乳收购标准》规定蛋白质含量≥2.95%，脂肪含量≥3.1%。下面简要介绍牛乳中各化学成分的作用。

乳脂肪（milk fat，butter fat）不仅和乳风味有关，而且还是稀奶油、奶油、全脂奶粉、干酪的主要成分。

乳蛋白质（milk protein）是牛乳中最有价值的成分，含量为 3.0%～3.5%，含氮化合物中 95%为乳蛋白质。乳蛋白质可分为酪蛋白（casein）和乳清蛋白（skim protein）。另外，还有少量脂肪球膜蛋白质和非蛋白态含氮化合物。在温度 20℃时调节脱脂乳的 pH 值至 4.6 时，沉淀的蛋白质称为酪蛋白。酪蛋白的酸凝固过程以 HCl 为例表示如下：酪蛋白酸钙 $Ca_3(PO_4)_2+2HCl \longrightarrow$ 酪蛋白$\downarrow+2CaHPO_4+CaCl_2$。如果由于乳中的微生物作用，使乳中的乳糖（lactose）分解为乳酸（lactic acid），从而使 pH 值降至酪蛋白的等电点时，同样会发生酪蛋白的酸沉淀。酪蛋白在凝乳酶（chymosin）的作用下生成副酪蛋白钙沉淀和糖肽，从而发生凝固，这是干酪（cheese）的生产原理。

乳糖是儿童生长发育的主要营养物质之一，对青少年智力发育十分重要，特别是新生婴儿绝对不可缺少的。它可以为人体供给热能和提供营养，促进钙的吸收。乳糖的另外一个重要作用是促进小儿肠道内的乳酸菌繁殖增长，在肠道中乳糖在乳酸杆菌、乳酸链球菌、多种酶及某些微生物的作用下生成乳酸，乳酸对小儿肠胃有调整保护作用，它能抑制肠内异常发酵产生的毒素造成的中毒现象，还可抑制肠内有害细菌的繁殖。

矿物质是人体必需的元素，它的主要作用包括：①构成机体组织的重要成分，如钙是骨骼、牙齿的重要成分，缺乏可能引起骨骼或牙齿不坚固；②为很多酶的活化剂、辅因子或组成成分，例如，钙是凝血酶的活化剂；③某些具有特殊生理功能物质的组成部分，例如，碘是甲状腺素中的重要组成部分；④可维持机体的酸碱平衡及组织细胞渗透压；⑤可以维持神经肌肉兴奋性和细胞膜的通透性，例如，钙可维持神经肌肉的兴奋性和细胞膜的通透性。

3. 牛乳的酸度

牛乳酸度对选择正确的工艺条件、鉴定乳的品质具有重要的意义。牛乳酸度用酸碱滴定方法测定，测定结果有如下两种形式表达：①滴定酸度（°T）：1°T 的含义是中和 100mL 牛乳所需要消耗的 0.1mol/L NaOH 标准溶液的体积（mL）；②乳酸百分含量（乳酸%）：用乳酸百分含量表示滴定酸度时，可按下列公式计算：乳酸（%）=°T×0.009。式中，0.009 为换算系数。

正常牛乳的酸度为 16～18°T（乳酸度为 0.15%～0.17%）。正常新鲜牛乳的 pH 值为6.5～6.7，酸败乳或初乳的 pH 值一般在 6.4 以下，乳房炎乳或低酸度乳 pH 值在 6.8 以上。由于滴定酸度可以及时反映出乳酸产生的程度，而 pH 值则与乳酸不呈规律性的关系，因此生产中广泛地采用测定滴定酸度来间接掌握乳的新鲜度。牛乳的酸度越高，乳对热的稳定性就越低。

（二）牛乳原料的前处理

牛乳的前处理包括标准化、均质和热处理等过程。

1. 标准化

由于不同来源的原料乳的组成成分不同，以及各种产品的标准或规格要求各异，首先需要对牛乳原料进行标准化。所谓标准化就是根据原料的特征与产品的要求，对脂肪、蛋白质及其他一些成分进行调整的过程。主要通过添加稀奶油、脱脂乳和水等来进行调整。

2. 均质

牛奶是一种典型的水包油乳化液，容易发生脂肪上浮的现象。均质（homogen）是将牛乳中大的脂肪球破碎成平均直径 2μm 以下的小脂肪球，使脂肪球表面积增大而均匀分散在原料乳中，阻止脂肪上浮的加工方法。均质后的牛乳可以包裹住酪蛋白和其他蛋白，形成脂肪蛋白复合物，使脂肪和蛋白质紧密结合，形成稳定的酪蛋白网状结构，使产品凝块更加坚固。同时，可促进原料乳混合均匀，成为均一体系，改善凝乳体构造。均质还可以提高酪蛋白的亲水性，形成均匀的组织状态，防止乳清分离，缩短发酵凝乳时间，改善凝乳体系的硬度与黏度，获得柔和的口感。

均质是由均质机完成的。均质机由一个高压泵和均质阀组成。在均质过程中，通过在均质阀芯和出口间的空间所产生的高速作用以及通过均质阀芯的泵送通道所产生的强剪切作用，达到形成均一乳状液的目的。

3. 热处理

所有液体乳和乳制品的生产都需要热处理。这种处理主要目的在于杀死微生物和使酶失活，或获得一些变化，例如热处理产生的某些内酯、甲基酮可以赋予乳制品特殊的香味。这些变化依赖热处理的强度，即加热温度和受热时间。但热处理也会带来不好的变化，如褐变、风味变化、营养物质损失、菌抑制剂失活和对凝乳力的损害，因此必须谨慎使用热处理。

（三）乳制品

乳制品的种类很多，这里仅介绍脱脂乳、稀奶油、奶油、全脂乳粉、脱脂乳粉和乳清粉等几种非发酵的乳制品。

1. 脱脂乳、稀奶油和奶油

（1）脱脂乳（skimmed milk）是由原乳除去绝大部分乳脂肪后制成的产品。脱脂乳是现代生产脱脂型开菲尔（Kefir）和低脂酸奶的主要原料，也常用于发酵剂的制作。原乳在处理过程中，脂肪可能水解成游离脂肪酸，不仅影响风味，还会抑制一些乳酸菌的生长，所以应该特别注意。这主要是由脂肪酶引起的，因此控制游离脂肪酸的方法就是消除激活脂肪酶的条件，严格遵循工厂的操作规程。以下操作有利于激活脂肪酶：①牛乳未经冷却而长时间搅拌；②牛乳反复加热到 32℃后又冷却；③牛乳泡沫过多；④生牛乳直接进行均质处理；⑤生牛乳或均质牛乳混入到巴氏灭菌的牛乳中。

（2）稀奶油（cream）是牛乳经过离心作用分离出的乳脂肪的浓缩品。通常离心制得的稀奶油含脂率为 38%～40%。我国按照乳脂肪含量高低，将稀奶油分为低脂稀奶油（乳脂肪含量 10%～18%）、中脂稀奶油（乳脂肪含量＞45%）、高脂稀奶油（乳脂肪含量 70%～80%）。

（3）奶油（butter）是以牛乳或稀奶油为原料，将其中的脂肪经成熟、搅拌、压炼而制成的乳制品。奶油与牛乳的成分大致相同，但各组分的含量有很大区别。脂肪含量比牛乳的增加了 20～25 倍，而其余的成分如非脂乳固体（蛋白质、乳糖等）及水分都大大降低。

2. 全脂乳粉和脱脂乳粉

（1）全脂乳粉（whole milk power） 是新鲜牛乳标准化后，经杀菌、浓缩、干燥等工艺加工而成。

（2）脱脂乳粉（skimmed milk powder） 是用离心的方法将新鲜牛乳中的绝大部分脂肪分离去除后，再经杀菌、浓缩、干燥等工艺加工而成。

3. 乳清粉

用酸或凝乳酶使脱脂乳中的酪蛋白沉淀后，将沉淀分离出去，剩余的液体就是乳清（whey）。乳清脱水干燥的产物被称为乳清粉（whey powder）。乳清中总固形物为 6.0%～6.5%，约占原乳总干物质的一半，其中乳糖含量占固形物的 70%以上，乳清蛋白（主要包括乳球蛋白和乳白蛋白）占总乳蛋白的20%。牛乳中乳糖、维生素和矿物质都存在于乳清（粉）中，因此，乳清（粉）的营养极为丰富，其中乳糖是奶酒发酵的主要碳源。未脱盐乳清粉因含有牛乳中绝大部分盐类（以灰分表示），口感有明显苦涩味。通常用 D_{40}、D_{70}、D_{90} 表示40%、70%、90%的脱盐率。脱盐率越高，生产的乳清奶酒苦涩味越小。脱盐乳清粉通常以制造干酪或干酪素所得的副产品乳清为原料，经脱盐、浓缩、喷雾干燥制得。

（四）其他畜乳

发酵乳制品除以牛乳为原料外，还有利用其他畜乳制作。几种常见畜乳的化学成分及含量见表11-2。下面对马乳、山羊乳、牦牛乳、骆驼乳进行简要介绍。

表11-2 几种常见畜乳的化学成分含量 单位：%

种类	水分	脂肪	蛋白质	乳糖	灰分
驴	89.0	2.5	2.0	6.0	0.5
水牛	82.0	8.0	4.2	4.9	0.8
骆驼	87.1	4.2	3.7	4.1	0.9
山羊	87.0	4.5	3.3	4.6	0.6
绵羊	81.6	7.5	5.6	4.4	0.9
马	89.0	1.5	2.6	6.2	0.7
牦牛	81.6	7.8	5.0	5.0	—

注：引自谢继志《液态乳制品科学与技术》，1999；骆承庠《乳与乳制品工艺学》，1992。

1. 马乳

在所有可利用的畜乳中，马乳的组成最接近人乳。马乳虽然蛋白质、脂肪较牛乳低，但乳糖含量比牛乳高30%左右，因此发酵能产生更多的酒精和其他风味物质。风味浓郁而强烈的马奶酒和马乳的组成成分有关。

马乳不能被凝乳酶凝固（因为马乳中κ-酪蛋白浓度较低，钙与酪蛋白的相互作用较弱，而且马乳的pH较高），因此，目前世界上还没有马乳干酪。

2. 山羊乳

山羊乳一个独特的性质就是具有所谓的山羊膻味（goaty flavor），目前，大多认为与脂肪酸组成有关，特别是呈游离状态的低级挥发性脂肪酸。山羊乳的热稳定性和酒精稳定性低于牛乳。

优质的羊乳干酪常用山羊乳或山羊乳与绵羊乳的混合乳制成。原料乳的脂肪酸组成不同赋予了山羊乳干酪独特的风味。成熟的山羊乳干酪具有辛辣的气味。且山羊乳缺乏胡萝卜素，因而制成的干酪颜色发白。

3. 牦牛乳

牦牛乳脂肪含量较牛乳高。我国大多数牦牛乳在家庭用于奶茶、奶油、奶饼、酸奶的制备。在尼泊尔，牦牛乳主要用于制备干酪。牦牛乳也用于制作奶酒。

4. 骆驼乳

在世界上的干旱地区，骆驼乳是乳的主要来源。饮水充足与否是影响驼乳组成的一个重要因素。当骆驼饮水充足时，驼乳中水分为84%～86%；当缺乏饮水时，驼乳中水分可达90%。骆驼的这一特性使其在干旱缺水时，母骆驼能将体内水分转移到乳中以供给幼子。

用骆驼乳制备奶油不同于用牛乳制备，由于骆驼乳脂肪不易分离，一般奶油出率很低。骆驼乳中胡萝卜素含量较低，因此骆驼乳比较白。骆驼乳是干旱和半干旱地区居民非常珍贵的食物，大多以鲜乳形式饮用，剩余的经自然发酵（25～30℃）制成酸奶。土库曼斯坦有用骆驼乳制造泡沫性奶酒。

二、发酵剂

（一）发酵剂的种类

所谓发酵剂（starter）是由一种或多种微生物组成的，用作发酵乳制品菌种的制剂。按其使用的形态可分为液体发酵剂、粉末发酵剂等；按其用途可分为干酪发酵剂、奶油发酵剂、酸乳发酵剂等。单一菌种的发酵剂，称为单一发酵剂；两种或两种以上菌种混合的发酵剂，称为混合发酵剂。混合发酵剂中，不同的微生物混合使用，能取长补短，并且从防止噬菌体污染的角度而言，也比单一菌株更有效。

近年来，我国酸乳生产大多使用直投式酸乳发酵剂（direct-vat set yoghurt starter）。直投式酸乳发酵剂又称直接使用型酸乳发酵剂或真空冷冻干燥浓缩发酵剂，是指不需经过活化、扩增培养而直接可应用于生产的一类新型发酵剂。它是将离心分离后高浓度的乳酸菌悬浮液，添加抗冻保护剂，经冻结真空干燥后制成的干燥粉末状的固体发酵剂。与传统的酸乳液体发酵剂相比，其主要特点有：①活菌含量高（$10^{10}\sim10^{12}$ cfu/g），接种量为传统人工发酵剂的1/1000～1/100；②保质期长，接种方便，只需简单的复水处理，就可直接用于生产，大大提高了生产率和产品质量；③能够直接、安全有效地生产酸乳，容易实现标准化，并可减少菌种退化和污染带来的问题。但是我国直投式发酵剂的生产与国外先进技术相比还有较大的差距，国内酸乳发酵剂市场几乎全部被法国罗地亚（Rhodia）和丹麦汉森（Hansen）等几家外国公司垄断。

（二）发酵剂的作用

发酵剂是发酵乳制品生产的“种子”，发酵剂质量的好坏与发酵乳制品的质量密切相关，因为发酵剂具有以下一系列的作用。

1. 乳酸发酵

应用乳酸菌使牛乳中的乳糖变成乳酸，是使用发酵剂最重要的目的之一。乳酸发酵可以导致牛乳的pH下降、产生凝固及酸味，从而防止杂菌的污染，促进风味菌（明串珠菌）的繁殖与风味物质的产生。

酸奶乳酸发酵的目的在于形成均匀一致的凝块，并产生特定的风味。干酪乳酸发酵的目的是使凝块收缩和乳清排出容易，使制品的质地和组织状态良好，给成熟过程中酶发挥作用提供合适的环境。由乳酸发酵和凝乳酶的共同作用产生凝固和酸味，是干酪加工中凝块生成的必要条件。

2. 风味产生

风味物质在广义上包含分解蛋白质及脂肪所产生的代谢产物，但通常指的是柠檬酸分解产生的一系列物质。与此有关的微生物虽以明串珠菌（*Leuconostoc* spp.）为主，但链球菌（*Streptococcus* spp.）及乳杆菌（*Lactobacillus* spp.）也有一部分作用。柠檬酸分解产生丁二酮、3-羟基-2-丁酮、2,3-丁二醇等C_4化合物和微量挥发性的酸、醇、醛等，对产生风味起重要作用的是丁二酮。

明串珠菌及其他进行异型发酵的乳酸菌均产生挥发性醇、醛、酸等，代谢产物也是重要的风味物质。已知乳酸链球菌（*Streptococcus lactis*）产生许多羰基化合物。另外，一部分发酵剂通过使氨基酸脱氨基产生脂肪酸，或将脂肪酸脱去羧基产生甲基酮，这些产物均是重要的风味物质。

3. 蛋白分解

从广义上讲乳酸菌属于氨基酸营养缺陷型微生物，在培养基中需添加氨基酸才能生长。但是乳酸菌细胞内存在胞内蛋白酶，当乳酸菌死亡后，蛋白酶可以分散到基质中分解蛋白质成小肽和氨基酸。虽然酸奶发酵剂的蛋白质水解能力很弱，但水解生成的小肽和氨基酸对乳酸菌的生长、酸奶的风味与结构有重要影响。

相比之下，分解蛋白质的发酵剂，在干酪成熟中的作用更为重要。为使干酪产生特有的表面皮膜及特异风味，需考虑使用部分特殊的乳酸菌种。如亚麻短杆菌（*Brevibacterium linens*）在波特-萨卢特（Port Solut）干酪成熟阶段可分解干酪表面的蛋白质，形成一层黄红色覆盖物。而娄地青霉（*Penicillium roqueforti*）也因具有很强的蛋白质分解能力，被用作干酪发酵剂。干酪中游离氨基和氨的数量是蛋白质分解进程、干酪老化和成熟程度的标志。颜色发青或酪坯老化，表明干酪蛋白分解快，产生了大量肽类、氨基酸，同时氨基酸在转氨酶、脱羧酶等作用下进一步生成酮、酸、醇、酚、醚、吲哚、胺等。此外，凝乳酶可促进干酪发酵剂中乳酸菌的蛋白质分解能力。

4. 脂肪分解

纯脂肪不易被微生物分解，但稀奶油和奶油形式的乳脂肪中包含了蛋白质、碳水化合物、矿物质等营养物质，易被微生物分解。

酸奶发酵剂对脂肪的水解程度很小，可是也足以影响酸奶的风味。在酸奶发酵及贮存过程中，挥发性脂肪酸的含量明显增加。在多数干酪中，脂肪分解的程度相当有限，但脂肪分解对干酪的风味和质构有重要影响。脂肪分解能促进干酪成熟，特别适于霉菌成熟干酪（mould-ripened cheese）。有的脂肪酸是挥发性的，释放出强烈的气味，如丁酸能放出特征性的腐败味，所以如果游离脂肪酸过高就会产生一些不快的气味，应注意控制干酪中游离脂肪酸的含量。

许多能够分解蛋白质的细菌和霉菌同时也能氧化分解脂肪。部分乳酸菌（乳酸链球菌、干酪乳杆菌等）也有脂肪分解能力，可用于契达干酪（Cheddar cheese）的成熟。

5. 丙酸发酵

瑞士干酪（Swiss cheese）的主要特征性风味物质是丙酸，但丙酸并不是由乳脂肪降解而来的，而是由发酵剂中的丙酸菌（*Propionibacterium* spp.）代谢产生的。丙酸菌可将乳酸菌产生的乳酸再分解为丙酸、醋酸、CO_2 及水。这些发酵产物与瑞士干酪特有的风味及干酪内气孔形成有关。

干酪成熟过程中的丙酸菌一般不是通过发酵剂添加的，而是来自成熟室中自然存在的丙酸菌。

6. 酒精发酵

使用能将乳糖转化为酒精的酵母作为发酵菌种，可以产生像开菲尔（Kefir）那样的酒精发酵乳。酵母适合于在酸性条件下生长，所以一般与乳酸菌混合使用，乳酸菌使培养基 pH 下降，这样既可以形成有利于酵母生长繁殖的环境，又可防止杂菌的污染。

7. 抗菌物质的产生

乳酸乳球菌（*Lactococcus lactis*）和乳酸链球菌（*Streptococcus lactis*）的部分菌株，除进行乳酸发酵外，还分别可产生双球菌素（diploccin）及乳酸链球菌素（nisin）等抑菌物质，可防止杂菌，特别是防止梭菌（*Clostridium* spp.）的污染，这对干酪发酵很重要。但由于乳酸链球菌素对大肠菌群无效，所以，如果干酪污染了大肠菌群则还是会引起干酪早期膨胀。另外，在长期成熟干酪中，由于乳酸链球菌素失活，梭状芽孢杆菌孢子萌发亦会使干酪产生缺陷。

8. 混合发酵剂的共生与拮抗

发酵剂多为用两种或两种以上的混合菌剂。使用混合发酵剂的目的不仅在于取不同菌种的长处，还可以利用菌种间的共生作用。例如，乳酸链球菌（*Streptococcus lactis*）与干酪乳杆菌（*Lactobacillus casei*）共生，嗜热链球菌（*Streptococcus thermophilus*）与保加利亚乳杆菌

(*Lactobacillus bulgaricus*) 共生，都可以产生相互促进的物质。制造瑞士干酪使用的乳酸菌与丙酸菌的混合菌剂，丙酸菌将乳酸变为丙酸后，也减轻了乳酸对乳酸菌的抑制作用。

乳酸菌和氧化性酵母的混合，氧化性酵母将乳酸分解为 CO_2 和水后，使酸度下降，有利于乳酸菌的进一步生长与繁殖。因此，制造瑞士干酪时，可将白地霉 (*Geotrichum candidum*) 和克柔氏假丝酵母 (*Candida krusei*) 与乳酸菌混合。使用亚麻短杆菌与发酵性酵母组成的混合发酵剂制造砖状干酪 (Brick cheese) 或林堡干酪 (Limburger cheese) 也可达到同样的目的。

霉菌与乳酸菌混用，乳酸菌能使培养基的 pH 下降，促进霉菌的酶解作用。酵母与乳酸菌混用，乳酸菌使 pH 下降也可促进酵母的发育。

(三) 发酵剂的制备方法

乳制品的发酵剂包括乳酸菌发酵剂、酵母发酵剂和霉菌发酵剂。它们的制备一般分为 3～4 个阶段，基本过程为：商业菌种→母发酵剂或种子发酵剂→中间发酵剂→工作发酵剂。

1. 乳酸菌发酵剂

常用来作为发酵剂的乳酸菌及其培养条件见表 11-3。

表 11-3 常用乳酸菌的培养条件

细菌名称	适用的乳制品	生长温度范围及最适温度	生长 pH 范围及最适 pH
乳杆菌属(*Lactobacillus*) 保加利亚乳杆菌(*Lactobacillus bulgaricus*) 嗜酸乳杆菌(*Lactobacillus acidophilus*) 干酪乳杆菌(*Lactobacillus casei*)	酸乳、干酪、酸乳饮料、马奶酒等 嗜酸乳、酸乳饮料、乳酒等 酸乳饮料、乳酒等	生长温度范围 2～53℃，最适温度 30～40℃	pH4.5 可生长，pH9.0 不能生长，最适 pH5.5～6.2
乳球菌属(*Lactococcus*) 乳酸乳球菌乳酸亚种(*Lactococcus lactis* subsp. *lactis*) 乳酸乳球菌乳脂亚种(*Lactococcus lactis* subsp. *cremons*) 丁二酮乳酸乳球菌(*Lactococcus lactis* subsp. *lactis* var. *diacetylactis*)	发酵奶油、乳酒、干酪 发酵奶油、酸乳酪、干酪 发酵奶油、乳酒、干酪	生长温度范围 10～45℃，最适温度 30℃	酸性和中性可生长，pH9.6 不能生长
链球菌属(*Streptococcus*) 嗜热链球菌(*Streptococcus thermophilus*)	酸乳、干酪	生长温度范围 25～45℃，最适温度 37℃	生长 pH 范围较广，有的菌株在 pH9.6 还能生长
明串珠菌属(*Leuconostoc*) 肠膜明串珠菌乳脂亚种(*Leuconostoc mesenteroides* subsp. *mesenteroides*)	发酵奶油、干酪、乳酪等	生长温度范围 5～30℃，最适温度 20～30℃	生长 pH 范围在 5.0 以上，在 pH4.4 以下停止生长
双歧杆菌属(*Bifidobacterium*)	双歧杆菌发酵奶	生长温度范围 25～45℃，最适温度 37～41℃	生长 pH 范围 4.5～8.5，初始生长最适 pH6.5～7.0

注：引自张刚《乳酸细菌——基础、技术和应用》，2007。

乳酸菌发酵剂可以分为直投式菌种（发酵剂）和传代式菌种（发酵剂）。①直投式菌种。将冷冻干燥菌种（菌剂）溶解于适量无菌水或经灭菌处理的原料乳中，混合均匀后，可以直接接入生产原料中。由于其具有使用方便，染菌概率小，接种量少，无需繁杂的传代培养，容易保证质量和实现大规模工业生产等优势，所以目前广泛被大中型乳品企业使用。但是其价格较高。②传代式菌种。价格便宜，所以为小型乳品企业普遍接受。传代式菌种需要将斜面菌种活化 2～3 次，并经扩大培养后，才可以按比例投入发酵罐的原料乳中。扩大培养后投入生产的发酵剂，其产酸活力应为 0.7%～1.0%，接种量为 2%～4%。如果产酸活力低于 0.6%时，则不能用于生产，需要对菌种进行复壮。

至于乳酸菌混合发酵剂，只需根据不同要求，将不同的菌种（或菌剂）按一定的比例混合在一起就可以。

2. 酵母发酵剂

用于奶酒酿造的酵母通常分为乳糖发酵型酵母和乳糖非发酵型酵母。牛奶或乳清中的乳糖需要用乳糖发酵型酵母才能发酵。目前，国内尚没有这类活性干酵母出售，所以要从菌种逐级扩大制备发酵剂。乳糖发酵型酵母主要有乳酸克鲁维酵母（*Kluyveromyces lactis*）、马克斯克鲁维酵母（*Kluyveromyces marxianus* var. *marxinus*）、开菲尔假丝酵母（*Candida kefir*）、酒香酵母（*Brettanomyces* spp.）等。对于乳糖非发酵型酵母，原则上所有酿酒酵母均可选用。由于葡萄酒酵母发酵能产生幽雅的香气，一些厂家乐意选用葡萄酒活性干酵母，而白酒行业常用的汉逊产酯酵母（*Hansenula anomala*）和球拟酵母（*Torulopsis globosa*）等增香酵母，由于可生成较多的乙酸乙酯，与奶酒的香气不够谐调，所以在奶酒发酵剂中很少采用。

马克斯克鲁维酵母也在一些品种的干酪中得到应用。解脂假丝酵母（*Candida lipolytica*）和克柔氏假丝酵母（*Candida krusei*）也被用于干酪制造。

酵母发酵剂的逐级扩大方法是：将灭菌乳清或脱脂乳加乳酸使滴定酸度达 0.5%后，接种酵母菌种，于 30℃培养 1～2 天作为酵母发酵剂，然后按 10%的接种量加入乳清培养基中，在同样的条件下培养就得到了生产发酵剂。

3. 霉菌发酵剂

对霉菌成熟干酪来说，已使用的菌种主要有卡门培尔干酪青霉（*Penicillium camenberti*）、娄地青霉（*Penicillium roqueforti*）和白地霉（*Geotrichum candidum*）。

用传统的固体表面发酵方法，可生产青霉孢子作为发酵剂。罗奎福特干酪（Roquefort cheese）霉菌发酵剂的制备过程具有代表性。①将用小麦粉、大麦粉制作的新面包，切成小立方块，装入并布满广底瓶的底面，在含有适当水分状态下进行高压灭菌。此时如加少量乳酸增加酸度则更利于霉菌的繁殖。②将霉菌悬浮于无菌水，并喷洒于灭菌面包上，使面包湿润，用灭菌滤纸覆盖表面以保持湿度。于 21～25℃培养 8～12h 至霉菌孢子覆盖整个面包表面。③将培养物取出，于 30℃左右干燥 10 天或室温真空干燥除去水分后，用球磨机或乳钵无菌粉碎成粉末，过筛后装入适当的容器内保存。制备娄地青霉粉末发酵剂的干燥温度，即使高达 50℃也是安全的。

第二节 酸 奶

酸奶（yoghurt，acidophilous milk）是指以新鲜优质乳或乳制品为原料，并添加一定量的蔗糖，经均质（或不均质）、杀菌（或灭菌）、冷却后，加入特定的乳酸菌发酵剂发酵而制成的一类产品。我国国家标准 GB 2746—1999《酸牛乳》将酸奶定义为以牛乳或复原乳为主料，添加或不添加辅料，使用含有保加利亚乳杆菌、嗜热链球菌的菌种发酵制成的产品。并按产品成分（主要为蛋白质含量）分为两大类。①纯酸牛乳：蛋白质含量≥2.9%；②调味酸牛乳、果料酸牛乳：蛋白质含量≥2.3%。另外，根据酸奶发酵后是否进行搅拌等处理，又可以分为凝固型酸奶（set yoghurt）和搅拌型酸奶（stirred yoghurt）。凝固型酸奶是在接种后分装于杯或瓶等销售容器中，经发酵、冷却、成熟后即为成品。而搅拌型酸奶则是在接种后置于发酵罐中发酵，再冷却、搅拌后分装于杯或瓶等销售容器中进行销售的酸奶。目前大型的酸奶生产厂均采用搅拌型酸奶的生产工艺生产酸奶，只有极少数小型酸奶仍采用凝固型酸奶的生产工艺。搅拌型酸奶具有劳动强度小、生产过程容易控制、易规模化生产、产品质量均一稳定、生产成本低等优点，但是设备投资大，生产工艺控制要求较高。

图 11-2 是目前我国市场上常见的酸奶与酸奶饮料产品。非发酵的调制型酸性乳饮料不属于酸奶的范畴。以下就酸奶生产基本原理、工艺和质量控制进行叙述。

- 发酵型
  - 酸奶(蛋白质含量≥2.3%)
    - 纯酸牛乳
    - 调味酸乳
    - 果料酸牛乳
    - —— 凝固型 / 搅拌型
  - 酸奶饮料(蛋白质含量<2.3%)
    - 饮用型酸奶
    - 乳酸菌饮料
      - 活性乳
      - 杀菌乳
- 非发酵型——调制型酸性乳饮料

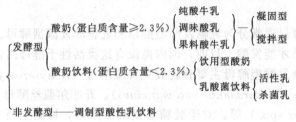

图 11-2 酸奶与酸奶饮料产品的分类

(引自：蒋明利《酸奶和发酵乳饮料生产工艺与配方》，2005)

一、酸奶生产的基本原理

酸奶生产是利用乳酸菌发酵时产生的乳酸，使乳中游离的酪蛋白在其等电点 pH4.6～4.7 时凝固形成凝块的过程。酸奶生产常用的乳酸菌有嗜热链球菌（*Streptococcus thermophilus*，以下简称为球菌）和保加利亚乳杆菌（*Lactobacillus. Bulgaricus*，以下简称为杆菌）。它们的生长与代谢特性决定着酸奶的品质。

（一）乳酸菌的生长与代谢

1. 菌种

早期的天然发酵酸奶中除了保加利亚乳杆菌之外，还有许多其他的细菌参与，包含有乳杆菌属和链球菌属的几乎所有的乳酸菌种。这些乳酸菌的亲缘关系非常接近，只有通过全面的生化试验才有可能将它们准确地区分开来。目前，酸奶工业化生产中使用的乳酸菌一般仅限于嗜热链球菌和保加利亚乳杆菌。有时为了提高酸奶的保健作用，在以上两种菌种的基础上常添加嗜酸乳杆菌（*Lactobacillus acidophilus*）和双歧杆菌（*Bifidobacterium* spp.）这两类能在肠道中定殖的益生菌（probiotics）菌种。

2. 球菌和杆菌的共生关系

将球菌和杆菌混合培养要比它们单独培养生长得更好，发酵时产生乳酸的速度明显高于这两种菌单独发酵时的速度，即乳的凝固时间比用单一菌株发酵剂的时间短。造成这种现象的原因在于球菌和杆菌之间存在一种共生的关系。在发酵初期，杆菌水解酪蛋白产生的缬氨酸对球菌生长所需的甲醛或其类似物的产生有良好的促进作用，同时能为球菌提供必需的氨基酸；球菌在乳中发酵开始的 1h 内，每千克乳可产生 30～50mg 的 CO_2。如此高浓度的 CO_2 又能促进杆菌的生长。在发酵中后期，球菌的生长受到乳酸的抑制作用而变慢，但所产生的甲酸、丙酮酸却能刺激杆菌的加速生长。

3. 球菌和杆菌的混合比例

基于上述球菌和杆菌的共生作用，制作酸乳常用的发酵剂为球菌和杆菌的混合菌种，若杆菌占有比例过大，常导致酸乳酸度过高，乙醛过多，产生辛辣味道。因此必须对接种量、发酵时间和温度进行严格控制。

降低杆菌的比例则酸奶在保质期内产酸平缓，可防止酸化过度。如生产短保质期普通酸奶，发酵剂中球菌和杆菌的比例应调整为 1∶1 或 2∶1。当然也要根据条件调整，如需要产品的酸度较高时，可适当增加杆菌比例。如需要延长酸奶的保质期，则应加大后酸化（postacidification）较弱的球菌的比例。对于直投式菌种，球菌和杆菌一般以（1：2）～（2：1）为最合适。

4. 球菌和杆菌的代谢产物

球菌在乳中生成0.7%～0.8%的L(+)-乳酸，后酸化较弱，有利于延长酸奶的保质期，而杆菌属于同型发酵（homofermentation pathway）性乳酸菌，在乳中生成1.7%～1.8%的D(−)-乳酸，对酸奶发酵中有机酸的形成起主导作用，同时也是导致酸奶发生后酸化的主要原因，并且对不良环境的抗逆性明显弱于球菌。D(−)-乳酸较L(+)-乳酸强烈，刺激性强，是酸奶酸味的主要来源。一般而言，D(−)-乳酸与L(+)-乳酸的比例为1：1时，酸奶的品质最佳。

酸奶的芳香性成分主要来源于杆菌所产生的乙醛，球菌产生双乙酰等酸奶特有的风味物质，也是酸奶香气的主要来源之一。酸奶中还发现一种非常重要的产物——黏性物质（sticky substances）。它是由葡萄糖和半乳糖组成的多糖，其比例为1：2。这种多糖是连接细菌细胞和乳蛋白质之间的丝状纽带，对于防止酸奶在运输或灌装过程中组织结构的破坏具有重要作用。

（二）发酵终点的判定与控制

球菌和杆菌要求接种的温度为42～43℃，培养期间不能搅拌。当较多的乳酸生成时，酸奶凝块或凝结物开始形成，在接近酪蛋白的等电点（pH4.6）可以看到凝胶“固体”。乙醛的生成在pH5.0左右特别明显，并且在pH4.2时达到最大值。pH在4.2～4.4时，发酵会受到抑制。

判定酸奶发酵过程的终点是制作凝固型酸奶的关键技术之一。如发酵时间短，酸奶凝固状态不好，风味也差；时间长，则酸度高，乳清析出过多，风味也不好。最简单的方法就是观察发酵乳表面的状态，只要表面呈均匀的凝固样，并且有少量乳清析出，即可初步判断接近发酵终点。但这种方法比较粗糙，误差较大。比较准确的方法是测定发酵乳的pH，也可以通过测定滴定酸度的方式判断，终点一般酸度≥70°T。在搅拌型酸奶的生产过程中，发酵终点的控制取决于很多因素，如发酵容器的容量以及排空该容器所需的时间，所要求的最终pH以及完全阻止酸度进一步增加所需的时间。一般情况下，在发酵温度为43℃时，直投式菌种的发酵时间需4～6.5h；传代式菌种的发酵时间只需2.5～4h，发酵终点pH为4.5～4.6，乳酸量0.8%～0.9%。

二、酸奶的生产工艺

（一）凝固型酸奶

凝固型酸奶的生产工艺流程如图11-3所示。下面对其关键的工艺参数进行简要说明。

1. 分装

目前市场上的酸奶主要有以下几种零售容器：瓶、杯、袋、屋形包等。其中瓶与杯比较适合作为凝固型酸奶的包装材料。将杀菌后的混合料冷却到42～45℃接种（2%～4%的接种量）后搅拌5min，使发酵剂均匀分布于乳中，即可开始分装。分装时间必须有严格要求，即从接种开始到灌装完毕送入发酵室的时间不超过1.5h，否则分装过程中就有可能引起牛乳凝固，最终导致产品乳清析出。可以采取测定混合物灌装前后的酸度来控制灌装速度。

2. 发酵

混合料分装封盖后迅速放入发酵室中保温发酵。用保加利亚乳杆菌与嗜热链球菌的混合发酵剂时，温度保持在41～42℃，培养时间2.5～4.0h。达到凝固状态时即可终止发酵。一般发酵终点可依据如下条件判断：①滴定酸度达到70°T以上；②pH值低于4.6；③表面有少量水痕；④倾斜酸奶瓶或杯，奶变黏稠。

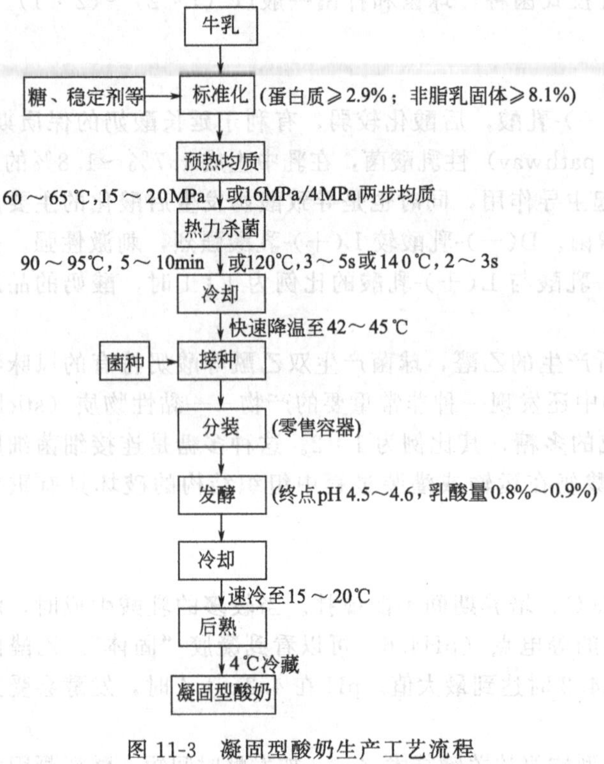

图 11-3 凝固型酸奶生产工艺流程
(引自：蒋明利《酸奶和发酵乳饮料生产工艺与配方》，2005)

发酵过程中应注意避免震动，否则会影响组织状态；发酵温度应恒定，避免忽高忽低；发酵室内温度上下均匀；掌握好发酵时间，防止酸度不够或过度以及乳清析出。

3. 冷却与后熟

酸奶的后熟是指酸奶经发酵完毕后到冷库内的成熟环节。达到发酵终点后要求酸奶在尽可能短时间内温度降到15～20℃，并立即将酸奶放在0～4℃冷库中，以迅速抑制酸奶菌的生长，降低酶的活性，以免继续发酵而造成酸度升高。

酸奶必须在0～4℃条件下存放12h以上以促进芳香物质，例如风味成分双乙酰等的产生。一般冷却24h，双乙酰含量达到最高，超过24h又会减少。此外，后熟对于菌株的产黏也是十分有利的，黏稠度增加后，最终产品呈现出胶体状，白色不透明，组织光滑，具有柔软蛋奶羹状的硬度，从而促进良好组织状态的形成及较好口感风味。在冷藏期间，酸度仍会有所上升，所以一般最大贮藏期为7～14天。

（二）搅拌型酸奶

生产搅拌型酸奶的工艺流程如图11-4所示。搅拌型酸乳的加工工艺及技术要求基本与凝固型酸乳相同，其不同点主要是搅拌型酸乳多了一道搅拌调配工艺。下面只对与凝固型酸乳的不同点加以说明。

1. 发酵、冷却

搅拌型酸乳的发酵是在发酵罐中进行的，应控制好发酵罐的温度，避免忽高忽低。发酵罐上部和下部温差不要超过1.5℃。

搅拌型酸乳冷却的目的是快速抑制细菌的生长和酶的活性，以防止发酵过程产酸过度及搅拌时脱水。冷却在酸乳完全凝固（pH值4.6～4.7）后，冷却过程应稳定进行，冷却过快将造成凝块收缩迅速，导致乳清分离。冷却过慢则会造成产品过酸和添加果料的脱色。

传统的连续生产是一步冷却到8～10℃，贮存在一个中间贮罐内，并与预先准备好的果料混合，然后灌装到零售容器中，放入2～5℃左右的冷藏室。也可以采用两步冷却法，首先冷却至20～25℃，将酸奶用滤网过滤并开始搅拌破乳，此时物理性损伤造成的乳清析出和黏度降低相对较小。紧接着第二步冷却至7～10℃，持续5～6h，最后在1～2℃的条件下冷藏。需要注意的是，如果酸奶仅是初步冷却至20～25℃，那么在这一温度时，酸度仍会有所增加，所以这一温度的时间不能太长。

2. 搅拌

在制作搅拌型酸奶时，要使用搅拌机破碎凝乳，使凝胶体的粒子直径达到0.01～0.4mm（0.1mm可见，0.01mm不可见），并使酸乳的硬度和黏度及组织状态发生变化。再经过管道和泵对酸奶进行输送。在冷却器中对酸奶加以冷却，用灌装机将酸奶充填到零售容器中。通过这些机械处理后，使酸奶制成具有一定黏度的半流体状制品，使酸奶的口感更丰富。因此，对于搅拌型酸奶而言，适合的机械处理方式对酸奶的品质是至关重要的。通过这些机械处理后，酸奶随着黏度的增加而变得较稠，因此搅拌对酸奶的增稠十分重要。

酸奶的机械搅拌使用宽叶片搅拌器，搅拌过程中应注意既不可过于激烈，又不可搅拌过长时间。通常搅拌开始用低速，以后用较快的速度。搅拌的最适温度为 0～7℃，但在实际生产中使发酵乳从 40℃直接降到 0～7℃不太容易，一般在 20～25℃的温度下搅拌破乳。搅拌应在凝胶体的 pH 值达 4.7 以下时进行，若在 pH 值 4.7 以上时搅拌，则因酸乳凝固不完全、黏性不足而影响其质量。较高的乳干物质含量对防止搅拌型酸乳乳清分离起到较好的作用。凝胶体在通过泵和管道移送及流经片式冷却板片和灌装过程中，会受到不同程度的破坏，最终影响到产品的黏度。所以，凝胶体在经管道输送过程中应以低于 0.5m/s 的层流形式出现，管道直径不应随着包装线的延长而改变，尤其应避免管道直径突然变小。过度地搅拌或泵送时发生故障而混入空气，会造成零售容器上层酪蛋白完全分离，乳清蓄积在下层，从而使酸奶分为两层，所以应特别注意防止此类情况的发生。

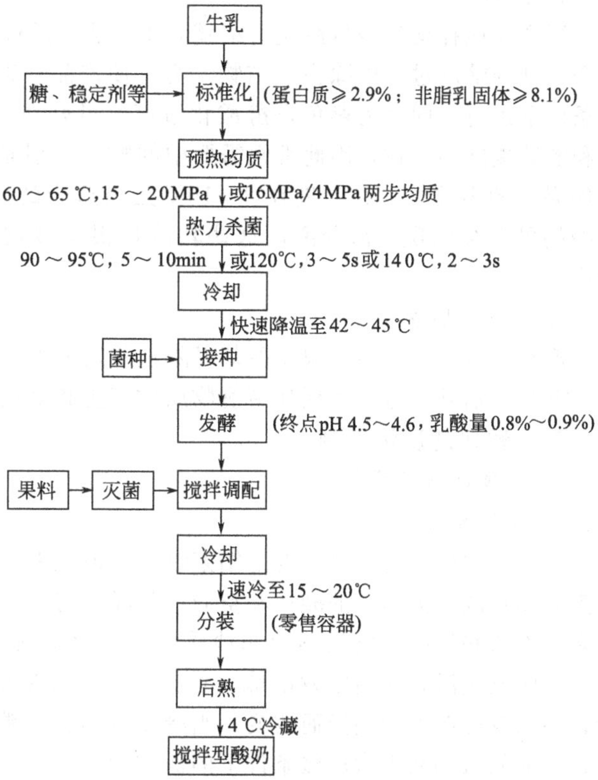

图 11-4 搅拌型酸奶生产工艺流程

（引自：蒋明利《酸奶和发酵乳饮料生产工艺与配方》，2005）

3. 调配

凝固型酸奶在灌装发酵完毕后不再经过任何物理或机械的处理，所以不涉及调配的问题。对搅拌型酸奶而言，常添加果蔬、果酱和各种类型的调香物质。

在搅拌型酸奶中添加果料通常是用一个可调速的计量泵连续进行的，这种计量泵将果料泵入果料混合装置中的酸奶中，该混合装置的设计要保证果料在进入酸奶后能被均匀地混合。许多厂家认为，在这一阶段酸奶用泵输送对其质构和黏度都是有害的，因此选择特别设计的系统，在这一系统中，果料是用剪切力小的柱塞或类似的装置来输送并与酸奶混合的。

果料（包括水果、糖类、稳定剂、色素和香精）的具体用量应根据产品的要求来考虑，最终产品中水果的实际含量一般为 6%～12%。无论采用何种方式添加果料，都应确保终产品获得均一的色泽和风味，不出现任何缺陷。最近，市场上出现了一种新型的加水果的搅拌型酸奶，它的零售包装容器分成两格：一格内装有 140g 左右的冷却的原味酸奶，另一格装有 35g 的果料，消费者可以在运用时自行混匀，这种包装的优点在于冷却后的原味酸奶不需要激烈的泵送，果料也不需要悬浮处理。

4. 分装

当产品搅拌均匀至目测光滑细腻为止，然后进行冷却分装。在连续生产中，冷却前可以用一个很细的筛网过滤以除去凝结物。为了使产品获得最佳黏稠度，分装通常控制在20～25℃的条件下进行；同时为避免发酵酸化过度，最好在30min内排空发酵罐。由于酸奶的生产速度和灌装速度不一致，因此常常需要中间贮存。但是中间贮存同时也是为了满足酸奶冷却后添加果料的需要，贮存温度在8～10℃是最适合的，贮存时间一般应小于24h，因为贮存过长酸奶可能会出现乳清分离，这些乳清是很难被重新吸收的。调香调味也在中间贮存过程中进行。

5. 冷却、后熟

产品分装完毕后最好快速冷却以防止酸奶中组织结构的重新形成，将其置于4℃冷库中冷藏24h进行后熟，进一步促使芳香物质的产生和黏稠度的改善。

三、酸奶的质量控制

（一）酸奶的质量要求

1. 感官指标

发酵正常的酸奶，在刚发酵结束时，应该只有少量乳清析出，无气泡；表面光滑、细腻，丰满而非寡淡，无明显的凝块和空洞；色泽均匀一致，呈现乳白色或稍带微黄色；具有纯酸奶特有的滋味和气味，奶油感而非沙质感。连续质感而非间断质感，清新、爽口而无明显香精味，无明显刺激，无酒精发酵味、霉味和其他外来的不良气味；弹性或硬度是一个灵活的指标，根据各种菌种的差异而改变；当冷藏后熟后，搅拌均匀的酸奶应无明显颗粒状，细腻、均匀；一般的酸奶在正常冷藏条件下的保质期为2～3周。

2. 理化指标

国家标准GB 2746—1999《酸牛乳》中对纯酸奶规定，当用全脂乳粉或鲜乳为原料时，其脂肪含量应≥3.1%；部分脱脂乳为原料时，其脂肪含量应在1.0%～2.0%；脱脂原料生产酸奶时，其脂肪含量应≤0.5%，蛋白含量应≥2.9%，非脂乳固体应≥8.1%，酸度应≥70°T，糖度虽无明显限制，但应根据非脂乳固体的含量而调整。

3. 微生物指标

在酸奶的国家标准中明确规定，大肠菌群的数量应≤90个/100mL，致病菌则不得检出。

（二）酸奶的品质控制

酸奶常见的品质问题、产生的原因及改进措施如表11-4所示。

表11-4 酸奶常见的品质问题、产生的原因及改进措施

品质问题	产生的原因	改进措施
黏稠度偏低	乳中蛋白质含量偏低	增加乳中蛋白质的含量
	热处理或均质不充分	调整生产工艺
	搅拌过于激烈	调整搅拌速度
	生产线中机械处理过猛	用正位移泵，降低泵速，减小管中压力
	搅拌时温度过低	提高夹套出水温度至20～40℃
	酸化期间凝块遭到破坏	调整加工条件
	菌种比例不当	选用产"黏性物质"较多的菌种
凝块中含有气体	管道泄漏，空气渗入	检查管道连接处
	搅拌过于猛烈	调整搅拌转速
	酵母或大肠杆菌污染	找出污染源，控制卫生条件

续表

品质问题	产生的原因	改进措施
乳清析出或脱水现象	干物质、蛋白质含量太低	调整成分比例
	脂肪含量太低	增加脂肪或酸化到 pH4.1～4.3
	均质、热处理不充分	调整生产工艺
	接种温度过高	降温至 43℃
	酸化期间凝块遭破坏	调整加工条件
	乳中有氧气	真空脱气
	搅拌、泵出时 pH 过高(pH>4.6)	确保充分酸化
	菌种问题	选用产“黏性物质”较多的菌种
	灌装温度过低(搅拌型)	提高温度至 20～40℃
	发酵中搅拌	禁止发酵中搅拌
	细菌噬菌体污染	严格控制卫生条件，保持无菌接种
	发酵中的乳酸杆菌比例过高	筛选合适的乳酸菌种
	当 pH 低于 4.2 时仍在发酵	发酵结束后快速冷却
颗粒状结构或白点	磷酸钙沉淀，酪蛋白变性	调整热处理强度
	接种温度太低	提高温度>35℃
	接种温度过高	降低温度至 43℃
	菌种问题	选用产“黏性物质”较多的菌种
	快速一次性降温	先从 43℃降至 20℃，再缓慢降至 4℃
	细菌噬菌体污染	严格控制卫生程序，保持无菌接种
	搅拌温度过高	应将酸奶降至 20℃左右搅拌
	搅拌时机过早	应等酸奶的 pH 低于 4.5 后再搅拌
太酸	冷却时间太长	调整加工工艺
	贮存温度过高	降低贮存温度
	接种量太大	减少至常规用量
	菌种问题	换用后酸化弱的菌种
苦味	接种量过大	减少接种量至常规用量
	菌种问题	更换菌种
太甜	甜味剂用量过大	减少甜味剂用量
发酵缓慢	牛乳原料有抑制物如抗生素	控制牛乳质量
	在发酵罐中温度波动太大	准确控制发酵温度
	菌种活力不足	换用高活力菌种
	细菌噬菌体污染	严格控制管道清洗程序，采用直投式菌种

注：引自蒋明利《酸奶和发酵乳饮料生产工艺与配方》，2005。

第三节 干 酪

根据联合国粮农组织（FAO）和世界卫生组织（WHO）的定义，干酪（cheese）是以牛乳、奶油、部分脱脂乳、酪乳或这些产品的混合物为原料，经凝乳后分离乳清而制得的新鲜或发酵成熟的乳制品。未经发酵的产品称为新鲜干酪；经发酵成熟后的产品称为成熟干酪。这两种干酪统称为天然干酪（natural cheese），而以天然干酪为原料可再加工制成加工干酪（processed cheese）和干酪食品（cheese food）。目前，干酪是乳制品中耗乳量最大的品种。

干酪的具体种类与品种繁多。根据美国农业部介绍，世界上干酪的种类达 800 种以上，其中比较著名的有 20 种左右。国际乳品联合会提出以水分含量为标准，将天然干酪分为硬质干酪（hard cheese）、半硬质干酪（semi-hard cheese）、软质干酪（soft cheese）三大类，并根据成熟的特征或固形物中的脂肪含量来分类的方案。现在习惯上以天然干酪的软硬度以及与成熟有关的微生物结合起来对干酪进行分类（表 11-5）。

表 11-5　天然干酪的分类

种类		与成熟有关的微生物	水分含量/%
软质干酪	新鲜	不成熟	40～60
	成熟	细菌	
		霉菌	
半硬质干酪		细菌	36～40
		霉菌	
硬质干酪	实心	细菌	25～36
	有气孔	细菌（丙酸菌）	
特硬干酪		细菌	<25

注：引自孔宝华《乳品科学与技术》，2004。

本节将首先介绍干酪生产的基本工艺，然后再介绍几种典型干酪的生产工艺。

一、干酪生产的基本工艺

各种干酪的生产工艺基本相同，只是在个别环节上有所差异。天然半硬质或硬质干酪生产的基本工艺流程如图 11-5。主要操作要点如下。

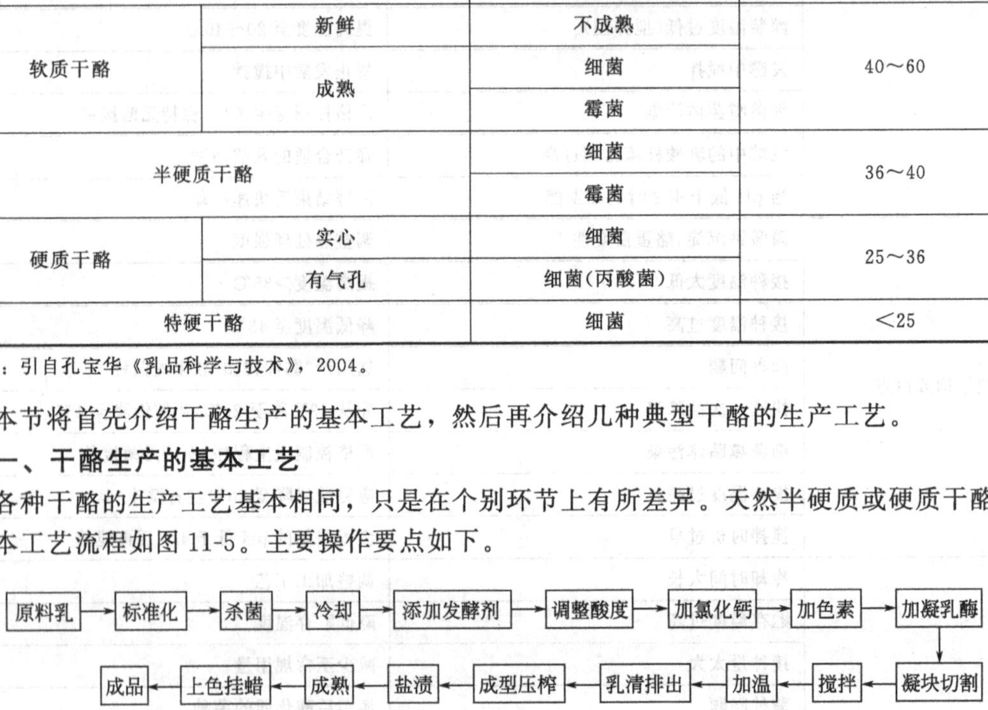

图 11-5　干酪的基本生产工艺流程

1. 原料乳的预处理

制造干酪的原料乳，必须经感官检查、酸度测定或酒精试验（牛奶 18°T，羊奶 10～14°T），必要时进行青霉素及其他抗生素检验。在加工之前要对原料乳进行标准化处理，其中酪蛋白与脂肪的比例（C/F）对干酪的品质有较大影响，一般要求 $C/F=0.7(0.69\sim0.71)$。酪蛋白是干酪的主要成分，原料乳中的酪蛋白在酸和凝乳酶的作用下凝固，形成干酪的组织。在成熟过程中，在相关微生物的作用下分解产生水溶性的含氮化合物，形成干酪风味物质。原料乳中的脂肪含量与干酪的收率、组织状态、产品质量有关系。在干酪的成熟过程中，脂肪的分解产物是干酪风味形成的重要成分。脂肪可使干酪保持其特有的组织状态，呈现独特的口感和风味。

原料乳应采用 63～65℃、30min 的低温长时杀菌或 75℃、15s 的高温短时杀菌。为了确保杀菌效果，防止或抑制丁酸菌等产气芽孢菌对干酪生产的影响，常需要添加适量的硝酸盐（$NaNO_3$ 或 KNO_3）或 H_2O_2。硝酸盐的添加量一般为 0.02～0.05g/kg，过多的硝酸盐也能抑制发酵剂的正常发酵，从而影响干酪的成熟和成品的风味甚至产品的安全性。

2. 发酵剂的加入

干酪发酵剂分为细菌发酵剂和霉菌发酵剂。添加发酵剂，可以产生乳酸，使一部分钙盐变成可溶性，可以促进皱胃酶对乳的凝固作用，缩短凝乳时间；同时，发酵剂本身的各种酶类也可以促进干酪的成熟，防止杂菌的滋生。

原料乳经杀菌后，直接打入干酪槽中，待牛乳冷却到30～32℃后加入发酵剂。取原料乳量1%～2%发酵剂，边搅拌边加入，并在30～32℃条件下充分搅拌3～5min，进行30～60min的短期发酵，以保证充足的乳酸菌数量和达到一定的酸度。这一过程又叫预酸化，控制酸度在20～24°T，必要时用1mol/L的HCl调整。

3. 添加剂的加入

为了改善乳的凝固性能，可在100kg原料乳中添加5～20g的$CaCl_2$（预先配成10%的溶液），以调节盐类平衡，促进凝块的形成。

干酪的颜色取决于原料乳中脂肪的色泽。有时为了使产品色泽一致，可以在原料乳中加胡萝卜素（carotene）和胭脂树橙（annatto）等色素。

4. 凝块制备

凝乳酶一般以皱胃酶为主，由犊牛第四胃（皱胃）提取得到，可以分为液状、粉状及片状三种制剂。皱胃酶的等电点pI为4.45～4.65，最适pH为4.8左右，凝固的最适温度为40～41℃，在弱碱（pH9）、强酸、热、超声波的作用下而失活。制造干酪时，用1%的食盐水将酶配成2%溶液，加入到乳中后充分搅拌均匀。添加凝乳酶时，一般保持在28～33℃温度范围，要求在约40min内凝结成半固态。凝块无气孔，摸触时有软的感觉，乳清透明，表明凝固状况良好。

如果加过量的皱胃酶、温度过高或延长时间，则凝块变硬，而20℃以下或50℃以上则凝乳酶活性减弱，这些都不利于干酪的制造。

5. 凝块切割与排乳清

将凝块用干酪刀纵横切成约1cm^3大小的方块，并加以搅拌和加热，以便加速乳清排除，使凝块体积缩小至原来的一半大小。

① 凝块切割：当乳凝块达到适当硬度时，要进行切割以有利于乳清脱出。正确判断恰当的切割时机非常重要，如果在尚未充分凝固时进行切割，酪蛋白或脂肪损失大，且生成柔软的干酪；如果切割时间迟，凝乳变硬不易脱水。切割时机由下列方法判定：用消毒过的温度计以45°角插入凝块中，挑开凝块，如裂口恰如锐刀切痕，并呈现透明乳清，即可开始切割。

② 凝块搅拌及加温：凝块切割后若乳清酸度达到0.17%～0.18%时，开始用干酪耙或干酪搅拌器轻轻搅拌，搅拌速度先慢后快。与此同时，在干酪槽的夹层中通入热水，使温度逐渐升高。升温的速度应严格控制，开始时每3～5min升高1℃，当温度升至35℃时，则每隔3min升高1℃。当温度达到38～42℃时，停止加热并维持此温度。在整个升温过程中应不停地搅拌，以促进凝块的收缩和乳清的渗出，防止凝块沉淀和相互粘连。

③ 排除乳清：乳清排除对制品品质影响很大，而排除乳清时的适当酸度依干酪种类而异。乳清由干酪槽底部通过金属网排出。排除的乳清脂肪含量一般约为0.3%，蛋白质0.9%。若脂肪含量在0.4%以上，证明操作不理想，应将乳清回收，作为副产物进行综合加工利用。

6. 压榨成型、加盐

① 堆积：乳清排除后，将干酪粒堆积在干酪槽的一端或专用的堆积槽中，上面用带孔木板或不锈钢板压5～10min，压出乳清使其成块，这一过程即为堆积。

② 成型压榨：将堆积后的干酪块切成方砖形或小立方体，装入成型器（cheese hoop）中。

在内有衬网的成型器内装满干酪块后，放入压榨机上进行压榨定型。先进行预压榨，一般压力为0.2～0.3MPa，时间为20～30min；或直接压榨，压力为0.4～0.5MPa，时间为12～24h。压榨结束后，从成型器中取出的干酪称为生干酪。如果制作软质干酪，则不需压榨。

③ 加盐：乳中的酪蛋白酸钙-磷酸钙胶粒容易在NaCl或$(NH_4)_2SO_4$等盐类饱和溶液或半饱和溶液中形成沉淀，这种沉淀是由于电荷的抵消与胶粒脱水而产生的。加盐的目的在于改善干酪的风味、组织结构和外观，排出内部乳清和水分，增加干酪硬度，限制乳酸菌的活力，调节乳酸生成和干酪的成熟速度，防止和抑制杂菌的繁殖。加盐的量应按成品的含盐量确定，一般在1.5%～2.5%范围内。

7. 干酪的成熟

将生鲜干酪置于一定温度和湿度条件下，在乳酸菌等有益微生物和凝乳酶的作用下，经一定时间使干酪发生一系列物理和生物化学变化，这一过程称为干酪的成熟。成熟的主要目的是改善干酪的组织状态和营养价值，增加干酪的特有风味。

成熟时低温比高温效果好，一般温度为5～15℃，相对湿度为85%～90%。硬质干酪在7℃条件下需8个月以上的成熟期，在10℃时需6个月以上，而在15℃时则需4个月左右。软质干酪或霉菌成熟干酪则仅需20～30天。

对于表面霉菌成熟干酪（enternally mould-rippened cheese）的制造，可将卡门培尔干酪青霉（*Penicillium camenberti*）的分生孢子悬浮液直接接种到干酪乳中或喷洒在生鲜干酪的表面，几天后长成厚厚的一层菌丝，可以起到防止其他有害细菌或霉菌生长的作用。对于内部霉菌成熟干酪（internaly mould-rippened cheese），如蓝纹干酪（blue cheese），在成熟开始前用针在干酪上刺孔，有助于空气进入孔中，以促进接种到凝块中的娄地青霉（*Penicillium roqueforti*）的生长。

8. 上色挂蜡

为了防止霉菌生长和增加美观，将成熟后的干酪清洗干燥后，用食用色素染成红色（也有不染色的）。待色素完全干燥后，在160℃的石蜡中进行挂蜡，或用收缩膜进行密封。所选石蜡的熔点以54～56℃为宜。

为了使干酪完全成熟，以形成良好的口感和风味，还要将挂蜡后的干酪放在成熟库中继续成熟2～6个月。成品干酪应放在5℃、相对湿度80%～90%条件下贮藏，不可冷冻，以防止干酪结构松散破裂。

二、几种典型干酪的生产工艺

（一）新鲜软质干酪

新鲜干酪通常不经过后期成熟过程便可食用。农家干酪（cottage cheese）是一种块状、酸凝乳的新鲜干酪，属典型的非成熟软质干酪，具有爽口、温和的酸味，光滑、平整的质地。其生产工艺要点如下。

1. 原料乳与预处理

农家干酪一般用脱脂乳进行标准化调整，使总固形物含量提高到10%～14%，无脂固形物达到8.8%以上。然后对原料乳进行63℃、30min或72℃、16s的杀菌处理。

2. 发酵剂、凝乳酶的添加及凝乳工艺条件

将杀菌后的原料乳注入干酪槽中，保持在25～30℃，添加制备好的生产发酵剂，通常采用嗜温型的乳酸菌，如乳酸乳球菌乳酸亚种（*Lactococcus lactis* subsp. *lactis*）和乳酸乳球菌乳脂亚种（*Lactococcus lactis* subsp. *cremons*）等。农家干酪的凝乳有长时凝乳、短时凝乳及中等时间凝乳三种工艺（表11-6）。

表 11-6 农家干酪凝乳过程中的工艺条件

技术参数	短时凝乳	中等时间凝乳	长时凝乳
接种量/%	5	1～5	0.25～1
凝乳时间/h	5	5～12	12～16
凝乳温度/℃	32	22～32	22

注：引自张和平《乳品工艺学》，2007。

相对于长时凝乳而言，短时凝乳通常需要较高的接种量和接种温度。发酵剂接入前要检查其质量，加入后应充分搅拌。同时，按原料乳的 0.011%加入 $CaCl_2$，搅拌均匀后保持 5～10min。按凝乳酶的效价添加适量的凝乳酶，一般为每 100kg 原料乳量加 0.05g，搅拌 5～10min。当乳清酸度达到 0.52%（pH 为 4.6）时凝乳完成。

3. 切割与加温搅拌

当酸度达到 0.5%～0.52%（短时间法）或 0.52%～0.55%（长时间法）时开始切割，凝块大小一般为 1.8～2.0cm，采用长时间法工艺时，凝块的大小为 1.2cm。切割后静置 15～30min，加入 45℃温水（长时间法加 30℃温水）超过凝块表面 10cm 以上。边缓慢搅拌，边在夹层中加温，在 45～90min 内使温度达到 49℃（长时间法 2.5h 达到 49℃），促使凝块收缩至 0.5～0.8cm 大小。

4. 排乳清与干酪粒的清洗

将乳清全部排出后，分别用 29℃、16℃、4℃的杀菌纯水在干酪槽内漂洗干酪粒三次，以使干酪粒遇冷收缩，相互松散，并使其温度保持在 7℃以下。

5. 堆积与添加风味物质

水洗后将干酪粒堆积于干酪槽的两侧，尽可能排除多余的水分。当所有的水分排出之后，将经过巴氏杀菌且含有少量盐分和稳定剂（如黄原胶、角叉藻聚糖、瓜尔豆胶等）的稀奶油（含有 10%～20%的脂肪）冷却到 4℃，并作为辅料添加到干酪中，然后搅拌均匀，使成品乳脂率达 4%～4.5%。

6. 包装与贮藏

一般多采用塑杯加热压膜包装，可防霉菌。应在 10℃以下贮藏，并尽快食用。

（二）硬质成熟干酪

英国契达干酪（Cheddar cheese）是一种以牛乳为原料，经细菌成熟的硬质干酪。契达干酪制作中特殊的堆积工艺可以赋予其独特的质地。堆积是指对凝块进行渐进的加压处理，它将在很大程度上促进干酪微观颗粒之间的凝聚和融合。传统上，堆积是将乳凝块反复压成片状并聚堆的过程。堆积工艺不仅是契达干酪传统加工流程中必不可少的程序，而且在某些小型的干酪加工厂中一直沿用至今。

契达干酪发酵剂所用菌株通常为同型乳酸发酵的嗜温型菌株，主要为乳酸乳球菌乳酸亚种和乳酸乳球菌乳脂亚种。当乳温在 30～32℃时添加原料乳量 1%～2%的发酵剂。因为发酵剂可以产生足够数量的酸，抑制杂菌繁殖，提高干酪的质地，保证产品质量的一致性和风味，所以发酵剂对契达干酪的质量起着非常重要的作用。

加入发酵剂搅拌均匀后，加入原料量 0.01%～0.02%的 $CaCl_2$，要徐徐均匀添加。由于成熟中酸度较高，可以抑制产气菌，故不需添加硝酸盐。静置发酵 30～40min 后，酸度达到 0.18%～0.20%时，再添加 0.002%～0.004%的凝乳酶，搅拌 4～5min 后，静置凝乳。成型后的生干酪放在温度 10～15℃、相对湿度 85%条件下发酵成熟。开始时，每天擦拭反转一次，使干酪表面的水分蒸发得均匀一些。约经一周后，进行涂布挂蜡或塑袋真空热缩包装。整个成熟期 6 个月以上。若在 4～10℃条件下，成熟期需 6～12 个月。包装后的契达干酪应贮存在冷藏条件下，防止霉菌生长，延长产品货架期。

根据法定标准规定，契达干酪中水分含量应为39%，而且脂肪含量应占总干物质含量的48%以上。但是，对于成熟或过熟的契达干酪而言，其水分含量通常为33%～35%，NaCl为1.6%～1.8%，脂肪占干物质总量的52%～54%，pH为4.95～5.25。

（三）半硬质成熟干酪

高达干酪（Gouda cheese）是荷兰式干酪（Dutch-type cheese）中最为重要的品种之一，在世界各地都有生产。但在许多国家，生产者经常采用相同工艺技术来生产多种不同类型的产品，并且赋予它们不同的产品名称。

在预处理阶段，首先对原料乳进行加热和标准化处理，调整其中脂肪和蛋白质之间的比例，进而有效地控制干酪产品中的脂肪与干物质总量的比例，然后进行巴氏灭菌并通过菌体离心去除乳中污染的酪酸梭状芽孢杆菌的芽孢。该菌在干酪成熟晚期发酵产生丁酸而酸败，其芽孢对热的抵抗力较强，即使是80℃的热处理也不能被杀灭。芽孢的密度要比牛乳的成分高，在一定离心力的作用下可以使芽孢沉淀下来而从乳中分离。

高达干酪的发酵剂通常为嗜温型的乳酸菌菌株，主要包括酸化能力较强的乳酸乳球菌乳酸亚种和乳酸乳球菌乳脂亚种，以及能够进行柠檬酸代谢（可同时产生CO_2）的乳酸明串珠菌（*Leuconostoc lactis*）、肠膜明串珠菌乳脂亚种（*Leuconostoc mesenteroides* subsp. *mesenteroides*）（L型发酵剂）和乳酸乳球菌乳酸亚种双乙酰变种（*Lactococcus lactis* subsp. *lactis* var. *diacetyl*）的菌株（DL型发酵剂）。相对于L型发酵剂菌株而言，DL型发酵剂菌株能够较快地利用柠檬酸产生CO_2，因此如果生产具有较大孔眼的干酪产品，就需要选择DL型发酵剂菌株；如果要求最终产品当中不具有孔眼结构，则应该选择不发酵柠檬酸的菌株（L型发酵剂）。

在高达干酪的生产工艺中，凝乳温度大约为30℃，嗜温型发酵剂和$CaCl_2$通常与凝乳酶一起添加到乳中，以控制凝乳过程。通常情况下，高达干酪的成熟温度一般维持在13℃左右。如果采用金属薄膜或蜡质外衣，则成熟温度相对较低，并且应该相应地降低环境的湿度，以保证干酪具有最佳的外观形状和防止干酪在成熟后变得太软。

第四节 奶 酒

奶酒（milk wine）是以鲜乳、脱脂乳、乳清等为原料经乳酸-酒精发酵制成的一种酒。目前市场上各种奶酒，综合其原料、工艺、感官指标、理化特性可以分为发酵型奶酒（牛奶酒、马奶酒）、发酵型乳清酒、蒸馏型奶酒、配制型奶酒（稀奶油酒、配制牛奶酒）和起泡奶酒（奶啤、起泡乳清酒、加气起泡奶酒）等类型。

本节将介绍发酵型牛奶酒、马奶酒和乳清酒，以及蒸馏型奶酒的生产工艺。

一、牛奶酒和马奶酒

传统的牛奶酒即开菲尔（Kefir），是利用一种含有乳酸菌、酵母及其他有益菌的特殊粒状发酵剂——开菲尔粒（Kefir grain）来制作的含微量酒精的发酵乳饮料。马奶酒是以马乳为原料，经乳酸菌和具有发酵乳糖能力的酵母菌共同发酵而成的酒精性乳饮料，风味微酸，醇香浓郁，爽口解渴。

（一）牛奶酒发酵剂——开菲尔粒

1. 开菲尔粒与菌群分布

开菲尔粒具有不规则的类似椰菜花的外形，直径1～15mm，白色或淡黄色，有一定的弹性和特殊酸味。开菲尔粒经过活化后，体积大大膨胀，可以浮在乳的表面。活化后的开菲尔粒在乳中生长由小变大，并分裂使数量增加，在完成发酵后，收集其颗粒可以作为下一次发酵的发酵剂。

关于开菲尔粒的形成经过，目前比较公认的看法是：乳酸菌分解乳糖产生葡萄糖，同时还形成了具有黏性成分的荚膜多糖，也称为胞外多糖（extracellular polysaccharides），它黏附各种微生物，并与不溶性的乳蛋白相结合，形成了特异的粒状体，即开菲尔粒。因此可以说，开菲尔粒是一个天然的固定化的多种微生物共存的生命体。开菲尔中的微生物种类十分复杂，要弄清楚每一种微生物的功能至少从目前来说是困难的，可以说开菲尔粒中含有的微生物种类是所有发酵乳制品的发酵剂中最为复杂的。目前已经知道，开菲尔粒所含的微生物主要是细菌和酵母。在开菲尔粒的表面多是乳糖发酵型酵母、嗜温性乳酸球菌、乳酸杆菌及少量醋酸菌，随着向内部深入，乳酸菌减少，乳糖非发酵型酵母占有优势。

2. 人工开菲尔粒

随着开菲尔乳的工业化生产，神奇的传统发酵剂开菲尔粒也暴露出一些不足之处，例如开菲尔粒的回收、清洗和再处理后的使用比较麻烦，开菲尔粒中菌相比例不稳定影响产品质量的稳定性。因此，一些生产厂商已经研发出纯培养的发酵剂，有的还按一定比例配制成所谓的人工开菲尔粒，以摆脱对传统开菲尔粒的依赖。

从生产实践中看，纯培养的发酵剂或人工开菲尔粒制成的牛奶酒，虽然风味上有些变化，但也能达到较好的质量水平，大大方便了现代工业化生产。但是许多传统的生产厂家仍然使用开菲尔粒作发酵剂。

（二）牛奶酒传统制作工艺

传统开菲尔是以开菲尔粒为发酵剂进行生产的，其工艺流程如图 11-6。主要操作要点如下。

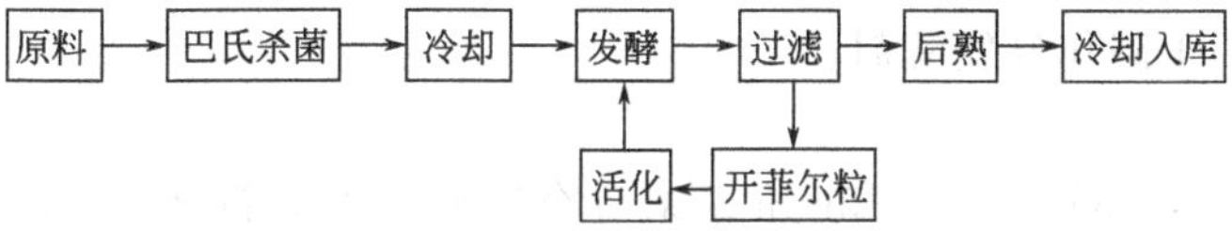

图 11-6 传统开菲尔的生产工艺流程

1. 开菲尔粒的活化

干燥的开菲尔粒应先浸泡于 40℃ 的温水中，使之软化膨胀，然后加入杀菌冷却后的脱脂乳中，21～26℃培养，直到牛乳凝固为止。此时，取出这些颗粒，将颗粒再加入到杀菌脱脂乳中培养，当开菲尔粒浮至培养液面时，表明具备了充分活性，即可滤筛出来制备开菲尔。

2. 开菲尔的制作

将巴氏杀菌后的牛乳冷却到 25℃左右，按 2%～5%的比例接种活化的开菲尔粒，在 20～25℃温度下培养发酵 24h，直到酸度达到 75～100°T 时终止发酵。过滤收集开菲尔粒用于新一轮发酵或暂时贮存，滤液即为开菲尔，冷藏 12h 后即可饮用。开菲尔具有良好的风味，含有0.6%～0.9%的乳酸，0.6%～1.1%的酒精，还有伴随发酵产生的微量挥发酸、芳香族物质和 CO_2。

开菲尔中含有活的乳酸菌和酵母，所以产品需要在 2～4℃ 的冷藏条件下销售。如果销售温度高于 10℃，酵母菌的繁殖速度加快，发酵产生的 CO_2 使乳清分离，乳蛋白上浮，产品就失去了应有形态和风味。为了增强开菲尔的生物稳定性，有人提出一种新酿制方法，即减少开菲尔粒的使用量，改变菌种配方，使开菲尔成品中酵母控制在 100 个/mL 以下，这样在 10℃可以保持 14 天不发生乳清分离。

3. 开菲尔粒的循环使用和保存

从开菲尔滤出的开菲尔粒可以循环重复使用，将其加入到新的巴氏杀菌乳中，即可进行新一轮发酵。开菲尔粒暂停使用时，可将其置入适量鲜牛乳中，或用冷水冲净后放入无菌水中保存，温度4℃时可保存8～10天。若要长期保存，需采用冷冻干燥的方法，或者采用以30～35℃的循环气流迅速干燥的方法，降低开菲尔粒的含水量，使其中的微生物处于休眠状态，贮存于冰箱中可保存12～18个月。研究证明，深度冷冻（－20℃）下保存要比－4℃下保存好，重新活化使用时，其增殖性能更强。

（三）牛奶酒现代生产工艺

由于开菲尔粒来源有限，在大规模生产开菲尔时，一般不是直接用开菲尔粒来进行发酵，而是以开菲尔粒制作母发酵剂和工作发酵剂，进而制作开菲尔。其工艺工艺流程如图11-7。

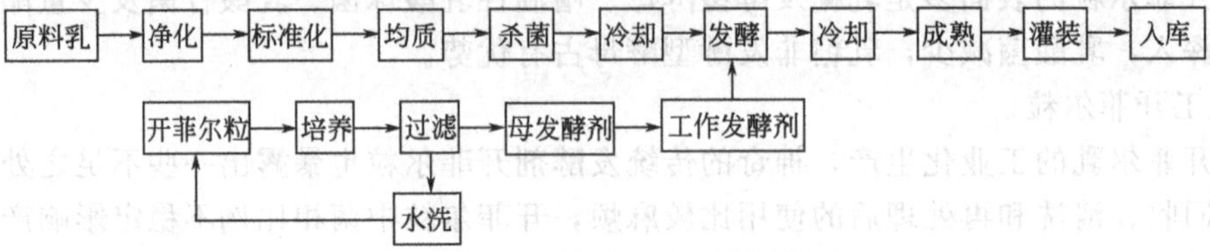

图11-7 牛奶酒现代生产工艺流程

从工艺流程可以看出，工业化生产开菲尔和作坊式生产不同之处是，开菲尔粒从牛乳培养液中过滤出来后，培养液不作为开菲尔饮用，而是作为母发酵剂，并扩大成工作发酵剂用于生产开菲尔。下面将简要叙述其操作要点。

1. 开菲尔粒的活化

通常购买的开菲尔粒是冻干制品，按1∶10的比例浸泡在杀菌生理盐水中，20℃下浸泡5h，使其软化膨胀。然后用金属网将开菲尔粒滤出，按1∶15接种到杀菌冷却的牛乳中，25℃下培养1天，再将开菲尔粒滤出，按同样方法多次培养活化，直到25℃下培养1天开菲尔粒能浮出液面，即可用于制作母发酵剂。

2. 母发酵剂制备

脱脂乳均质后，经95℃、10～15min杀菌后冷却至20℃，按2%～3%的比例添加活化的开菲尔粒，在18～22℃温度下培养发酵到凝乳后，继续保持数小时，大约培养12h后，在7～10℃下成熟约12h，总培养时间24h左右。也有的工艺是在20℃下，恒温培养20～24h，直到酸度达到70～100°T时终止发酵。培养期间进行搅拌两次，每次10～15min，能有效提高同型发酵的乳酸球菌和酵母的数量。发酵成熟后过筛，滤出开菲尔粒的乳，作为开菲尔的母发酵剂。所滤出的开菲尔粒再加入新的杀菌乳，按同样操作再得母发酵剂。

3. 工作发酵剂制备

脱脂乳经85～87℃、5～10min或90～95℃、2～3min杀菌，添加1%～3%母发酵剂，混匀后在20～25℃温度下发酵约20h，酸度达到70～100°T时即为工作发酵剂。

4. 开菲尔制作

原料牛乳经净乳、标准化，在65℃、15～20MPa下均质，然后85～87℃、5～10min或90～95℃、2～3min杀菌，再冷却到25℃左右，添加2%～3%的工作发酵剂，搅拌均匀后，在20～25℃下发酵10～12h，酸度达到85～110°T时，机械搅拌打碎凝块，搅拌要柔和，避免空气进入引起物料分层。冷却到14～16℃，放置12h进行成熟，开始产生典型的轻微酵母味。最后用板式冷却器冷却至4～6℃，灌瓶入库。销售期保持3～7℃，保质期3天。此为弱发酵型产品，如发酵时间延长为2天和3天，则为中发酵型和强发酵型产品。

（四）马奶酒

根据发酵方式和发酵时间的不同，马奶酒分为酸马奶和马奶酒。两者所用的菌种大致相同，主要是乳酸菌和酵母菌的混合物，只是发酵方式有所不同。酸马奶以乳酸发酵为主，先进行乳酸发酵，而后进行轻微的酒精发酵，成熟后酸度为 80～120°T，酒精度 1%～2%；马奶酒是以酒精发酵为主，酒精发酵比乳酸发酵强烈，成熟后酸度可达 80～100°T，酒精度最高可达 2.5%～2.7%。马奶酒工艺流程如图 11-8。

马乳 → 验收 → 过滤 → 杀菌 → 添加发酵剂 → 搅拌 → 冷却 → 装瓶 → 成熟 → 成品

图 11-8 马奶酒的工艺流程

将新鲜马乳加热至 70～80℃、30min 杀菌，冷却至室温。接入专门制作的发酵剂作种子，按 1∶20 接种。传统发酵剂的制作，是选用风味、品质优良的酸马乳，使其轻微发酵过滤后，冷冻干燥，置于阴凉处贮存备用。如有现成的发酵马奶酒（最好是发酵旺盛的），接种比例为 10%～20%与马奶混合后，放在羊皮袋、马皮桶、发酵缸或其他保温容器中发酵即可。

制作马奶酒的关键技术是使乙醇与乳酸保持适当的比例。乳酸菌在 40～45℃最易生长繁殖，而酵母菌生长的适宜温度为 20～25℃。传统方法制作马奶酒时，季节不同，风味也不一样，一般秋季制作的酸马奶酒口味独特，除了秋季马奶品质优良外，与气温偏低有利于酵母菌的生长也有很大关系。马奶酒的适宜发酵温度为 20～25℃，有时可到 30℃以上的温度。发酵温度过高，易产生制品过酸和不愉快的酵母味，风味下降。发酵过程中定时用木棍或木耙对发酵液进行搅动可促进发酵，对于自然发酵制作的马奶酒，更要频繁打耙。发酵时间因温度而异，发酵温度 30℃需 5～8h，发酵温度 22℃需 24h。当出现很强的泡沫和特殊的酸味并微喷酒香，马乳酸度 50～60°T 时，新鲜爽口的马奶酒制作完成并可以饮用。发酵 2 天酿成的马奶酒叫软酵酒，5～7 天后酿成的马奶酒叫硬曲酒。

发酵完成后，取出 1/3～1/2 鲜马奶酒，再补进鲜马乳又可进行新一轮发酵。酸马奶发酵剂中含有保加利亚乳杆菌、乳酸球菌、酵母菌等。这些菌将乳糖分解成乳酸、CO_2，使 pH 降低，使乳凝固，并形成酸味，还能防止杂菌污染，同时它们还能分解蛋白质和脂肪等产生氨基酸等风味物质。

质量好的发酵剂应具备优良的酸味与其他风味。倘若发酵剂的性能减弱或被微生物污染出现异味时，应及时更换发酵剂，并清洗容器设备。

现代工业制作马奶酒，通常用乳酸菌和酵母的纯培养物为发酵剂，扩培式发酵剂和牛奶酒近似。乳酸菌和酵母可以混合培养，也可以单独培养。制成直投式发酵剂时，使用简便，质量稳定，但成本略高。

二、乳清酒

乳清是生产干酪和干酪素的副产物。一般生产 1kg 干酪需用 10kg 的原料乳，其余 9kg 即为乳清。由于干酪和干酪素生产主要利用乳中的酪蛋白及脂肪（或部分脂肪），而乳清蛋白、乳糖等存在于乳清中，所以牛乳中 55%的营养成分在乳清中。乳清含粗蛋白质 0.89%～1%，粗脂肪 0.3%～0.4%，总糖 3%～5%（乳糖占 99.8%，占固形物 70%以上），还含有矿物质和多种维生素。20 世纪 80 年代，国内开始研发、生产乳清酒并投放市场，产品风味逐渐得到消费者认可，目前成为发酵奶酒的主流。

乳清酒是以乳清为原料且调整糖分后，添加乳酸菌和酵母菌发酵剂，经发酵、贮存、澄清、调配、过滤、勾兑制成。酒精度一般为 8%～12%。其生产工艺流程如图 11-9。主要操作要点如下。

1. 原料预处理

乳清酒发酵是采用乳清或者是 5%～10%的 D70 乳清粉还原液。原料乳清中的乳清蛋白要

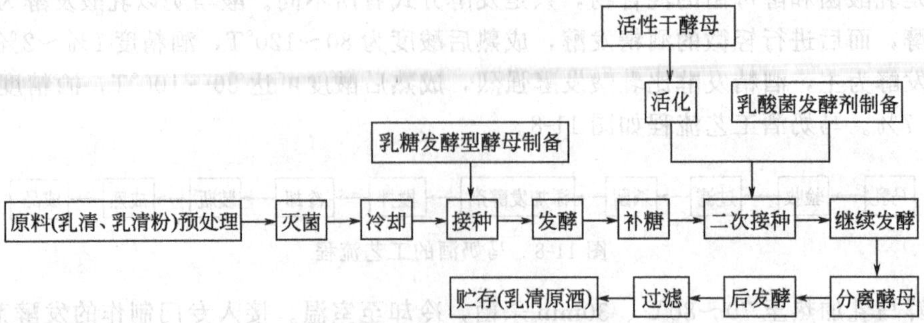

图 11-9 乳清酒的生产工艺流程

预先除去，使发酵液生成的杂醇油和氨基酸态氮含量低一些，口感清新爽口。对于生产干酪的厂家，乳清蛋白浓缩物可加入原料乳中，用于生产下批干酪。

生产干酪时排出的乳清的固形物含量一般在5%左右，含量过低。为保证乳清酒有较高的酒精含量，也为了提高设备的利用率，必须对乳清进行真空浓缩，使其固形物含量达到28%～30%。

乳糖发酵型酵母，如马克斯克鲁维酵母、乳酸克鲁维酵母的最适宜生长 pH 为 4.5～5.0，而其发酵力又和它的乳糖酶活力有关，酵母来源的乳糖酶最适 pH 为 6.6～7.3，比酵母最适生长 pH 要高。随着发酵的进行，发酵液的酸度逐渐增加，过高的酸度使乳糖酶活性受到抑制，在 pH 3.6 左右酵母活动停止，因此发酵液的初始 pH 适当提高有利于发酵。对于甜乳清和甜乳清粉还原液，其 pH 为 6.1～6.6，正在乳糖酶最适合的 pH 范围内，因此，没有必要对发酵液的 pH 进行调整。

将预处理的物料用滤布过滤，95℃杀菌 10min，冷却至 26℃左右，泵入已杀菌的发酵罐中立即接种。乳清粉可用约 1/3 的配料用水溶解，加热杀菌，再补充约 2/3 的除菌软化水调节温度，可节省能源和冷却用水。

2. 接种

酵母发酵剂液体培养基为乳清加蔗糖（10%）或 10%乳清粉还原液加蔗糖（5%），pH 自然。可用活性干酵母代替乳糖非发酵型酵母的培养扩大，活化后直接投入生产发酵罐进行发酵。

乳糖发酵型酵母培养液接种量 10%～15%，乳糖非发酵型酵母培养液接种量 5%，如用活性干酵母，用量为补糖量的 0.05%。接种温度 24～26℃（依室温和冷却条件而定）。乳糖发酵型酵母接种量宜大不宜小，这样才能在发酵液中占统治地位，减少残糖（主要是乳糖）。而配合使用的乳糖非发酵型酵母如活性干酵母，则用量宜小不宜大，用量过大，很快将蔗糖等补加糖类发酵殆尽，生成的酒精成分尚不足以抑制乳酸菌繁殖。酵母细胞开始大量死亡、自溶，释放出多种氨基酸等营养物质，给乳酸菌大量繁殖提供机会。乳酸菌的蔓延使酸度迅速升高，乳糖发酵型酵母活动受到抑制，最终结局是酸高，残糖也高。

也可采用阶段式接种酵母。开始时接入乳糖发酵型酵母，发酵 24～48h 后，当外观糖度降低 2°Bx 左右时，补加灭菌糖浆，再接入乳糖非发酵型酵母，这样使乳糖发酵型酵母得以充分繁殖。但需要掌握好酒母培养时间。这种情况下使用活性干酵母更为便捷。

制备乳酸菌发酵剂所用培养基为新鲜脱脂乳或脱脂乳粉还原乳（乳固体含量 12%）。保加利亚乳杆菌（*Lactobacillus bulgaricus*）和丁二酮乳酸乳球菌（*Lactococcus lactis* subsp. *lactis* var. *diacetylactis*）按 1∶1 的比例，接种量 1%～3%。乳酸菌发酵剂利用乳糖产酸的能力较强，在第 2 天与活化的干酵母同时加入，有利于控制过度生酸。二次接种后搅拌均匀。

3. 补充糖分

按照1.8°Bx的糖产生1%的酒精补充其他糖类。培养液糖分高生成的风味物质较多，但很有可能发酵不彻底。补糖使总糖量不宜超过20%。为了生成一定量风味成分，并减少残糖含量，乳清补充糖分10%～14%，发酵液最终酒精度达到6%～8%比较适宜。

补糖方式有两种：第一种是在发酵前，乳清杀菌时加入；第二种是在乳清发酵降糖50%时补糖，同时接种活性干酵母。后一种方式所补糖分要化成糖浆，杀菌冷却后加入，同时搅拌，防止糖浆沉底，影响酵母活性。

4. 发酵

（1）主发酵　主发酵温度控制在28～30℃。按种后12h和二次接种后搅拌一次，持续3～5min。用无菌空气搅拌效果更为理想。没有搅拌设备的可以用消毒后的木耙打耙一次，然后密封发酵容器发酵。发酵容器顶部需安装排气管。用水密封排气管口，使产生的二氧化碳导入水中而逸出，并可防止外界空气进入罐内，保障罐内酒精发酵顺利进行。一般1～2天后进入主发酵，4～5天主发酵基本完成，再将品温调至17℃以下，倒入另一个罐进行后酵。

（2）后发酵　将酒液与沉淀物（主要是蛋白质和酵母等胶体物质）分开，酒液在开放状况下倒入另一个罐中，容量占95%以上，尽量减少空气，必要时充入CO_2，后酵大约20～30天。通过后酵降低残糖的效果并不一定可靠，因为发酵不彻底，往往是由于发酵液酸度过高造成的，在高酸度下，酵母活动停止，耐酸性强的乳酸菌还可能进一步繁殖增加酸度。所以，重要的是掌握主发酵的工艺条件，使发酵顺利达到外观糖度0.5°Bx以下。

5. 陈酿

发酵正常结束后，应该及时将上清液粗滤后泵入乳清酒罐陈酿。酵母不及时分离，会大量自溶而产生酵母味等异味，对于生产干型、半干型乳清酒有不利影响。陈酿酒温度<16℃。乳清酒酒精度要达到12%～13%，酒精度达不到的，需要用食用酒精调节。

乳清发酵制成的乳清酒称为原酒，要经过一段时间的贮存（陈酿），再调配勾兑成合乎要求的乳清酒。在贮存期间，要进行严格的技术管理，如添罐、倒罐及冷热处理等，确保原酒酒质进一步提高和完善。

用于配制半干、半甜的乳清原酒要求自然贮存半年至一年，配制甜型乳清酒的原酒最好贮存一年以上。实施人工老熟措施能缩短贮存期。

6. 勾调

原酒经过陈酿贮存后，再根据出厂产品的要求进行勾调。勾调工艺包括勾兑和调配两道工序。勾兑是将贮存在不同容器中的原奶酒进行混合，必要时还需要用食用酒精或去离子水（或软化水）进行酒精度的调整。经过勾兑的混合酒液基本具有所要求的风格特征，称为基础奶酒。调配是针对基础奶酒与标准样的某些不足进行调香和调味，加适量的奶香精、甜味剂、酸味剂等，使出厂奶酒的口感更丰富醇和。

7. 澄清

乳清酒发酵结束后，如果残糖低，pH在残留蛋白质等电点，蛋白质等胶体物质絮凝沉淀，酒液将变得相当清亮，否则，酒液呈失光甚至浑浊状态，这种情况在大生产中相当普遍。经过陈酿也往往达不到清亮。因此乳清原酒要进行澄清处理，为下一步过滤创造有利条件。

澄清可采用下胶处理达到目的。所谓下胶，指的是乳清酒中添加一定量的有机或无机的胶体澄清剂，这些澄清剂与酒中某些物质形成较大的胶体复合物而絮凝沉淀的过程。在生产中，必须先进行下胶试验，以确定适宜的下胶量。澄清效果较好的下胶材料有单宁、植酸、皂土，另外壳聚糖也可以配合使用。

8. 过滤

乳清酒下胶澄清后，酒液中仍存在一些悬浮微粒以及酵母、细菌等微生物，需要通过过滤除去这些悬浮微粒。对于酒精度16%以下的乳清酒，如果不采用热力方式杀菌，通常需要进行除菌过滤。生产中根据过滤的效果一般分为粗滤和精滤。下胶澄清后进行粗滤，装瓶前进行精滤，精滤一般能达到除菌效果，有的精滤如超滤还能够除去蛋白质达到净化目的。常用的过滤设备有硅藻土过滤机、纸板过滤机和微孔过滤机。

为保持其生物稳定性，陈酿后的原酒要采取瞬间加热灭菌的方法，装瓶的酒采用巴氏灭菌。乳清酒的酸度一般低于葡萄酒，氨基酸等营养物质的含量高于葡萄酒，更利于微生物的繁殖。乳清酒发酵过程中，耐热的乳酸杆菌数量远远超过葡萄酒。因此，乳清酒的微生物病害隐患要大于葡萄酒，其杀菌温度也要相应提高。酒精度14%～15%的乳清酒建议用70℃、15～20min，或者75～80℃、2～3min进行杀菌。酒精度低的，时间应再延长一些。巴氏杀菌后迅速冷却至室温，在严格消毒的贮罐中贮存7～12天，使酒中的热不稳定物质（主要是蛋白质）进一步絮凝，再过滤灌装。

三、蒸馏型奶酒

蒸馏型奶酒是目前奶酒厂的主要产品类型。传统工艺已有诸多改进，如改自然发酵为纯菌种发酵；采用补糖发酵可使出酒率和酒精度显著提高；蒸汽蒸馏基本消除了直接火蒸馏易产生的焦烟味缺陷；蒸馏的原酒经过贮存和勾调完善了酒质。工厂化生产蒸馏型奶酒的工艺流程如图11-10。操作要点如下。

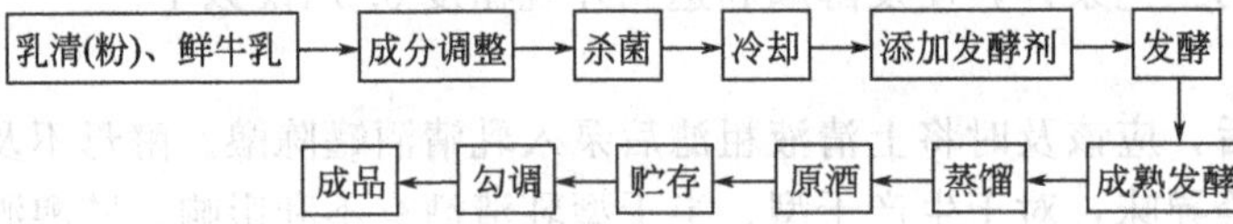

图 11-10 蒸馏型奶酒的生产工艺流程

1. 配料

可用乳清（不用脱盐）和未脱盐乳清粉为原料。乳清或乳清粉还原液85%（还原液的乳清粉用量为5%～10%），鲜牛乳15%。牛乳可以分3次添加，第一次7%，配料时加入，第二次5%，第三次3%，分别在发酵初期和旺盛期加入。添加牛乳的目的是增加奶香。也有不加牛乳只用乳清液的。

2. 成分调整

根据发酵要求达到的酒精度补糖。蒸馏型奶酒的发酵醪一般要求酒精度达到4%～6%就可以了。有些厂家发酵醪酒精度为3%～4%。发酵醪酒精度低一些，奶香成分和有机酸及酯类进入蒸馏液中的比例增多。乳清发酵醪中的水溶性乳酸和乳酸乙酯，在低酒精度状况下更容易被蒸馏出来。

3. 杀菌

将培养液90～95℃杀菌5min，迅速冷却至发酵温度。对于制作干酪排放的乳清，如已杀菌后在低温下密闭贮存，在生产奶酒时也就不必再杀菌了。

对于乳清粉还原用水，如果使用的是城市自来水，水的卫生指标良好，经过砂滤器过滤后，可以不必进行杀菌，仅用适量90℃热水化开乳清粉和糖，加砂滤水调整培养基的温度就可以接种了。

4. 酵母和乳酸菌发酵剂的培养

一般采用奶酒酵母（乳糖发酵型酵母）和非乳糖发酵型酵母单独培养，生产中混合发酵。采用乳酸菌主要目的是增加风味成分，一些乳酸菌尤其是乳链球菌，能在发酵过程中产生悦人的淡雅的奶油香气（双乙酰）。由于乳酸菌产酸，培养条件操作不当有可能造成酸度升幅过大，而抑制酵母的生长繁育。所以有的厂家仅使用酵母发酵剂，而不使用乳酸菌发酵剂。

5. 发酵

(1) 接种 乳糖发酵型酵母的酒母接种量10%～15%。在使用乳酸菌的情况下，酵母接种量宜多不宜少，可增加到20%以上，使酵母一开始就处于优势，接种温度为24～26℃。发酵24h后，将活性干酵母活化后直接投放于发酵罐。活性干酵母使用量根据培养液中补加白砂糖的量计算。每100kg的白砂糖使用活性干酵母0.1～0.2kg。

乳酸菌可以逐级扩大培养，也可以使用直投式冻干菌种，于发酵24h后和干酵母活化液一并加入罐中。对于逐级培养的乳酸菌液，接种量为1%～3%；对于直投式冻干菌种，接种量参见产品说明书。

(2) 发酵管理 接种24h后打耙一次，打耙器具使用前后都要清洗干净并浸泡于5%的氢氧化钠溶液中灭菌。打耙以后很快进入主发酵，要密封罐口保持无氧状态。每日定时从取样口取样检测外观糖度、总酸，取样时应注意防止污染。如发现升酸快、不降糖的异常现象，需要及时采取补救措施，如添加新活化的活性干酵母或处于发酵旺盛的发酵醪，但这些措施往往不令人满意。最根本的是培养使用杂菌极少的酒母，各个环节注意消毒灭菌，特别是配料罐和输送培养液的泵、管道，使用后要用5%NaOH溶液反复冲洗干净。

主发酵温度一般控制在29～31℃，最高不超过32℃，一般5～7天即可结束，外观糖度为0～0.5°Bx，残糖一般小于2%。蒸馏型奶酒发酵醪的残糖越低越好，这样蒸馏型奶酒的产率越高。如果残糖偏高，这些残糖随废液被排放掉。由于发酵醪中酒精含量较低，不能抑制产酸菌的生长，应及时蒸馏。

6. 蒸馏

奶酒蒸馏设备包括蒸馏锅、过汽筒、冷却器、预热器和验酒器。用泵将发酵成熟醪放入蒸馏锅，冷却水放满冷却器。醪液体积为锅容量的70%。蒸馏锅加热蒸汽压力为0.15～0.2MPa，当醪液接近沸腾时，由出酒管和验酒器排放气体，这些气体主要是锅内空气和醪液中的CO_2，同时排放出低沸点的奶香物质。当气体排放变得急促并有雾状和酒气味出现时，这是低沸点的醛类冷凝，应该将蒸汽阀门缓慢调节到0.1～0.15MPa，及时打开冷却水。

开始流酒时，酒精度可达50%，甚至更高，酒液应当清亮透明。如果冷却管中残存有上次蒸馏的酒尾，开始流酒时会出现乳白色，这部分酒应掐去重蒸。蒸馏过程汽压稳定在1.5～2.0MPa，由低逐渐调高，不可忽大忽小，调整汽阀要缓慢进行，在稳定的蒸汽压力下，酒精度平稳下降，酒温逐渐升高，需要加大冷却水流量，使酒温保持在20～25℃，酒温过高将损失部分挥发性香味物质。酒尾馏出时可适当加大蒸汽量，酒温控制在35℃以下。

白酒蒸馏强调掐头去尾，但奶酒生产厂家比较普遍的做法是不掐酒头，掐少量酒尾，蒸馏液混合后酒精度为22%～25%。酒头含有醛类、酯类（乙酸乙酯为主）和奶香成分，是奶酒香味物质重要组成部分，因此酒头不单独存放，而与其他馏分混合一起。酒尾中含有大量有机酸（乳酸为主）和乳酸乙酯，它们也是奶酒的重要风味成分。一般酒尾回锅重蒸，也有入库的。入库的酒尾经过适当贮存，赋有一种深沉的奶香，在勾调师的手中，可用作低档蒸馏奶酒的调味液。

7. 复蒸馏

传统生产工艺的蒸馏型奶酒，第一遍蒸馏出来酒精度一般为8%～12%，低的仅5%，往往将其重蒸一遍，酒精度达到15%～25%，口感较为纯净清新。奶酒厂家生产蒸馏型奶酒，通常一次蒸馏液（原奶酒）酒精度达20%～25%，厂家一般不再进行二次蒸馏。这不仅仅出于成本的考虑，还有风味典型性的因素。

8. 贮存与老熟

蒸馏型奶酒的贮存过程，包括原奶酒在贮酒容器中的陈酿老熟过程以及经勾调装瓶后存放过程。原奶酒酒精度一般为20%～40%，装瓶的蒸馏型奶酒酒精度多为30%～40%，贮存的变化趋势更接近低度白酒。蒸馏型奶酒成熟（贮存）后醇类下降较多，酯类和酸类均有较多增长，酮类、醛类、醚类略有下降。

蒸馏酒贮存过程中发生的老熟变化是综合作用的结果，很难区分哪种变化起主导作用。发挥作用的物理变化，主要发生在贮存前期。酒精和水的氢键缔合作用，贮存几个月就能完成。化学变化则贯穿贮存过程始终，前期以氧化反应为主，后期还原反应加强。

9. 勾调

传统工艺生产的蒸馏型奶酒一般是不进行勾调而直接饮用的。这种奶酒虽然保持了传统奶酒的原汁原味，但作为商品存在质量不稳定，风味不尽如人意的缺点，需要经过勾调才能达到市场要求的产品。

奶酒勾兑包括同一生产期不同容器酒液的混合以及不同陈酿期酒液的混合。贮存期短的奶酒有新酒味，香气欠优雅。贮存期一年以上的奶酒香味比较优雅醇和，所以要根据产品档次选择不同的原酒进行勾兑，生产档次高的，以陈年老酒为主，适量添加贮存期短的原酒，但至少也要贮存3个月以上才能在勾兑中使用。酒尾馏分含有大量的有机酸（乳酸）和乳酸乙酯等香味物质，但口感较苦涩，因此在勾兑奶酒时用量不可过多，主要用于低档奶酒的勾调。

10. 调香、调味

奶酒的调香、调味是在勾兑成的基础奶酒中添加香精和调味剂（甜味剂、酸味剂），使风味更加完美。除奶香外，由于奶酒中的酯类以乳酸乙酯为主，还有适量乙酸乙酯，所以添加酯类也要符合其风味特征。蒸馏型奶酒的酯香淡雅，而乳酸乙酯香气弱，阈值高，故常以乙基麦芽酚为助香剂用于奶酒的调香，以增加奶酒的醇和及协调，用量为10～30mg/kg。香兰素也可用于奶酒调香，用量为10～20mg/kg。

传统的蒸馏型奶酒后味微苦是其风味特征之一，可能和奶酒含有少量氨基酸有关，因为氨基酸有些呈甜味，更多的是呈苦味。高级醇含量高也呈苦味。为了解决后味微苦，因此往往采用甜味剂予以矫正，常用的甜味剂有蔗糖、甜味素。

酸味是蒸馏型奶酒的重要风味，酸度低的奶酒口味淡薄，酸度高比较爽口，但酸过高口感粗糙变劣。蒸馏型奶酒总酸一般在0.4～1.0g/L（以乙酸计）。当总酸偏低时应进行调酸。常用的调酸剂有乳酸、冰醋酸。通常采用乳酸∶冰醋酸（3∶1）的混合酸比单一酸风味好。如果基础奶酒的挥发酸已经较高，就要少用或不用冰醋酸，可以采用乳酸加柠檬酸调整酸度。

蒸馏型奶酒在蒸馏过程中已经将其中的微生物杀灭，且缺乏一般微生物所需的营养，因此其生物稳定性是良好的。一次蒸馏酒度仅5%～8%，如果贮存容器密封不严，有可能感染杂菌，酒体产生浑浊，闻有酸味，主要是醋酸菌和醭酵母（俗称酒花菌）感染所致。

思考题

1. 乳制品发酵剂有哪些种类？各有什么特点？
2. 传统的酸奶发酵剂菌种是哪两种？添加的益生菌有哪些？
3. 凝固型酸奶与搅拌型酸奶的加工工艺有什么异同点？
4. 简述干酪凝块的形成机制。
5. 干酪为什么要加盐？如何确定加盐量？
6. 干酪成熟的主要目的是什么？
7. 用于奶酒制造的酵母有什么特点？
8. 如何保存和活化开菲尔粒？
9. 如何提高乳清酒的酒精含量？
10. 为什么说酸味是蒸馏型奶酒的重要风味？

第十二章　发酵果蔬制品

发酵果蔬制品是指以水果、蔬菜为原料，经乳酸菌（lactic acid bacteria）、醋酸菌（acetic acid bacteria）和酵母菌（yeast）等微生物发酵生产的一类发酵产品。根据发酵原理、微生物种类、发酵工艺和产品特征的不同，发酵果蔬制品可以分为腌制蔬菜（pickled vegetables）、泡制蔬菜（Kimchi）和发酵果蔬汁饮料（fermented fruit and vegetable juice）等几大类。所谓腌制蔬菜是指对新鲜蔬菜进行适当的处理后，采用高浓度的食盐溶液（或者将食盐直接洒在蔬菜上）对蔬菜进行腌渍，并伴随醋酸菌、乳酸菌和酵母菌等微生物的少量生长与发酵而制得的一种风味发酵食品。泡制蔬菜是指对新鲜蔬菜进行适当的处理后，将其浸泡于一定浓度的盐水溶液中，通过醋酸菌、乳酸菌和酵母菌等有益微生物的大量生长繁殖与发酵而生产的一类发酵食品。腌制与泡制蔬菜均属于传统发酵食品，均有非常漫长的生产历史。而发酵果蔬汁饮料是近年来在亚洲（包括我国）市场上出现的一种与果酒生产工艺（见第七章）类似，以乳酸菌、醋酸菌和酵母菌等为菌种而生产的一种新型发酵饮料。

本章将首先对腌菜与泡菜的生产工艺、微生物种类、风味物质的形成机理、安全性以及几种典型产品的生产工艺进行介绍，然后再对发酵果蔬汁饮料的生产工艺进行介绍。

第一节　蔬菜腌制与泡制工艺

蔬菜腌制与泡制是利用乳酸菌、醋酸菌和酵母菌等有益微生物产生的代谢产物与各种佐料和香料调和，以加强蔬菜的保藏性并增加其风味的一种蔬菜加工方法。在腌制与泡制过程中，发生了一系列的物理、化学和生物化学变化。蔬菜泡制与腌制的基本工艺过程是相同的，它们的主要区别是：一是盐用量的差别，腌制蔬菜盐用量较高，泡制蔬菜盐用量较低；二是操作工艺的差别，一般腌制蔬菜用干态法或半干态法进行腌制，而蔬菜泡制使用食盐溶液进行泡制；三是发酵作用的区别，蔬菜腌制几乎没有微生物的发酵作用或仅有微弱的发酵作用，酸浓度较低，而泡制蔬菜有较强的发酵作用，酸浓度较高，因此泡制蔬菜又称泡酸菜。

一、蔬菜腌制与泡制的基本工艺

蔬菜腌制与泡制的基本工艺过程如图 12-1 所示。其主要操作要点如下。

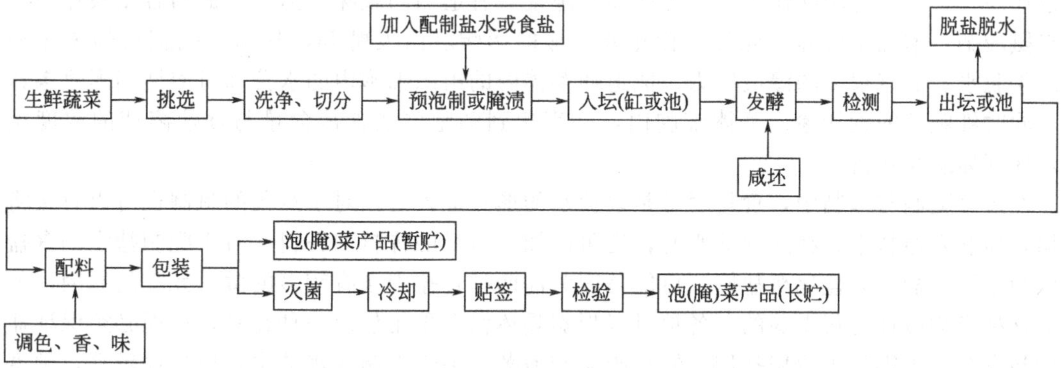

图 12-1　蔬菜的腌制与泡制生产工艺

（引自：陈功《中国泡菜的品质评定与标准探讨》，2009）

1. 原料选择

凡肉质肥厚、组织紧密、质地脆嫩、不易软烂，并含有一定糖分的新鲜蔬菜，均可作为加工原料。但是叶菜类中的菠菜、苋菜、小白菜、生菜等由于叶片薄、质地柔嫩，易软化，所以一般不宜作为加工原料。常用来制作腌菜与泡菜的原料主要包括子姜、大蒜、洋葱、菊芋、藠头、苦瓜、大头菜、萝卜、胡萝卜、草石蚕、豇豆、四季豆、青菜头、辣椒、黄瓜、莴笋、甘蓝、大白菜等。其中，黄瓜、莴笋、甘蓝、大白菜等腌制或泡制时间不宜太长，一般 2～4 周就可以食用；而子姜、大蒜、洋葱、菊芋、藠头、苦瓜的腌制与泡制时间可以长达 1 年以上。

2. 原料预处理

在加工前应对蔬菜进行整理、洗涤、晾晒和切分等预处理，以保证发酵产品的质量与卫生。整理就是剔除原料的粗皮、粗筋、老叶、根须和表面上的黑斑、烂疤与病虫危害、腐烂等不可食用的部分。洗涤就是用清水洗净原料表面的泥沙和污物。洗涤时可根据各种蔬菜被污染的程度及表面状态，采用机械洗涤或手工洗涤的方法。原料洗涤后还要进行晾晒。对于一般原料来讲，通过晾晒可以晾干表面的明水，这样在腌渍时，可以避免盐水浓度的降低；而对一些含水量较高的原料（例如萝卜、黄瓜、莴笋与大白菜等），通过晾晒脱除一部分水分，使菜体萎蔫、柔软，既可以降低食盐的用量，又有利于装坛入池。对于个体较大的原料（例如大头菜、青菜头、萝卜、黄瓜等）还要按产品规格适当切分成条、片、段和块等形状，这样既有利于盐和调味料的渗透，保证产品质量、风味和外观的一致性，又便于装坛入缸。

3. 原料预腌

大规模工业化生产腌菜与泡菜时，洗净晾干后的蔬菜原料一般需要预腌，然后再进行腌制或泡制。预腌可使蔬菜在食盐的作用下脱除菜体内过多的水分，增强盐分渗透效果，以免装坛入池后降低盐水浓度和产品质量，还可以去掉原料中的一些不良气味。预腌的方法是先将蔬菜在 10%～25%的食盐溶液中腌渍，或用食盐直接进行腌渍。由于蔬菜质地不同，腌渍的时间可以是几小时或几天。对一些质地柔嫩的蔬菜，为增加其硬度，防止发酵过程中菜体软烂，可在预腌的盐水中添加 0.2%～0.3%的 $CaCl_2$。对于家庭或小规模制作腌菜或泡菜时，通常无需进行预腌。

4. 食盐的作用与盐水配制

食盐对蔬菜的腌制与泡制是至关重要的，它的作用也是多方面，概括起来主要包括以下几方面。①防腐作用。食盐溶液中 NaCl 是较强的电解质，能迅速渗入蔬菜细胞内，抑制蔬菜细胞的呼吸作用和生命活动；食盐具有较强的渗透压，可以防止有害微生物的生长繁殖。②适宜的食盐浓度对由菜体带入的有益微生物，如乳酸菌、酵母菌和醋酸菌等的生长、繁殖与发酵有促进作用。③增香与增味作用。一方面能使蔬菜具有适当的咸味，另一方面与谷氨酸作用，生成谷氨酸钠，增加了鲜味。此外，食盐能明显的影响乳酸发酵等，从而影响腌菜的风味和品质。④脱水。盐有很高的渗透压力，能迫使菜体内的组织细胞内的水分和可溶性固形物渗透出来，同时细胞外的食盐渗入菜体细胞内，一直达到细胞内的食盐含量与食盐溶液的浓度相平衡，使菜体组织致密。

在蔬菜腌制与泡制中，食盐通常是以盐水的形式加入的，对于蔬菜的腌制也可以直接将食盐均匀地撒入原料中。在配制盐水时，还可以加入适量的佐料和香料。对于配制盐水的食盐通常认为采用井盐、岩盐比海盐好，可能是因为前两种食盐中含有较多的微量元素的原因，但实际上这种影响应该是很微弱的，各地可以根据具体情况采用任何一种食盐，然而必须保证盐的质量与安全，不得将工业用盐用于制作腌菜与泡菜。关于配制盐水的水，应呈微碱性，硬度为 12°～16°，用这种水配制的盐溶液腌制蔬菜时，产品质地脆而紧密，且酸度较低。

对于盐水的配制，根据配制的方法不同，可以分为以下几类。①老盐水：是指使用时间较长（通常为两年以上）的泡菜水，其 pH 值为 3.5 左右，内含大量的乳酸菌等有益微生物。该盐水中应常年泡有一些蒜苗、大蒜、辣椒与萝卜等，并酌加一定量的香料与佐料，使其色、香、味俱佳。它多用作种子，与其他盐水混合使用。②新盐水：是指新配制的盐水。其配比（质量）通常是冷开水与食盐之比为 100∶25。在使用时通常需掺入 20%～30%新盐水体积的老盐水，并酌加佐料与香料。③洗澡盐水：是指需要边泡边吃的泡菜的盐水。这种盐水在家庭与小餐馆较常用。其配比（质量）为冷开水与食盐的比例通常是 100∶28，并掺入 25%～30%的老盐水和适量的佐料与香料。

食盐的浓度对发酵过程中微生物的影响很大，盐水浓度在 3%～5%时，发酵快，乳酸生成多，有利于发酵蔬菜的发酵成熟；盐水浓度大于 10%时，发酵作用减弱，乳酸生成较少；盐水浓度提高到 15%时，发酵更缓慢。用于保藏鲜菜原料的盐渍工艺中，食盐用量须大于 15%，但通常用 5%食盐就可以，在该食盐浓度下，制品咸酸适度，质量上乘。若食盐浓度过高，盐渍品可长久贮藏，但其口感太咸而无法食用，且缺乏香气、滋味。若食盐浓度过低，盐渍品味淡，且不耐贮藏。

5. 佐料和香料作用与选择

佐料和香料尽管在蔬菜的腌制与泡制过程中使用量不多，但是它们对发酵蔬菜的风味起着非常主要的作用，同时还对辅助盐分渗透、保脆和杀菌具有良好的作用。

常用的佐料包括白酒、料酒（黄酒）、醪糟汁（或糯米酒）、红糖和干红辣椒等。其中，白酒、料酒、醪糟汁和红辣椒等对保嫩、保脆、杀菌等具有一定作用；甘蔗具有吸收异味、预防腐败变质等作用；红糖与干红辣椒则起调和诸味、增添鲜味等作用。另外，红糖还可以补充原料中含糖的不足，有利于发酵产酸。1g 葡萄糖经发酵后，生成 0.5～0.8g 乳酸，而一般发酵制品中乳酸含量为 0.7%～1.5%，故原料的含糖量应在 1.5%～3.0%为宜，如果不足，可以添加食糖补充。

表 12-1 是佐料与泡菜盐水的比例。但是在实际生产中，佐料与盐水的比例，应根据蔬菜品种与风味要求不同灵活掌握。如果蔬菜需要保色，不宜使用红糖时，也可以用白糖替代红糖。使用醪糟时，一般只取汁液，不要糟粕。对于白酒、料酒、醪糟汁等可溶性佐料可以与食盐一起溶解澄清后加入，而甘蔗和干红辣椒等则可以随原料一起放入发酵容器中。

表 12-1　蔬菜腌制与泡制过程中佐料的配比

佐料名称	配比/g	佐料名称	配比/g
盐水	100	红糖	3
白酒	1	醪糟汁	2
料酒	3	干红辣椒	5

常用的香料一般包括八角、草果、花椒、胡椒、茴香、丁香、肉桂和陈皮等。它们主要起增香味、除异味、去腥味的作用，同时还有一定的杀菌作用。它们一般为盐水的 1%～2%。在实际生产中，也可以根据实际情况与口味要求，酌情增加剂量与香料的种类。其实不加香料也可以，特别是对于家庭制作腌菜与泡菜，一般什么香料都可以不加。在使用时，首先应用清水将香料清洗除尘，然后以纱布或棉布等包好后与蔬菜原料一起放入发酵容器中即可。为了保证产品风味的均匀一致性，通常在发酵过程中还需进行搅拌，也可以将香料分成多个小包放均匀布置在蔬菜原料中。

6. 装坛、装缸或入池

用于蔬菜腌制与泡制的容器可以是陶瓷的坛或缸，也可以是水泥池。陶坛通常为在开口的外沿有一个供盛水密封用的环形槽，形似荷叶，所以又称为荷叶坛。坛与缸一般适合于较小规模的蔬菜发酵，而水泥池适合大规模的工业化生产。水泥池在使用前应用食品级原料进行防渗、耐酸和防腐蚀等处理。

原料装入容器中的方法，根据蔬菜品种以及发酵时间不同，可分为干装入法、间隔装入法、盐水装入法三种。

（1）干装入法 某些蔬菜，例如辣椒，因浮力较大，泡制时间较长，一般采用干装入法。将发酵容器洗净、拭干后，把所要泡制的蔬菜装至半坛后，放上香料包，接着再装至八成满，用篾片（青石）卡（压）紧后，将佐料溶解于盐水，搅匀后，徐徐灌入容器中，待盐水淹没超过原料 5～10cm 后，对于荷叶坛，盖上盖并在水槽中加水密封即可，对于缸和池应用塑料布封口密闭，并盖上竹帘或草帘等防尘与保温。

（2）间隔装入法 为了使佐料的效益得到充分发挥，提高泡菜的质量，对于豇豆和大蒜等原料，宜采用间隔装入法。将发酵容器洗净、拭干，将原料与干红辣椒等佐料间隔装至半坛，放上香料包后，接着再装至九成满，用篾片（青石）卡（压）紧，将盐水徐徐灌入，待盐水淹没超过原料 5～10cm 后，对于荷叶坛，盖上盖并在水槽中加水密封即可，对于缸和池应用塑料布封口密闭，并盖上竹帘或草帘等防尘与保温。

（3）盐水装入法 对于萝卜、莴苣等在泡制时能自行沉没的蔬菜原料，可以直接将它们放入预先装有盐水的容器内。将容器洗净、拭干后，注入盐水，放入佐料，搅匀后，装入原料至一半左右时，放上香料包，接着再装至九成满，用篾片（青石）卡（压）紧，确保盐水超过原料 5～10cm 后，对于荷叶坛盖上盖，并在水槽中加水密封即可，对于缸和池应用塑料布封口密闭，并盖上竹帘或草帘等防尘与保温。

应该注意的是无论哪一种装料方法，都应该边装料边压紧，并确保盐水超出原料表面 5～10cm，以尽可能地排除和隔绝空气，提供厌氧环境，促进乳酸菌等有益微生物的生长与发酵，抑制好氧性腐败菌的生长。另外，对蔬菜的腌制，也可以将香料、佐料与食盐拌匀后，以一层原料一层食盐的方式，将食盐直接撒入原料中，压紧压实后，以塑料纸覆盖密闭，并盖上谷壳或河沙等隔氧、保温。

7. 发酵

原料装入发酵容器，压实，密封后，对坛与缸，应该转入发酵室内进行发酵。发酵室应干燥通风、光线明亮，但不能被阳光直射，室内地面要高于室外地面 30cm 左右，门窗应安装防蝇和防尘设施，以免造成污染，墙角应装有通风机，室温应尽可能保持稳定，不能时冷时热。菜坛应排列整齐，泡菜坛不要紧靠墙壁，四周要留有通道，以利于空气流通和操作。

在发酵过程中，应注意检查荷叶坛水槽中水的清洁卫生状况，并经常更换；同时应经常检查发酵容器盐水的质量，发现问题要及时处理。如遇容器内液体表面生花长膜，即有霉菌生长时，如果菌膜较多，可以揭开盖或覆盖物后，徐徐灌入新盐水，使菌膜逐渐溢出（为了便于溢出，可把坛口与缸口适度倾斜）；如果菌膜较少，则可用干净的小网打捞去除，同时加入适量的食盐和大蒜、洋葱、红萝卜皮和紫苏之类的蔬菜。这些蔬菜中的杀菌物质可以抑制霉菌的生长，促进乳酸菌成为优势种群，进行正常发酵。

对腌菜与泡菜的成熟时间，因蔬菜种类、盐水浓度和种类以及发酵温度等因素的影响而不同。对于泡菜，夏季气温较高，用新盐水泡制的一般叶菜类 3～5 天即可成熟；根菜类 5～7 天成熟；大蒜、藠头则要半月以上才能成熟。冬季则要延长一倍甚至更长的时间。对于腌菜，由于盐水浓度高，微生物的作用较弱，一般成熟时间在 1 个月以上，例如武汉地区的甜酸藠头成熟时间为 2 个月左右，涪陵榨菜的成熟时间将近 5 个月。在夏天制作泡菜与腌菜时，需特别注意控制温度，因为温度过高时，可促进丁酸发酵，产生令人不快的气味，一般发酵温度不得超过 35℃。

8. 成品与后加工

成熟后的发酵蔬菜制品香气浓郁，组织细嫩，质地清脆，风味独特。凡是色泽变黯、组织软化、缺乏香气的都属于不合格产品。

成熟后的泡菜通常可以直接食用，但是作为一种商品，为了延长保质期，可以根据不同的消费群体，进行适当的调色、香、味后，分装，灭菌。有时甚至还需经过脱盐、沥干后，再重新进行浸泡于调味液中进行调味、调色。另外，如果运输、贮存、销售的环境温度较低，销售期不长时，也可以添加适当的防腐剂，无需灭菌。因为很多原料制成的泡菜，通过高温灭菌后，产品的质地、风味、口感等都会发生很大的变化。

对成熟的腌菜，由于食盐含量偏高，一般都需要经过脱盐、调味等加工后，再作为商品出售。

二、主要的微生物种类与作用

微生物的发酵作用对发酵蔬菜的品质与风味的形成起着重要作用。由于蔬菜的腌制与泡制是一个开放系统，原料与容器所携带的微生物及环境中的微生物均可以进入蔬菜加工过程中，所以在初期，由于微生物包括有害微生物，如大肠杆菌（*Escherichia coli*）等将糖等成分发酵生成乳酸、醋酸、琥珀酸、乙醇、CO_2 和 H_2 等，所以其感官表现为产气。但是由于食盐的作用，加上好氧微生物生长形成的兼氧性环境，这种现象的持续时间很短。接下来主要是乳酸发酵，而且其发酵进程与食盐浓度密切相关。在高食盐溶液中，由于其渗透压大于微生物细胞的渗透压，从而使大部分微生物的生理代谢活动被抑制，只有少数耐盐的霉菌和细菌可以生长，其他大部分致病菌和腐败菌等都不能生长繁殖，甚至死亡，当然有益微生物的发酵作用也非常微弱。在适宜浓度的食盐溶液（3%～5%）中，各种有益微生物的发酵非常旺盛，是主要的发酵过程，对产品的成熟、品质与风味的形成起着非常重要的作用。但是如果控制不好，各种有害微生物，例如丁酸菌（butyric acid bacteria）、腐败细菌（putrefactive bacteria）和霉菌（mold）也可能大量繁殖从而引起有害发酵和腐败现象。

正如前面所述，在蔬菜的腌制中由于食盐的浓度一般都很高，所以尽管也有少量的乳酸菌、醋酸菌和酵母菌等微生物参与了腌菜的风味形成，但是作用不大，所以下面关于微生物的作用主要是指蔬菜在泡制过程中的微生物作用。

1. 有益微生物及其作用

在正常的蔬菜泡制过程中，以有益微生物的发酵为主，起主导作用的是乳酸发酵，其次是酒精发酵，还有少量的醋酸发酵，以下将分别进行介绍。

（1）乳酸发酵　乳酸发酵是蔬菜腌制与泡制过程最主要的发酵作用，它是在乳酸菌的作用下，分解糖类产生以乳酸为主要产物的过程。乳酸发酵的好坏与腌菜和泡菜的品质有密切的关系。根据发酵机理的不同，乳酸发酵可分为同型乳酸发酵（homo-fermentation of lactic acid）和异型乳酸发酵（hetero-fermentation of lactic acid）。所谓同型乳酸发酵是葡萄糖经双磷酸化己糖途径进行分解的乳酸发酵过程。其特点是葡萄糖经两次磷酸化形成1,6-二磷酸果糖，经1,6-二磷酸果糖醛缩酶的作用，裂解成两个三碳化合物。然后脱氢氧化形成两个分子的乳酸。其主要产物是乳酸（80%以上）。其总反应如下：

$$C_6H_{12}O_6+2ADP \longrightarrow 2CH_3CHOHCOOH+2ATP$$

所谓异型乳酸发酵是葡萄糖经单磷酸己糖途径进行分解的乳酸发酵过程。其特点是：葡萄糖经磷酸化形成6-磷酸葡萄糖，然后脱羧脱氢形成5-磷酸木酮糖，再经C3-C2裂解成3-磷酸甘油醛和乙酰磷酸。3-磷酸甘油醛生成乳酸，乙酰磷酸生成乙醇。其产物包括乳酸（约50%）、乙醇、醋酸及 CO_2 等。其总反应式如下：

$$C_6H_{12}O_6+ADP \longrightarrow CH_3CHOHCOOH+C_2H_5OH+CO_2+ATP$$

在泡菜生产过程中的不同时期，每一阶段都有主导的乳酸菌。第一阶段（发酵初期）是繁殖快而不耐酸的产气球菌类，例如肠膜明串珠菌（*Leuconostoc mesenteroides*）等占优势，它不能彻底分解糖类，但可生成乳酸、醋酸、乙醇和 CO_2 等，属于异型乳酸发酵。当溶液的含酸量达到 0.7%～1.0%时，这类微生物逐渐死亡，发酵进入第二个阶段。第二阶段（发酵中期）主要以非产气乳酸杆菌和球菌，例如植物乳杆菌（*Lactobacillus plantarum*）与片球菌（*Pediococcus* spp.）等发酵为主，生成大量乳酸。当酸度达到 1.3%左右时，这些微生物的生产与发酵也受到抑制，发酵进入第三阶段。第三阶段（后熟阶段）主要以产气杆菌，例如戊糖醋酸乳杆菌（*Lactobacillus pentosus*）和短乳杆菌（*Lactobacillus brevis*）等为主，它们继续发酵，可耐受 2.4%的高酸度，能将原料中的残糖转化为乳酸、乙醇、甘露醇和 CO_2 等。

在实际生产过程中，上述不同发酵阶段（过程）中乳酸菌的种类会因原料种类、发酵温度和食盐浓度等因素的不同而不同，其中食盐是主要影响因素。

(2) 酒精发酵和醋酸发酵　蔬菜在发酵过程中，酵母菌与异型乳酸发酵乳酸菌都可以生成酒精。酒精本身具有香气，还能和有机酸结合生成酯类，赋予发酵制品香气与风味。同时，酒精还能抑制杂菌的生长，也可增强发酵产品的耐贮藏性。发酵过程中常见的有益酵母菌包括鲁氏酵母（*Zygosaccharomyces rouxii*）、圆酵母（*Torula* spp.）和隐球酵母（*Cryptococcus* spp.）等。其中，鲁氏酵母既有酒精发酵作用，还能分解戊糖产生 4-乙基愈创木酚，对泡菜的风味有辅助性作用。

酒精发酵产物酒精为醋酸菌的醋酸发酵提供了物质基础，在有氧条件下，醋酸菌能将酒精转化为醋酸。在正常的发酵过程中，醋酸发酵作用是轻微的，主要是由于发酵产生的兼氧性环境不利醋酸菌的生长。但是，就是这种轻微的醋酸发酵也可以为产品风味带来益处，因为首先醋酸本身就具有独特风味，另外，醋酸也可与乙醇等醇类形成酯类物质，也可增加产品的芳香气味。

2. 有害微生物及其危害

在蔬菜的泡制过程中，常常会出现丁酸发酵、长膜、生霉与腐败等有害微生物的作用，使制品的质量大大降低甚至完全败坏。

(1) 丁酸发酵　蔬菜在发酵过程中的丁酸发酵是一种有害的发酵作用。引起丁酸发酵的是一类专性厌氧细菌——丁酸菌，它可以利用糖和乳酸，发酵生成多种产物，除了丁酸、CO_2 及 H_2 外，还有醋酸、乙醇、丁醇、丙酮等。丁酸发酵对蔬菜制品既无保藏作用，同时它还消耗了糖与乳酸，另外，丁酸还具有强烈的不愉快味道。要控制丁酸发酵，主要是应控制发酵过程中的温度不能过高。但是，微弱的丁酸发酵不会对制品的品质产生很大影响。

(2) 细菌腐败　蔬菜发酵过程中腐败的发生是腐败细菌分解蔬菜中蛋白质及其他含氮物质，生成吲哚、甲基吲哚、硫醇、硫化氢、胺和一些有害物质，并产生恶臭味导致的。另外，胺还可以和亚硝酸盐生成致癌物质——亚硝基胺。

(3) 酵母菌产膜　在泡菜溶液的表面常常会出现一层粉状并有皱纹的薄膜，这是产膜酵母形成的。产膜酵母菌可以大量消耗蔬菜组织内的有机物质，同时还可以分解发酵过程中所生成的乳酸和乙醇，降低制品的质量和保藏性，并能引起发酵产品的败坏。

(4) 霉菌腐败　曲霉（*Aspergillus* spp.）、青霉（*Penicillium* spp.）等霉菌常会出现在泡菜溶液的表面，导致乳酸迅速被分解，使产品的风味变差，并失去保存力，进而引起全部败坏。霉菌还能分泌出分解果胶物质的酶类，使组织变软。

总之，有害微生物中的大部分都可以分解乳酸，使产品酸度下降，pH 上升，所以在发酵过程中，可以通过测定 pH 的变化来监控有害微生物的变化，并采取相应的处理措施。例如，适当增加食盐浓度和大蒜、生姜、辣椒、茴香等佐料与香料的量，增加发酵容器的密闭性等都可以不同程度地抑制微生物的腐败作用。

三、色、香、味、脆的形成机理

(一) 色泽的变化与保持

发酵蔬菜的色泽是感官质量的重要指标之一。由于发酵过程中乳酸等酸的产生使发酵产品处于酸性条件下，而叶绿素在酸性条件下，易失去绿色成为褐色或绿褐色；花青素在酸性条件下呈红色；类胡萝卜素等比较稳定，发酵后不易变色，仍呈红、橙、黄等颜色。所以发酵蔬菜的颜色一般为黄绿色或金黄色，而红辣椒与胡萝卜等仍保持鲜艳的红色。

1. 色泽变化的原因

(1) 叶绿素的变化　叶绿素分为叶绿素 a 和叶绿素 b。叶绿素 a 呈蓝绿色，叶绿色 b 呈黄绿色，它们的比例为 3∶1 左右，叶绿素 a 越多，则绿色越浓。蔬菜中的叶绿素在阳光照射下极易分解而失去绿色。蔬菜在正常生长的情况下，由于细胞中叶绿素的合成大于分解速度，因此感官上很难看出色泽的变异。一旦收割后，细胞中叶绿素的合成基本消失，在氧和阳光的作用下，叶绿素会迅速分解使蔬菜失去绿色。另外，叶绿素在酸性条件下，分子中的镁离子被氢离子所取代，变成脱镁叶绿素，这种物质称为植物黑质，从而使绿色变成褐色或绿褐色。在发酵过程中产生乳酸和其他有机酸，都会使叶绿素分子因脱镁而失去原有鲜绿的颜色，从而使原来被绿色素掩盖的类胡萝卜素的颜色呈现出来。所以很多绿色蔬菜，例如黄瓜、绿豆角、雪里蕻等发酵后，常常失去绿色而呈黄绿色或金黄色。

(2) 褐变　褐变是食品中比较普遍的一种变色现象，尤其是蔬菜原料进行贮藏、加工时，受到机械损伤后，容易使原来的色泽变暗或变成褐色，这种现象称为褐变。根据褐变的产生是否由酶的催化引起，可把褐变分为酶促褐变和非酶促褐变两大类。蔬菜中的多酚类物质以及蛋白质在发酵过程中水解为氨基酸等以后，会发生酶褐变和非酶褐变两种情况，它贯穿于整个发酵过程。发生褐变的发酵产品呈现黄褐色或黑褐色。这种褐变产生的颜色对于某些腌制菜来说是必须具备的一项质量指标，而对于那些洁白、鲜绿的发酵产品则应尽量避免褐变的发生。

(3) 由辅料色素所引起的色泽变化　外来色素渗入蔬菜内部是一种物理的吸附作用。由于腌渍液的食盐浓度较高，使得氧气的溶解度大大下降，蔬菜细胞缺乏正常的氧气，发生窒息作用而失去活性，细胞死亡，原生质膜遭到破坏，半透性膜的性质消失而成了全透性膜，蔬菜就能吸附其他佐料与香料中的色素而改变原来的色泽。

2. 腌制品色泽的保持

(1) 保绿措施　根据叶绿素的性质，要保持叶绿素的绿色可采取下列措施，但是通常无需保持发酵蔬菜的叶绿素。

① 倒菜：倒菜就是在腌制过程中及时进行翻倒。由于蔬菜收获后仍然进行着生命活动，进行着呼吸作用，蔬菜呼吸作用的强弱与蔬菜的品种、成熟程度、细胞结构有密切的关系，叶菜类的呼吸作用最强，果菜类次之，根菜和茎菜类最弱。在初渍时，由于大批的蔬菜放在一起，呼吸作用加强，散发大量的水分和热量，如果不及时排除，会加快乳酸发酵，而使绿色蔬菜处于酸性环境中，引起叶绿素的分解，使菜失去绿色。所以，倒菜可以排除渍制过程中产生的呼吸热，同时，可以使菜体均匀地接触浸渍液，加快食盐的渗透速度。

② 掌握适当盐用量：在绿色蔬菜初渍时，要适当掌握盐用量，一般用浓度为 10%～22% 的食盐溶液，这样既能抑制微生物的生长繁殖，又能抑制蔬菜的呼吸作用。用盐量过高，虽能保持绿色，但会影响渍制品的质量和出品率，还会浪费食盐。

③ 用碱性水浸泡蔬菜：鲜嫩的蔬菜在初渍时，先用微碱性水溶液浸泡。例如，在渍黄瓜时，先把黄瓜浸在微碱性（pH7.4～8.3）的井水里，然后再用盐渍制，则黄瓜的绿色就能较好保持。微碱性的水之所以能使蔬菜保持绿色，是由于蔬菜中产生的酸性物质被碱中和，使溶液不呈酸性，从而可防止叶绿素变成脱镁叶绿素。另外，碱性物质能将叶绿素的酯基碱化，生

成叶绿酸盐。所生成的叶绿酸盐维持了原来的共轭体系不受破坏，所以能保持绿色。根据这个道理，发酵前把蔬菜浸泡在含有适当的石灰乳、Na_2CO_3 或 $MgCO_3$ 溶液中，浸泡到发生泡沫时取出。但 Na_2CO_3 能促使蔬菜细胞壁中的果胶水解，如用量过大会使蔬菜组织变“软”，石灰乳用量过大会使蔬菜组织发“韧”，而使用 $MgCO_3$ 比较安全，用量一般为蔬菜重量的0.1%。

④ 热处理：为了保持腌渍的绿色，也可以在绿色蔬菜加工前，用热处理的方法使叶绿素水解酶失去活性来保持绿色。热处理时常用60～70℃的热水进行烫漂，处理后，蔬菜组织中的氧气明显减少，氧化的可能性减少，使制品仍能保持绿色。烫漂可减少组织中相当数量的有机酸，从而减少叶绿素与酸作用，防止叶绿素脱镁失去绿色。烫漂的温度不能过高，时间不能过长，否则绿色就会消失，或生成脱镁叶绿素。对于袋装、灌装的绿色腌制菜，必须采用巴氏杀菌法，切忌温度过高或时间过长，而且加热杀菌后，应立即将产品冷却降温，使之尽快脱离高温环境，保证叶绿素不被破坏。

⑤ 护绿剂处理：在用碱水浸泡蔬菜或用热处理烫漂蔬菜时，可在浸泡液或烫漂液中加入适量的护绿剂，例如，$ZnSO_4$ 和叶绿素铜钠等，也可起到护色的作用。

⑥ 低温和避光：腌制品在低温和避光下贮存和流通，可以更好地保持绿色。

（2）防褐变措施

① 蔬菜品种的选择：蔬菜的品种不同，各种物质的含量也不同，在选择腌制原料时，应选色素丰富、单宁物质和还原糖较少的品种。例如，内蒙古地区生长的宝塔菜较中原地区生长的宝塔菜含单宁物质多，红皮地姜较黄皮地姜含单宁物质多，因此在原料选择时应选择后者。一般在原料选择是应选择品质好、易保色的品种作为腌制菜的材料。另外，成熟的蔬菜不如幼嫩的蔬菜利于保色，因为成熟的蔬菜含单宁物质、氧化酶、含氮物质均多于鲜嫩的蔬菜。

② 抑制或破坏氧化酶等酶系统：由于氧化酶能参与单宁氧化和色素的氧化反应，抑制或破坏氧化酶、过氧化酶、酚酶等酶系统，能有效地防止渍制品的褐变。酶是由蛋白质组成的，在一定温度下即可使蛋白质凝固而使酶失去活性，氧化酶在71～73℃，过氧化酶在90～100℃的温度下，5min内均可遭到破坏。因此，要破坏酶系统可以用沸水或蒸汽处理。另外，将淡色蔬菜浸泡在食盐溶液或 $CaCl_2$ 溶液中也可，原因是氯化物有抑制过氧化酶活性的作用，但蔬菜一旦从氯化物溶液中露出来，酶活性又可恢复，在空气中仍会氧化变色。褐变反应的速度与温度的高低有关，春夏季渍制时要比秋季褐变的快，所以低温贮藏可以抑制褐变。

③ 控制pH值：由于糖在碱性介质中分解得很快，糖类参与糖胺型褐变反应也比较容易，所以渍制液的pH值应控制在3.5～4.5之间，以抑制褐变速度。

另外，减少游离水、隔绝氧气、避免日光照射都可以抑制褐变。

（3）利用着色剂 根据产品的质量要求，有些产品也可以添加色素来调色，但是通常没有必要对发酵蔬菜进行着色处理。

（二）香气和滋味的形成与变化

发酵蔬菜的风味物质是蔬菜在渍制过程中经过复杂物理变化、化学变化、生物化学变化和微生物的发酵作用形成的。由于各种产品的生产工艺不同，产品种类不同，每种产品的香气和滋味的形成也各有特色，有的是在腌渍过程中逐步形成的；有的是在腌渍的基础上再晾晒和包装（装坛）并经后发酵逐步形成的，例如榨菜、冬菜和大头菜等。有些风味物质也可以从原料带来，但是常常原料中原有的香气和味道消失，而一些原来没有的香气和滋味又形成。这种变化的主要原因包括蛋白质与苷类等的水解、辅料与香料香气成分的渗入、微生物发酵香气成分的产生等。

1. 蛋白质水解

蛋白质水解可产生某些带有香气和鲜味的氨基酸。在已确定 30 多种氨基酸的种类，每种都有一定的风味。例如，丙氨酸散发一种令人愉悦的香气，谷氨酸与食盐形成谷氨酸单钠盐（即味精），能使渍制品增添鲜味。又如甘氨酸、丙氨酸、丝氨酸等均有甜味。据统计涪陵榨菜中所含的氨基酸达 17 种之多。

供腌渍用的蔬菜除含糖外，还含有一定量的蛋白质和氨基酸，各种蔬菜所含蛋白质及氨基酸的总量和种类是各不相同的。一般蔬菜含蛋白质 0.6%～0.9%，菜豆类含 2.5%～13.5%。在发酵过程中及后熟期，所含的蛋白质因受微生物的作用和蔬菜原料本身所含蛋白质水解酶的作用而逐渐被分解为氨基酸。这一变化是在蔬菜发酵过程和后熟期中十分重要的生物化学变化，也是腌渍品产生一定色泽、香气和风味的主要来源。但是这些变化过程相当复杂而缓慢。

2. 苷类水解

有些蔬菜含有糖苷物质（如黑芥子苷或白芥子苷），具有不快的苦辣味，在腌制过程中苷类物质经酶解后生成有芳香气味的芥子油而苦味消失。另外，蔬菜本身含有一些有机酸及挥发油（醇、酮、醛、酯、烯萜等）也都具有浓郁的香气。

3. 辛辣类物质的流失

蔬菜中所含的某些物质，在没有分解或失去以前，对腌制菜的香气质量有影响，但通过高浓度食盐溶液的浸渍，蔬菜细胞失水，一些辛辣味的物质随水一起渗出，从而降低了原来的辛辣味，改进了渍制品的风味。

4. 辅料与香料香气成分的渗入

腌制菜的生产过程中，常常需要加入各种佐料与香料，它们均具有自己独特的香味成分。通过调整佐料与香料的种类与用量，可以产生出不同风味的产品。

5. 微生物发酵产香

在发酵蔬菜的生产中，正常的微生物发酵作用都是以乳酸为主体并伴随着少量的酒精发酵和微量的醋酸发酵，发酵的生成物有乳酸、醋酸和乙醇等物质，它们除对腌渍物有防腐作用外，还赋予产品一定的酸味和酒精的香气。腌制菜的呈味物质远远不止于单纯的发酵产物，在发酵产物之间、发酵产物和调味品之间还会发生一系列的反应，形成一系列呈香、呈味物质，其中主要的是有机酸与乙醇发生的酯化反应，产生许多具有呈香的酯类化合物。产品风味与微生物的发酵作用有密切的关系，为了使产品具有良好的风味物质，首先要保证发酵作用的进行，尤其是乳酸发酵的正常进行。因为乳酸菌是厌氧菌，所以蔬菜在腌制过程中要尽量浸没在渍液里，减少菜体接触氧气，抑制有害的好氧性微生物的生长繁殖，保证乳酸发酵的正常进行。腌制菜生产过程中产生香气都需要一定的时间，有的比较短一些，有的则要相当长时间才能形成人们所需要的香气，如与香气有密切关系的酯类化合物的形成，在较低温度的情况下，就要经过很长的时间。如果生产周期太短，所形成的酯类含量就极少，也就不能形成产品应该具有的风味。因此要使产品具有优良的风味，必须合理安排生产周期。

（三）脆性的变化与保持

1. 脆性的变化

质地脆嫩是大部分泡菜与腌菜质量标准中一项重要感官指标。发酵蔬菜脆性的变化是由于鲜嫩组织细胞膨压的变化和细胞壁原果胶水解引起的。

（1）细胞膨压的变化　当蔬菜细胞中充满着水分和其他营养物质时，液泡饱满，体积较大，会对原生质层和细胞壁产生一定的压力，使细胞处于饱满状态，这时细胞的膨压比较大，食用时的齿感反应表现为脆性强。如果蔬菜组织细胞脱水、液泡的体积缩小，原生质也随着液泡缩小而收缩，致使细胞壁和原生质层之间出现空隙，这时蔬菜就呈萎蔫状态，细胞的膨压就会下降，脆性也随之减弱。在蔬菜腌制过程的初期会出现这种现象，但到了中、后期，由于蔬菜细胞失活，细胞的原生质膜变为全透性膜，外界的盐水和各种调味液等向细胞内扩散，又重新使蔬菜细胞内充满着渍制液，渍制品也就恢复了膨压，脆性相应得到了加强。所以蔬菜在腌制过程中只要按要求进行渍制，就不会引起产品脆性的下降，如果处理不当，就会使蔬菜变软而不脆，甚至腐烂变质。

对于有些经过腌渍后再经晾晒成半干态或干态的腌制菜，由于细胞过度失水，导致膨压下降，使产品由坚脆变为柔脆。但柔脆并不是品质下降的表现，而是这类腌制菜正常的质量要求，如榨菜、冬菜、萝卜干、梅菜干、咸干笋等，由于其特有的柔脆而使其质地具有独特风格。

(2) 细胞壁中原果胶的变化　蔬菜细胞壁中含有大量的果胶物质，在蔬菜腌制过程中，细胞原果胶水解是影响腌制品脆性的一个重要原因，保持原果胶不水解，这是保持蔬菜脆性的重要方法。原果胶是一种含有甲氧基的多缩半乳糖醛酸的缩合物，它存在于蔬菜细胞壁的中胶层里，并与纤维素结合在一起，成为细胞的加固物质，如同砌墙在砖块之间加入水泥一样，具有粘连细胞和保持细胞组织硬脆性能的作用。如果原果胶受到原果胶酶和果胶酶的作用而水解为水溶性果胶，或由水溶性果胶进一步水解为果胶酸和甲醇等产物时，就会丧失粘连作用，细胞彼此分离，使蔬菜组织的硬度下降，组织变软，这样会严重影响产品质量。

在蔬菜发酵过程中，促使原果胶酶水解而引起脆性减弱的原因有两方面：第一是用来腌制加工的蔬菜原料成熟度过高，或者受了机械损伤，原果胶酶的活性增强，使细胞壁中的原果胶水解；第二是由于发酵过程中一些有害微生物的生长繁殖，所分泌的果胶酶类能水解果胶物质，导致蔬菜变软而失去脆性。

2. 脆性的保持

发酵蔬菜的脆性与诸多因素有关，为了保持脆性，可以采取以下措施。

(1) 挑选原料　在发酵加工前，剔除那些过熟和受过机械损伤的蔬菜。

(2) 迅速盐制　收购的蔬菜要及时进行盐制，因为蔬菜采收后，已基本失去了光合作用的能力，但呼吸作用仍不断地进行，呼吸必然会消耗细胞内的营养物质，蔬菜品质就会不断地下降，瓜果类蔬菜容易因后熟作用，细胞内原果胶分解导致肉质变软而失去脆性，根茎类和叶菜因为水分蒸发而导致体内水解酶类活性增加，高分子物质被降解而使菜质变软。在加工旺季，蔬菜量大不能及时渍制时，需要将蔬菜摊放在阴凉处，否则由于蔬菜的呼吸作用而产生的呼吸热没有及时排除，会为微生物的大量繁殖创造适宜的温度条件，造成大批蔬菜腐烂变质。

(3) 抑制有害微生物　有害微生物大量生长繁殖是造成腌制菜脆性下降的重要原因之一。因此在渍制过程中一定要减少有害微生物的污染，同时控制环境条件，抑制有害微生物的生长繁殖。这些环境条件主要有盐水的浓度、菜卤的 pH 和环境的温度。

(4) 使用保脆剂　为了使发酵蔬菜保持脆口性，可以在渍制过程中加入具有硬化作用的物质。蔬菜中的原果胶物质在原果胶酶、果胶酶的作用下，生成果胶酸和甲醇。果胶酸与钙离子、铝离子结合生成果胶酸钙、果胶酸铝等盐类，这些盐类能在细胞间隙中起粘连作用，而使渍制品保持脆性。常用的硬化处理的办法如下。①把蔬菜放在铝盐和钙盐的水溶液中进行短期浸泡，然后取出再进行初渍，或者直接往初渍的盐卤中加入一定量的钙盐或铝盐，加入量一般为蔬菜原料的 0.05%～0.1%。如果加入量过大，反而会使蔬菜组织过硬。②在初渍液中加入明矾或石灰，这是我国民间常用的保脆措施，明矾的使用量为蔬菜的 0.1%左右，石灰的使用量为蔬菜的 0.05%～0.1%，但明矾属于酸性物质，在绿色蔬菜渍制中不利于绿色的保持，而且有苦涩味，所以一般不采用。③用碱性的井水浸泡。井水中含有氯化钙、硫酸钙等多种钙盐，钙盐有保脆作用，所以井水浸泡有保脆的效果。④调整渍制液的 pH 可以保持酱腌菜的脆性，果胶在 pH 为 4.3～4.9 时水解度最小。如果 pH 低于 4.3 或者大于 4.9 时水解度就增大，菜质就容易变软。另外，果胶在浓度大的渍制液中溶解度小，菜质就不容易软化，据此性质，合理地掌握腌渍液的 pH 和浓度，对保持腌制菜的脆性十分重要。

四、亚硝酸盐及亚硝基胺的产生和预防

蔬菜在生长过程中吸收土壤中的氮素肥料，生成硝酸盐，在一些细菌还原酶的作用下，硝酸盐被还原成亚硝酸盐，人们食用过量的亚硝酸盐会引起中毒，而且亚硝酸盐与胺合成的亚硝基胺（nitrosamine），对动物有致癌作用。所以有效控制这些物质的产生非常重要。

1. 亚硝酸盐的产生

自然界能还原硝酸盐的细菌种类很多，如大肠杆菌（*Escherichia coli*）、金黄色葡萄球菌（*Staphylococcus aureus*）、芽孢杆菌（*Bacillus* spp.）等，共 100 多种。

目前，制作发酵蔬菜主要利用原料中自然带入的乳酸菌发酵，所以必然会存在一些有害菌。在发酵初期，由于发酵环境中乳酸菌尚未成为优势菌，而且环境中有丰富的营养成分、少量的氧气及适宜的 pH 值，为肠杆菌科细菌、真菌等有害微生物的生长提供了便利条件，所以在发酵初期这些微生物会大量繁殖，亚硝酸盐的含量上升。随着乳酸发酵的旺盛进行，酸度上升，有害菌受到抑制，硝酸盐的还原减弱，生成的亚硝酸盐被进一步还原和被酸分解，使亚硝酸盐含量逐渐下降。所以，只要发酵的时间足够长，亚硝酸盐的含量是完全可以控制的。

2. 预防措施

(1) 注意原料的选择和处理　用于制作发酵蔬菜的原料，一般应选用成熟而新鲜的蔬菜，幼嫩的蔬菜含有较多的硝酸盐，不新鲜或腐烂的蔬菜含有较多的亚硝酸盐。准备发酵的蔬菜不能久放，更不能堆积。蔬菜要洗净，尽量减少有害微生物，洗好的蔬菜及时晾干入坛。生产用水一定要符合卫生标准，含有亚硝酸盐的水禁止使用。

(2) 注意生产工具、容器及环境卫生　生产工具、容器要彻底消毒灭菌，减少有害微生物污染的机会。

(3) 食盐用量适当　在腌制和泡制蔬菜时，食盐用量应该适当，盐太少达不到抑制有害细菌的效果。

(4) 加盖密封，保持厌氧环境　因乳酸发酵属于厌氧发酵，在厌氧条件下，乳酸发酵能正常进行，而有害菌则受到抑制。

(5) 适当提高温度　在腌渍初期适当提高温度（一般不超过 20℃），可以迅速形成较强的酸性环境，有利于抑制有害菌的生长和促进分解部分亚硝酸盐。当发酵旺盛时，再将温度迅速降低至 10℃左右。

(6) 不轻易打捞及搅动　在腌菜过程中，如发酵液表面生霉，不要轻易打捞，以免霉菌下沉而致菜卤腐败产生胺类物质，待食用或销售时，再捞出菌膜，并尽快用完。

(7) 经常检查腌菜液的 pH 值　一旦发现 pH 值上升，要迅速处理，不能再继续贮存。否则，亚硝基胺便会迅速增长，以致全部蔬菜都腐烂变质。

(8) 合理食用发酵蔬菜　应在亚硝酸盐生成高峰过后再食用。

五、几种蔬菜发酵制品的生产工艺

发酵蔬菜是我国的重要的传统发酵食品之一，有非常长的生产和食用历史，各地都形成了一些很有特色的品种。下面将对涪陵榨菜、甜酸藠头、京冬菜、梅干菜等几种特色的发酵蔬菜产品的生产工艺进行介绍，同时也对近些年在国际比较有影响的韩国泡菜的生产工艺进行简要介绍。

(一) 涪陵榨菜

涪陵榨菜含有丰富的糖类、蛋白质、氨基酸、矿物质等营养物质，具有鲜香、脆嫩、色泽鲜艳、久贮不坏等特点，具有解腻、醒酒、开胃、生津、增进食欲等作用，所以一直以来畅销全国各地及欧洲、美国、日本、东南亚等国家和地区。最初，由于在加工过程中需要使用木榨压出菜体内的水分，故取名“榨菜”。下面将从原辅选择与配比、工艺流程与操作要点等方面对涪陵榨菜进行介绍。

1. 原辅料选择与配比

涪陵榨菜的原料是青菜头，是一种茎用芥菜。一般应选用质地细密、纤维素少、菜头突起部浅小、呈圆形或椭圆形的青菜头作为涪陵榨菜的原料。

辅料主要包括食盐、辣椒粉、花椒和混合香料等。食盐常采用四川自贡的井盐，它具有纯净、水分与杂质少、颜色洁白而颗粒细等特点。辣椒粉要求颜色鲜艳、味辛辣。花椒要求色红、味厚、味鲜麻。混合香料包括八角 55%、山奈 10%、甘草 5%、沙头 4%、肉桂 8%、白胡椒 3%、干姜 15%。将这些香料干燥、粉碎、混匀即可。

涪陵榨菜原辅料配比通常是头期青菜头 250kg（或中期菜 320kg，或尾期菜 350kg）、食盐 16kg、辣椒面 1.1kg、花椒 0.03kg、混合香料 0.12kg，可出成品榨菜 100kg。

2. 工艺流程与操作要点

涪陵榨菜的工艺流程如图 12-2，操作要点如下。

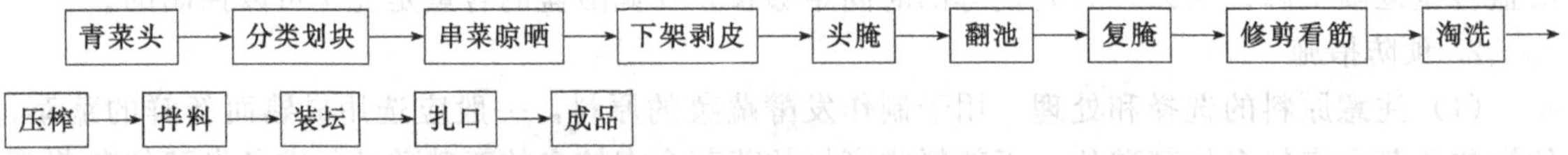

图 12-2 涪陵榨菜的工艺流程

(1) 分类划块 原料进厂后，经过挑选，按菜体的大小分类加工。150～350g 的青菜头可进行整体加工，350g 以上的菜要进行划块处理，以使它门的大小基本相同，便于后期加工处理，以保证产品质量的均一性。150g 以下的称为级外菜，而 60g 以下的不能作为榨菜。

(2) 晾晒脱水与剥皮 原料去除粗皮老筋（但不能伤及青皮）后，用篾丝将菜块穿成每串约 5kg 的菜串，搭在架子上晾干。晾晒时，应使菜块切面向外，青面向里，有利于脱水。菜头主要是靠风吹干而不是晒干，故称自然风力脱水。这种风干方法简单易行，菜块的绿色不易发生变化，营养成分不遭受损失。但是时间长，劳动强度大，而易受气候变化的影响，也容易受微生物的侵害而引起腐烂。所以，在较大规模的生产中常采用热风脱水法和食盐脱水法。

热风脱水法是利用烘干设备，人工控制温度、湿度与风速，以加快青菜头中水分的蒸发，达到脱水目的的方法。将青菜头平铺于烘架上送入烘干室，控制热风温度为 60～70℃，风速为 2～3 级，经过 7～8h，即可达到脱水要求。此方法的优点是不受气候的影响，脱水时间短，不易烂菜，有利于提高产品产量与质量，劳动强度小，并可以实现机械化。不足之处是能耗高，成本大。

食盐脱水法是将青菜头直接放入池内盐制，利用食盐来排除原料中水分的方法。其优点是不要晾晒和加热处理，脱水迅速，不易发生烂菜现象。缺点是营养成分流失较多，影响榨菜品质，同时增加了食盐的用量，一般是每 100kg 成品需要食盐 22kg。

晾干或脱水后的应该砍掉晾晒的穿眼，剥尽根茎与老皮。

(3) 腌制 腌制分为头腌与复腌。所谓头腌是指第一次腌制，而复腌是指第二次腌制。头腌在菜池中进行，先将晾干脱水的原料称重入池，一般在 3m 见方的菜池可先铺菜块 750～1000kg，厚 35～50cm，然后按 100kg 菜坯用盐 4.5kg 的比例，将盐均匀地撒在菜块上，一层菜一层盐，留下 10%的盐作为盖面盐。池装满后盖上盖面盐，放菜坯时每层要压紧，使菜保持紧密。经过 72h 腌制后，即可起池，起池时利用池内渗出的菜盐水，边淘洗边起池边上囤。

池内剩余的盐菜水应立即转入盐水专用贮存池内做淘洗盐水用，空出的池子做复腌用。上囤时所流出来的菜盐水也应利用沟渠使其流入上述专用菜池内贮存。囤高不宜超高 1m，上满囤后要适当踩压，以滤去菜块上附着的水分。上囤可以调剂菜块的干湿，起到将菜块上下翻转的作用。经上囤 24h 后即成半熟菜块。

将上囤完毕（约 24h）的菜块再过秤倒入原菜池内进行第二次腌制。操作方法与第一次腌制法相同。只是每层下池菜的重量应减为 600～800kg，按每 100kg 半熟菜块加盐 5kg 的比例，将盐均匀地撒在菜块上，再用力压紧，直至装满压紧加盖面盐，早晚再压紧一次。通过 7 天左右的腌制，食盐能渗透到菜块肉质的内部，进一步使菜块中的水分渗出。

入池腌制的菜块应经常进行检查，切实掌握腌制时间，防止发酸、“烧池”（发酵过快，导致池内温度过高的现象）。如果发现发热变酸或排放出的气泡特别旺盛时，应立即起池上囤，压干明水后转入第二道池加盐渍菜。

（4）修剪看筋与淘洗　复腌好的菜块应及时起池上囤，上囤 24h 后即称为毛熟菜块。这时应用剪刀仔细挑尽老筋、硬筋，修剪飞皮菜匙、菜顶尖堆，剔去黑斑、烂点、缝隙杂质，这一过程称为修剪看筋。修剪看筋时防止损伤青皮、白肉，然后整形分级。大菜块、小菜块及破碎分别堆放。

将修剪好的菜块分别用已澄清的菜盐水经人工或机械进行淘洗以除净菜块上泥沙污物，连续淘洗 3 次，切忌用生水和变质盐水淘洗，以免冲淡菜块的食盐含量或带入杂菌，影响贮存时间和榨菜品质。淘洗后的菜块即行上囤，并进行适当踩压，经过 24h 沥干菜块上所附着的水分之后，即可进行拌料装坛。

（5）拌料装坛　将洗净上囤后的菜块，按青菜头 100kg 加入食盐 6kg、辣椒末 1.1kg、花椒 0.03kg、混合香料 0.12kg 的比例，置于菜盆内充分拌均匀，使菜块沾满配料后，立即装坛。榨菜坛应选用两面上釉经检查无沙眼缝隙的陶坛。

装坛时先在地面挖一坛窝，将空坛置于窝内，深及菜坛的 3/4 处，用稻草塞满坛窝周围的空隙处，勿使坛子摇动，以便操作。每坛榨菜分 5 次装满，头层装 10kg、二层 12.5kg、三层 7.5kg、四层 5kg、五层装满。每次装菜要均匀，压紧，使菜与坛、菜与菜密合，以排出坛内空气，压菜时用力要均匀，防止捣碎菜块和坛子。装满后将坛子提出坛窝过秤标明净重。在坛口菜面上再撒一层红盐 60g（配制红盐的比例为食盐 100kg 加辣椒面 2.5kg 拌均匀），在红盐面上交错盖上 2～3 层干净的包谷壳。

（6）后期发酵保管与注意事项　榨菜装坛后，应普遍进行一次检查，发现坛内榨菜过多或过少时，应当进行减少和增添，这一过程称为追口。榨菜在贮存期间，应放在阴凉干燥的地方，每隔 30～45 天要进行一次敞口检查，称为“清口”，以保证榨菜品质。一般清口 2～3 次后，坛内发酵作用的旺盛期基本结束时，就可用水泥封口。水泥封口时中间要留一个小孔，以便坛内产生的气体溢出，防止爆坛的发生。

榨菜在坛内发酵后熟期会发生变化，出现一些异常现象，应及时发现、分析并加以处理。方法如下。

① 翻水现象：拌料装坛后，在贮存期，坛口菜块逐渐被翻上来的盐水浸湿，且有黄褐色的盐水由坛口溢出坛外的现象称为翻水。这是由于装坛后气温逐渐上升，坛内的各种微生物发酵分解菜块的营养物质所产生的气体越来越多，迫使坛内的菜水向坛口溢出，并产生气体，这是一种正常现象。凡菜块装得又紧又密，必然有翻水现象。翻水现象能反复出现几次，即菜水翻上来后不久又落下去，过了一段时间又翻上来落下去，至少要翻水 2～3 次。装坛后 1 个月之内还无翻水现象的菜坛，应立即进行检查，并进行加工整理。不翻水的榨菜，极易发生霉变，其主要原因是装坛时装得不紧，扎口不严密或坛有渗漏。

② 霉口现象：翻水之后，坛内的内容物减少，坛内菜块重量减轻，体积缩小，榨菜自然下沉，从而使坛口菜块变得松弛并与坛沿离开，露出缝隙，空气可以乘机侵入。如果翻水后长时间不清口检查，就可能会使坛口表面的榨菜生长霉菌，腐烂变质，这种现象成为霉口。所以清口检查时应观察坛口榨菜是否下沉，如果下沉就要添加少量新的榨菜扎紧坛颈和坛口；如果发现榨菜有一部分已经生霉，就应将霉榨菜取出另行处理，同时添加新榨菜装满塞紧并更换新的坛口菜叶，把坛口塞实扎紧。

③ 菜坛爆破现象：由于榨菜在整个加工过程中未曾进行杀菌处理，因此榨菜只有依靠其食盐的高渗透压来抑制大部分有害微生物的活动。但抗盐性强的微生物仍然可以继续活动。所以坛内的气体含量会不断增加。如果坛内榨菜装的又多又紧，气温升高时，坛内气体产生的又快又多，一时无法由坛口逸出，当坛内压力超过瓦坛所能承受的压力时菜坛就会爆破。因炸坛而暴露的榨菜，可以放入浓度为3～4°Bé的以冷开水制得的盐水中淘洗、晾干后，按每100kg菜块加盐1.5kg、辣椒面0.5kg、香粉料100g、花椒30g的比例，拌和均匀后，重装入坛发酵。

④ 酸败现象：装坛后熟的榨菜有时会失去鲜味与香味而变酸。这是由于菜块太湿加盐量不够或者在头腌和复腌的菜池中停留时间过久，以至乳酸菌大量繁殖使菜块的乳酸含量增多的原因。另外，由于菜块含水量较多，食盐用量不够，使细菌大量繁殖，也可以导致菜块变酸。

榨菜装坛后3～4个月不再翻水即可封口，每个菜坛用水泥400g、细河沙160g、水375g，充分拌和后涂敷在坛口上，使其密封，但在水泥中心位置要留一个小孔，使坛中发酵产生的气体能向外放出，防止菜坛因气压增大而发生爆裂。

（二）甜酸藠头

藠头又名薤、藠子、荞头。其主要成分为淀粉、纤维素、半纤维素、蛋白质等物质组成。同时，它还含有蒜辣素、蒜氨酸等有机硫化物。藠头产于我国长江流域及云南、贵州、广东、台湾等省。亚洲的日本和韩国也有栽培。

藠头是制作泡菜的主要原料之一，经过泡制后的藠头质地脆嫩，色、香、味、体好，深受国内外消费者的欢迎。下面简要介绍甜酸藠头的制作工艺。

1. 原辅料要求

做泡菜的藠头应该新鲜，质地脆、嫩、肥，无黄心，无霉烂，青皮及破口颗粒不超过1%。

辅料包括白砂糖、食品级冰醋酸、食用柠檬酸、明矾和食盐（食盐应为海盐，不能为矿盐）。

2. 工艺流程与操作要点

甜酸藠头的工艺流程如图12-3。操作要点如下。

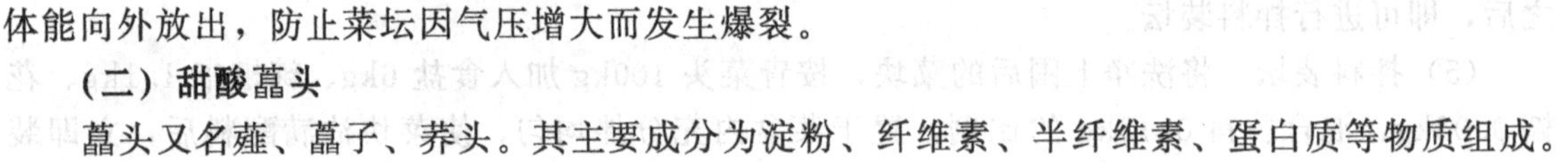

图12-3 甜酸藠头的工艺流程

（1）第一次修剪与清洗 藠头一般于7月份成熟收获，此时藠头产区的气候炎热，容易导致腐烂变质，所以出土后，立即在产地修剪处理，抖掉泥沙，剪去须根，地上茎保留1.5～2.0cm。修剪后立即运至工厂，进行清洗。在清洗中要求泥沙全部洗掉，大部分黑皮、老皮被剥去。原料运到工厂后，应立即清洗与处理，否则堆积时间过长，易于发烧，产生黄心。藠头腐烂从中心开始，发现黄心表明已经开始腐烂。

（2）盐渍　盐渍分为重盐渍和轻盐渍两种。所谓重盐渍是按每100kg修剪后的藠头用盐18kg、明矾200g的比例，在大缸内按铺一层菜，撒一层盐和明矾混合物的方式进行盐渍的方法。一般每层菜20～30cm，容器下半部用盐40%，下半部用盐60%，撒盐要求均匀一致。所谓轻盐渍是按每100kg修剪后的藠头用食盐9kg、明矾200g，进行盐渍的方法。容器和盐渍方法同上。

盐渍时，用大缸做容器的，每天早晚转缸翻菜各一次，从甲缸转入乙缸，最后将盐卤浇在菜面上，连续转缸4～5天。用水泥池（内壁用食品级原料进行防酸、防腐处理）做容器的，池边预先放入长桶形竹篓，直到池底。每天两次抽出池底盐浇在菜面上，连续抽卤浇淋7～8次。

（3）第二次修剪与分粒　将盐渍沥干后的藠头，用不锈钢小刀，茎端从膨大部分切断，根端将鳞茎盘切去，并剥掉残余老皮。对带有叶绿素的青头鳞茎、机械损伤的破口鳞茎剔除，或作次品处理，或剥掉一层鳞茎。

在修剪的同时，按大、中、小将藠头颗粒分开。也可以采用分粒机来进行机械分粒。按照国际市场的要求，大粒重量应在3.4g以上，中粒重量应为2.2～3.4g，小粒重量应为1.5～2.2g，不足1.5g的叫等外粒。

（4）脱盐与糖渍　脱盐是指将藠头咸胚用清水浸泡脱盐的过程。脱盐的方法是藠头入（缸）池，注入清水浸泡，从下部抽水出池，每天换水两次，第二天开始，早晚各抽样检测NaCl含量，当NaCl浓度为5%左右时即可出池（缸），沥干。

按脱盐藠头重量加20%白砂糖的比例，将糖与脱盐沥干的藠头混合均匀后，入缸发酵，发酵周期20～30天，其间翻缸3～5次，并检测pH值，当最后pH不足3时，加冰醋酸补足，随后即可加盖塑料薄膜，贮存备用。但贮存不宜超过3个月，随着时间的延长，藠头便由乳白色渐渐转黄色，在商业上认为色泽不好，但其实滋味更为可口。

（5）漂洗　取糖渍藠头的上清液，将藠头漂洗一次，检出一切异物。如清洁程度较差，可再用少量5°Bé盐水洗一次。务必做到不带任何污物。漂洗后沥干。

（6）包装与灌卤　将漂洗沥干的藠头放入包装容器中，灌入卤汁。卤汁根据含糖量的不同分为轻、重两种，重糖卤每100kg开水溶糖100kg，轻糖卤每150kg开水溶糖100kg，然后用柠檬酸和冰醋酸调节pH值2.5，静置2～3天后，取上清液用多层纱布过滤，滤液即为卤汁。

3. 注意事项

在甜酸藠头的制作过程中，有以下一些现象需要进行观察、分析与处理。

（1）酸度的变化　在藠头的发酵过程中，在发酵成熟期的酸度一般比产酸高峰期的酸度低，这可能是在发酵的中后期由于各种香气成分生成而消耗了部分酸的缘故。所以pH小幅度的升高属于正常现象，但是如果大幅度升高就可能是发生腐败的标志。

（2）颜色的变化　发酵得很好的藠头，由于乳酸有一定护色漂白作用，所以在贮存销售过程中一般颜色不会发生很大的变化。但是以发酵不好的藠头制成的甜酸藠头，由于在发酵后的加工过程中加糖、酸较多，经加热后容易发生非酶褐变，所以经过一段贮藏后褐变非常严重。因此，通过观察产品的颜色可以知道藠头的发酵情况。

（3）渍制发酵时间的控制　渍制发酵时间不宜过长，会使藠头过熟，通常以发酵到九成五的成熟度比较好。这样生产的甜酸藠头有光泽，香气浓，脆度好。

（4）渗漏对产品质量的影响　甜酸藠头质量的好坏，取决于发酵藠头胚质量的好坏，而藠头胚质量的好坏又取决于渍制池是否存在渗漏。无论是顺渗漏（从发酵容器内往外渗漏）还是反渗漏（从外面向发酵容器内渗漏）都有害于发酵。因为顺渗漏可以导致部分藠头脱离卤水的保护而被氧化，还有利于好氧性菌的生长，而且在补加盐水时可能带进部分杂菌，影响正常发酵和产品质量。反渗漏比顺渗漏带来的危害更严重，因反渗往往渗入的是容器外的冷水，温度低，还有可能带入腐败菌，可能造成整个容器内菡胚的腐烂变质。

（三）京冬菜

所谓冬菜是一种半干态发酵性蔬菜产品。因为通常在冬天进行制作，所以被称为冬菜。冬菜的种类很多，有川冬菜、京冬菜、津冬菜和上海五香冬菜等之分。因为冬菜在低温条件下进行发酵，蔬菜的维生素的破坏作用极小，除维生素C因氧化被破坏外，其他种类的维生素特别是B族维生素基本上没有被破坏。京冬菜主产于北京地区，以北京大白菜为原料发酵生产的一种发酵蔬菜。

京冬菜作为冬菜中的一个品种，具有香气浓郁、味道鲜美、组织脆嫩、可增进食欲等特点。既可做炒菜的辅料用，又可做汤用。下面简要介绍其制作工艺。

1. 原辅料选择与配比

京冬菜的原料为北京大白菜。辅料有食盐、花椒等。通常每100kg新鲜大白菜，需用食盐3kg、花椒0.25kg。

2. 工艺流程与操作要点

京冬菜的工艺流程如图12-4。操作要点如下。

图12-4 京冬菜的工艺流程

（1）加工整理 大白菜收获季节，要收购优质大白菜，大白菜进厂后立即进行加工，防止大白菜腐烂变质。进厂的大白菜首先去掉菜帮和老叶，用清水洗净。用刀先切成1.5cm宽的菜丝，然后再把菜丝切成菱形的小菜块，菱形的边长为2cm左右。要求菱形块大小基本一致。

（2）晾晒 切好的小菜块置于铺好芦苇的菜架上，菜架要设在阳光充足、易于通风的地方。菜铺的厚度约为1.5cm，如太厚不易晒干，而且晒的天数太多，会影响产品质量，甚至发生霉变。晾晒的过程中每天翻动2～3次，使菜体内的水分易于蒸发，同时使菜块失水均匀。晾晒时遇到雨天要把菜及时收盖好，到晚上也要盖好，防止露水。待100kg新鲜菜晒成25kg左右菜胚时就可以停止晾晒。一般晾晒时间需2～3天。

（3）揉搓 按每100kg晒好菜胚加入12kg食盐的比例，将食盐充分揉搓均匀，揉搓菜时要从上到下地抽翻，一直到基本上看不到盐粒为止，再拌入花椒，即装入缸内，层层压紧，装满后放少量的盖面盐（揉菜时提前留下），密封缸口。防止氧气进入而发生变质。

（4）第二次晾晒 装入缸内的菜胚，首先是食盐在渗透压的作用下渗入到菜体的各个部位，使菜体含盐量逐步达到均匀。花椒的特有香气也逐步扩散到菜胚中去。同时在耐盐微生物的作用下分解蛋白质和糖类，产生鲜味和香气。经过四五个月的作用，到第二年三四月份把缸内菜胚取出，放在苇席架上进行晾晒，晾晒时间要比第一次短（1～2天），晾晒方法与第一次相同，100kg菜胚晒成80kg时就可停止晾晒。

（5）装坛与后熟 把晾晒好的菜胚装入坛内，待装到整个坛子的1/4时，将菜胚压实，压的时候要均匀，不能有的地方紧有的地方松。如果没有压实，中间就会留有较多的空气，容易引起局部发生霉变。每装1/4时，压实一次。装满后压实，密封坛口。

装好坛后，再放置2个月后，使冬菜内的有益微生物再进一步发酵，促进各种物质的相互转化和酯化等，进一步形成北京冬菜特有的香气。2个月后即可开坛进行销售。

（四）霉干菜

霉干菜亦称霉菜，是以雪里蕻等为原料，经发酵干燥后的一种产品。霉干菜极耐贮存，在室内常温下，两三年也不会变质。在浙江、江西、江苏等民间，霉干菜被广泛用于蒸肉、炒菜、做汤、香味扑鼻，风味诱人，令人食欲剧增。

1. 原辅料与配比

雪里蕻是做霉干菜的主要原料之一，它在我国的栽培历史悠久，产地遍及全国各地。新鲜雪里蕻所含的钙、维生素 C 等比一般青菜要高。以雪里蕻加工霉干菜时，要修整干净，挑选高矮基本一致、茎粗叶肥、质地鲜嫩的小叶雪里蕻。

辅料主要是食盐，配比为每 100kg 鲜雪里蕻 7kg 食盐。

2. 工艺流程与操作要点

霉干菜的工艺流程如图 12-5。操作要点如下。

鲜原料 → 第一次晾晒 → 堆黄 → 盐渍 → 漂洗 → 第二次晾晒 → 回潮 → 贮藏

图 12-5 霉干菜的工艺流程

（1）整理 小叶雪里蕻，一般在春节前收购进来的质量最好。剔除黄叶、烂叶，无虫眼、叶背面无斑点。

（2）第一次晾晒 一般都在菜地里进行（有的在工厂内进行）。第一天早上，把菜收割下来，削去根，一棵棵就地摆好，进行晾晒。第二天中午，翻转一次，继续晾晒。夜间如不下雨，不必收到室内。一直晒去 25%～30% 的水分，至菜梗柔软不断的程度。在天气晴朗、空气干燥的情况下，共需晾晒两天。

（3）堆黄 晒过两天后的菜，收进房里堆存起来，让其发酵变黄，这一过程称为堆黄。堆黄过程中，每天要翻堆一次，温度控制在 40℃左右，待部分菜变成黄色后，就可下缸腌制。

（4）盐渍 堆黄后，即可装在缸内进行盐腌。按每 100kg 菜加盐 7kg 的比例，先在缸底撒些盐，然后装最底一层，使菜的茎部朝上，逐棵以菜的茎部压住另一颗菜的叶片部分，并以盐量的 2/3 撒在基部，其余 1/3 的食盐撒在叶片上。这样铺满一层后重复如前。为使食盐迅速溶化，挤出菜内空气和汁液，以便于盐渍，每装一层菜，都必须压实。压力要柔和均匀，不要损伤菜的原有体形。一直压到菜内湿润出水，食盐已经溶化，菜由淡黄色变为青绿色时，停止踩踏，再装另一层。最顶一层与缸内各层的装法略有不同，这一层要使菜的基部朝下，仍一棵棵地撒上食盐，装满后，照样进行踩踏。装完后，在缸顶压上相当于缸内菜重 50% 的石头。盐腌 1 天后，取下石头，像装缸时一样进行踩踏。一直到压出的水漫过菜面约 1cm 时，重新压上石头。

（5）漂洗与第二次晾晒 盐腌 15 天以后，拿去石块，将菜胚取出。放在清水缸内漂洗一下（不要浸泡），把漂洗好后的菜，捞在竹筐里，沥去水分。挂在绳子上或竹竿上，也可以摆在竹帘子上晾晒（冬季晒 2～3 天）。晒 1 天后，晚上将它收在一起，这样可以相互吸收水分。第二天再出晒，晒到叶片用手搓后不成粉末为度。如遇阴雨，要继续盐腌，不要取出漂洗与晾晒。

（6）回潮 刚晒好的菜，不能马上打捆，必须放在室内回潮 1 天后，再将它打成捆。存放 1 个月再吃味道鲜美。从腌制到成品，出品率在 12%～15%。

（7）贮藏 霉干菜应特别注意防雨、防潮、防晒。日常贮藏，如果没有包装，要将菜堆放在空气流通、地面干燥和清洁的室内即可。

（五）韩国泡菜

韩国泡菜堪称韩国“第一菜”，是以新鲜蔬菜（70%以上）为主要原材料，以蒜、姜、葱、萝卜和调味品等为辅料，经盐腌、调味等工序加工而成的具有传统风味的发酵蔬菜。韩国泡菜的精华在于各类腌制调料十分丰富，配比合理，从而生成特有的风味和口感。韩国泡菜在制作过程中只用泡菜缸而不必密闭，所以属于兼性厌氧型发酵过程。

1. 原辅料与配比

原料选用“满心”(解析）的鲜白菜。辅料包括青萝卜、大葱、大蒜、干辣椒、姜、虾油、精盐和海盐。

原辅料配比通常是鲜白菜 100kg、青萝卜 50kg、大葱 2kg、大蒜 1.25kg、干辣椒 1kg、姜 1kg、虾油 2kg、精盐 2.5kg、海盐 7.5kg。

2. 工艺流程与操作要点

韩国辣白菜的工艺流程如图 12-6。操作要点如下。

图 12-6 韩国辣白菜的工艺流程

(1) 修整　将白菜除去老帮、黄叶，削去根徐，用清水洗净。

(2) 盐水渍　首先将 7.5kg 海盐溶解配成 8 °Bé 的盐水，然后把盐水放在渍制的容器内，再把洗净的白菜放入盐水中渍制，但盐水要没过白菜，渍制 2～3 天，取出白菜用清水洗一遍，沥干浮水，然后放在容器内。

(3) 拌料　先把 20%的青萝卜丝切成细丝，全部大葱和姜也都切成细丝，大蒜捣成汁。把萝卜丝放入盆内，撒少许细盐，腌渍 1～2h 后，撒上辣椒面搅拌均匀，再放入虾油、葱、蒜、姜，充分拌和成“馅状”。为了提高风味，有些地方还加入一些苹果、梨（也要切成细丝）等。

(4) 复腌　在缸内先放一层萝卜，大的可切成 3～5 片，再放一层白菜，白菜上铺一层已准备好的菜馅，上面再放萝卜。依次顺序层层摆好，最上面用白菜帮覆盖，用石头压上。最后将缸埋在地里，仅露出缸口，经 2～3 天后，再兑入一些盐水，使菜汁超过菜面，然后封口，经 20 天即可食用。

第二节　发酵果蔬汁饮料

发酵果蔬汁饮料是以水果、蔬菜为原料，以醋酸菌和乳酸菌为菌种而生产的发酵乳酸或醋酸饮料。果蔬汁的乳酸与醋酸发酵饮料，特别是醋酸发酵饮料是近些年来在我国以及亚洲其他市场比较流行的一种饮料，但是可能最早的乳酸和醋酸发酵饮料应该是早期的人们将喝剩下的果蔬汁放在空气中，被醋酸菌或乳酸菌发酵而得到的。这里需要特别强调的是虽然果蔬汁的醋酸发酵饮料与本书第九章所叙述的果醋的发酵原理相同，但它们是完全不同的两种食品，果醋属于调味品，其酸度较高，发酵周期，特别是后发酵时间较长；而果醋饮料属于饮料，酸度低，发酵时间短。

本节将介绍乳酸菌发酵果蔬汁饮料、醋酸菌发酵果蔬汁饮料的生产工艺。

一、乳酸菌发酵果蔬汁饮料

乳酸菌发酵果蔬汁饮料是以各种单一或复合的水果与蔬菜汁为主要原料，经乳酸菌发酵、调配后的一种发酵饮料。它既可以自然接种也可以人工接种，既可以先发酵后取汁，也可以先榨汁后发酵。但是在大规模的工业化生产中，一般均采用榨汁后，人工接种的方式进行生产，以保证产品的质量与产品的均一性。

乳酸菌发酵果蔬汁饮料具有丰富的营养价值，独特的乳酸发酵风味与果蔬汁的芳香，含糖量、含盐量低，有清凉爽口、开胃理气的特点，具有一定的保健作用，是老少皆宜的营养保健型饮料。可用于生产乳酸菌发酵的果蔬汁种类很多，主要包括葡萄汁、橙汁、柑橘汁、苹果汁、柠檬汁、芒果汁、橄榄汁、西瓜汁、甘蓝汁、胡萝卜汁、甜菜汁、芹菜汁和番茄汁等。

（一）生产工艺流程

将原料清洗、拣选、破碎打浆、离心过滤、调配杀菌后，接种保温发酵 10～24h，当 pH 值降到 3.8～4.2，再经离心分离、脱气、杀菌、冷却、灌装后即为成品。其生产流程如图 12-7 所示。

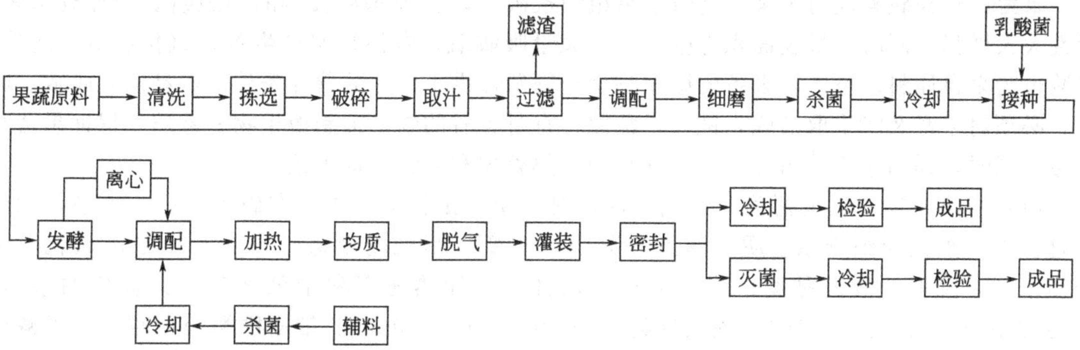

图 12-7　乳酸菌发酵果蔬汁饮料生产的工艺流程

（引自：李平兰《发酵食品安全生产与品质控制》，2005）

（二）操作要点

由图 12-7 可以看出，乳酸菌发酵果蔬汁饮料的操作要点包括原料的清洗、分选、破碎、打浆与取汁，果汁的调配、杀菌与冷却，以及接种、发酵、离心、均质与灌装等过程。下面将分别进行叙述。

1. 原料清洗

由于果蔬在生长、成熟、运输和贮存过程中受到泥土、微生物、农药及其他有害物质的污染，所以必须进行清洗。清洗的目的就是除去上述污染物，以保证果蔬汁的质量。对于农药残留较多的果蔬原料，可用稀酸溶液或洗涤剂处理后再用清水洗净。

在工业化生产中，一般采用专门的清洗设备，例如鼓风式清洗机，结合化学清洗剂和表面活性剂，通过浸泡、鼓风、摩擦、搅动、喷淋、刷洗、振动等，达到有效清洗原料的目的。原料的清洗效果，取决于清洗时间、温度、方式以及清洗液的 pH 值、水的硬度和矿物质等因素的影响。

2. 原料拣选

拣选的目的是挑出腐败的、破碎的和未成熟的水果或蔬菜，以及混在果蔬原料中的异物。即使腐败原料或未成熟原料的数量很少，也会使果蔬原汁的质量下降，所以拣选操作相当重要。拣选通常在原料清洗后的输送带上手工进行，即在输送带旁，每隔一定间距站立一名操作工人，拣出不合格的原料或异物，或除去不合格的果实与杂物。

3. 破碎、打浆

除了像山楂、梅、酸枣等果汁含量很少，榨汁很难的水果采用水浸提方法来提取果汁外，大部分含汁丰富的果蔬均采用压榨法取汁，而且除柑橘类果汁和带果肉果汁外，一般在榨汁前均需要破碎与打浆。

榨汁前先行破碎可以提高出汁率，特别是皮、肉致密的果实更需要破碎，但破碎粒度要适当，要有利于压榨过程中果浆内部产生排出果汁的排汁通道。否则，破碎过度，易造成压榨时外层果汁很快榨出，形成一层厚皮，使内层果汁流出困难，反而会造成出汁率下降，榨汁时间延长，浑浊物含量增大。水果一般以挤压、剪切、冲击、劈裂、摩擦等机械破碎方法进行破碎，也可以采用热力、冷冻、超声波等破碎法等。

不同榨汁方法，要求破碎粒度是不同的，一般要求果浆的粒度在 3～9mm，可通过调节破碎工作部件的间隙来控制。葡萄等水果只要压破果皮即可，橘子、番茄等则可用打浆机破碎。在破碎过程中，可加入维生素 C 等抗氧化剂，以改善果汁色泽和营养价值。

4. 榨汁前的预处理

果蔬原料经破碎成为果浆，这时水果组织被破坏，各种酶从破碎的细胞组织中释放出来，活性大大增强，同时水果表面积急剧扩大，大量吸收氧，致使果浆产生各种氧化反应。此外，果浆也为来自原料、空气、设备的微生物生长繁殖提供了良好的营养条件，极易使其腐败。因此，必须对果浆及时采取措施，钝化果蔬原料自身含有的酶，抑制微生物的繁殖，保证果蔬汁质量，同时，提高果浆的出汁率。通常采用加热处理和酶法处理工艺。

（1）加热处理　红色葡萄、红色西洋樱桃、李、山楂等水果，在破碎之后，须进行加热处理。由于加热使细胞原生质中的蛋白凝固，改变了细胞的半透性，同时使果肉软化，果胶质水解，降低汁液的黏度，因而可提高出汁率。加热还有利于色素和风味物质的渗出，并能抑制酶的活性。一般的处理条件为 60～70℃、15～30min。带皮橙类榨汁时，为了减少汁液中果皮精油的含量，可预煮 1～2min。对于橘类，为了便于去皮，也可在 95～100℃热水中烫煮 25～45s。

（2）加果胶酶处理　果胶酶可以有效分解果肉组织中的果胶物质，使果汁黏度降低，使汁液过滤容易，以提高出汁率。添加果胶酶制剂时，要使之与果肉均匀混合，根据原料品种控制酶制剂的用量，并控制作用的时间和温度。酶制剂用量不足、作用时间短或反应温度偏低，则果胶物质分解不完全，过滤效果差，汁液得率小，而且还影响产品的质量。

5. 取汁

如前所述果蔬原料取汁方法包括压榨取汁法和浸提取汁法。

（1）压榨取汁　压榨取汁是目前最常用的果蔬取汁方法，特别适合于含汁液较多的果蔬原料。国际食品标准委员会（CAC）的国际标准和国际推荐标准，各主要果汁饮料消费国都规定必须用机械方法压榨取汁，欧洲有些国家还以法规形式限制各种取汁方法的适用条件。由于果蔬原料多种多样，制得的汁液性能各不相同，所以榨汁方法依果实的结构、果汁存在的部位及其组织性质、成品的品质要求而异。

果蔬汁的出汁率与许多因素有关，归纳起来有两大类。一类是原料性质，如果蔬的种类和品种、质地、成熟度和新鲜度、加工季节、榨汁方法和榨汁效能；另一类是榨汁条件，如挤压压力、果浆预处理、挤压厚度、挤压速度、挤压时间、加压温度和预排汁等工艺参数的共同影响，其中破碎度和挤压层厚度对出汁率有重要影响，对适当破碎的浆料先进行薄层化处理，再加压榨汁，可使果汁排放流畅。另外，进行预排汁能够显著提高榨汁机的出汁率和榨汁效率。

在榨汁过程中，为了改善果浆的组织结构，提高出汁率或缩短榨汁时间，往往使用一些榨汁助剂，例如稻糠、硅藻土、珠光岩、人造纤维和木纤维。榨汁助剂的添加量，取决于榨汁设备的工作方式、榨汁助剂的种类和性质以及果浆的组织结构等。如压榨苹果时添加量为 0.5%～2%，可提高出汁率 6%～20%。但是必须是助剂均匀分布于果浆中。

果实的破碎和榨汁，不论采用何种设备和方法，均要求工艺过程短，出汁率高，最大限度地防止空气混入，并能防止和减轻果汁色、香、味的变化。

（2）浸提取汁　浸提是把水果细胞内的汁液转移到液态浸提介质中的过程。浸提取汁工艺的应用越来越受到人们的重视，在多次取汁工艺中，它可应用于浸提果浆渣中的残存汁液。在我国，对一些汁液含量较少，难以用榨取方法取汁的水果原料如山楂、梅、酸枣等采用浸提工艺取汁，但浸提温度高、浸提时间长，果汁质量差。国外采用低温浸提，温度为40～65℃，时间60min左右，浸提汁色泽明亮，易于澄清处理，氧化程度小，微生物含量低，芳香成分含量高，适于生产各种果汁饮料，是一种可行的、有前途的加工工艺。

6. 过滤

这里的过滤主要指粗滤，是指在不改变色泽、风味和香味特性的前提下，除去分散在果蔬汁中的粗大颗粒或悬浮粒的过程。破碎压榨出的新鲜果蔬汁中含有的悬浮粒的类型和数量，因压榨方法和果实组织结构的不同而不同。粗大的悬浮粒来自周围组织或果汁细胞本身的细胞壁。果汁中的种子果皮和其他悬浮物，不仅影响果蔬汁的外观和风味，而且还会使果蔬汁很快发生变质。柑橘类果汁的悬浮粒中，含有柚皮苷和柠檬碱等不需要的物质，可采用低温沉淀、过滤的方法部分去除。

粗滤可在榨汁机中进行，也可以单机操作。粗滤设备一般为筛滤机，滤孔直径约为0.5mm。

7. 调配与细磨

通过向果蔬汁液中添加一定量的蔗糖、蜂蜜或脱脂奶粉等，可以提高发酵过程的产酸水平，改善成品风味。也可以将两种或两种以上不同果蔬汁按一定比例混合，以获得复合果蔬汁。另外，便于随后的微生物发酵，往往还需用$NaCO_3$调果蔬汁pH值到6.5左右。

因通常果蔬汁中的粗纤维含量较多，所以调配后，常常还需要采用胶体磨细磨5～10min，以使果肉微粒化，并可防止沉淀。

8. 杀菌、冷却

杀菌是指杀灭果蔬汁中存在的微生物（细菌、霉菌和酵母等）的操作。目前，果蔬汁杀菌方法仍以巴氏杀菌和高温短时杀菌应用比较普遍。果蔬汁pH值大于或小于4.5是决定巴氏杀菌或高温杀菌工艺的分界线。常规的低温长时杀菌是80℃、30min，或95℃、30s。由于微生物受热致死的影响要比食品营养成分等受热破坏的影响大得多，因此，目前果蔬汁几乎都采用了高温短时杀菌工艺（high-temperature short time sterilization process，HTST），即在高温下用较短的加热时间杀灭食品和容器内的微生物，不仅杀菌效果好，而且HTST所导致的营养损失要小得多，一般杀菌条件为105℃保持15s。杀菌后的果蔬汁在热交换器内进行迅速降温，将果汁温度降到40℃左右。

9. 菌种活化

目前，果蔬汁乳酸菌发酵饮料常用的菌种主要包括嗜热链球菌（*Streptococcus thermophilus*）、保加利亚乳杆菌（*Lactobacillus bulgaricus*）、嗜酸乳杆菌（*L. acidophilus*）和双歧杆菌（*Bifidobacterium* spp.）。其中，前两种菌种用得较为普遍，并且常常混合使用，因为它们之间存在协同生长的特性，具体的协同生长特性，请参阅本书第十一章相关内容。微生物菌株在保藏条件下，由于繁殖与代谢能力受到抑制，使活力下降，因此使用前必须进行活化。活化常采用脱脂牛奶作为培养基（或采用脱脂奶粉中注入9倍的热水溶解的复原奶），杀菌冷却后，再将乳杆菌在培养基中进行3或4次传代，当pH值为4.0～4.2，活菌数在10^6个/mL以上，乳酸酸度在0.8%～1.0%时，表明菌种可达正常活力，置于冰箱中保存备用。

10. 接种

将活化好的乳酸菌菌种分别进行培养，然后按保加利亚乳杆菌和嗜热链球菌1∶1的比例混合，或按嗜热链球菌、嗜酸乳杆菌和保加利亚乳杆菌1∶2∶1比例混合，作为种子液，然后再按5%～8%接种量，接入经灭菌、冷却至40℃左右的果蔬汁中，或者以每毫升培养基中含3×10^6个乳酸菌为标准进行接种。

11. 发酵

接种后在37～40℃的发酵罐中静置恒温发酵8～12h，当发酵液乳酸含量达到200 mg/100 mL以上，pH值达到3.9～4.2时，即可停止发酵。具体发酵温度、时间、乳酸含量及发酵液pH值，对不同的果蔬原料和果蔬汁浓度可以有所差异。

12. 离心、调配、均质

将甜味剂、稳定剂、酸味剂、香精等辅料溶解于热水后，可直接加入发酵后的发酵液中，或经过离心分离去除菌体后，加入上清液中，搅拌混匀。为了使果蔬汁中不同粒度、不同密度的果肉颗粒进一步破碎并使之均匀，促使果胶渗出，增加果蔬汁与果胶及发酵后乳酸等物质的亲和力，抑制果汁分层及产生沉淀现象，使产品保持均一稳定，通常在调配完成后还需进行均质。

13. 脱气

脱气的目的的在于除去或脱去果蔬汁中的氧气。因为存在于果实间隙中的氧、氮和呼吸产生的CO_2等气体，在果蔬加工过程中都能以溶解状态进入果汁中，或被吸附在果肉微粒和胶体的表面，同时由于果蔬汁与大气接触的结果，更增加了气体含量，因此制得的发酵液中存在较多气体。脱除氧气可以减少或避免发酵液中的氧化，减少果蔬汁色泽和风味的变化，防止马口铁罐等容器壁的腐蚀，避免悬浮粒吸附气体而漂浮于液面，以及防止装罐和杀菌时产生气泡等。然而去氧会导致果蔬汁中挥发性芳香物质的损失，必要时可回收，返回到果蔬汁中。常用的脱气方法有真空脱气法、气体交换法、酶法脱气和抗氧化法等。采用真空脱气时，真空度一般维持在0.06～0.08MPa，脱气温度50～65℃。

14. 灌装、杀菌

果蔬汁灌装所用的容器一般为金属罐、玻璃瓶或纸容器，纸容器一般用于无菌灌装，灌装后立即封口。乳酸发酵果蔬汁可以不经过杀菌制成活性乳酸菌饮料，使产品中存在一定数量的活乳酸菌，也可以经过杀菌制成非活性的乳酸菌饮料。常规的巴氏杀菌一般是80℃、30min，或95℃、30s，也有用高温杀菌。高温杀菌是指100℃以上的加热杀菌方式，多用于低酸性蔬菜汁的杀菌，这些蔬菜原汁中含有耐热的芽孢杆菌，必须进行高温杀菌，一般在121℃下停留几秒钟，常采用连续式高温杀菌装置。目前，无菌包装技术的快速发展，使越来越多的企业采用超高温杀菌工艺对果蔬汁进行杀菌。活性乳酸菌饮料应贮存于0～4℃的冷库中，非活性乳酸菌饮料杀菌后的产品经快速降温，应避光贮存。

二、醋酸菌发酵果蔬汁饮料

醋酸菌发酵果蔬汁饮料，即果醋饮料（fruit vinegar drink）是近年来在在我国和日本等亚洲市场上比较流行一种新型饮料。目前在我国市场上的醋酸饮料的种类很多，根据生产方式的不同，大致可以分为发酵型和调配型两类。所谓发酵型是苹果、山楂、葡萄、柿子、梨、杏、柑橘、猕猴桃、西瓜等的果汁为原料，以酵母菌与醋酸菌为菌种的酿制而成的一种营养丰富、风味优良的酸味发酵饮品。它兼有水果和食醋的营养保健功能。所谓调配型是果汁、食醋或醋酸等主要原料，通过调配而成的一种饮料。

（一）果醋发酵原理与条件

1. 发酵原理与微生物

以含糖果汁为原料的醋酸发酵过程包括酒精发酵和醋酸发酵两个阶段，酒精发酵阶段主要是以酵母为菌种，将糖转化为酒精的过程，而醋酸发酵阶段是醋酸菌以酒精为原料生产醋酸的过程。如果以酒为发酵原料，则只有醋酸发酵阶段。当然如果以含淀粉质的果汁为原料则首先应该将淀粉转化成糖。目前，我国市场上生产的发酵果醋饮料主要还是以果汁为原料。

醋酸发酵是由醋酸菌完成的。所谓醋酸菌是指能将酒精氧化成醋酸，把葡萄糖氧化成葡萄糖酸的一大类微生物。用于果醋生产的醋酸菌主要是能将酒精氧化为醋酸的醋酸杆菌（*Acetobacter* spp.）。

2. 醋酸发酵条件

研究表明，醋酸菌的繁殖和醋化与下列环境条件有关。

（1）酒精度的影响　一般酒度超过 14%（体积分数）时，醋酸菌繁殖迟缓，主要产生乙醛，而醋酸产量甚少。所以酒度应控制在 12%～14%（体积分数）及以下。

（2）溶氧的影响　由于醋酸菌是好氧微生物，所以果酒中的溶解氧愈多，醋化作用愈快速和完全，理论上 100L 纯酒精被氧化成醋酸需要 38.0m^3 纯氧，相当于空气量 183.9m^3。实践上供给的空气量还须超过理论数 15%～20%才能醋化完全。如果氧气（空气）不足，则醋酸菌被迫停止繁殖，醋化作用也受到阻碍。

（3）SO_2 的影响　如果是以果酒为原料，则果酒中 SO_2 含量过多，对醋酸菌的生长与醋化均不利，此时应该将 SO_2 消除后，才能进行醋酸发酵。

（4）温度的影响　发酵温度在 10℃以下，醋酸菌的醋化作用进行困难；20～32℃为醋酸菌繁殖最适宜温度，30～35℃其醋化作用最快，达 40℃即停止活动。

（5）酸度的影响　尽管相对于其他微生物而言，醋酸菌是比较耐酸的，但是醋化过程的进行，醋酸量陆续增加，醋酸菌的活动也逐渐减弱，至酸度达某限度时，其活动完全停止。一般醋酸菌能忍受 8%～10%的醋酸浓度。

（6）光线影响　太阳光线对醋酸菌发育有害，而且各种光带的有害作用，以白色为最烈，其次顺序是紫色、青色、蓝色、绿色、黄色及棕黄色，红色危害最弱，与黑暗处醋化时所得的产率相同。

（二）发酵型果醋生产工艺

发酵型果醋的生产工艺流程如图 12-8 所示。操作要点如下。

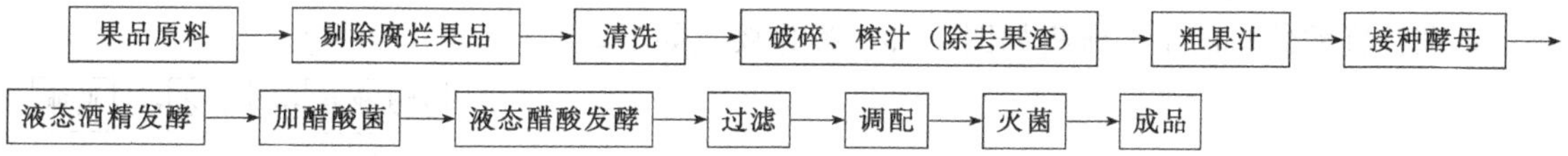

图 12-8　发酵型果醋的生产工艺流程

1. 原料处理

将果品投入池中用清洁水冲洗干净，剔除病虫害和腐烂的果品，取出沥干。

2. 果汁制备

将果品用机械或人工去皮去核，然后破碎、榨取其汁。一般果汁得率在 65%～80%。

3. 菌种活化

如果采用酿酒干酵母作为酒精发酵剂，需进行复水活化。以安琪葡萄酒高活性干酵母活化为例，将 1kg 干酵母加入 20L 38℃含蔗糖 5%的糖水（也可以采用果汁），搅拌溶解。15～30min 后待酵母活化好时，即可使用。

4. 酒精发酵

在处理的原料中接入 0.1%～0.2%的预先活化好的酿酒干酵母。发酵温度控制在 30～35℃，含糖量在 10%，时间约需 3 天，酒化基本完全。

5. 醋酸发酵

向完成了酒精发酵的酒醪中接入 10%～15% 的醋酸菌工作发酵剂，控制品温在 30～42℃。在此过程中，经常测定醋醪中的酸含量，经过约 10 天醋醪发出醋香，当所测酸度连续 2 天不再升高时，就可终止醋酸的发酵，一般将醋酸发酵分为三个阶段。

(1) 发酵前期　菌种适应期，醋酸菌活性低，生长慢，不需要大量的氧，此阶段要注意控制温度在 35℃左右。

(2) 发酵中期　此阶段醋酸菌活力上升，处于对数生长期，细菌数猛增。由于呼吸作用加强，需要大量的氧，品温控制在 36～38℃，这个阶段要严格管理，是醋酸菌发酵氧化的主要时期，也是醋酸大量生成时期。

(3) 发酵后期　此阶段菌体开始老化，呼吸作用减弱，品温逐渐下降，醪中乙醇含量已经减少，醋酸的产生也很缓慢，这时氧化反应缓慢，品温应维持在 35℃左右。

6. 过滤

采用过滤机，对发酵成熟醋液进行过滤处理，使之变得澄清、稳定。

7. 调配与灭菌

按产品要求进行风味调配。调配后装瓶，在 60℃杀菌 10min 后，就可得到风味独特的果醋饮料。

三、几种乳酸与醋酸发酵饮料的生产工艺

(一) 番茄汁乳酸饮料的生产工艺

番茄又称西红柿，番茄中富含维生素 A、维生素 C、Ca、Fe、Mg 及有机酸，营养丰富。番茄中还含有一定量的番茄红素，其具有抗氧化、抗衰老、清除自由基、调控肿瘤增殖、预防消化道癌等功效。将季节性上市的番茄采取合理工艺制成汁，再经乳酸菌发酵，可生产得到风味独特、营养丰富的乳酸饮料。下面简要介绍其生产工艺。

1. 原辅料与菌种

原料包括番茄。辅料包括蔗糖、柠檬酸、黄原胶、海藻酸丙二醇酯（PGA）等，均为食用级。

菌种为保加利亚乳杆菌和嗜热链球菌。

2. 工艺流程与操作要点

番茄汁乳酸饮料的工艺流程如图 12-9。操作要点如下。

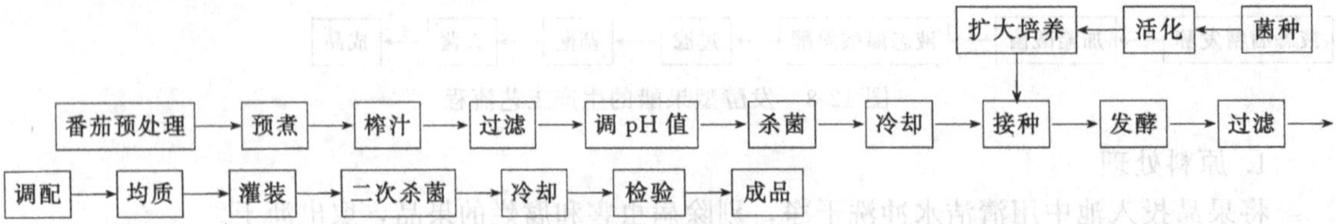

图 12-9　番茄汁乳酸饮料的工艺流程

(1) 原料处理　选择颜色鲜红、成熟度适宜（悬浮物＞5%）、无病虫害的新鲜番茄，清洗干净，去果蒂，于 90～95℃预煮 3min，去皮，灭酶，用 100 目纱网趁热过滤番茄汁，除去粗纤维及果皮残渣，向番茄汁中加入适量的饱和 $NaCO_3$ 溶液，把 pH 值调至 6.0。

(2) 杀菌、冷却、接种与发酵　将调好 pH 值的番茄汁加热到 90℃，保温 15min 进行杀菌，然后迅速冷却到 40℃左右，接入 6%保加利亚乳杆菌与嗜热链球菌（1∶1），在 40℃恒温发酵 32h 左右，待发酵液的酸度不再升高，即可终止乳酸发酵。

(3) 过滤、调配与均质　将发酵液用 200 目纱网进行过滤，向滤液中添加 0.2%黄原胶与 0.3% PGA 作为稳定剂，加入适量的柠檬酸与蔗糖，调节糖酸比。将调配好的发酵液加热至

53℃左右，20MPa 下均质。

(4) 灌装与灭菌　将均质好的饮料灌装，并于将 100℃杀菌 10～15min 杀菌，迅速冷却后即为成品。

(二) 苹果醋饮料的生产工艺

苹果是人们经常食用的水果之一，营养十分丰富，具有生津润肺、开胃醒酒等功效。苹果的主要成分是碳水化合物，其中大部分是糖，其含量随品种而异，其中蔗糖约 4%，还原糖 6%～9%；苹果大约含酸 0.5%，主要为苹果酸，此外还含有奎宁酸、柠檬酸和酒石酸等。

苹果醋饮料是以苹果为原料，经酒精发酵、醋酸发酵酿制而成的一种营养丰富、风味优良的酸性饮料。现将其生产工艺简述如下。

1. 原辅料与菌种

主要原辅材料为苹果和白砂糖。苹果要求果实新鲜成熟、风味正常、无霉变腐烂、无病虫害等。白砂糖要符合 GB 317—84 质量要求。

菌种包括葡萄酒酵母和醋酸菌。

2. 工艺流程与操作要点

苹果醋饮料的工艺流程如图 12-10。操作要点如下。

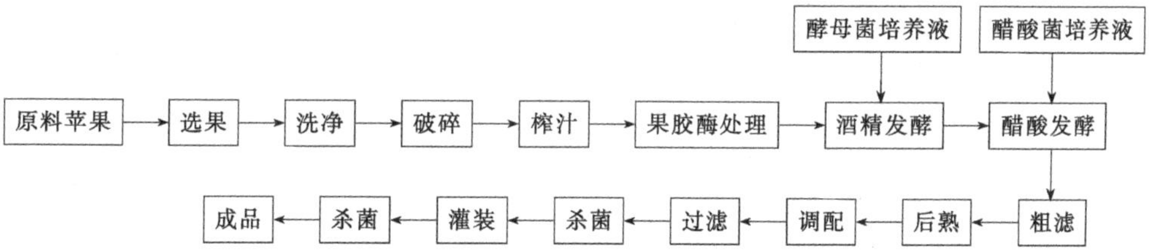

图 12-10　苹果醋饮料的工艺流程

(1) 苹果汁的制备　为了不影响苹果汁的色、香、味及减少微生物的污染，应选择无霉变、腐烂和病虫害的水果。用清水（温度控制在 40℃以下）将附着在原料果实上的泥土、微生物和农药洗净。洗净的果实进入破碎机破碎，破碎的果肉通过榨汁机，榨出的果汁立即通过筛滤分离出果肉浆，滤网以 80 目为宜。果浆经果胶酶处理后，糖度调整到 18°Bx（若果汁含糖量低可补加白砂糖）。

(2) 酒精发酵　在苹果汁中接入 10%活化好的酵母菌培养液，在密闭容器中进行酒精发酵，温度 28～32℃，发酵 3～4 天。当酒精含量达到 8.0%以上，残糖控制在 0.5%～0.8%时就可转入醋酸发酵。

(3) 醋酸发酵　定期通入无菌空气，通风量为发酵液：风量＝1：(0.06～0.08)，发酵时间为 5 天左右，经检测酸度（以醋酸计）达 7%以上且酸度不再升高，醋酸发酵结束。

(4) 后熟　发酵完毕的苹果醋经过过滤，贮存在密闭的容器中 1～2 周，目的是通过分子间的聚合作用，使有机酸和醇类结合成芳香酯类，使苹果醋具有醇厚的果醋味。

(5) 苹果醋饮料的配制　根据产品的风味要求，将后熟的苹果醋加糖和其他果汁调配后，装瓶后杀菌，即为成品。例如，取 5%优质浓缩苹果汁、1%黑加仑汁、10%苹果醋、5%蜂蜜、10%果葡糖浆与纯净水配制过滤后，加热至 95℃杀菌，灌装封盖后在 80℃下杀菌 30min 即可。

思　考　题

1. 什么是发酵果蔬制品，如何分类？

2. 比较蔬菜腌制和泡制的异同。
3. 简述蔬菜腌制和泡制的生产工艺和操作要点。
4. 蔬菜腌制和泡制中的微生物有哪些？各有什么作用？
5. 腌制品中亚硝酸盐产生的原因是什么？如何防止其产生？
6. 简述腌制品色、香、味及脆性的变化和保持。
7. 果蔬汁发酵饮料有哪些特点？
8. 乳酸菌发酵果蔬汁的生产工艺及操作要点。
9. 果醋饮料发酵的原理是什么？
10. 简述发酵型果醋饮料的生产工艺及操作要点。

第十三章 发酵食品添加剂

食品添加剂（food additives）是指为改善食品品质和色、香、味以及防腐和加工工艺需要加入食品中的化学合成物质或天然物质。全世界批准使用的食品添加剂有25000多种，我国允许使用的也有1500多种。食品添加剂按制造方法分类如下。①化学合成的食品添加剂，是利用各种有机、无机物通过化学合成方法而得到的食品添加剂。例如防腐剂中的苯甲酸钠、漂白剂中的焦硫酸钠、色素中的胭脂红等。②生物合成的食品添加剂，一般以粮食等为原料，采用微生物发酵的方法，是微生物代谢产物。例如，调味用的味精、色素中的红曲红、酸味剂中的柠檬酸等。③天然提取物食品添加剂，采用提取分离的方法，从动、植物体等原料中提取、分离纯化得到的食品添加剂。例如，色素中的栀子黄、香料中的天然香精油等。其中，采用微生物发酵方法生产生物合成添加剂的种类很多，包括鲜味剂、酸味剂、甜味剂、防腐剂、抗氧化剂、色素、增稠剂、酶制剂和营养强化剂等。本章将就味精、核苷酸、红曲、黄原胶、乳酸链球菌素、纳他霉素、曲酸等常见的微生物发酵产生的食品添加剂以及益生菌剂等进行阐述。

第一节 味 精

一、味精概述

（一）味精的作用及其安全性

味精（monosodium glutamate）为L-谷氨酸一钠，学名为α-氨基戊二酸一钠，分子式为$C_5H_8O_4NNa \cdot H_2O$，相对分子质量为187.13，含有不对称碳原子，具有旋光性。味精具有强烈的肉类鲜味，特别是在微酸性溶液中味道更鲜，将它添加到食品中可使食品鲜味增加，风味增强。

蔗糖用水稀释至200倍则感觉不到甜味，食盐用水稀释至400倍感觉不到咸味，而味精用水稀释至3000倍，仍能感觉到鲜味。味精一般使用浓度仅0.2%～0.5%，是一种广泛用于食品菜肴的调味品。

味精进入胃后，受胃酸作用生成谷氨酸，很快被消化吸收而构成人体组织中的蛋白质，并参与体内许多其他代谢过程，因而有较高的营养价值。在人体内谷氨酸能与血氨结合形成谷氨酰胺，解除组织代谢过程中氨的毒害作用，从而能预防和治疗肝昏迷，保护肝脏，故谷氨酸可作为治疗肝病的辅助药物。谷氨酸还参与脑蛋白质代谢和糖代谢，能促进中枢神经系统的正常活动，对于治疗脑震荡或脑神经损伤亦有一定疗效。谷氨酸与其他药物合用，还可治疗癫痫发作及精神病运动性发作。长期服用谷氨酸，可提高神经有缺陷儿童的智力。

尽管味精（谷氨酸）具有诸多作用，但是关于味精的安全性问题有少数人一直存在疑虑，大量的实验已经表明味精是安全的，为此，国际第14届食品添加剂专门委员会曾做过如下结论："味精作为食品添加剂是极其安全的，除婴儿外，普通人容许摄取量为120mg/kg体重，也即体重50kg的人每日食用6g，都不会出问题。"美国食品药品管理局也明确指出："在现在的使用量、使用方法下长期服用味精，没有发现对人体有任何危害。"1987年，联合国粮农组织和世界卫生组织食品添加剂专家联合会第19次会议宣布，取消过去关于成人食用味精需要限量的规定，明确它是一种安全可靠的食品添加剂，除1周岁婴儿外其他年龄的人群均可食用。

（二）味精工业发展简史

1866年，德国人Ritthauson利用H_2SO_4水解小麦面筋，最先分离出谷氨酸。1908年，日本人池田菊苗和铃本合作从海带汁液中提取谷氨酸成功。1910 年，日本味之素公司用水解法生产出谷氨酸。1935 年，美国人从甜菜废液中提取得到谷氨酸。1946 年，美国发明发酵法生产 α-酮戊二酸，并发表了采用酶法和化学法将酮酸转化为 L 谷氨酸的研究报告。1956 年，日本协和发酵公司开始以糖质为原料，采用发酵法生产谷氨酸成功，并于 1957 年投入工业化生产。1959 年，美国也开始采用发酵法生产味精。

我国味精生产开始于 1923 年，上海天厨味精厂首先采用盐酸水解面筋生产味精。1932 年，沈阳味精厂开始用豆粕水解生产味精。1958 年，我国有关研究所和工厂开始研究发酵法生产谷氨酸的工艺。1964 年，上海天厨味精厂首先以黄色短杆菌（*Brevibacterium flavum*）617 为生产菌种，采用发酵法生产谷氨酸中型试验成功，继而投入工业化生产。1965 年，杭州味精厂与中国科学院微生物研究所等单位协作，采用北京棒状杆菌（*Corynebacterium pekinense*）As1299 发酵法生产谷氨酸扩大试验成功，并于次年投入工业化生产。与此同时，天津味精厂、沈阳味精厂相继用发酵法生产谷氨酸。2007 年中国味精产量已超过 180 万吨，产量高居世界首位，其中出口 20 万吨。我国已成为世界的味精生产中心，以淀粉、大米为原料的生产工艺，其主要技术经济指标已进入世界先进行列。

二、谷氨酸生产原料与处理方法

谷氨酸发酵的主要原料有淀粉、糖蜜、醋酸、乙醇、正烷烃（液体石蜡）等。国内多数谷氨酸生产厂家以淀粉为原料生产谷氨酸，少数厂家是以糖蜜为原料生产谷氨酸。这些原料在使用前一般需进行预处理。

（一）糖蜜的预处理

糖蜜是制糖工业的副产物，分为甘蔗糖蜜和甜菜糖蜜两大类，其主要成分如表 13-1。

表 13-1 糖蜜的主要组成成分

组成成分	甘蔗糖蜜	甜菜糖蜜
总固形物/%	78.00～85.00	78.00～85.00
总糖分/%	50.00～58.00	48.00～58.00
氮/%	0.08～0.50	0.20～2.80
灰分/%	3.50～7.50	4.00～8.00
生物素/(μg/g)	1～3	0.3～1

注：引自张克旭《氨基酸发酵工艺学》，1992。

糖蜜的预处理包括澄清、脱钙和脱除生物素等。糖蜜中含有大量的灰分和胶体，不但影响谷氨酸发酵菌体营养，也影响谷氨酸的纯度，特别是胶体的存在，能使发酵中产生大量泡沫，也影响谷氨酸的结晶提炼。因此，糖蜜在投入谷氨酸发酵前，要进行适当的澄清处理。澄清处理一般有硫酸处理法和石灰处理法。糖蜜中含有较多的钙盐，影响谷氨酸结晶与纯度，故还需进行脱钙处理。具体方法如下：①硫酸处理法，糖蜜加水（1∶1），再加硫酸调 pH 值 2.0，于 95～100℃加热 20min，使胶体水解，并促使蔗糖转化，然后用 15%石灰乳中和处理，生成石膏，静置后得到澄清糖液；②石灰处理法，糖蜜加水（1∶1），加 15%石灰乳调 pH 值 7.5～7.2，加热至 100℃，煮沸 30min 使胶体破坏，然后用硫酸中和，静置澄清数小时，得到澄清的糖液；③脱钙处理，以 Na_2CO_3、Na_2SO_3、Na_2HPO_4 和草酸等作为钙质沉淀剂。目前，常用的钙质沉淀剂为 Na_2CO_3。

糖蜜特别是甘蔗糖蜜中还含有过量的生物素，会影响谷氨酸积累。故在以糖蜜为原料进行谷氨酸发酵时，常常需要采用一定的措施来降低生物素的含量，常用的方法有以下几种。①活性炭处理法，用活性炭可以吸附掉生物素。但此法活性炭用量大，多达糖蜜的 30%～40%，成本高。在活性炭吸附前先加 $NaClO_3$ 或通氯气处理糖蜜，耗炭量可减至10%～20%。②水解-活性炭处理法，国内曾采用先用盐酸水解甘蔗糖蜜，再用活性炭处理的方法去除生物素，并应用于生产。③树脂处理法，甜菜糖蜜可用非离子化脱色树脂除去生物素，这样可以大大提高谷氨酸对糖的转化率。处理时先用水和盐酸稀释糖蜜，使其浓度达到11%，pH值2.5，然后在120℃下加压灭菌20min，再用NaOH调pH值至4.0，通过脱色树脂交换柱后，将所得糖蜜溶液pH值调至7.0，用以配制培养基。此外，也可以在谷氨酸产生菌生长初期添加适量青霉素，以降低生物素对谷氨酸发酵的影响。关于生物素对谷氨酸发酵的影响，将在后面的内容中加以叙述。

（二）淀粉的糖化

淀粉水解的方法包括酸解法、酶解法、酸酶法和酶酸法。

(1) 酸解法　是一种传统的水解方法，利用无机酸为催化剂，在高温高压下将淀粉水解为葡萄糖的方法。本方法具有工艺简单、水解时间短、生产效率高、设备周转快的优点。但是由于该法水解作用是在高温、高压及在一定酸浓度条件下进行，水解副产物多，糖液纯度低，DE值（葡萄糖值，指糖液中葡萄糖占干物质的含量）只有90%左右，淀粉转化率低，对设备要求耐高温、耐高压与耐强酸。对淀粉原料要求较严格，要求纯度较高的精制淀粉。

(2) 酶解法　与淀粉的酸解相比，酶解法具有以下一些优点：①由于酶的作用专一性强，因此淀粉水解过程中很少有副反应发生，淀粉水解的转化率较高，DE值可达98%以上；②由于酶解反应条件比较温和，因此不需要耐高温、耐高压和耐酸的设备，不仅节省了设备投资，而且也改善了操作条件；③因为酶法水解淀粉很少发生副反应，所以使用的淀粉乳浓度可以由酸解法的18%～20%提高到34%～40%，但是一般不超过40%；④适用于大米或粗淀粉原料；⑤用酶解法制成的糖液色泽浅，纯净度高，无苦味，质量好。但是酶解法也具有以下缺点：①酶反应时间长，生产周期长（一般需16～48h）；②酶解法需要的设备比酸解法多，投资较大；③酶本身是蛋白质，增加糖液过滤困难。为了加快酶解法的速度，目前通常先加入液化酶对淀粉进行液化后，再加入糖化酶糖化，这种酶水解方法，由于同时使用了两种酶，所以称为双酶法。

(3) 酸酶法　用酸将淀粉水解至DE值10～15，并进行降温与中和后，加入糖化酶继续糖化。采用酸解法水解淀粉，葡萄糖发生复合反应会生成多量的非发酵性糖，而对于玉米、小麦等淀粉颗粒坚实的原料，淀粉酶很难在短时间内将它们液化完全。针对这种情况，可以先用酸解法将淀粉水解成糊精和低聚糖，然后再用糖化酶将酸解产物糖化成葡萄糖。与酸水解法相比，采用本方法可以提高淀粉乳浓度，降低糖液色泽，提高糖液质量；而与双酶法相比，可明显缩短淀粉水解的时间。

(4) 酶酸法　先采用α-淀粉酶液化，然后用酸水解成葡萄糖。可利用大米等粗原料，并可提高原料利用率10%左右。

总之，采用不同的水解方法，各有其优缺点，但从水解糖液的质量、降低粮耗以及提高原料利用率等方面来考虑，双酶水解法最好，其次是酶酸法或酸酶法，酸水解法较差。

三、谷氨酸生产菌种及其基本特征

自从1956年日本木下等人发现谷氨酸小球菌（*Corynebacterium glutamicum*）（后改为谷氨酸棒杆菌）后，相继发现了小球菌（*Micrococcus* spp.）、棒杆菌（*Corynebacterium* spp.）、短棒菌（*Corynebactrium parvum*）、节杆菌（*Arthrobacter* spp.）和小杆菌（*Microbacterium* spp.）等一大批谷氨酸生产菌，代表菌株除谷氨酸棒杆菌外，还有黄色短杆菌（*Brevibacterium flavum*）、乳糖发酵短杆菌（*Bre. lactofementum*）和嗜氨小杆菌（*Microbacterium ammoniaphilmn*）等。目前，我国各味精厂使用的谷氨酸生产菌大部分是通过诱变选育后的谷氨酸棒杆菌。早期的生产菌有北京棒杆菌（*Cor. pekinense*）As1.299、钝齿棒杆菌（*Cor. crenatum*）As1.542与B9以及黄色短杆菌T6-13等。20世纪80年代以后，一些科研单位及生产厂家陆续筛选出一批产酸高、转化率高的新菌株进行生产，例如，沈阳味精厂分离到的棒杆菌S-941，其产酸能力达到8%；黑龙江轻工业研究所以As1299为出发菌株，经紫外线、硫酸二乙酯复合诱变得到一株适合于甜菜糖蜜发酵的D110，其产酸能力达到8.23%；原天津轻工业学院以As1299为出发菌株，经紫外线、通电、硫酸二乙酯及氯化锂等复合诱变得到的突变株WTH，耐高糖、耐高酸、糖酸转化率高，以甜菜糖蜜为原料发酵谷氨酸产率达10%；复旦大学以黄色短杆菌T6-13为出发菌株经^{60}Co和亚硝基胍诱变选育出一株耐高糖的谷氨酸高产菌株黄色短杆菌FM84-15等。

总之，目前国内筛选得到的谷氨酸菌种的发酵产酸率达到11%以上，糖酸转化率60%以上，达到国际先进水平。

虽然从分类结果看，现有谷氨酸生产菌分属于棒状杆菌属、短杆菌属、小杆菌属及节杆菌等不同的属，但是它们在形态及生理方面仍有许多共同的基本特征。①细胞形态为球形、棒形、短杆形，无芽孢，无鞭毛，革兰染色阳性。②兼性好氧，生物素缺陷型，脲酶阳性，不分解淀粉、纤维素、油脂、酪蛋白以及明胶等，发酵葡萄糖、果糖、甘露糖、麦芽糖及蔗糖产酸，具有一定的谷氨酸蓄积能力。③适宜生长温度30～34℃，41℃生长弱，55℃处理10min全部死亡，pH值5～10生长，pH值6～7.5生长最好，含7.5%盐的肉汁培养基中生长良好，10%生长较弱。关于谷氨酸生产菌种应该具备的高产谷氨酸的特性将在以下的谷氨酸发酵机制中进行叙述。

四、谷氨酸发酵机制

(一) 谷氨酸生物合成方式

谷氨酸的生物合成是在谷氨酸脱氢酶（glutamate dehydrogenase，GDH）、转氨酶（aminotransferase，AT）和谷氨酸合成酶（glutamate synthase，GS）的作用下完成的。

(1) GDH还原氨基化反应生成谷氨酸　在NH_4^+和供氢体［还原性辅酶Ⅱ（$NADPH_2$）］存在的条件下，α-酮戊二酸在GDH催化下形成谷氨酸。

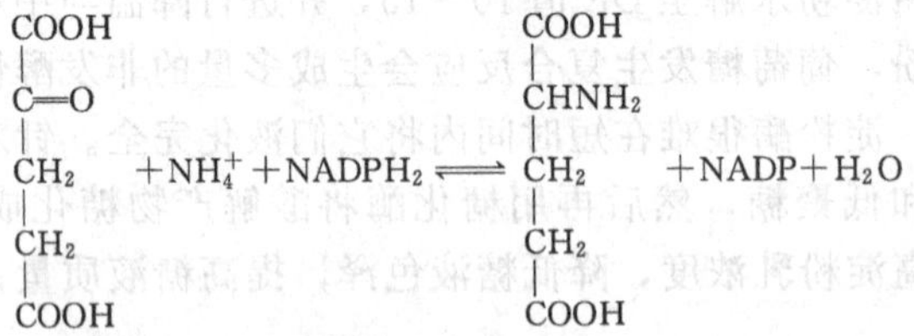

(2) AT催化转氨反应生成谷氨酸　在AT的催化作用下，除甘氨酸外，任何一种氨基酸都可与α-酮戊二酸作用，将其转化成谷氨酸。

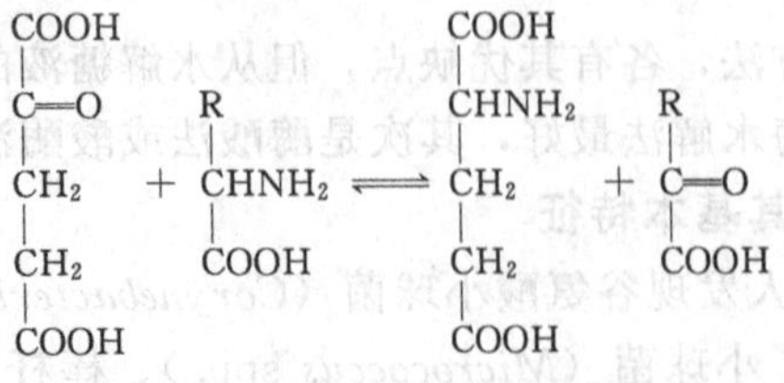

(3) GS催化反应　在GS的作用下，1分子的α-酮戊二酸与1分子的谷氨酸作用可生成2分子的谷氨酸。

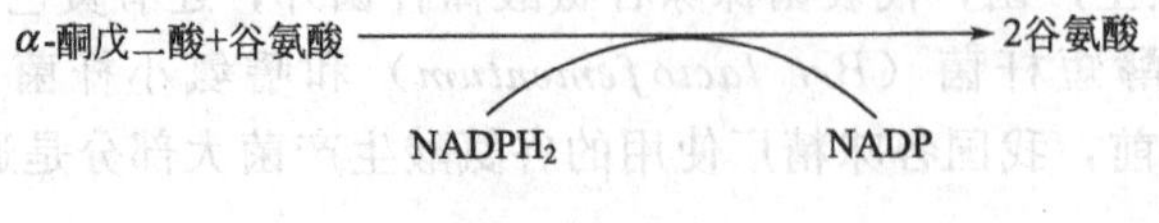

在以上三个酶促反应中，GDH 所催化的还原氨基化反应是谷氨酸主导性生物合成反应。

（二）谷氨酸的生物合成途径

由葡萄糖生物合成谷氨酸的代谢途径包括糖酵解途径（EMP）、磷酸戊糖途径（HMP）、三羧酸循环（TCA）、乙醛酸循环和 CO_2 固定反应等。

在谷氨酸发酵时，糖酵解经过 EMP 及 HMP 两个途径进行，生物素充足时，HMP 所占比例为 38%，控制生物素亚适量，发酵产酸期 EMP 所占的比例增加，HMP 所占比例约为 26%。糖酵解生成丙酮酸后，一部分氧化脱羧生成乙酰 CoA，一部分固定 CO_2 生成草酰乙酸或苹果酸，草酰乙酸与乙酰 CoA 在柠檬酸合成酶催化作用下，合成柠檬酸，再经氧化还原共轭的氨基化反应生成谷氨酸（图 13-1）。

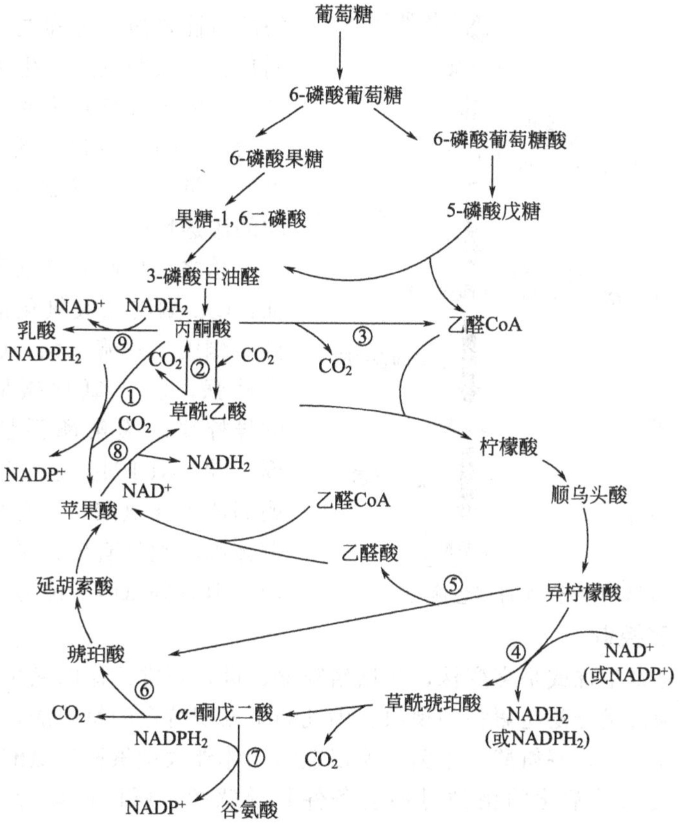

图 13-1 由葡萄糖生物合成谷氨酸的代谢途径

（引自：王福源《现代食品发酵技术》，1998）

① 苹果酸酶；② 丙酮酸羧化酶；③ 丙酮酸脱羧酶；④ 异柠檬酸脱氢酶；

⑤ 异柠檬酸裂解酶；⑥ α-酮戊二酸脱氢酶；⑦ 谷氨酸脱氢酶；

⑧ 苹果酸脱氢酶；⑨ 乳酸脱氢酶

在糖质原料发酵生产谷氨酸时，如果四碳二羧酸（草酰乙酸）100%通过 CO_2 固定反应供给，则 1mol 葡萄糖可以生成 1mol 的谷氨酸，理论转化率为 81.7%。反应如下：

$$C_6H_{12}O_6+NH_3+1.5O_2 \longrightarrow C_5H_9O_4N+CO_2+3H_2O$$

若 CO_2 固定反应完全不起作用，丙酮酸在丙酮酸脱氢酶的催化作用下，脱氢脱羧全部氧化成乙酰，通过乙醛酸循环供给四碳二羧酸（苹果酸），则谷氨酸的理论转化率只有 54.4%。反应如下：

$$3C_6H_{12}O_6 \longrightarrow 6C_3H_4O_3 \longrightarrow 6C_2H_4O_2 + 6CO_2$$

$$6C_2H_4O_2 + 2NH_3 + 3O_2 \longrightarrow 2C_5H_9O_4N + 2CO_2 + 6H_2O$$

在谷氨酸的实际发酵过程中，由于菌体生长、副产物生成和生物合成过程能量消耗等原因，谷氨酸的实际转化率要低于理论转化率。要想获得较高的谷氨酸产率，谷氨酸合成必须沿着如图 13-2 所示的理想途径进行。首先是 α-酮戊二酸氧化能力减弱甚至被阻断，这样，在铵离子存在下 α-酮戊二酸在谷氨酸脱氢酶的催化作用，经还原氨基化反应生成谷氨酸。其次，谷氨酸脱氢酶的活性要强，这样便于谷氨酸发酵的氨同化。一般谷氨酸产生菌属于生物素缺陷型，α-酮戊二酸氧化能力弱，L-谷氨酸脱氢酶活性强。同时，微生物的完全氧化能力低，蛋白质合成能力低，细胞膜对谷氨酸的渗透性强。

总之，高产谷氨酸菌种应具有如下特征：①α-酮戊二酸氧化能力弱；②丙酮酸到 α-酮戊二酸酶系强；③L-谷氨酸脱氢酶活性强；④二氧化碳固定反应酶系强；⑤异柠檬酸裂解酶活性弱，乙醛酸循环弱；⑥$NADPH_2$ 进入呼吸链能力弱；⑦耐高浓度谷氨酸，不分解利用谷氨酸；⑧菌体细胞膜具有较好的渗透性，具有向环境中泄漏谷氨酸的能力。

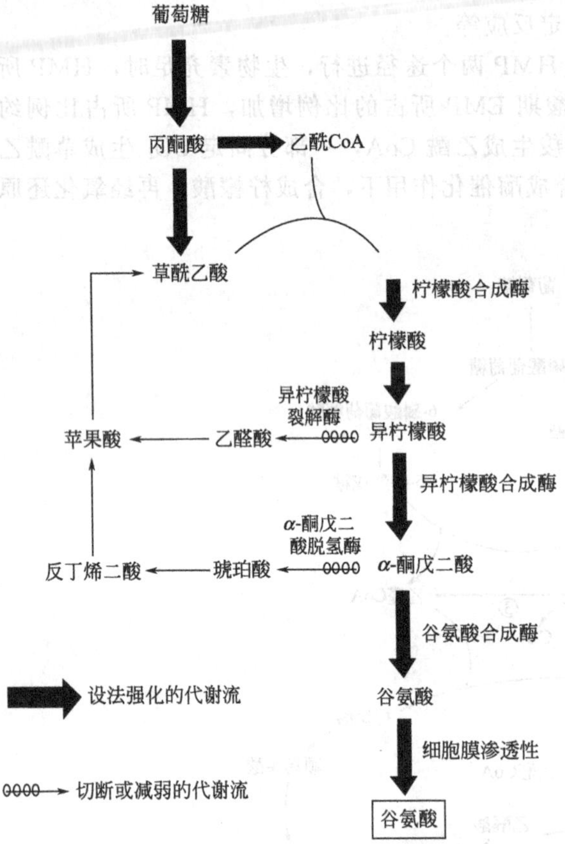

图 13-2 谷氨酸生物合成的理想途径

五、谷氨酸发酵控制

一般认为无论是野生株或是突变株，在增殖旺盛、进行正常代谢的微生物培养液中不存在特定的代谢中间产物大量分泌与累积的现象。因此为了累积特定的氨基酸，必须用某些方法使微生物的代谢调节异常化。谷氨酸产生菌之所以能够在体外大量累积谷氨酸首先是菌体的代谢调节异常化，这种代谢异常化的菌种对环境条件是敏感的，所以应该特别注意环境条件的影响。

谷氨酸发酵是建立在容易变动的代谢平衡上，在不同的环境条件下，可获得大量菌体或者得到不同代谢产物。因此，在累积谷氨酸的发酵生产时，与其他营养缺陷型突变株一样，必须限制培养基中生长素（生物素）的添加量。累积谷氨酸的发酵培养基中添加 3μg/L 生物素，菌种增殖培养基添加 200～300μg/L 生物素。在限制培养基中生物素用量的谷氨酸的发酵生产时，培养基中的葡萄糖多半用于合成谷氨酸，用于生成菌体的糖量不到 10%。与此相反，在菌种增殖培养时近半量的葡萄糖用于合成菌体，而几乎不生成谷氨酸。谷氨酸发酵时的菌体形态与谷氨酸菌种增殖培养的菌体形态有显著差异，发酵型菌体伸长呈膨润状态，边缘不完整，而增殖型菌体呈类球形或短杆状，且这两种细胞的表层结构和机能有很大差别，发酵生产时的菌体细胞膜有较好的渗透性。

谷氨酸发酵时，在最适宜的培养条件下，谷氨酸产生菌可把 60% 以上的葡萄糖转化为谷氨酸，而只有极少量的副产物。如果培养条件不适宜，几乎不产生谷氨酸，而得到大量菌体或者由谷氨酸发酵转换为累积乳酸、琥珀酸、α-酮戊二酸、缬氨酸、谷氨酰胺、N-乙酰谷氨酰胺等，这种现象称为"发酵转换"。菌种的性能越高，使其表达接近它应有的生产潜力所必需的条件就越难满足，对环境条件的波动更为敏感。表 13-2 表示在不同环境条件下谷氨酸发酵生成不同的代谢产物。从表 13-2 中可以看出，溶氧充足，产生谷氨酸；溶氧不足，产生乳酸或琥珀酸。生物素亚适量，产生谷氨酸；生物素过量，产生乳酸或琥珀酸。铵离子浓度适量，产生谷氨酸；铵离子过量，产生谷氨酰胺；铵离子缺乏，产生 α-酮戊二酸。pH 值中性或偏碱性，产生谷氨酸；pH 值在 5.0～5.8，铵离子过量时，产生谷氨酰胺、N-乙酰谷氨酰胺；pH 在 9.0～9.6 时，产生谷氨酸；pH 在 10.4 和缺氧时，产生乳酸与部分丙氨酸；pH 在 8.0 以下，生物素丰富时，产生丙酮酸、丙氨酸。磷盐适量，产生谷氨酸；磷盐过量，产生缬氨酸。由此可以看出，实现谷氨酸发酵的高产，不仅要选育优良的高产菌种，还要优化和严格控制发酵条件，充分发挥菌种的优良性能。

表 13-2 不同环境条件下谷氨酸发酵转换

控制因子	发酵转换
氧	乳酸或琥珀酸(供氧不足) ⟷ 谷氨酸(供氧充足)
生物素	乳酸或琥珀酸(充足) ⟷ 谷氨酸(限量)
铵离子	α-酮戊二酸(缺乏) ⟷ 谷氨酸(适量) ⟷ 谷氨酰胺(过量)
pH	N-乙酰谷氨酰胺(酸性) ⟷ 谷氨酸(中性或偏碱性)
磷盐	缬氨酸(过量) ⟷ 谷氨酸(适量)

注：引自张克旭《氨基酸发酵工艺学》，1992。

总之，在谷氨酸发酵过程中，优良的菌种是发酵高产的基础，但优良的菌种只是为获得高产提供了可能，要把这种可能变为现实，还必须给予适宜的条件满足菌种的生长和代谢，菌种才能发挥优良的特性，才能实现高产，如果条件控制不适宜，就达不到需要的高产目的，产品收率也要受到影响。所以为了获得高产量的谷氨酸，除了选择优良的菌种外，在发酵过程中，优化培养基组分与发酵条件以及预防噬菌体与杂菌的污染等都非常重要。

(一) 培养基成分与谷氨酸发酵

谷氨酸发酵培养基的主要成分有碳源、氮源、无机盐、生长因子和水等。

1. 碳源

碳源是构成谷氨酸菌体、合成谷氨酸的碳架和能源的营养物质。谷氨酸生产菌大多数能利用葡萄糖、蔗糖、果糖等单糖和双糖为碳源，有的可以利用醋酸、乙醇和正烷烃为碳源，目前发现的谷氨酸产生菌均不能直接利用淀粉。谷氨酸发酵常用碳源有糖蜜及由玉米淀粉、甘薯淀粉、大米等制备的水解糖。

培养基中糖浓度对谷氨酸发酵有很大影响。在一定的范围内，谷氨酸产量随糖浓度增加而增加，但是糖浓度过高由于渗透压增大，对菌体生长和发酵均不利，当工艺条件配合不当时，谷氨酸对糖的转化率低。同时培养基糖度大，氧溶解的阻力大，影响供氧效率。目前，国际上常采用的工艺包括中糖发酵工艺（糖浓度 100～130g/L）和高糖发酵工艺（糖浓度 170～190g/L），国内一般采用中低糖浓度，中间流加糖的发酵工艺。

2. 氮源

氮源是合成菌体、蛋白质、核酸等含氮物质和合成谷氨酸的氨基来源，同时，在发酵过程中，一部分氨用来调节 pH 值，形成谷氨酸铵盐。因此，谷氨酸发酵所需要的氮源数量要比普通工业发酵大得多，一般工业发酵所用培养基的 C∶N 为 100∶(0.5～2)，而谷氨酸发酵所需 C∶N 为 100∶(20～30)。碳氮比对谷氨酸发酵影响很大，当低于这个值时，菌体大量繁殖，谷氨酸积累很少，当高于这个值时，菌体生长受到一定抑制，产生的谷氨酸进而形成谷氨酰胺，因此只有 C∶N 适当，菌体繁殖受到适当的抑制，才能产生大量的谷氨酸。在发酵的不同阶段，控制碳氮比以促进以菌体生长为主阶段向产酸阶段转化。在菌体生长阶段，如铵离子过量会抑制菌体生长；在产酸阶段，如铵离子不足，α-酮戊二酸不能还原氨基化，而积累 α-酮戊二酸，谷氨酸生成少。在实际生产中常用的氮源有尿素、氨水和液氨等。

3. 无机盐

无机盐是微生物维持生命活动不可缺少的物质，其主要功能包括：①构成细胞的成分；②作为酶的组成部分；③激活或抑制酶的活性；④调节培养基的渗透压；⑤调节培养基的 pH 值；⑥调节培养基的氧化还原电位。一般微生物所需要无机盐为硫酸盐、磷酸盐、氯化物和钾、钠、镁、铁的化合物。还需要一些微量元素如锰、锌、钼等。微生物对无机盐的需求量很少，但无机盐对微生物生长和代谢的影响却很大。谷氨酸发酵常用无机盐的种类主要有 K_2HPO_4、KH_2PO_4、$MgSO_4$、$FeSO_4$ 和 $MnSO_4$ 等。

4. 生长因子

生长因子是微生物生长所不可缺少而自身又不能合成的微量有机物质，如氨基酸、嘌呤、嘧啶和维生素等。不同的微生物其所需要的生长因子的种类也不同。目前，以糖质原料为碳源的谷氨酸生产菌为生物素缺陷型，生物素是生长因子，生物素是 B 族维生素的一种，又叫维生素 H。培养基中生物素含量对谷氨酸菌的生长、繁殖、代谢和谷氨酸的积累有十分密切的关系。生物素对谷氨酸合成过程中的糖酵解、CO_2 固定反应、乙醛酸循环、异柠檬酸裂解酶活力等有较大影响，生物素还参与细胞膜的代谢，进而影响膜的透性。谷氨酸生产菌大量合成谷氨酸所需生物素量比菌体生长的需要量要低，即为菌体生长需要的“亚适量”。亚适量的生物素是谷氨酸积累的必要条件。谷氨酸生产菌的生长因子除生物素外，还有其他 B 族维生素如硫胺素等。玉米浆、麸皮水解液、糖蜜等都含有一定量的生物素，这些物质可以作为谷氨酸发酵培养基中生物素的来源。总之，保证微生物谷氨酸发酵正常进行，除了要有丰富的碳源与氮源外，还必须有适当的无机盐与生长因子等。

（二）发酵条件与谷氨酸发酵

温度、pH 值、通风量、泡沫等发酵条件的控制对谷氨酸发酵也非常重要。

1. 温度

引起发酵过程温度变化的原因是发酵过程中产生的热量，称为发酵热，包括生物热、搅拌热、气化热和辐射热等。

（1）生物热　在发酵过程中，由于菌体的生长繁殖和形成代谢产物，不断地利用营养物质，将其分解氧化获得能量，其中一部分能量用于合成高能化合物、合成细胞物质和合成代谢产物，其余部分则以热的形式散发出来，这部分散发出来的热就是生物热。一般谷氨酸发酵 4～5h 就开始产生热，温度上升，发酵 16～22h 产生热量最多。高时可达 $53341kJ/(h \cdot m^3)$，平均为 $32604kJ/(h \cdot m^3)$，温升可达每小时 6℃。

（2）搅拌热　机械搅拌通气发酵罐，由于机械搅拌带动发酵液进行运动，造成液体之间、液体与设备之间的摩擦作用而产生的热量，称为搅拌热。搅拌热与搅拌轴功率有关。搅拌热 $Q_{搅}$（kJ/h）＝搅拌功率 P(kW)×3600[kJ/(kW·h)]。

（3）气化热　通气时，引起发酵液水分蒸发，发酵液因蒸发而被带走的热量称为气化热。

$$气化热\ Q_{气}(kJ/h)=4.18G(I_{出}-I_{进})$$

式中，G 为空气重量流量，kg/h；I 为空气的热焓，kJ/kg。

（4）辐射热　因发酵液温度与周围环境温度不同，发酵液的部分热量通过发酵罐体向外辐射。辐射热大小，取决于罐内外温度差，冬天大些，夏天小些，一般不超过 5%。

综上所述，发酵过程需要用冷却方法带走的发酵热为：$Q_{总}=Q_{生}+Q_{搅}-Q_{气}-Q_{辐}$。

谷氨酸发酵热影响发酵过程中温度的变化，其中主要的是生物热的影响。在发酵过程中，如果不采用冷却装置及时把发酵热带走，发酵温度会上升，将影响谷氨酸菌种生长和代谢。例如，对于菌种生长，温度低，生长慢，温度高，易衰老；从酶反应动力学来看，温度升高，反应速度加快，产物生成提前，但酶受热易失活，温度愈高失活愈快。另外，温度还通过基质的溶解和氧的溶解来间接影响发酵。所以对发酵过程中温度的控制非常重要。在谷氨酸发酵前期（0～12h）是菌体生长繁殖阶段，在此阶段主要是微生物利用培养基中的营养物质来合成蛋白质、核酸等物质供菌体繁殖所用，而控制这些合成反应的酶的最适温度在 30～34℃；发酵中后期（12h 以后）菌体生长进入稳定期，此时菌体繁殖速度变慢，谷氨酸合成过程加速进行，催化合成谷氨酸的谷氨酸脱氢酶的最适温度均比菌体生长繁殖的温度要高，因而发酵中期适当提高发酵温度有利于产酸，中期发酵温度可提高至 34～37℃。

2. pH 值

谷氨酸产生菌最适 pH 值为 6.5～8.0，如 As1299 为 6.0～7.5，T6-13 为 7.0～8.0，在中性和微碱性条件下积累谷氨酸，在酸性条件下形成谷氨酰胺和 *N*-乙酰谷氨酰胺。

在谷氨酸发酵过程中，由于菌种对培养基中的营养成分的利用和代谢产物的积累，使发酵液的 pH 值不断变化。谷氨酸发酵在不同阶段对 pH 值的要求也不同。如果发酵前期 pH 值偏低，则菌体生长旺盛，消耗营养成分快，菌体转入正常代谢，繁殖菌体而不产谷氨酸；如果 pH 值过高，抑制菌体生长，糖代谢缓慢，发酵时间延长，一般发酵前期控制 pH 值 7.5 左右；发酵中后期主要是谷氨酸大量合成时期，在菌体内催化谷氨酸形成的谷氨酸脱氢酶和转氨酶在中性或弱碱性环境中催化活性最高，所以发酵中期 pH 值 7.2 左右，发酵后期 pH 值 7.0，而在接近放罐时，为了后续提取谷氨酸，pH 值 6.5～6.8 为好。在发酵过程中，采用流加尿素、氨水或液氨等办法可以控制 pH 值，同时也补充了氮源。

3. 溶氧

好氧微生物对培养液中溶解氧浓度有一个最低要求，在此浓度下，微生物的呼吸速率随着溶氧浓度的下降而显著下降，这个溶解氧浓度称为临界溶解氧浓度。一般好氧微生物临界溶解氧浓度为 0.003～0.03mmol/L（0.1～1mg/L）。谷氨酸生产菌是兼性好氧微生物，临界溶解氧浓度为 0.00326mmol/L。在 25℃下空气中的氧在水中的溶解度为 0.25 mmol/L，在培养液中只有 0.22mmol/L，谷氨酸发酵 14s 就可耗尽。

溶氧对谷氨酸发酵的影响很大，在菌种生长阶段，供氧不足，菌体呼吸受到抑制，而抑制生长，引起乳酸等副产物的积累；供氧过量，同样抑制菌体生长，同时高氧水平下生长的菌体不能有效地产生谷氨酸。与菌种生长阶段相比较，谷氨酸生成期需要较多的氧。通风量小时，进行不完全氧化，糖进入菌体后经糖酵解途径产生丙酮酸，丙酮酸则经还原产生乳酸；如果通风量过大，则进入菌体内的葡萄糖被氧化成丙酮酸后继续形成乙酰辅酶 A，进入三羧酸循环生成 α-酮戊二酸，但是供氢体（$NADPH_2$）在氧充足的条件下经呼吸链被氧化成水而被消耗掉，因无氢供体，谷氨酸的合成受阻，α-酮戊二酸大量积累，所以只有在供氧适当的条件下，大部分 $NADPH_2$ 不经呼吸链氧化成水，在铵离子供应充足的条件下，才能在谷氨酸脱氢酶的催化下经还原氨基化形成谷氨酸，使谷氨酸大量积累。

微生物只能利用溶解于培养基中的氧，溶解氧的大小主要是由通气量和搅拌转速所决定的。此外，培养基中的溶解氧还与发酵罐的径高比、液层厚度、搅拌器型式、搅拌叶直径大小、培养基黏度、培养基中生物素含量、发酵温度、罐压力等有关。在实际生产中，通常通过调节通风量来改变供氧水平。搅拌可提高通风效果，可将空气打成小气泡，增加气、液接触面积，提高溶解氧的水平。在谷氨酸发酵前期，以低通风量为宜，K_d 值（氧的溶解系数）在 $4\times10^{-6}\sim6\times10^{-6}$ mol/(mL · min · MPa)，而产酸期 K_d 值为 $1.5\times10^{-5}\sim1.8\times10^{-5}$ mol/

(mL·min·MPa)。实际生产中，通气量的大小常用通风比 [$m^3/(m^3·min)$] 来表示，即每分钟每升发酵液中通入的空气量（m^3）。例如，在谷氨酸发酵中，$1m^3$ 种子罐通风比通常为 1∶(0.2～0.3)；50～200m^3 发酵罐在发酵前期通风比为 1∶(0.08～0.12)，发酵中后期通风比为 1∶(0.2～0.3)。表 13-3 是不同体积发酵罐的搅拌转速与通风比。

表 13-3 发酵罐大小、搅拌转速与通风量

发酵罐体积/L	搅拌转速/(r/min)	通风量/[$m^3/(m^3·min)$]
5000	250	1∶(0.18～0.2)
10000	200	1∶0.12
20000	180	1∶0.12
50000	148	1∶0.12

注：引自王福源《现代食品发酵技术》，1998。

4. 泡沫的控制

在好氧发酵过程中，由于通风、搅拌和产生的 CO_2 等气体都会使发酵液产生泡沫。因此，发酵过程中产生泡沫是一种正常现象。但泡沫过多，不仅使氧在扩散过程受阻，影响菌体的呼吸代谢，还会影响装填系数，降低设备利用率，甚至泡沫上升到罐顶，造成逃液并增加杂菌污染的机会。

在谷氨酸发酵过程中，菌体呼吸强度、通气与搅拌、发酵培养基组成、发酵罐 H/D、发酵液黏度、是否染菌等会影响泡沫的形成。培养基中的玉米浆、蛋白胨等蛋白质原料是主要的起泡物质，淀粉水解糖中含有糊精，也会导致泡沫过多。在发酵过程中，如遇 pH 值过高，菌体自溶，蛋白质增加，也会形成大量的泡沫。

在谷氨酸发酵生产中，主要采用机械和化学消泡方法来控制泡沫。机械消泡是借机械力将泡沫打破，或借压力变化使泡沫破裂。机械消泡器的型式与结构见本书第四章。化学消泡方法是采用添加化学物质的方法来消除泡沫。化学消泡剂应该具有较强的消泡作用，对发酵过程安全无害，消泡作用迅速，用量少、效率高，价格低廉，取材方便，不影响菌体的生长和代谢，同时不影响产物的提取等特性。发酵工业常用的消泡剂主要有四类：①天然油脂类；②高碳醇、脂肪酸和脂类；③聚醚类；④聚硅氧烷类。以聚醚类和聚硅氧烷类的性能比较优越，应用广泛。在谷氨酸发酵方面又以聚醚类的消泡能力优于聚硅氧烷类。常用的天然油脂类消泡剂（豆油），其用量较大，一般为发酵液的 0.1%～0.2%（体积分数）；聚醚类消泡剂——泡敌（聚环氧丙烷甘油醚）的用量为 0.02%～0.03%（体积分数）。消泡剂的用量要适当，加入过多，会使发酵液中的菌体凝聚结团，并妨碍氧的扩散，还会给谷氨酸的提取分离带来困难。化学消泡剂添加可在培养基中一次性加入，也可在发酵过程中根据泡沫情况流加。

（三）噬菌体与杂菌污染的防治

噬菌体是原核生物的病毒，谷氨酸发酵侵染噬菌体后会出现“二高三低”异常现象。即发酵液 pH 值和残糖高，OD 值、温度、谷氨酸产量低。另外，泡沫增多，发酵液黏度加大；镜检菌体不规则，缺乏八字排列；革兰染色出现红色碎片，严重时出现拉丝、发黏；平板检查有噬菌斑。谷氨酸发酵污染噬菌体后会造成谷氨酸菌种被破坏，不产谷氨酸，引起发酵失败，为此，控制噬菌体污染非常重要。控制噬菌体的措施如下。①控制活菌体的排放。噬菌体是专一性的活菌寄生物，具有严格的寄主范围。如果严格控制谷氨酸菌种的活菌体的排放，不让活菌体在环境中生长蔓延，就切断了噬菌体的寄主（食物）来源，就破坏了噬菌体滋生和繁殖条件。②消灭环境中的噬菌体。采取以环境净化为中心的综合性防治方法，建立工厂环境卫生制度，消灭或减少环境中的噬菌体与杂菌，清除噬菌体赖以生存的条件，是防治噬菌体的基本措施之一。③严禁噬菌体进入种子罐和发酵罐。不使用溶源性菌种；不使用本身带有噬菌体的菌种，菌种纯化时，应确保不带噬菌体；严格无菌操作，防止噬菌体侵入。

另外，在谷氨酸发酵中预防杂菌污染也非常重要。在发酵过程中污染了其他有碍生产的微生物（杂菌），轻者影响产量和质量，重者引起发酵失败。谷氨酸发酵杂菌污染的主要途径有：种子带菌、设备渗漏及死角、空气系统染菌或过滤失效、操作不当、环境污染等。要防止染杂菌，先要分析染杂菌原因，并采取针对防治措施，达到安全生产。分析杂菌污染原因可以从染菌的时间、染菌的类型、染菌的批次上进行分析，找到染杂菌的途径和原因。防治杂菌污染防重于治。如采取加强环境消毒，降低环境中杂菌密度；严格无菌操作，防止杂菌的侵入；采用合理的工艺与设备，定期检查和维修设备，消灭设备污染隐患等措施。尽管造成染菌的原因是极其复杂的，但生产实践证明，染杂菌问题是完全能控制的，只要工作认真负责，建立必要的规章制度，遇到染菌出现后，仔细分析造成污染的原因，堵塞漏洞，就能迅速地控制染菌。

六、谷氨酸提取

由糖质原料转化为谷氨酸的发酵过程是一个复杂的生化过程。谷氨酸作为发酵目的产物，溶解在发酵液中，同时在发酵液中存在菌体、残糖、色素、胶体物质以及其他发酵副产物。欲把谷氨酸从发酵液中提取出来，必须先了解谷氨酸和发酵液的性质，并利用谷氨酸和杂质之间理化性质差异，采用适当提取方法达到分离提纯之目的。

当谷氨酸发酵完毕，通常发酵液温度为34～36℃，pH值为6.5～7.5，发酵液外观呈浅黄色液状，表面浮有少量泡沫。发酵液中谷氨酸、代谢副产物、培养基的残留物、菌体等的含量多少，取决于发酵条件控制与菌种类型等。一般发酵液中主要成分包括：①10%左右的L-谷氨酸，一般以谷氨酸铵盐形式存在；②无机盐离子、残糖、色素、尿素以及少量的消泡剂；③大量菌体、蛋白质等固形物质，湿菌体占发酵液的5%～8%；④还含有少量乳酸、α-酮戊二酸、琥珀酸等有机酸，天冬氨酸、丙氨酸、缬氨酸等氨基酸，以及腺嘌呤和尿嘧啶等核苷酸及其降解物。

（一）提取方法概述

谷氨酸的分离提纯方法，通常应用它的两性电解质性质、溶解度、分子大小、吸附剂作用以及其成盐作用等，同时考虑提取收率高、产品纯度高、环境污染少、工艺简单、操作方便、投资少、成本低等因素。常用的提取方法包括等电点法、离子交换法、金属盐法、盐酸水解-等电点法和离子交换膜电渗析法。

1. 等电点法

谷氨酸分子中含有2个羧基和1个碱性氨基，是一个既有酸性基团，又有碱性基团的两性电解质，与酸或碱作用都可以生成盐。由于羧基离解力大于氨基，所以谷氨酸是一种酸性氨基酸。其等电点为pH3.22，离解方式取决于溶液的pH值，在不同pH值溶液中可以阳离子、两性离子、阴离子等形式存在。

等电点法提取谷氨酸是将谷氨酸发酵液调至谷氨酸的等电点pH值3.22，使谷氨酸结晶析出。此法的理论基础是利用谷氨酸的两性电解质与等电点性质。在常温下等电点法一次提取收率为60%～70%，低温等电点提取工艺一次提取收率为78%～82%，母液中谷氨酸含量为1.2%左右。

等电点法是谷氨酸提取方法中最简单的一种方法，该方法具有设备简单、操作简便、投资少等优点。

2. 离子交换法

离了交换树脂是一种具有多孔网状结构的高分子化合物，它不溶于水、酸、碱和有机溶剂，具有离子交换能力，由合成树脂母体和磺酸基、羧基、胺之类活性基团两部分组成。苯乙烯是主要成分。

谷氨酸是两性电解质，是一种酸性氨基酸，等电点为pH值3.22。当pH值>3.22时，羧基离解而带负电荷，它能被阴离子交换树脂交换吸附；当pH值<3.22时，谷氨酸在酸性介质中，呈阳离子状态，氨基酸带正电荷，它能被阳离子交换树脂交换吸附。由于氨基酸是两性电解质，它含有可交换的$—NH_3^+$和COO^-，因此与酸、碱两种树脂都能发生交换。强酸性阳离子交换树脂对于所有氨基酸都能吸附，等电点愈高，亲和力愈大，交换吸附能力愈强。目前，各味精厂均采用732#强酸性阳离子交换树脂提取谷氨酸。离子交换法正是利用谷氨酸与发酵液中其他同性离子性质不同，树脂对这些离子的吸附能力的差别选择地吸附，使发酵液中妨碍谷氨酸结晶的残糖及糖的聚合物、蛋白质、色素等非离子性杂质得以分离，收率可达85%～90%。但是离子交换法酸碱用量和废水排放量较大。

3. 金属盐法

金属盐法包括锌盐法和钙盐法，即利用谷氨酸与Zn^{2+}、Ca^{2+}等金属离子作用，生成难溶于水的谷氨酸金属盐，沉淀析出，在酸性环境中谷氨酸金属盐被分解，在pH值2.4时，谷氨酸溶解度最小，重新以谷氨酸形式结晶析出。锌盐法提取收率一般在85%左右。但Zn^{2+}排放对环境污染较大。

4. 盐酸水解-等点法

发酵液中除含有谷氨酸外，尚含有一定量的谷氨酰胺、焦谷氨酸和菌体蛋白，这些物质用等电点、离子交换和锌盐法提取都无法回收。发酵液经浓缩后加盐酸水解，发酵液中谷氨酰胺、焦谷氨酸转化为谷氨酸，菌体蛋白质中谷氨酸得到了利用，可回收部分谷氨酸，从而使谷氨酸的提取收率和谷氨酸质量得到提高。该工艺缺点是工艺较复杂，需要增加耐酸耐压设备。

5. 离子交换膜电渗析法

离子交换膜是具有一定孔隙度及某种解离基团的薄膜，由于薄膜的孔隙度和膜上离子基团的作用，对于电解质具有选择透过性。谷氨酸是两性电解质，在等电点时，以偶极离子存在，呈电中性，在直流电场中，既不向阳极也不向阴极迁移。因此，在等电点pH值3.22时电渗析，可把发酵液中谷氨酸与氯化铵等盐类分离，达到浓缩谷氨酸的目的。但由于谷氨酸发酵液经电渗析脱盐处理后，仍残留有糖、蛋白质、色素等非电解质，因此还需要进一步作净化和浓缩处理。

以上叙述的是谷氨酸提取的各种单一的方法，在实际应用中，为了提高谷氨酸的回收率常常将两种或两种以上的方法结合在一起使用。如将等电点法和离子交换法结合在一起就是目前国内常用的谷氨酸提取方法。

(二) 谷氨酸的等电点-离子交换提取工艺

谷氨酸等电点-离子交换提取工艺是目前国内常用的工艺，总收率可达98%左右。

1. 工艺流程

谷氨酸等电点-离子交换提取包括等电点提取和离子交换提取两个过程，首先将发酵液调至谷氨酸的等电点并降温后使谷氨酸结晶析出，再离心分离，上清液调pH后再上离子交换柱进一步分离提取谷氨酸。具体工艺流程见图13-3。

2. 低温等电点操作要点

在谷氨酸低温等电点提取操作中，一般用HCl或H_2SO_4调节pH值，使pH值下降，并逐渐接近谷氨酸的等电点，同时降低温度，使溶液中的谷氨酸处于过饱和状态，结晶析出。一般控制在介稳区时，使溶液产生微细晶核，再进行养晶与育晶，即以已产生的晶核为中心，陆续在晶核表面吸附周围的溶质分子，使晶粒不断长大，通过对晶核形成与晶体成长的控制，可得到满意的谷氨酸结晶。谷氨酸结晶分为α-型结晶和β-型结晶两种。α-型谷氨酸结晶为斜方六面晶体，是等电点提取的一种理想的结晶，这种结晶体纯度高，颗粒大，质量重，晶体有光

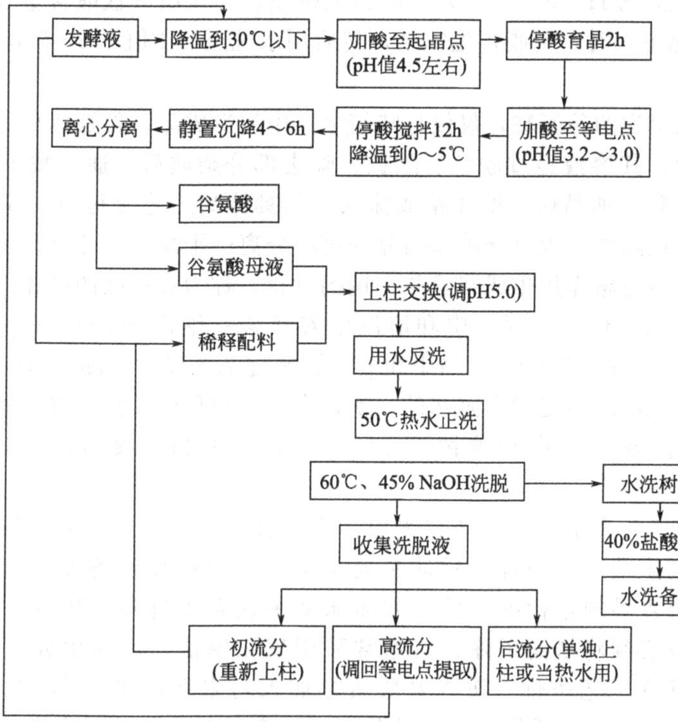

图 13-3　谷氨酸等电点-离子交换提取谷氨酸的工艺流程

泽，易沉降，与母液分离容易。β-型结晶为粉状或针状、磷片状，晶粒微细，质量轻，纯度低，晶体无光泽，不易分离。因此在谷氨酸结晶过程，要控制加酸速度和降温速度等操作条件，避免β-型结晶出现。影响谷氨酸结晶的因素主要有谷氨酸发酵液质量、等电点操作中加酸、降温、搅拌速度等。

3. 离子交换法操作要点

(1) 树脂预处理　常用的树脂为 732# 阳离子交换树脂，首先用 2 倍于树脂体积的 4% NaOH 浸泡树脂 4h，水洗至 pH 值 8.0 后，加入 2 倍树脂体积的 4% HCl 浸泡 2～4h，水洗至 pH 值 2.0 备用。

(2) 上柱交换　将谷氨酸低温等电点的离心上清液（上柱液）的 pH 值调节为 5.0～5.5。pH 值对离子交换效果有两方面：一是对树脂交换基团离解的影响，不同类型的树脂，有不同的 pH 值使用范围；二是影响被吸附物质的离解，特别是弱电解质和两性电解质。在采用离子交换提取谷氨酸时，并不要求 pH 值低于其等电点（pH 值 3.22），而是 pH 值 5.0～5.5 就可上柱，这时发酵液中含有一定量的 NH_4^+、Na^+ 等阳离子，这些阳离子先可与树脂进行交换，放出 H^+ 使溶液中 pH 值降低在 3.22 以下，再使谷氨酸带正电荷成为阳离子，而被吸附。以等电点母液（含谷氨酸 1.8%～2.0%）上柱，上柱谷氨酸交换量一般控制每毫升湿树脂 1.0～1.1mmol。

(3) 洗脱　上柱结束后，用 60℃、4.5% NaOH 洗脱，收集洗脱液。洗脱时，当洗脱液 pH 值由 3.2 开始上升，可停止加碱，可改用热水洗脱。pH 值 1.5～2.0 的洗脱液为初流分，可重新上柱交换吸附；pH 值 2.5～9.0 的洗脱液为高流分，用 HCl 将 pH 值调至 1.5，搅拌均匀，使谷氨酸充分溶解，供等电点中和用；pH 值 9.5～11.0 的洗脱液为后流分，可单独上柱交换或当热水配制热碱水用。

(4) 树脂再生　谷氨酸洗脱后，树脂成为 NH_4^+ 式和 Na^+ 式，不能再吸附谷氨酸，必须用酸进行再生，使树脂成 H^+ 式。用 4%盐酸再生树脂，当流出液盐酸含量在 4%左右，以后流出液 HCl 含量变化不大时，树脂再生完全，然后用水洗至 pH 值 1.5～2.0。

七、味精精制

从发酵液中提取得到的谷氨酸，仅仅是味精生产中的半成品。谷氨酸与适量的碱进行中和反应生成谷氨酸一钠，其溶液经过脱色、除铁、除去部分杂质后，通过减压浓缩、结晶与分离，得到较纯的谷氨酸一钠晶体，即味精或味素。其具体的工艺流程为：谷氨酸→中和→脱色、除铁→过滤→上柱除铁、脱色→浓缩结晶→离心分离→干燥→筛分→包装。

(1) 中和　谷氨酸与碱作用生成谷氨酸一钠的过程，称为谷氨酸的中和。谷氨酸一钠等当点为 pH 值 6.96。在 pH 值 7.0 时，中和溶液中谷氨酸一钠占 99.61%；pH 值 6.0 时，占 98.24%；pH 值时 8.0，占 97.90%。当中和 pH 值超过 7.0 以后，随着 pH 值升高，谷氨酸二钠逐渐增多，而谷氨酸二钠是没有鲜味的，所以在生产过程中，防止谷氨酸二钠的生成是中和的关键。中和工艺条件为中和液浓度 21～23°Bé，中和温度 60～65℃，中和 pH 值 6.9～7.0。

(2) 脱色与除铁　中和液的色素主要来源于原辅材料和生产过程中的各组分发生化学变化而产生的色素，它影响产品色泽。铁质主要是由原辅材料和设备等带入的。味精中含铁过多，一方面不符合食品规定标准，另一方面味精中铁离子过多，味精呈红色或黄色，也影响产品色泽，所以必须将铁离子除去。通常采用硫化钠法，使铁生成硫化铁沉淀，然后过滤除去。脱色、除铁工艺条件：按谷氨酸质量加入粉末活性炭 2%，在 pH 值 6.5～6.7 和 60℃下搅拌 1h 脱色；加入适量的硫化钠除铁，铁离子与硫化钠反应形成硫化铁沉淀，过滤除去。

(3) 上柱脱色、除铁　谷氨酸中和液经粉末活性炭脱色和硫化钠除铁，过滤后除去了大部分色素和铁离子，但透光率和铁离子含量往往达不到质量要求，需经 K-15 活性炭进一步脱色和通用 1 号树脂进一步除铁。脱色液标准：透光率 90%以上，$Fe^{2+}<2mg/L$。

(4) 浓缩、结晶、干燥　谷氨酸钠溶液不宜在高温下进行浓缩，否则谷氨酸钠易脱水环化生成没有鲜味的焦谷氨酸钠，生产上通常采减压浓缩的方式。浓缩温度 65～70℃，真空度 0.08MPa，浓缩至 30～32°Bé，投入晶种结晶，然后离心分离得到湿结晶味精。湿结晶味精含水量在 1%左右，采用振动流化床干燥，干燥温度 80℃，结晶味精含水量<0.2%。

味精不溶于纯酒精、乙醚、丙酮，0.2%味精水溶液 pH 值为 7.0。味精与盐酸作用生成谷氨酸或谷氨酸盐，加热味精溶液，会引起部分失水生成焦谷氨酸钠，与碱作用生成谷氨酸二钠盐。

第二节 核 苷 酸

自古以来，在日本作为增强鲜味的食品有海带、干松鱼、干鱼和香蕈等。1908 年，日本人池田指出，海带鲜味的本质是 L-谷氨酸，并于数年后使用植物蛋白质水解法进行工业化生产。到 1957 年，利用微生物由糖直接发酵生产谷氨酸的研究成功，发酵法味精正式工业化生产。1913 年，小玉等人发现干松鱼的鲜味的成分是肌苷酸的组氨酸盐。1959 年，国中等人发现不仅 5′-肌苷酸（5′-inosine monophosphate，5′-IMP）具有呈味性，而且 5′-鸟苷酸（5′-guanosine monophosphate，5′-GMP）也具有呈味性。国中等人还报道，利用 5′-磷酸二酯酶降解 RNA 生成 5′-核苷酸。1961 年，内田、国中等发表了利用枯草芽孢杆菌（*Bacillus subtilis*）腺嘌呤缺陷株发酵积累肌苷（hypoxanthine riboside，HxR)、次黄嘌呤（hypoxanthine，Hx）的报告。20 世纪 60 年代后期，日本已成为核苷酸物质的生产大国，年产量数千吨。我国 20

世纪60年代中期开始生产核苷酸类助鲜剂，主要生产5′-IMP、5′-GMP，以5′-IMP产量较大。

目前，利用微生物生产核苷酸类物质的方法主要有三种：①酶解法，先利用微生物培养积累核糖核酸或脱氧核糖核酸，然后再利用核酸分解酶将核糖核酸或脱氧核糖核酸降解为核苷酸类物质；②添加前体法，利用核苷酸生物合成的补救途径，通过添加前体物来发酵生产核苷酸；③直接发酵法，根据代谢控制原理，通过选育遗传性突变株，以葡萄糖为原料，直接发酵生产核苷酸。

本节将首先简单介绍核苷酸的呈味机理与生物合成途径，然后介绍直接发酵法生产IMP、HxR、GMP、鸟苷（guanosine riboside，GuR）以及HxR与GuR的磷酸化的工艺。关于酶解法与添加前体法生产核苷酸的工艺与方法请参阅其他书籍。

一、核苷酸的化学结构与鲜味

核苷酸（nucleotide）是构成核酸的基体单位，它由碱基、核糖和磷酸构成，它脱去磷酸称为核苷（nucleoside）。脱氧核糖核酸（DNA）和核糖核酸（RNA）它们均由核苷酸组成，仅有以下两点不同：①DNA的碱基为腺嘌呤（adenine，Ad）、鸟嘌呤（guanine，Gu）、胸腺嘧啶（thymine，Th）和胞嘧啶（cytosine，Cy），RNA的碱基为腺嘌呤、鸟嘌呤、尿嘧啶（uracil，Ur）和胞嘧啶；②DNA的糖为脱氧核糖，RNA为核糖。在碱基中，Ad和Gu是嘧啶衍生物。此外，次黄嘌呤（hypoxanthine，Hx）、黄嘌呤（xanthine，Xa）等嘌呤碱虽不存在核酸中，却是核苷酸生物合成的重要中间体。碱基为Gu、Hx和Xa的核苷酸分别称为GMP、IMP和黄苷酸（xanthosine monophosphate，XMP）。磷酸键的位置在核糖5位C上，称为5′-核苷酸，在3位C上的称为3′-核苷酸。

研究表明，5′-GMP、5′-IMP与5′-XMP的化学结构均为对位羟基、5′位磷酸基、2′位H或OH基，具有很好的鲜味作用。关于它们的呈味机理目前仍不是十分清楚，但是已知IMP的定味基是亲水的核糖磷酸，助味基是芳香杂环上的疏水取代基，其核糖和磷酸部分是必不可少的呈味骨架。有鲜味的核苷酸的结构特点是：①嘌呤核第6位碳上有羟基；②核糖第5′位碳上有磷酸酯。

研究还表明，核苷酸与谷氨酸钠混合时，其鲜味不是简单的叠加，而是成倍地提高鲜度，这种现象称为鲜味剂的协同效应。在味精中添加2%的肌苷酸，它的鲜度相当于味精的35倍。当5′-IMP和5′-GMP和味精三者混合时，它们的协同作用更大，并具有将动植物鲜味融为一体效果。所以将它们按一定的比例混合可作为复合调味料——增鲜味精。表13-4是GB 8967—2007规定的增鲜味精的理化指标。此外，核苷酸对甜味有增效作用，对咸、酸、苦味有降效作用，对肉味有增效作用，对腥味、焦味有去除作用。

表13-4 增鲜味精质量理化指标（GB 8967—2007）

项目		指标		
		5′-GMP	呈味核苷酸二钠	5′-IMP
谷氨酸钠①/%	≥	97.0		
呈味核苷酸/%	≥	1.08	1.5	2.5
透光率/%	≥	98		
干燥失重/%	≤	0.5		
铁/(mg/kg)	≤	5		
硫酸盐(以SO_4^{2-}计)/%	≤	0.05		

① 味精的纯度为99%。

二、核苷酸的生物合成途径

核苷酸的生物合成有两条不同途径，即全合成途径和补救途径。全合成途径（Denovo 途径）是利用核糖、氨基酸、CO_2 和 NH_3 等简单物质为原料，经过一系列酶促反应合成核苷酸，此途径不经过碱基、核苷的中间阶段，从无到有的途径。肝中核苷酸的合成主要以此途径进行。补救途径是利用体内游离的碱基或核苷合成核苷酸的途径，补救合成途径中所需的碱基和核苷来自于细胞内的核酸的降解。在脑和骨髓中，核苷酸的合成以补救途径进行。

IMP 的生物全合成途径是从枯草芽孢杆菌代谢中研究得出的：葡萄糖经 HMP 途径生成 5′-磷酸核糖后，从 5′-磷酸核糖开始合成 IMP 要经过 11 步酶促反应。IMP 是嘌呤核苷酸生物合成的中心，从它开始分出 2 条环行路线：一条经过 XMP 合成 GMP，再经过 GMP 还原酶的作用又生成 IMP；另一条经过腺苷琥珀酸（adenylosuccinate，SAMP）酶合成腺苷酸（adenosine monophosphate，AMP），再经过 AMP 脱氨酶的作用又生成 IMP（图 13-4）。

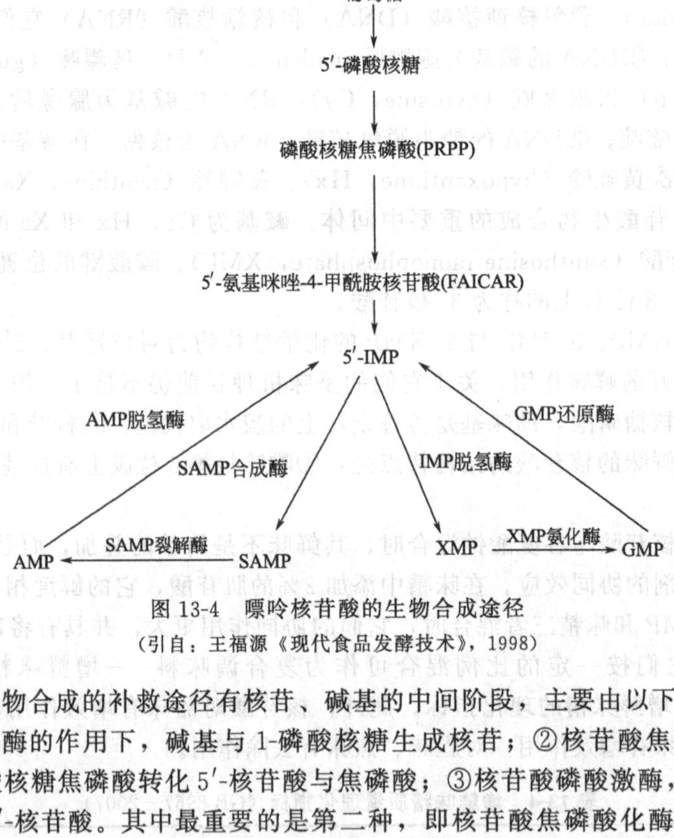

图 13-4 嘌呤核苷酸的生物合成途径
（引自：王福源《现代食品发酵技术》，1998）

嘌呤核苷酸生物合成的补救途径有核苷、碱基的中间阶段，主要由以下三种酶参与：①核苷磷酸化酶，在该酶的作用下，碱基与 1-磷酸核糖生成核苷；②核苷酸焦磷酸化酶，该酶可以将碱基与 5-磷酸核糖焦磷酸转化 5′-核苷酸与焦磷酸；③核苷酸磷酸激酶，核苷与 ATP 在该酶的所用下产生 5′-核苷酸。其中最重要的是第二种，即核苷酸焦磷酸化酶所催化的反应。利用微生物的补救途径，在培养基中添加碱基或其衍生物来生产相应的核苷酸已有工业化生产。嘌呤碱基、核苷和核苷酸的互相转换见图 13-5。

三、5′-IMP 发酵

IMP 由核糖、磷酸和 Hx 组成，其中磷酸结合在核酸的第 5 位羟基上，它为白色结晶粉末状或颗粒状，易溶于水，在乙醇或其他有机溶剂中溶解度极小。由微生物发酵生产 IMP 的方法包括：①利用微生物直接发酵生产 IMP（一步法）；②利用微生物发酵先生产 HxR，然后用化学法或酶法进行磷酸化（二步法）；③添加前体物 Hx，经半合成途径合成 5′-IMP（半合成法）；④先发酵生产腺苷或 5′-腺苷酸，然后再用化学法或酶法生产 5′-IMP。在此仅介绍直接发酵法生产 IMP 的工艺。发酵法得到的是 IMP 钠盐。

1. 生产菌种

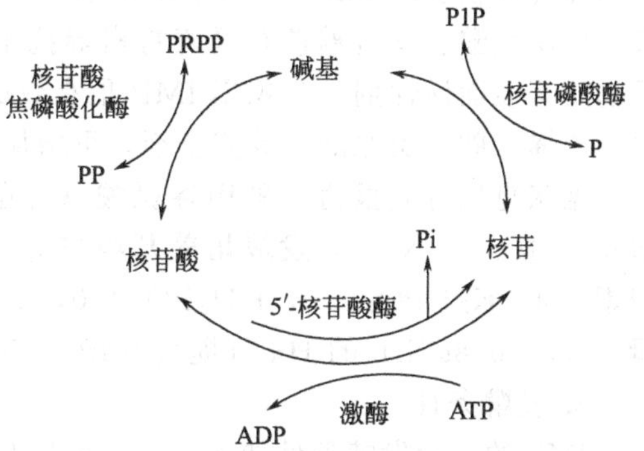

图 13-5 嘌呤碱基、核苷和核苷酸的互相转换
（引自：姚汝华《微生物工程工艺原理》，2003）

在微生物的正常生长条件下，由于 IMP 反馈调节控制，以及其很难穿过细胞膜，所以很难积累 IMP。所以对 IMP 的产生菌株必须进行以下处理。①解除反馈调节控制：选育 Ad 和 Xa 缺陷型（$Ade^{-}+Xan^{-}$），限制 Ad 和 Gu 或 Xa 的添加量，解除 Ad 系化合物与 Gu 系化合物对磷酸核糖焦磷酸（PRPP）转酰胺酶的反馈抑制，又避免 Ad 对 PRPP 转酰胺酶的阻遏，同时切断由 IMP→SAMP 和 IMP→XMP 的支路（丧失 SAMP 合成酶和 IMP 脱氢酶），就可以积累 IMP。而选育 8-AGr、6-MGr 或 8-AXr 的突变株，从遗传上解除代谢调节，更有利于提高 IMP 产量。②选育分解 IMP 的酶活性极弱或丧失的突变株：由于枯草杆菌（*Bacillus subtilis*）分解 IMP 5′-核苷酸酶、碱性磷酸酯酶和酸性磷酸酯酶等的活力很强，所以一般选择这些酶很弱的产氨短杆菌（*Brevibacterium ammoniagenes*）或谷氨酸棒杆菌（*Corynebacterium glutamicum*）为出发菌株，避免了所生成的 IMP 进一步分解，有利于 IMP 的产生与积累。③解除细胞膜通透性障碍：Mn^{2+} 对 5′-IMP 产生菌的细胞膜通透性有显著的影响，为了解除细胞膜的 IMP 通透性障碍，可选育 Mn^{2+} 脱敏突变株（MnINS），或者控制培养基中 Mn^{2+} 浓度。

5′-IMP 发酵菌种主要有短小芽孢杆菌（*Bacillus pumilus*）、产氨短杆菌、枯草芽孢杆菌、谷氨酸棒杆菌和某些链霉菌等。但目前使用最多的是产氨短杆菌。

2. 发酵培养基

IMP 发酵培养基除了具有必需的碳源和氮源供菌体生长繁殖外，还有以下要求。①添加核酸类物质。例如，目前所用的菌株都是 Ad 缺陷型，因此都需要在培养时加入适量的 Ad。一般使用的是酵母膏或酵母水解液，添加量为 0.5%左右。②添加较高浓度的磷盐和镁盐，有利于菌体生长和产酸，用量各为 1%左右。③ 添加组氨酸、赖氨酸、高丝氨酸、甘氨酸及丙氨酸的混合物对发酵有促进作用。一般添加 2% 左右的玉米浆。由于玉米浆中含有生物素，应当控制在亚适量，试验后确定添加量。④添加 Mn^{2+}、Zn^{2+}、Fe^{2+} 和 Ca^{2+}。B 族维生素对部分菌株是必需的。

在 IMP 发酵培养基中，Ad 和 Mn^{2+} 的添加量是直接发酵 IMP 的重要调控因子。Mn^{2+} 与细胞膜或细胞壁的生物合成有直接关系，但它不同于谷氨酸发酵中生物素亚适量的作用机制。在谷氨酸发酵中，生物素作为催化脂肪酸的生物合成的初始酶乙酰 CoA 羧化酶的辅酶，参与脂肪酸的生物合成，从而间接地影响细胞膜的磷脂合成，控制细胞膜渗透性。而在 IMP 发酵中，生物素添加量的限制，仅影响菌体的生长。IMP 是在生物素充足、Ad 适量时才积累。另外，在 Mn^{2+} 浓度限量时，细胞的脂肪酸含量反而增加。而在谷氨酸发酵中，生物素亚适量会导致细胞内脂肪酸含量的减少，从而影响了细胞膜的通透性。

对积累 IMP 来说，Mn^{2+}、Fe^{2+} 和 Ca^{2+} 都是必需的，尤其 Mn^{2+} 的影响显著，必须亚适量控制。Mn^{2+} 限量时，会引起细胞形态变化，造成细胞伸长或膨胀，成不规则形，细胞膜可允许 IMP 渗透到胞外，积累 IMP。Mn^{2+} 过量，细胞形态呈生长型，不允许 IMP 渗透到胞外，IMP 产量激减，转换成 Hx 发酵。为此，利用产氨短杆菌直接发酵生产 IMP，必须严格控制发酵培养液中 Mn^{2+} 的水平。然而，在使用大型发酵罐的工业生产中，要把 Mn^{2+} 控制在 10～20μg/L 的浓度范围内，并不是一件十分容易的事情，而且发酵工业上所用的工业原料和工业用水都含有较多的Mn^{2+}。为了解决这个问题，可采取三种方法：一是在发酵期间添加链霉素、环丝氨酸、丝裂霉素C及青霉素等抗生素，或者添加聚氧化乙烯硬脂酰胺、羟乙基咪唑系物质等表面活性剂，对积累IMP是有效的；二是在Mn^{2+}过量时，添加三聚磷酸钠、水杨醛、乙烯二胺、黄原酸盐等螯合剂，可增加IMP的生成量；三是选育对Mn^{2+}不敏感突变株。

据张克旭等人报道，采用谷氨酸棒杆菌265突变株进行IMP发酵，菌种标记为Ade^-、Met^-、His^-、Nic^-，发酵培养基组成为（%）：葡萄糖10.0，玉米浆3.0，酵母膏粉0.8，尿素0.4，K_2HPO_4 1.0，KH_2PO_4 1.0，豆饼水解液2.0，$MgSO_4$ 0.2，$MnSO_4$ 0.02。添加适量（0.5～0.8g/L）的Hx可提高IMP产率。

3. 发酵条件

IMP的一般发酵条件如下。①接种量2%～5%。②发酵温度30～40℃，不同菌株温度控制有一定的差异。在最适温度下，可保持正常发酵。发酵初期采用菌体最适生长温度32～33℃，中期32℃，后期维持37℃。较高或较低温度下发酵，轻则延长发酵周期，重则生成副产物Hx，不利于IMP生成，造成IMP产率下降，这可能是由于IMP分解酶的作用的影响。③pH值6.3～6.7，在偏酸性条件下发酵，有利于菌种生长、产酸。pH值可通过流加氨水、液氨或尿素等方式加以控制。④IMP发酵属好氧发酵，20m^3发酵罐，搅拌转速130r/min，通气量为1∶(0.12～0.15)［$m^3/(m^3\cdot min)$］。

4. IMP提取

IMP的提取方法包括离子交换树脂法和活性炭吸附法。由于活性炭吸附法成本低，排放污染少，所以生产上主要采用该法。

（1）离子交换树脂法　离子交换树脂法的提取过程如下。①发酵液加入活性白土15g/L，压滤除菌体，滤液中加入1.5倍体积的盐酸进行酸化。②将酸化液上732#（H^+型）阳离子交换树脂柱。上柱液体积大约为湿树脂体积的6倍。含IMP的流出液用NaOH溶液调pH值至8.5～9.5，上717#（OH^-型）阴离子交换树脂柱，上柱液体积大约为湿树脂体积的6倍，90%的IMP可以被吸附。③先用水洗柱，再用0.05mol/L HCl洗柱至流出液pH值为3.5，接着用含0.05mol/L HCl的0.05mol/L KCl混合溶液洗脱。④洗脱液用40% NaOH调pH值7.5，减压浓缩至原来的1/20～1/15。浓缩液冷却后加入2倍体积的95%乙醇，冷藏，IMP析出粗品。IMP粗品加水溶解，加乙醇放冷库结晶，过滤，晶体用30%乙醇洗2～3次。烘干，制得IMP精品。整个提取收率为55%～60%。

（2）活性炭吸附法　活性炭吸附法的过程如下。①发酵液加热至45～50℃，缓慢加入盐酸酸化至pH值3～4，再加入活性白土15g/L，压滤。②压滤液经过H^+型酚醛树脂脱色，脱色液上0.216mm（80目）769#活性炭柱吸附。③用80～90℃热水洗柱，再用0.1mol/L的NaOH溶液进行洗脱。洗脱液用HCl调pH值至7～8，减压浓缩至IMP含量为8%。④将浓缩液酸化至pH值为3，再一次经酚醛树脂脱色。脱色液用碱中和至pH值7后加入2倍体积的95%乙醇，冷藏，结晶，得粗品。对粗品的精制工艺同离子交换数脂法。整个提取收率为40%～50%。

四、5′-GMP发酵

GMP由Gu、核糖和磷酸三部分组成，磷酸结合在核糖的上5′-羟基。分子式为$C_{10}H_{12}N_5O_8P$。鸟苷酸为白色晶体或粉末，溶于冷水和碱溶液中，在冷的酸性溶液中缓慢分解。

国际上对于GMP的研究和生产始于20世纪60年代。最先由日本科学家发现GMP具有强烈的鲜味，然后着手研究微生物发酵生产GMP的方法。在20世纪70～80年代，已经从枯草芽孢杆菌、微黄短杆菌、铜绿假单胞菌（*Pseudomonas aeruginosa*）中选育出一批直接发酵法生产GMP的菌株，但产率都不高。所以，目前一般改用发酵法生产鸟苷，再经磷酸化生成

GMP，鸟苷产率为 20～25mg/mL。

我国 GMP 生产起步较晚，苏州味精厂曾筛选到一株积累鸟苷 4.9mg/mL 的菌株，黑龙江微生物所选育到的鸟苷生产菌株，产鸟苷 3.8mg/mL。1993 年由上海工业微生物所选育得到一株枯草芽孢杆菌 2066，产鸟苷 16mg/mL，25t 发酵罐试生产达到 10mg/mL。

（一）生产菌种

GMP 与 AMP 都是嘌呤核苷酸生物合成的终产物，GMP 在菌体内的浓度超过一定限度，就会引起反馈调节，抑制 GMP 自身的合成。尤其是使 PRPP 转酰胺酶、IMP 脱氢酶及 GMP 合成酶等受到抑制。况且，微生物中还普遍存在有催化由 GMP 向鸟苷（guanosine，GuR）降解的酶系。所以，直接发酵生产 GMP 非常难。可是，由于 5-氨基-4-氨甲酰咪唑核苷［AICAR(S)］和黄苷等是来自于生物合成中间体的物质，它们的积累并不引起反馈调节，因此，可以期望利用切断向下代谢途径的营养缺陷型突变株大量积累这些物质。另一方面，GuR 的溶解度很低，在发酵中容易析出结晶，也就相对地减弱了反馈调节的效果，有可能积累鸟苷。由此可见，生产 GMP 的方法有：①利用微生物发酵法生产 AICAR（S），然后 AICAR（S）经过有机化学合成的方法制成 GMP，即生物合成与化学合成并用法；②利用细菌发酵生产 GuR，以酶法或化学合成法将 GuR 进行磷酸化，得到 GMP；③利用 XMP 或黄苷生产菌与能将 XMP 或黄苷转化为 GMP 的菌株混合培养法，即利用双菌混合发酵法生产 GMP；④直接发酵法生产 GMP。目前，工业生产上仍然以第一种与第二种方法为主。

1. GuR 生产菌

枯草芽孢杆菌、产氨短杆菌（*Brevibacterium ammoniagenes*）、微黄短杆菌、铜绿假单胞菌等都能产 GuR。因为对枯草芽孢杆菌在代谢途径、调节机制等方面进行过非常深入的研究，所以较多地采用以枯草芽孢杆菌作为选育鸟苷高产菌株的出发菌株。

从 GuR 的生物合成途径及其调节机制来看，作为 GuR 高产菌株，应具备以下条件。①丧失腺苷酸琥珀酸合成酶活性，切断肌苷酸到腺苷酸的通路，使生成的肌苷酸不转化为腺苷酸而全部转向合成 GMP。与此同时，GMP 还原酶活性的丧失，使 GMP 转化为 IMP 的反应受阻，生成的鸟苷酸不再变为 IMP。②核苷酸酶或核苷磷酸化酶等 GuR 分解酶的活性微弱。③解除 GMP 对磷酸核糖焦磷酸转酰胺酶、IMP 脱氢酶及 GMP 合成酶等的反馈抑制与阻遏。④由 IMP 脱氢酶、GMP 合成酶所催化的反应，应该比核苷酸酶所催化的反应优先进行，以此来抑制肌苷的产生，实现高效率地积累 GuR。

目前，国内外的 GuR 生产菌都是按上述要求加以诱变而获得的。例如，日本味之素公司选育的鸟苷生产菌枯草芽孢杆菌，有 5 个遗传标记：腺嘌呤缺陷型、抗 8-杂氮鸟嘌呤、抗磺胺胍、抗狭霉素 C、抗德夸菌素。该菌株中，GMP 对 IMP 脱氢酶的反馈抑制已被解除，GMP 还原酶活力丧失等。上海工业微生物所选育的一株 GuR 生产菌株具有 Ad 缺陷和组氨酸缺陷的双重遗传标记，采用发酵过程中分批补料的方法，GuR 产率达到 15mg/mL。

2. 5-氨基-4-氨甲酰咪唑核苷产生菌及由该菌制造 GMP

选育 5-氨基-4-氨甲酰咪唑核苷［AICAR(S)］产生菌应具备以下条件：①嘌呤的生物合成途径强；②丧失 AICAR 转甲酰酶；③解除菌体内核苷酸对 PRPP 转酰胺酶的反馈抑制和阻遏；④降解 AICAR、AICAR(S) 的酶系（核苷酸酶、磷酸酯酶和核苷酶等）极弱。AICAR(S) 发酵结束后，用阳离子交换树脂吸附发酵液中的 AICAR(S)，经洗脱、浓缩、干燥等工艺，分离精制 AICAR(S)，提取收率约 90%，再以 AICAR(S) 为原料用化学方法合成 GMP。

3. GMP 生产菌

直接发酵法生 GMP 的菌种必须具备以下条件：①解除 GMP 生物合成的调节机制，首先要解除 GMP 对 IMP 脱氢酶的反馈抑制作用；②改善细胞膜的 GMP 通透性，使生成的 GMP

易于渗出细胞外；③生成的 GMP 不被分解。

直接发酵生产 GMP 的菌株，其 GMP 生物合成调节系统已被解除，表现如下：GMP 对 IMP 脱氢酶的终产物抑制作用不存在。由于 GMP 和 IMP 同样难于从细胞膜内渗出，因此在解除终产物的反馈抑制的同时应设法改善细胞膜透性，尽可能降低 GMP 在细胞内不被转化。日本学者从自然界筛选到铜绿色假单胞菌、枯草芽孢杆菌及微黄短杆菌产鸟苷的野生菌株，能积累 2.7～4.0g/L 的 GMP。例如，阿部等使用碱性磷脂酶和 5-核苷酸酶活性弱的产氨短杆菌为出发菌株，诱变选育得腺嘌呤缺陷型 ATCC6871，其 GMP 产率力 5.1mg/mL。对多重缺陷型产氨短杆菌或谷氨酸棒杆菌或放线菌来说，在起始发酵液中或发酵过程添加抗生素、二噁烷等，能明显提高 GMP 产率。

4. 黄苷和黄苷酸产生菌及由黄苷酸制造 GMP

黄苷酸（XMP）是合成 GMP 的一个中间产物，选育丧失 GMP 合成酶的 Gu 缺陷型，可以得到积累黄苷和 XMP 的菌株。由于 XMP 发酵比 GMP 发酵容易，因此可采用由黄苷或 XMP 的二步发酵法或混合发酵法制造 GMP。

黄苷和 XMP 产生菌要具备以下条件：①丧失 GMP 合成酶的鸟嘌呤缺陷型，限制鸟嘌呤含量，解除 GMP 系物质对 IMP 脱氢酶的反馈抑制和阻遏；②腺嘌呤缺陷型，切断从 IMP 到 AMP 的通路，限制鸟嘌呤和腺嘌呤含量，解除鸟嘌呤对 IMP 脱氢酶及鸟嘌呤和腺嘌呤对 PRPP 转酰胺酶的反馈抑制。究竟是积累黄苷还是 XMP，取决于菌株的核苷酸酶活性，如果核苷酸酶活性极弱，即积累 XMP。

（二）鸟苷发酵

1. 培养基

GuR 发酵的培养基组成，除碳源、氮源和无机盐等基本成分外，如果使用的是营养缺陷型菌株，那么必须在培养基中再添加菌株所必需的营养物质，其添加量必须通过预试验确定。

通常用作碳源的主要是葡萄糖或麦芽糖，用量一般为 10%～12%。氮源一般使用 $(NH_4)_2SO_4$ 或 NH_4Cl 作为氮源，初始培养基中用量在 2%左右。在发酵过程流加氨水来控制 pH 值和补充氮源，也可以大豆蛋白水解液等有机氮源替代无机氮源加入初始培养基中。培养基中主要添加的无机盐包括磷盐、镁盐、铁盐和锰盐等。在 GuR 发酵培养基中还应加入嘌呤的前体物，例如 L-谷氨酸钠等氨基酸。腺嘌呤缺陷型菌株需添加腺嘌呤，也可用含各种嘌呤的酵母粉或酵母膏等代替。营养物质的使用量必须为亚适量，添加量过大会导致生物合成途径中反馈抑制的发生；过少，则造成菌体生长不足，结果鸟苷产量下降。为了改善膜渗透性，还必须控制生物素的亚适量，用量在 6～10μg/L。

据盛翠等人报道，采用枯草芽孢杆菌发酵生产鸟苷，种子培养基成分为（%）：葡萄糖 2.0，酵母膏 1.0，蛋白胨 1.0，玉米浆 1.0，尿素 0.2，NaCl 0.25，pH 值 7.2；发酵培养基成分为（%）：葡萄糖 10.0，酵母粉 1.6，$(NH_4)_2SO_4$ 1.5，$MgSO_4$ 0.4，KH_2PO_4 0.2，$CaCl_2$ 0.2，玉米浆 1.7mL/dL，豆饼水解液 3.0，$CaCO_3$ 2.0，pH 值 7.0～7.2。摇瓶鸟苷产率达 28mg/mL。

2. 发酵条件

①一般投料量为罐体积的 60%～80%。如果采用补料工艺，则投料量可减少至 60%。接种量为 9%～10%。②温度控制，0～24h 温度为 36℃，24h 后温度控制在 36.5～37.5℃。③pH值控制，发酵的起始 pH 值为 6.8，发酵初期 pH 值会略有下降（降至 pH 值 6.1），随着 pH 值回升和鸟苷开始积累，发酵 10h 后用氨水控制 pH 值 6.4～6.5，在临近发酵结束时，pH 值会突然上升，pH 值超过 6.6 即放罐。④罐压与通风比，罐压控制在 0.05～0.1MPa。通风比按二级风量控制，0～24h 为 1∶0.2，24h 后 1∶0.35（2.5t 发酵罐）。

在整个发酵过程中，初始 12h 内，GuR 的生成极少，在其后的 12h，GuR 生成率猛增，之后生成率又放慢，在临近结束前，GuR 生成率又有所增长。这种发酵后期 GuR 生成量增多的现象可能与后期菌体细胞自溶有关，细胞内的 GuR 进入发酵液，从而使 GuR 的生成量显著增加。这可以从镜检后期发酵液很少有完整的活菌存在，以及平板培养很少有菌落出现得到证实。发酵周期一般为 48h 左右。

（三）GuR 的分离提取

1. 工艺流程

发酵液→灭菌→除菌体→滤液→一次结晶→GuR 粗品→脱色→过滤→二次结晶→过滤→GuR→烘干→磨粉、包装→成品。

2. 操作方法

在发酵液中加入絮凝剂如壳聚糖等，添加量为 1g/L，搅拌均匀后升温至 90～95℃，以提高 GuR 的溶解度，趁热进板框压滤机，得滤液。为减少压滤时 GuR 的损失，用沸水将滤饼洗 1 次，合并滤液。将收集到的滤液在结晶罐中冷却析晶，得到 GuR 粗品。按粗品 GuR∶水∶粉末活性炭＝10∶200∶1 的比例，将三者投入脱色罐，升温至 90℃并维持 1h，其间需不断搅拌，以提高除杂、脱色的效果。将上述 90℃的活性炭液进板框压滤机，得滤液。滤饼经沸水洗涤后，洗液与滤液合并。滤液进冷却罐，在 10℃以下析晶，得 GuR 精品。GuR 精品置于 80℃下干燥 12h 左右。将干燥的 GuR 磨粉，过 40 目筛，包装。提取工艺总收率一般在 65%以上，其中板框压滤机除菌和一次结晶的单项收率较低。

五、肌苷发酵

肌苷（HxR）是我国产量最大的一种发酵核苷酸类产品，目前年产量大约 50t 以上。HxR 能直接透过细胞膜进入人体细胞，使处于低能缺氧的细胞恢复正常代谢，并能活化丙酮酸氧化酶，参与人体蛋白质合成。临床上 HxR 适用于各种急慢性肝脏、心脏疾病、白细胞或血小板减少症、中心性视网膜炎和视神经萎缩等症状。HxR 经磷酸化可以得到 IMP。

（一）生产菌种

发酵法生产 HxR 的菌株是枯草芽孢杆菌的突变株，它的主要遗传标记是 Ad 缺陷型，也有进一步增加维生素 B_1、组氨酸缺陷型以及抗 8-杂氮鸟嘌呤、抗 6-巯基嘌呤标记后，使产量大幅度提高。

HxR 产生菌的选育，应将重点放在选育腺嘌呤缺陷型和黄嘌呤缺陷型双重突变株（Ade^-＋Xan^-），切断从 IMP 到 AMP 与 IMP 到 XMP 的两条支路代谢，并通过进一步选育抗 Ad、Gu 结构类似物突变株，选育从遗传上解除正常代谢控制的理想菌株。

目前选育的菌株有：枯草芽孢杆菌（Ade^-＋tyr^-＋ his^-）菌株已工业化生产，以葡萄糖为碳源，HxR 产率为 16g/L，转化率 20%；枯草芽孢杆菌 G3-46-22-6（Ade^-＋Xan^-＋dea^-＋$8AGR^-$）菌株，发酵时，加 1%Hx，HxR 产率为 33g/L，不加 Hx，肌苷产率为 22g/L；枯草芽孢杆菌 No. 174（Ade^-＋tyr^-＋GMP^-＋red^-＋ dea^-＋$8AGR^-$）的 HxR 产率为 8g/L；枯草芽孢杆菌 AJ3F22（Ade^-＋lys^-＋维生素 B_1^-＋磺胺哒嗪^R）菌株的 HxR 产率为 17.2g/L。

（二）工艺流程

斜面种子→种子罐培养→发酵→发酵液调 pH 值→阳离子交换树脂吸附→水洗→上活性炭柱→碱洗脱→一次浓缩→过滤→二次浓缩→冷却结晶→抽滤→干燥→粗品 HxR→活性炭精制→HxR 成品。

（三）发酵条件

HxR 生产使用腺嘌呤缺陷型为亲株的突变株进行液体深层发酵。碳源多使用葡萄糖或淀粉水解液，氮源有 NH_4Cl、$(NH_4)_2SO_4$ 或尿素等，因为 HxR 的含氮量很高（20%），所以必须保证供应足够的氮源。工业上常用液氨或氨水来调节发酵培养基的 pH 值，这样，既调节培养基的 pH 值，同时又补充了氮源。Ad 是腺苷酸的前体物，而腺苷酸又是控制 IMP 生物合成的主要因子，所以在发酵中，需控制腺嘌呤亚适量。氨基酸有促进 IMP 积累，同时节约腺嘌呤的作用。

1. 培养基

培养基包括斜面、一级种子、二级种子和发酵培养基。它们的配方如下。①斜面培养（%）：葡萄糖 1.0，蛋白胨 0.4，酵母膏 1.0，牛肉膏 1.4，琼脂 2.0，pH 值 7.0，0.1MPa 灭菌 20min。32℃培养 48h，冰箱保存备用。② 一级种子培养（%）：葡萄糖 2.0，蛋白胨 1.0，酵母膏 1.5，NaCl 0.25，尿素 0.2，pH 值 7.0，0.1MPa 灭菌 20min。32℃振荡培养 7～8h，OD 值为 0.8～0.85，可接二级种子。③ 二级种子培养（%）：淀粉水解糖 2.0，玉米浆 0.5，酵母粉 2.0，NaCl 0.25，尿素 0.2，pH 值 7.0。在 32～34℃，160～180r/min，通风量 1∶0.2 条件下培养 7～8h。④发酵培养基（%）：淀粉水解糖 10，酵母粉 1.5，$MgSO_4$ 0.1，$(NH_4)_2SO_4$ 0.5，KH_2PO_4 0.5，$CaCl_2$ 0.1，尿素 0.25，pH 值 7.0。0.1MPa 灭菌 20min。

2. 发酵条件

接种量 5%～10%，发酵温度 34～36℃，发酵过程中 pH 值控制 6.2～7.0（用氨水调节），$10m^3$ 发酵罐通风量 1∶0.2，搅拌转速 160～180r/min，发酵周期 72 h 左右。

（四）肌苷提取

HxR 的提取工艺如下。①发酵液用硫酸或盐酸调 pH 值至 2.5，带菌体上 732# 阳离子交换树脂柱，HxR 被吸附。②用无离子水洗脱，解吸 HxR。洗脱液上 769# 活性炭柱吸附，脱盐。③用乙醇和氢氧化钠的混合液洗脱炭柱。先用含 1mol/L NaOH 的 50%的乙醇浸泡炭柱 2 h，用量为 2 倍活性炭量。然后用含 0.1mol/L NaOH 的 30%的乙醇浸泡炭柱 2h，最后用 80～90℃、0.1mol/L 的 NaOH 作洗脱剂，在 pH 值 8～12 范围内，洗脱液中 HxR 的含量最大，当洗脱液中 HxR 含量低于 0.2%时，洗脱结束。④合并洗脱液，用 HCl 调 pH 值 10～11，减压浓缩至浓度 5～6°Bé，过滤，滤液继续减压浓缩至浓度 18～20°Bé。⑤将浓缩液冷却至 0～5℃放置 36～48h，HxR 粗结晶析出。过滤得 HxR 粗结晶，用 0～3℃蒸馏水洗涤粗结晶至淡黄色。⑥HxR 粗品在 55～60℃下干燥 12h，得粗成品。

要得到药用级 HxR 精制品，HxR 粗品必须脱色精制。精制的方法如下：HxR 粗品加入 5 倍量的蒸馏水，加热至 70℃使 HxR 溶解，用 HCl 调 pH 值至 6.0，按 HxR 粗品质量的 4.5% 加入活性炭（药用级），升温至 80℃，搅拌，趁热过滤，滤液冷却至 0～5℃放置 36～48h，析出晶体，抽滤后，90℃下干燥 12h，得 HxR 精品。提取得率 80%左右。

六、鸟苷和肌苷的磷酸化

生产 IMP 和 GMP 可以利用微生物发酵生产 HxR 和 GuR，然后用酶法或化学法进行磷酸化。

1. 酶法

在酶法磷酸化产物中，除 5′-磷酸化产物外，还有 3′-位、2′-位的异构体，这是磷酸化要解决的难点。参与磷酸化的酶为核苷磷酸转化酶。磷酸的供体以对硝基苯磷酸为最佳。在含 20mmol/L GuR 或 HxR、70mmol/L 对硝基苯磷酸和 1mmol/L $CuSO_4$ 的 pH 值为 4.0 反应液中，添加草生欧文氏菌（*Erwinia herbicola*）的培养液，于 37℃下静置反应 20h，5′-GMP（或 5′-IMP）对 GuR 或 HxR 的摩尔收率达 85%以上。反应后，先将反应液离心除菌体，接着用有机溶剂萃取上清液中的对硝基酚，再经柱色谱分离，加乙醇，使 5′-GMP（或 5′-IMP）沉淀析出。

2. 化学法

化学法磷酸化可分为两类：①2′-位、3′-位的保护，即2′-、3′-O-置换核苷的磷酸化方法；②无保护核苷的选择性磷酸化方法。在采用保护磷酸化方法中，所用的磷酸化试剂有氯化氧磷、磷酸三烷基酯、四氯焦磷酸等。有的需某种溶剂（常用磷酸三乙酯为溶剂），有的不需溶剂，直接将核苷加入反应体系中。在无保护核苷的选择性磷酸化方法中，将无保护核苷悬浮于磷酸三甲酯或磷酸三乙酯中，在冷却条件下加入氯化氧磷，进行磷酸化反应6～8h，68%～90%的核苷可生成5′-核苷酸。如果预先加入与核苷等物质的量的水，可以进一步提高选择性，抑制2′-,5′-二磷酸的生成，使GuR和HxR制成的5′-GMP（或5′-IMP）的收率达到98%以上。

第三节 红 曲

红曲（red yeast rice，red fermented rice），从广义上讲是指以红曲菌为菌种的发酵产物，包括固体与液体发酵产物，而从狭义上将，红曲是以红曲菌为发酵菌种或主要发酵菌种，以大米主要是早籼米为原料的固体发酵产物，即红曲米。通常人们所讲的红曲就是指红曲米。在本书中如果没有特别说明，红曲也是指红曲米。红曲是具有东方特色的传统发酵产品，在我国有上千年的应用历史，早在宋朝就有关于红曲应用的记载，如宋朝胡佰撰写的《苕溪渔隐丛话》中有“江南人家造红酒，色味两绝”，宋朝《清异录》里也有“以红曲煮肉”的记载，元朝时红曲的使用已经相当普遍，在《本草纲目》和《天工开物》中都有红曲制法的详细记载。《本草纲目》里评论红曲说“此乃人窥造化之巧者也”和“盖奇药也”。

在我国，红曲的生产主要分布在福建、浙江、台湾等省。其中以福建的古田红曲为最著名。红曲不仅被用于酿酒，还用于食品着色和作为中药的配伍。目前根据用途分，红曲可分为酿造用红曲、色素红曲（色曲）和功能性（药用）红曲三类。久负盛名的中国台湾的红露酒，福建、浙江的红曲酒与黄酒都以红曲为酒曲生产的。红曲菌是目前世界上唯一生产食用色素的微生物，在中国、日本与欧美，关于红曲色素生产的研究文献与专利甚多。红曲色素产品可以是红曲米或红曲菌深层发酵提取物。在我国，红曲作为药用品具有悠久的历史，而将功能性红曲开发成药物是20世纪80年代的事情。至今，已知红曲具有以下医疗功能：①能产生抑制胆固醇合成的Monacolin类物质，因此已经被开发成降血脂药物；②能产生γ-氨基丁酸等具有降低血糖作用的物质，所以有望开发成降血压的药物；③红曲在治疗胺血症与骨质疏松等方面也表现出很好的应用前景。

一、红曲的生产

（一）菌种与曲种制备

1. 红曲菌种

红曲菌属（*Monascus* Van Tieghem）在真菌界属于子囊菌纲（Ascomycetes）、不整子囊菌目（Plectascales）、曲菌科（Eurotiascus）。在我国用于红曲生产的主要菌种包括作为色曲生产菌种的As3.913、As3.914、As3.973、As3.983，它们产色素能力强；作为生产酿造用红曲的As3.555、As3.920、As3.972、As3.976、As3.986、As3.987、As3.2637等菌株，它们的糖化能力强；既可作为色曲又可作为酿造用红曲的菌种As3.972、As3.986、As3.987等的产色素能力强，糖化能力也强。这11株菌株中，除了As3.555和As3.976属于变红红曲菌（*M. serorubescens sato*），其他均属于安卡红曲菌（*M. anka*）。

红曲菌能利用多种糖类生长，一般来说，淀粉、糊精、纤维二糖、蕈糖、甘露醇、果糖、木糖、L-阿拉伯糖、葡萄糖等都是良好的碳源等。$NaNO_3$、NH_4NO_3、$(NH_4)_2SO_4$、蛋白胨等都是红曲菌生长的良好氮源。以As3.973为例，以葡萄糖5%、$NaNO_3$ 1.0%、KH_2PO_4 0.5%、$MgSO_4$ 0.25%和$FeCl_3$微量作培养基时，其最适生长温度是30～35℃，25℃以下、40℃以上则生长缓慢，最适pH值为3～5，pH值3以下生长缓慢，pH值5以上则不适宜产生色素。

2. 曲种制备

红曲菌种包括斜面菌种、三角瓶菌种和生产曲种。①斜面菌种以麦汁或米曲汁为培养基，用醋酸调pH值4.5～5.0，灭菌冷却后接种，32℃下培养7～10天，冰箱保存备用。②三角瓶菌，以籼米饭为培养基，灭菌冷却后接种，32～35℃下培养7～10天成熟，置40℃下烘干，使水分降至8%～10%，置阴凉干燥处保存。成熟的曲种外观色泽鲜红，有红曲特有的曲香，无杂菌污染。曲粒在600倍的显微镜下观察，有较多的近球形的子囊壳。③生产曲种，将三角瓶菌种用2倍的3%的醋酸浸泡4～6h后磨浆，搅拌均匀，作接种用。将优质籼米浸渍4～6h，淋清沥干，蒸熟成米饭。摊凉至35～38℃，接入1%三角瓶菌种。控制曲房温度30℃左右，品温33～34℃，培养8天左右，中途需翻曲、通风和浸水（水pH值5.0）。培养的成曲在40～45℃下干燥。

（二）红曲的通风池生产

红曲既可以用曲盘进行小规模生产，也可采用通风制曲工艺，以通风池进行大规模生产。在这里介绍红曲的通风池生产工艺。

1. 工艺流程

粈米→浸渍→蒸饭→摊凉→接种→曲房堆积培菌→通风池培养→喷水→培养→出曲干燥→成品红曲。

2. 工艺要求

（1）原料　籼米要新鲜、整粒，以精白、硬质为好。杂交米也可用，但是一般黏性过高的米，由于通风性较差，所以一般不用于红曲的生产。

（2）浸渍　大米浸渍吸水量一般为28%～30%。春季浸渍6～8h，夏秋季浸渍3～5h。

（3）蒸饭　大米浸渍用清水淋洗，沥干水分蒸饭。蒸饭要求饭粒熟透，但不烂，无白心，均匀一致，颗粒分散。

（4）接种　米饭冷却至35～38℃后，接入曲种。接种量为大米量的0.5%～1%。红曲种用2倍重量3%的醋酸浸泡4～6h后，磨浆与米饭搅拌均匀。

（5）曲房堆积培菌　将接种后的米饭堆积成堆或盛装于箩筐内，用保温材料（可以用麻袋或棉被做保温材料）覆盖后，置于保温曲房培养16～22h，待品温升至45～47℃，掀开保温材料，翻拌曲料，重新覆盖保温培养，当品温又达到45℃时，翻拌曲料送至通风池培养。为了简化操作过程，现在大多数工厂将拌种后的米饭直接放入通风池中进行保温培菌，然后再进行通风制曲。

（6）通风池培养　将培菌后的曲料放入通风池内，打开通风设备进行通风培养。培养起始温度控制在41℃，培养20～24h后，第一次喷水，喷水后5～6h翻曲，使温度降至37℃。以后每隔10h左右喷水一次，每隔5h左右翻曲一次，温度将逐渐降至34℃。通常每次喷水量为曲料重量的30%左右，喷水结束后，在32～34℃下培养，一般作色素的红曲米培养7～8天即可。应该注意控制通风量不能太大，也不能太小，太大水分挥发过快，湿度不高，红曲菌生长不好，风量太小，由于氧气不够也可以导致红曲菌生长不良。

（7）干燥　成曲在烘曲池45℃下干燥，也可晒干，要求红曲含水量在12%以下。

（8）红曲米质量　红曲米产品符合GB 4926—2008质量标准。

以上仅是生产红曲米（色曲）的一般工艺要求，实际上，不同菌种的生产工艺参数是不同的。另外，对于不同用途的红曲，例如酿造用红曲与功能性药用红曲，它们的生产工艺也不尽相同，应根据具体情况进行适当调整，以达到产品要求。

二、红曲的应用

如前所述，红曲有多种不同用途，用途不同对红曲的要求也不同。下面仅就红曲作为色素时的质量标准与应用标准进行简要介绍。作为色素的红曲既可以是红曲米，也可以是红曲米或液态发酵红曲的色素提取物红曲红。它们的质量标准与应用要求是不同的。

1. 红曲米

红曲米外表为棕红色到紫红色的米粒，断面为粉红色，质轻脆，无其他霉变，微有酸味，味淡，溶于氯仿，溶液呈红色，可以溶于热水及酸、碱溶液，微溶于石油醚呈黄色，溶于苯呈橘黄色。

在红曲米的应用方面，根据我国《食品添加剂使用卫生标准》（GB 2760—2007）规定，红曲米按生产需要适量用于配制酒、糖果、熟肉制品、腐乳、雪糕、冰棍、饼干、果冻、膨化食品、调味罐头。目前主要用于腐乳着色。此外，还用于酱菜、糕点、香肠、火腿等着色。使用量为：辣椒酱 0.6%～1.0%，甜酱 1.4%～3.0%，腐乳 2.0% ，酱鸡、酱鸭 1.0%。

2. 红曲红

红曲红是从红曲中用 70%乙醇，在 60℃下抽提，经过滤、精制、干燥而得；或由红曲菌液体深层发酵液中抽提、精制、干燥而得。

其实红曲红色素是一种混合物，它包括很多种成分，目前已经知道结构的组分至少有以下 6 种：潘红（rubropunctatin，$C_{21}H_{22}O_5$）、梦那红（monascin，$C_{21}H_{26}O_5$）、梦那玉红（monascorubrin，$C_{23}H_{26}O_5$）、安卡黄素（ankaflavin，$C_{23}H_{30}O_5$）、潘红胺（rubropunctamine，$C_{21}H_{23}O_5$）和梦那玉红胺（monascorubramine，$C_{23}H_{27}NO_4$）。它们的结构式如图 13-6 所示。

红曲红为深紫红色粉末，略带异臭，易溶于中性及偏碱性水溶液，极易溶于乙醇、丙二

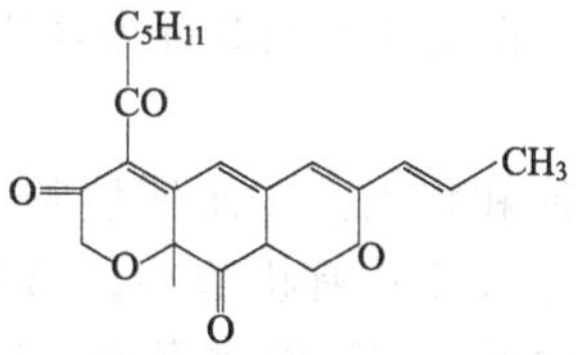

潘红(红色色素组分)

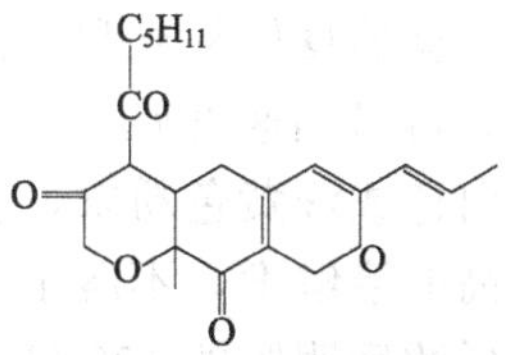

梦那红(黄色色素组分)

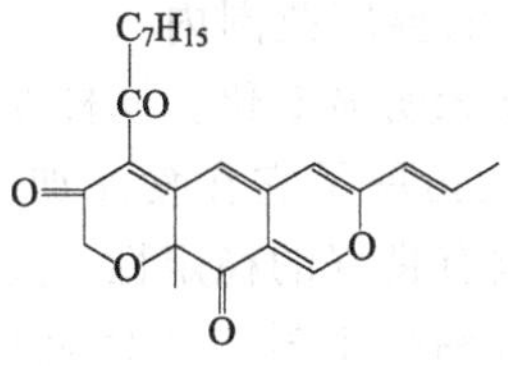

梦那玉红(红色色素组分)

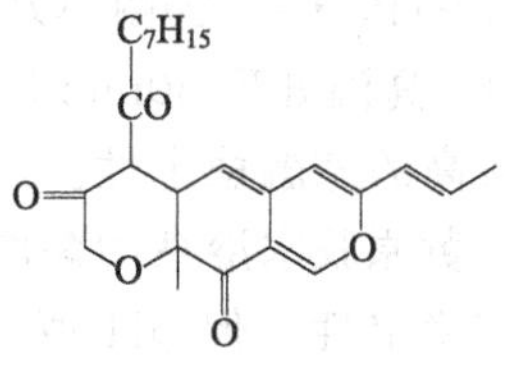

安卡黄素(黄色色素组分)

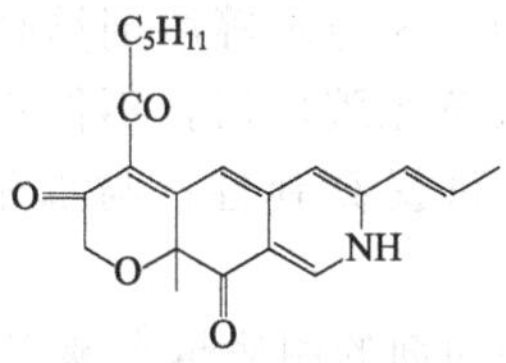

潘红胺(紫红色色素组分)

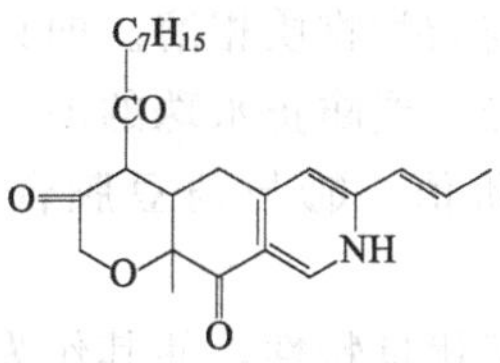

梦那玉红胺(紫色色素组分)

图 13-6 红曲红色素结构式

醇、丙三醇及它们的水溶液。不溶于油脂及非极性溶液。水溶液最大吸收峰波长为 490nm±2nm。熔点 165～190℃。对环境 pH 值稳定，几乎不受金属离子（Ca^{2+}、Mg^{2+}、Fe^{2+}、Cu^{2+} 等）和氧化剂、还原剂的影响。耐热性及耐酸性强，但经阳光直射可褪色。对蛋白质着色性能极好，一旦染上红曲色素，虽经水洗，亦不掉色。

第四节 黄 原 胶

黄原胶又名汉生胶（xanthan gum），是 20 世纪 70 年代发展起来的，由野油菜黄单胞菌（*Xanthomonas campestris*）以碳水化合物为主要原料，经通风发酵、分离提纯后得到的一种胞外杂多糖。它由 D-葡萄糖、D-甘露糖、D-葡萄糖醛酸、乙酸、丙酮酸等组成，相对分子质量为 1.2×10^6～2×10^6，其单元结构式如图 13-7 所示。

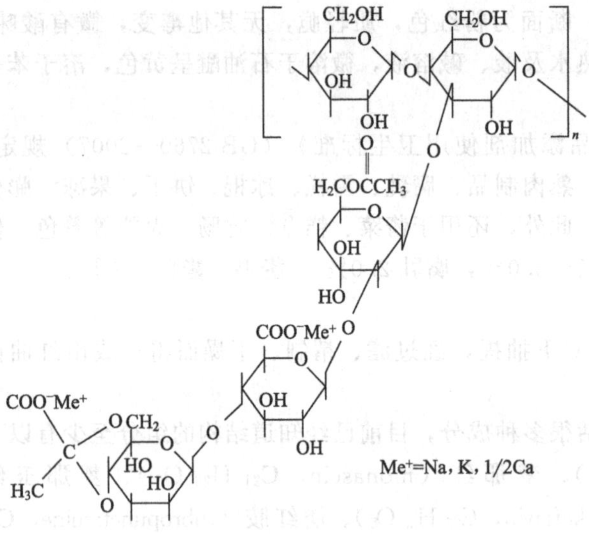

图 13-7 黄原胶的基本结构单元

美国是研究开发和生产黄原胶最早的国家，早在 20 世纪 50 年代，美国北部研究中心率先开展了黄原胶研究，60 年代初开始了半工业化生产和工业化生产。目前生产黄原胶的国家主要有美国、英国、法国、日本、俄罗斯、德国和中国，黄原胶总产量超过 10 万吨。我国黄原胶生产规模超过 2 万吨。黄原胶性能优良，用途广泛，是当前广泛应用的褐藻酸、阿拉伯胶、卡拉胶、洋槐豆胶、田青胶和淀粉等一些植物和海生植物多糖的良好补充和替代产品，并在某些方面其性质还优于以上这些胶体物质，深受各国的重视并得以迅速发展。

黄原胶是一种类白色或浅黄色粉末，有以下性能和特点。①水溶性胶。具良好的溶解性，在冷、热水中都有较高的溶解度，不溶于乙醇、酮等大多数有机溶剂。②黏性好。1%黄原胶水溶液黏度相当于同样浓度明胶的 100 倍，在低浓度下就有高的黏度值，2%～3%的黄原胶溶液，其黏度高达 3～7Pa·s。③耐热好。黄原胶在相当宽的温度范围内（－98～90℃）黏度几乎无变化。经 130℃高温处理 30min 后冷却，溶液的黏度无明显变化。同样在冷冻条件下也不破坏其黏性，具较高的冻融稳定性。这种热冷稳定性大大拓展了它在食品加工中的应用范围。④酸碱稳定性好。黄原胶水溶液的黏度在 pH 值 4～10 具有良好的稳定性，尤其在酸性系统中有极好的溶解性和稳定性。但 pH 值＜4、pH 值＞10 时黏性上升。⑤优良的悬浮和分散性。1%黄原胶溶液承托力为 $5N/m^2$。⑥相溶性好。能与大多数常用增稠剂溶液相混合，与大多数盐类配伍。⑦能与脂类物质相溶。即具有高的乳化性能。⑧与水等溶剂结合力强。保水性好，在食品加工或贮藏中能防止水珠的渗出。⑨食品中加入黄原胶以后，不但不改变其色、香味，反而会提高营养价值。⑩与角豆胶合用有相乘效应，可提高弹性；与瓜尔豆胶合用可提高黏性。

黄原胶的上述优良特性，使其作为新型天然食品添加剂的用途越来越广，应用覆盖面达二十多个行业，尤其是在食品行业，黄原胶作为增稠剂、成型剂已相当普遍。另外，黄原胶在采油、轻工业、印染、造纸、陶瓷、涂料和医药等行业用量也相当大。

一、黄原胶产生菌

很多微生物都可以产生黄原胶，但是许多生产菌株均来自黄单胞菌属（*Xanthomonas*）。目前，国内外用于生产黄原胶的菌种大多数是从甘蓝黑腐病株上分离得到的甘蓝黑腐病黄单胞菌，也称野油菜黄单胞菌。另外，生产黄原胶的菌种还有菜豆黄单胞菌（*X. phaseoli*）、锦葵黄单胞菌（*X. malvacearum*）和胡萝卜黄单胞菌（*X. carotae*）等。一般认为野油菜黄单胞菌 NRRL-1459 是产生黄原胶的理想菌株。该菌为革兰染色阴性，杆状，大小为 $0.4\mu m \times 1.0\mu m$，单鞭毛，好氧，过氧化氢酶阳性，硫化氢阴性，氧化酶阴性，不还原硝酸盐，不产生吲哚。我国目前已开发的菌株有南开-01、山大-152、008、L4 和 L5。

欲得到高产优质产品，优良生产菌种是发酵的前提和必备条件。黄单胞菌属中能产生这类多糖的种很多，但能用于生产的很少，采用青霉素 G 作为分离筛选标记是获得高产量黄原胶生产菌的一种新方法。用改进摇瓶试验进行黄原胶生产菌的筛选，可获得产胶黏度高、性能优良的生产菌株。采用分子克隆的方法，可得到能利用乳糖的生产菌。还可通过连续或半连续发酵过程，筛选抗退化的菌株。此外，通过诱变处理，诸如用亚硝基胍处理的野油菜黄单胞菌，可以使它在没有水解的乳清培养基中利用乳糖转化成黄原胶，诱变处理后的菌株可筛选到不产色素的生产菌，这样即减少了后处理工序。通过基因工程技术，定向改造和构建新型工程菌是最理想的方法。

二、发酵培养基

工业上生产黄原胶的发酵培养基一般以碳水化合物为碳源，有机氮或无机氮为氮源，还包括一些无机盐和微量元素。碳源主要是葡萄糖、蔗糖、淀粉等；氮源主要有蛋白胨、酵母粉、玉米浆、鱼粉和一些无机氮化合物，其中有机氮源要优于无机氮源，硝酸盐和硝酸铵盐要优于硫酸铵盐。我国南开-01 的黄原胶生产菌株的发酵培养基为玉米淀粉 4%，鱼粉 0.5%，轻质碳酸钙 0.3%，自来水配制，pH 值 7.0。

三、发酵条件

黄原胶的发酵条件为：接种量 5%～8%，发酵温度 25～28℃，pH 值 6.5～7.0，通风比 1∶(0.6～1.0) [$m^3/(m^3 \cdot min)$]，发酵周期 72～96h。

黄原胶收率一般为起始糖量的 40%～75%。黄原胶收率与培养基中氮源的种类和数量有关。一般来说，黄单胞菌容易利用有机氮源，而不易利用无机氮源。有机氮源包括鱼粉蛋白胨、大豆蛋白胨、鱼粉、豆饼粉、谷糖等。其中以鱼粉蛋白胨为最佳，它对产物的生成有明显的促进作用，一般使用量为 0.4%～0.6%。生产上一般使用价格低廉的鱼粉和黄豆粉。氮源添加量直接影响到菌体细胞的生长。当提高培养基中的氮源浓度，则细胞浓度增加，进而间接地影响黄原胶的合成速率和最终得率。如果起始氮源浓度较低时，随着氮源浓度的提高，细胞浓度也增加，黄原胶的合成速率加快，黄原胶的最终得率也相应提高。当起始氮源浓度在适中时，细胞浓度和黄原胶的合成速率均有提高，但发酵时间被缩短，黄原胶的得率降低，这是由于细胞浓度增长过快，用于细胞生长及细胞生命活动的糖量增加，用于合成黄原胶的糖反而减少，导致黄原胶得率下降。如果采取发酵后期流加糖的方法，黄原胶的得率会有较大的提高。另外，发酵液的溶氧水平也是影响黄原胶的合成速率和得率的一个重要因素，如果发酵液中细胞浓度大，供氧不足，黄原胶合成速率变慢，得率降低。

四、黄原胶的分离提取

黄原胶产品是由黄原胶发酵液，经过一系列后处理分离提取工艺加工而成。黄原胶分离提取工艺的基本过程为：发酵液预处理、产物的分离、脱水、干燥、粉碎、包装。在工业生产过程中，分离提取工艺的选择取决于所生产产品的类型、种类和纯度要求，以及产品的用途和应用目的等因素。

黄原胶的分离提取方法有溶剂沉淀法、钙盐-工业酒精沉淀法、絮凝法、直接干燥法、超滤浓缩法等。其中，溶剂沉淀法工艺简单，产品质量高，大型化生产技术成熟，是目前国内采用的主要方法，但该方法溶剂用量大，需设置溶剂回收设备，投资较大，生产成本高。该方法提取收率可达97%。

发酵结束后，发酵醪中黄原胶含量3%左右，还含有菌丝体、未利用完的培养基和副产物等。如果菌丝体等固形物混杂黄原胶成品中，会造成产品色泽差、味臭，从而限制了黄原胶的使用范围。所以，在黄原胶的分离提取前应按照产品质量规格要求将发酵醪中的杂质不同程度地除去。

黄原胶成品分为食品级、工业级和工业粗制品三种。一般液态制剂产品生产，分离提取工艺比较简单，只采用化学或物理处理方法，澄清、浓缩成液态制剂形式。固体产品的生产，经过后处理、分离提取和干燥，有些不经过产物沉淀分离过程，直接干燥成粉剂或干燥造粒。对于工业级黄原胶的提取，黄原胶发酵液经巴氏灭菌、用水稀释以降低黏度，经高速离心沉降或过滤除去死菌残骸和其他固体不溶物，然后喷雾干燥，过60～100目筛制成干品。或过滤分离后滚筒干燥，过筛制成固态黄原胶粉剂。对于食品级黄原胶的提取，黄原胶发酵液经巴氏灭菌和分离处理后，在氯化钾存在下，用乙醇对发酵液絮凝沉淀，得到絮状黄原胶沉淀，利用高速离心沉降将沉淀物与溶液分离。沉淀物经多次洗涤后经干燥过筛得到食品级黄原胶干品。使用过的有机溶剂用蒸馏法回收。

五、黄原胶在食品中的应用

根据GB 2760—2007规定，黄原胶在饮料中最大用量为0.1g/kg，面包、乳制品、肉制品、果酱、果冻2.0g/kg，面条糕点、饼干、起酥油、速溶咖啡、鱼制品、雪糕、冰淇淋10g/kg。

第五节 生物防腐剂

食品在加工、运输和贮存过程中，由于食品中所含酶、环境中的氧和光及微生物的污染而造成食品腐败变质。其中，微生物污染是导致食品腐败变质的主要原因。为了防止食品的腐败变质，常采用冷藏、加热灭菌、密封包装和加入保藏剂等手段，而且这些手段与方法常常结合在一起使用，其中添加保藏剂，即食品防腐剂是控制食品腐败变质不可缺少的手段。

世界上每年约有20%以上的粮食及食品因腐败变质而造成巨大浪费和经济损失，变质食品还会危及人们的身体健康，因食物变质导致食物中毒的事件时有发生，所以，食品的防腐保鲜是食品加工、流通、贮存过程中的重要措施之一。由于食品防腐剂使用方便、效果明显，即使冷藏设备普及的欧洲、美国、日本等发达国家，食品防腐剂的用量每年仍以3%的平均增长率上升。世界食品防腐剂总消费量近10万吨。

目前，世界各国公开使用的食品防腐剂已超过50种，常用的防腐剂有10多种。根据来源，食品防腐剂可分为三大类：一是天然提取物，是从植物或动物中提取、分离制备的天然物质，如大蒜、洋葱、生姜汁液，昆虫体液中的抗菌肽，鱼精蛋白，壳聚糖等；二是化学合成物，如苯甲酸钠、山梨酸钾等，这是目前食品防腐剂中用量最大的；三是发酵法制取的生物防腐剂，如乳酸链球菌素、纳他霉素和曲酸等。

我国批准使用的食品防腐剂有30种，除曲酸、乳酸链球菌肽（1992年批准使用）和纳他霉素（1996年批准使用）外，其他均为化学防腐剂。我国食品防腐剂生产企业有40多家，生产能力超过10万吨。产量以苯甲酸钠、山梨酸钾最大。乳酸链球菌素和纳他霉素生产也形成了一定的规模。

下面仅对通过微生物发酵生产的乳酸链球菌素（nisin）、纳他霉素（natamycin）、曲酸（kojic acid）进行简要的阐述。

一、乳酸链球菌素

乳酸链球菌素（nisin）是细菌素的一种，是乳酸链球菌（*Streptococcus lactis*）[现定名为乳酸乳球菌（*Lactoccus latis*）] 产生的小肽，又名乳酸链球菌肽。乳酸链球菌肽由 34 个氨基酸残基组成，含有 5 个硫醚键形成的分子内环，分子式 $C_{143}H_{228}N_{42}O_{37}S_7$，相对分子质量 3348，其结构式如图 13-8 所示。

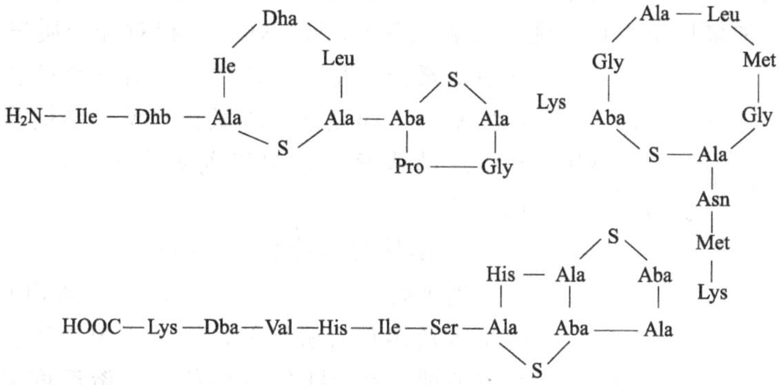

图 13-8 乳酸链球菌素的结构式

Aba—α-氨基丁酸；Dha—脱氢丙氨酸；Dhb—脱氢三丁酸甘油酯

1. 乳酸链球菌素特性与杀菌机理

乳酸链球菌素的等电点约为 pH 值 9。溶解度随着 pH 值下降而显著增加，在 pH 值 2 时，其溶解度为 57mg/mL，pH 值 6 时大约为 1.5mg/mL，在中性和碱性条件下几乎不溶解。乳酸链球菌素的稳定性与溶液的 pH 值有关。当把乳酸链球菌素溶于 pH 值 2 的稀 HCl 中，经 121℃加热 30min 而不丧失抑菌活性，在 pH 值 5 时丧失 40％的活性，pH 值 6.8 时丧失 90％以上的活性。牛奶、肉汤等大分子对乳酸链球菌素有保护作用，使稳定性大大提高。乳酸链球菌素对蛋白酶如胃蛋白酶、胰酶、唾液酶等特别敏感，但对粗制凝乳酶不敏感。乳酸链球菌素的标准品纯度为 2.5％，并以此定为 1000IU/mg。

乳酸链球菌素的杀菌机制是作用于细菌细胞的细胞膜，可以抑制细菌细胞壁中肽聚糖的生物合成，使细胞膜和磷脂化合物的合成受阻，从而导致细胞内物质的外泄，甚至引起细胞裂解。也有的学者认为乳酸链球菌素是一个疏水带正电荷的小肽，能与细胞膜结合形成管道结构，使小分子和离子通过管道流失，造成细胞膜渗漏。

2. 乳酸链球菌素发酵

乳酸链球菌以蔗糖、鱼蛋白胨、酵母粉等成分为培养基，pH7.0～7.5，接种量 5％～6％，发酵温度 35℃，控制发酵条件，所得发酵醪经蒸汽喷射杀菌、浓缩或酸化、盐析后喷雾干燥，得乳酸链球菌素成品。

3. 用途

根据我国《食品添加剂使用卫生标准》（GB 2760—2007）规定，乳酸链球菌素用于罐头、植物蛋白饮料最大使用量为 0.2g/kg；乳制品和肉制品的最大使用量为 0.5g/kg。实际使用参考值是：乳制品 1～10mg/kg，罐头食品 2～2.5mg/kg，熟食品如布丁罐头、鸡炒面、通心粉、玉米油、菜汤、肉汤等 1～5mg/kg。乳酸链球菌素还可直接加入啤酒发酵液中，控制乳酸杆菌、片球菌等杂菌生长，也可用于发酵设备的清洗。

使用乳酸链球菌素时应注意：先用 0.02mol/L 的 HCl 溶解，然后再加到食品中；乳酸链球菌素的抗菌谱窄，仅限于革兰阳性菌，对革兰阴性菌、酵母和霉菌均无作用，与山梨酸（主要抑制酵母、霉菌和需氧细菌）或辐射处理等配合使用，则可使抗菌谱扩大。一般情况下400IU/mL（10mg/kg）的乳酸链球菌素即可杀死绝大多数革兰阳性菌。

二、纳他霉素

纳他霉素也称多马霉素（pymaricin）或田纳本菌素（tennecetin），是一白色至乳白色的几乎无臭无味的结晶性粉末。它是由纳塔尔链霉菌（*Streptomyces natalensis*）产生的多烯大环内酯类抗真菌剂，能专性抑制酵母菌和霉菌。能产生纳他霉素的菌种遍布世界各地的土壤中，但是典型的生产菌株为纳塔尔链霉菌。该菌株是1955年在南非的纳塔尔省分离到的。

纳他霉素是一种多烯类大环内酯，经验式为 $C_{33}H_{47}NO_{13}$，相对分子质量665.7。事实上，纳他霉素分子是一种四烯，含有一个糖苷键连接的碳水化合物基团，即氨基二脱氧甘露糖。纳他霉素以烯醇式结构和酮式结构存在，但以前者居多。纳他霉素结构式如图13-9所示。

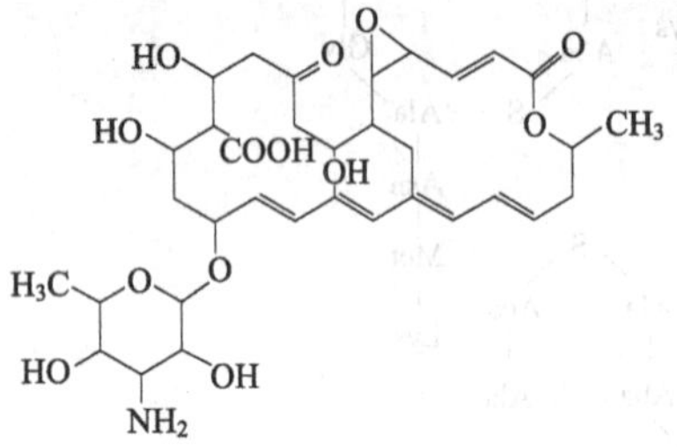

图 13-9 纳他霉素的结构式

1. 纳他霉素特性与杀菌机理

纳他霉素是一个两性电解质，等电点pH值6.5。难溶于水及多数有机溶剂，能溶于丙二醇、甘油、二甲亚砜和冰醋酸，在pH值中性条件下溶解度最低，在pH值低于3或高于9时溶解度增大。

纳他霉素的稳定性主要取决于分子中四烯部分的稳定性。在结晶状态下纳他霉素很稳定，但是其四烯结构对紫外线辐射很敏感。纳他霉素的活性和稳定性受pH值、温度、光照、氧化剂和重金属等影响。纳他霉素在pH值5～7活性最高，在100℃下能耐数小时。纳他霉素应避免阳光直射，产品接触紫外线会逐渐破坏，与某些氧化剂接触会加速化学分解，铅和汞之类的重金属会影响纳他霉素的活性。

纳他霉素对于大量的酵母和霉菌有很强的抑制活性，但对细菌、病毒及原生动物等没有活性。它能在较宽的pH值范围下杀灭真菌，其作用模式是与酵母或霉菌细胞膜上甾醇基团相结合，导致选择性膜渗透性的畸变，细胞壁和细胞质膜破裂，使细胞液和细胞质渗漏，从而导致微生物的死亡。因为细菌等膜中没有甾醇基团，它们对此类抗生素缺乏敏感性的机理即在于此。

2. 纳他霉素发酵

纳塔尔链霉菌以葡萄糖、淀粉、黄豆饼粉、酵母抽提物、蛋白胨、KH_2PO_4、$MgSO_4$ 和 $CaCO_3$ 等成分为培养基，发酵初始pH值7.6，种龄35h，接种量10%～15%，发酵温度20～22℃的条件下，可获得高产量的纳他霉素。

3. 用途

纳他霉素在世界上32个国家被批准用于各种干酪和肉制品的防腐剂。在中国，纳他霉素被批准用于干酪、肉制品、月饼、糕点、果汁原浆以及易发霉食品加工器具表面，食品中残留量不超过10mg/kg。

三、曲酸

曲酸于1907年由斋藤贤道（Saito）首先从米曲中抽提液中发现，1916年薮田（Yabuta）命名并于1924年确定其结构式。曲酸是某些微生物生长过程中经糖代谢产生一种弱酸性化合物，具有抗菌作用和抑制多酚氧化酶作用。化学名称为2-羟甲基-5羟基-γ-吡喃酮；5-羟基-2-羟甲基-1,4-吡喃酮。相对分子质量为142.1。化学结构式如图13-10所示。

1. 曲酸特性与杀菌机理

纯曲酸为无色柱状晶体，熔点151～154℃。易溶于水、丙酮与醇，微溶于醚、乙酸乙酯、氯仿和吡啶，不溶于苯。曲酸的弱酸性由其酚羟基结构而来，它能与 Fe^{3+} 配位反应生成紫红色化合物，为曲酸特征反应，可用于测定曲酸含量。曲酸与铜盐和锌盐易形成沉淀。

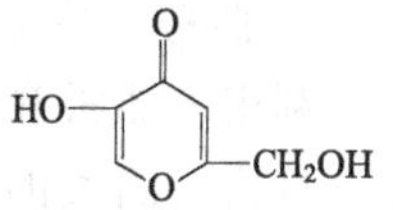

图 13-10 曲酸的结构式

这类防腐剂的杀菌作用主要是因其具有降低 pH 的能力。未解离的曲酸由于其脂溶性和易聚集在细胞膜周围的性质，会改变细胞膜的特性，并迅速渗透至细胞内部，使细胞酸化，使蛋白原生质变性，并与辅酶金属离子配位，从而杀灭微生物。

2. 曲酸发酵

曲酸存在于酱油、豆酱、酒类的酿造中，在许多以曲霉发酵的产品中都可检测到曲酸的存在。能产生曲酸的微生物有米曲霉（*Aspergillus oryzae*）、黄曲霉（*A. flavus*）、白色曲霉（*A. albus*）、鲣曲霉（*A. gymnosardae*）、灰绿曲霉（*A. glaucus*）、泡盛曲霉（*A. awamoi*）、亮白曲霉（*A. candidus*）等。国内外菌种保藏机构的产曲酸菌种有米曲 IFFI2326、米曲霉平展变种（*A. oryzae* var. *effusus*）IFFI2327、亮白曲霉 ATCC44054、黄曲霉（*A. flavus*）ATCC10124 和产曲酸青霉（*Penicillium kojicgenum*）ATCC18227 等。

工业生产常用淀粉或糖蜜作为曲酸发酵的原料，但是使用葡萄糖为原料发酵生产曲酸时有利于曲酸的生产和精制。米曲霉以葡萄糖、淀粉、豆饼粉、KH_2PO_4、$MgSO_4$ 等成分为培养基，发酵温度 30℃，发酵 7 天，曲酸产量可达 4.5%以上。曲酸提取一般采用直接浓缩结晶法得到粗曲酸。粗曲酸用活性炭、溶剂处理，再结晶得到成品。

3. 曲酸用途

曲酸具有抑菌作用。曲酸对许多微生物的生长有抑制作用。当培养基中曲酸含量达到 0.2%～0.5%，对大多数细菌均有很好的抑菌效果，相同浓度的曲酸抑菌能力略强于苯甲酸钠，尤其是对鼠伤寒沙门菌（*Salmonella typhimurium*）的抑菌效果较苯甲酸钠强得多。

食品防腐剂山梨酸与苯甲酸及其盐类，对肌体有一定的变异作用，所以在食品添加剂中受到使用量的限制。另外一些如醋酸盐、丙酸盐等防腐剂因为对食品风味有影响而不能达到理想效果。曲酸与目前在食品添加剂方面广泛使用的苯甲酸、山梨酸及其盐类相比有以下优点：易溶于水，解决了山梨酸与苯甲酸等防腐剂需要有机溶剂溶解后再加入食品的问题；不为细菌所利用，具有更强更广泛的抗菌力，而山梨酸抗菌力弱，易为细菌所利用，只能在无菌时加入才起作用；可与食品共同加热灭菌，而山梨酸受热易挥发；pH 值对曲酸抗菌力无明显影响，而山梨酸与苯甲酸钠等随 pH 值增大而抗菌力减弱；曲酸对人无刺激性，并可抑制亚硝酸盐生成致癌物，而山梨酸对人皮肤、眼睛有刺激性，当有硝酸盐存在时能生成致癌物。

曲酸具有多酚氧化酶的抑制作用。新鲜果蔬与甲壳类产品中存在的多酚氧化酶（PPO）会导致褐变，在这些食品的加工和贮存过程中，其内源酚类物质被酶催化氧化形成褐色素或黑色素，影响食品的色泽，并产生不良风味。长期以来，防止食品的酶促褐变是一个重要的研究课题。在食品加工和保藏中使用多酚氧化酶抑制剂是防止产品酶促褐变的重要手段。目前常用的处理方法是利用二氧化硫或其他强还原性含硫化合物。由于这些化合物在食品中残留并在以后的过程中会放出二氧化硫，会对食物的香味造成损坏。曲酸在果蔬、甲壳类产品的护色方面有着显著效果，而且与现有的抗坏血酸和柠檬酸等可以复配使用，可以替代或部分替代传统的多酚氧化酶抑制剂。

曲酸还有很多用途，如可做生产食品增香剂麦芽酚和乙基麦芽酚的原料；用于生产头孢类抗生素的中间体；用作对人畜无毒、无公害的杀虫剂；用作叶面肥施于农作物；用作铁分析试剂、胶片去斑剂；曲酸可以抑制黑色素生成酶（酪氨酸酶）的活力，可用作化妆品的美白剂等。目前最有前景的用途是在食品与化妆品两方面。

4. 曲酸的安全性

利用米曲霉和黑曲霉发酵酿造酒、酱、酱油和食醋等已有2000多年历史，曲酸存在于酱油、豆酱、酒类的酿造中，在许多以曲霉发酵的产品中都可检测到曲酸的存在。长时间实践证明，含曲酸的酿造食品是对人体无害。这些酿造产品中曲酸含量相当低，就这些产品中的曲酸而言，正常量食用这些食品，无需特别考虑其安全性。

虽然曲酸是从传统发酵产品中发现的，但高浓度的曲酸仍有一定的细胞毒性，例如它能抑制许多细菌的生长及杀死活游离细胞等。近年来，随着发酵法生产的曲酸在食品和化妆品的广泛应用，曲酸的安全性成为了人们关注的焦点。1988年日本批准曲酸可作为食品和医药添加剂使用，但2003年又宣布，在没有获得更多有关曲酸是否具有致癌性和遗传毒性研究结果之前，暂停生产和进口含有曲酸的非医药产品和其他产品。作为已替代日本成为曲酸最大生产国的中国，对曲酸的安全性应给予更大关注。据研究报道，小鼠口服曲酸的 LD_{50} 在1000～1500mg/kg范围内，Fujimoto等人在饲料中添加曲酸剂量达4500mg/(kg・d)，80周动物存活率大于90%。相对来说，家禽对曲酸比较敏感，LD_{50} 在5～9mg/kg。口服曲酸剂量在300～1000mg/(kg・d) 范围内，无论对雄性还是雌性大白鼠各种临床生理生化指标正常，尸体剖检和显微观察都没有发现任何影响。只有淋巴细胞和白细胞稍有降低。发生这种变化的雄性大白鼠在停止服用曲酸两周后可部分逆转。采用腹腔给药途径，每次注射曲酸剂量300mg/kg，2周后大白鼠出现肝细胞毒性病理现象。而曲酸对大白鼠的生育和胚胎影响研究结果具有不确定性。持续高剂量的曲酸能抑制小鼠和大白鼠碘的吸收、诱发甲状腺增生和腺瘤，在食品中添加曲酸可能有诱发甲状腺瘤的风险，但目前实验仅限于小鼠和大白鼠，还没有其他动物实验证据。酿造食品中曲酸浓度极低，在正常情况下使用应该是安全的。曲酸对人是否具有致癌性的存在争论，相信随着科学技术的发展，结论必将会越来越明确。

第六节 益生菌剂

一、益生菌剂概述

益生菌（probiotics）是一类通过改善宿主肠道微生物菌群的平衡而发挥作用的活性微生物，是人体肠道重要的生理菌。它能够促进肠内微生物菌群的生态平衡，改善肠道菌群结构，促进肠道中有益菌的增殖，抑制有害菌的生长，消除致癌因子，提高机体免疫力，降低胆固醇等重要生理功效，对于高血压、高血脂、心脏病、糖尿病和癌症的防治有着重要意义。随着人们保健意识的增强及微生态学相关科学技术的发展，消费者也越来越意识到益生菌在促进人体健康和预防疾病中的重要性。尤其近年来，益生菌在功能食品中的开发应用成为功能食品发展的重要领域。

1. 益生菌的发展历史

人类对益生菌的研究有100多年的历史。1899年法国著名的Tissier博士发现了被称为益生菌鼻祖的第一株菌种双歧杆菌（*Bifidobacterium* spp.），他发现双歧杆菌与婴儿患腹泻的频率及营养都有关系。1908年俄国的科学家伊力亚・梅契尼科夫（Metchnikoff）指出大量发酵乳制品的摄入与保加利亚人的长寿密切相关。1954年Vergio比较了肠内微生物菌群、抗生素和其他抗微生物物质的主要作用，首次介绍了益生菌，提出抗生素和其他抗菌剂对肠道菌群有害而益生菌对肠道菌群有利。

益生菌的基础研究与应用，在日本、法国、美国、俄罗斯、德国等国家较受重视。在欧洲，益生菌饮料代表着一种新型的健康品。在我国从20世纪50年代开始对益生菌以及与微生态相关的基础理论及应用进行研究，80年代成立了微生态学的学会组织，继而出现了一些微生态制品。进入21世纪后，益生菌的研究应用受到了广泛重视。

2. 益生菌剂及益生菌种类

益生菌剂的发展至今，其应用范围已比较广泛，按其应用对象分为医用（食用）益生菌剂、兽用益生菌剂、农用益生菌剂。

目前，常用的益生菌菌种有双歧杆菌属（*Bifidobacterium*）、乳酸杆菌属（*Lactobacillus*）和链球菌属（*Streptococcus*）。此外，明串球菌属（*Leuconostoc*）、足球菌属（*Pediococcus*）、丙酸杆菌属（*Propionibacterium*）、酪酸菌（*Clostridium butyicum*）和芽孢杆菌属（*Bacillus*）的菌种也可用作益生菌。

2001年，我国卫生部《关于印发真菌类和益生菌类保健食品评审规定的通知》中规定可用于保健食品的益生菌菌种名单：细菌有两歧双歧杆菌（*Bifidobacterium bifidum*）、婴儿双歧杆菌（*B. infantis*）、长双歧杆菌（*B. longum*）、短双歧杆菌（*B. breve*）、青春双歧杆菌（*B. adolescentis*）、保加利亚乳杆菌（*L. bulgaricus*）、嗜酸乳杆菌（*L. acidophilus*）、干酪乳杆菌干酪亚种（*L. casei subsp. casei*）、嗜热链球菌（*Streptococcus thermophilus*）；真菌有酿酒酵母（*Saccharomyces cerevisiae*）、产朊假丝酵母（*Cadida atilis*）、乳酸克鲁维酵母（*Kluyveromyces lactis*）、卡氏酵母（*Saccharomyces carlsbergensis*）、蝙蝠蛾拟青霉（*Paecilomyces hepiali*）、蝙蝠蛾被毛孢（*Hirsutella hepiali*）、灵芝（*Ganoderma lucidum*）、紫芝（*Ganoderma sinensis*）、松杉灵芝（*Ganoderma tsugae*）、安卡红曲菌（*Monacus anka*）、紫红曲菌（*Monacus purpureus*）。

目前国际上允许直接饲用的微生物菌种达42种（美国食品药物管理局与美国饲料协会，1989），我国农业部1999年公布允许使用的饲料级微生物添加剂菌种有12种，包括干酪乳杆菌（*L. casei*）、植物乳杆菌（*L. plantarum*）、粪链球菌（*S. faecalis*）、屎链球菌（*S. faecium*）、乳酸片球菌（*P. acidilactici*）、枯草芽孢杆菌（*B. subtilis*）、纳豆芽孢杆菌（*B. natto*）、嗜酸乳杆菌（*L. acidophilus*）、乳链球菌（*L. lactis*）、啤酒酵母（*S. cerevisiae*）、产朊假丝酵母（*C. utilis*）和沼泽红假单胞菌（*R. palustris*）。

3. 益生菌的生理功能

国内外医用微生态制剂在临床上的应用研究报告众多，归纳起来其作用有八个方面。

① 胃肠道疾病的防治。双歧杆菌、乳杆菌、肠球菌等可调整肠道中的菌群，改善肠道微生态。例如，口服双歧杆菌能使固有双歧杆菌增加，有害菌减少。这是因为双歧杆菌产品中的醋酸、乳酸，使肠道pH值降低，达到抑制腐生菌的目的，同时双歧杆菌产生的双歧杆菌素（bifidin）也可抑制腐生菌，使人体内的吲哚、酚、氨和尸胺等有害物质也明显减少。

② 护肝脏作用。服用双歧杆菌和乳杆菌等活菌制剂后，这些有益微生物到肠道定殖，能抑制肠道腐败菌和产尿素酶的细菌，从而明显降低肝炎、肝硬化、肝昏迷等肝病患者血内毒素水平，改善其肝功能。

③ 降血脂作用。日本及我国经对肠球菌生态制剂进行动物实验，临床观察证明乳杆菌和肠球菌有这方面的作用。其作用机理可能是某些链球菌株直接参与胆固醇的吸收及再循环，可降低外源性及内源性胆固醇的吸收，从而降低胆固醇的含量。

④ 医源性疾病的防治。现代医疗诊治技术，如大量应用抗生素、激素、免疫抑制剂、细胞毒性药物等均可直接或间接破坏机体内正常微生物的生长环境，造成微生态失调，引起医源性疾病，临床上大量长期应用抗生素可抑制有益的细菌菌群，腐生真菌感染而引起各种相关性腹泻。使用双歧杆菌及中药调节剂可以调节肠道菌群，使其恢复正常，消除抗生素的不良反应。

⑤ 婴幼儿的保健。服用双歧杆菌和芽孢杆菌制成的微生态制剂，可以有效地预防和治疗

由于牛奶喂养婴儿引起的坏死性结肠炎以及各种婴幼儿腹泻，增加对疾病的抵抗能力。

⑥ 减少癌变危险。有报道双歧杆菌可促进吞噬细胞的活性，增强机体的一系列免疫功能，降低肠道内亚硝胺等致癌物质。如曾发现发酵奶中有一种抗结肠癌的保护因子，饮用长双歧杆菌和嗜热链球菌发酵奶者，甲酚、吲哚和氨等粪腐败代谢物减少。体外研究观察了某些致癌物原和致癌物与双歧杆菌的关系。双歧杆菌通过非酶促和细胞内机制，抑制亚硝酸和亚硝胺的形成。

⑦ 抗衰老作用。自由基能在代谢中不断产生损害自身的毒性物，它广泛地参与生理及病理过程，机体在自由基及其诱导的氧化反应下导致衰老。自由基的消除主要靠抗氧化剂来完成，超氧化物歧化酶（SOD）和过氧化氢酶（CAT）具有这种功用，口服双歧杆菌增加血中SOD含量和活性，故认为双歧杆菌在抗衰老中有重要的作用。

⑧ 抗高血压功能。近来，有关采用膳食疗法来治疗高血压的研究很多。根据Takano初步研究表明，益生菌食品能在一定程度上控制血压。其抗高血压效果在先天性高血压老鼠实验中得到证实。Kanagawa从啤酒酵母和瑞士乳杆菌发酵乳中分离的三肽物质（Val-Pro- Pro和Ile-Pro-Pro）具有抑制血管紧张素转移酶Ⅰ活性的作用。与其他机制不同的是这里起作用的是益生菌的发酵产物，而不是活的益生菌。

除上述功能外，益生菌对人体的健康促进作用还包括促进泌尿系统健康、减弱放射性同位素的作用、降低与酒精中毒性肝病相关的内毒素的作用等。

二、乳酸菌

(一) 生物学特征

乳酸菌（lactic acid bacteria）是一类利用可发酵糖并产生大量乳酸的微生物的通称。包括的种类较多，例如有的霉菌也能产生大量乳酸，但不能认为凡是产乳酸的微生物都是乳酸菌。乳酸菌的分类体系，按照伯杰氏细菌手册中的生化分类法，乳酸菌分为乳杆菌属（*Lactobacillus*）、链球菌属（*Streptococcus*）、明串珠球菌属（*Leuconostoc*）。本小节只介绍与益生菌剂有关、应用较多的双歧杆菌（*Bifidobacterium* spp.）、乳杆菌和链球菌。

1. 双歧杆菌

双歧杆菌属已报道的有28个种，它们栖居于人类和动物（牛、羊、兔、鼠、猪、鸡和蜜蜂等）的肠道、反刍动物的瘤胃、人的牙齿缝穴和阴道以及污水等处。除齿双歧杆菌（*B. dentium*）可能是病原菌外，其他种尚无致病性的报道，双歧杆菌是一类革兰阳性厌氧菌或兼性厌氧菌，形态多变，有短杆较规则形或纤细杆状带有尖细末端的细胞，有成球形者，也有长而稍弯曲或呈各种分支或叉形、棍棒形或匙形。单个或链状、V形、栅栏状排列或聚集成星状。不耐酸、不形成芽孢、不运动。据报道，存在于人体中的双歧杆菌婴儿期主要有两歧双歧杆菌（*B. bifidum*）、婴儿双歧杆菌（*B. infantis*）、短双歧杆菌（*B. breve*），青春期主要有青春双歧杆菌（*B. adolescentis*）和长双歧杆菌（*B. longum*）。

双歧杆菌的最适生长温度为37～41℃，生长初期最适pH值为6.5～7.0。能分解糖，从葡萄糖产生乙酸和乳酸，按理论是以3∶2（摩尔比）的比例形成。分离双歧杆菌一般采用胰酶解酪蛋白、植物蛋白胨、酵母抽提物等配制的培养基，在严格厌氧条件下进行分离。

2. 乳杆菌

乳杆菌的细胞形态多样，从长形和细长形到弯曲形及短杆状，也常有棒形球杆状，一般形成链，通常不运动，运动者则具有周生鞭毛。无芽孢，革兰染色阳性，微好氧，过氧化氢酶反应呈阴性，在固体培养基上培养时，通常在厌氧条件或减少氧压并充以5%～10% CO_2 时可增加表面生长物，有些菌在分离时就是厌氧的。其生长温度为10～53℃，最适温度一般为30～40℃。乳杆菌能耐酸，最适pH值范围通常为5.5～6.2，在pH值5.0或更酸的情况下可生长。在中性或初始碱性条件时通常其生长率会降低。本属菌在自然界分布广泛，极少有致病性。在微生态制剂中常用的菌种是嗜酸乳杆菌（*L. acidophilus*）、保加利亚乳杆菌（*L. delbrueckii subsp. bulgaricus*）、植物乳杆菌（*L. plantarum*）。分离乳杆菌可采用 MRS 琼脂或 SL 培养基来进行分离。

3. 链球菌

链球菌的菌体一般呈短链或长链状排列，无芽孢，革兰阳性菌，兼性厌氧。过氧化氢酶反应呈阴性，化能有机异养菌。它们中有些属于人或动物的病原菌，如引起人咽喉炎的溶血链球菌（*S. haemolyticus*）；有引起食物变质的，如液化链球菌（*S. liquefaciens*）。发酵乳制品中常用的菌种有乳酸链球菌（*S. lactis*）、乳酪链球菌（*S. creamoris*）和嗜热链球菌（*S. thermophilus*）。嗜热链球菌是用以酿制酸乳的主要菌种。乳酸链球菌和其他乳酸菌一样营养要求高，需要复合的培养基才能良好生长。在合成培养基中需要有亮氨酸、异亮氨酸、缬氨酸、组氨酸、蛋氨酸、精氨酸和脯氨酸以及维生素类，如烟酸、泛酸钙和生物素。分离嗜热乳酸链球菌可用 Eilliker 琼脂培养基，也可用 Vrbaski 等的蔗糖硫氨培养基添加 1.9% β-甘油磷酸二钠来进行分离。

（二）生产工艺

目前市场出售的益生菌制品主要是益生菌经培养、浓缩、冻干后制成冻干粉，然后用冻干粉制成胶囊、片剂、粉剂或制成微胶囊，此外还有水剂与酸奶。下面以乳酸杆菌为例，将食用益生菌制剂的生产工艺加以简介。

① 将选育纯化的菌种，按其生长条件要求，逐级扩大培养制成种子液。种子培养基组成（g/100mL)：葡萄糖 2.0，蛋白胨 1.0，牛肉膏 0.5，酵母膏 0.5，pH 值 6.5～6.7。37℃静置培养 12h。

② 将种子液接入发酵培养基中进行扩大培养。发酵培养基组成（g/100mL)：葡萄糖 1.0，乳糖 1.0，牛肉膏 1.0，缓冲盐 0.5，NaCl 0.25，$MgSO_4$ 0.1，pH 值 6.5。接种量 4%，37℃厌氧培养 12h。

③ 在发酵罐中培养结束后，发酵液中菌体生长量达高峰，在封闭无杂菌感染条件下进行离心或超滤浓缩。

④ 将浓缩后细胞浓浆加入冻干保护剂（脱脂奶粉等）进行真空冻干，测定每克成品中的活菌数。冻干粉添加生长促进剂（低聚糖等）或其他添加剂，如脱脂奶粉、淀粉、糊精、螺旋藻粉等，然后按规格制成片剂或胶囊。水剂状态的微生态制剂，因其在贮藏期间，活菌数下降快，难以保证质量，在国际市场上甚少采用。

三、酪酸菌

1. 生物学特征

酪酸菌（*Clostridium butyicum*）也称丁酸菌，细菌学分类归属于梭菌属。该菌在自然界中存在于奶酪、天然酸奶、人与动物粪便、土壤中。因产生丁酸，而成为工业生产丁酸的主要菌种；并经常见于酿酒业中。作为微生态制剂的研究，1933 年由日本千叶医科大学宫人近治首先发现并报告的，因此，又名宫入菌。

酪酸菌为梭状芽孢杆菌。菌体为直或弯曲的，端圆，单个或成对、短链，偶见长丝状菌体，周生鞭毛，能运动。革兰阳性，在老培养物中能变为阴性。幼龄细胞内可见到淀粉粒。孢子圆或卵圆形，偏心或次端生，无孢子外壁或附属丝。细胞壁含有 DL-二氨基庚二酸，葡萄糖是唯一的细胞壁糖。表面菌落圆至稍不规则，稍凸，白色到奶油色，表面有光泽到无光泽。

酪酸菌为厌氧菌，在合适的培养基中生长良好，并产气（CO_2 和 H_2）。发酵产物有酪酸、醋酸、乳酸等。不水解酪蛋白和明胶，使牛奶变酸、凝固、产气、凝块破碎，但不消化。有限固氮，除维生素H外，不要求氨基酸和其他维生素。培养适温为25～37℃。pH值微酸性或中性时，生长发育良好。能发酵利用蔗糖、果糖、葡萄糖、麦芽糖、甘露糖、棉子糖、乳糖、核糖、淀粉；不能发酵卫矛醇、山梨醇。DNA中的G+C含量为27%～28%（摩尔分数）。

酪酸菌具有芽孢，对外界环境有很强的抵抗力。加热至100℃，5min不会失活；pH值1.0～5.0时仍能存活，pH值4.0～9.8时能适合其生长繁殖。其固体活菌制剂在室温干燥情况下保存3年以上，未见活菌显著减少。服用后，在胃肠道内不会失活，它主要在大肠和盲肠内增殖。临床上还可与抗生素合用。

2. 酪酸菌生理功能

研究表明，酪酸菌具有以下生理功能。①促进肠道内有益菌群（双歧杆菌、乳酸菌、粪杆菌等）的增殖和发育，抑制肠道内葡萄球菌、念珠菌、克雷伯菌、变形杆菌、绿脓杆菌、大肠杆菌、弯曲杆菌、痢疾杆菌、伤寒沙门菌等有害菌和腐败菌的生长繁殖，减少胺类、吲哚类物质的产生。且酪酸菌本身由于不能分解蛋白质，所以不会产生氨、吲哚、硫化氢等有害物质，故不引起中毒症状和器官的病理变化。②在肠道内产生B族维生素、维生素K、淀粉酶等，尤对儿童有良好的保健作用。③酪酸菌的代谢产物酪酸是肠上皮组织细胞再生和修复的主要能量源。④对多种抗生素有较强的耐受性，初步断定，酪酸菌对下列抗生素药物不敏感：青霉素、氨苄西林、链霉素、庆大霉素、卡那霉素、妥布霉素、氯霉素、丁胺卡那、复方新诺明；而只对新生霉素、先锋霉素V、四环素等少数几种抗生素敏感。因而，它可与多种抗生素并用，降低伪膜性肠炎等的发病率。⑤因酪酸菌是厌氧芽孢杆菌，在人体内不受胃酸、消化酶、胆汁酸的影响；在室温下能长期保存。⑥酪酸菌是人体肠道内正常菌群之一，能在肠道内阻止有害菌的定殖和入侵，从而纠正肠道内的菌群紊乱。

3. 应用

近半个世纪来，酪酸菌活菌制剂在日本、韩国以及中国等亚洲国家和地区广泛应用于肠道菌群失调、急慢性腹泻、肠易激综合征、抗生素相关性肠炎、便秘或腹泻便秘交替症等疾病的治疗，疗效良好。

酪酸菌活菌还作为饲料添加剂，它在动物肠道内拮抗动物的病原菌，维持和调节微生态平衡，能增强动物的免疫功能，并产生淀粉酶、多种维生素，促进动物对饲料的消化吸收和营养作用。因而它既可用作助消化促生长剂，也可作为保健药品，广泛适用于鸡、猪、牛等动物。酪酸菌制剂还作为微生物肥料，在田间应用，既能促进植物生长，又能防治其病害，具有很大的应用潜力。

四、纳豆芽孢杆菌

纳豆（natto）是日本的一种传统大豆发酵食品，由纳豆芽孢杆菌（*Bacillus natto*）在一定温度、湿度下发酵蒸煮大豆制备而成，距今已有两千多年历史，成熟纳豆色泽金黄，表面覆有一层黏性物质，挑起时有长长的拉丝样物质。纳豆营养丰富，含有丰富的蛋白质和氨基酸，其营养成分与蒸煮大豆相比，除维生素B_1外，热量、蛋白质、脂肪、矿物质、钙、铁、维生素B_2、烟酸，均高于蒸煮大豆的含量，特别是维生素B_2的含量比蒸煮大豆提高6倍以上。纳豆中还含有其他食品所不含有的纳豆菌和各种生物酶，如纳豆激酶、蛋白酶、淀粉酶、脂肪酶和纤维素酶等。

1. 纳豆芽孢杆菌特性

纳豆芽孢杆菌是从日本的发酵食品纳豆中发现的并分离出来的，属细菌科、芽孢杆菌属，其原始菌株与枯草芽孢杆菌相同，是枯草芽孢杆菌的一个亚种。纳豆芽孢杆菌是无人体寄生性的高度安全性的细菌，它的形态、培养和生物学特点，与枯草芽孢杆菌一致。采取DNA杂交也发现两者的同源性非常高，这说明两者是同一种类。1995年尺村将产生纳豆黏液物质的菌作为独立的纳豆菌。纳豆菌不同于枯草杆菌，主要是依据两种在生长中对生物素是否必需来划分，纳豆菌有生物素专一需求，但枯草杆菌不需要。纳豆菌发酵大豆产生拉丝多，而枯草杆菌发酵大豆不产生或很少产生拉丝。

纳豆芽孢杆菌营养细胞呈杆状，两端钝圆，单生或成短链，可运动，G^+，芽孢中央生，不膨大。菌落扩展、表面干燥，浅白或微带白色。适宜生长温度为 30～45℃，pH 值中性，好氧。

2. 纳豆芽孢杆菌生理功能

纳豆芽孢杆菌的生理功能如下。①抗菌作用。研究表明，纳豆黏液里含有吡啶二羧酸，对原发性大肠杆菌及沙门菌具有较强抗菌作用。纳豆菌生命力很强，可以在人的肠道增殖，有效地抑制一些致病性大肠杆菌的生长，尤其能拮抗 O157 大肠杆菌的繁衍，防治 O157 大肠杆菌所引起的食物中毒。此外，纳豆菌还能抑止葡萄糖球菌的生长繁殖，降低葡萄糖球菌肠毒素的毒性，从而提高肌体免疫力。纳豆芽孢杆菌是人体有益菌群，对革兰阳性菌有较大的拮抗性，特别对伤寒、副伤寒、痢疾等传染病的作用较为明显。②溶血栓功能。1987 年日本学者须见洋行从纳豆中分离提取和纯化出一种具有纤溶活性的蛋白激酶，称之为纳豆激酶（nattokinase，NK）。它是由纳豆芽孢杆菌经发酵产生的一种丝氨酸蛋白酶，该酶能显著溶解体内外血栓，明显缩短优球蛋白的溶解时间，并能激活静脉内皮细胞产生纤维蛋白溶酶原激活剂。近年来，纳豆激酶的纤溶活性在体外和体内实验上都得到了证实，1988 年在美国召开的世界纳豆激酶大会确定了纳豆激酶具有安全、无毒及高纤溶能力的作用，从而确立了纳豆激酶在全世界溶栓剂中的显著地位，引起了世界医学界和企业界的广泛关注。③ 产酶。纳豆菌能分泌蛋白酶、淀粉酶、脂肪酶和纤维素酶等多种水解酶，有利于降解食品中蛋白质、脂肪和复杂的碳水化合物，提高机体消化率。纳豆菌可使发酵大豆保持几乎不含胆固醇、必需氨基酸含量高、营养平衡好的优点，而且可使大豆的消化率提高。④ 抗癌。纳豆菌可作为非特异免疫调节因子，通过细菌本身或细胞壁成分刺激宿主免疫细胞，使其激活，促进吞噬细胞活力或作为佐剂发挥作用。日本金泽大学药学院的龟田教授（1967）通过动物实验发现纳豆芽孢杆菌对动物的生长无害，且具有抑制癌细胞生长的功能。通过体外细胞培养实验进一步揭示此抗癌活性物质是一个含 30～32 个碳的直链饱和烃，其中活性最高、含量最大的是 31 碳烃Ⅲ。纳豆中还含有许多活性物质如皂苷、维生素 B_2、维生素 E 等，每天食用可除去体内的致癌物质，预防癌症的发生。纳豆中的大量皂苷素，不仅能改善便秘，降低血脂和胆固醇，而且还能软化血管，预防高血压、动脉硬化以及大肠癌症。⑤其他功能。纳豆菌发酵大豆的产物——纳豆还具有降血压、抗氧化、提高蛋白消化率、调节肠功能、预防骨质疏松症等功能。

3. 发酵与应用

纳豆芽孢杆菌液态发酵的斜面培养基组成（g/100mL）：牛肉膏 0.5，蛋白胨 1.0，NaCl 0.5，葡萄糖 0.5，琼脂 2%，pH7.2。斜面在 37℃，培养 24h。液体种子培养可采用牛肉膏蛋白胨液体培养基或豆芽汁添加 2%葡萄糖的培养基。在 37℃、140r/min 的条件下振荡培养 12h。液体发酵以葡萄糖、大豆蛋白胨、无机盐的培养基或豆芽汁、葡萄糖培养基，控制温度 30～37℃，通风发酵 24～30h，可获得高浓度纳豆芽孢杆菌发酵液。发酵液经低温离心收集菌体，菌体添加脱脂奶粉、糊精等保护剂制成菌悬液，菌悬液经真空冷冻干燥后获得活菌制剂。

纳豆芽孢杆菌固态发酵。菌种制备，从斜面取 1 环纳豆芽孢杆菌，接入装有 30mL 牛肉膏蛋白胨培养基的 250mL 三角瓶中，在 37℃、140r/min 的条件下振荡培养 12h，备用。固态发酵培养基：麦麸∶玉米粉＝7∶3，葡萄糖 2 %，培养基初始含水量 60%。接种量 7%，发酵温度 37℃，固态发酵时间 5 天。发酵结束时纳豆芽孢杆菌数可达 10^{10} cfu/g 以上。

纳豆发酵过程，每克湿纳豆分泌的纳豆激酶（溶血栓酶）达 1000 尿激酶单位。纳豆芽孢杆菌液体深层发酵，每毫升发酵液中纳豆激酶的效价达1000～5000尿激酶单位。纳豆激酶不与血浆酶反应，但具有很强的溶解纤维蛋白和血浆酶底物活性。纳豆激酶的溶栓作用无论在体外，还是实验动物（小鼠、狗）体内以及人体自愿受试者，试验结果表明具有良好的溶栓作用，且无任何毒副作用。

思考题

1. 谷氨酸发酵的主要原料有哪些？简述双酶法制备淀粉水解糖的原理和优点。
2. 结合谷氨酸产生菌的特征，试分析如何选育高产的谷氨酸菌种？
3. 结合谷氨酸发酵的机制，试分析如何提高谷氨酸发酵的产量？
4. 如何防止谷氨酸发酵过程中杂菌污染？
5. 简述核苷酸的生物合成途径，发酵法生产核苷酸的方法。
6. 简述肌苷生产的主要菌种和发酵工艺条件。
7. 简述红曲的生产菌种和红曲色素形成的条件。
8. 简述真菌多糖的种类和主要生理功能。
9. 简述乳酸链球菌素的特性及用途。
10. 什么是益生菌？益生菌产生背景是什么？
11. 益生菌有何生理功能？目前开发利用的益生菌种类有哪些？

参 考 文 献

[1] Arnau J，Serra X，Composada J，Gou P，Garriga M. Technologies to shorten the drying period of dry-cured meat products. Meat Science，2007，77：81-89.

[2] Brian J B Wood 主编．发酵食品微生物学．徐岩译．第二版．北京：中国轻工业出版社，2001.

[3] Durand A. Bioreactor designs for solid state fermentation. Biochem Eng，2003，13：113-125.

[4] Ghildyal N P，Ramalaishna M，Lonsane B K，Karantb N G. Gaseous concentration gradients in tray type solid-state fermentors-effects on yields and productivities. Bioprocess Biosyst Eng，1992，8：67-72.

[5] Huan Y J，Zhou G H，Zhao G M，Xu X L，Peng Z Q. Changes of flavor compounds in dry-cured Chinese Jinhua ham during processing. Meat Science，2005，71 (2)：291-299.

[6] Lisa Solieri，Paolo Giudici. Vinegars of the world. Italy：Springer-Verlag Italia S. r. 1，2009.

[7] Liu B L，Tzeng Y M. Water content and water activity for the production of cyclodepsipeptides in solid-state fermentation by Metarhizium anisopliae. Biotechnol Letter，1999，21：657-661.

[8] Marcel Mulder. Basic principles of membrane technology. Dordrech：Kluwer Academic Publisher，1996.

[9] Mónica Flores，Josè M Barat，M-Concepción Aristoy etc. Accelerated processing of dry-cured ham. Part 2. Influence of brine thawing/salting operation on proteolysis and sensory acceptability. Meat Science，2006，72：716-722.

[10] Pandey A. Influence of water activity on growth and activity of Aspergillus niger for glycoamylase production in solid-state fermentation. World J Microbiol Biotechnol ，1994 ，10 ：485-486.

[11] Pandey A. Recent Process Developments in solid-state fermentation. Process Biochem，1992，27：109-117.

[12] Raghavarao K S M S，Ranganathan T V，Karanth N G. Some engineering aspects of solid-state fermentation. Biochem Eng，2003，13：127-135.

[13] Selvakurmar P，Pandey A. Comparative studies on inulinase synthesis by Staphylococcus sp. and Kluyveromyces marxianus in submerged culture. Biores Technol，1999，69 (2)：123-127.

[14] www. foodjx. com.

[15] www. foodmate. net.

[16] Zhou G H，Zhao G M. Biochemical changes during processing of traditional Jinhua ham. Meat Science，2007，77 (1)：114-120.

[17] 白秀峰．发酵工艺学．北京：中国医药科技出版社，2003.

[18] 蔡功禄．食品生物工程机械与设备．北京：高等教育出版社，2002.

[19] 蔡纪宁，张秋翔．化工设备机械基础课程设计指导书．北京：化学工业出版社，2000.

[20] 曹阳，张丽，王绍胜．苹果醋饮料的研制与生产．饮料工业，2000，3 (3)：14-16.

[21] 陈斌．食品加工机械与设备．北京：中国轻工业出版社，2008

[22] 陈从贵，张国志．食品机械与设备．南京：东南大学出版社，2009.

[23] 陈功．固态法白酒生产技术．北京：中国轻工业出版社，1998.

[24] 陈功．盐渍蔬菜生产实用技术．北京：中国轻工业出版社，2001.

[25] 陈功．中国泡菜的品质评定与标准探讨．食品工业科技，2009，30 (2)：335-338.

[26] 陈国豪．生物工程设备．北京：化学工业出版社，2007.

[27] 陈洪章，徐建．现代固态发酵原理及应用．北京：化学工业出版社，2004.

[28] 陈洪章．生物过程工程设备．北京：化学工业出版社，2004.

[29] 陈敏恒等．化工原理．北京：化学工业出版社，1999.

[30] 程殿林．酒文化．青岛：中国海洋大学出版社，2003.

[31] 程殿林．啤酒生产技术．北京：化学工业出版社，2005.

[32] 崔建云．食品加工机械与设备．北京：中国轻工业出版社，2004.

[33] 刁玉玮，王立业．化工设备机械基础．大连：大连理工大学出版社，2003.

[34] 段开红．生物工程设备．北京：科学出版社，2008.
[35] 方继功．酱类制品生产技术．北京：中国轻工出版社，1997.
[36] 傅金泉．黄酒生产技术．北京：科学出版社，2004.
[37] 傅金泉．中国红曲及其实用技术．北京：中国轻工业出版社．1997.
[38] 高福成．食品工程原理．北京：中国轻工业出版社，1998.
[39] 高福成．现代食品高新技术．北京：中国轻工业出版社，1997.
[40] 高孔荣．发酵设备．北京：中国轻工业出版社，1991.
[41] 高年发．葡萄酒生产技术．北京：化学工业出版社，2005.
[42] 葛长荣，马美湖．肉与肉制品工艺学．北京：中国轻工业出版社，2002.
[43] 葛向阳，田焕章，梁运祥．酿造学．北京：高等教育出版社，2005.
[44] 宫相印．食品机械与设备．北京：中国商业出版社，1997.
[45] 顾国贤．酿造酒工艺学．北京：中国轻工业出版社，1996.
[46] 顾国贤．酿造酒工艺学．北京：中国轻工业出版社，2006.
[47] 管敦仪．啤酒工业手册．北京：中国轻工业出版社，1998.
[48] 桂祖发．酒类制造．北京：化学工业出版社，2001.
[49] 郭本恒．酸奶．北京：化学工业出版社，2003.
[50] 郭本恒．液态奶．北京：化学工业出版社，2000.
[51] 郭兴华．益生菌基础与应用．北京：北京科学技术出版社．2002.
[52] 何国庆．食品发酵与酿造工艺学．北京：中国农业出版社，2005.
[53] 贺稚非，甄宗圆等．金华火腿发酵过程中微生物区系研究．食品科学，2008，29 (1)：190-195.
[54] 侯爱香等．果醋的研究进展．农业工程技术：中国国家农产品加工信息，2006，(2)：52-56.
[55] 胡继强．食品机械与设备．北京：中国轻工业出版社，1999.
[56] 华南工学院等．生物发酵工程与设备．北京：中国轻工业出版社，1983.
[57] 化工设备机械基础编写组．化工设备机械基础．北京：化学工业出版社，1979.
[58] 黄仲华．食醋生产．北京：化学工业出版社，1988.
[59] 黄仲华．中国调味食品技术实用手册．北京：中国标准出版社，1991.
[60] 贾树彪，李胜贤，吴国峰．新编酒精工艺学．北京：化学工业出版社，2004.
[61] 江南大学，天津科技大学．食品工厂机械与设备．北京：中国轻工业出版社，1997.
[62] 蒋明利．酸奶和发酵乳饮料生产工艺与配方．北京：中国轻工业出版社，2005.
[63] 焦兴弘．乳酸菌在肉制品加工过程中的应用．食品科技，2008，2：1.
[64] 金凤燮．酿酒工艺与设备选用手册．北京：化学工业出版社，2003.
[65] 金国淼．干燥设备．北京：化学工业出版社，2002.
[66] 孔宝华．乳品科学与技术．北京：科学出版社，2004.
[67] 孔保华，马丽珍．肉品科学与技术．北京：中国轻工业出版社，2003.
[68] 李艳．发酵工程原理与技术．北京：高等教育出版社，2006.
[69] 李大和．白酒勾兑技术问答．北京：中国轻工业出版社，1998.
[70] 李凤林，崔福顺．乳及发酵乳制品工艺学．北京：中国轻工业出版社，2007.
[71] 李华．现代葡萄酒工艺学．西安：陕西人民出版社，1995.
[72] 李家民．从生态酿酒到生态经营——酿酒文明的进程．酿酒科技，2010，4：111-114.
[73] 李家民．生态酿酒与生态管理．食品与发酵科技，2009，45 (5)：73-80.
[74] 李津等．生物制药设备和分离纯化技术．北京：化学工业出版社，2003.
[75] 李平兰，王成涛．发酵食品安全生产与品质控制．北京：化学工业出版社，2005.
[76] 李平兰．发酵食品安全生产与品质控制．北京：化学工业出版社，2005.
[77] 李炎．食品添加剂制备工艺．广州：广东科技出版社．2001.
[78] 李艳．发酵工程原理与技术．北京：高等教育出版社，2007.
[79] 李艳．发酵工业概论．北京：中国轻工业出版社．1999.

[80] 李幼筠．酱油与食醋酿造．北京：中国劳动出版社，1997.
[81] 李幼筠．中国泡菜的研究．中国调味品，2006，1：59-63.
[82] 里景伟．微生物多聚糖——黄原胶的生产与应用．北京：中国农业科技出版社．1995.
[83] 梁世中．生物工程设备．北京：中国轻工业出版社，2005.
[84] 林瑾琳．味精生产技术．南昌：江西人民出版社．1985.
[85] 林祖申．酱油以及酱类的酿造．北京：化学工业出版社，1991.
[86] 刘虎威．气相色谱方法及应用．北京：化学工业出版社，2007.
[87] 刘俊果．生物产品分离设备与工艺实例．北京：化学工业出版社，2008.
[88] 刘茉娥．膜分离技术．北京：化学工业出版社，1998.
[89] 刘晓杰．食品加工机械与设备．北京：中国轻工业出版社，2004.
[90] 刘协舫．食品机械．武汉：湖北科学技术出版社，2002.
[91] 刘玉田．现代葡萄酒酿造技术．北京：中国轻工业出版社，1990.
[92] 刘振宇．发酵工程技术与实践．上海：华东理工大学出版社，2007.
[93] 陆寿鹏．白酒生产技术．北京：科学出版社，2004.
[94] 陆振东．化工工艺设计手册．北京：化学工业出版社，1996.
[95] 陆振曦．食品机械原理及设计．北京：中国轻工业出版社，1995.
[96] 逯家富，赵金海．啤酒生产技术．北京：科学出版社，2004.
[97] 骆承庠．乳与乳制品工艺学．北京：农业出版社，1992.
[98] 马海乐．食品机械与设备．北京：中国农业出版社，2004.
[99] 孟冬．中国大酒典．北京：中国商业出版社，1997.
[100] 孟祥敏，罗安伟，徐怀德．番茄汁乳酸饮料工艺．食品工业，2005，2：29-31.
[101] 闵连吉．肉类食品工艺学．北京：中国轻工业出版社，2000.
[102] 牟增荣，刘世雄．酱腌菜加工工艺与配方．北京：科学技术文献出版社，2001.
[103] 彭志英．食品生物技术．北京：中国轻工业出版社，1999.
[104] 秦含章．白酒酿造的科学与技术．北京：中国轻工业出版社，1997.
[105] 邱立友．固态发酵工程原理及应用．北京：中国轻工业出版社，2008.
[106] 邵伟，熊泽，乐超银．冻干法制备乳酸菌发酵剂工艺条件研究．三峡大学学报：自然科学版，2005，27（3）：270-273.
[107] 沈怡方．白酒生产技术全书．北京：中国轻工业出版社，1998.
[108] 沈再春．农产品加工机械与设备．北京：农业出版社，1993.
[109] 沈自法．发酵工厂工艺设计．上海：华东理工大学出版社，1994.
[110] 施展荣．工业离心机选用手册．北京：化学工业出版社，1999.
[111] 黄占旺，帅明，牛丽亚．纳豆芽孢杆菌的筛选与固态发酵研究．中国粮油学报，2009，24（1）35-39.
[112] 水华，刘耘．调味品生产工艺学．广州：华南理工大学出版社，2003.
[113] 宋安东．调味品发酵工艺学．北京：化学工业出版社，2009.
[114] 宋照军，马汉军等．发酵肉制品发酵剂的研究和应用．食品工业科技，1998，5：68-70.
[115] 孙彦．生物分离工程．第2版．北京：化学工业出版社，2005.
[116] 陶兴无．发酵产品工艺学．北京：化学工业出版社，2008.
[117] 天英，逯家富．果酒生产技术．北京：科学出版社，2004.
[118] 田瑞华．生物分离工程．北京：科学出版社，2008.
[119] 王福源．现代食品发酵技术．北京：中国农业出版社．1998.
[120] 王恭堂．酿酒·品酒·论酒．北京：中国轻工业出版社，2005.
[121] 王凯，冯连芳．混合设备设计．北京：机械工业出版社，2000.
[122] 王凯，虞军．化工设备设计全书．北京：化学工业出版社，2003.
[123] 王瑞芝．中国腐乳酿造．北京：中国轻工出版社，1998.
[124] 翁佩芳．固态发酵生物反应动力学理论及反应器研究进展．中国酿造，2001，2：6-8.

[125] 无锡轻工业学院．食品工艺学．北京：中国轻工业出版社，1984.
[126] 吴思方．发酵工厂工艺设计概论．北京：中国轻工业出版社，2006.
[127] 吴思方．生物工程工厂设计概论．北京：中国轻工业出版社，2007.
[128] 吴振强．固态发酵技术与应用．北京：化学工业出版社，2006.
[129] 武庆尉．奶酒生产技术．北京：中国轻工业出版社，2008.
[130] 夏文水．肉制品加工原理与技术．北京：化学工业出版社，2003.
[131] 肖冬光．白酒生产技术．北京：化学工业出版社，2010.
[132] 肖旭霖．食品加工机械与设备．北京：中国轻工业出版社，2000.
[133] 谢继志．液态乳制品科学与技术．北京：中国轻工业出版社，1999.
[134] 徐清萍．食醋生产技术．北京：化学工业出版社，2008.
[135] 许赣荣，胡文锋．固态发酵原理、设备与应用．北京：化学工业出版社，2009.
[136] 严希康．生化分离工程．北京：化学工业出版社，2001.
[137] 姚汝华．微生物工程工艺原理．第2版．广州：华南理工大学出版社，2005.
[138] 尤新．功能性发酵制品．北京：中国轻工业出版社，2000.
[139] 于世林．高效液相色谱方法及应用．北京：化学工业出版社，2005.
[140] 余龙江．发酵工程原理与技术应用．北京：化学工业出版社，2006.
[141] 余乾伟．传统白酒酿造技术．北京：中国轻工业出版社，2010.
[142] 俞俊棠等．新编生物工艺学．北京：化学工业出版社，2003.
[143] 袁惠新．分离过程与设备．北京：化学工业出版社，2008.
[144] 云智勉．蒸发器．北京：化学工业出版社，2000.
[145] 张刚．乳酸细菌——基础、技术和应用．北京：化学工业出版社，2007.
[146] 张和平，张佳程．乳品工艺学．北京：中国轻工业出版社，2007.
[147] 张克旭．氨基酸发酵工艺学．北京：中国轻工业出版社，1992.
[148] 张兴元，许学书．生物反应器工程．上海：华东理工大学出版社，2001.
[149] 张裕中．食品加工技术装备．北京：中国轻工业出版社，2000.
[150] 章建浩等．金华火腿发酵成熟现代工艺及装备研究．农业工程学报，2006，22（8）：230-234.
[151] 章善生．中国酱腌菜．北京：中国商业出版社，1994.
[152] 赵军，张有忱．化工设备机械基础．北京：化学工业出版社，2007.
[153] 赵思明．食品工程原理．北京：科学出版社，2008.
[154] 郑裕国，薛亚平．生物工程设备．北京：化学工业出版社，2007.
[155] 中国食品发酵工业研究所等．食品工程全书：第二卷．北京：中国轻工业出版社，2004.
[156] 周传云，聂明，万佳蓉．发酵肉制品的研究进展．食品与机械，2004，2：27-30.
[157] 周光宏．肉品加工学．北京：中国农业出版社，2009.
[158] 周光宏．肉品学．北京：中国农业出版社，1999.
[159] 周光宏．畜产品加工学．北京：中国农业出版社，2002.
[160] 周家骐．黄酒生产工艺．北京：中国轻工业出版社，1996.
[161] 周曼玲．通风除尘与机械输送．北京：中国商业出版社，2006.
[162] 朱宝镛，章克昌．中国酒经．上海：上海文化出版社，2000.
[163] 诸亮．发酵调味品生产技术．北京：中国轻工业出版社，1998.
[164] 竺尚武．巴马火腿的现代生产技术和研究进展．食品与机械，2006，22（2）：59-61.
[165] 邹东恢．生物加工设备选型与应用．北京：化学工业出版社，2009.